2015

传统界域·现代生活

西安城墙沿线地段更新发展规划

TRADITIONAL BOUNDARY WITH MORDEN LIFE

城市规划专业六校联合毕业设计

SIX-SCHOOL JOINT GRADUATION PROJECT OF URBAN PLANNING & DESIGN

天津大学建筑学院
东南大学建筑学院
西安建筑科技大学建筑学院
同济大学建筑与城市规划学院
重庆大学建筑城规学院
清华大学建筑学院
编

中国城市规划学会学术成果

· 中国城市规划学会低碳生态城市大学联盟资助
· 国家高等学校特色专业建设东南大学城市规划专业项目资助
· 国家“985 工程”三期天津大学人才培养建设项目资助
· 国家高等学校特色专业、国家高等学校专业综合改革试点西安建筑科技大学城市规划专业建设项目资助
· 国家“985 工程”三期同济大学人才培养建设项目资助
· 国家“985 工程”三期重庆大学人才培养建设项目资助
· 教育部卓越工程师教育培养计划
· 国家“985 工程”三期清华大学人才培养建设项目资助

中国建筑工业出版社

图书在版编目（CIP）数据

传统界域·现代生活　西安城墙沿线地段更新发展规划——2015年城市规划专业六校联合毕业设计/天津大学等编. —北京：中国建筑工业出版社，2015.10
ISBN 978-7-112-18474-3

Ⅰ.①传…　Ⅱ.①天…　Ⅲ.①城市规划-作品集-西安市　Ⅳ.①TU984.241.1

中国版本图书馆CIP数据核字（2015）第216369号

责任编辑：杨　虹
责任校对：李美娜　刘梦然

传统界域·现代生活　西安城墙沿线地段更新发展规划
——2015年城市规划专业六校联合毕业设计
天津大学建筑学院
东南大学建筑学院
西安建筑科技大学建筑学院
同济大学建筑与城市规划学院
重庆大学建筑城规学院
清华大学建筑学院
编
*
中国建筑工业出版社出版、发行（北京西郊百万庄）
各地新华书店、建筑书店经销
北京嘉泰利德公司制版
北京顺诚彩色印刷有限公司印刷
*
开本：880×1230毫米　1/16　印张：13　字数：400千字
2015年9月第一版　2015年9月第一次印刷
定价：**90.00**元
ISBN 978-7-112-18474-3
（27726）

编委会

TRADITIONAL BOUNDARY WITH MORDEN LIFE

2015 SIX-SCHOOL JOINT GRADUATION PROJECT OF URBAN PLANNING & DESIGN

目　录
Contents

序言 1

西安是国家级历史文化名城，还是我国十三朝古都，我非常喜欢这座城市，陶醉于她楼宇间掩映的文化，钟情于她数千年岁月的苍桑，一条旧巷，一段老墙，诉说的不仅仅是历史，更是先祖灵魂的故乡。

2015 年城市规划专业六校联合毕业设计由西安建筑科技大学承办，这所扎根于西部数十年的老牌建筑院校，以“传统界域 · 现代生活——西安城门地段空间环境更新规划”为题，将我们领入了西安这座古老而神秘的地方，让我们用真真切切的体验和品读，来玩味这座独具魅力的古城。西安建筑科技大学、东南大学、天津大学、同济大学、重庆大学、清华大学六所高校的学生，与他们的指导教师怀着对这座城市的虔诚与好奇，一起完成了这个既有挑战又有趣味的设计题目，我想，无论师生应当都受益匪浅吧。

西安这座城市的问题，既是其自身的地域特征所致，又反映了我们这个时代城镇化发展的时代现象。如何平衡保护与发展，兼顾经济与文化，留住历史的回忆，展望时代的梦想，始终是我们所关注的话题。

我想我们应该从三个层面来看待“传统界域 · 现代生活”这个课题。

首先，怎样理解历史文化遗产的内涵？这不仅仅指各级各类名单上所列历史文物、文物建筑、历史街区、历史文化名城名镇名村，而应当包括更宽泛的范围，尤其类似于西安老城这种历史遗产与现代建筑相混杂的特殊地段，反而更值得我们研究和思考，更值得我们深究城市历史演变的本质。

其次，历史文化遗产保护的重点是什么？我们应当做的，是在保护原真性的同时，如何唤回历史遗产的文化再生力，让实体空间，变为有生命有价值的场所，而不是片面地强调保护，特别是像西安老城这种历史与现代交杂，传统与时代碰撞的历史城区，更应当审慎地判断历史文化价值，探究文化传承与现代生活的关系，塑造的具有活力的人居环境，正如吴良镛先生所说的那样：“积极保护，整体创造”。

第三，保护主体是谁？历史文化遗产的保护，不仅仅是靠专家或者学者就可以解决的，需要通过民众参与的方式，引入更多的利益诉求主体，更需要通过制度化管理的方式，以确保相关技术手段操作的合理性和规范性。

历史文化遗产的保护，不是就保护而谈保护，更应当回归民众的基本生活，特别是类似西安这样的老城区，其保护策略不能仅仅只有保护，更有思考传承和发展，满足这一时代人的生活需求，所以我认为“传统界域 · 现代生活”这个题目出的很好，点名了这个课题本质和难点。六所高校的学生通过这个课题，我想对于传统历史街区的问题也有了更深刻的认知吧。

最后期待，六校联合毕业设计越办越好！

中国城市规划学会副理事长兼秘书长

2015 年 7 月

序言 2

思想的碰撞往往能产生智慧的火化，辛勤的汗水常常能收获别样的喜悦。六校联合毕业设计自创办至今已有三载，各校师生在这场思想与汗水的盛宴里，既收获了丰厚的成果，也经历了激情的旅程，更沉淀了浓郁的情义，积累了深厚的友谊。作为老师，我能够体会到学生们在求学中的热情和拼搏；作为长者，我能聆听到孩子们在这场游戏里的欢声和笑语；作为朋友，我更能感受到大家对专业的一份热情，一份执着和一份信仰。古语云："书山有路勤为径，学海无涯苦作舟"，但在"六校联合毕业设计"这场活动里，作为师长的我们看到的并不是所谓求知的苦恼，也不是所谓无涯的迷茫，反而见证了学子们敢于面对挑战的勇气，敢于突破难关的锐气，更见证了他们相互交流时的那份喜悦，共同成长中的那份幸福。我想，这才真是六校联合毕业设计的魅力和价值所在吧。

不同的土地哺育着不同的面庞，不同的雨水滋润着不同的灵魂。清华大学、同济大学、天津大学、东南大学、重庆大学以及西安建筑科技大学六所高校，分布于我国大江南北。六校的学子们虽然学着同样的专业，捧着同样的课本，但由于地域的差异，学校传统的不同，以及所接触老师个性的区别，使他们的思维和工作方式也在一定性质上有着各自的特征。在联合毕设这个舞台上，学子们用着同样的兵器，展示着不同的招式，穿着同样的服装，舞出了不同的风采，他们所收获的不只是老师所传授的知识，更收获了交流与沟通的能力，这将使他们受益终生。

此次联合毕设，我们以"传统界域 · 现代生活——西安城墙沿线地段更新发展规划"为题，让学生们从多个角度去阅读这座有着数千年历史的古城。我们试图让学生们摆脱所谓规划者的优越感，用一种谦卑的姿态去体会千年古都的变迁，用一种敬畏的心情去感知旧街古宅的风情，用一种品读的方式去玩味老城居民的生活，让他们明白城市规划工作不仅仅是需要我们用技术手段完成的工程任务，更是我们与所面对城市的一场心灵对话，以及对古城居民的真切关怀。从反馈的效果来看，同学们显然体察了这个题目所设计的初衷，最终成果既展示出了各校学生扎实的专业功底，更体现了学子们对西安这座饱含沧桑的老城的那份尊重和敬畏，这正是我们所希望看到的。西安只是六校联合毕设活动的一个节点，之后还会有更多的挑战、更多的难题、更多的乐趣以及更多的幸福，等待着六校一批又一批的学子去面对、去体会、去感悟。我真心祝愿六校联合毕业设计这项充满着思想、智慧、欢乐与激情的活动越办越好。

西安建筑科技大学建筑学院副院长

2015 年 7 月

一、设计选题：传统界域·现代生活——西安城墙沿线地段更新发展规划

西安作为世界四大文明古都之一，从西周丰镐开始，有着 3100 多年建城史，有 1100 多年建都史，各个历史时期都有过城墙的营建（包括维修、改造），历史悠久，格局保存较为完整；其自唐末发展至今的明清城墙，城墙沿线地段空间记录着西安城市的演进历程，具有重要的价值；其所承载的历史情感、记忆和辉煌，城墙又是当代西安人“乡愁”的重要构成。如何能深刻认识城墙沿线地段的特殊性，如何对其进行妥善的保护并有效传承其文化与精神，是我们进行该地段规划设计时需要思考的根本问题。与此同时，在当代西安蓬勃发展的时代背景下，如何促进传统空间与现代生活相融合，实现“使中华民族最基本的文化基因与当代文化相适应、与现代社会相协调”（习近平，2013），又已成为当前城市规划中所需要面对的新课题。

本次毕业设计以“传统界域·现代生活”为主题，选取西安城墙所在地段空间为研究对象，引导各校学生开启对城市历史文脉的挖掘，主动认识并体验，发现问题，寻找适合该地段也符合当下学科前沿的城市更新发展设想与策略。

二、教学目的

该课程为针对城市规划与设计专业（方向）本科毕业班学生的设计专业课，在现有专业理论知识及城市规划相关专题训练的基础上，强调训练学生独立发现问题并提出发展设想的能力。本次设计课题选取西安极具特色的空间要素——“城墙沿线地段”作为认识和感知城市的切入点；强调在尊重和深入理解西安城市历史文化空间组织内涵的基础上，提出与其社会、经济、文化和空间发展相匹配的整体对策，并以小组为单位选择规模适中（10-40 公顷）的重点地段，进行城市规划和设计训练。

目的一：学习空间分析及城市问题归纳能力；

目的二：融贯规划理论知识与规划设计实践；

目的三：培养独立设计研究和团队协作能力。

三、教学计划及组织安排

1. 第一阶段（No. 1-2 周）：前期研究

（1）教学内容：

介绍选题及课程要求；讲授城市设计相关课程，讲授相关城市问题分析方法；学习和巩固城市规划与设计的现场调研方法。六校

师生进行混合编组，对选题及相关案例进行调研；对发展历史、上位规划、城市特色、发展问题等进行梳理；提出规划设计地段的前期调查、分析报告，初步完成规划设计地段选址及拟进行的设计理念和专题研究方向。

（2）成果要求：

选址初步报告，包括文献综述、实地调研、选址报告三个部分，要求有涉及规划背景以及相关案例收集与分析的文献综述，对拟处理的城市空间环境特点和问题进行梳理与归纳，提出准备进行规划设计研究的地段选址、和专题研究方向及其规划设计理念。

（3）教学组织：

2015 年 3 月 9 日之前：各校课程教师指导各自学生进行选题的背景文献及相关案例收集与分析，做现场调研准备。 3 月 9 日在西安集结。

2015 年 3 月 10 日 ~13 日：全体课程教师和学生在西安进行现场调研。期间安排部分讲授课程，包括西安建筑科技大学教师介绍选题、教师针对相关城市问题的专题授课以及西安当地规划院或规划局专家讲授上位规划和规划背景。3 月 13 日，以设计小组为单位，进行现场调研成果交流及可能研究方向的讨论。

2015 年 3 月 14 日 ~20 日：各设计小组在本校课程教师指导下，完成第一阶段成果，3 月 20 日 24:00 之前上传成果至公共邮箱。

2. 第二阶段（No. 3-6 周）：规划研究、概念性设计

（1）教学内容：

各校教师指导学生根据第一阶段的成果，完善选址报告，研究解决规划设计地段的选址、功能布局、交通等规划问题，并提出拟进行重点城市设计处理的项目内容及其概念性设计方案。

（2）成果要求：

选址报告

概念性设计方案——结合专题，利用文字、图表、草图等形式，充分表达设计概念。

（3）教学组织：

各校课程教师指导学生进行专题研究和概念性设计方案。

3. 第三阶段（No. 7 周）：中期交流

（1）教学内容：

针对选址报告和概念性设计方案进行点评，并组织补充调研，确定设计地段及每个学生的设计内容。

（2）教学组织：各校课程教师指导学生进行专题研究和概念性设计方案。

2015 年 4 月 25 日：西安第二次集结。

2015 年 4 月 26 日：专家、老师对学生的选址报告和概念性设计方案（两部分合并，ppt 形式）进行分组点评。

2015 年 4 月 27 日：教师与学生进行补充调研。4 月 30 日 24:00 之前上传选址报告和概念性设计方案成果至公共邮箱。

4. 第四阶段（No. 8-12 周）：深化设计

（1）教学内容：

指导学生根据概念性设计方案、补充调研成果和中期交流成果，调整概念方案，完善规划设计，并针对不同重点地段进行详细设计，探讨建设引导等相关政策，进行完整的规划设计成果编制。

（2）成果要求：

总体层面的城市设计；

详细层面的规划设计。

（3）教学组织：

各校课程教师根据各自学校规定指导学生进行深化设计，以小组为单位编制规划设计成果。

5. 第五阶段（No. 13 周）：成果交流

（1）教学内容：针对学生的规划设计成果进行交流、点评和展示。

（2）教学组织：

2015 年 6 月 5 日：下一轮召集学校（重庆）集结。

2015 年 6 月 6 日：全体教师对规划设计成果进行点评。

6. 后续工作：成果展示及出版

2015 年 6 月 8 日之后：成果巡展。

2015 年 6 月 9~23 日：各校教师和学生对设计成果进行出版整理。

2015 年 6 月 24~6 月 30 日：召集学校负责出版稿件统稿。

2015 年 7 月 1 日：交至出版社。

召集院校：西安建筑科技大学建筑学院

参加院校师生名单

天津大学建筑学院

教师：卜雪旸　李津莉　张赫
学生：白文佳　陈明玉　陈恺　贾梦圆　亢梦荻　李悦　孙全　孙启真　汪舒　王祎　张秋洋

东南大学建筑学院

教师：殷铭　王承慧　孙世界
学生：黄玮琳　古倩妘　刘洋　梅佳欢　宁昱西　万里

西安建筑科技大学建筑学院

教师：常海青　李小龙　李欣鹏
学生：刘碧含　张程　崔哲伦　刘辰　张晓　蓝素雯　雷佳颖　石思炜　曹通　孙博楠　邢晗

同济大学建筑与城市规划学院

教师：田宝江　张松
学生：叶凌翎　余美瑛　蔡言　谢超　蔺芯如　曹砚宸　屈信　茅天轶

重庆大学建筑城规学院

教师：赵万民　王敏　王正
学生：李立峰　唐睿琦　顾力溧　谭琛　肖卓尔　岳俞余　余珍　易雷紫薇　张琳娜　曹永茂

清华大学建筑学院

教师：吴唯佳　刘宛　郭璐
学生：宗畅　张伟　易斯坦　向上　李遇安　黄若成　郑千里　孙英博　高雅宁　李浩然
王健南　刘秋灿

学术支持：中国城市规划学会

天津大学建筑学院释题

传统界域·现代生活——西安城墙沿线地段更新发展规划侧重关注在快速城市化背景下，西安老城如何处理保护与发展的矛盾问题，在保持文化原真性的同时促进经济的转型和发展。社会的进步不断改变着人们的生产和生活方式，西安老城这个拥有千年古城墙和众多文化遗产的地方也不可避免地被这股浪潮卷入其中。传统界域即指历史传承下来的物质空间和非物质文化，其中包含着大量需要继承和发扬的文明财富，然而目前传统的生活和活动空间在一定程度不能满足现代生活的功能需求，形成一种被动的局面，急需探索一种新的姿态和方法进行转变适应。在全球一体化的大趋势下，改变对于西安老城而言似乎已经成为不可逃避的事实，城墙外的不断开发建设和城墙沿线地段的衰败已经形成鲜明的对比，一味地强调保护却忽视对其特色的挖掘不能解决根本问题。提高环城墙带居民的生活品质，进行新型产业的开发模式和地区更新发展方式的探索，循序渐进，找到一条行之有效的旧城更新发展道路成为复兴西安老城的重中之重。

选择城墙沿线地段进行更新发展也正是结合了西安老城顺城巷一带的实际发展情况，与城内的钟鼓楼中心繁华商业圈对比，这一带正是整个老城发展最薄弱的一环，居民的生产生活环境亟待改善，然而这一带在城墙脚下，城墙又是当代西安人“乡愁”的重要构成，集中着世代西安人与城墙的宝贵记忆，是西安人最宝贵的精神财富。复兴城墙沿线地段，更新西安老城，不仅延续了西安的文化基因，同时也传承和发展了中华民族的文化基因。因此探究并抓住影响该地区发展的主要矛盾：传统与现代，保护与发展的冲突，探求适宜的旧城更新发展方式促进西安城市可持续发展，有机更新。旧城更新后，应展现西安不同历史片段，不同城市生活内容的城市景观意向，新与旧，东与西的融汇，展现西安古时作为十三朝古都，世界政治和文化中心，海纳百川，兼收并蓄的辉煌盛景。聚焦环城墙一带，更新改造为展示西安城市风貌的“前沿”，以城墙为纽带的城市文化展示窗口，为城市规划在旧城更新理论和实践方面提供一定的参考。

东南大学建筑学院释题

传统界域,现代生活。西安城墙沿线地段城市设计给“准规划师”们提供了一个极具挑战性的平台。西安古城,大唐荣光、明清辉煌、民国遗存、红色文化等多元文化交织；传统有机街巷、现代城市格网、单位大院等多种肌理拼贴；原住居民与现代“移民”、老年人、儿童与大学生等多样人群需求；经济、社会、文化等多层面的矛盾和碰撞在这里交织凸显。

西安城墙是古城重要形制元素，将其关联的传统界域和西安老城的历史空间演变一起审视，发现沿墙界域地段的发展颇为有趣，东南西北沿城墙段落映射出不同时代的痕迹，至今影响了当下的功能和社区类型，我们可以找寻出非常多元的文化特质和空间形态；然而这些特质却在近 30 年的快速发展中日渐被现代城市肌理吞噬，既有自上而下的规划体系对此应对不足，甚至加剧这一态势。

所谓保护和发展如何协调其实是个伪命题。如果一个城市的发展，可以尊重它的历史演变和轨迹，可以从价值理性的角度辨析它的价值和载体，那么这个城市一定可以找到契合其特质的、合适的发展路径。然而“城市”这个主语并不是空泛的，它的决策主体、议事方式、发展理念、行动能力，也逐渐超越简单的政府、社会、市场三种力量的协同，政府及公共机构、城市居民个体、各种身份族群、盈利和非盈利的非政府组织……这些细分力量的主体性的建立和对公共事务的热情，一方面使得博弈更为复杂，另一方面给更有效和更有行动力的协同发展也带来了可能。

我们决定从两个方面颠覆传统的规划模式。一是从微处着眼，反推系统。沉到具体的微触媒地段，触摸它的脉络、找寻它的特质、分析它的问题，通过微策略予以带动和转变，然后再聚微成网，对城市系统提出策略建议。二是机制研究先行，以过程为重。如何才能根植文化、协同多元，既有的机制无法应对，必须探索适应地段发展的机制，涉及组织机制、融资机制、空间转型机制、促进就业机制等，而规划成果自然而然地就在机制探索的过程中逐渐形成，不再是传统的终极蓝图成果。

基于“根植文化、协同多元、聚微成网”的总体思路，东大团队选择了具有触媒潜质的四个微地段进行了具体研究和设计。特别有意思的是，由于西安老城的多元性，这四个地段本身就体现出不同的特色，分别探讨了历史型居住地段内生保护和更新机制、多元组织架构下的社区活化机制、市场委员会主导的创新市场机制和政府主导的沿城墙公共空间激活机制。没有某种可以一应万变的机制，不同的地段需要进行专门的机制探索，各种主体之间存在多种合作模式，同时尚有某些关键主体待培育。在机制引领下，设计自然而然地进行，同学们的设计想象有了着力点，设计目标、更新对象、转型模式、行动计划、设计策略逐渐清晰，设计成果生动而富有表现力。

我们尝试从终极蓝图式规划走向分阶段渐进式更新，从外来力量植入式规划向内生发展型道路转变，从单纯的物质空间规划走向空间、机制、实施等一体的综合性规划，促发真正有深度的规划设计巧思。这种尝试仅仅是个开始，还有无穷可能。

西安建筑科技大学建筑学院释题

西安老城如一面镜子，它折射着不同时期生活在这座城市中人们的情趣、目标与抱负；它作为城市公共活动最频繁、集中的场所，亦即西安城市形象的精华所在。西安老城又是时代的产物，其总是在传承历史的过程中不断创造，薪火相传，自成一脉。作为城市规划师、设计者及生活在这座城市中的居民，当我们面对这样一个对象时，都应主动思考：我们要营造一个什么样的西安老城，并将要把一个什么样的西安老城带向未来。带着这样的问题，我们以“脉”为切入点，尝试从“寻脉、把脉、续脉”三个方面展开对象解读与规划设计。

1）寻脉：传统脉络的挖掘与意义解读。首先，通过在开课之初与相关专家及地方文人的座谈，培养自身建立规划的“根脉”意识。其次，以城市空间的时间演变为主线，通过实地踏勘、测绘、历史文献整理及当地老者口述历史等方式，梳理西安老城区空间功能配置、空间整体秩序关系、空间景致营造、居民公共生活组织等方面的核心特征及脉络，认知西安城墙沿线地段的传统含义、性质、核心营造目标。

2）把脉：传统脉络的生境与前景分析。通过实地调研、资料分析及居民的认知调查，明确传统脉络要素的生境状况及现状类型。并通过开展与规划地段各类人群主体的座谈交流，最大限度的梳理当地关于传统脉络生境及未来发展的认识与建议，明确传统脉络的保护与复兴和现代生活的提升与满足之间的契合点、矛盾点。

3）续脉：传统脉络的保护与积极创造。尝试从历史文化遗产、现代生活网络及空间发展的深层机制出发，提出“机制为本、保护为先、慢调为理、微整为法、整体构架、多元联动”的规划设计指导思想，并从“保护、修复、标识、复兴、创造、控制、活化、结构、品牌、时序”等方面探寻规划地段的更新发展途径与方法，以求实现“聚老城之元气、孕顺城之新发”的总体目标。

关于本次教学研究之初衷，我们并非奢求学生们能够在短时间内便全而准地把握住西安老城的传统文化脉络，而是重在培育其规划“根脉意识”之星星火种，以期在日后能够常怀敬重之心进行规划学习及实践，最终成长为具备守护地方文脉意识与能力的规划家。

同济大学建筑与城市规划学院释题

2015 年度的六校联合毕业设计活动由西安建大承办，基地选址在西安古城，毕设题目为“传统界域 · 现代生活——西安城墙沿线地段更新发展规划”。显而易见，这个选址和选题都极具挑战性，为了破解难题并顺利开展毕设相关工作，首先需要对这个题目进行解读和分析，同时还需对基地进行实地调研和认知理解。

“传统”与“现代”两个词，单从字面上看意思似乎并不复杂，但我们是否真正理解了传统和现代？或者说对传统与现代是不是带有成见或偏见，恐怕还是一个无法简单否定的问题。南京大学社会学院人类学博士范可教授认为：由于社会学家研究的主要是现时的社会问题，他们在研究过程中总难免提及“过去”，于是现代与传统两个概念的对立意味，便随着社会科学体系的确立和发展走进了民众的话语世界。然而，传统与现代并非两分的孤立存在。

西方学者指出，“传统”实际上是现代性的造物和“他者”，总是被用来表达“现在”（the present）与“过去”（the past）的割裂与接续关系。人们在谈论传统时，指的一定是过去的东西。正因为人们常常把现实社会里存在的一些物质或非物质东西认定为传统的，传统又有了空间上的意义。换句话说，传统在时间上的意义必须在空间里表达，即便是精神性的东西也必须通过“现在”可感知的载体而得以体现。（范可，2008）。

范可教授这段有关“传统”与“现代”观念的阐述，有助于我们在进行设计之前理解传统与现代的关系。有时候，一些规划师在做历史地区的设计方案时，往往容易把传统简单地理解为过去，甚至理解为远古的某一时刻，说起“传统风貌”，大概也是仿古建筑或唐风样式，这是需要留意的惯性思维和惯常倾向。

“界域”一词更难理解，“传统界域”又指什么？法国著名社会学理论家皮埃尔 · 布迪厄（Pierre Bourdieu）的场域理论或许能够帮忙我们揭开迷雾。布迪厄的实践社会学理论认为：场域（field），是由社会成员按照特定的逻辑要求共同建设的，是社会个体参与社会活动的主要场所。场域是一个相对独立的社会空间，一个客观关系构成的系统，场域的边界是经验的，场域间的关联性是复杂的。在场域里活动的行动者并非一个个的“物质粒子”，而是有知觉、有意识、有精神属性的人。每个场域都有属于自己的“性情倾向系统”，也就是惯习（habitus）。惯习来自环境文化的深刻影响，客观性的场域与主观性的惯习之间是密不可分的。

布迪厄的场域理论是认识、分析现代社会的新视角和新方法。显然，也是我们认知西安古城所谓“传统界域”的一把钥匙。作为国家历史文化名城的重要物质载体，明清西安城的格局保存完整，古城墙及历史地段空间记录着西安城市发展演进的历程，具有重要的历史文化价值；所承载的历史情感和集体记忆，又让它成为当代西安人“乡愁”的重要符号。如何认识城墙沿线地段建成环境的特殊性，如何对其进行保护并传承传统文化与场所精神，是进行该地段规划设计时需要思考的基本问题。营造传统与现代共生的生活空间和场所精神，可以作为西安城墙沿线地区更新发展规划的主要目标。

重庆大学建筑城规学院释题

本次联合设计以“传统界域—现代生活”为主题，聚焦于西安老明城城墙沿线地段的城市更新与发展。

对于数千年文化积淀的古都西安，城市发展经历过多次的与兴衰更迭，今天呈现出来以明清老城为基础的城市现状，更是百年来中国社会沧桑巨变的残存记忆。其自唐末发展至今的明清城墙，城墙沿线地段空间记录着西安城市的演进历程，具有重要的价值；其所承载的历史情感、记忆和辉煌，城墙又是当代西安人“乡愁”的重要构成。历史的丰厚带给这座老城多元的文化信仰与回汉多民族聚居，世道的兴衰既给居民留下窘迫的住居也激生现代生活的渴望。

如何能深刻认识城墙沿线地段的特殊性，如何对其进行妥善的保护并有效传承其文化与精神，如何促进传统空间与现代生活相融合，是我们需要思考的根本问题。与此同时，我们放开观察的眼界，通过历史维度的纵向来看，“山、水、塬、城”交融构成西安独特的生态环境，从汉唐时期的长安城八水环绕、城水相依，到今天的“八水润西安”规划将带来城市周边水系的复兴和生态格局的根本改善。“水丰则城兴，水殇则城衰”，西安水环境是古城千年更迭的一面镜鉴，水系的丰竭关联着西安的城市兴衰。

由此我们找到了本次设计的切入点，通过综合运用问题导向与目标导向的技术路线，从三个方面来理解西安老城的“传统界域与现代生活”，分别是生态界域、生活界域与文化界域。设计主题“水蕴长安”由此得以确立，以生态、生活、文化三个视角研究西安明城区的城市更新课题。我们将现状调研分析发现的问题聚焦于“生态退化、文化衰落、生活失落”，并提出“润生态、漫生活、涵文化”三大系统来重塑老城活力，对接现代生活。

在详细城市设计层面，通过三个系统的逐次深化，分别以三个典型片区为依托提出具体设计成果。“润生态”注重复兴城市渠脉，植入生态技术，构建绿色网络，营造生态社区；“漫生活”基于多样化社区，完善公服设施，串接漫游体系，激活公共生活；“涵文化”则在保护现状文化资源的基础上，提出传承文化多样性、提升文化展现力、激活文化创造力。

在更新机制上提出“渐进式更新”模式，将“政府主导”模式与“居民主导”模式相结合，期望得到可持续、可实施的有机更新发展规划。

始于生态，基于生活，融于文化。这就是我们努力描绘的西安现代生活图景——“水蕴长安”。

清华大学建筑学院释题

“传统界域·现代生活：西安城墙沿线地段更新发展规划”是一个内涵丰富的复杂命题。传统与现代是交缠的时间，城墙内外是交错的空间，生活本身是万象交叠的人间，而这时间、空间、人间又交织在同一个命题中。如何寻找到一个有效的求解途径，既不是无效的大包大揽，又避免片面的盲人摸象？这是我们面对这个命题时思考的核心问题。

面对多元错杂的复杂问题，我们的方法是“回归基本原理”。首先，要解决的基本问题是什么？既然城市设计的对象是城市空间，那么就要分析西安明城范围空间发展的核心问题。作为十三朝古都，从历史看，西安有辉煌壮阔的格局和整体性空间秩序，辉映中外、震烁古今；从现实看，西安尤其是明城范围，曾有的空间整体性已经丧失殆尽、空间秩序混乱不堪；从未来看，借助丝绸之路经济带等重要战略契机，西安城市发展前景辉煌，而明城，作为西安城市空间网络的原点、城市文化的核心，具有极其重要的地位，亟需空间秩序的重塑。“乱中求序”，重塑城市空间的整体性，是此次城市设计要解决的基本问题。问题既然已经明晰，自然要寻找解决问题的途径，仍旧是回到基本原理——我们进行城市设计的目的是什么？毫无疑问，是为人，为生活于其间的人的更美好的生活，外地游客、西安市民和老城居民是明城空间的使用主体，可以从此三者的功能需求入手，作为组织空间的线索，实现破碎的城市空间的整合和再创，形成三个具有相对整体性的空间网络，三网叠加，实现重塑空间整体性的目标。这就是我们对问题进行深入分析后的规划设计构想。

构想之下便是具体的规划设计。我们的 12 名同学分为三组，分别针对游客、市民、居民网络，三组同学面对的共同问题是：这三种类型的活动本身已经长期存在于西安明城之中，零散琐碎、不尽如人意，但又以我们所习见的方式平淡无奇地运行着，如何突破这种表面的平淡，寻找规划设计的生长点？要回答这个问题，就需要真正去认识这三种类型的生活，我们的进路是：“剖析问题 - 挖掘资源 - 建构网络”：剖析西安旧城历史格局模糊的问题，挖掘西安固有空间格局与被遗忘的古迹，建构历史文化网络；剖析市民公共空间特色丧失的问题，挖掘西安传统地域文化中的特色活动类型，建构公共休闲网络；剖析居民生活网络破碎的问题，挖掘西安老城居民的生活模式与需求，建构日常生活网络。在三个网络的基础上，再分别选取代表性的地块，进行有针对性的城市设计。

概括来讲，人的生活是城市空间形成与发展的核心，我们试图以“现代生活”为线索，重塑“传统界域”的空间秩序。我们称之为“古城·新生”，是古老的城市容纳了新的生活，也是新的生活点亮了古城的生命。

复兴源点　焕活基因

THE REVIVAL OF THE SOURCE ;THE ACTIVATION OF THE GENE

天津大学建筑学院

白文佳　陈明玉　陈　恺　贾梦圆　亢梦荻　李　悦

孙　全　孙启真　汪　舒　王　祎　张秋洋

指导老师：卜雪旸　李津莉　张　赫

在“一带一路”战略引导下，西安是丝绸之路经济带的新起点，内陆型改革开放的新高地。西安作为十三朝古都，四大文明古都之一，保存至今的古城墙及沿线地段亦是见证了其城市发展演进历程，同时，城墙本身也是当代西安人“乡愁”的重要构成。

本次毕业设计选题为“传统界域 · 现代生活——西安城墙沿线地段更新发展规划”，在《关中 - 天水经济区发展规划》、《大西安总体规划空间发展战略研究》以及《西安市城市总体规划 (2008—2020)》指导下，借助基因比拟，以古城墙和沿线地段为研究对象，探究界域生活基因链失活的缘由和问题源点。结合居民意愿和社会舆论，根据现状资源和空间问题，以问题导向型的思维，规划了联外焕内即联系内外功能、文化体验旅游、绿色交通体系和开放空间系统四个方面的基因激活策略和温故织新即保留、植入、置换、重组四种基因修复手段。因地制宜，分别应用到六大典型设计地块，以点成线，以线带面，更新城墙及其沿线地段。最终达到复兴源点，焕活基因的规划目标，提升老城品质，增进内外联动，更新发展老城，凸显城市特色和魅力。

With the One Belt And One Road strategy, Xi’an is the starting point of the Silk Road Economic Zone, new heights of the inland Reform and Opening process. Xi’an, the ancient capital of thirteen dynasties, its area along the Xi’an Circumvallation see how the city develop and evolve. The Xi’an Circumvallation is an important component of Xi’an contemporary generation’s nostalgia.

The topic of the graduation design is “traditional domain · modern life—regeneration planning of the area along the Xi’an Circumvallation” . Under the guidance of Guanzhong - Tin Shui Economic Zone Development Planning, Research on the development strategy of the overall planning of Xi'an, Xi'an Urban general planning 2008-2020, we study the area along the Xi’an Circumvallation with gene analogy, to explore the causes and problems of inactivation of domain gene chain and life gene chain. We depict a beautiful future for Xi’an by a way of problem solving oriented urban design. Base on existing resources and present problems, public opinion and news media, we active and repair gene in different four ways. Function docking, reviving cultural tourism, reviving green transportation and reviving open space are ways of gene activation. Reservation, implanting, substitution and recombination are four ways of gene repair. These ways have to be adapted to circumstances when we apply them to design six typical sites among the area along the Xi’an Circumvallation. The six designed sites as six points form lines, and the lines will drive the area along the Xi’an Circumvallation renewal and development. Thus, we fulfill the goal of “Revive source point and active gene” , improving the quality of Xi’an old city, enhancing interaction between the internal and the external, showing Xi’an charm.

真空带形成

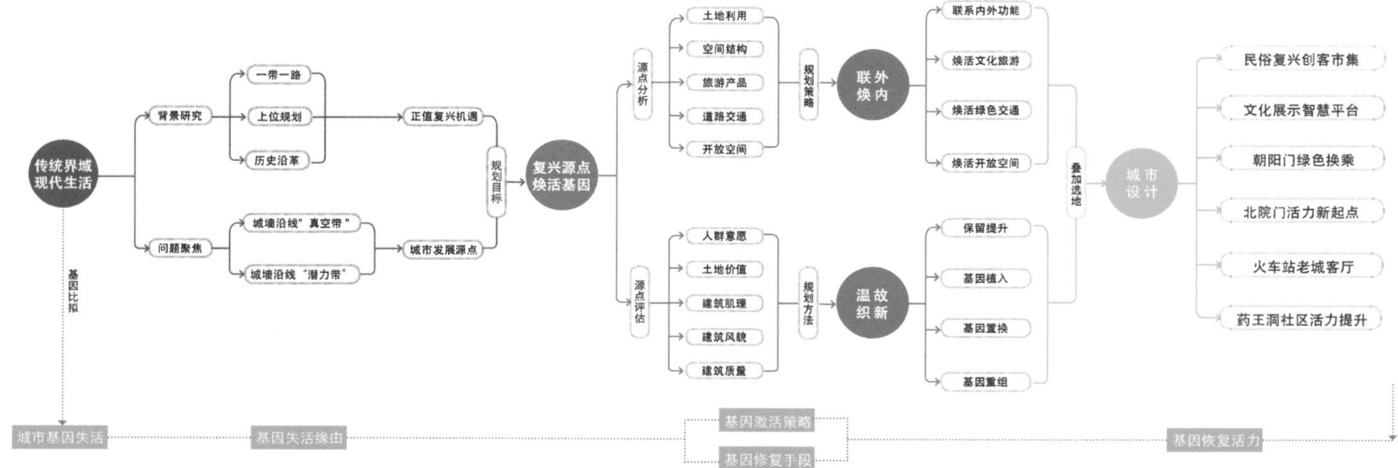

本次课题研究和设计借助基因比拟，探究界域生活基因链失活的缘由和问题源点，结合居民意愿和社会舆论，根据现状资源和空间问题，以联外焕内的基因激活策略和温故织新的基因修复手段，达到复兴源点，焕活基因的规划目标，提升老城品质，增进内外联动，凸显城市特色。

传统界域 · 现代生活 ——西安城墙及沿线地带承载着数代西安人的乡愁，记录西安城市的演进历程，是中华民族最基本的文化基因。

本次课题以西安城墙所在地段空间为研究对象通过对城市历史文脉的挖掘，主动认识并体验发现问题，寻找适合该地段也符合当下学科前沿的城市更新发展设想与策略。

基因比拟

老城界域与生活可以比拟为基因（DNA）的双链结构，这段基因在历史长河中传承并变化。

现象解析：城市基因的断裂和失活

断裂：时间上的断裂——片段缺失或凝固于某一或某几特定历史时刻

空间上的断裂——城市有机结构的破碎化

失活：

传统界域与现代生活的矛盾——功能与空间的不适应——空间活力缺失

【阶段一】两条基因链互相吻合

【阶段二】界域链与生活链出现不匹配

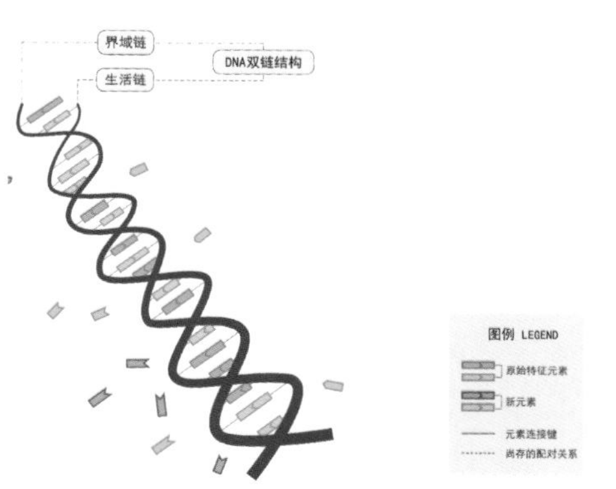

【阶段三】基因链解旋失活

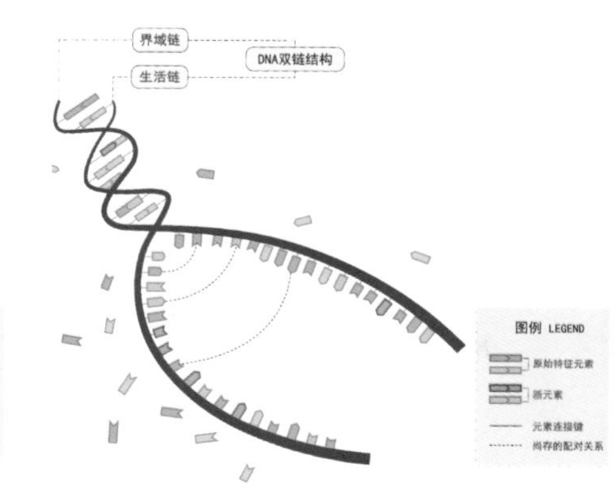

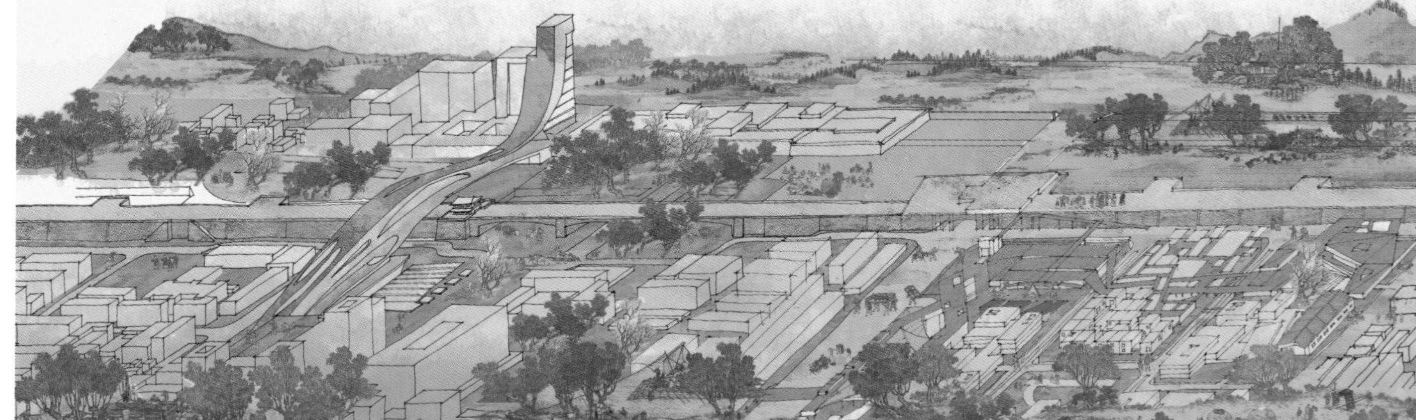

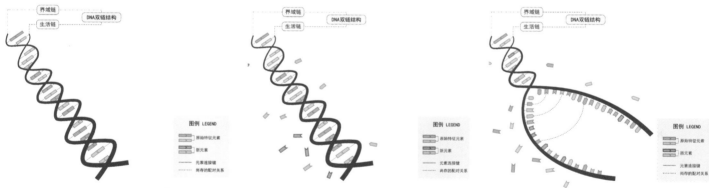

基因失活缘由

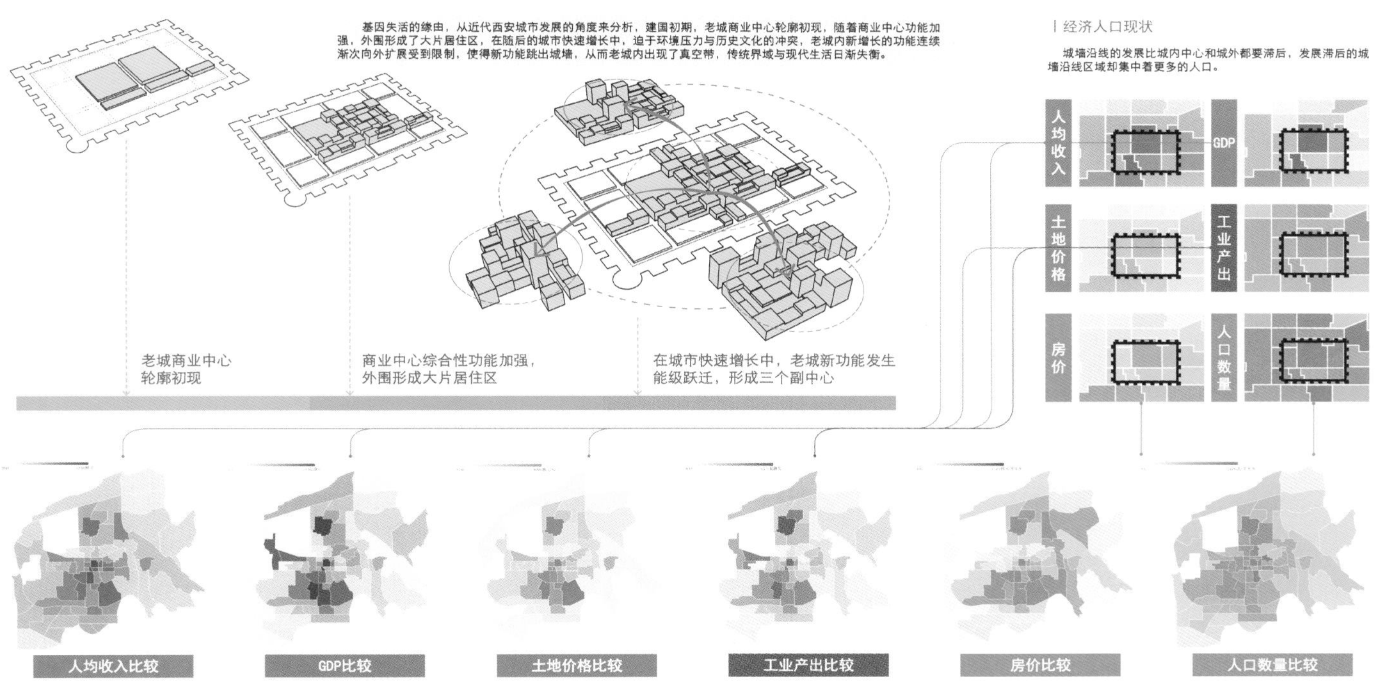

基因失活的缘由，从近代西安城市发展的角度来分析，建国初期，老城商业中心轮廓初现，随着商业中心功能加强，外围形成了大片居住区，在随后的城市快速增长中，迫于环境压力与历史文化的冲突，老城内新增长的功能连续渐次向外扩展受到限制，使得新功能跳出城墙，从而老城内出现了真空带，传统界域与现代生活日渐失衡。
经济人口现状
城墙沿线的发展比城内中心和城外都要滞后，发展滞后的城墙沿线区域却集中着更多的人口。
人均收入
GDP
土地价格
工业产出
房价
人口数量
老城商业中心
轮廓初现
商业中心综合性功能加强，
外围形成大片居住区
在城市快速增长中，老城新功能发生
能级跃迁，形成三个副中心
人均收入比较
GDP比较
土地价格比较
工业产出比较
房价比较
人口数量比较

上位规划

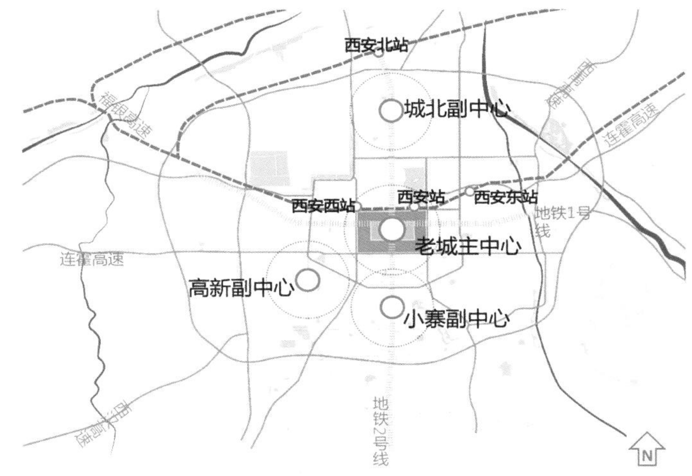

《西安市城市总体规划（2008—2020）》

西安处于一带一路发展的新机遇，老城之于西安的价值，奠定其城市发展的核心地位

《大西安总体规划空间发展战略研究》

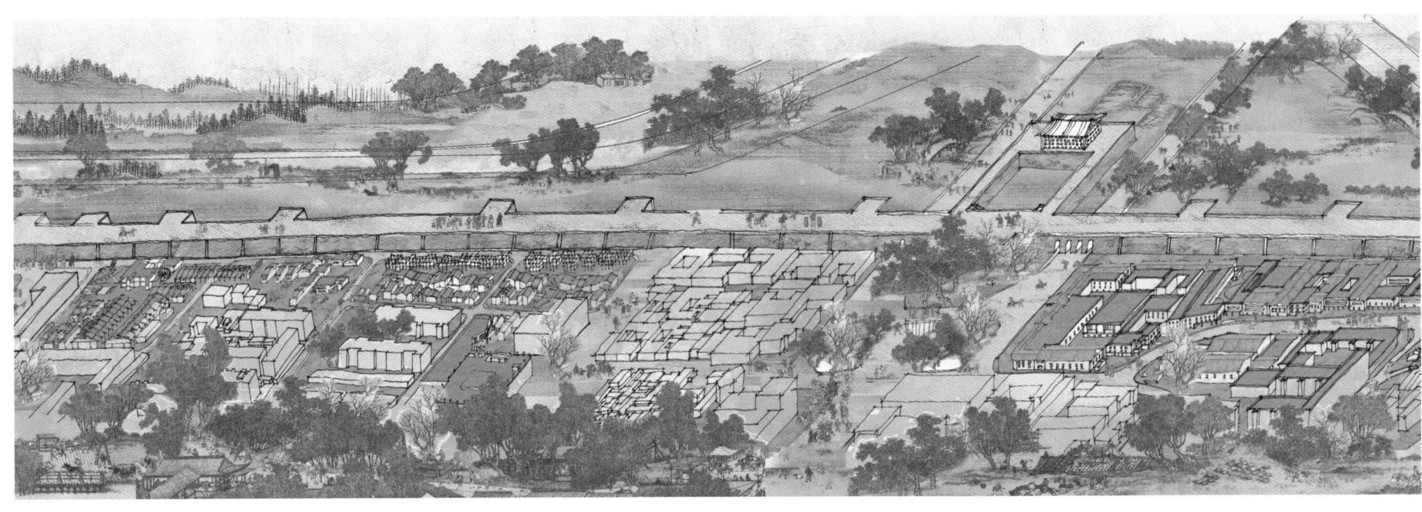

源点分析

道路交通图

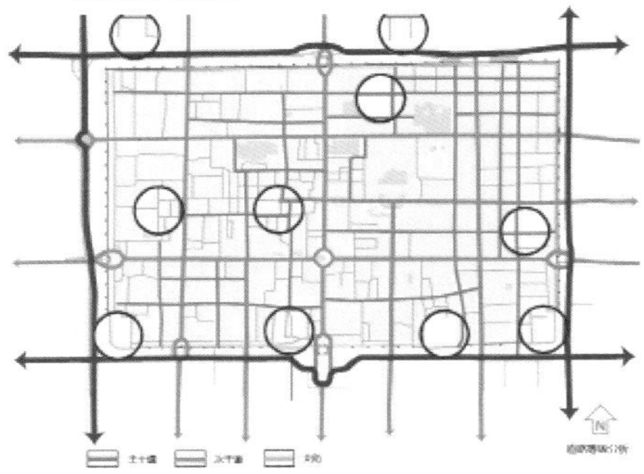

开放空间布局图

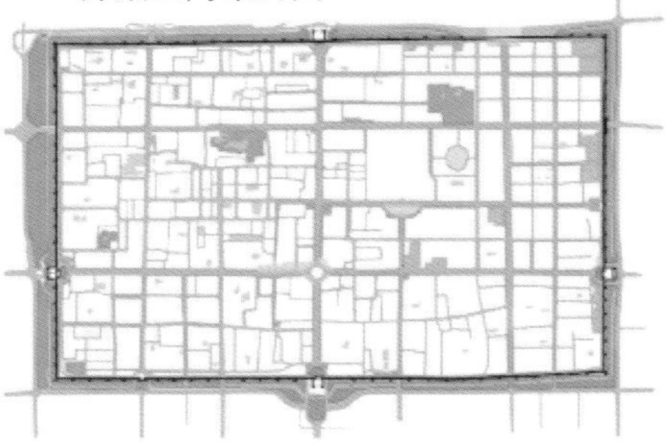

图例
环城绿地 社区绿地
公园绿地 硬质广场
街头绿地 荒地

开放空间服务范围图

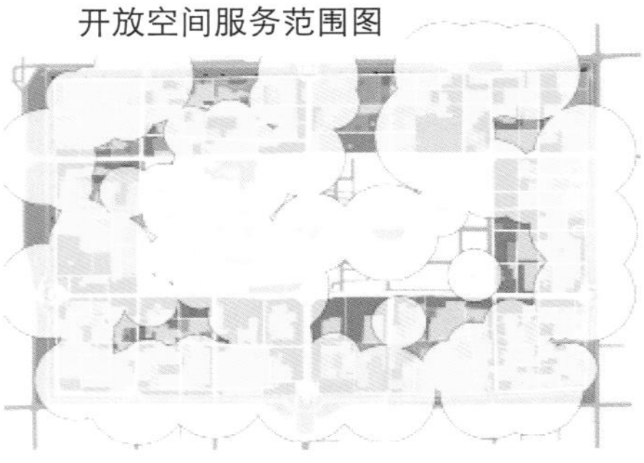

图例
二类居住用地 文化设施用地 医疗卫生用地
三类居住用地 教育科研用地 社会福利设施用地
行政办公用地 体育用地 文物古迹用地

开放空间品质图

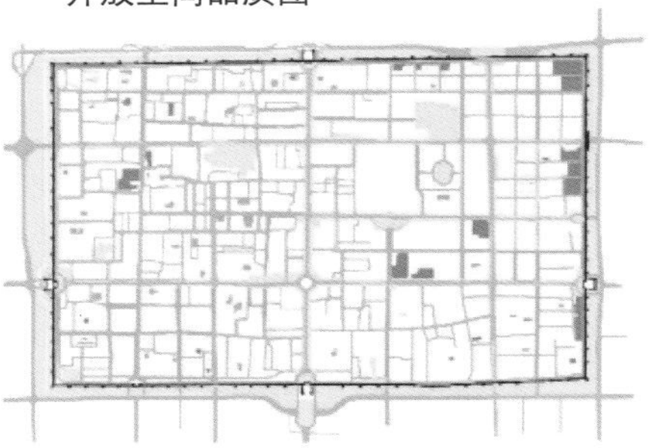

图例
环境品质优良
环境品质一般
环境品质较差

商业服务布局图

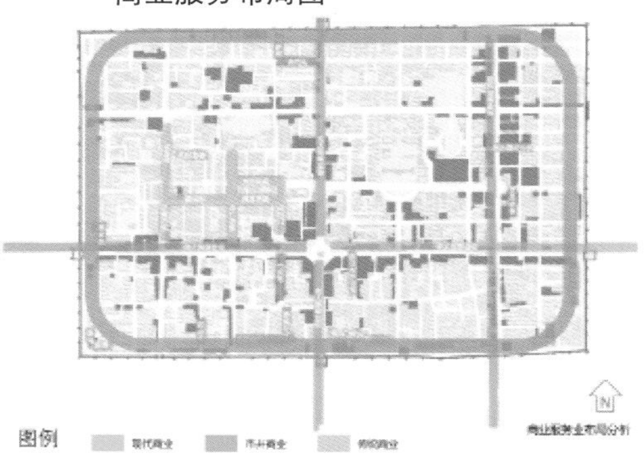

图例 现代商业 市井商业 旅游商业

路况分析图

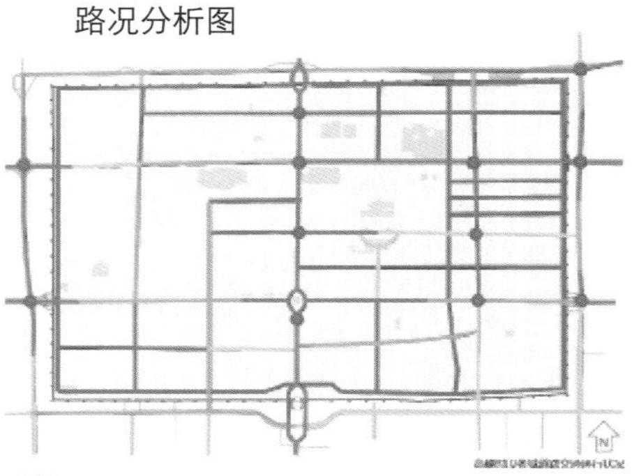

规划目标

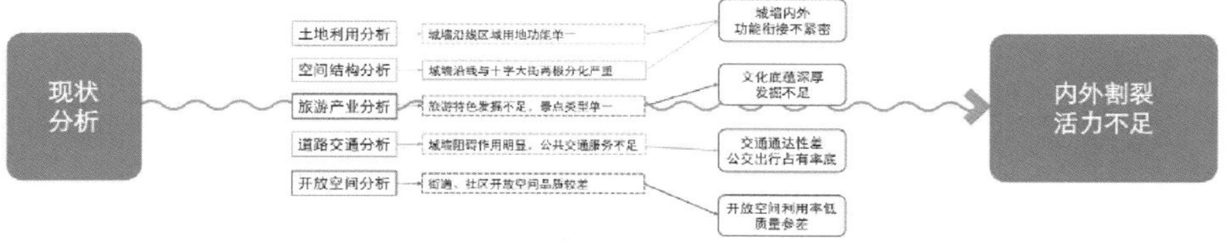

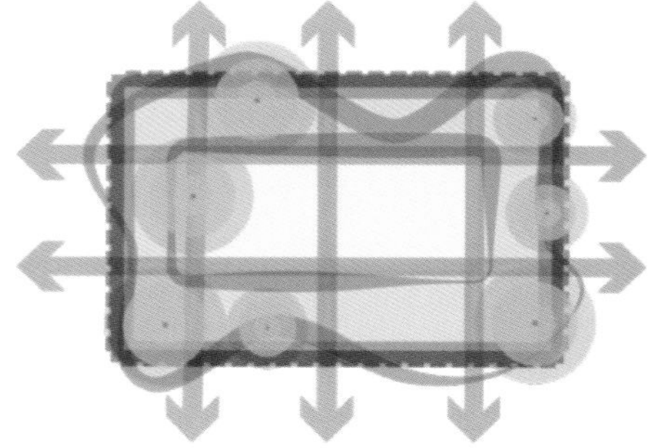

综合分析城墙沿线区域两方面的特性，确定城墙沿线区域即为焕活老城基因的源点。长安的变迁历史，西安的绝佳机遇，决定着老城复兴的愿景；

城墙的文化图腾，沿线的真空潜力，决定着焕活老城基因的源点就在于此，复兴源点、焕活基因即为我们本次设计的目标

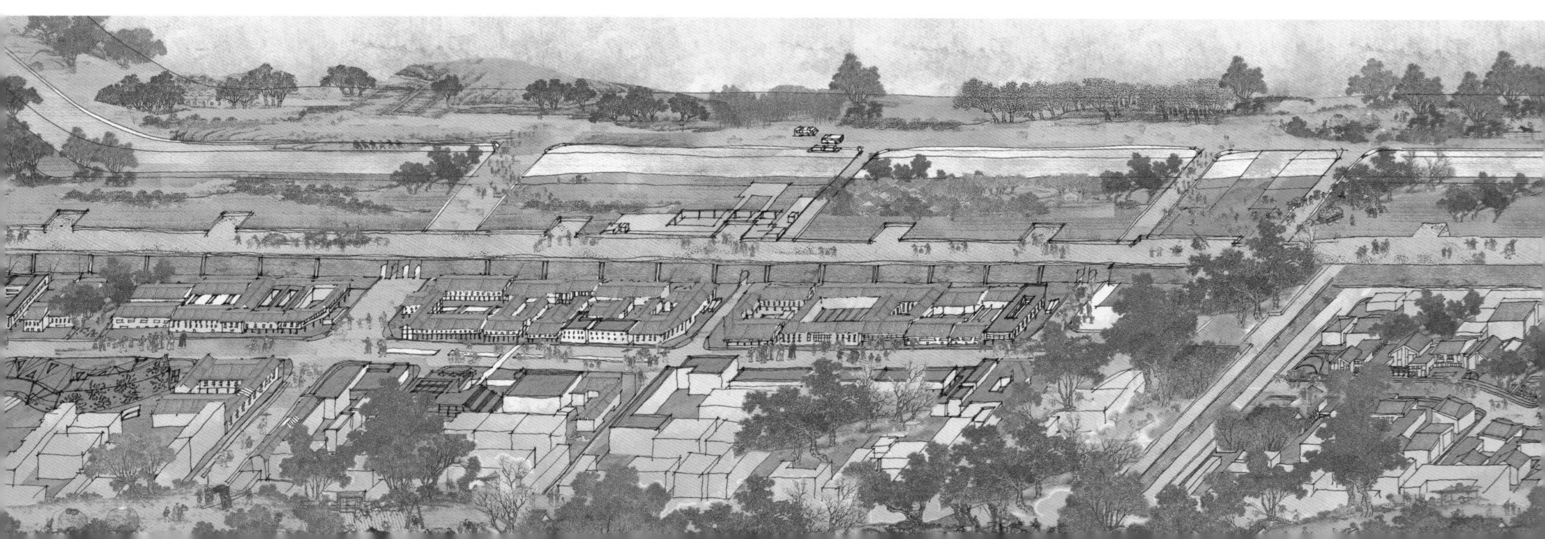

基因激活策略

针对城墙沿线地区“内外割裂，活力不足”的现状问题，提出“联外焕内”的规划策略。针对内外割裂的问题，需要加强对外联系，即为“联外”，针对活力不足，需要焕发内部活力，即为“焕内”。

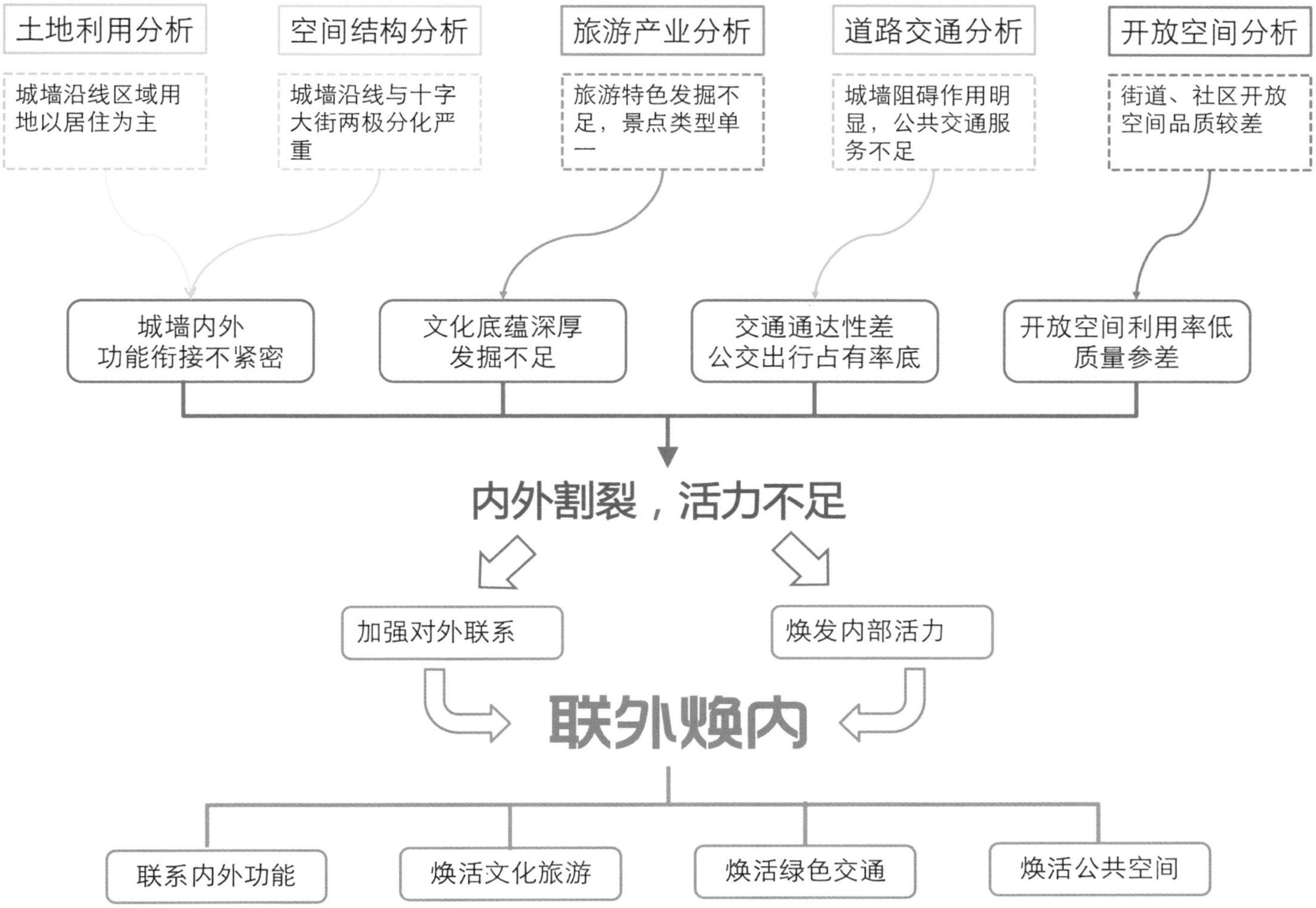

土地利用分析：城墙沿线区域用地以居住为主

空间结构分析：城墙沿线与十字大街两极分化严重

旅游产业分析：旅游特色发掘不足，景点类型单一

道路交通分析：城墙阻碍作用明显，公共交通服务不足

开放空间分析：街道、社区开放空间品质较差

城墙内外功能衔接不紧密

文化底蕴深厚发掘不足

交通通达性差公交出行占有率底

开放空间利用率低质量参差

内外割裂，活力不足

加强对外联系　　焕发内部活力

联外焕内

联系内外功能　　焕活文化旅游　　焕活绿色交通　　焕活公共空间

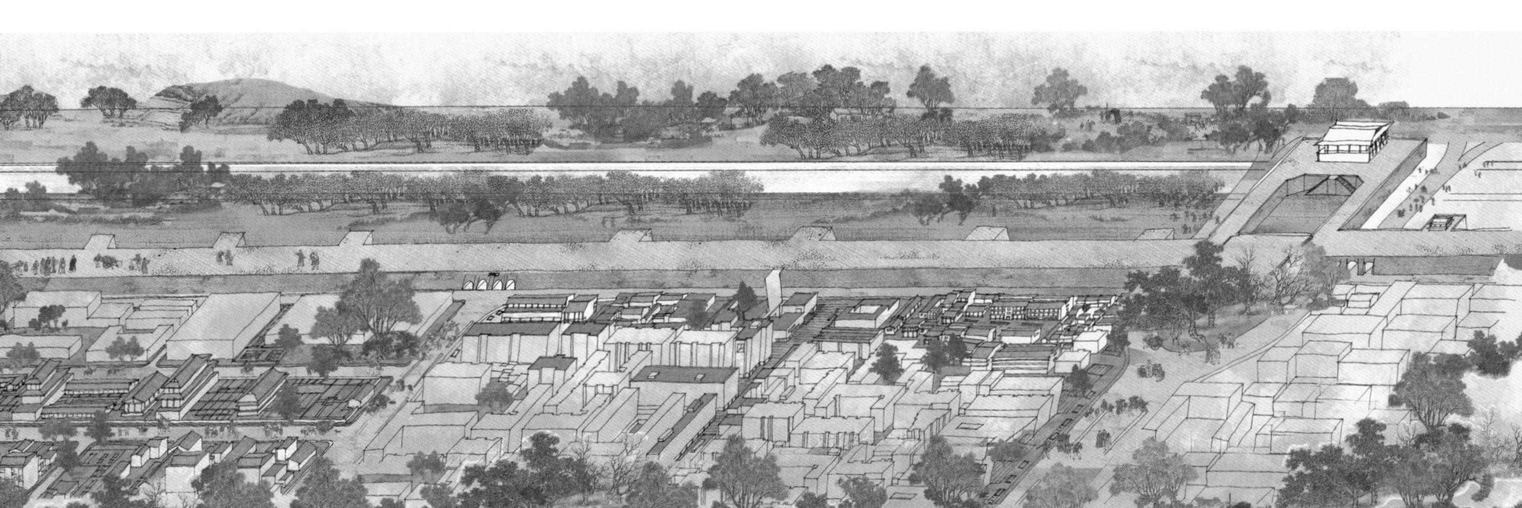

基因激活策略

1 联系内外功能

针对城墙沿线区域缺乏与外部功能联系的问题，我们通过功能带动、交通枢纽、主干道延伸三种手法，在墙外区域寻找功能联系来优化老城功能结构。

A 功能带动

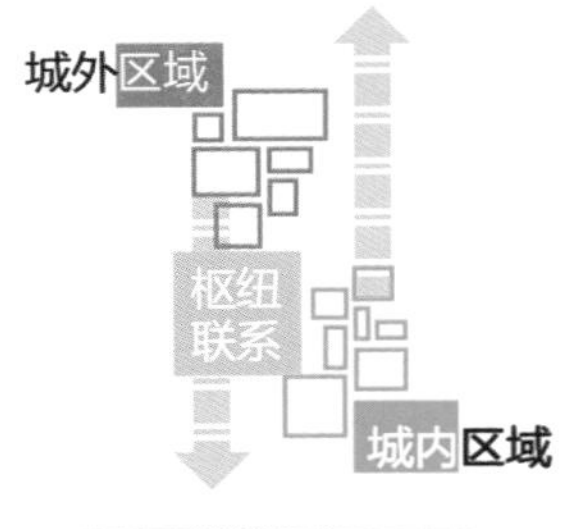

B 交通枢纽带动

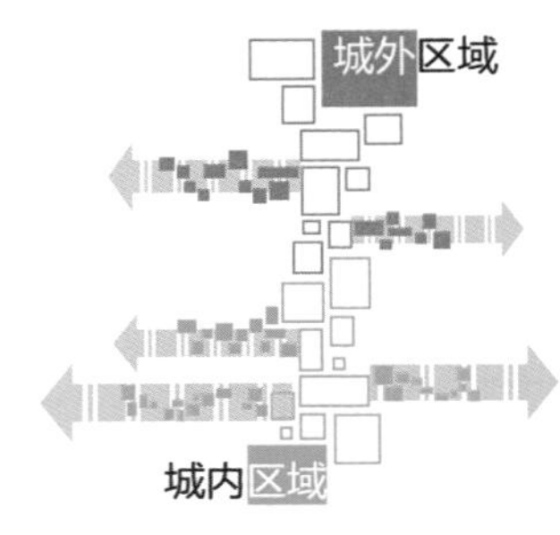

C 依托主干道延伸

大兴新区
DAXING NEW DISTRICT

区域定位：

以五金机电贸易业、商贸服务业、住宅房地产业为主导产业的国际化、现代化商贸新区

大兴新区综合改造作为西安市委、市政府批准实施的首例成片旧城改造、工业企业搬迁改造区域，是西安城市规模化综合改造的重要区域，也是西安建设国际大都市、推进城市建设的重大工程。

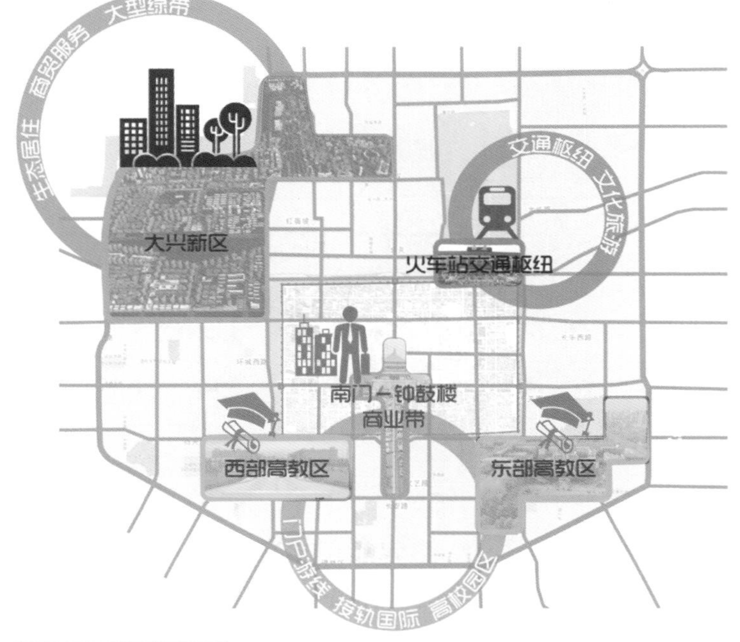

火车站片区
TRAIN STATION AREA

区域定位：

以服务普速、动车、城际衔接换乘为主要功能，集轨道、公交为主导，出租、小汽车为一体的现代化综合客运交通枢纽。

西安站是我国路网中联通西北、西南的交通枢纽，特等火车站。未来西安火车站将建设北广场与大明宫衔接，并开行动车和城际线路，预测2030年发送量4800万人次。

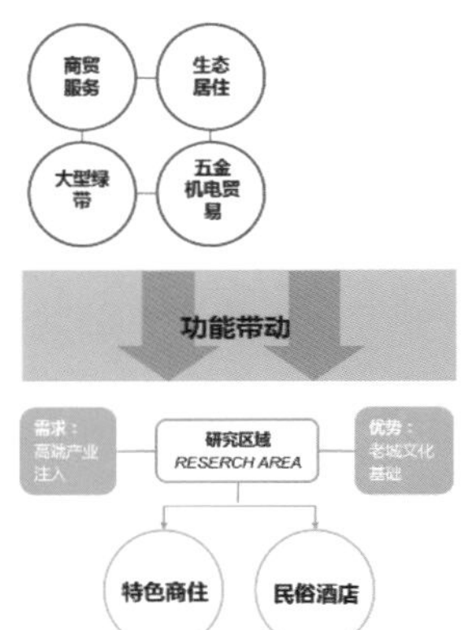

南门－钟鼓楼商业带
NORTH GATE COMMERCIAL AREA

城南高教区
ADVANCED EDUCATION AREA

区域特征：
西安市最大、最具影响力、历史最悠久的商圈，游览老城经典景区的必经之路，国际游客密集。

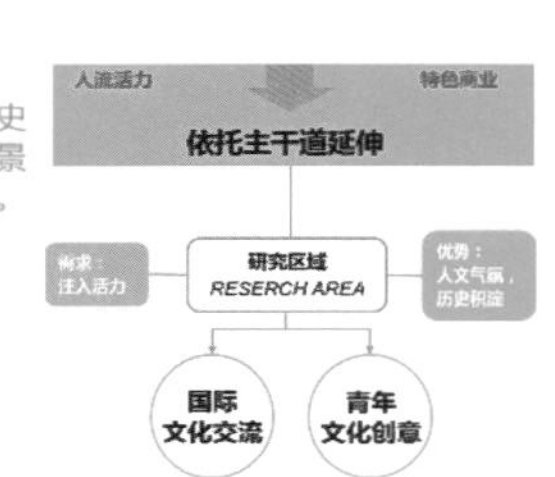

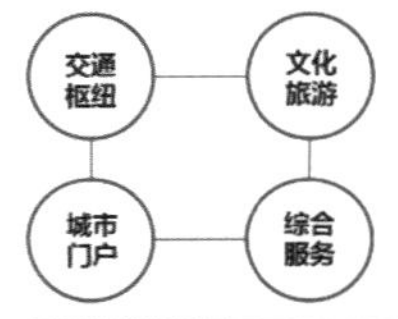

1.1 联系老城中心功能

通过联系老城内钟鼓楼商业带具有的商业活力，带动老城南门附近地区发展。通过联系北院门地区的人流活力，带动老城北部地区发展。

1.2 联系老城外部功能

老城西北部的大兴新区的商贸服务、生态居住以及汉长安城遗址等功能，为老城西北部发展商贸服务和民俗旅游提供基础。东北部西安火车站是综合交通枢纽，重要的旅游集散地，为老城东北部发展商业、旅游业提供基础。城外南部地区的高教区是老城内发展文化创意产业的潜力点。

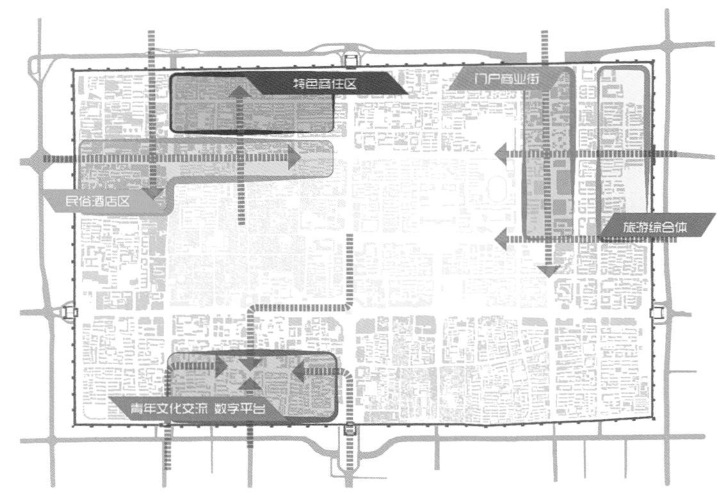

功能联系区

基因激活策略

2 焕活文化旅游

针对老城内旅游目前存在的现状文化挖掘不足的问题，提出原生文化体验，新生文化创享的方式，通过对传统文化的在开发和现代新文化的植入，打造老城内“一环四片”的文化旅游结构，焕活老城文化旅游。

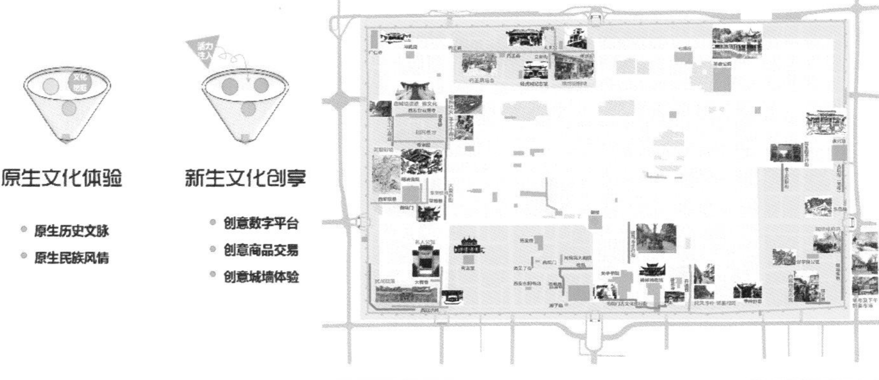

现状文化资源分析

新城墙文化体验环

信息城墙体验

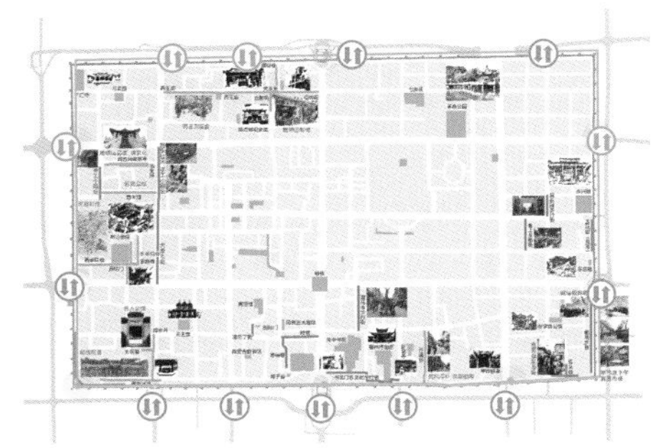

城墙上下多元体验

片区一：药王洞民俗文化体验

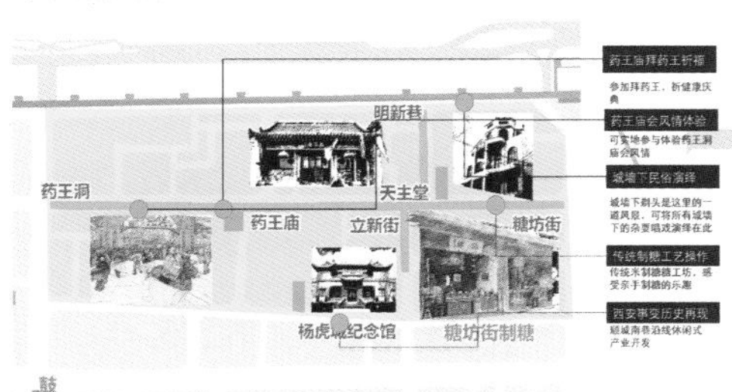

片区二：洒金桥多元文化体验

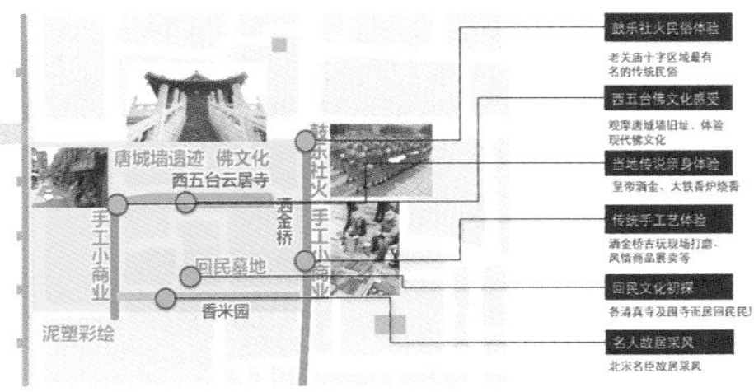

片区三：丝路大巴扎

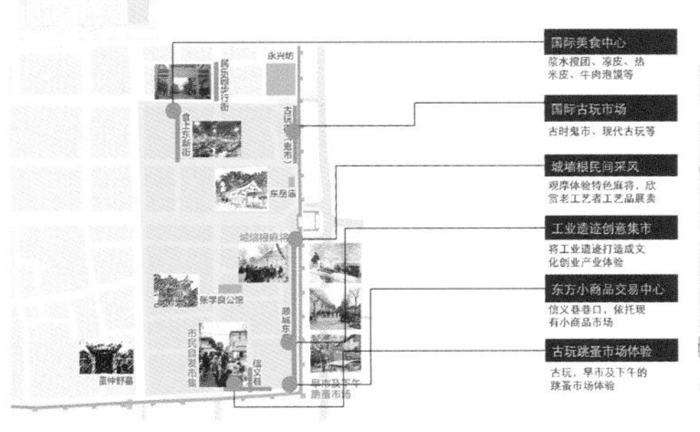

片区四：青年国际文化交流

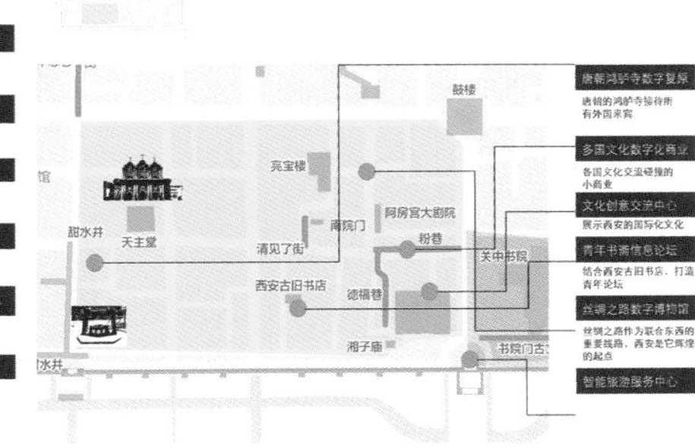

2.1 新城墙文化体验环

规划区内保持原有城墙上的自行车游线，基于对老城内部现有景区，结合马道，设计增加城墙上下的人行出入口，增加城墙文化体验方式，结合数字文化展示、极限运动等营造城墙多元文化体验。

2.2 四个文化体验片区

通过对地块特色挖掘，营造四个不同特色的文化体验片区。

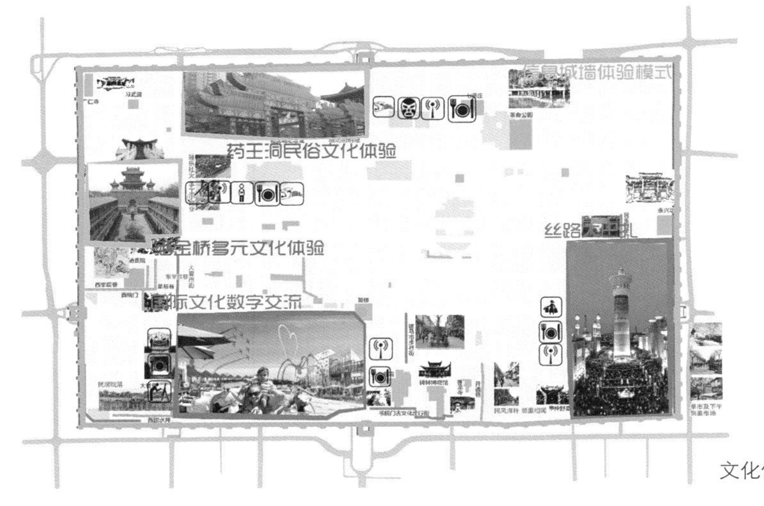

文化体验区

基因激活策略

3 焕活绿色交通

针对城墙沿线区域缺乏与外部功能联系的问题，我们通过功能带动、交通枢纽、主干道延伸三种手法，在墙外区域寻找功能联系来优化老城功能结构。

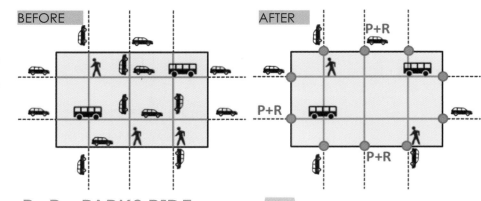

BEFORE

AFTER

P+R

城墙上下内外的联系

居民区 环城公园 顺城巷 城墙 环城公园 护城河

P+R：PARK&RIDE

城外　城门区域：停车换乘枢纽　城墙　城内：完善公共交通系统

绿色交通的原则

连接　公交车和地铁、自行车道、步行系统，相互联系城墙上下、城墙内外的连接

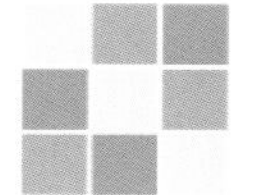

结合　公共交通注意结合周围已有的和规划中的商业用地和开放空间，带动商贸发展

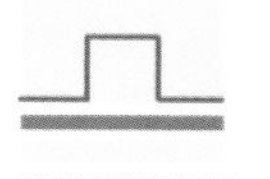

分流　自行车游线分流到与主干道平行的次级道路上游线尽量避免穿越城市主要道路交叉口

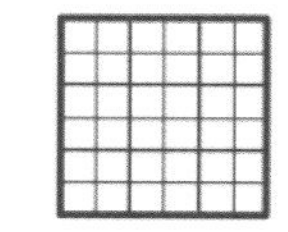

系统　构建四个层次公共交通系统，公交+地铁—电瓶车—公共自行车—步行

结合交通枢纽、景区和商业

商业用地　文化用地

公交站点及线路规划图

规划区在原有公交系统的基础上，在各城门外建立P+R交通枢纽，城内则合理分布各交通站点，增加顺城巷交通线路，增强顺城巷的可达性。

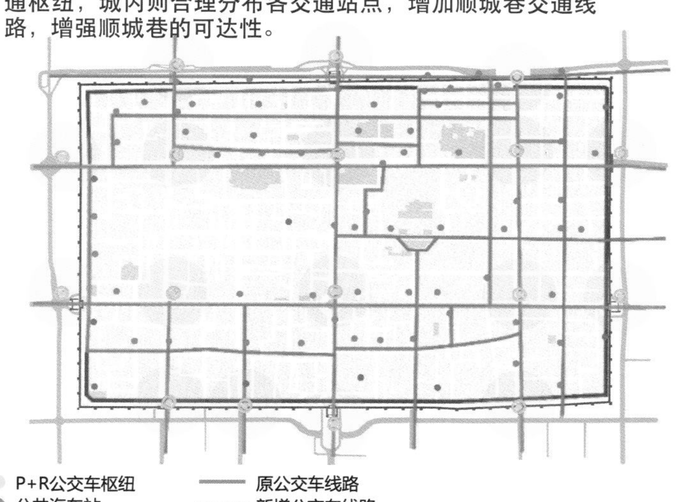

综合旅游系统规划图

建立电瓶车—自行车—步行三级游线交通网络串联内部重要的吸引点和商业设施，形成城市主城范围内古都游览线路。

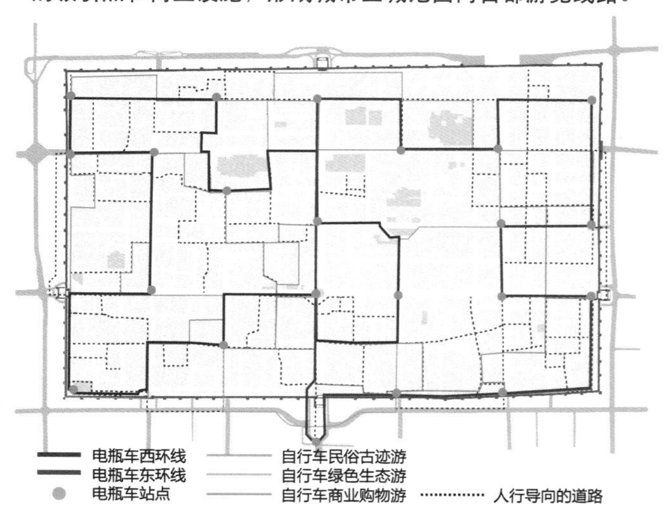

基因激活策略

4 焕活开放空间

焕活开放空间，通过打通壁隔、增强可达性和提升品质三个方面提升环城墙区域的街道、绿地、广场等开放空间，从而带动周边地块发展更新。

打通社区内外开放空间

(1)置入街道家具

(2)满足不同人群需求

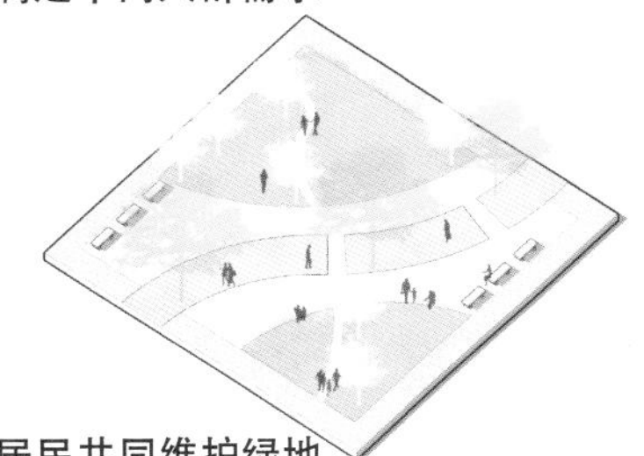

(3)居民共同维护绿地

焕活开放空间策略图

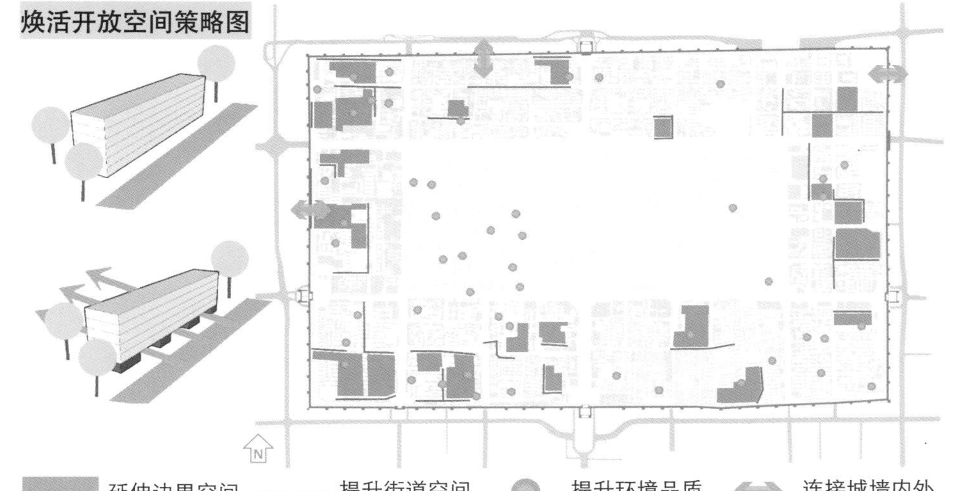

打通社区内外开放空间

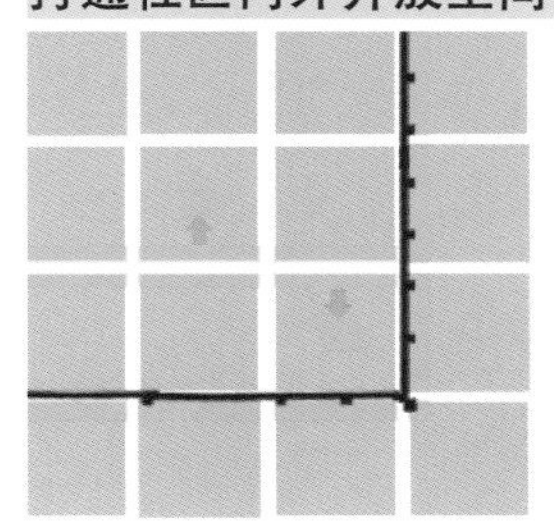

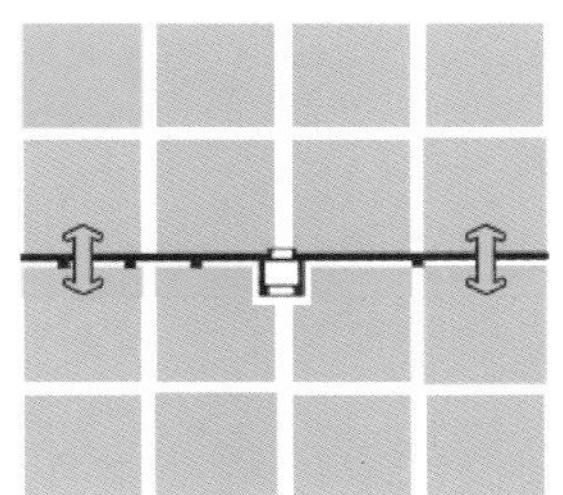

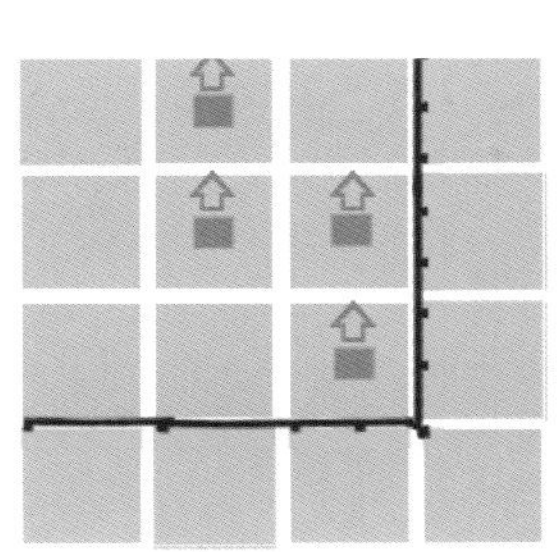

增加环城公园可达性

技术路线

人群意愿调查

人口结构服务

源点评估

叠加手段策略

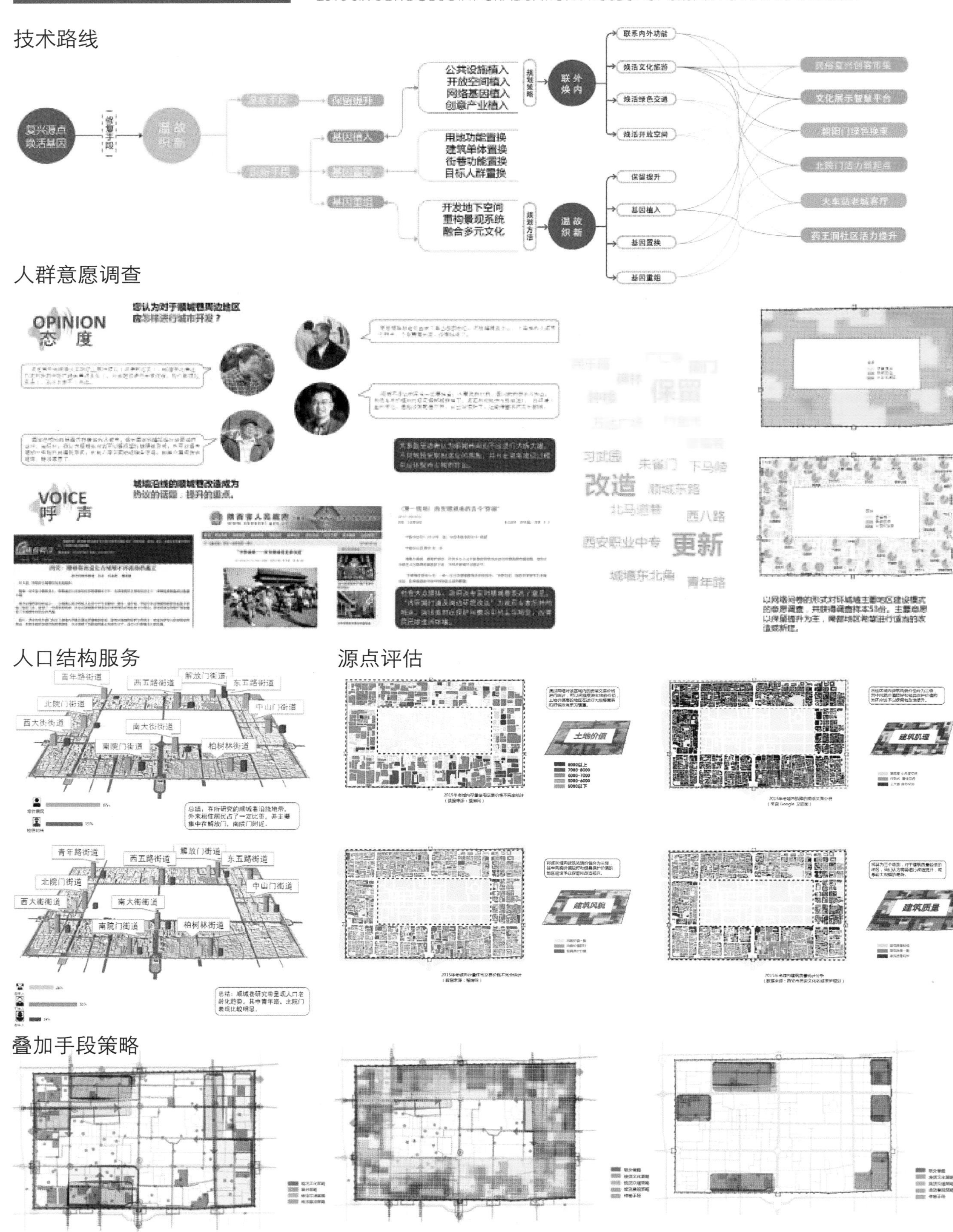

基因比拟

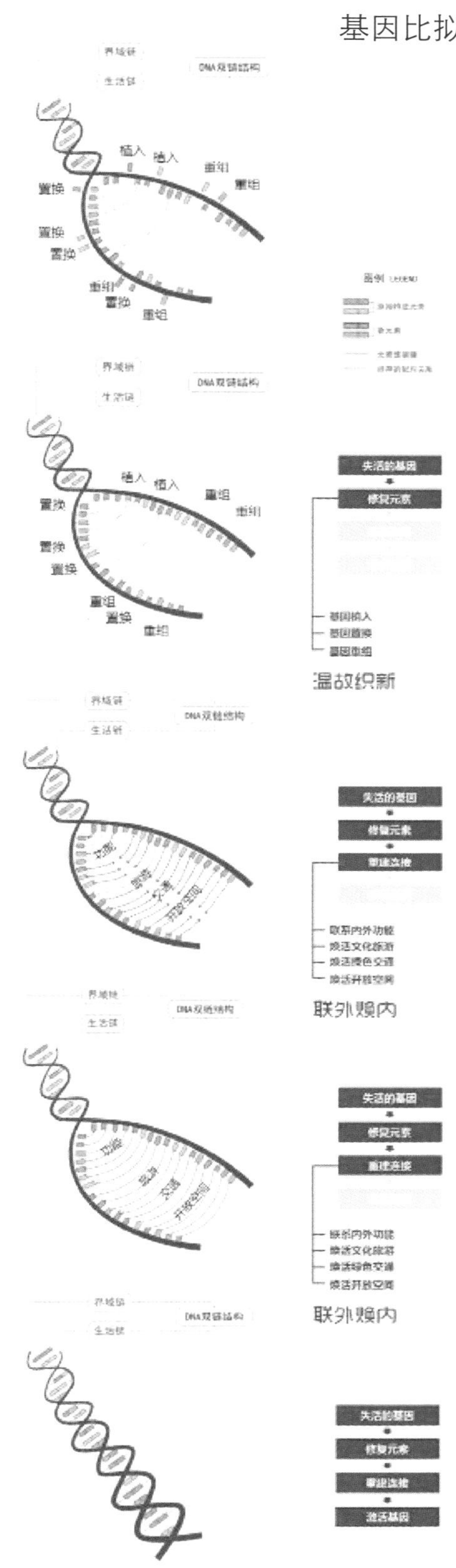

自组织更新

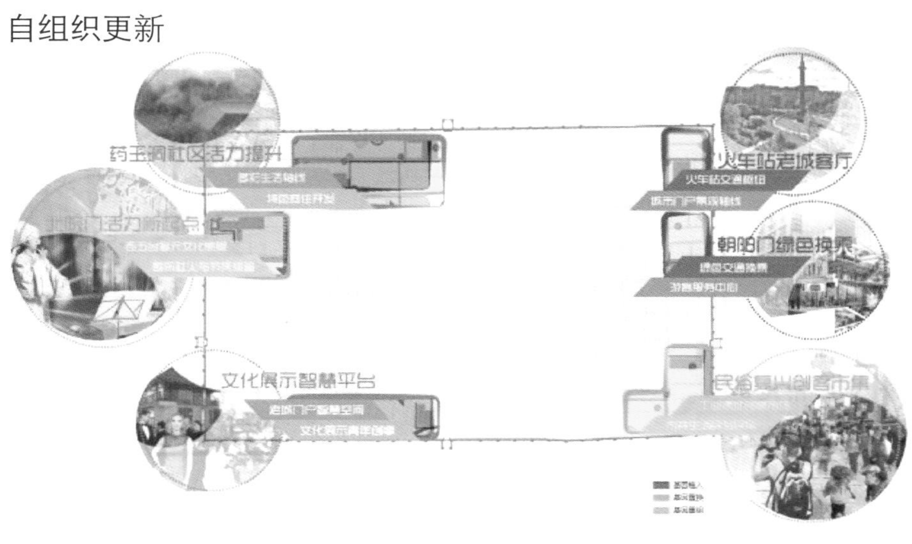

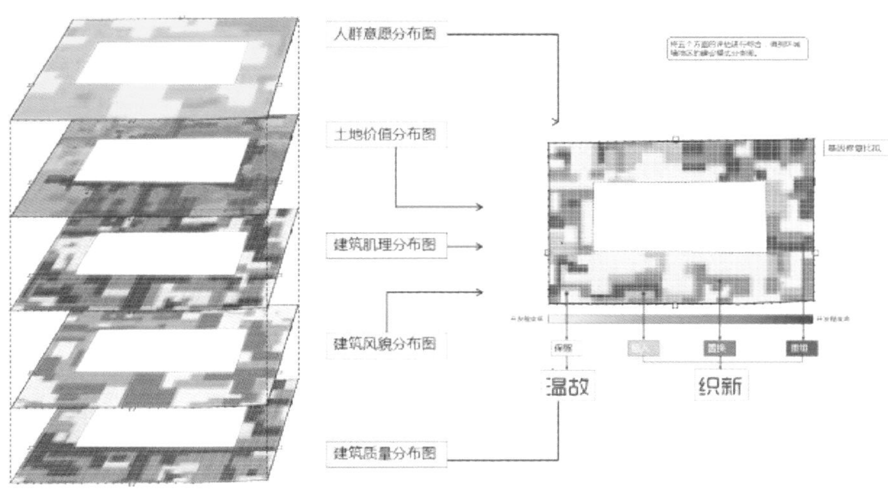

三种更新手段

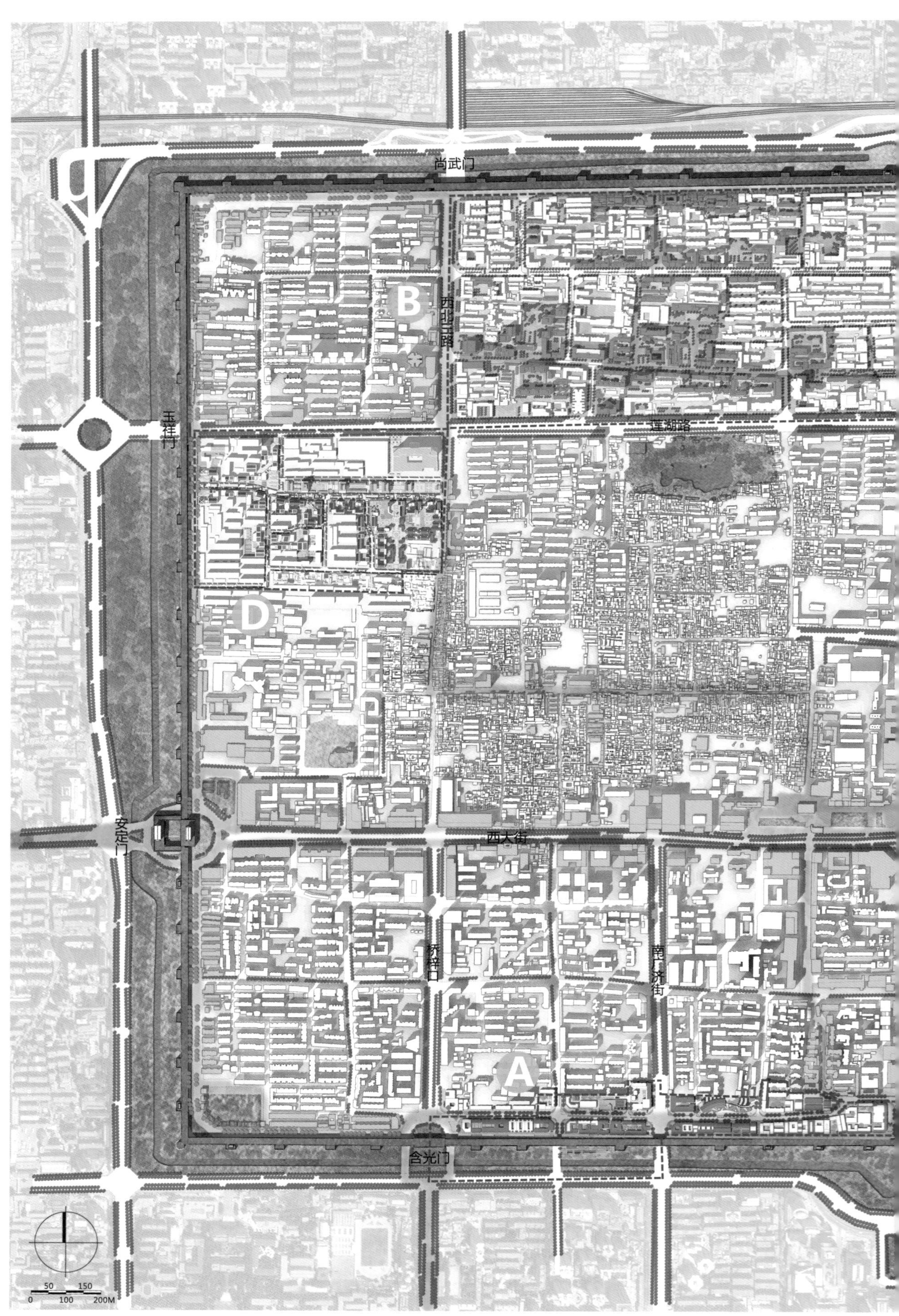
尚武门
B
西北三路
玉祥门
莲湖路
D
安定门
西大街
桥梓口
南广济街
A
含光门
50 150
0 100 200M

西安站
西五路
朝阳门
解放路
东新街
中山门
南新街
东大街
长乐门
柏树林
和平路
和平门

A 基因植入之文化展示智慧平台
B 基因植入之药王洞社区活力提升
C 基因置换之民俗复兴创客市集
D 基因置换之北院门活力新起点
E 基因重组之朝阳门绿色换乘
F 基因重组之火车站老城客厅

基因植入手段

类型一：公共设施植入

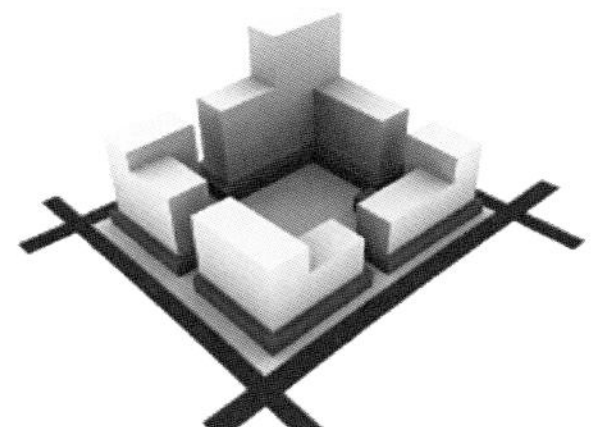

社区内部植入公共设施

打通公共设施之间的联系带

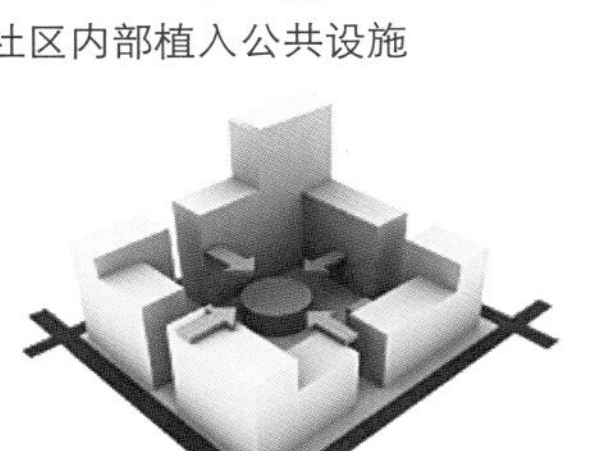

社区中心植入公共设施与社区产生联系

各个社区中心的公共设施相互联系

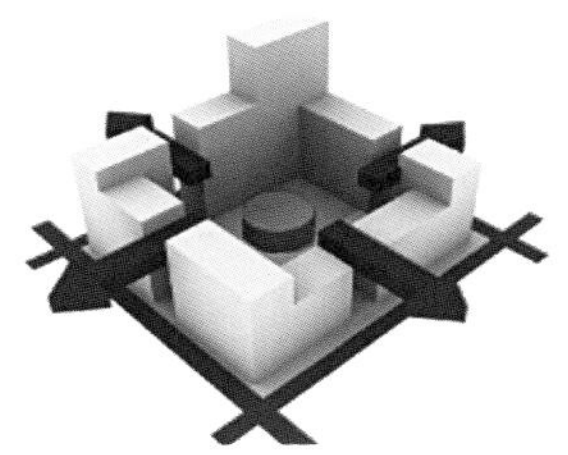

植入社区中心公共设施与外部的联系

社区组团之间植入更大的公共服务中心

类型四：创意产业植入

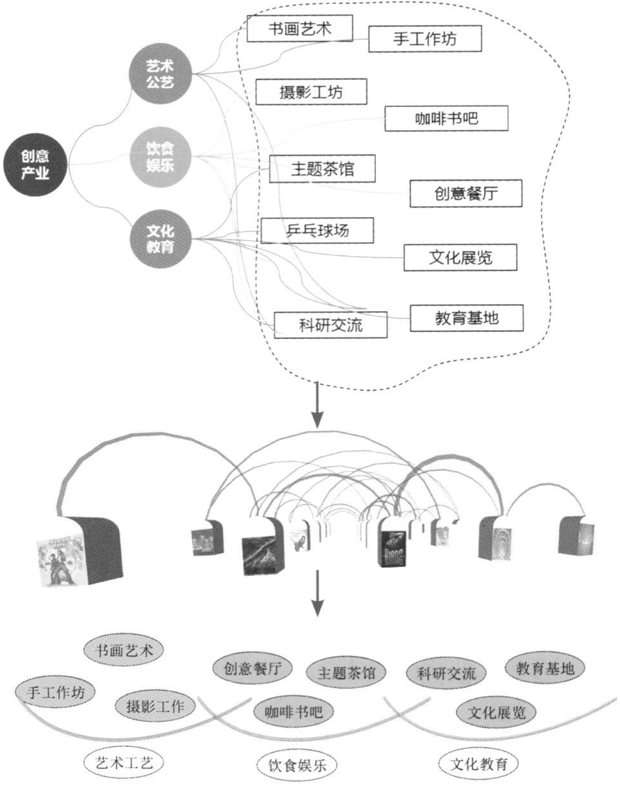

类型二：开放空间植入

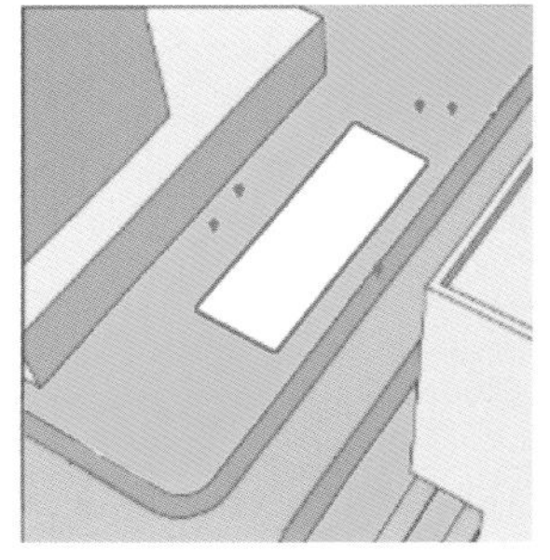

空地

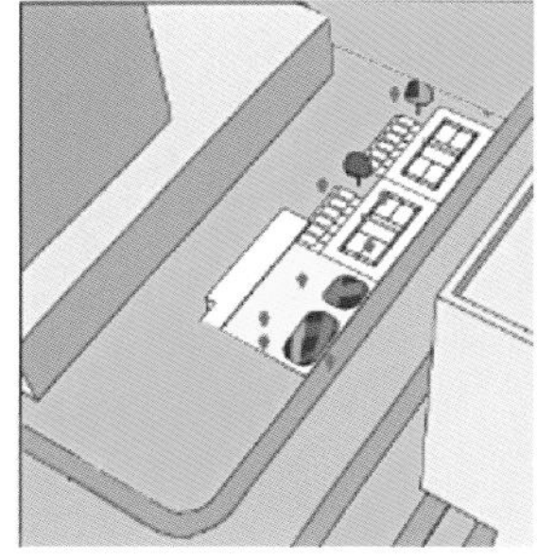

植入开放空间

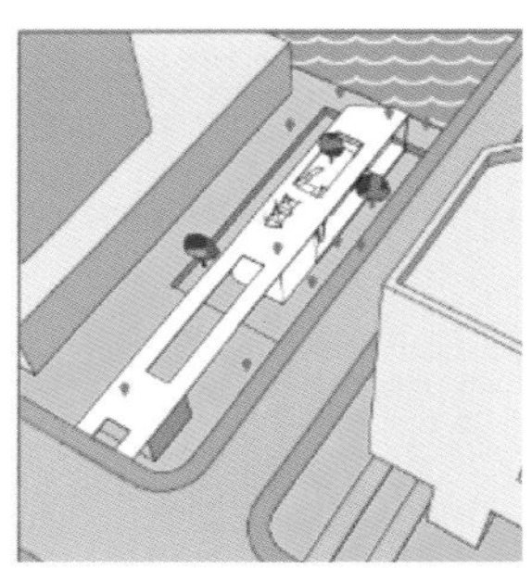

开放空间立体设计

提取街巷肌理

植入开放空间模式

新的开放空间模式

类型三：智慧技术植入

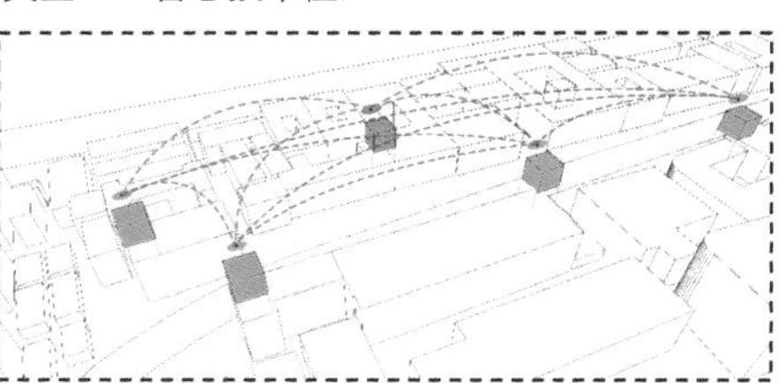

街巷网络交流模式

通过植入小型信息交流平台促进交流和发展

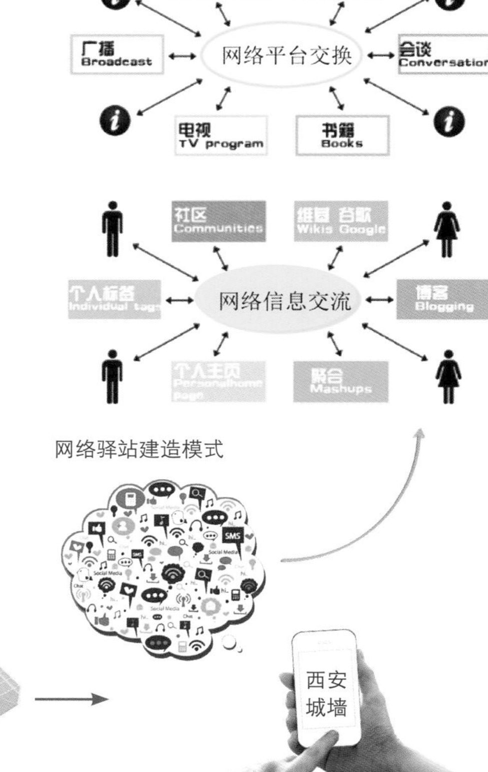

网络驿站建造模式

基因置换手段

类型一：用地功能置换

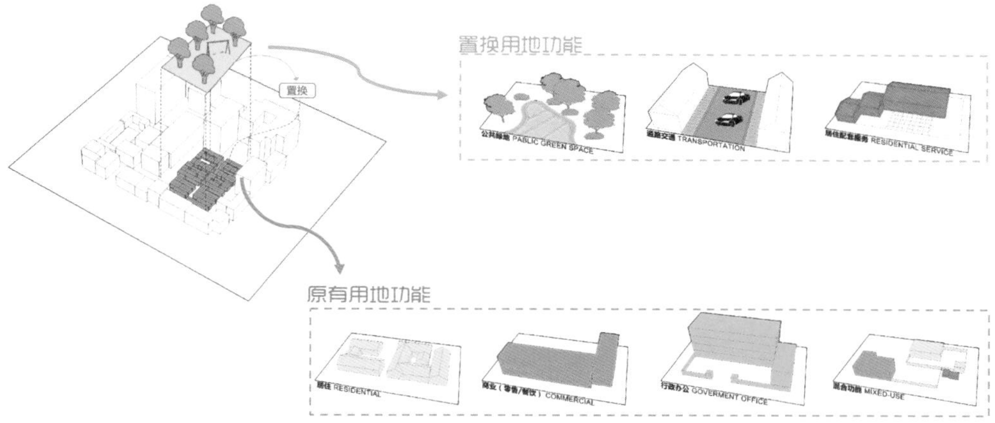

将原有的棚户居住区、临街小商业、外迁后的行政办公用地以及零碎的混合功能用地进行功能置换。

将原有用地功能转变为服务社区居民的公共绿地、配套服务设施以及道路交通用地。

类型二：建筑单体置换

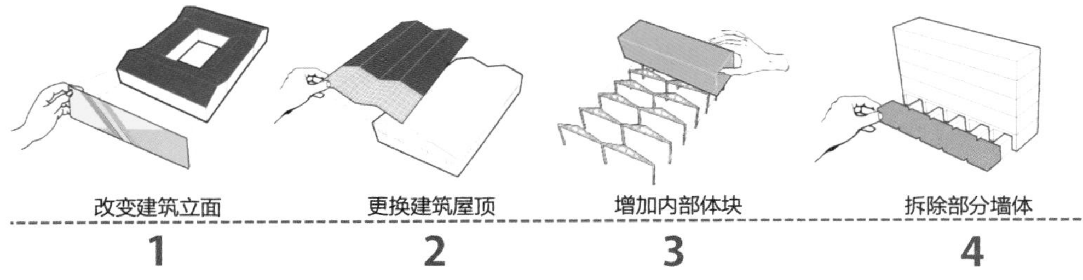

通过对老旧建筑的立面改造、屋顶更新以及内外结构的改变从而使旧建筑能够适应新功能，实现可持续利用。

在具体的改造方法上，可以根据建筑物的质量评估，手段由轻到重，有重点和侧重地进行设计，使新旧建筑实现一定程度上的协调。

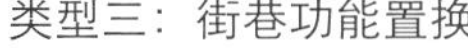

类型三：街巷功能置换

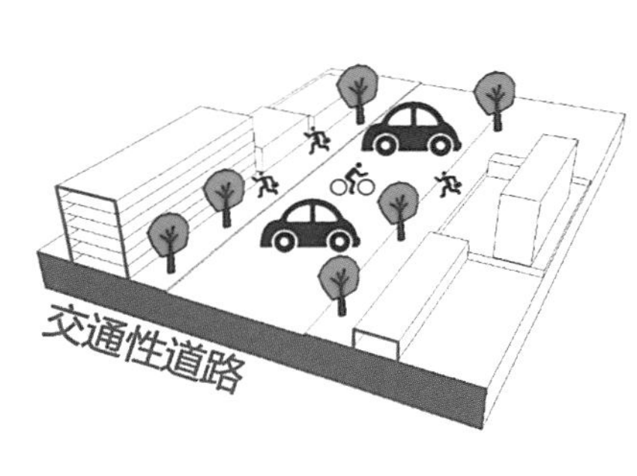

- 增加公共交通线路和站点
- 增加自行车专用道
- 增加街头绿地
- 局部增加沿街商铺数量和种类
- 规范沿街商铺店面形式

- 减少过境交通数量
- 部分路段改为单行道
- 清理路边堆放垃圾杂物

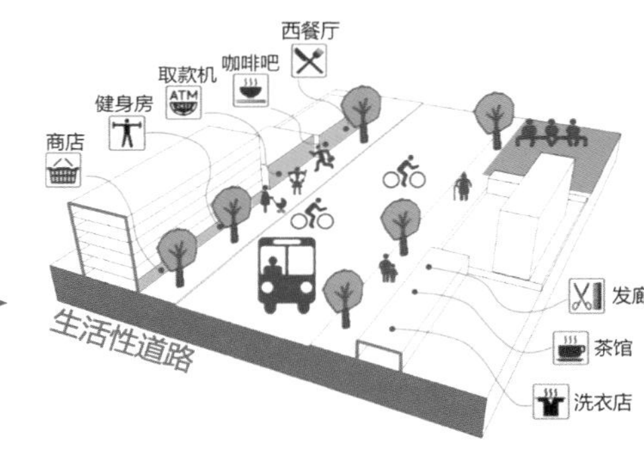

类型四：目标人群置换

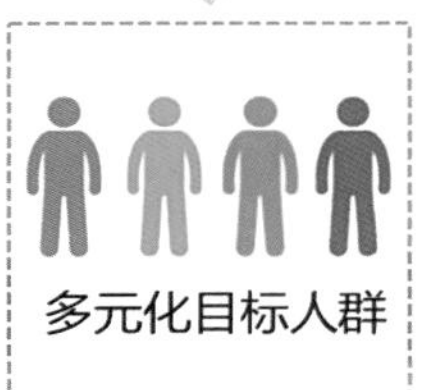

吸引不同人群的活动

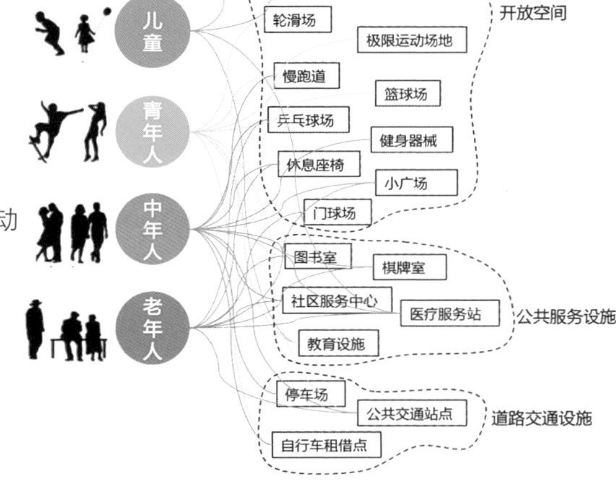

对部分街巷通过减少交通性功能，增加生活性功能的方式进行功能置换，成为服务周边社区居民，具有生活活力的街道。

在设计中考虑不同人群的需求，从开放空间、公共服务设施、道路交通等方面针对多元化目标人群进行设计。

西安城墙沿线改造后可以吸纳更多人群，为原本衰落的老城注入更多的活力，通过添加设计不同的活动场所使沿线更加宜居宜业。

基因植入手段

类型一：开发地下空间

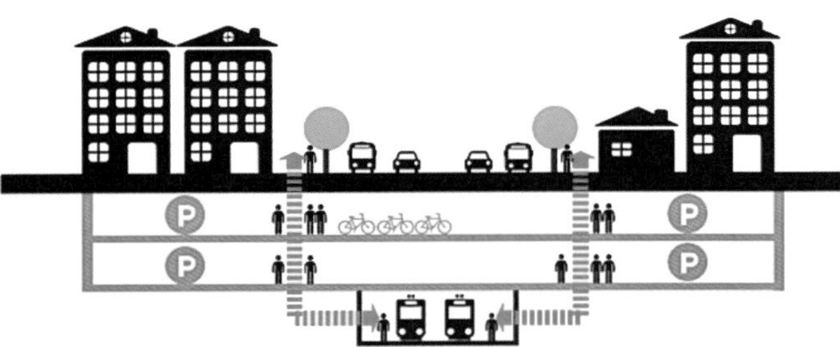

地下交通换乘

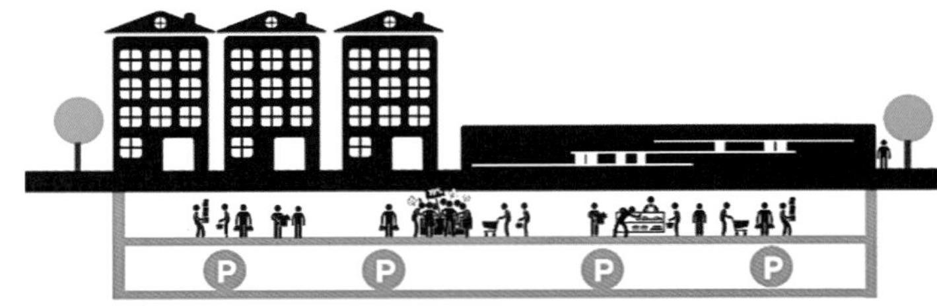

地下商业街

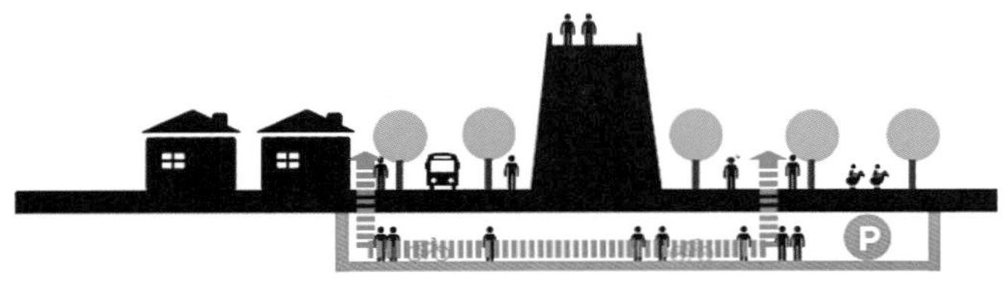

连接城墙内外

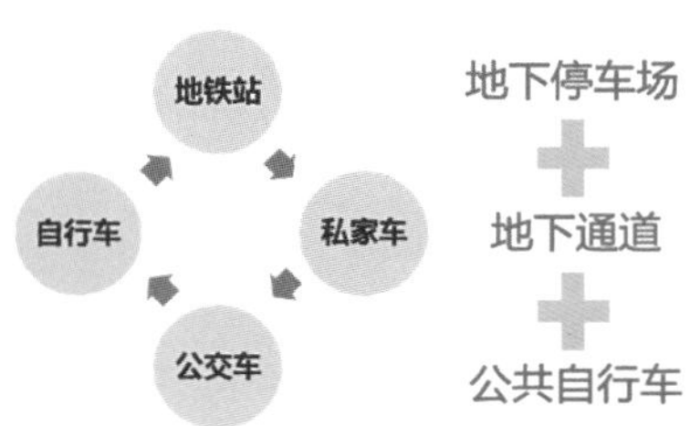

老城内受限于建设高度限制、风貌协调等因素，因此在设计中可充分利用地下空间，考虑交通换乘、地下商业以及通过地下通道连接城墙内外等方式的开发利用。

利用地铁站，自行车，私家车，公交车之间的换乘实现高效出行，促进社区生活的便利。

类型二：重构景观系统

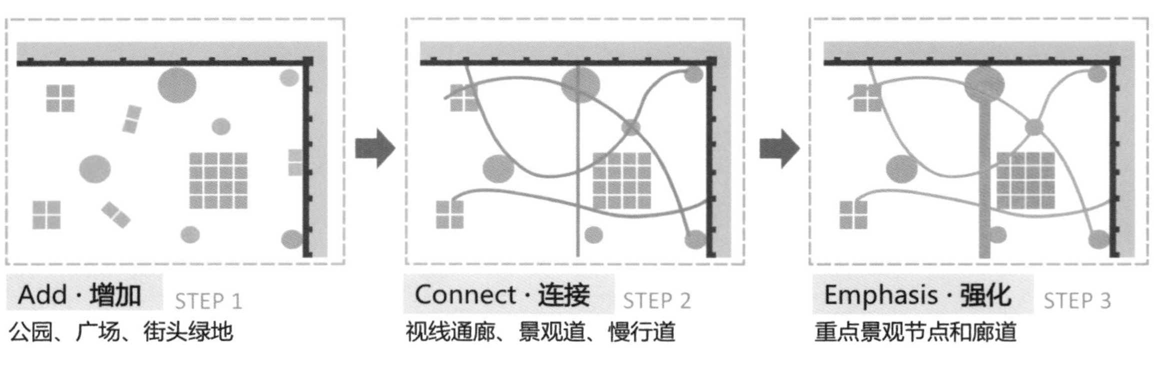

在设计中通过增加公园、广场、街头绿地等景观节点，以视线通廊、景观道、慢行道等景观廊道进行连接，并强化城市重要景观轴线和节点，从而重构该片区的景观系统。经过增加，连接，强化的设计步骤，试图实现街区景观的共享使用。

类型三：融合多元文化

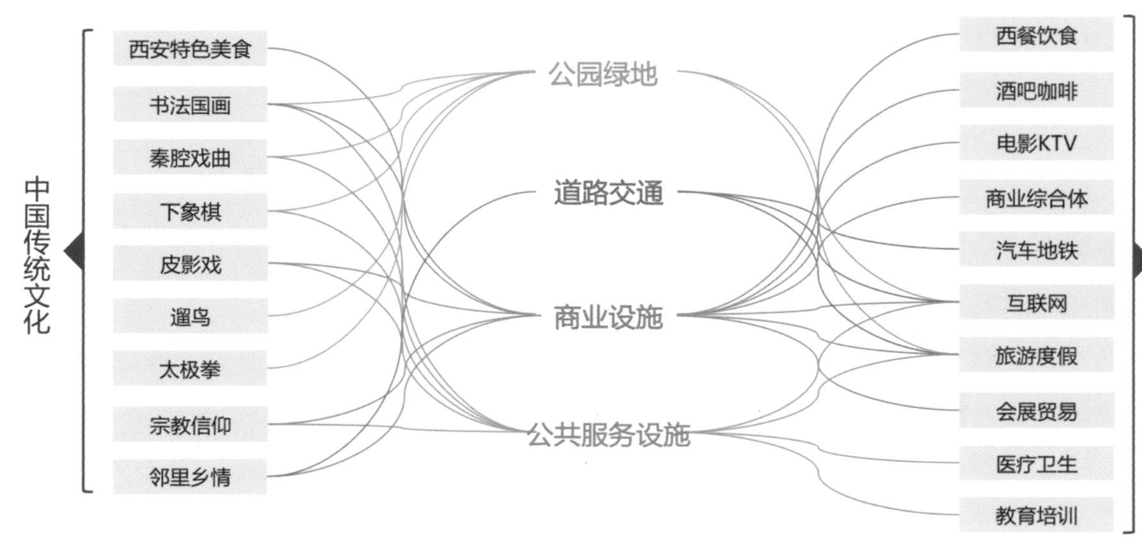

在城墙沿线地段的更新发展中，通过对公园绿地、道路交通、商业设施以及公共服务设施的合理规划设计，使其既更够传承中国传统文化，又迎合现代国际化需求。

融合多元文化，带动地区发展。通过大胆的设计创新，试图为地块注入新的活力。同时也为居民提供新的文化生活。

文化展示智慧平台

1 基地概况

文化展示智慧平台片区总用地面积 13.2 公顷，东至永宁门，西至含光门，总长度 1.2 公里，为一包含城墙内外的带状区域。该地块主要承接联外焕内策略中的联结外部功能和焕活文化旅游两方面。结合内外功能组织和智慧城市导向，对顺城巷空间进行改造优化，并植入新型产业和智慧技术激活区域发展，丰富南门旅游圈内涵，为顺城巷增添时代活力。

2 方案生成

基地东接老城门户南门－钟鼓楼轴线，西联含光门，中有朱雀门，区位条件良好，但现状却相对冷清，尤其是含光门到永宁门之间的这条顺城巷，相比永宁门东侧顺城巷更是毫无人气可言。针对上述现象，方案从集约开发触媒植入，顺城巷慢行化，丰富街道界面，以及地下空间联通内外四个角度生成。

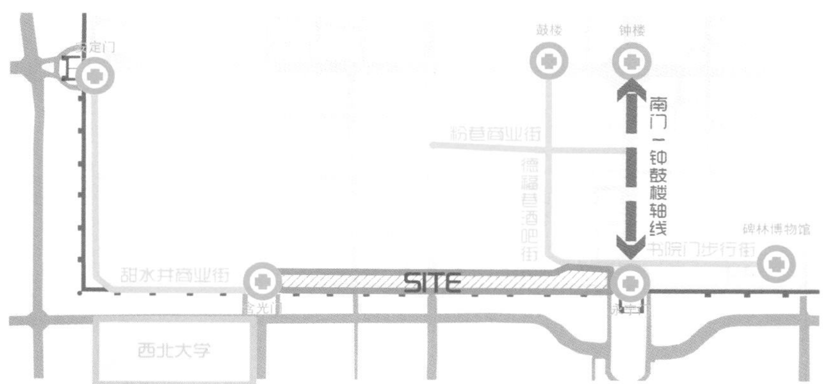

1

基地东接湘子庙－德福巷－竹笆市历史风貌区，西衔甜水井商业街，是老城旅游商业系统中的重要一环。

2

基地西侧含光门外就是西北大学校区，再加之西交大、西建大、西理工等高校毗邻，可利用其丰富的智力资源，植入青年创新、创业职能。

3

南门－钟鼓楼轴线为其两侧带来了大量人口流动和发展机遇，可优化提升区内业态功能，将客流引入。

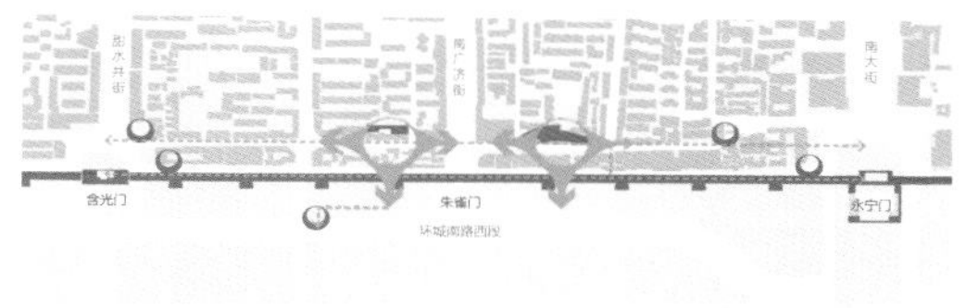

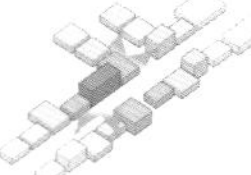

1 集约开发、触媒植入

（1）根据现状建筑风貌和质量确定拆除、改　建、保留的建筑；（2）植入触媒点激活这一地段的活力。

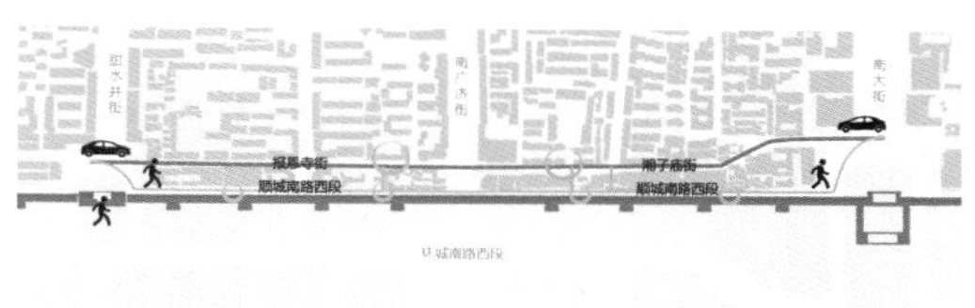

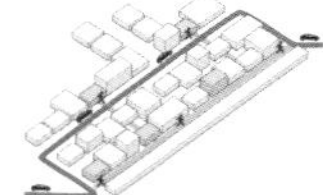

2 顺城巷慢行化

（1）顺城南路西段的交通分流到湘子庙街和报恩寺街，完全步行化；（2）增加开放空间节点，优化步行环境。

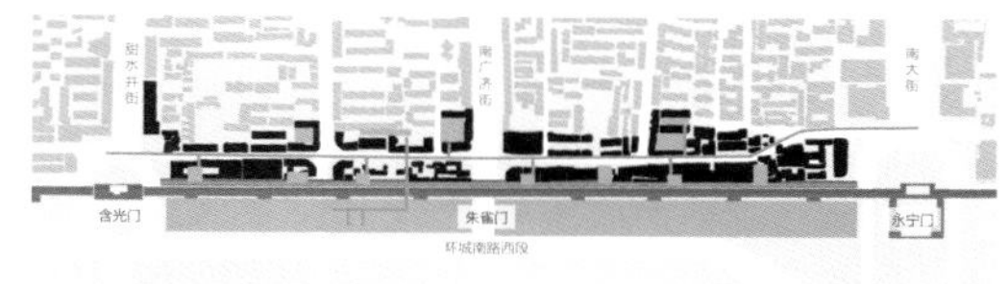

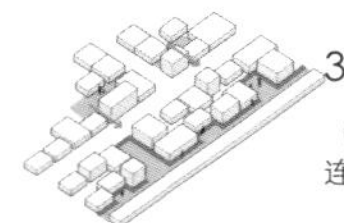

3 丰富街道界面

（1）丰富顺城巷街道界面；（2）社区绿地连接外部人行道。

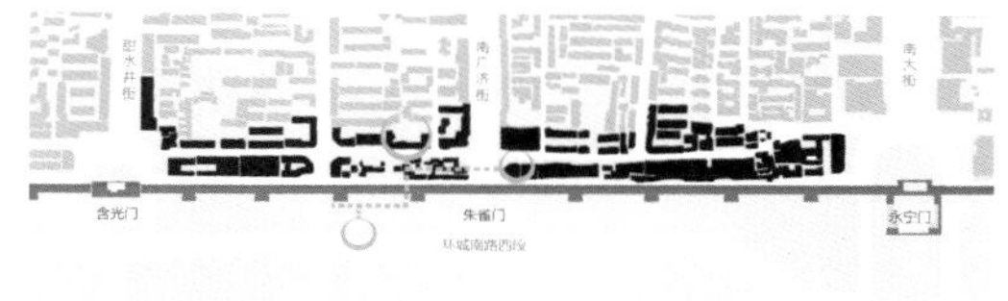

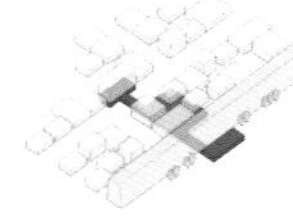

4 地下空间联通内外

（1）利用地下空间加强城墙内外的人行联系，实现与公交系统的无缝接驳；（2）过街地下通道，方便日常通行。

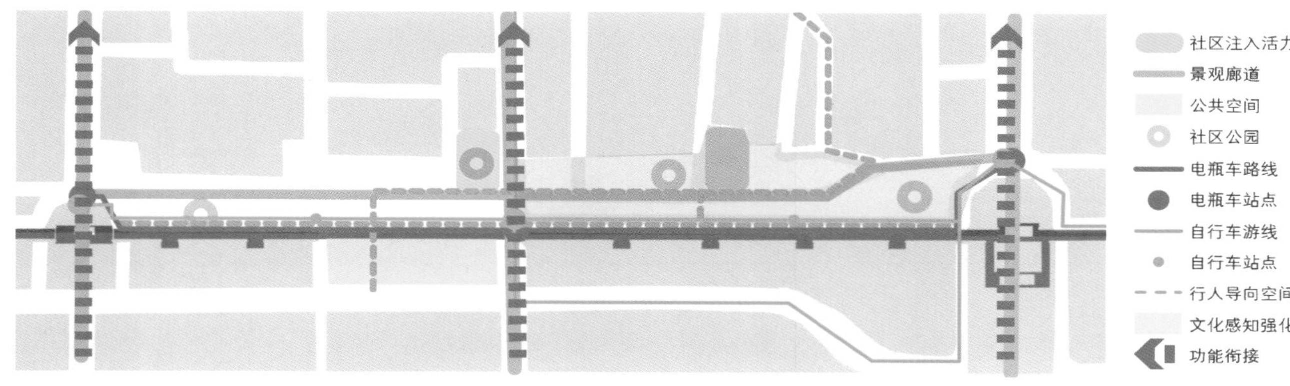

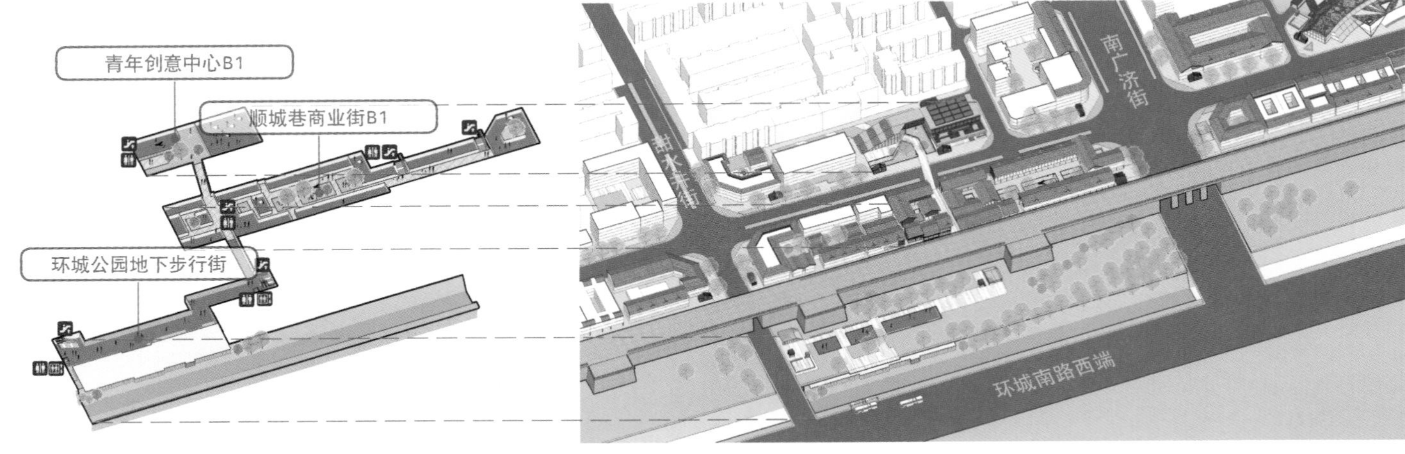

3 基因植入

(1) 开放空间植入

开放空间植入分为地下空间开发和顺城巷立面收放两方面。

在青年创意乐活街区开发了联通两个街区以及城墙内外的地下步行街，步行街使行人更便捷的穿越南广济街到达老城风情智慧街区，并且和小南门公交站紧密衔接，增加城外可达性。

同时，为了丰富顺城巷的界面空间，对可改造建筑进行底层后退、两侧后退、底层架空、贯穿中庭等处理，形成界面丰富的漫步空间。

剖面 A-A

剖面 B-B

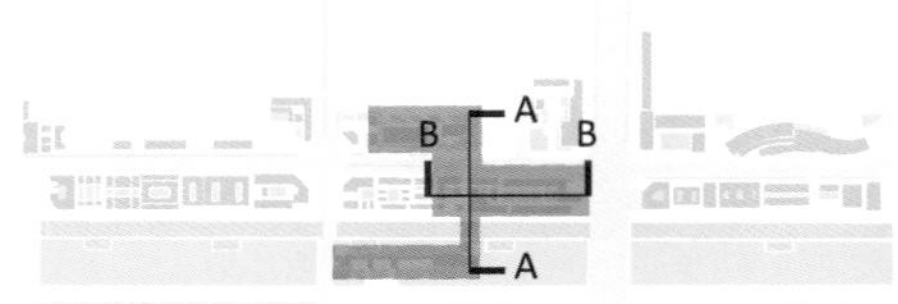

经济技术指标

总用地面积	13.2 ha	平均层数	45%
总长度	1.2 km	建筑密度	3.4
容积率	1.1	停车位	600 个

① 永宁门游客信息中心
② 湘子庙
③ 老城文化数字展示中心
④ 城墙光影秀
⑤ 青年创意中心
⑥ 顺城巷商业街
⑦ 青年剧场
⑧ 环城公园步行街
⑨ 社区公园
⑩ 小南门车站
⑪ 含光门游客信息中心

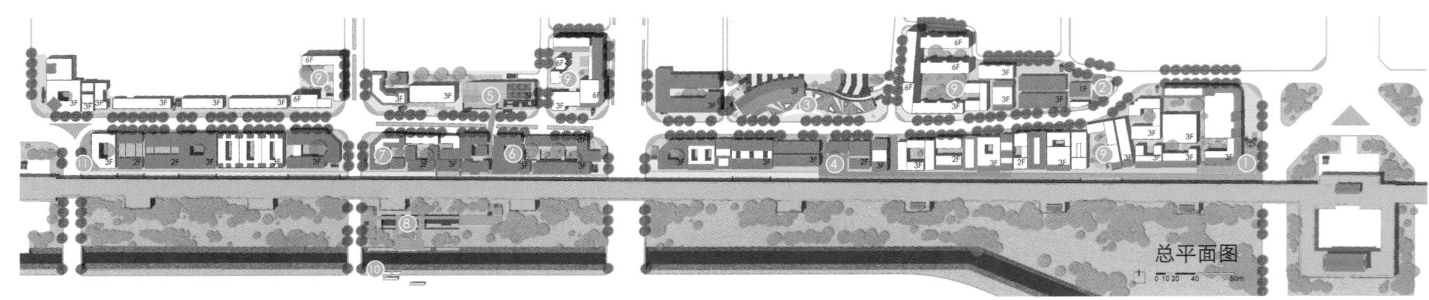
总平面图

（2）新型业态植入

向基地内部直入老城文化数字展示和青年创意中心两种业态，其中老城文化数字展示包括展示中心、公共信息亭和数字休闲区等；青年乐活创享包括青年创意中心、青年剧场和原创设计店铺等。通过这两种新型业态的植入催化周边产业发展，同时周边现有产业也进行自身的整合更新。

（3）智慧技术植入

基地内部分布有公共服务信息亭，提供票务预定、存取款、WIFI 上网、语音导览租赁等多种功能。信息亭由模数化的单元组成，可根据可用地大小以不同方式拼接组合。除此之外，基地内的中小型公共空间都分布有数字休闲区，可提供居民和游客太阳能充电、WIFI 免费上网、电台播放等功能。老城文化数字中心更是应用主流数字技术，全息投影还原盛唐皇城，并通过历史天阶展现光影卷轴。通过以上多样化的数字信息技术应用，最终形成多样化的服务空间。

| 公服信息亭

| 数字休闲区

| 老城文化数字展示中心

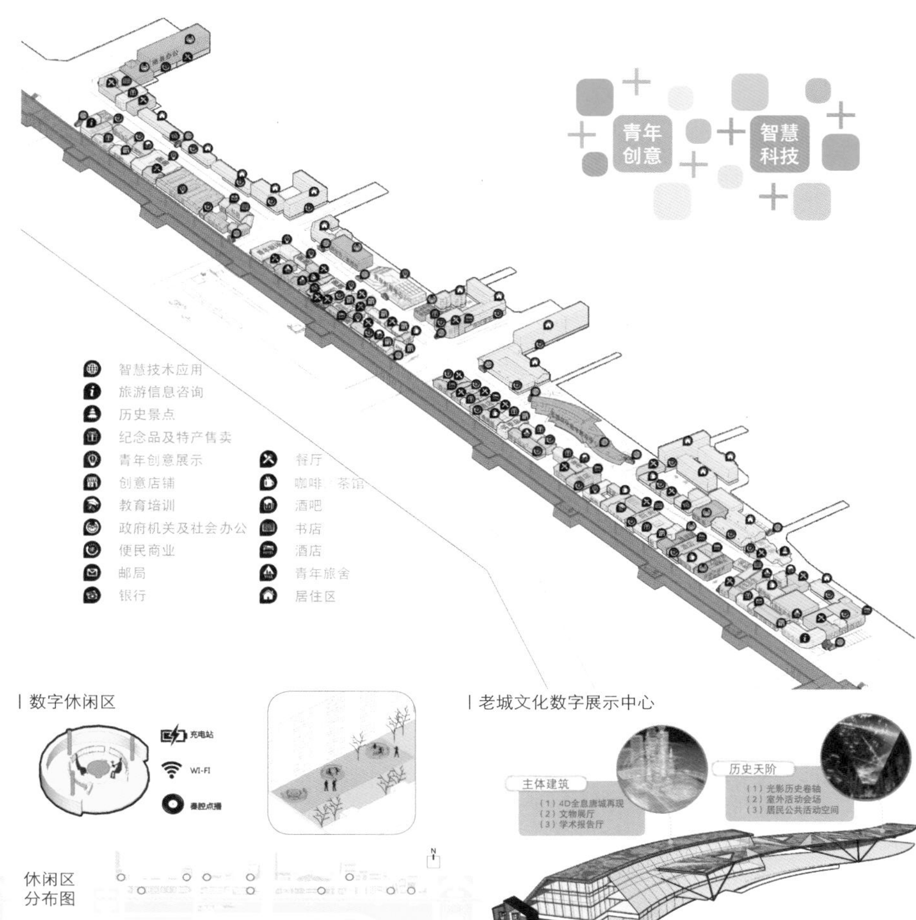

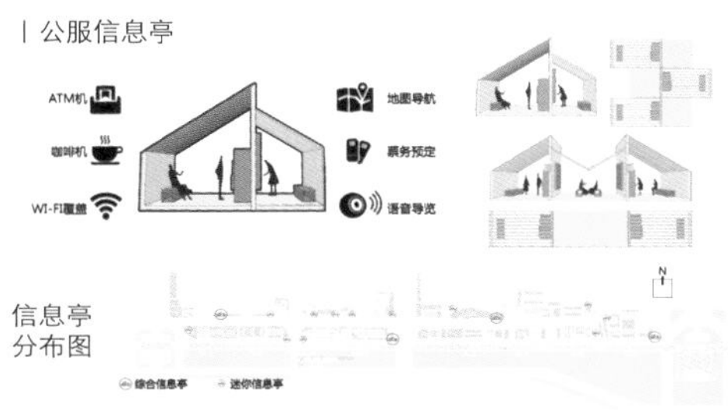

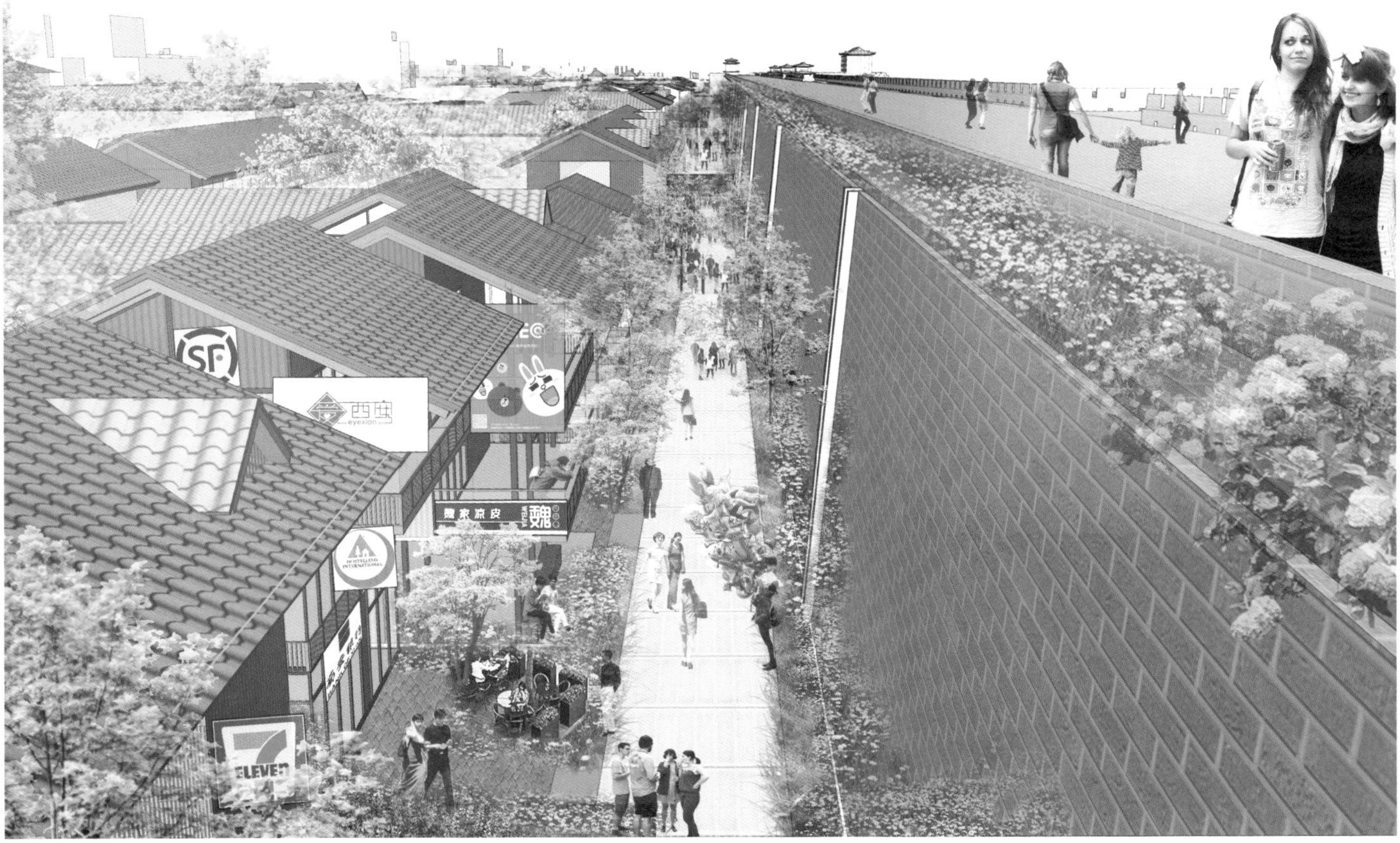

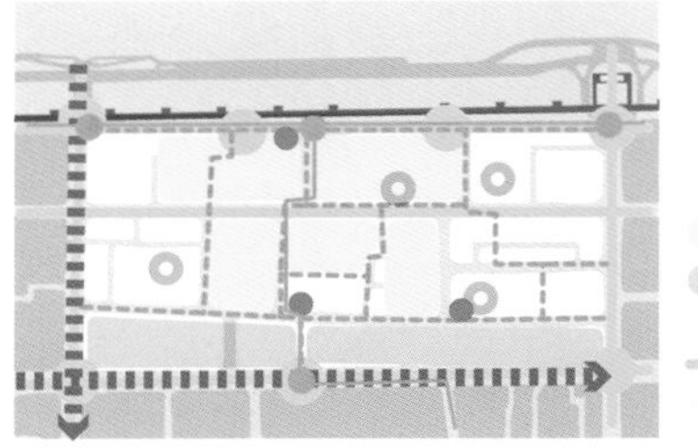

图例
社区更新　自行车游线
商业办公　自行车站点
社区公园　社区服务中心
公交线路　步行空间
公交站点　功能衔接轴线

焕活绿色交通
青年路调整为生活性慢行道
药王洞路（糖坊街）为交通性道路
延顺城北路新增公交线路，公交站点3个
新增自行车专用道两条，公共自行车站点4个
社区内部道路梳理，形成步行网络

焕活开放空间
临青年路建筑底层50%开敞
新增四个社区公园
整治改善街道景观，双侧行道树绿化
街道增加座椅、花坛、路灯等景观家具
结合步行空间新增口袋公园
结合社区开放空间增加智慧社区相关服务设施

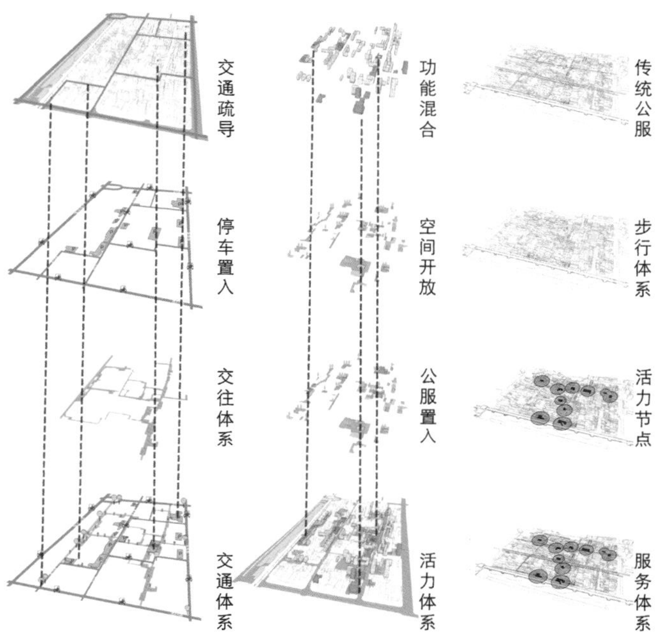

药王洞社区唤活

（一）总体构思

地块所处为西安北门附近区域，随着时间推移，建筑老化，环境质量变差。设计通过改造方式，复兴传统的鱼骨状街区空间，提升生活品质，重新吸引高收入群体回归老城区域，激活社区。

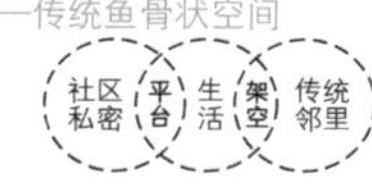

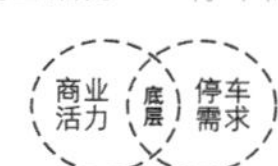

（二）整体改造手段

(1) 对老旧居民建筑的改造

目前这一区域的居民区，以 20 世纪 80 年代左右兴建的老式单位大院为主。这种大院有三大不适应现代生活的问题。首先是建筑缺乏电梯，随着居民老去对电梯需求日益提高。第二是社区小而封闭。第三是内部小区绿地和活动空间老化。

针对这三大问题，我们有针对性地提出了三大解决策略。首先是架空底层，建设空中廊架，居民通过廊架进入自己的家，而底层空间则解放出来，进行商业开发、停车或者活动空间开发。第二是外挂电梯，解决电梯问题。第三则是提升小区景观与环境，以提升小区的居住水平。

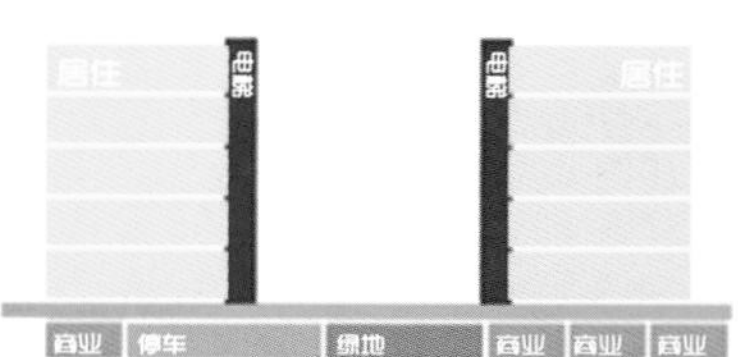

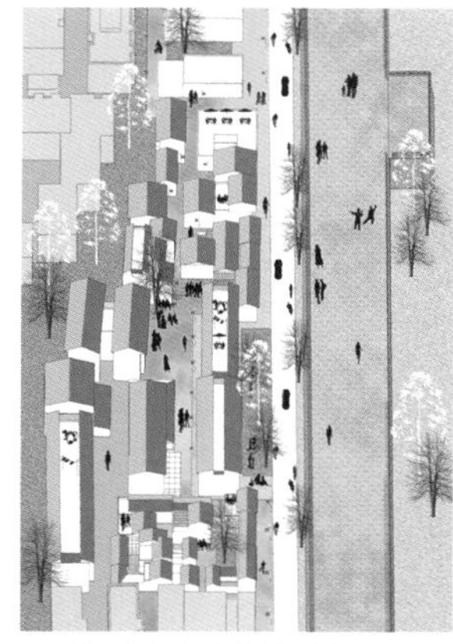

(2) 开放空间体系

目前的药王洞地区由众多的小型社区构成，彼此共用的空间只有底层商业，因此人们的公共活动被大量的压缩。通过对建筑和开放空间体系进行改造，在保留社区私密性的基础上，更多地提倡空间的公用与活动的交流。

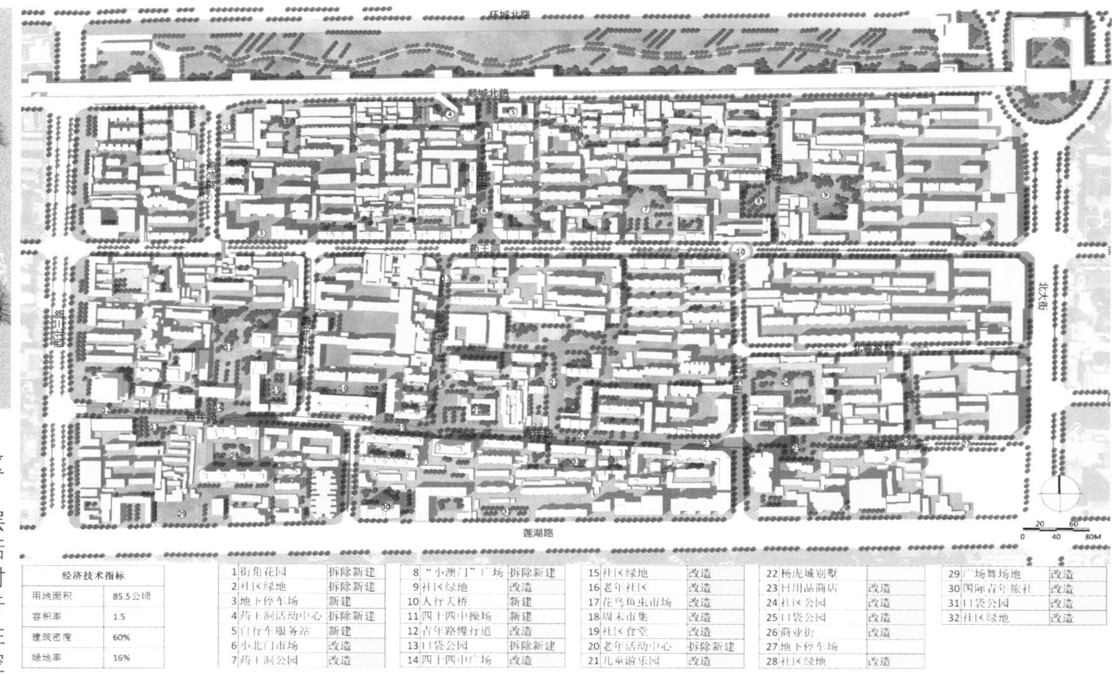

经济技术指标	
用地面积	85.5公顷
容积率	1.5
建筑密度	60%
绿地率	16%

编号	名称	方式
1	街角花园	拆除新建
2	社区绿地	拆除新建
3	地下停车场	新建
4	药王洞活动中心	拆除新建
5	自行车服务站	新建
6	小北门市场	改造
7	药王洞公园	改造
8	"小澳门"广场	拆除新建
9	社区绿地	改造
10	人行天桥	新建
11	四十四中操场	新建
12	青年路慢行道	改造
13	口袋公园	拆除新建
14	四十四中广场	改造
15	社区绿地	改造
16	老年社区	改造
17	花鸟鱼虫市场	改造
18	周末市集	改造
19	社区食堂	改造
20	老年活动中心	拆除新建
21	儿童游乐园	改造
22	杨虎城别墅	
23	日用品商店	改造
24	社区公园	改造
25	口袋公园	改造
26	商业街	改造
27	地下停车场	
28	社区绿地	改造
29	广场舞场地	改造
30	国际青年旅社	改造
31	口袋公园	改造
32	社区绿地	改造

(3) 道路界面改造

目前社区中的道路，基本上均为在双向2车道或者双向4车道。根据地块中道路与周边区域的连接情况，将道路分为生活型道路和交通性道路。与周边地区联系较多的道路，通过道路界面改造增加其交通性，使得地块能够消隐在城市之中。而不对外联络的道路上增加停车空间和步行活动空间。

青年路现状　青年路分段式改造　青年路分段式改造

顺城北路现状　顺城北路分段式改造　顺城北路分段式改造

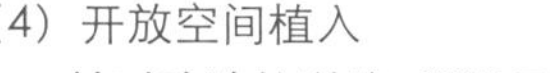

(4) 开放空间植入

针对改造的道路，增设开放空间。

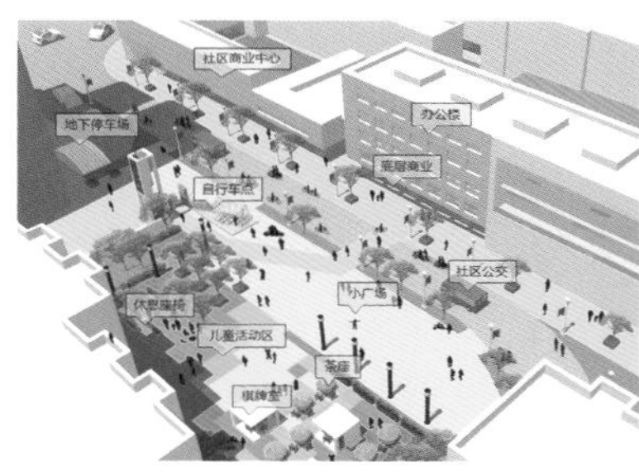

北院门活力新起点

1 基地概况

设计选址位于老城西五台片区，紧邻北院门历史街区，该地区现存在西五台展示不足，缺乏公共活动空间以及居民生活品质较低等问题。

2 策略承接

该针对该地块设计承接焕活绿色交通和焕活文化旅游的规划策略，采用“基因置换”的规划手段，通过规划进入北院门历史街区的新起点。

4 设计手法 街巷功能置换

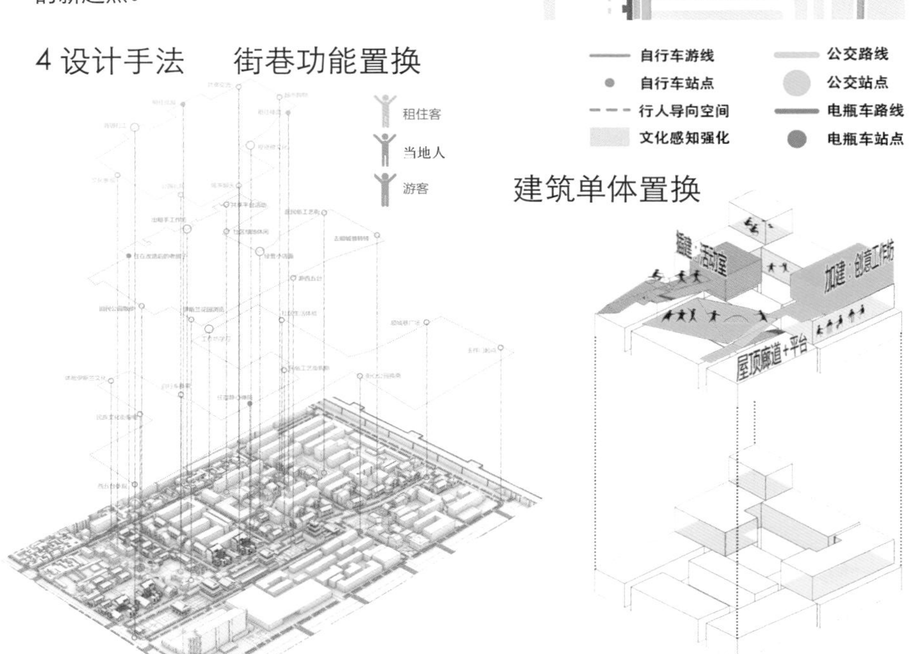

3 方案生成

打通道路 规划骑行线路

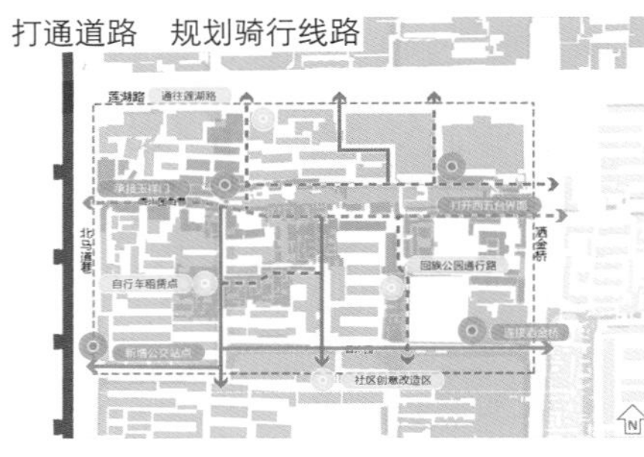

放开绿化 塑造公共空间

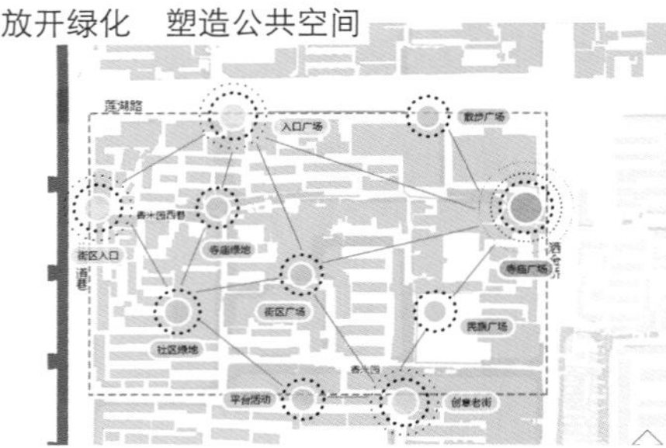

多功能复合 分区发展

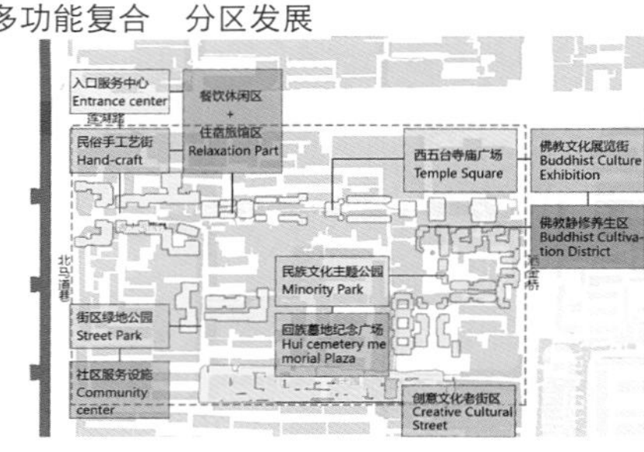

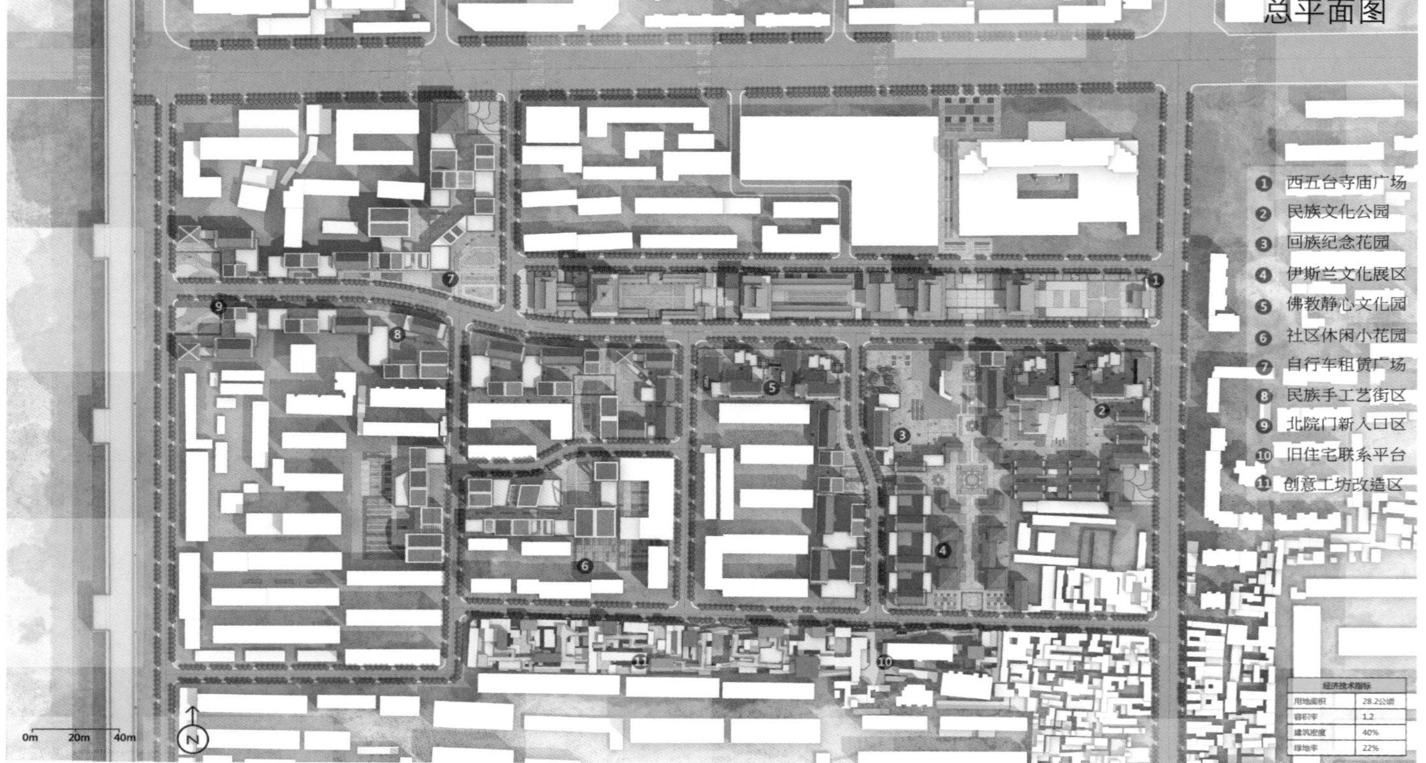

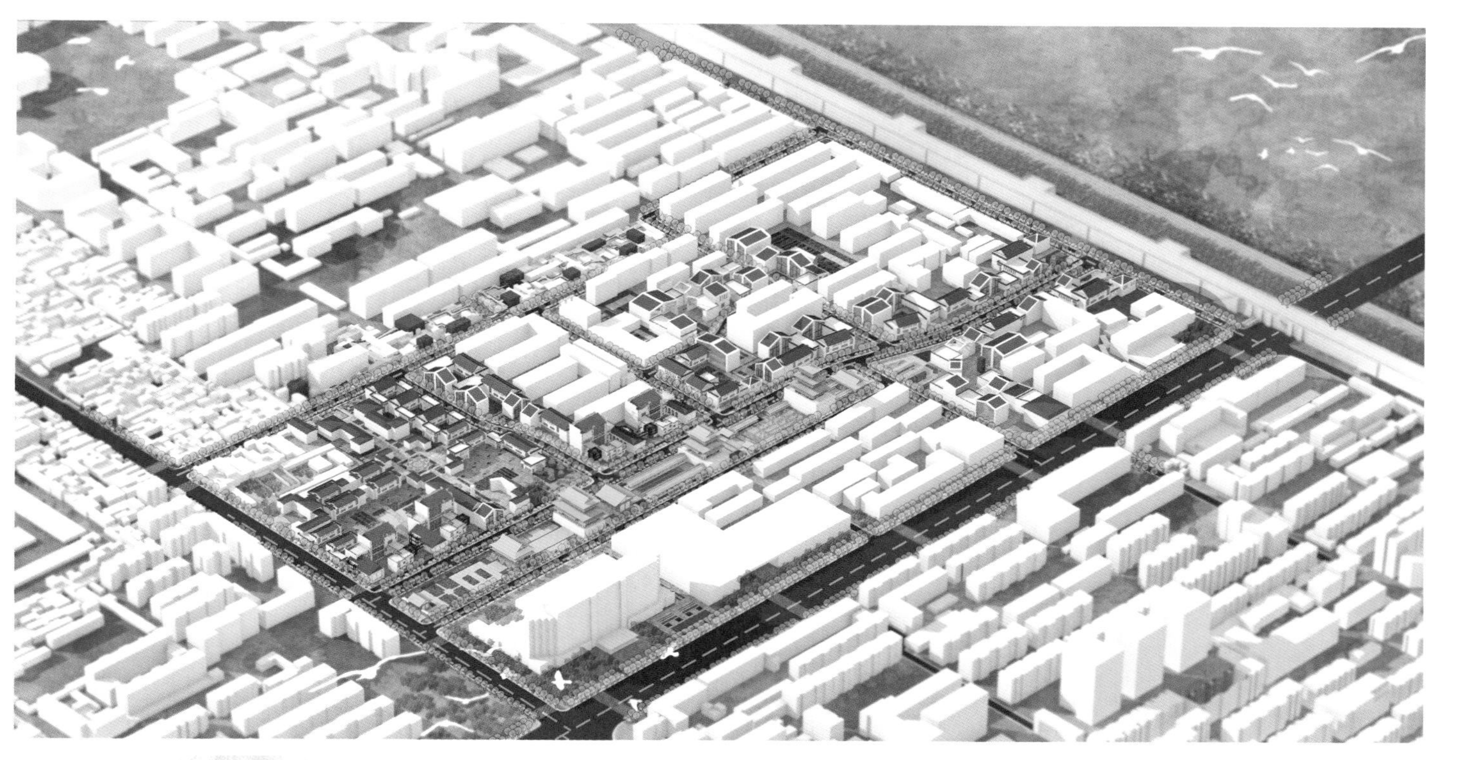

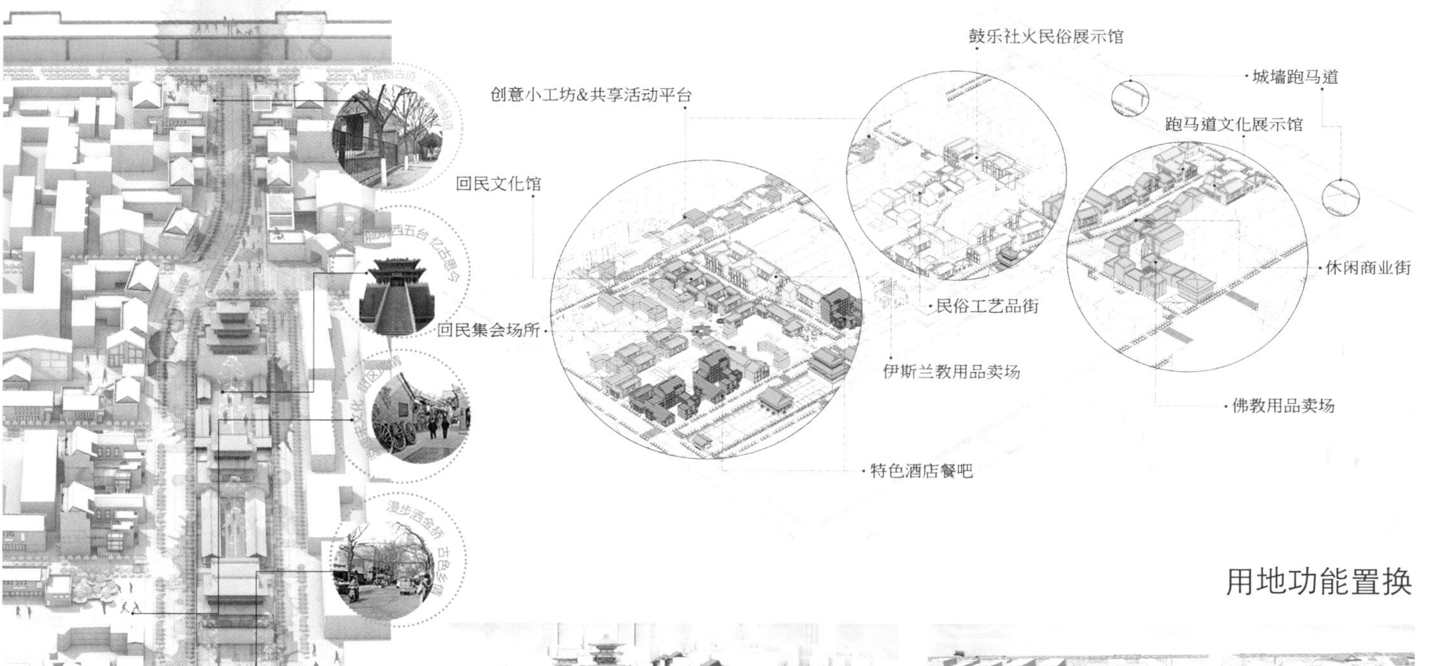
鼓乐社火民俗展示馆
城墙跑马道
创意小工坊&共享活动平台
跑马道文化展示馆
回民文化馆
休闲商业街
民俗工艺品街
回民集会场所
伊斯兰教用品卖场
佛教用品卖场
特色酒店餐吧

用地功能置换

基地背景

设计选址位于老城东南部，该地区现存有废旧的华强轻工机械厂厂房、顺城巷自发的“鬼市”、“早市”和无序的建国门综合市场，因此针对该地块设计承接焕活文化旅游和焕活开放空间的规划策略，采用“基因置换”的规划手段，通过综合的创客集市串联传统的市井市集和新型的创客生活、创作基地，强化“民俗复兴，创客市集”的主题。

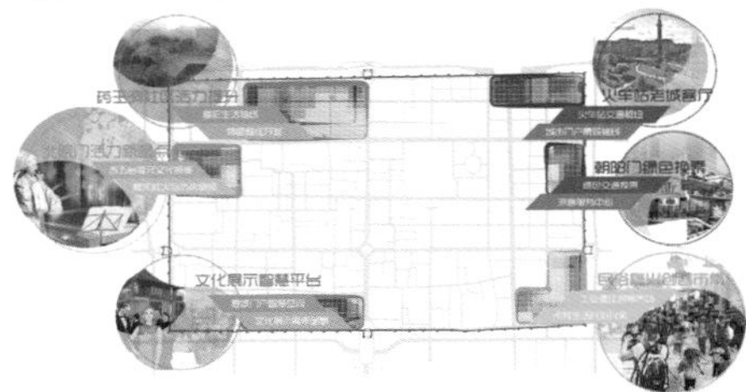

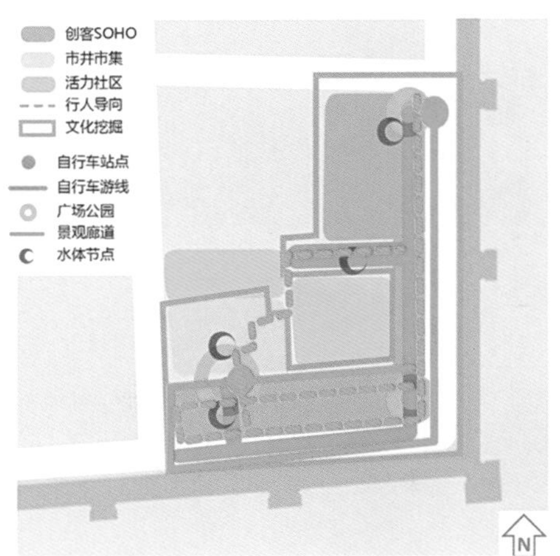

焕活文化旅游
顺城东路西侧改造为特色创客基地以及配套服务设施，吸引国内外创客
沿顺城巷地区整合提升现有的“鬼市”、“早市”等特色商业形式展卖创客产品
建国门综合市场及周边为市井市集特色地
焕活开放空间
街道增座椅、花坛、路灯、自行车转换等景观家具
临街建筑底层50%开敞，整治改善街道景观，双侧行道树绿化
信义巷垂直顺城东路和建国门综合市场垂直顺城南路新建休闲广场

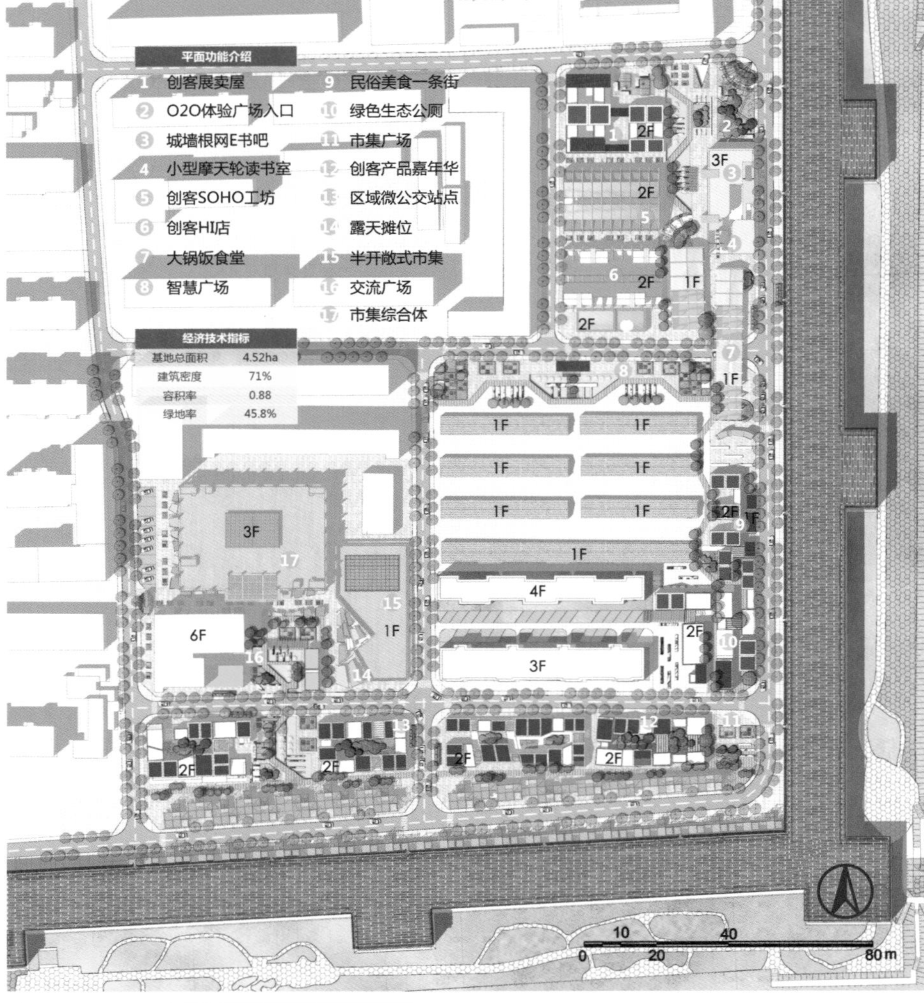

传统市井 活力整合主题片区

片区的最大特色是南部城墙根下的摊贩贸易、邻里乡情。设计在丰富老市民公共空间的同时，给来往游客留下原汁原味的西安墙根印象。

为了使和乐融融、鸡犬相闻的民俗氛围最大限度地留存，设计中选取复古风格的竹架构筑，保有原先的果蔬贩卖、茶叙麻将等功能，合理植入民俗客栈、黄包车游览等体验方式。主要的构筑物竹架摊位由3×3米基本单元进行自由组合，形成街旁市场空间，并可根据商家的数量进行动态变化。

沿顺城南路，通过改造置换，将原先无序封闭的市场升级为针对本地居民、游客、创客的开放式综合市集。创客市集片区更新设计结束过后，原先默默无闻的地块变为新型活力点，吸引当地人、游客与新颖的创客进驻并进行可持续性的工作生活。

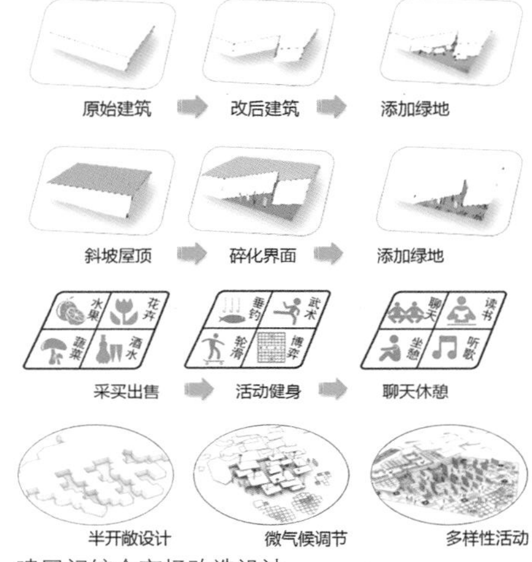

建国门综合市场改造设计

顺城巷市集改造效果图

城墙根书吧改造设计

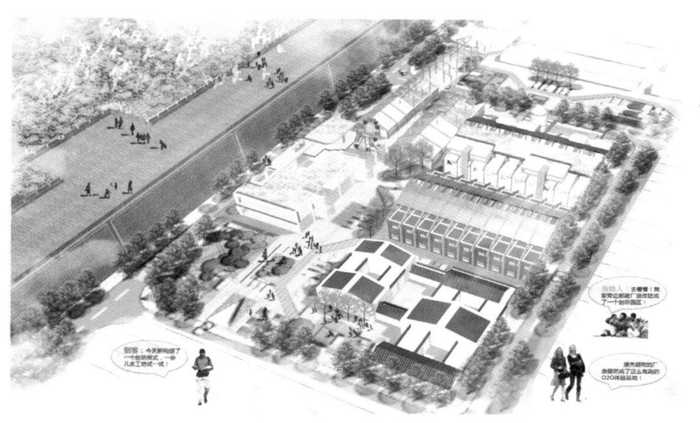

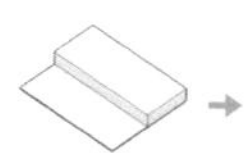

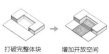

原始建筑体块
The original mass

打破完整体块
Break integrated mass

增加开放空间
Open space added

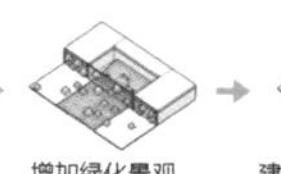

增加绿化景观
Green plants added

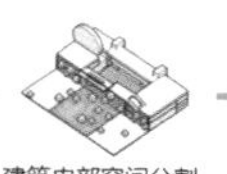

建筑内部空间分割
Divide interior space

摩天轮新功能
Sky wheel added

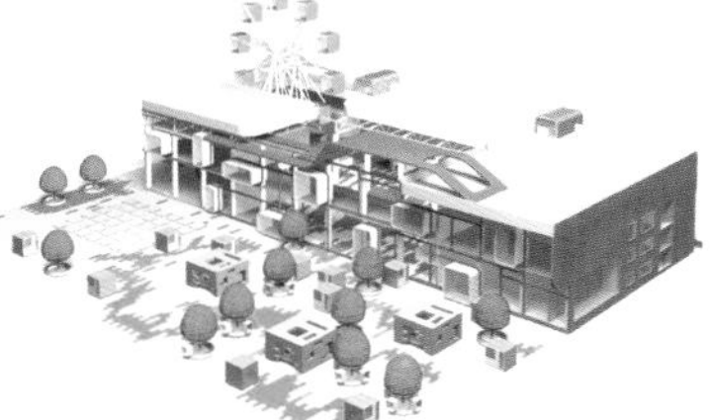

古旧厂房　创意新生主题片区

利用封闭的废弃厂房，呼应古时老西安墙根下“鬼市”民俗，植入现代先锋文化。

在主要改建的古旧厂房区，既有致敬老西安传统的大锅饭食堂、红砖咖啡厅、丝绸制衣坊；又有畅想新时代活力的室外数字影院，云端 APP 旅游服务，模拟古城 3D 摄影棚等。

工厂单体改造包括对原有桁架结构进行加固、一层集装箱式体块承担数字化旅游服务功能；二层结合半透明式的玻璃屋顶改建，丰富光影空间，打造老西安主题特色餐饮。

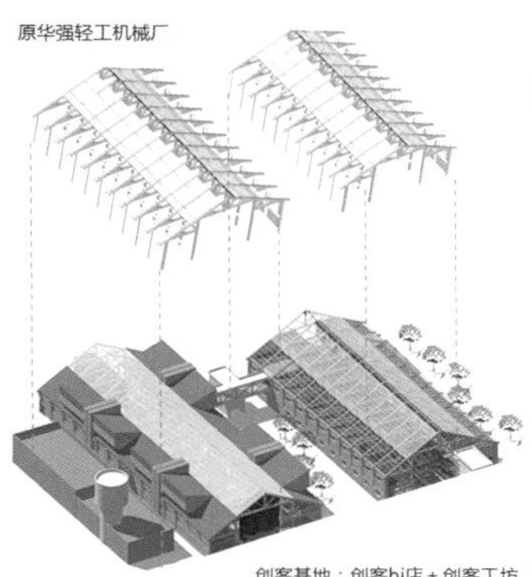

创客基地：创客hi店＋创客工坊

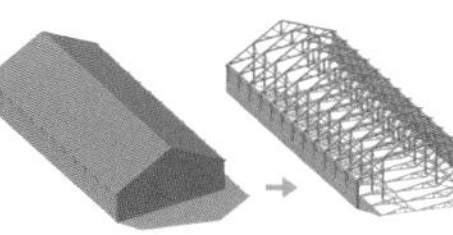

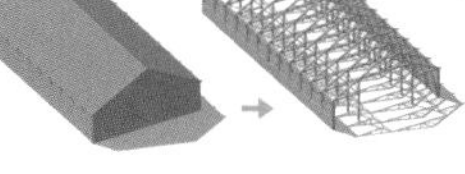

1. 厂房建于上世纪六七十年代，如今已是一代人的记忆

Built in the 1970s, it had already been a part of a generation' s memory

2. 原建筑转混合木构架结构塑造出空间的秩序之美

The brick structure and the wood frame of roof make space the beauty of order

3. 以十字钢对其木构架进行加固支撑，形成独立的结构体系

Using cross bracing steel to reinforce its frame, we make a new structure system

4. 置换入单元化隔间，根据需求赋予不同的使用功能

We use modular unit to divide interior space, meeting different demands

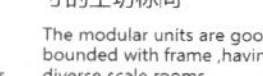

5. 加固钢架和隔间良好结合，形成不同尺寸的工坊标间

The modular units are good bounded with frame ,having diverse scale rooms

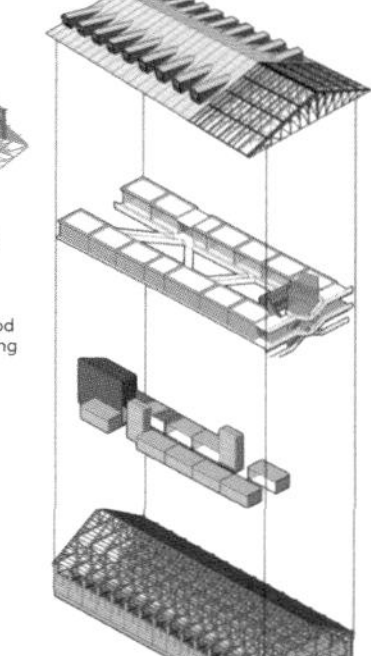

屋顶改造
Roof renovation
部分屋顶改为玻璃屋面，改善室内采光
Part of the roof to glass roof, improving indoor lighting

二层餐饮
2 floor of restaurant
部分为老西安食堂、阳光茶座、红砖咖啡厅等特色餐饮
Part of the old dining hall, cafe, Xi'an Sunshine Hall catering Coffee red brick

一层创客产品展卖
1 floor of visitor center
为国内外游客提供数字化的旅游虚拟游览、皮影戏观赏、印象西安等服务，创客的本土化产品设计作为展销纪念品
Digital tourism virtual tour, shadow play watch, the impression of Xi'an and other services

原有厂房结构
Construction of factory building
对原有结构进行加固
Reinforce the original structure

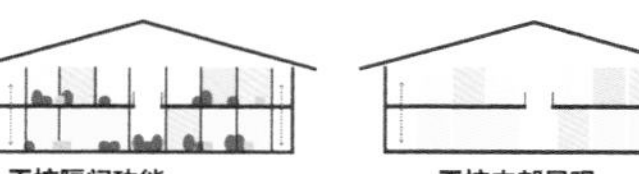

工坊隔间功能
Modular unit function
工坊隔间有不同的尺寸和功能，满足创客餐饮，休闲，工作和休憩的需求

工坊内部景观
Studio interior
工坊内一层中央大厅和二层的步行通廊均有布置绿色盆栽和构筑物小品

工坊隔间平面
Modular unit plan
二层部分为创客个人工坊，满足工作和休憩的双重需要

总效果图

朝阳门绿色换乘

1 基地概况

基地位于东五路南侧，东二路北侧，顺城东路西侧，由三个地块组成，并包含沿东五路向城外延伸至朝阳门地铁站出站口的道路两侧。规划总用地面积 7.2 公顷，基地内顺城巷长度大约 400 米。

基地北侧的东五路设有多个换乘公交车站，同时，也是去往城外多个景点的主要道路。西侧与西安市第四十三中学以及多个社区相接。基地内部除东五路一侧有一排住宅外，其余皆为临时建筑，场地多被占用为停车洗车等。基地内的大面积待开发地块为顺城巷沿线地段提供了与其他地段不一样的开发方式的可能性。

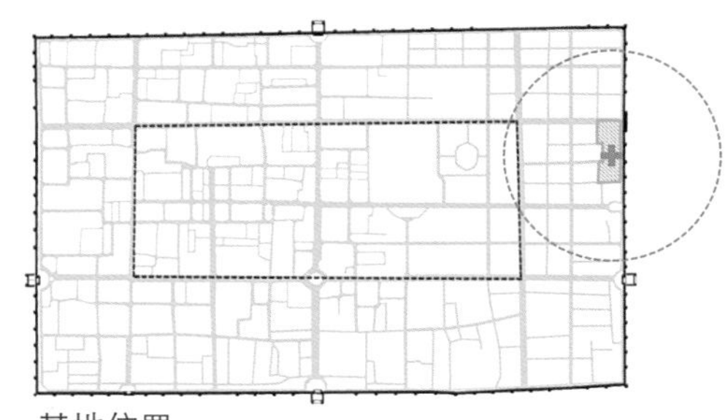
基地位置

2 策略承接

该地块主要承接联外焕内策略中的焕活绿色交通和焕活文化旅游两方面。结合内外功能组织和绿色交通导向，对顺城巷空间进行改造优化，并重组绿色换乘体系、地上地下空间和墙上墙下活动，以实现激活该区域的目的。

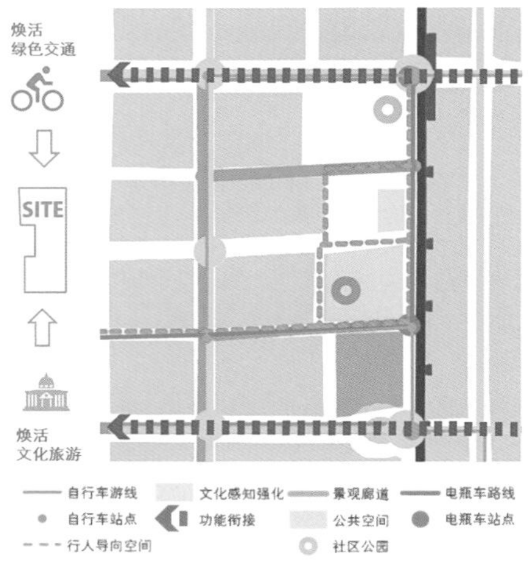

3 方案生成

（1）织补区域功能：在东五路延续商业界面，并成为连接城内外两大商圈的纽带；结合周边地块居住功能，城墙展示功能，使其成为服务于游客和原住民的灵活开发地块。

（2）延伸地下步行：延伸地铁站台地下通道，在环城公园及地块内新增出站口，连接城内外两大商圈；地块内新增出站口，与巴士，自行车等方式实现绿色接驳。

（3）构建换乘节点：结合规划公交巴士线路，在地块内新增站点以及巴士专用道；结合规划城内外旅游线路安排，在地块内新增朝阳客运站。

（4）完善骑行网络：结合规划自行车线路体系，划分快速骑行、城墙漫游、绿色慢行三种自行车道；结合城墙现有骑行路线，实现城墙上下互动，成为城墙沿线新的体验。

4 设计手法——重组绿色换乘线路

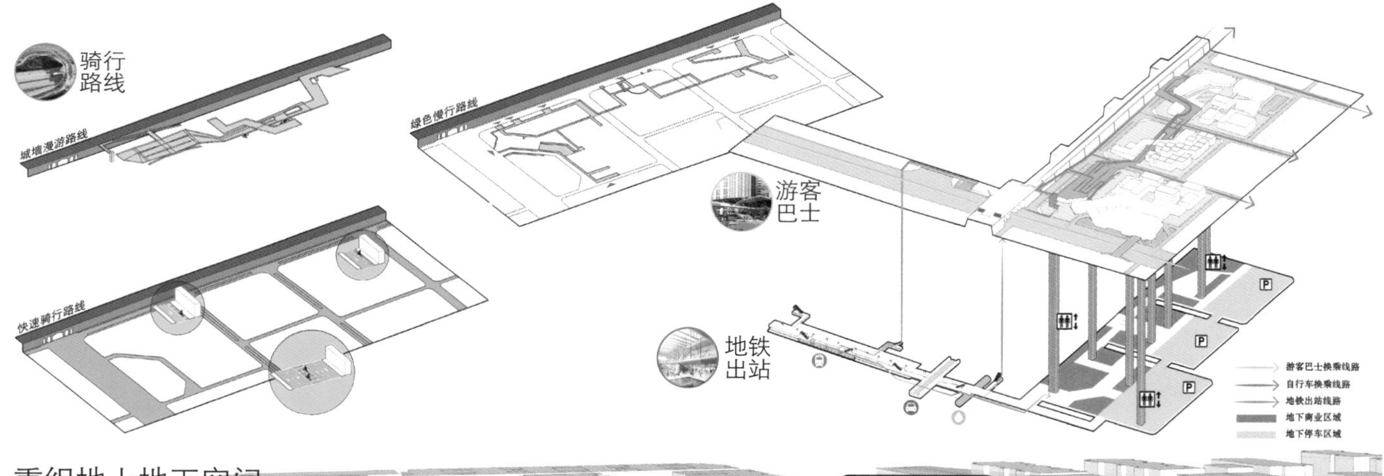

重组地上地下空间

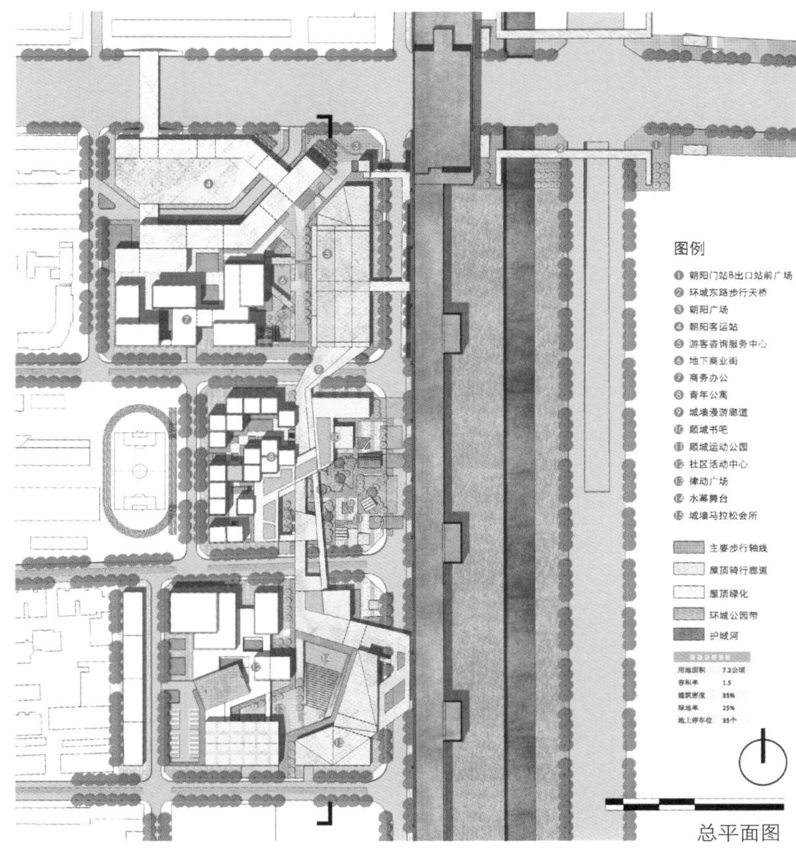

总平面图

重组墙上墙下活动

构建城墙上下出口及延伸城墙骑行路线与地块慢行系统相接，将城墙标志性活动西安国际城墙马拉松引入地块，打造服务于居民及游客的多样活动体验。

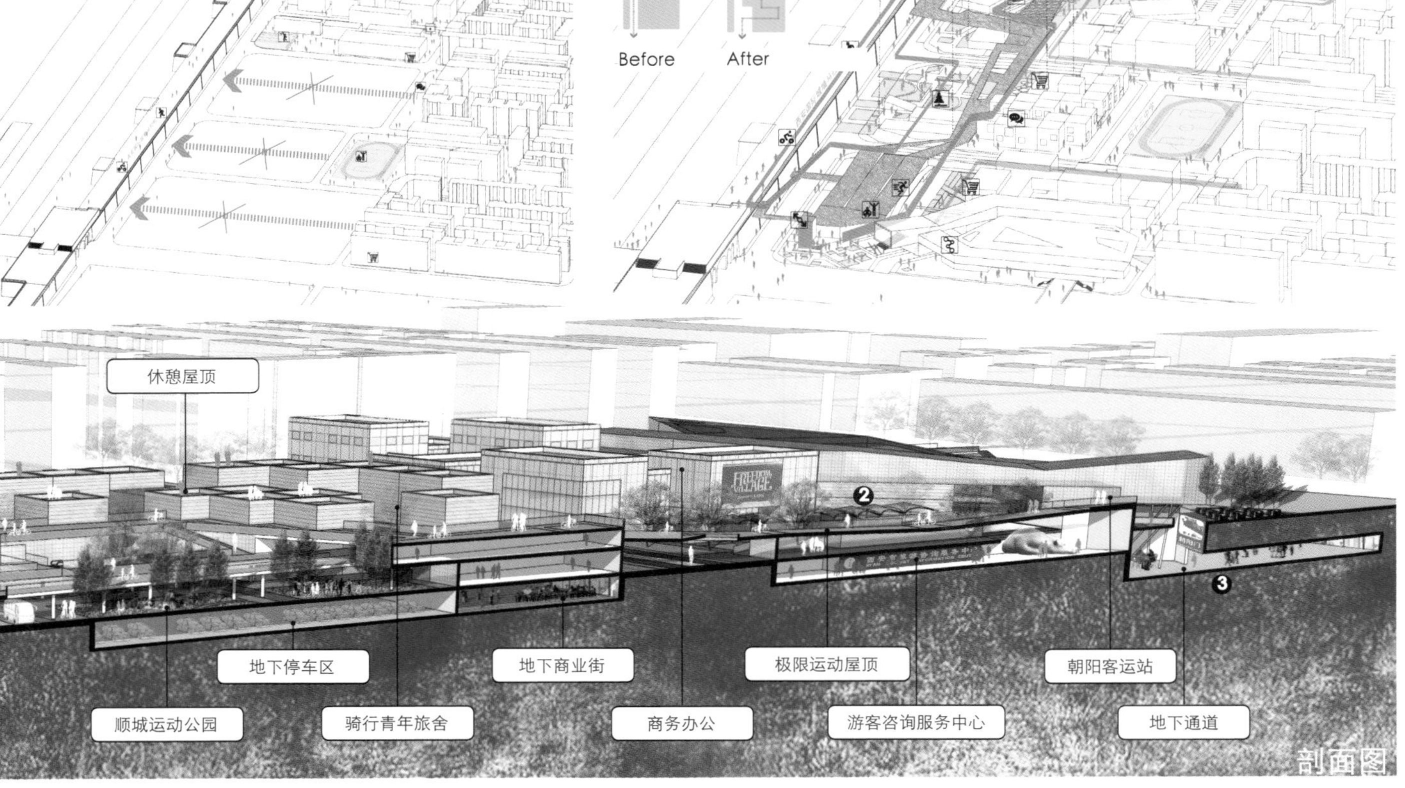

剖面图

火车站老城客厅

1 基地概况

火车站区域由于其独特的区位因素及区域功能，其整体区域品质会很大程度影响到老城整体形象。

设计选址位于老城东北角火车站站前区域，该区域意在通过基因重组的手段，以整体性系统更新改变目前火车站前区域交通、风貌无序、城市轴线模糊的现状，打造高品质的城市迎宾区域。

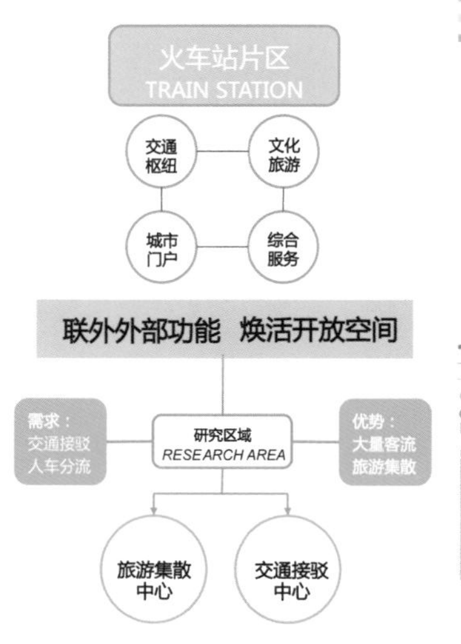

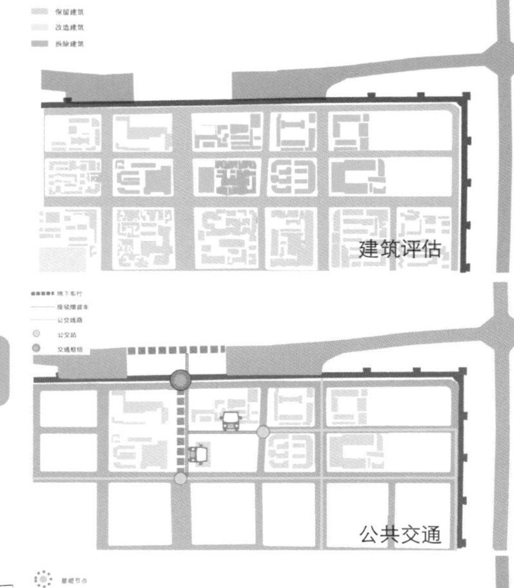

2 方案生成

首先，从局部片区改造，变为区域系统设计，对城墙的态度由单一性保护、同质化的风貌设计转变为根据年代等因素分段利用以及多元化风貌开发。其次，对建筑质量的分析，提出建议拆改留的建筑。然后，根据现状，疏导交通系统、建立景观体系及适度开发地下空间。

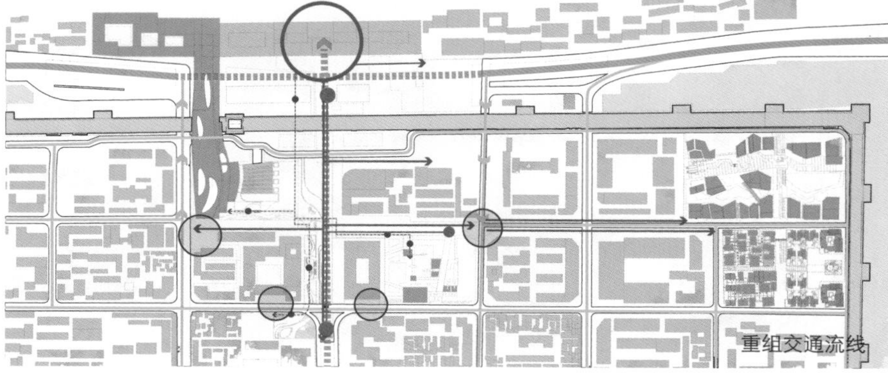

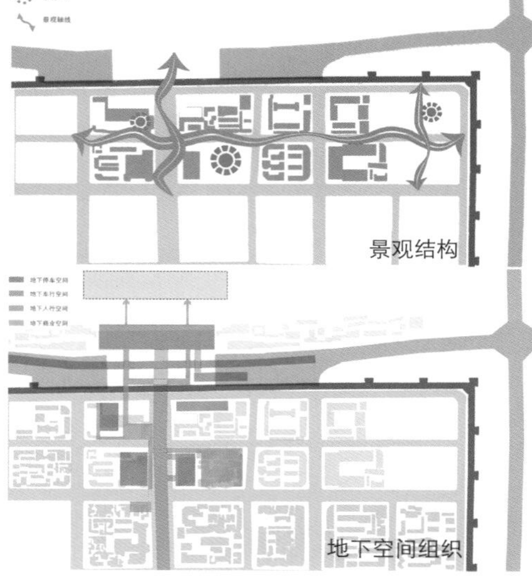

3 基因重组

（1）重组交通流线

作为梳理站前区域接送的重要手段，主要通过车行路下穿改道、构建接驳区，人行环路等方法，形成地上地下人车分行的有序交通流线，为站前品质的提升提供了条件。

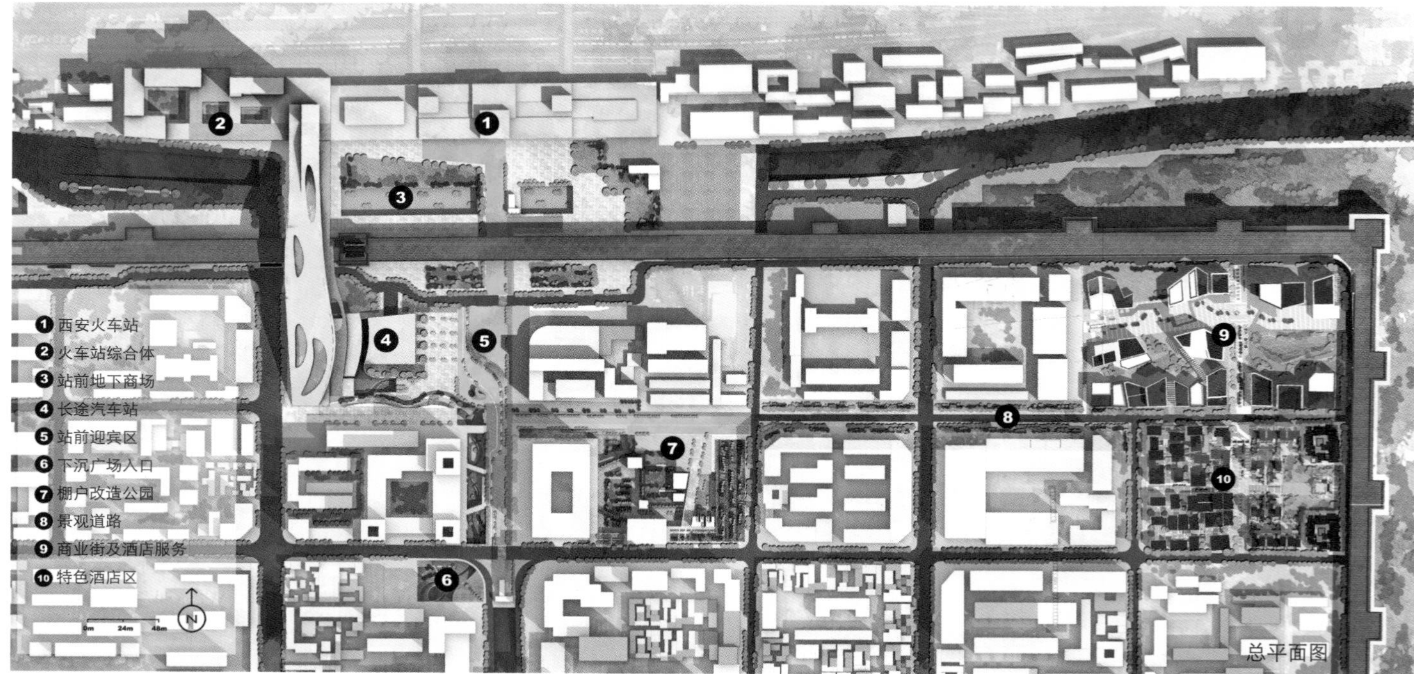

（2）重组景观系统

站前区域形成步行加接驳车的城市客厅区域，以室内化的城市公共家具景观设计强调原有城市轴线。

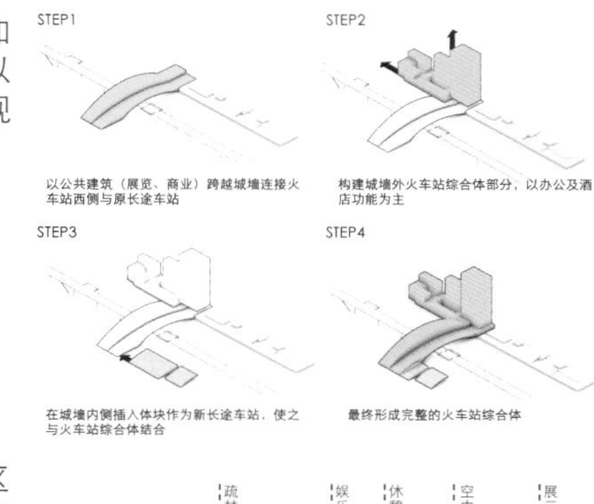

STEP1
以公共建筑（展览、商业）跨越城墙连接火车站西侧与原长途车站
STEP2
构建城墙外火车站综合体部分，以办公及酒店功能为主
STEP3
在城墙内侧插入体块作为新长途车站，使之与火车站综合体结合
STEP4
最终形成完整的火车站综合体

公园建于原棚户区区域，下沉空间为主，作为该区域地下步行空间的重要景观节点，主的三个下沉区域。

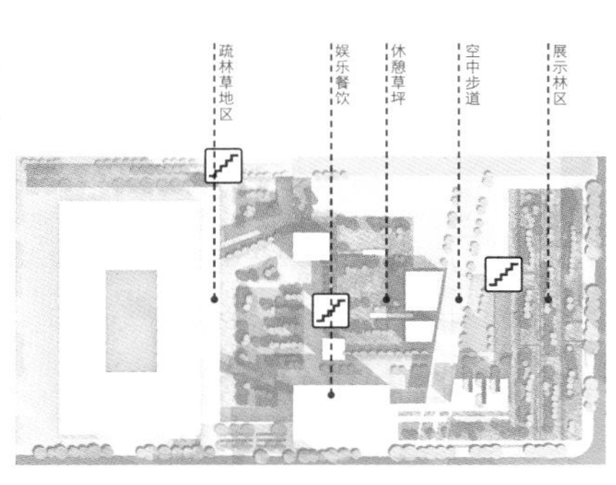

以高端合院酒店为主的旅游服务功能区域，商业街对位城墙上下楼梯处，便于游客登城赏景，下城散心。

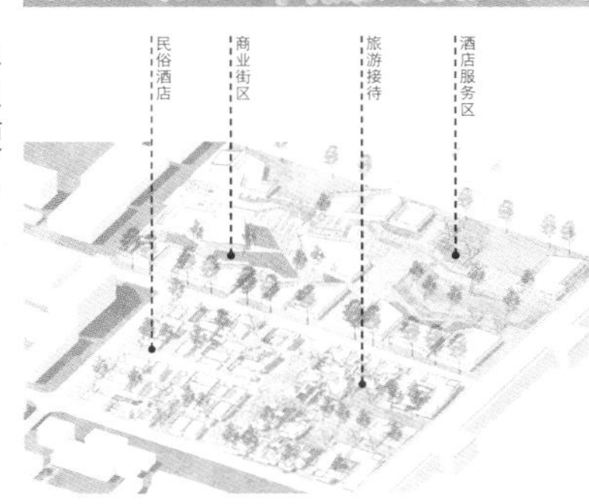

（3）重组多元文化

主要体现在火车站综合体设计上，该段较为新修复的城墙作为该设计的前提，该综合体生成依据主要是以与现有城墙及箭楼的视线关系，以及功能体块构成为出发点，最终形成解放门古代拱形与综合体的现代拱形交相辉映，多元共融，构成站前区域地标性的城市风貌。

根植文化 · 协同多元 · 聚微成网

INHERITING CULTURE- INTEGRATING DIVERSITY- MICRO TRANSFORMATION

东南大学建筑学院

黄玮琳　吉倩妘　刘　洋　梅佳欢　宁昱西　万　里

指导教师：殷　铭　王承慧　孙世界

本次毕业设计的研究范围为环西安城墙沿线地段，基于对西安历史沿革、老城规划解读、老城现状的初步探究，我们能发现西安环城墙沿线地段内的历史资源是极其丰富的、文化底蕴是极其深厚的。因此将城墙沿线划分为六个地段进行深入研究，去挖掘各个地段的历史渊源、文化特质、发展潜力以及现有问题。经过深入研究，我们发现文化的多元化和拼贴化是各地段的共同特征。为此我们提出了根植文化—协同多元—聚微成网的设计策略以及目标导向—机制支撑—适宜策略的设计理念。

西安老城更新的困难在于如何在深刻认识城墙沿线地段的特殊性的基础上，对其进行妥善的保护并有效传承其文化与精神。因此我们没有刻意去追求六大片区与总体的关系，而是基于历史资源、传统文化、产业发展、公共空间等要素，让每一个片区都能有个性地向前发展。其次，重视城市更新机制在城市更新中发挥的作用，探索政府、居民、社会组织、合资方等多方合作的更新机制，并以微更新为原则保障各个地块更新的可行性和合理性。

The entire study area of this project covers the areas along the Xi' an ancient city wall from Ming Dynasty. Based on an investigation into the historical development and an understanding of the general planning, as well as a preliminary exploration of the overall area encircled by the city wall, the linear space along the city wall is found to be rife with historical resources and cultural heritage.we divide the linear space along the city wall into six strips of areas, and investigate the historical background, cultural traits, potential of development and current issues within each area. Through a thorough study, we discover certain common characters that all six sites contain, including diversification and fragmentation. Therefore we propose a planning strategy that is rooted in the traditional culture, integrating diversity, and renewing old city based on micro transformations; as well as a design concept that is target - oriented, mechanism - supporting, and strategy-fitting.

To renew the old city of Xi'an, the difficulty lies in how to properly protect the ancient city wall, and effectively inherit its cultural and spiritual value, on the basis of a profound understanding of the idiosyncrasy of the city wall alongside with its surrounding areas.Therefore, we are not intended to generalize or homogenize the six sites for the sake of their relationship with the old city as an entirety. Instead, in terms of spatial, social, and cultural factors such as historical resources, cultural heritage, industrial development, and public space, we develop each area based on its own identity. Secondly, we need to pay close attention to the role mechanism plays in urban renewal, to explore a mechanism depending on multilateral cooperation of the government, residents, social organizations and joint investors, and to use micro renewal as a guideline to ensure the feasibility and rationality of the renewal of a specific site.

1 课题解读

西安作为世界四大文明古都之一，有着 3100 多年建城史，有 1100 多年建都史，历史悠久，格局保存较为完整；其自唐末发展至今的明清城墙，城墙沿线地段空间记录着西安城市的演进历程，具有重要的价值；其所承载的历史情感、记忆和辉煌，城墙又是当代西安人“乡愁”的重要构成。如何能深刻认识城墙沿线地段的特殊性，如何对其进行妥善的保护并有效传承其文化与精神，是我们进行该地段规划设计时需要思考的根本问题。因此，我们针对“传统界域、现代生活”这一课题提出了以下三个关键问题：

传统界域在哪里——经过历代发展，城墙已经从城市边缘的防御设施发展成为城市核心的重要组成部分。

现代生活什么样——传统美食是西安的特色、露天演唱是老城内的新生活力，一代代西安人在历史资源及其丰富的老城内，追寻着现代的生活。

选题缘由是什么——城墙内侧历史地段是汇集了城墙内侧诸多文物保护单位、历史建筑、历史街区以及地方特色民居、交通要道等的典型的环状区段。是城墙景观系统的有机组成部分，是城市传统文化及现代生活的载体。

传统界域在哪里?

现代生活什么样?

选题缘由是什么?

2 研究路线

为了了解西安这样一座历史极其悠久的古城，我们从历史沿革、规划解读、现状认知三方面出发，去整体认知西安；基于此，将城墙沿线地段划分为六个地块进行深入探究，以便更全面的把握老城各地块的特色与价值；在此基础上提出我们的整体设计策略——根植文化、协同多元、聚微成网和设计理念——目标导向、机制支撑、适宜策略，并选取四个触媒地块在微更新的原则下进行详细设计。

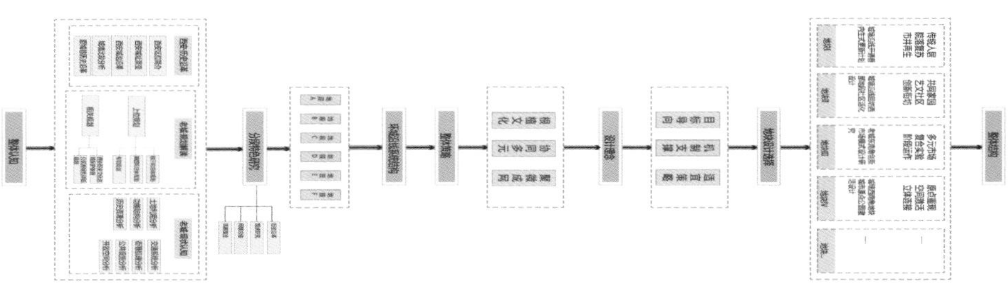

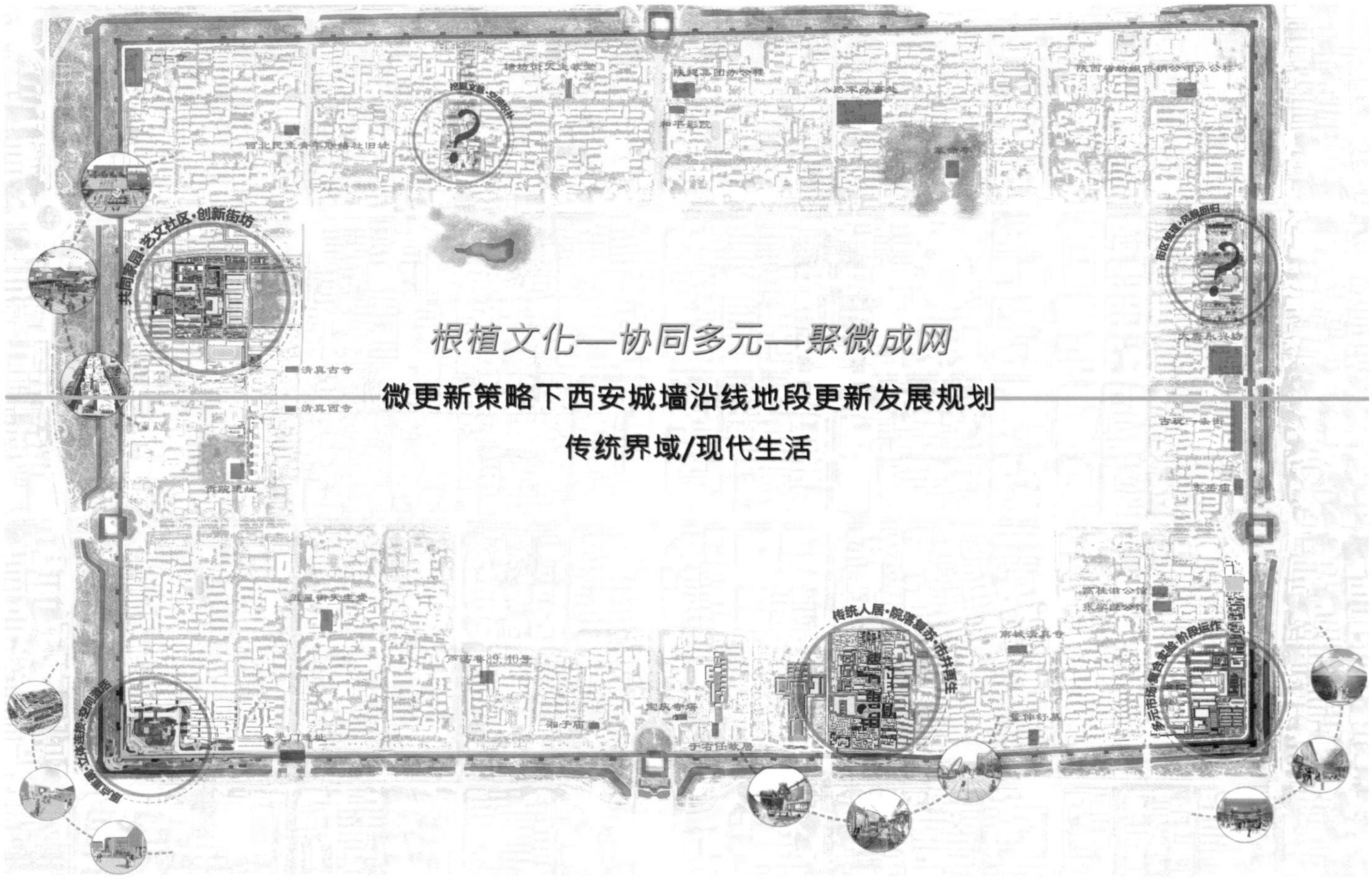

根植文化—协同多元—聚微成网

微更新策略下西安城墙沿线地段更新发展规划

传统界域/现代生活

3 整体认知

西安 · 历史沿革

城址演变——随着城市的发展和扩张，西安城墙的功能及地位都发生了极大的变化，从先前的城市边缘地位的防御设施，转变为如今的城市核心的重要组成部分。

城池沿革——研究地块在唐朝为唐皇城宫城处；明代府城优先发展；清朝商业区向西南拓展，南城之间的隔离促进了东关的发展；民国时期商业中心向东大街转移。

顺城巷沿革——明代为沿城墙的完整马道，南部街巷多，为商业文化中心；清朝，满城、南城割裂顺城巷；民国，在原满城、南城区域复建顺城巷；新中国成立后，城市主干路商业重要性增加，顺城巷向生活性街巷转变。

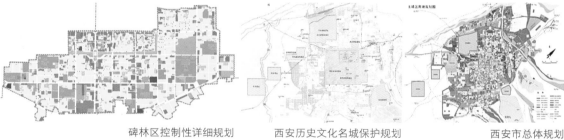

宋　明清　20 世纪 20 年代　20 世纪 80 年代

唐　明　清　民国

明顺城巷　清顺城巷　民国顺城巷　解放后顺城巷

老城 · 规划解读

在西安的上位规划中，越来越深入的贯彻了可持续发展的思想，更加注重疏散老城功能，明确其旅游文化商贸的职能，此外各类规划对西安老城的历史价值及其保护越来越重视，越来越明确。

碑林区控制性详细规划

西安历史文化名城保护规划

西安市总体规划

老城 · 现状认知

老城内用地以居住功能为主，约占 40%。

老城内历史资源点的分布呈现历史悠久、数量多、等级高、类型多样的特点。

老城内现有三处历史文化街区。

老城内医疗设施和教育设施基本实现全覆盖，基础设施的条件较好。

老城内的开放空间数量较少，等城口有沟通环城公园和顺城巷的潜力，但未充分发挥。

老城内主次干道呈网格状布局，但干道密度仅为 3.52km/km²。

老城内公交及地铁站点分布较为密集，但在回民街及东南片存在较大盲区。

老城内的街巷肌理有鱼骨式、棋盘式、有机自由式等。

用地功能图

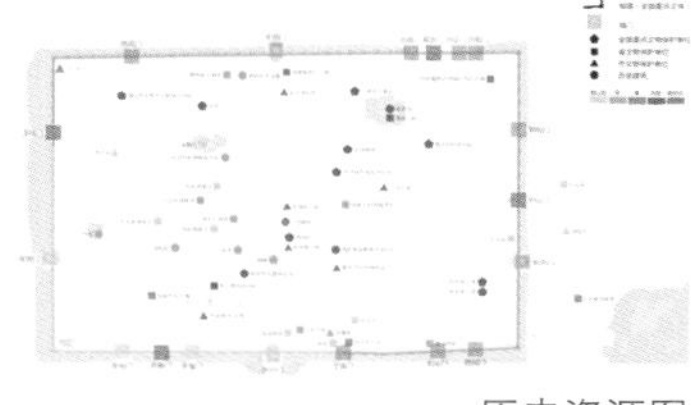

历史资源图

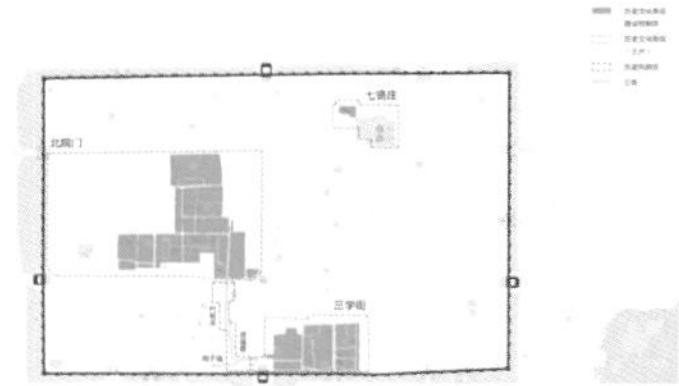

历史保护区

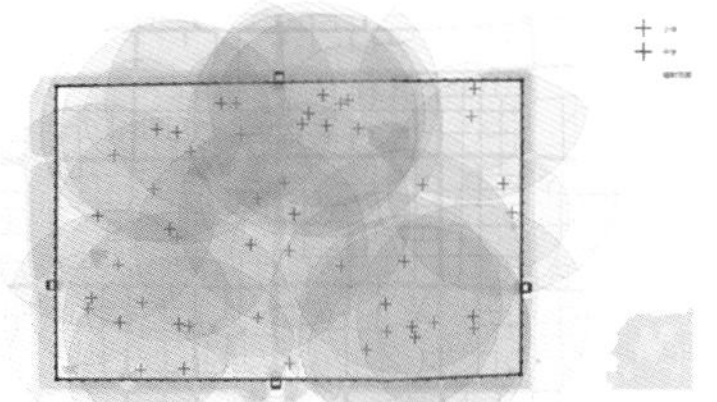

教育设施分析

医疗设施分析

开放空间分析

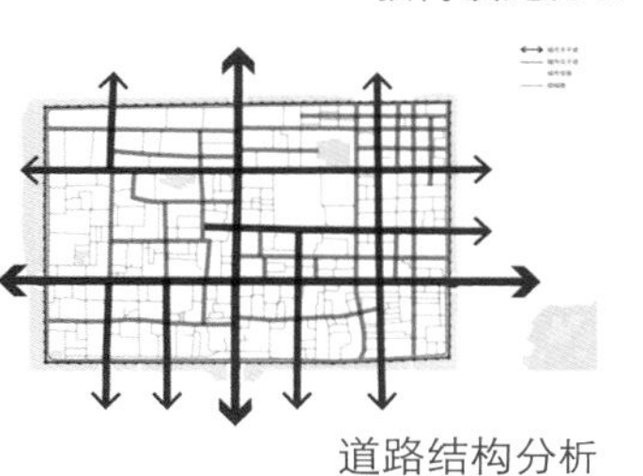

道路结构分析

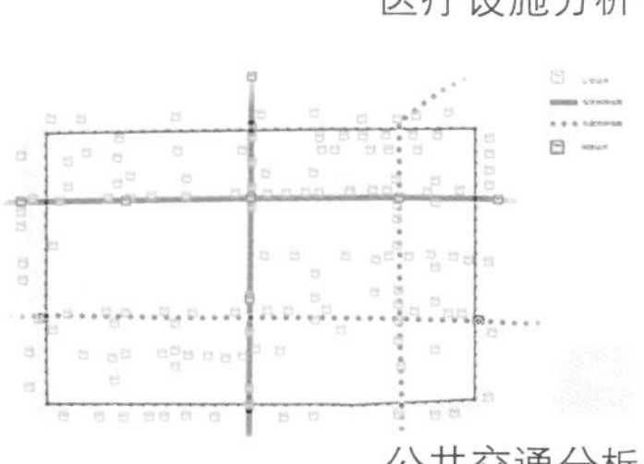

公共交通分析

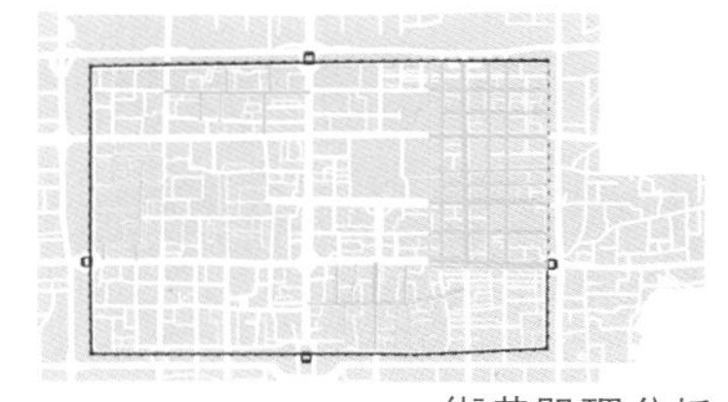

街巷肌理分析

4 分段特色研究

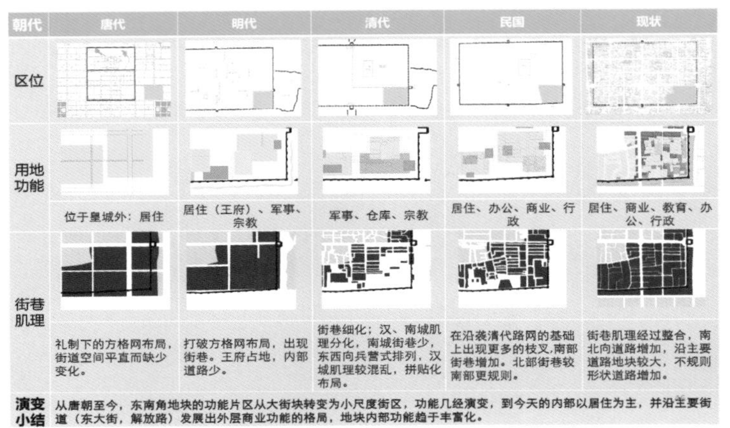

朝代	唐代	明代	清代	民国	现状
区位					
用地功能	位于皇城外：居住	居住（王府）、军事、宗教	军事、仓库、宗教	居住、办公、商业、行政	居住、商业、教育、办公、行政
街巷肌理	礼制下的方格网布局，街道空间平直而缺少变化。	打破方格网布局，出现街巷。王府占地，内部道路少。	街巷细化；汉、南城肌理分化，南城街巷少，东西向兵营式排列，汉城肌理较混乱，拼贴化布局。	在沿袭清代路网的基础上出现更多的枝叉，南部街巷增加。北部街巷较南部更规则。	街巷肌理经过整合，南北向道路增加，沿主要道路地块较大，不规则形状道路增加。
演变小结	从唐朝至今，东南角地块的功能片区从大街块转变为小尺度街区，功能几经演变，到今天的内部以居住为主，并沿主要街道（东大街，解放路）发展出外层商业功能的格局，地块内部功能趋于丰富化。				

A 地段深入研究

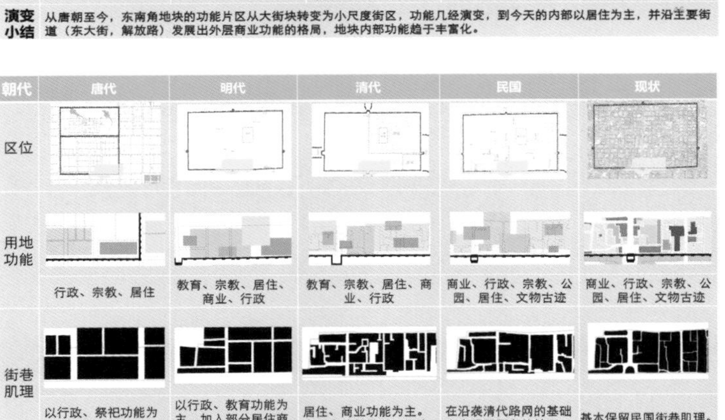

朝代	唐代	明代	清代	民国	现状
区位					
用地功能	行政、宗教、居住	教育、宗教、居住、商业、行政	教育、宗教、居住、商业、行政	商业、行政、宗教、公园、居住、文物古迹	商业、行政、宗教、公园、居住、文物古迹
街巷肌理	以行政、祭祀功能为主，强调等级秩序。街道尺度大，密度小。	以行政、教育功能为主，加入部分居住商业功能。街道密度增大，尺度变小。	居住、商业功能为主。为适应功能需要，产生大量的巷道，胡同。	在沿袭清代路网的基础上出现了更多的枝叉，一些巷道消失。	基本保留民国街巷肌理。
演变小结	从唐朝至今，地块整体功能演变呈现两个特点:逐步世俗化、功能复杂化。肌理随着功能的变化而变化，由行政功能逐步向居住商业功能转变，从街道尺度大，密度小的道路逐渐变到密度增大，尺度变小。从仪式性肌理变为生活性肌理。				

B 地段深入研究

朝代	唐代	明代	清代	民国	现状
区位					
功能					
主要功能	祭祀、官署	王府、将军府、书院、军器局	会馆、官署、公祠、居住	商业、行政、公共服务、居住	社区商业、配套设施、居住
服务范围	全城	全城	部分全城，部分片区	片区为主	片区
发展演变	从唐朝至今，西南地块的功能从达官显贵、集贸商业的聚集地逐渐转变为社区型居住小区，片区尺度从大街块转变为小尺度街区，功能的内向性逐渐增强，生活性不断提高，整体功能趋于市井化。				

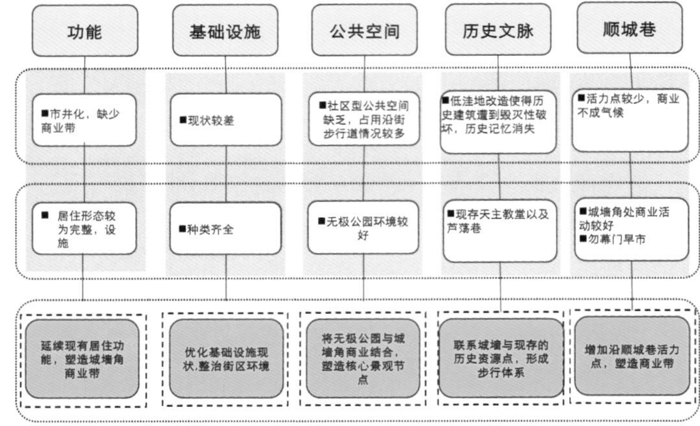

C 地段深入研究

西安城墙沿线各个地段拥有丰富的历史资源，深厚的文化底蕴，为了深入全面的正确把握各个地段的特征与价值，我们依据历史要素及现状主要道路将其划分为 A-F 六个地段。在全面分析各地段功能、基础设施、公共空间、历史文脉、顺城巷等要素的基础上，找到各地块存在的问题，发展的潜力以及相应的更新策略。

A 地块：老城内少有的工业片区，拥有老城六大集市之一，但产业低端，风貌较差。

B 地块：特色历史风貌区，历史遗存丰富，但缺乏尊重和保护。

C 地块：西安历史上重要原点，但地段封闭，缺乏活力。

D 地块：历史上贡院所在地，社区氛围浓厚，但同质化严重，缺乏特色。

E 地块：历史上唐太极宫，明清寺庙所在地，但如今破败不堪、辉煌不在。

F 地块：民国时期“新城区”，民国要素较多，但体系松散，感知度低。

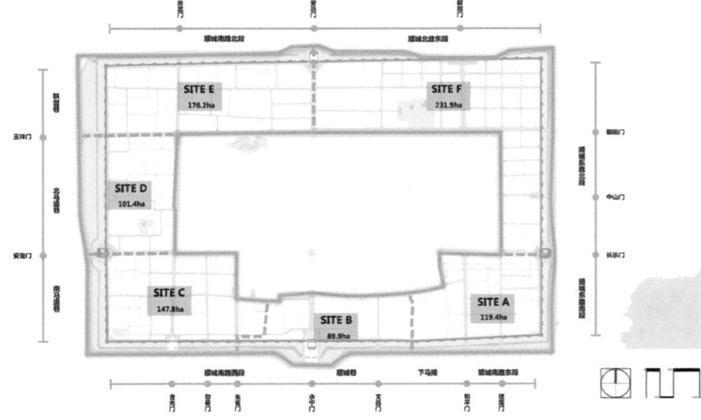

深入研究地段划分

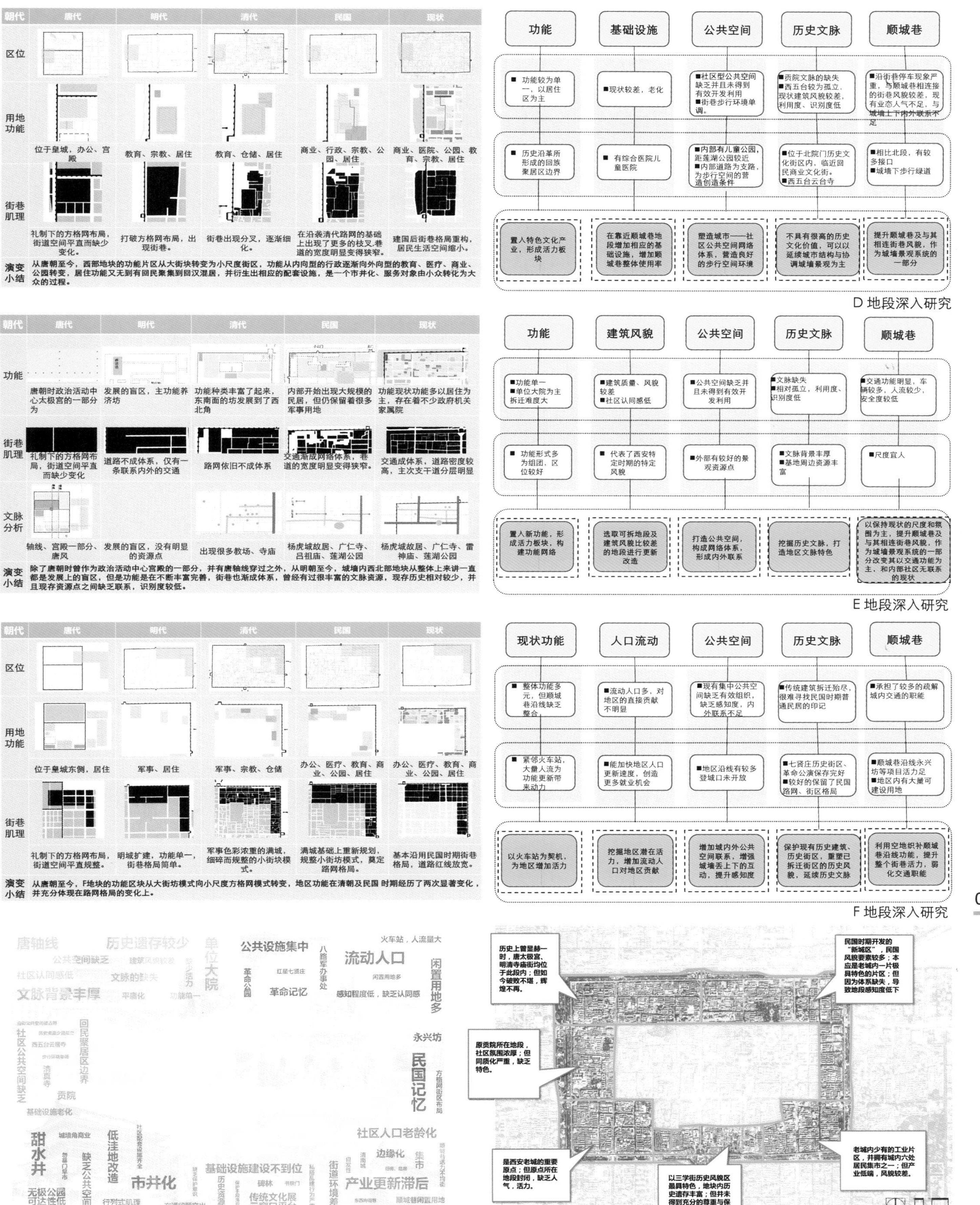

D 地段深入研究

E 地段深入研究

F 地段深入研究

城墙沿线地段特征总结

城墙沿线特色与问题总结

049

传统人居 · 院落复苏 · 市井再生
——城墙沿线开通巷内生式更新计划

1 基地背景

老开通巷是明代城墙向东拓筑而形成的一条居住坊巷，现是碑林历史文化街区的有机组成部分，巷内有十六个传统民居被纳入重点保护名录；经过数百年的历史变迁，开通巷形成了独具的格局肌理和空间尺度，保留下来的传统四合院和历史性建筑型制清晰、特征鲜明，是西安民居的典型代表；然而在城市现代化进程中，该传统住区破坏严重，发展面临着严峻的挑战，保护工作刻不容缓。

2 基地区位

地段位于三学街历史风貌区内，明城墙沿线南段，碑林东侧，北至东阳市，南临顺城巷。设计范围约为 7.5ha，研究范围扩大至 26.2ha。我们能感知到其中特色的传统人居环境，却看不到背后逐步被淹没、遗弃的传统合院；我们能体会到大街小巷上的繁华活力，

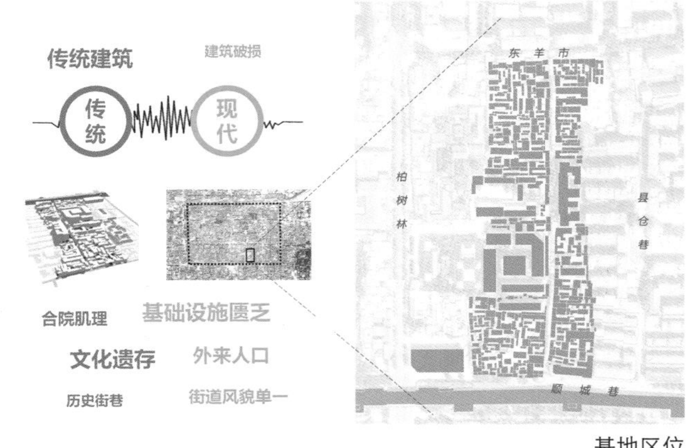

基地区位

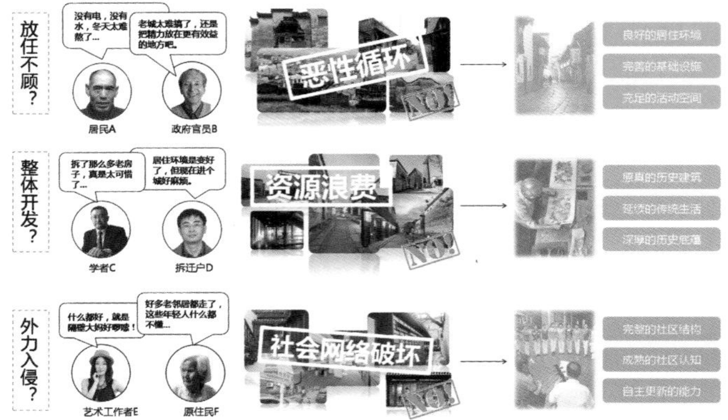

主题定位

传统模式 →

“公众游离于体系之外”

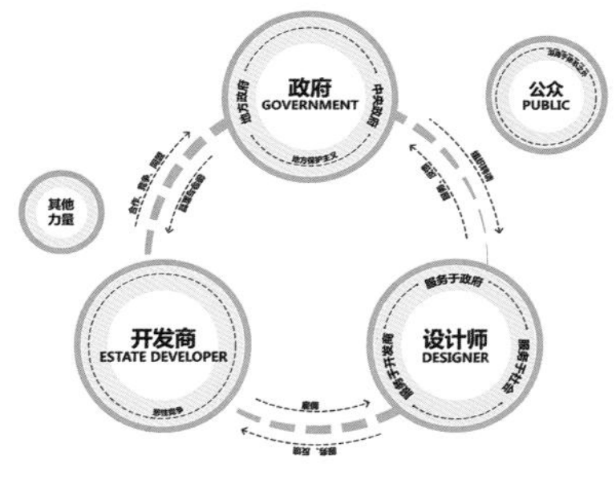

整个过程缺乏对于公众利益的考虑，城市更新成为体现政府意志、实现设计师个人价值观以及开发商获利的工具。

有机更新模式 →

“公众参与”

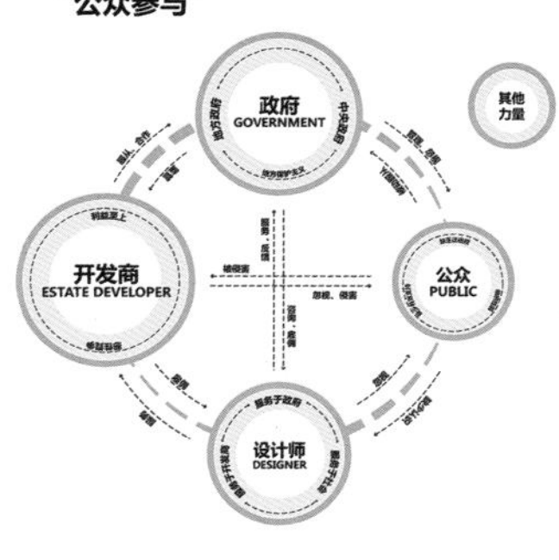

更新过程中强调公众参与。但由于政府的过度干预、开放商的强势以及公众自身参与意识不足。在城市更新工程中公众缺乏有效手段对自己的应得利益进行保护。

保护内生模式

“以公众为核心”

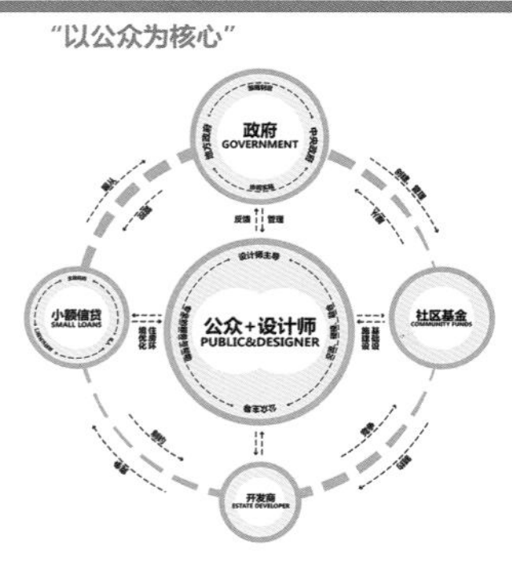

保护内生模式——内生主导、外力支持

随着小额信贷、社区基金等一系列新型融资机制的兴起以及公众自主意识增强。公众开始逐步掌握更新的主导权，开发商的空间受到挤压。

居民建立社区自治体系并与专业设计者合作，将在城市更新体系中占据核心地位。

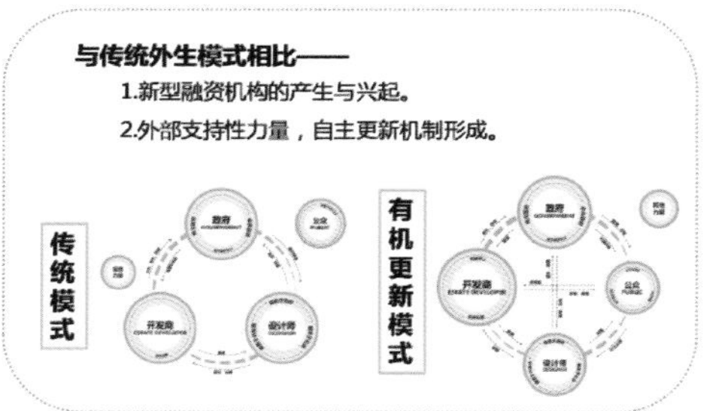

机制对比研究

资金来源　开发模式　社区培育　组织架构

传统模式

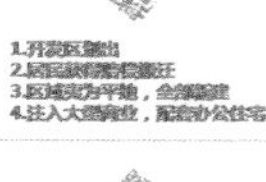

资金来源单一，主要来源于开发商投资，少部分为政府补贴。

社区围绕政府相关部门形成。向心力弱，感知度不高。

保护内生模式

资金来源多样，主要包括小额贷款、社区基金等。

呈现量多、额小、灵活自由的趋势。

1.围绕居民形成新社区，形成自主更新机制。
2.利用新技术，建设网络社区等虚拟社区

深层机制研究

N

1 高培之故居
2 卧龙寺
3 16处传统院落保护
4 创意艺术工坊（工作区）
5 创意艺术展览区
6 民俗剧场
7 开通巷民俗坊
8 传统合院式客栈
9 游客服务中心
10 西安明城墙
11 环城公园
12 工艺品交易中心
13 文昌门

平面图

	微疏通		微带动	微更新	
	STEP1	STEP2	STEP3	STEP4	STEP5
行动策略	1.整理现状产权，寻找机会地块 2.梳理街巷空间，织补网络体系	结合产权与街巷整治 对基础设施进行完善	1.资源地块保护，丰富网络结构 2.机会地块利用，塑造空间节点	1.建筑评估，确定保护整治方式 2.产业植入，有机循环微更新	社区培育 地区网络体系建设
阶段目标	构建与碑林、书院门地段相互联系的、完整一体化的空间结构体系。充分发挥开通巷潜力，走出边缘化困境。	居民生活质量达到现代城市生活的基本要求	1.拆除影响地块风貌的多层建筑，还原保护院落的传统合院肌理。 2.疏减地段外来人口。 3.利用资源地块与机会地块作为触媒，植入少量文化创意产业，以求带动地区活力。	1.进一步疏减外来人口，环境整治。 2.发展家庭产业，提升居民收入。 3.对穿统建筑、传统文化进行保护。	实现社区自主更新 实现历史文化街区内一体发展
实施主体	政府主导、居民参与 规划、设计工作者咨询	政府主导、居民参与 历史文化保护基金会提供资金	政府主导、规划、设计工作者咨询 居民通过小额贷款筹集资金、开发商	居民主导、小额贷款机构提供资金 政府补助、设计师咨询	居民主导、设计师参与
触媒项目	1.新街道建设 2.街道风貌环境整治	基础设施建设	1.游客服务中心（原文昌门停车场） 2.保护院落整修（15个保护院落） 3.开通巷民俗坊（原卧龙小区） 4.创意文化展示中心（原开通巷小学）	老建筑改造保护项目	1.居民自治委员会建设 2.区域网络体系构建

现状阶段

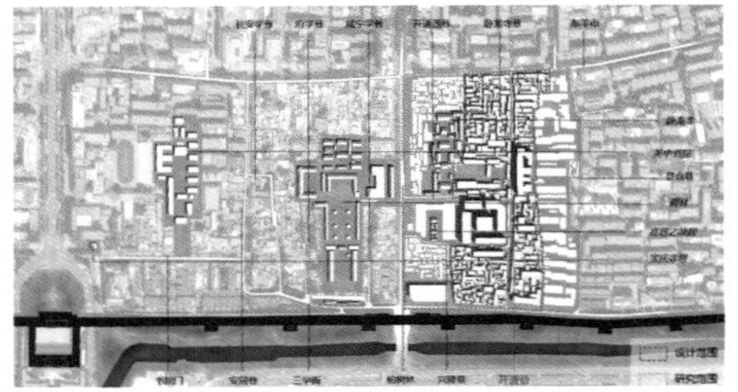

基地文化底蕴深厚，传统风俗保存较为完整。基地周边历史文化资源丰富。

1. 整理现状产权，寻找机会地块

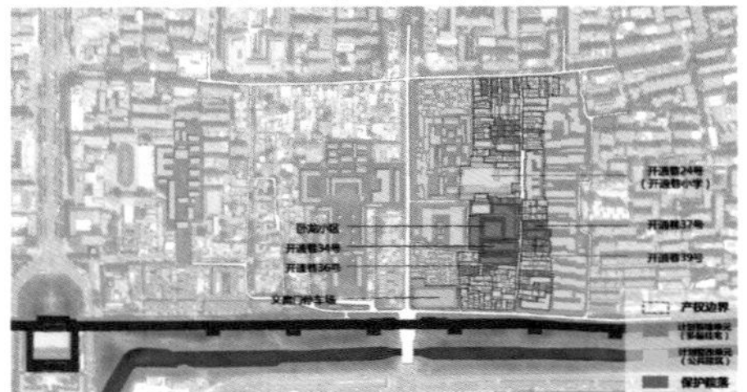

梳理地段产权边界后发现，绝大部分区域保持原有合院的用地范围。

2. 梳理街巷空间

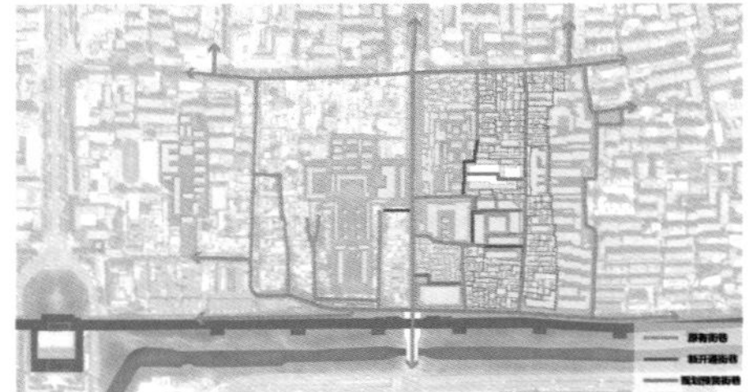

原有街巷基础上还原部分历史原有街巷，开通部分新街巷。

3. 织补网络体系

更新过程中强调公众参与。但由于政府的过度干预、开放商的强势以及公众自身参与意识。

1. 资源地块保护，丰富网络结构

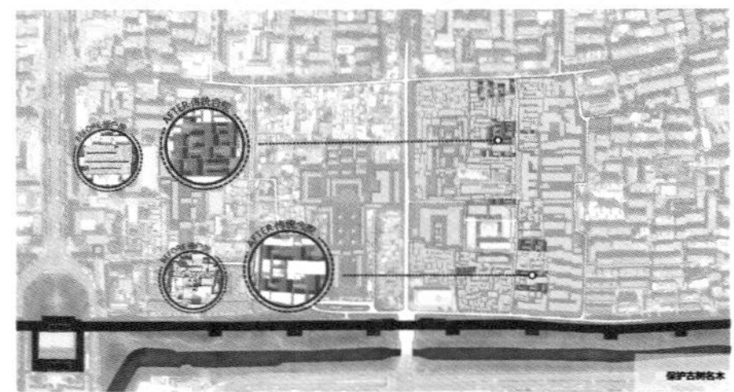

由历史文化保护基金会对16处保护保护院落进行整修。恢复院落传统格局，传统立面等。

2. 机会地块利用，塑造空间节点

游客服务中心——开通巷民俗坊——创意艺术工坊。

关键问题研究——历史建筑保护

现状基地内历史建筑破损严重，传统肌理丧失。急需有计划地开展历史文物保护工作。

关键问题研究——人口疏散

缺乏社区认同感，文物保护意识弱；过高的人口密度导致地段人居环境一步步恶化。

1. 院落整治

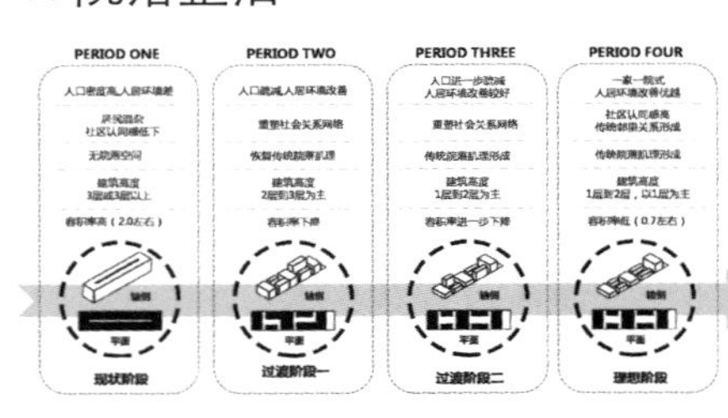

对街区其余院落进行评估。根据居民意愿对院落自主进行整治改造。

2. 产业植入

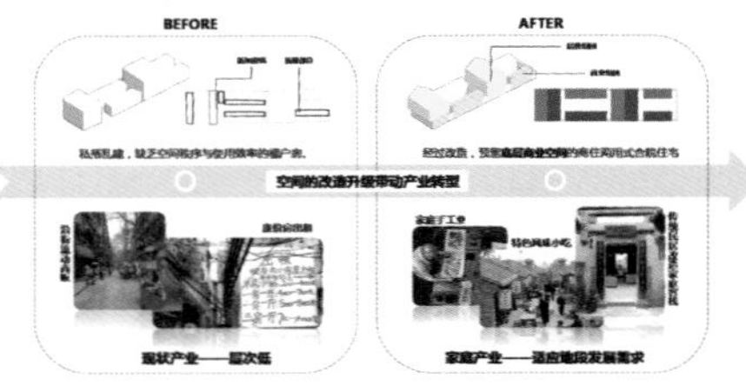

整体保持居住功能不变并发展家庭产业。

3. 地区网络体系建设

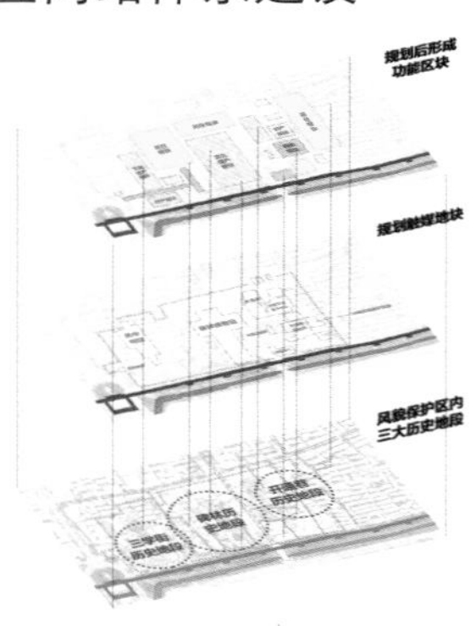

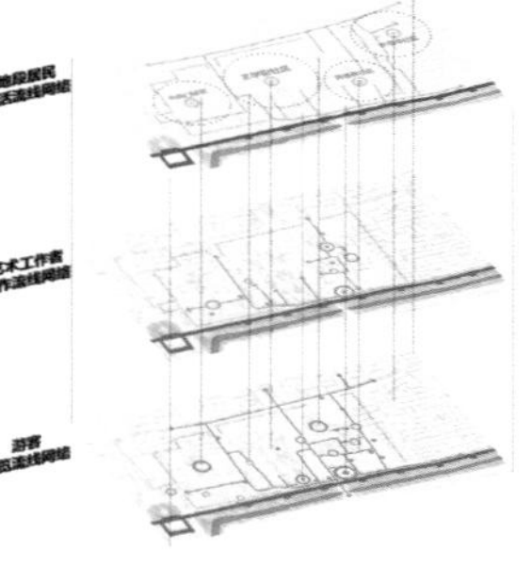

对区域节点，流线，触媒地块等进行分析，并将不同系统进行叠合，最终形成一体化地区区域网络。

保护更新前

开通巷北段——更新前
KAITONG ALLEY-BEFORE

针对机动车乱停乱放、街巷空间活力低下、街巷界面闭塞隔绝等问题对**街巷风貌进行整治。**

开通巷卧龙小区——更新前
KAITONG ALLEY-BEFORE

针对多层建筑破坏风貌，底商毫无活力等问题。**重建地段，局部市井重生**，打造一个面向居民、游客的全方位商业文化中心。

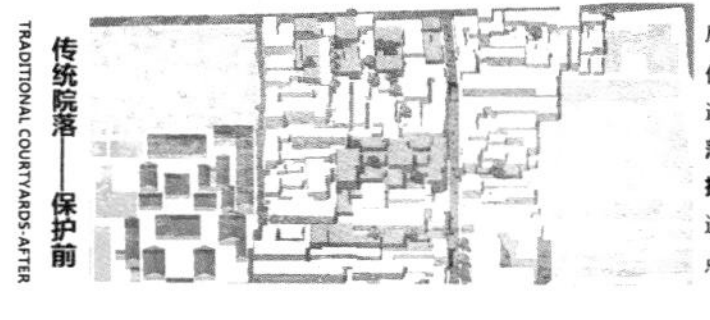

传统院落——保护前
TRADITIONAL COURTYARDS-AFTER

尽管院落集中，但完全淹没在周边群房中。对**院落修缮并进行保护**。使之成为开通巷的一大魅力点。

顺城巷文昌门——改造前
SHUNCHENG ALLEY-BEFORE

针对现状建筑功能不适宜片区发展定位。**设计游客服务中心**，联通城墙上下。

开通巷小学——更新前
KAITONG ALLEY PRIMARY SCHOOL-BEFORE

现状开通巷小学因生源不足被改为一家饭店。**保留部分校舍、植入创新产业**，打造创意艺术工坊。并局部**保留曾近校园记忆。**

设计理念

CONCEPT ONE——产权

梳理产权边界，尽可能恢复开通巷原有合院式产权边界。并根据产权边界小规模招商。

CONCEPT TWO——院落

院落作为地块最重要的元素之，必须对16个传统院落加以保护。

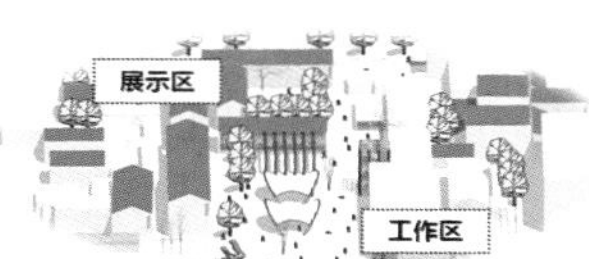

CONCEPT THREE——创产

分为两个区域——工作区与展示区。

展示区主要面向居民游客，入口地块位于东侧；以提升巷道活力。

工作区主要面向艺术工作者，入口位于西侧；以避免工作者对巷道原有生活的干扰。

CONCEPT FOUR——市井

打开通巷民俗坊，复原巷道市井生活；同时与西侧工艺品交易中心共同形成老城民俗商业文化中心。

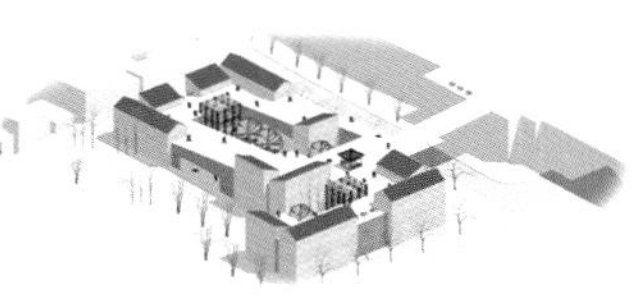

CONCEPT FIVE——节点

作为历史文化风貌区关键节点起联通作用。

1.联通柏树林两侧街区

2.联通城墙上下

保护更新后

开通巷北段——更新后
KAITONG ALLEY-AFTER

传统院落——保护后
TRADITIONAL COURTYARDS-AFTER

开通巷民俗坊——更新后
KAITONG ALLEY-AFTER

创意艺术工坊——更新后（工作区）
Creative presentation Center -AFTER

游客服务中心——改造后
VISITOR CENTER-AFTER

最终空间网络体系

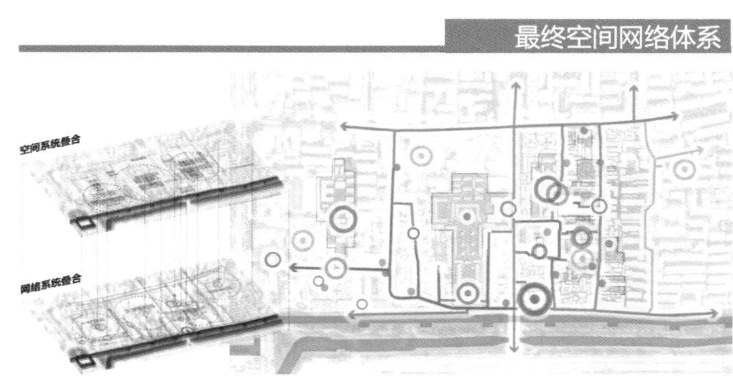

轴测图

总平面

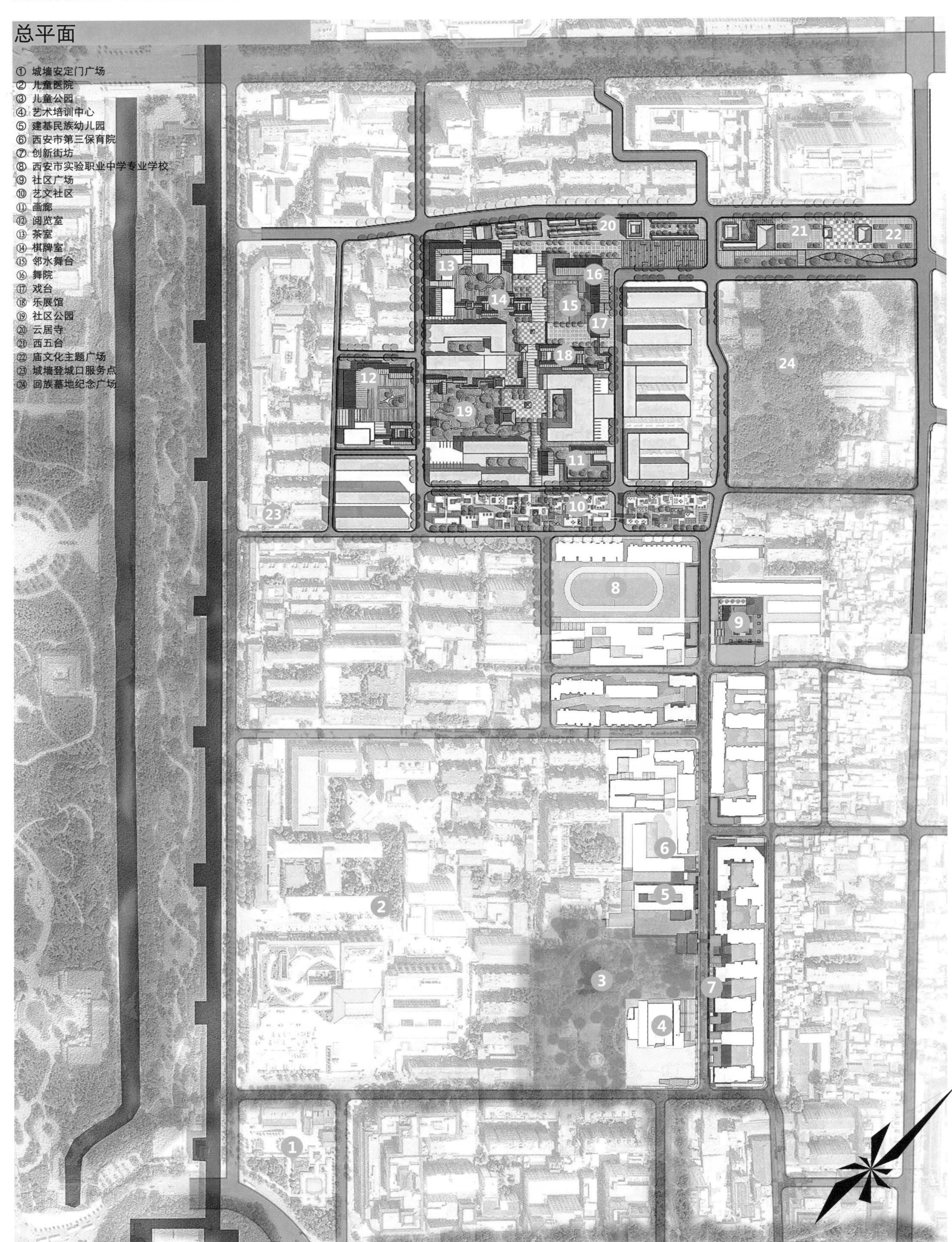
① 城墙安定门广场
② 儿童医院
③ 儿童公园
④ 艺术培训中心
⑤ 建基民族幼儿园
⑥ 西安市第三保育院
⑦ 创新街坊
⑧ 西安市实验职业中学专业学校
⑨ 社区广场
⑩ 艺文社区
⑪ 画廊
⑫ 阅览室
⑬ 茶室
⑭ 棋牌室
⑮ 邻水舞台
⑯ 舞院
⑰ 戏台
⑱ 乐展馆
⑲ 社区公园
⑳ 云居寺
㉑ 西五台
㉒ 庙文化主题广场
㉓ 城墙登城口服务点
㉔ 回族墓地纪念广场

共同家园 · 艺文社区 · 创新街坊
——回坊西部城墙沿线地块社区活化设计

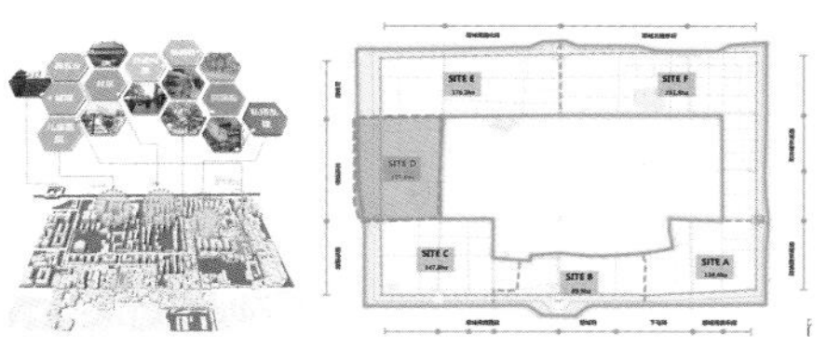

社区氛围与居民活动

文化资源点

教育资源点

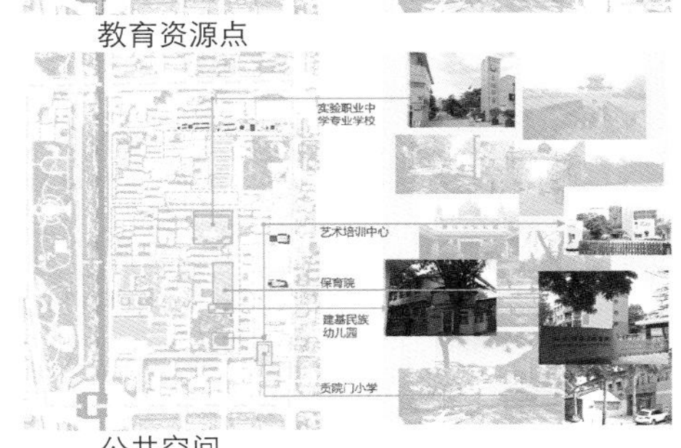

公共空间

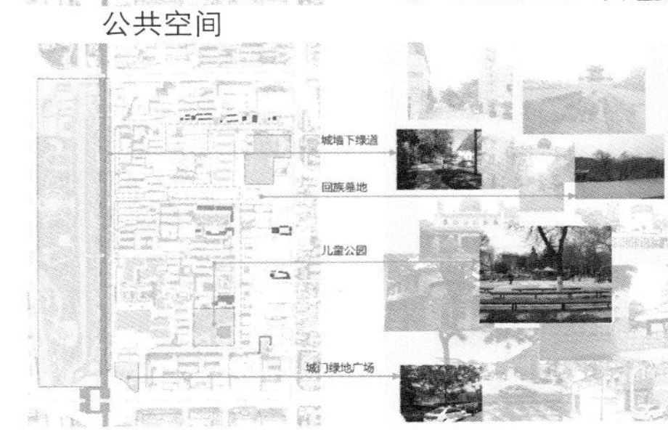

1 历史背景

基地最大的特色就是在明清时期具有象征着科举文化的贡院，但是现如今已经消失不见，替代它的是在原有贡院遗址上出现了众多教育设施以及儿童公园，从古至今这块地一直是围绕着儿童、青少年成长等教育内涵丰富的地块，我们思考的重点就是发挥基地最大的特色，将传统艺术文化根植于现代社区生活。

2 基地现状分析

（1）社区氛围与居民活动：社区氛围较好，活动类型也较多，但是活动空间平庸化且缺乏文化特质；

（2）文化资源点：文化内涵丰富，有象征着科举文化的贡院、可以供人们体验明清文化的城墙以及体验宗教文化的西五台清真寺等，但文化被消费，成为逐利工具，与人们日常生活和儿童成长关系弱；

（3）教育资源点：教育资源丰富，有中小学、幼儿园等，但是文化感受对象单一，并且缺少艺术氛围的浸染；

（4）公共空间：相对而言是老城内公共绿地较多的地块，如环城公园、儿童公园等，但是不成体系，缺乏多元交流以及与城墙呼应的公共空间。

3 目标前景

经过案例研究，我们发现传统的产业园不仅成本高，而且大多呈现出异化的房地产开发现象，与人们日常生活割裂，我们希望营造与传统文化、教育发展相结合的充满社区氛围的低成本艺文社区，使艺术能与生活共生。

我们希望从文化入手，丰富与传承文化艺术的内涵，形成深层的文化体验，基于现状问题分析与价值挖潜的基础上，将该地区打造成面向儿童、青少年和老年的共同家园、文化艺术扎根于生活的艺文社区，以及以低成本、便捷化为目的，供人们学习并生产工艺品的新街坊。

传统产业园区　　宝藏岩

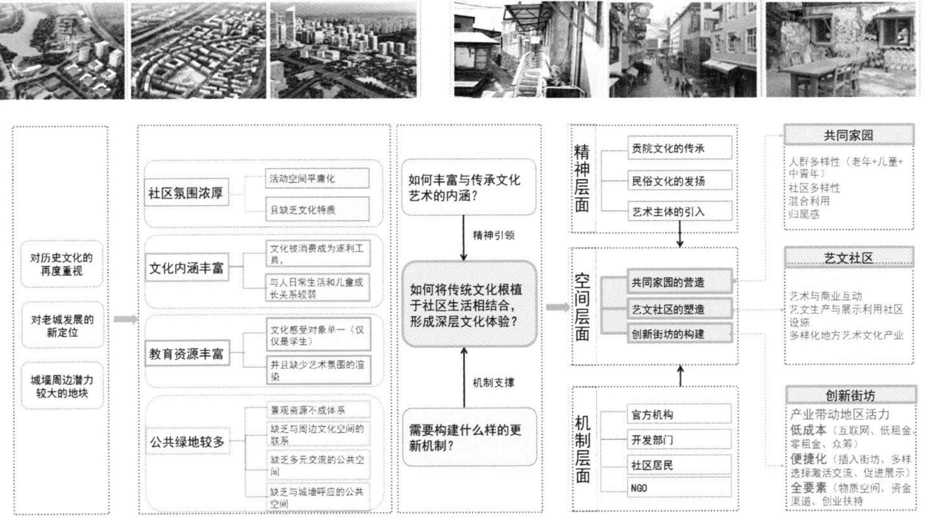

明清时期的贡院

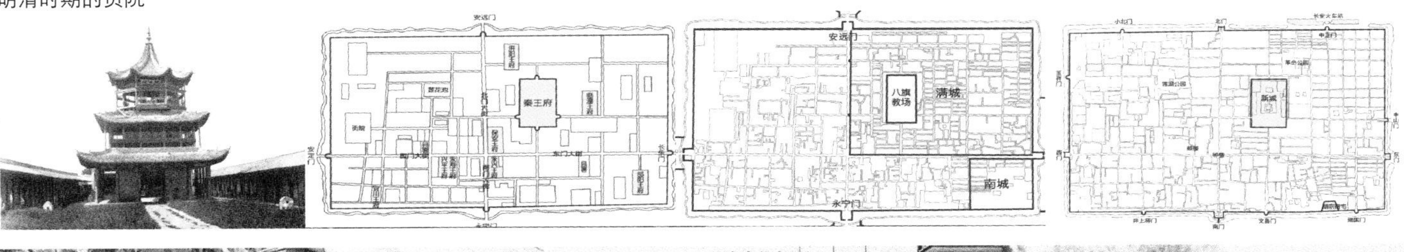

现状教育设施

4 机制研究与构建

4.1 现状机制研究（问题与应对策略）

对社区的建设行为分析后，我们发现其主要存在以下三个问题，分别是：组织机构单一、空间特色无序对立，利益分配不均等，其中组织机构单一主要体现在：社区关系调节能力弱，社区文化重塑能力弱，不同建设主体的无序竞争等方面，针对这些问题我们提出要构建多元主体的、加强社区文化建设、培育社区共同意识，提升社区向心力和凝聚力；空间特色无序对立主要体现在：公共空间消极内向、建筑质量粗糙等方面，针对这些问题我们提出提升公共空间品质、社区居民自发参与来提升环境质量等建议；最后针对利益分配不均，我们提出要进行政策创新，建立新的更新机制。

4.2 更新机制再构建

对现状机制进行了分析研究后，我们围绕社区建设构建了新型的更新机制，传统的自上而下的政府主导的形式依然必不可少，但以开发商主导的形式在该地区相对被弱化，自下而上得到了重视，因此社区自治组织以及社区居民本身、社区志愿者所扮演的角色得到了一定程度的强化。同时我们也引入了一些外来力量，如众筹商业机构，以低租金、零租金的形式对艺术家的创业进行扶持，还有像艺术家机构与联盟这样的组织机构，来对艺术家进行租房、市场等方面的管理。

5 策略提出

在机制的引领下我们提出了三大策略，分别是完善公共服务设施；植入社区活动中心、加强社区文化体验；优化社区公共空间、构建多元支持机构，激发艺文产业发展。

6 营建策略

针对策略，我们从甄选触媒、微设计以及聚微成网三个方面去营建。

step1：甄选触媒

主要是进行用地调整、触媒项目的确定、街巷的梳理，

（1）用地调整：绝大部分地区进行保留修缮，只有一小部分地进行了拆除重建、整治改造、功能置换；

（2）触媒项目的选择：在策略的指导下我们确定了三个触媒项目，分别是为了完善公共服务设施，在建筑质量较差且拆除成本较低的 A 地块设计社区文化活动中心，在具有贡院文脉且临近儿童公园但现状沿街步行空间品质差，缺乏活力的 B 地块早慈巷进行了插入街坊的设计，在私搭乱建自建房现象严重的 C 地块进行微转型，形成艺术家村，除此之外我们还进行了街巷的整治与公共空间活化；

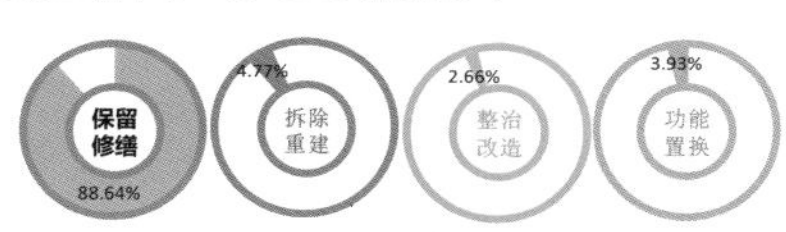

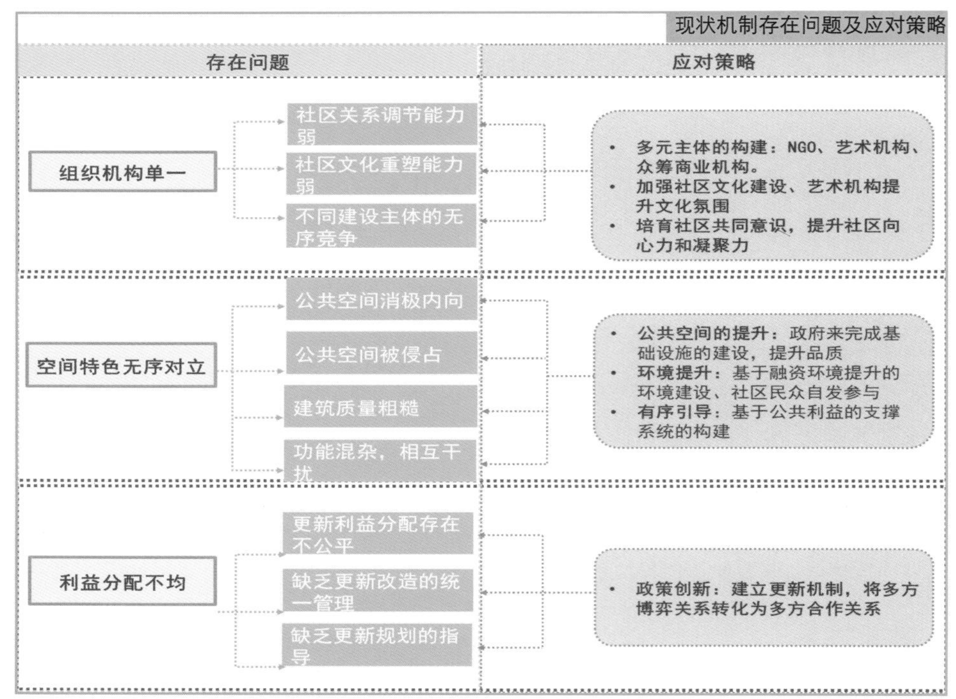

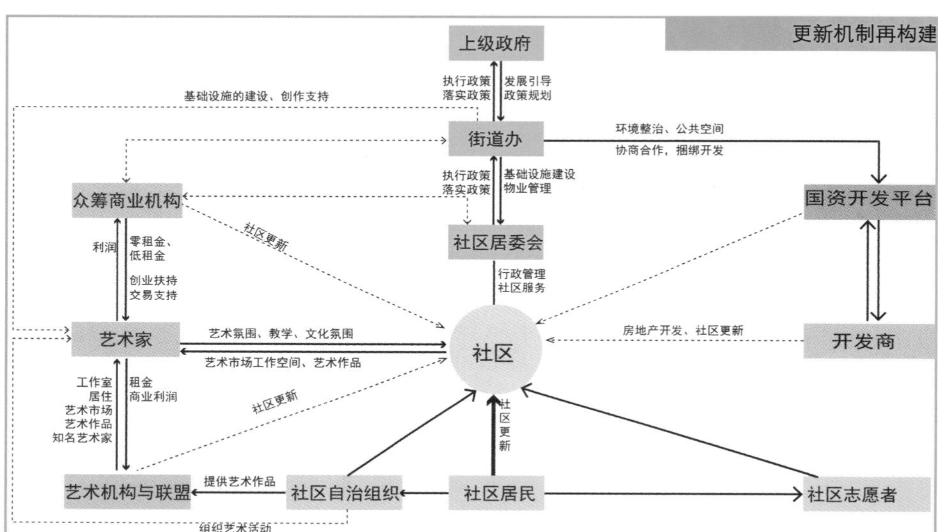

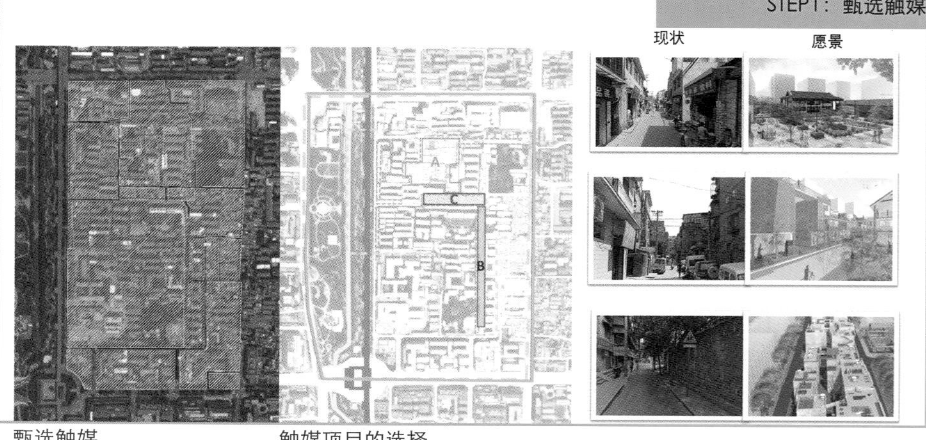

甄选触媒　　触媒项目的选择

(3) 街巷梳理：为了加强与城墙、资源点之间的联系，我们对现状街巷进行增加与打通、连接，梳理街巷之后我们通过空间句法验证发现地块的集合度、连接度均有提高。

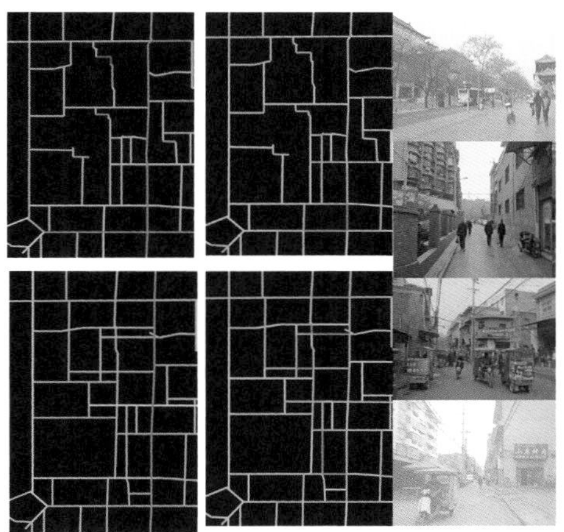

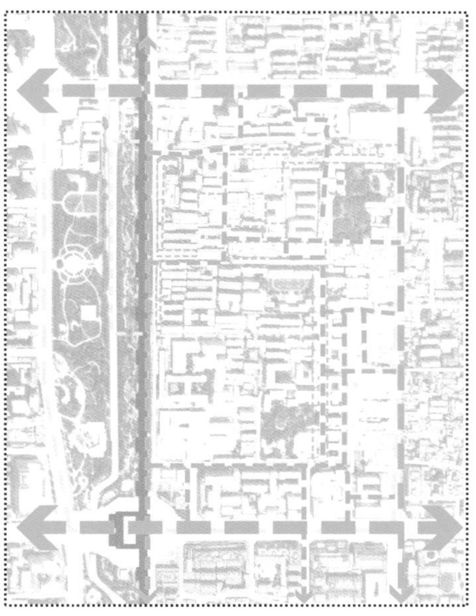

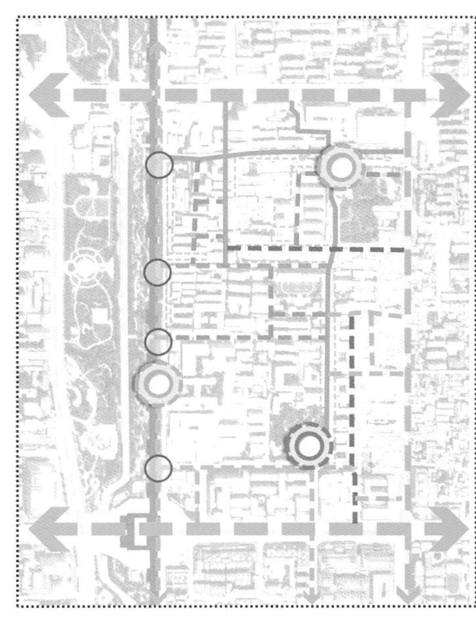

step2：微设计

基于触媒项目的确定，进行 5 个具体的微设计。分别是社区设施微组合、居民自建房微转型以及街道微整治、工作坊微插入、开放空间微活化。

社区设施微组合

在建筑质量较差且拆迁成本较低的 A 地块我们进行了社区设施微组合，为了使文化扎根于社区，让人们在进行社区活动的同时感受到西安的传统文化，我们从文化与空间这两条线出发，文化方面我们对西安传统文化及相对应的社区活动进行了研究归类，空间方面首先保留了地块内现状质量较好拆迁难度大的住区，接下来将大肌理的活动空间与小肌理的文化展览空间以组团的形式相结合并以广场活动轴线串联，连接周边社区，分别赋予乐、棋、书、画、园这 5 个主题，每一个主题的活动空间再给予其丰富的活动内容与形式，如在乐主题的活动空间社区居民可以观看秦腔，学戏、吹拉弹唱；书主题的活动空间，除了为社区居民提供静谧的阅读环境外，还为陕北说书、书展之类的活动提供了场所。

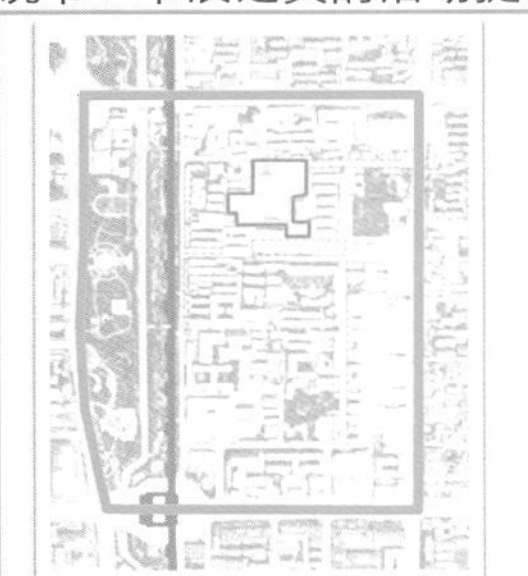

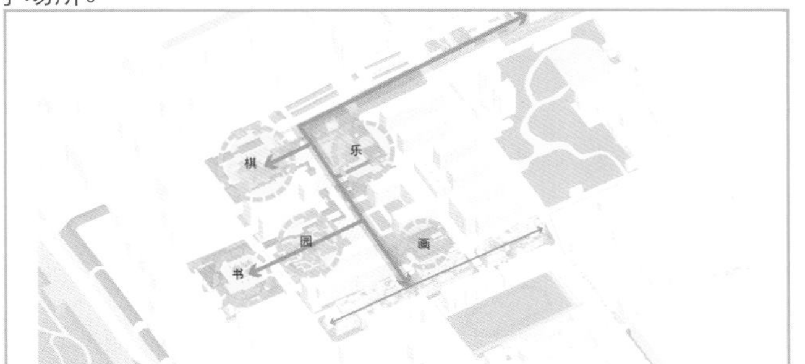

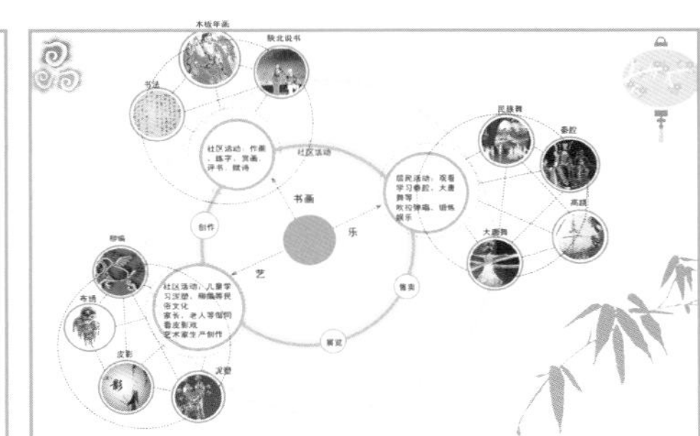

活动主题与内容

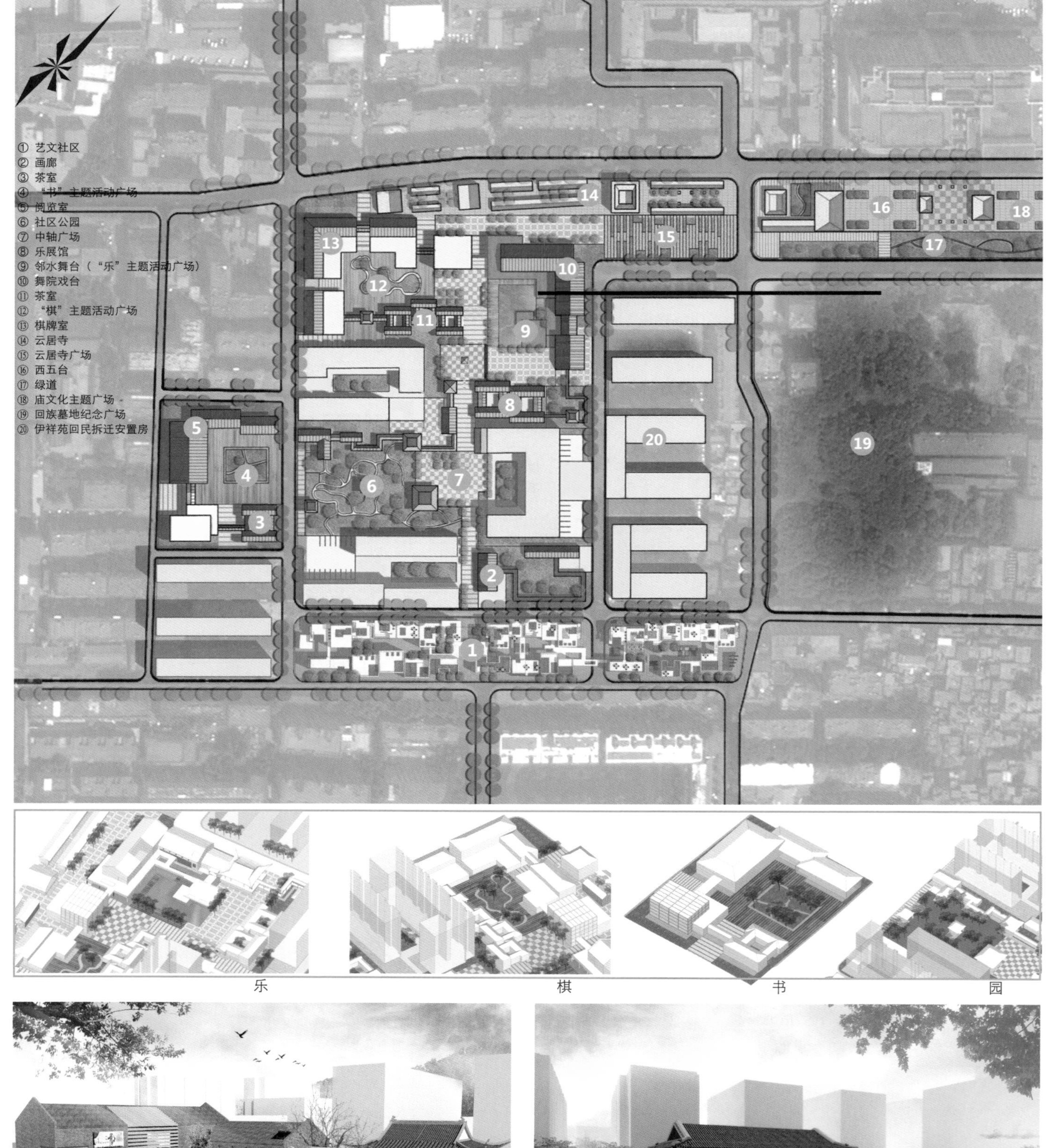

乐　　棋　　书　　园

“乐”主题活动空间

“书”主题活动空间

街道微改造

地块现状是破败的棚户区，为了营造艺术氛围，我们对现状肌理进行了保留，并参考宝藏岩等艺文社区，将其屋顶空间、开放空间进行了系统的设计，引进多种类型的艺术活动，如以西安传统工艺为核心的艺术展览，与艺术教育相关的学术教育类艺术活动，以及艺术作品的展览销售和体验等，并可在屋顶花园组织一些随机性的艺术活动，并通过众筹商业机构以零租金低租金的方式引进艺术家，并通过艺术家联盟与机构对其进行市场管理，在为艺文工作者创造了一片天地的同时，赋予了社区文化教育的意义。

居民自建房微转型

地块现状是破败的棚户区，为了营造艺术氛围，我们对现状肌理进行了保留，并参考宝藏岩等艺文社区，将其屋顶空间、开放空间进行了系统的设计，引进多种类型的艺术活动，如以西安传统工艺为核心的艺术展览，与艺术教育相关的学术教育类艺术活动，以及艺术作品的展览销售和体验等，并可在屋顶花园组织一些随机性的艺术活动，并通过众筹商业机构以零租金低租金的方式引进艺术家，并通过艺术家联盟与机构对其进行市场管理，在为艺文工作者创造了一片天地的同时，赋予了社区文化教育的意义。

类型	内容	形式
艺术展览类	以西安传统工艺为核心，室内展览外，可结合室外开敞空间开展展览活动	室内展览 建筑墙面、窗户 屋顶花园等展览 开敞空间、街道展
学术教育类	各类艺术活动的学术讲座；与文化产业相关的学术论坛教育，教导青少年儿童	定期向社区居民授课 沙龙
艺术交易类	艺术作品展出及销售，如画廊、小型美术馆	艺术宣传活动（屋顶花园） 艺术展览 艺术集市
旅游参观类	旅游服务设施、艺术体验活动	开放工作室参观游客，社区居民参与体验
随机活动类	不确定艺术类型，根据场景能随时发生的事件，如行为艺术活动、街头演艺等	街道涂鸦 屋顶演唱会

香米园街道改造前

香米园街道改造后

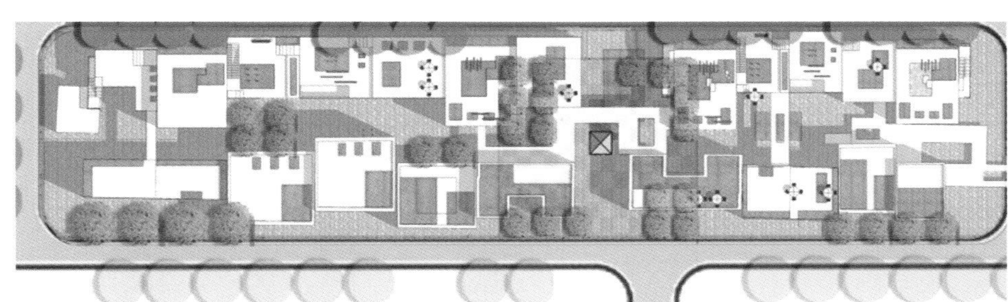

工作坊微插入

早慈巷看似平凡实则历史悠久，它的前身“枣刺巷”曾经是明清贡院东围墙外的街巷，西邻贡院，住户集中于路东侧，形成“单边巷”格局。挖掘贡院文脉，于早慈巷两侧置入工作坊，塑造步行廊道，打造宜人步行环境，使其成为兼具教育、文化、创产的创新街坊活力带。

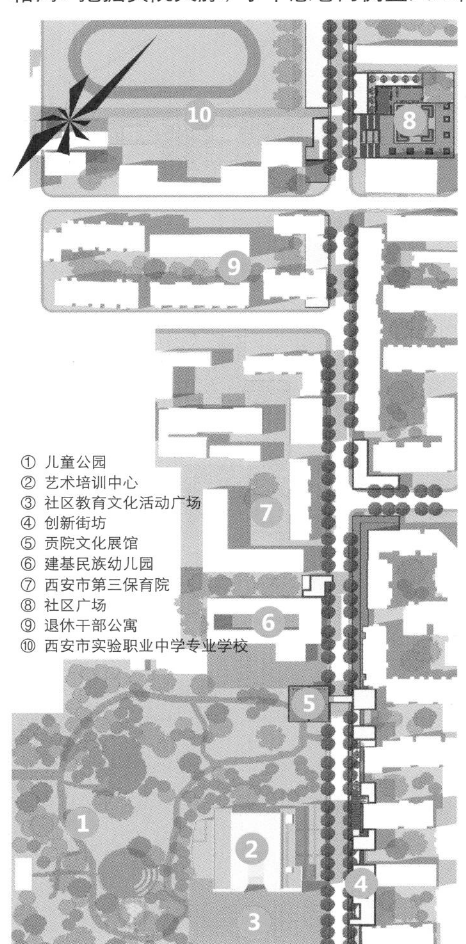

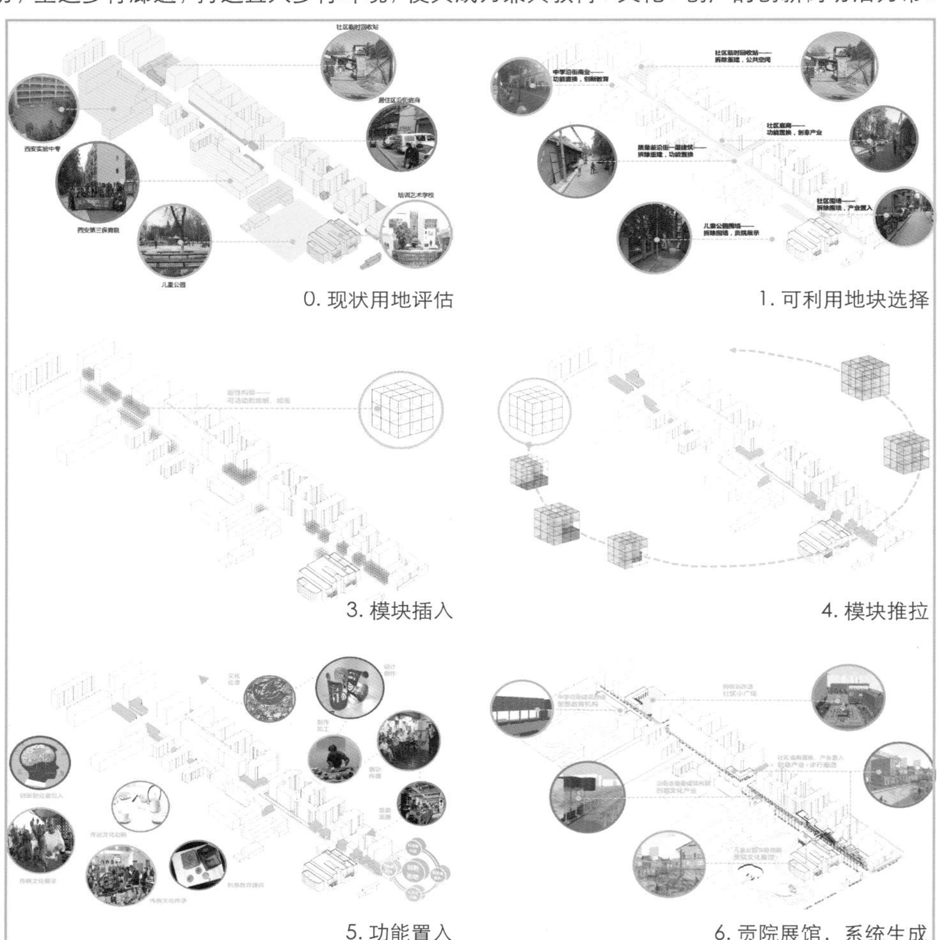

开放空间微活化入

对该区域的公共空间进行了梳理，通过保留整治、更新改造、拆除重建等手段，打造回汉共用的社区文化活动中心，营造多个社区文化公共空间，通过增设座椅、提升空间舒适度、明确空间功能性，增加历史标识营造文化氛围等措施，为本地居民、外来游客以及艺术人士提供活动空间，塑造共同家园。

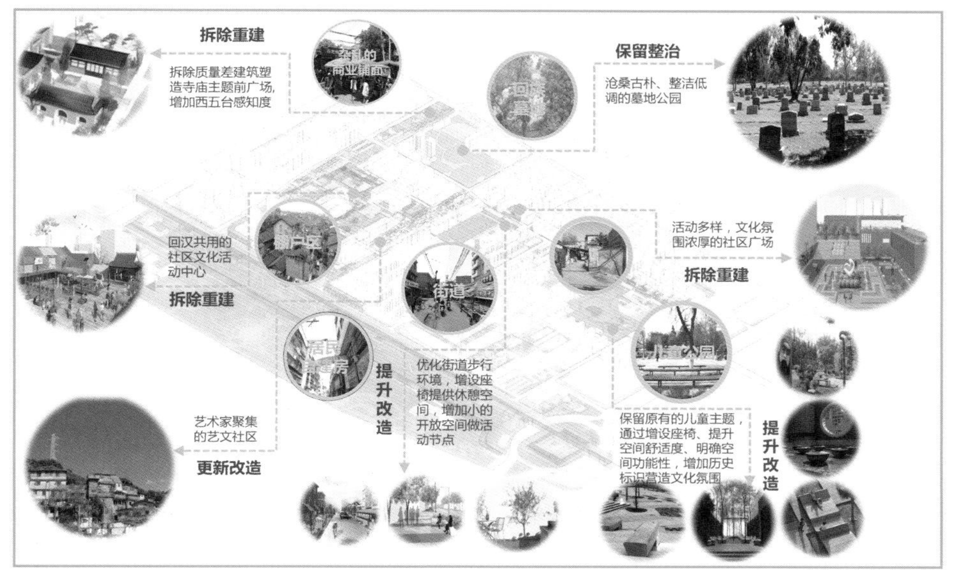

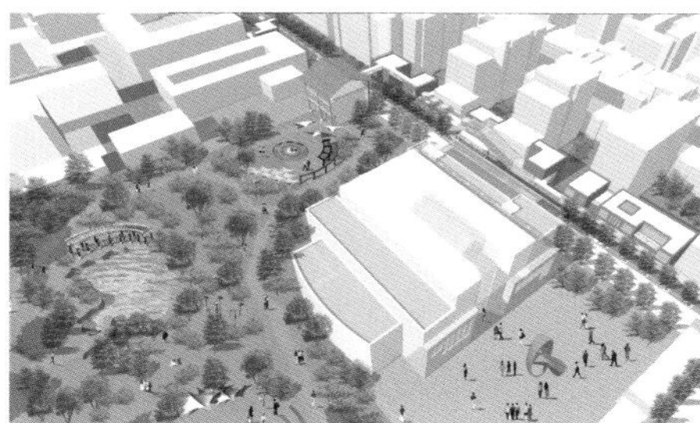
公园俯瞰

社区小广场

聚微成网

做了 5 个典型的微设计其目的就是聚微成网。通过街巷梳理、历史资源的保留、公共设施的提取，以及触媒点构建慢行系统，并与周边社区及其整治相融合，最后形成网状织补式的交通系统；以公共空间、触媒点进行带动的社会公共空间网络，以及将文化资源点相串联的社区文化体验网络。

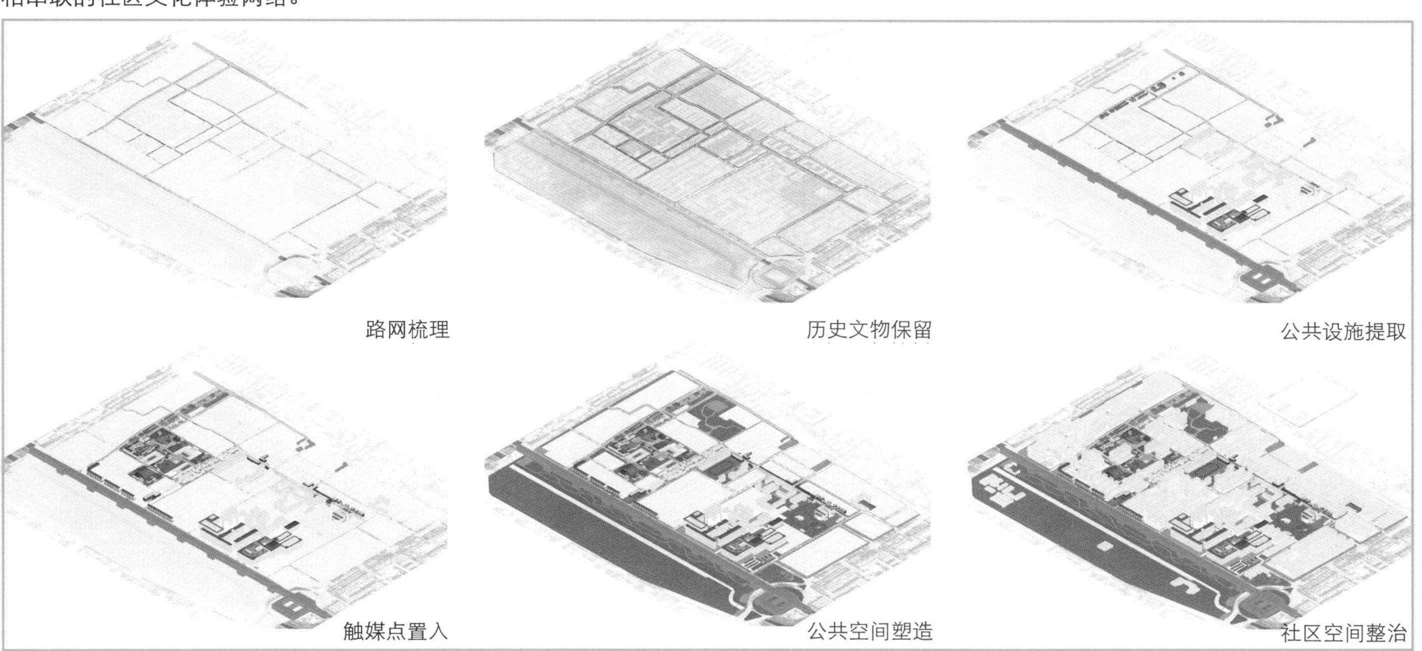
路网梳理　历史文物保留　公共设施提取

触媒点置入　公共空间塑造　社区空间整治

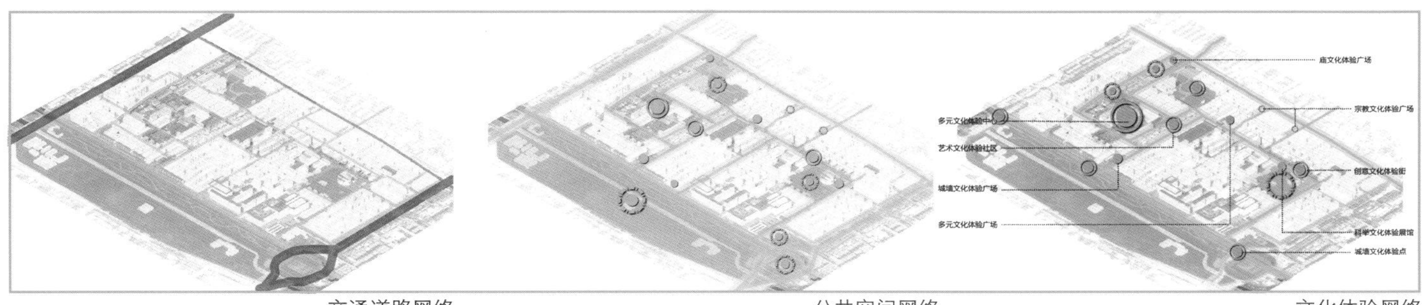
交通道路网络　公共空间网络　文化体验网络

多元市场 复合实验 阶段运作
——老城东南角创新市场模式设计研究

设计小组成员：刘洋，梅佳欢　指导老师：殷铭

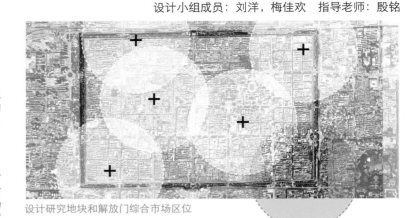

设计研究地块和解放门综合市场区位

1 基地概况 Site Profile

基地位于西安明城城墙内东南角，北临东大街，西至和平路，东、南靠明城墙，研究范围约 53ha，设计面积约 10.3ha。设计用地位于建南社区和东大街社区管辖范围内。

2 现状特征 Current Situation

1 市场：老城内有 6 个综合市场，以 1000m 为服务半径分析，这六个综合市场的服务范围基本覆盖了整个老城片区。其中，设计场地内的建国路综合市场是六个市场之一，从形成至今有 20 年的历史。市场作为该片区的重要特色之一，是核心研究对象。

集市规模庞大，形态多样，市井气息浓厚，但街道拥堵，环境破败

OUTDOOR

INDOOR

2 社区活动：在顺城巷沿线，社区活动丰富，但由于缺乏配套的开放空间，活动多集中在狭窄的街道两侧。

社区活动丰富，但缺少公共空间

人口数据调查和实地访谈

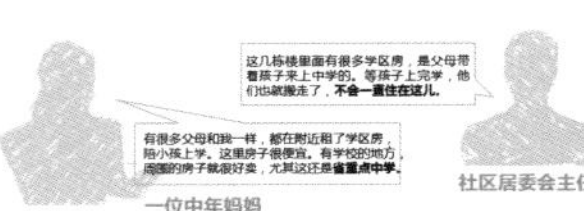

3 工业遗存：场地内有三处工业遗址，平绒厂改造为综合市场，机械厂倒闭已转租。还有陕西省委二印厂仍在运营。如此丰富的工业遗存在今天的西安老城并不多见，然而工厂与社区功能兼容性较差，空间上也阻隔了一些街巷。

4 街巷道路：该地区北段保留了清代南城的东西向街巷肌理。然而，这种传统的街巷肌理已经难以适应现代的停车需求，尤其是在集市附近，停车挤满了街道。

5 外来人口：由于市场的存在，这里的棚户区成为外来人口聚集区，并在市场从事经营活动。片区内除传统市场外，缺乏其他就业机会和就业人群。

6 上位规划：最新的上位规划将该片区定位为碑林区一般居住组团。

工业遗存丰富，但工厂与社区功能兼容性差

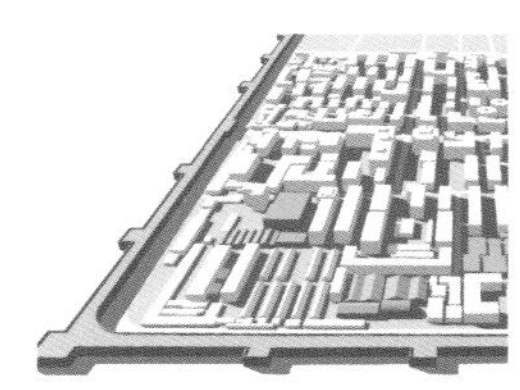

传统街巷 肌理特征明显，但占道停车问题突出

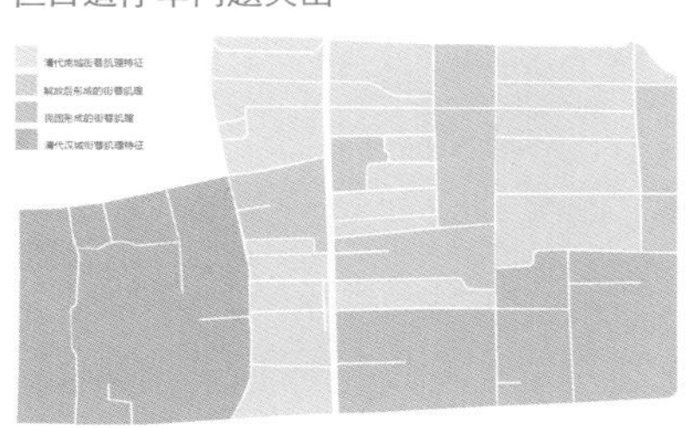

外来务工人员集聚，但就业形式单一

上位规划定位：碑林区一般居住组团

碑林区控制性详细规划

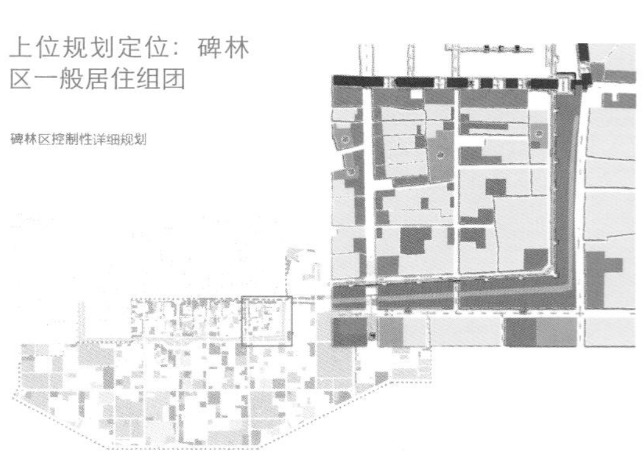

3 现状反思 Reflection

1 地段特色在哪里?

我们认为，是市场和工业遗产。但在新一轮的规划中，他们已不复存在。社区活动：在顺城巷沿线，社区活动丰富，但由于缺乏配套的开放空间，活动多集中在狭窄的街道两侧。

市场

工业遗产

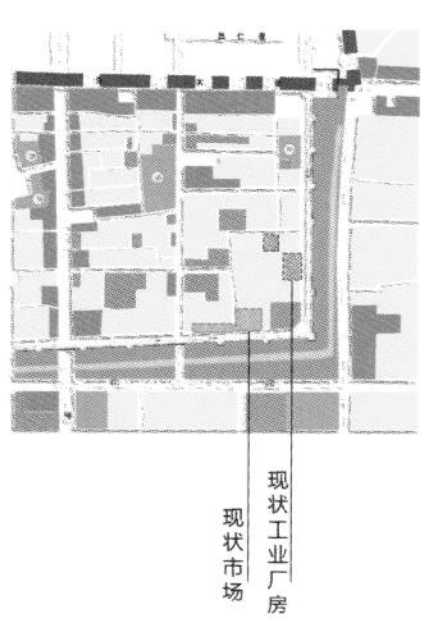

2 外来人口去何处?

其次，外来人口作为该市场活力的源泉和社区的重要组成，却被传统规划模式排除在外。如果抹平了市场和棚户区，这些外来人口将去向何处?

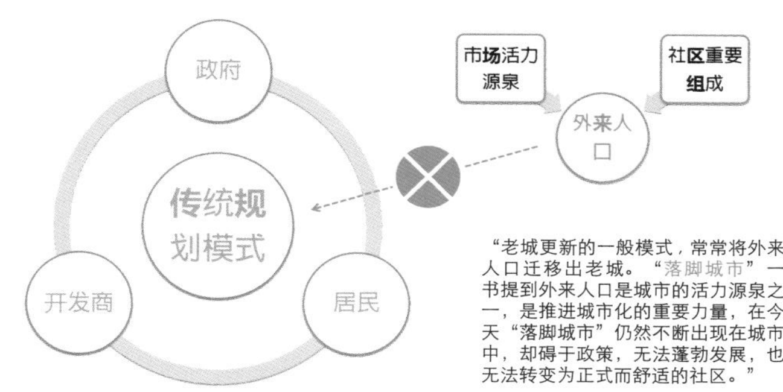

“老城更新的一般模式，常常将外来人口迁移出老城。“落脚城市”一书提到外来人口是城市的活力源泉之一，是推进城市化的重要力量，在今天“落脚城市”仍然不断出现在城市中，却碍于政策，无法蓬勃发展，也无法转变为正式而舒适的社区。”

4 更新机制 Renewal Strategy

1 建立一个创新机制

我们借鉴了匹茨堡广场市场的运行机制。该市场组建了由业主，市场管理人员，活动策划人，市场顾问，和市民组成的“广场市场商人协会”，实现了独立于政府之外自主管理的经营模式。受之启发，我们提出了以市场所有者为主体，吸纳当地居民和政府的市场委员会的创新机制。它代表的不是开发商和政府的利益，而是市场经营者和居民的利益。

2 培育多元化的市场

我们认为现代人，无论生活在城里、城外、男女老少，生活方式都在变化，从基本的物质生活上升到精神生活，需求也在增加，所以市场也在向多元化发展。例如：“互联网+”模式的出现就体现了人们对市场需求多元化的趋势。

因此，未来我们希望在老城东南角创造一个多元化的市场，能从多个层面服务周边的社区和老城的不同人群，满足他们的生活和消费需求，从而促进东南角片区人口的多元化。

在这个多元的市场里，市场的功能类型是多元的，比如我们将市场初步分为社区服务，社区休闲，旅游展示三大类，经营人员是多元的，既有外来人口，也有社区老人，还有创业青年，消费人群也是多元的，有居民，市民和游客。

3 实现渐进式的更新

由于涉及地块产权复杂，我们提出分阶段的更新机制。先空地后改造，构建弹性空间，每个阶段以微改造为手段对市场进行整治和升级，在不同阶段，市场委员会的组成和职责也各不相同，并有新的主体加入到市场的经营中，分阶段实现多元化。

我们将更新分为三个阶段，与三个规划目标对应：

阶段一：现有市场环境整治期；规划策略：传统市场有序疏散 、整治片区环境。

阶段二：创新市场实验期；规划策略：工业遗产改造利用、培育特色市场。

阶段三：新市场片区成熟期；规划策略：功能从单一到混合，塑造市场社区。

市场委员会的创新机制

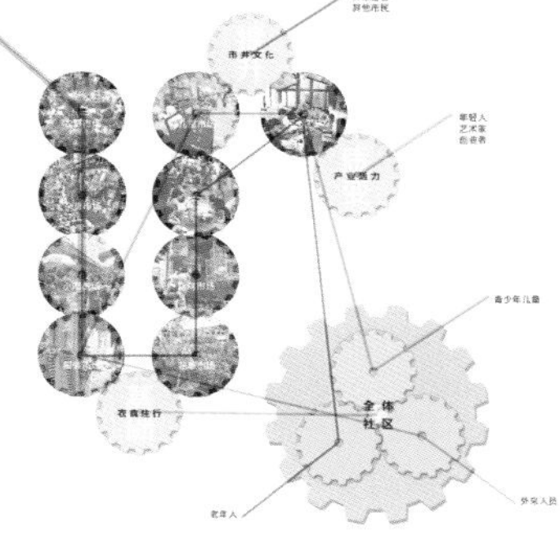

多元化的市场

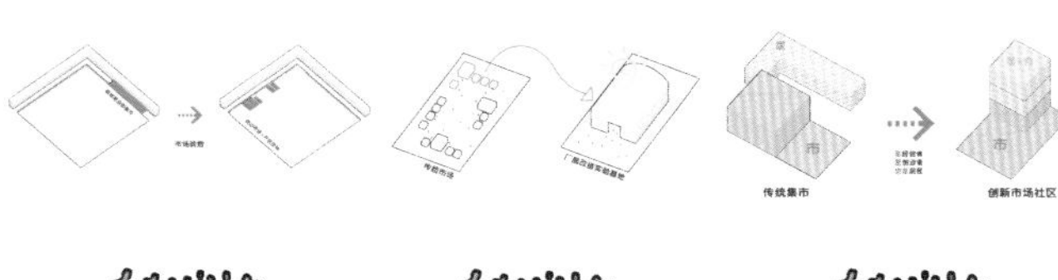

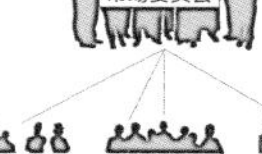

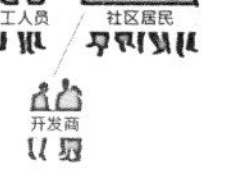

分阶段更新

	类别	特色空间	室内/外	经营人员	经营人员主要居住地	主要消费人群	主要消费人群年龄段
社区服务型	菜市场			外来	租房	本地	各类
	水产市场			外来	租房	本地	各类
	熟食市场			外来	租房	本地	各类
	杂货市场			外来	租房	本地	各类
旅游展示型	民俗服装市场	民俗产业工坊	内	年轻人、艺术家	租房	游客	各类
		产业园体验区	外				
社区休闲型	花草市场	植物园	外	老人	自有	本地	老人
	鱼鸟市场	植物园	外	老人	自有	本地	老人
	小吃市场	美食广场	内/外	外来	租房	本地/游客	各类
	跳蚤市场	市民文化广场	外	老人、艺术家	自有、租房	本地/游客	各类
		城墙根剧场	内				
	儿童市场	儿童活动中心	内	年轻人	租房	本地/游客	儿童
		儿童公园	外			本地/游客	儿童
		图书馆	内	社区		本地	各类
		体育公园	外			本地	各类
		绿地	外			本地	各类

阶段一：现有市场环境整治期
传统市场有序疏散，整治片区环境

关键词：空间微利用 · 流动市场 · 弹性空间

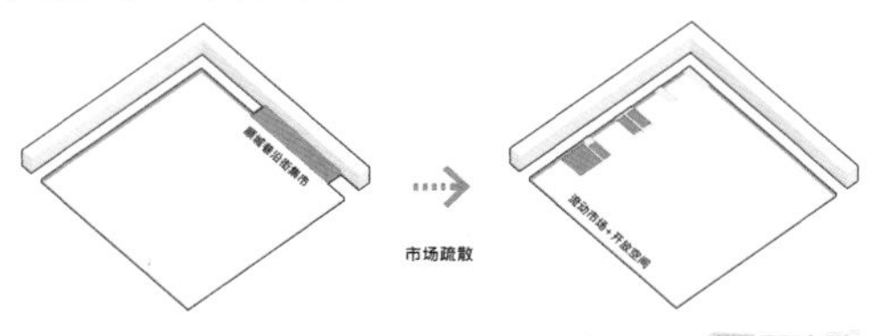

设计 1：整治顺城巷街道环境

市场委员会：与政府合作，清理空地垃圾，并利用空地在顺城巷周边增加开放空间。

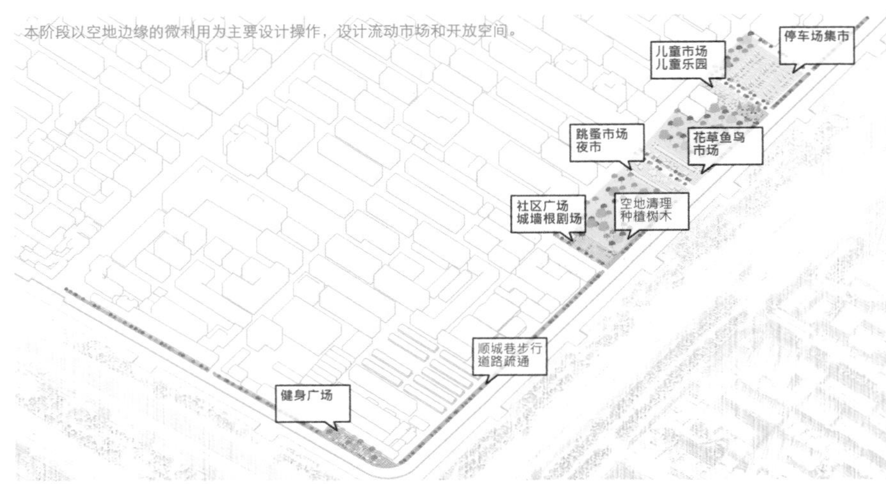

设计 2：租用现有闲置空地，统一搭建流动市场，并增加停车空间

市场委员会：租赁闲置空间，组织流动市场搭建，监管市场运营。

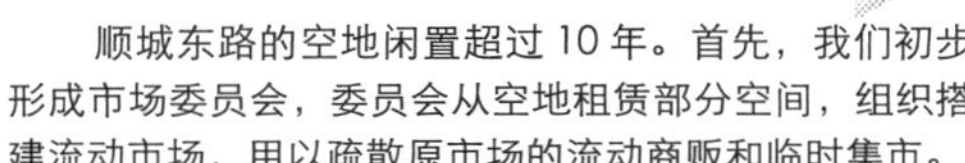

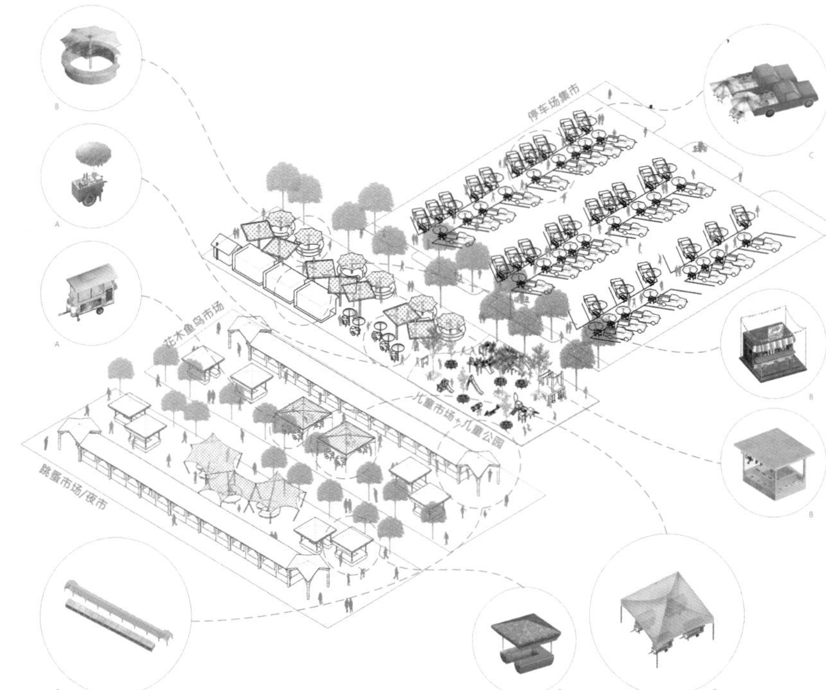

顺城东路的空地闲置超过10年。首先，我们初步形成市场委员会，委员会从空地租赁部分空间，组织搭建流动市场，用以疏散原市场的流动商贩和临时集市。

于是，我们根据需要疏散的市场功能和社区居民的特点，设计了不同主题的流动市场。根据社区内的旧货集市和养鸟活动，我们设计了以下两个以老年人为主题的市场。

考虑到社区内有大量中小学生，我们设计了以儿童为主题的市场，及儿童活动空间。此外，为解决集市周边商贩乱停车的问题，我们设计了停车场集市，为他们提供专用的经营场所。

我们为流动市场设计了几种临时搭建的模型，包括可以移动和不可移动的构筑物。我们将这些构筑物置入流动市场中，这样，流动市场成为弹性空间，它们可以更好地适应气候的变化，利于市场在不同时间段内贩售不同商品，或是在市场结束后成为公共活动空间。

跟据居民活动的特点，我们利用空地，在顺城巷周边适当增加东西向的开放空间，以增强社区到城墙的联系。如在城墙角设计并临时搭建的健身广场；如供居民集会活动的社区广场。这里，我们提出了城墙根剧场的设计概念。

流动市场夜市

阶段二：创新市场实验期

工业遗产改造利用，培育特色市场

关键词：建筑微改造 · 厂房 · 市场实验基地

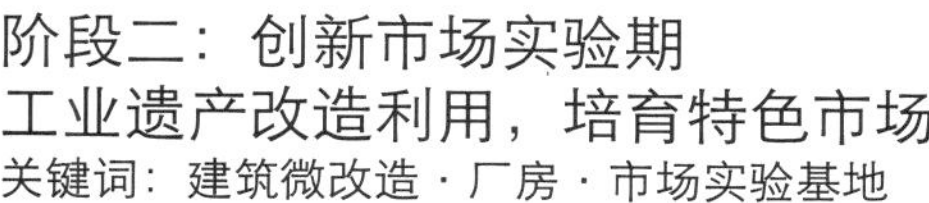

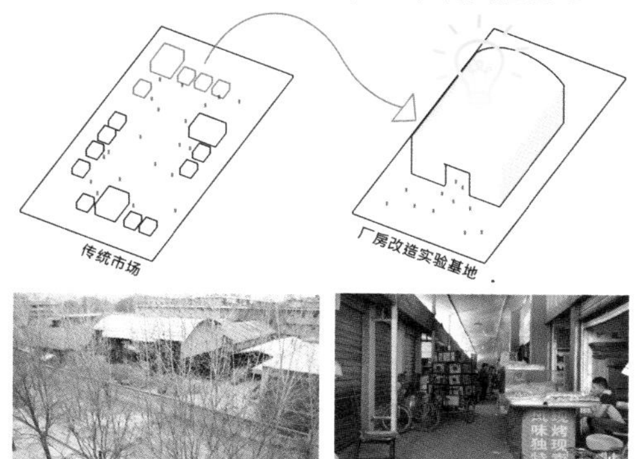

本阶段一方面以建筑微改造为主要手段，改造工厂开发试验基地，另一方面，对传统市场的旧建筑进行改造提升，结合建筑增加开发空间，以增强新旧片区间的联系。

首先，市场委员会通过众筹集资，主导工厂改造开发。同时，西安老城内外的众多院校、产业园区将为我们的实验基地提供丰富的人才资源。市场实验基地将对传统市场中的部分商品进行升级，开发特色，精品，定制，高端，时尚，创意的产品。新型商品既可以是实体产品，也可以是特色服务，我们提出 7 类，22 种商品转型方向的可能性。

空间方面，我们保留所有厂房，去掉厂房的气候边界，在厂房内外搭建集装箱，形成种类丰富的开放体验空间。我们将工厂空间划分为室外展销区，工坊生活区，工坊体验区，产品展销区，主题活动区，室外休闲区。借鉴集装箱改造案例，我们设计了几种集装箱利用方式，将生产、售卖、办公、居住、体验结合在一起。

此阶段的第二部分，是由市场委员会主导，对沿顺城巷的传统市场进行微改造。现状部分市场空间被顺城巷沿线的建筑阻隔，导致经营状况很差。通过一系列设计，一方面增强建筑与顺城巷人流的联系，另一方面利用开放空间引导市民进入市场。

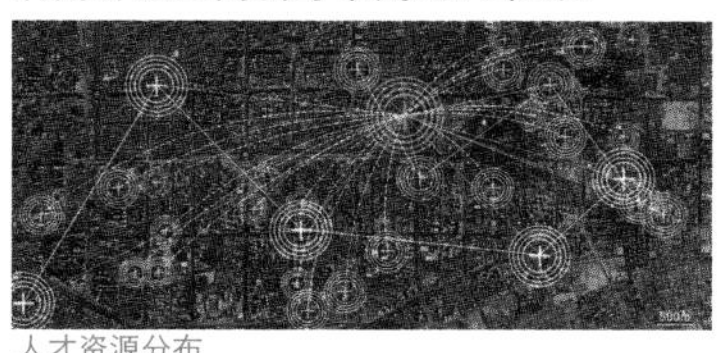

人才资源分布

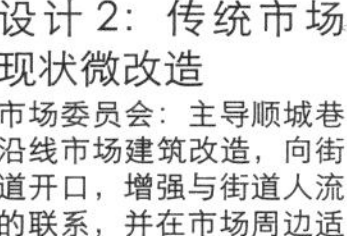

商品升级

设计 1：工业厂房改造市场实验基地，吸纳周边丰富人才资源，实验新型市场

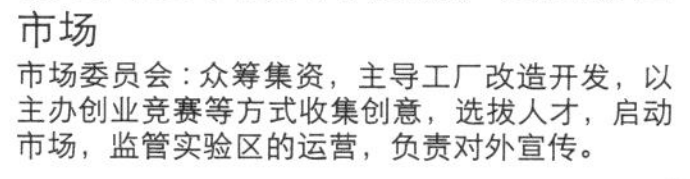

市场委员会：众筹集资，主导工厂改造开发，以主办创业竞赛等方式收集创意，选拔人才，启动市场，监管实验区的运营，负责对外宣传。

基地集装箱搭建设计

设计 2：传统市场现状微改造

市场委员会：主导顺城巷沿线市场建筑改造，向街道开口，增强与街道人流的联系，并在市场周边适当增加开放空间，引导市民进入市场。

半开放的集市空间

活体验

阶段三：新市场片区成熟期
功能从单一到混合，塑造市场社区

关键词：创新市场社区・创业・棚户区改造

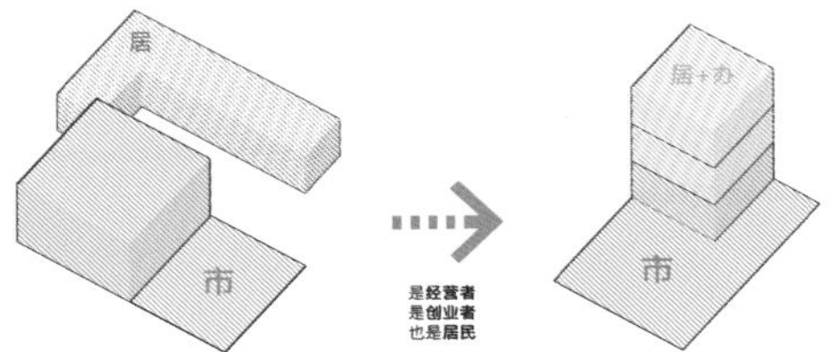

设计 1：提升原有开放空间品质

市场委员会：引导部分流动市场转型进入市场社区，或回迁到传统市场周边的开放空间，同时在原有开放空间中增加景观和互动元素。

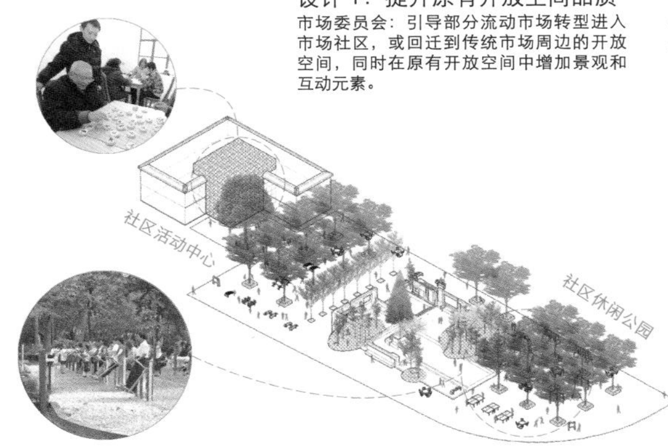

设计 2：利用核心空地建设市场生活社区

市场委员会：市场委员会：与政府、开发商合作，或以开发商身份建设新型市场社区，通过实验基地向市场社区引入新业态，商品和创业居民。

在新型市场社区的建设中，市场委员会起主导作用。通过市场社区，我们完成空地向复合功能空间的转变。

通过打开社区边界，增加开放空间，和底层商业植入，将市场和居住功能结合，回应了上位规划的要求。建设市场社区的目的是为创业者和经营者提供一个居住、商业、办公空间结合的家园。

为保证市场社区健康运作，在产业入驻方面，我们提供了 36 种适合新型市场社区的业态建议，包括各类体验工坊，生活馆，微商实体店，特色商品以及服务店等。

我们将市场社区与传统市场进行比较，市场经营模式更加自主，多元，并且在室外留出更多开放空间。

创意生活市场的业态建议

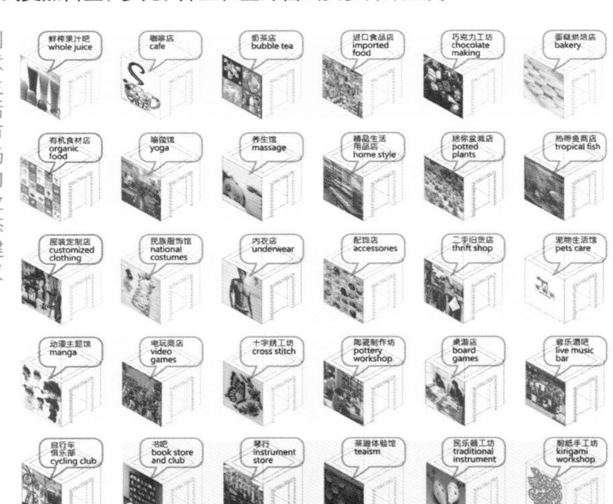

城墙脚下的市场社区

更新机制总结

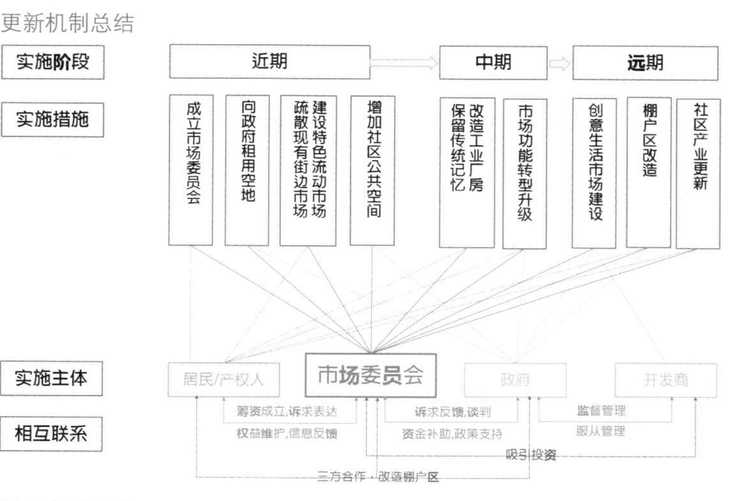

5 设计评价 Design Appraisal

更新机制总结：在各个更新阶段，市场委员会扮演最重要的角色。居民，政府，开发商则与市场委员会相互配合，保证了每个阶段的顺利运行。

新老市场联系：最终，地块内将形成传统市场——市场实验基地——新型市场社区的空间线，由怡人的步行道路连接。

空间句法计算：设计范围内，顺城巷和周边街道可达性，以及社区内街道向顺城巷的渗透性明显增加；街道通过性有小幅度提升。

功能系统分析：经过三个阶段的微更新，目标是实现地块内各个系统的优化。

新老市场联系

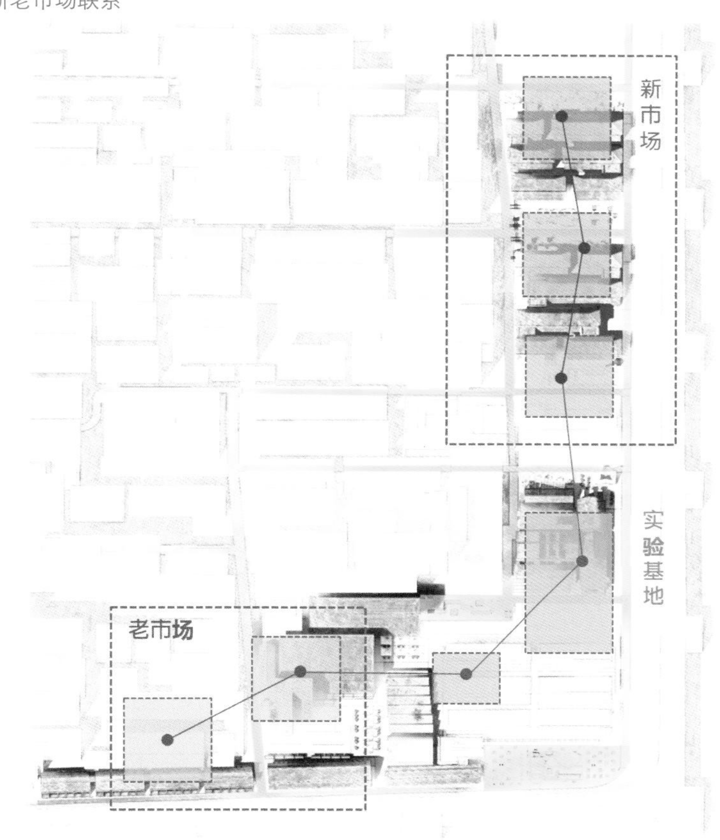

功能系统分析

空间句法计算

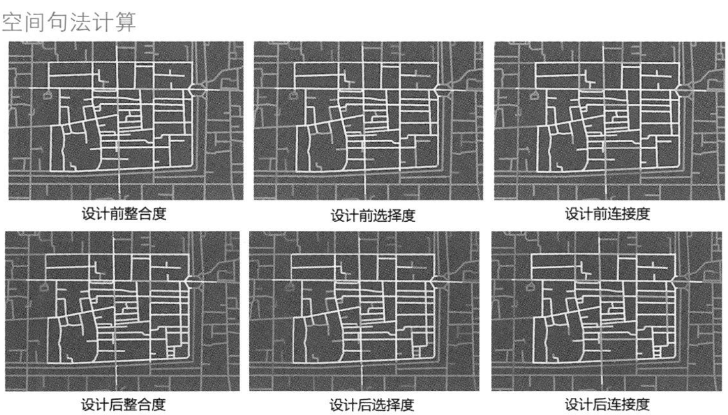

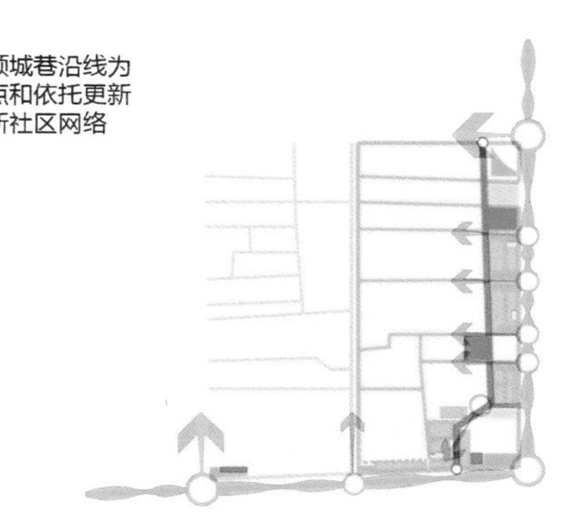

因顺城巷沿线为源点和依托更新的新社区网络

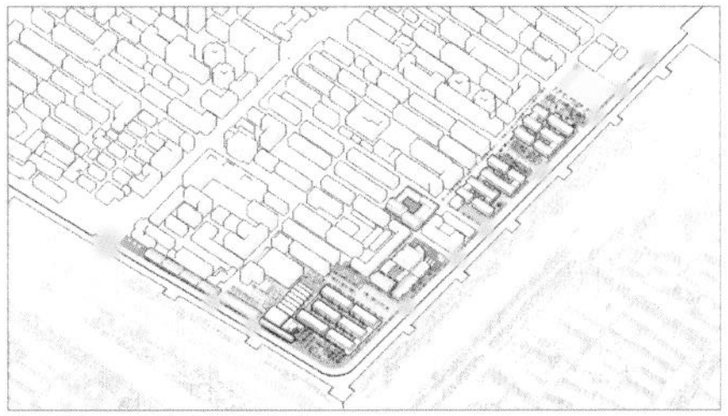

沿城墙形成活力带
Revive a Vibrant Linear Space Along the Wall

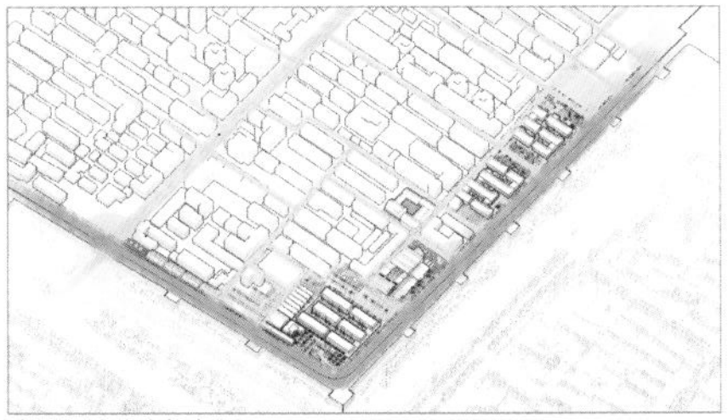

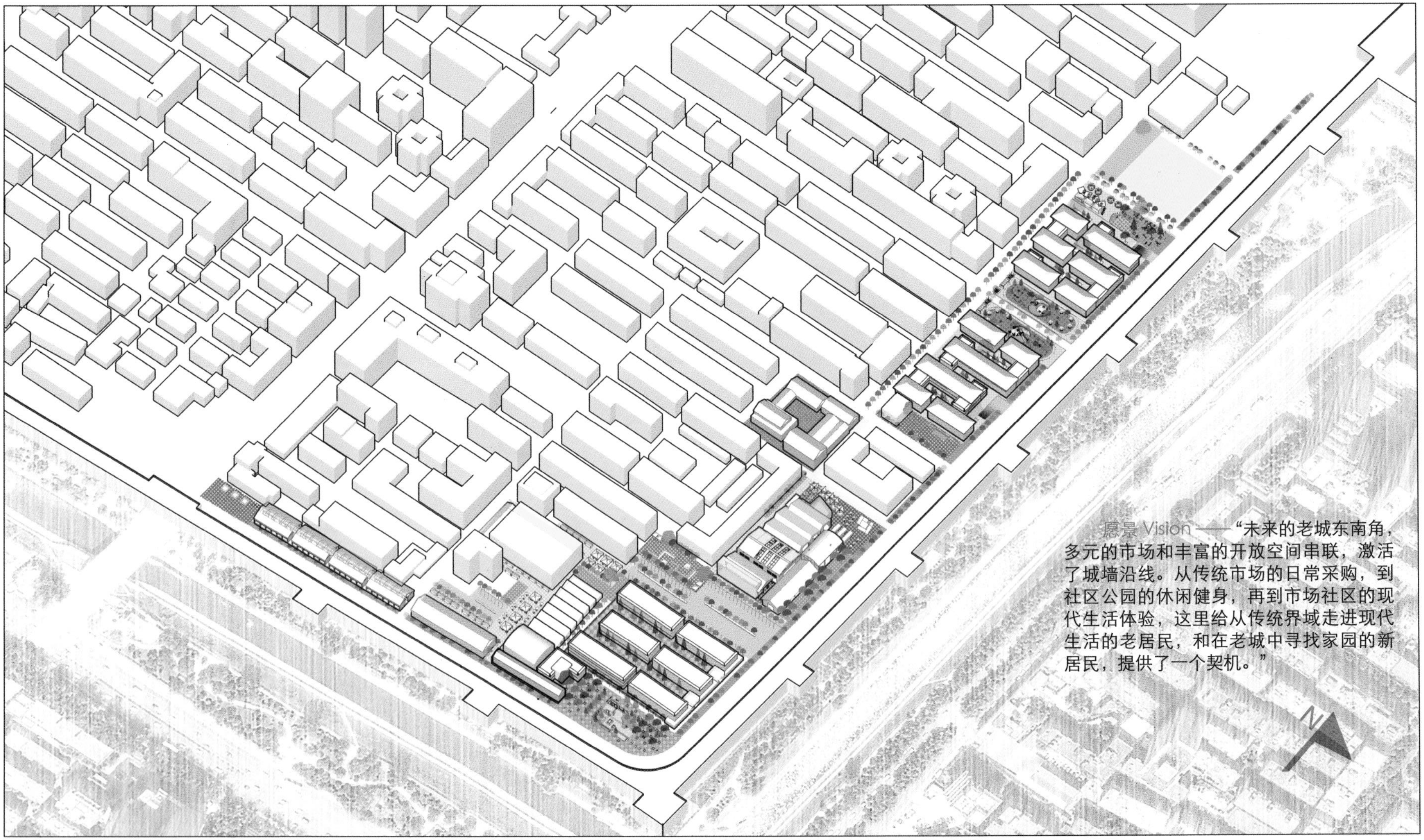

疏通顺城巷步行空间
Link the Walkways of the Shuncheng Alley

打通社区与激活点之间的联系
Connect the points to the neighborhoods

置入市场、开放空间激活点
Create Activating Points

愿景 Vision —— "未来的老城东南角，多元的市场和丰富的开放空间串联，激活了城墙沿线。从传统市场的日常采购，到社区公园的休闲健身，再到市场社区的现代生活体验，这里给从传统界域走进现代生活的老居民，和在老城中寻找家园的新居民，提供了一个契机。"

N

原点重现 · 空间激活 · 立体连接

——西安老城西南角原点公园激活设计

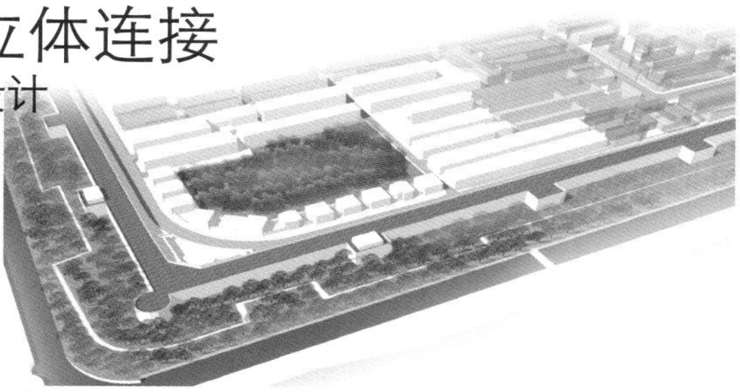

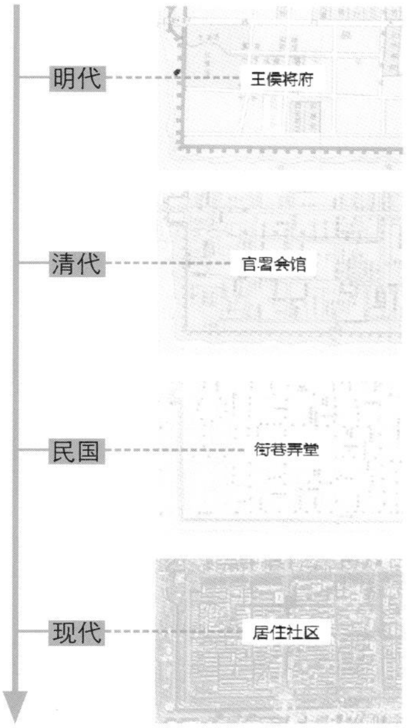

现状研究

基地位于西安明城城墙内西南角，研究范围北临西大街，东至南广济街，西、南靠明城墙，研究面积约 109ha，设计地块为无极公园及其周边城墙内外区域，城外与西北大学相联系，设计面积约 8.5ha。

在西安老城由西北向东南扩张的过程中，地块处于城市扩张的原点地段。

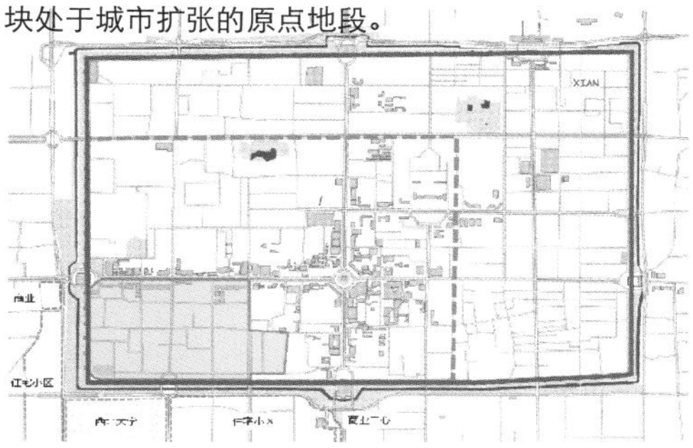

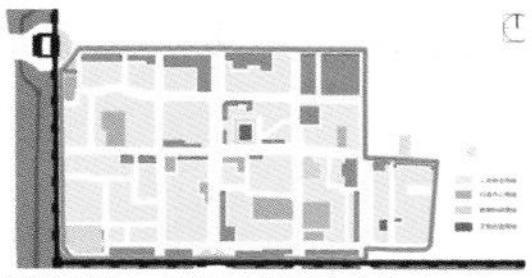

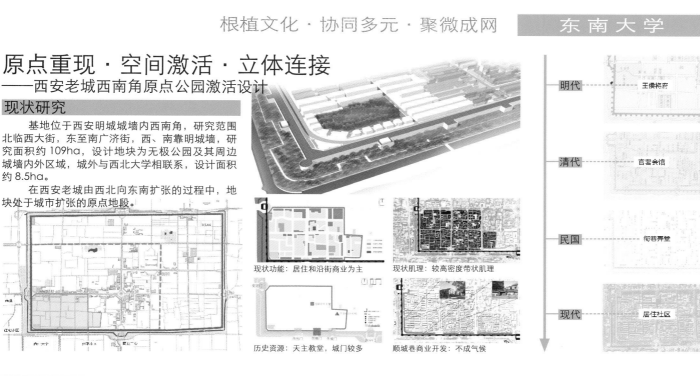

现状功能：居住和沿街商业为主

现状肌理：较高密度带状肌理

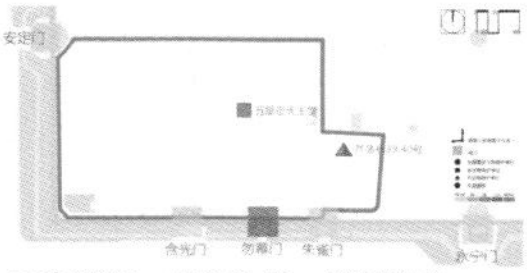

历史资源：天主教堂，城门较多

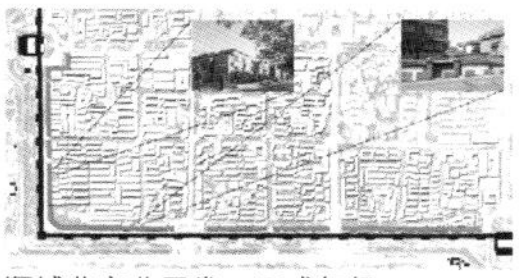

顺城巷商业开发：不成气候

明代 王侯将府

清代 官署会馆

民国 街巷弄堂

现代 居住社区

概念生成

历史记忆消失 断 竖向联系割裂 断 公共空间内向

联系古今→原点重现 微联系 联系上下→立体连接 微联系 联系内外→空间激活

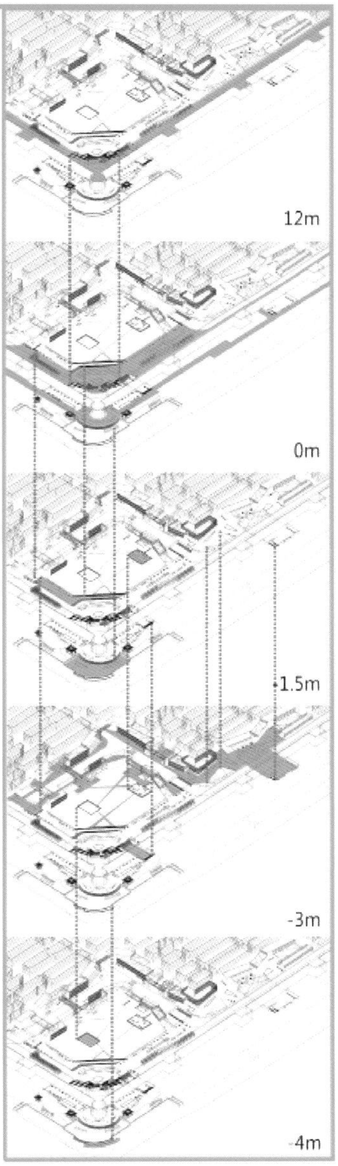

12m

0m

-1.5m

-3m

-4m

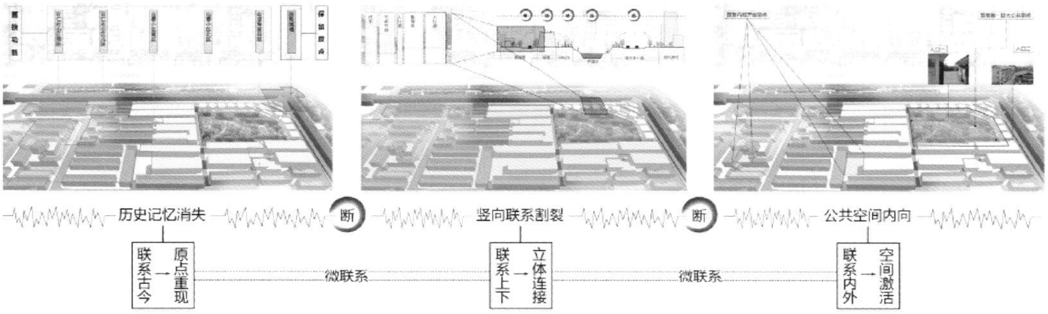

方案解析

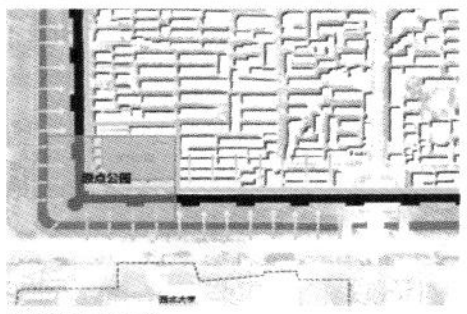

顺城巷改道

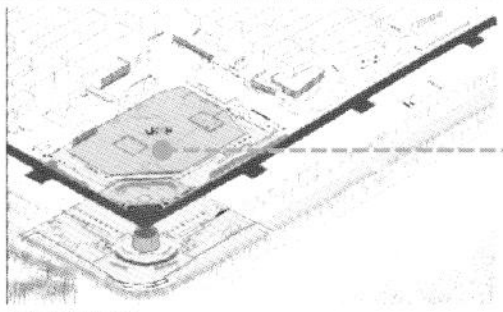

原点重现

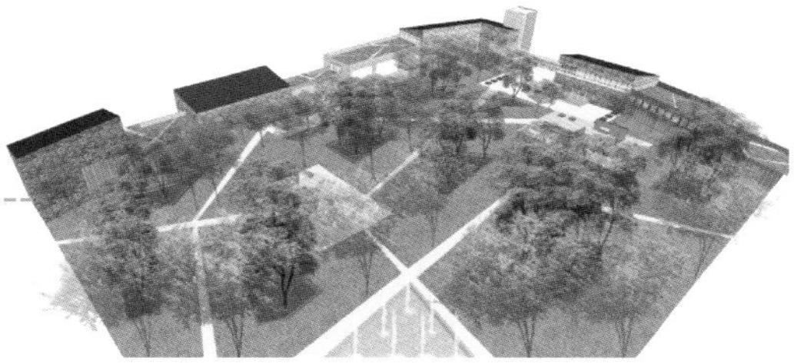

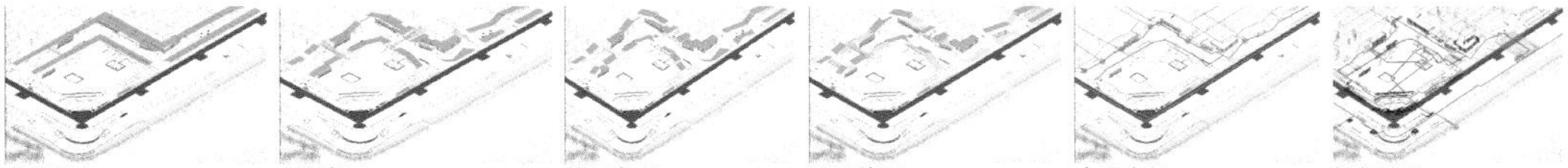

条带置入

局部楔入

第五立面

屋顶花园

内外生长

慢行系统

带状功能

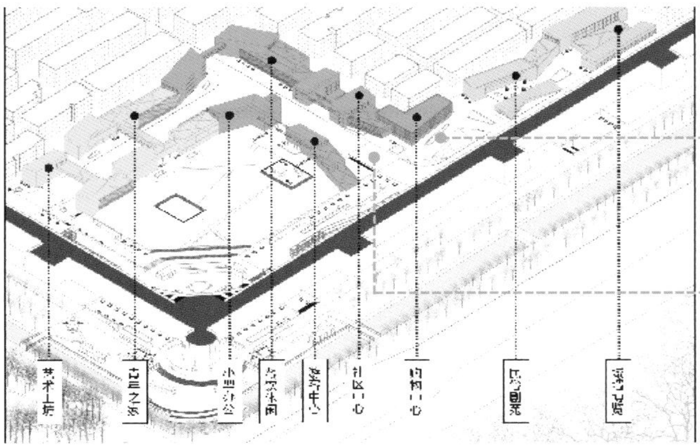

建筑学院 COLLEGE OF ARCHITECTURE

依脉相承

DEVELOP BY THE STRAIN

西安建筑科技大学建筑学院

刘碧含　张　程　崔哲伦　刘　辰　张　晓　蓝素雯

雷佳颖　石思炜　曹　通　孙博楠　邢　晗

指导教师：常海青　李小龙　李欣鹏

随着我国社会经济进入“新常态”的历史阶段，城镇化发展已开始面临结构性调整和发展模式转型。单纯的 GDP 增长，已无法满足社会主义文明发展建设在这一时期的新要求，如何平衡经济发展与文化传统的矛盾，如何缓解快速发展建设对城市地域特色的冲击和破坏，以“关注民生，构建和谐社会，立足地区，回归文化传统”的新思路，塑造全面健康的城市发展方式，已成为城乡规划学界所热切关注的议题。

本次毕业设计针对城墙沿线地段这一特殊对象，运用“寻脉-把脉-续脉”的总体思路，解读该地段历史文化和传统生活，对西安老城传统社会网络的晶状体结构及其背后所隐藏的良性循环的二位一体模式进行深度分析，结合在不良现代城市发展机制的背景下，西安老城历史文化遗产遭到破坏，以及传统生活网络肢解的现实问题的相关分析，提出通过保护、标识、复兴以重塑文化精神，通过创造、织补以重构现代生活网络，通过微整、细理、长养以构建可持续的深层机制的三大主体策略，结合产权关系梳理、重组功能流线、塑造标志及节点等具体手段，完成西安老城城墙沿线的改造与更新设计。

With Chinese social economy into the “New Normal” historical stage, urbanization development has begun to face structural adjustment and development mode transformation. Merely GDP growth has failed to meet the Socialist civilization construction during this period of new requirements, how to balance the contradictions between economic development and cultural traditions, how to ease the impact of the rapid development of urban construction and destruction geographical characteristics, “Concerned about people’ s livelihood and building a harmonious society, based on the region, the return of cultural tradition” of new ideas to shape the overall health of urban development, urban and rural planning has become a topic of great concern in academic circles.

The graduation project area along the walls of this particular object, using “find the pulse - feel the pulse - Continued pulse” the general idea.In historical and cultural blocks.interpretation the lot of history culture and traditional way of life, the structure of the lens and behind the Old City of Xi’ an traditional social networks hidden virtuous cycle two integrated mode-depth analysis, combining bad mechanism under the background of modern urban development, correlation analysis of destruction of historical and cultural heritage of the old city in XI’ an, as well as traditional living network reality dismembered, presented by protecting, labeling, in order to reshape the culture of spiritual revival, by creating, darning to reconstruct the network of modern life, through the whole, thin, long to build sustainable the deep mechanism of three main strategies, combined with property right relations combing, the restructuring function streamline, shape and specific methods such as node, to ctomplete renovation and renewal design along the old city walls in Xi’ an.

寻脉篇—认知历史 发掘特色

西安现象

研究范围

研究思路

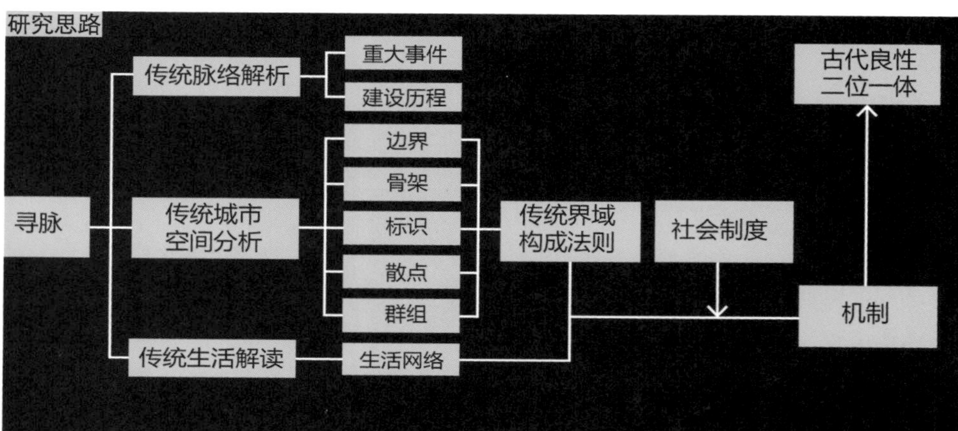

西安老城文化认知调查

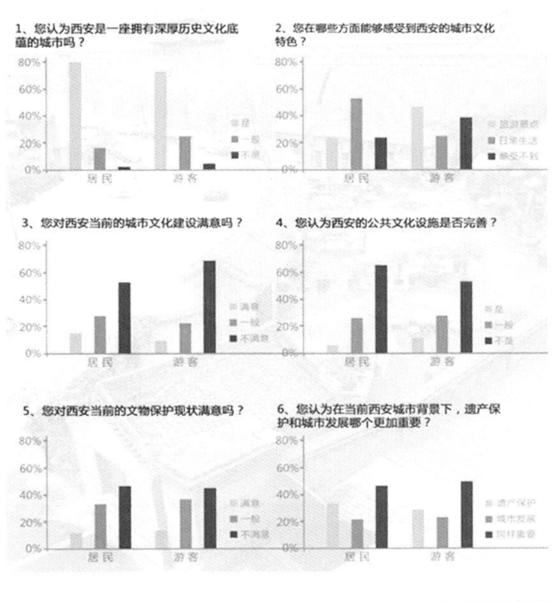

居民老张

"我在城墙根已经住了四十多年了，城市发展太快了，周围早就不是原来的样子。"

游客小刘

"来之前知道西安是千年古都，但是好像除了城墙和几个景点，和其他城市没什么区别。"

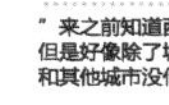

居民小宋

"我上中学来到西安，这十年来西安进步很快，但总觉得生活里缺点什么。"

游客阿金

"西安的美食真是太多了！回民街和我们台湾的夜市一样，很有特点。"

居民王奶奶

"我平时就买买菜、打打牌、跳跳舞，要是多一些适合我们老年人的文化活动就更好了。"

游客徐阿姨

"曲江新区发展好，适合旅游居住。老城购物方便，但是商业气息太重，掩盖了文化韵味。"

通过问卷调查和访谈可以看出：大部分居民和游客认为西安是一座拥有深厚历史文化底蕴的城市，而在实际生活体验中，认为西安老城缺乏城市文化特色。

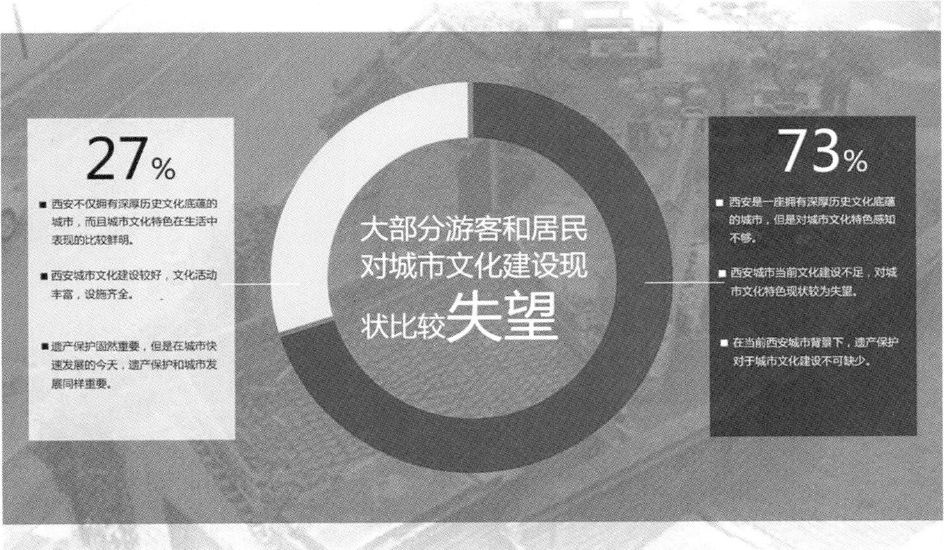

27%
西安不仅拥有深厚历史文化底蕴的城市，而且城市文化特色在生活中表现的比较鲜明。
西安城市文化建设较好，文化活动丰富，设施齐全。
遗产保护固然重要，但是在城市快速发展的今天，遗产保护和城市发展同样重要。
大部分游客和居民对城市文化建设现状比较失望
73%
西安是一座拥有深厚历史文化底蕴的城市，但是对城市文化特色感知不够。
西安城市当前文化建设不足，对城市文化特色现状较为失望。
在当前西安城市背景下，遗产保护对于城市文化建设不可缺少。

传统生活

新时代背景下的老城发展

高新技术产业开发区

是1991年3月经国务院首批批准的国家级高新区。西安高新区主要经济指标增长迅猛，在推动技术创新、发展拥有民族自主知识产权的高新技术产业方面形成了自己的优势和特色。

经济技术开发区

成立于1993年9月，位于西安市北门外，地理位置优越，交通便利。建区以来，建立了精简、高效的办事机构，全面推行"封闭式管理、开放式运行"的管理模式；立足高起点规划，坚持高标准建设。

曲江新区

位于西安市东南部，是陕西省、西安市确立的以文化产业和旅游产业为主导的城市发展新区。曲江新区核心区域面积51.5平方公里，同时辐射带动大明宫遗址保护区、西安城墙景区形成文化产业全新发展格局。

浐灞生态区

成立于2004年9月，主体位于西安市灞桥区和未央区，内外与西安纺织新区，西安国际港务区毗邻,距离市中心10公里，是西安市统筹城乡，推动生态经济发展的重点区域。2011年西安世界园艺博览会在浐灞举办。

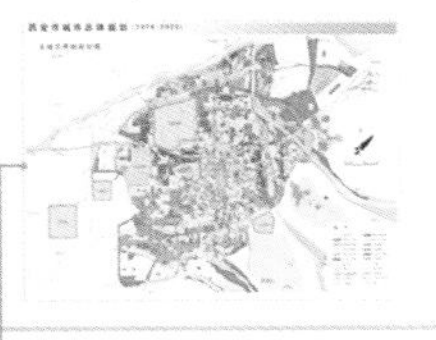

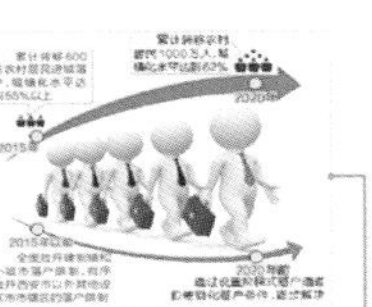

"双核"时代

行政中心北迁使西安形成"双中心"西安城市新中心位于经开区北部区域，规划面积24平方公里，依托西安行政中心、文化体育中心、北客站交通中心三大功能集办公、居住、文化、体育、商业为一体。"中心区"建立"一横两纵"发展轴。

一带一路

西安《战略规划》描绘"一大战略、两大定位、三大目标、四大抓手五大平台、六大中心"的蓝图，将以建设成为丝绸之路经济带的核心区域的战略定位，打造丝绸之路经济带新起点和内陆型改革开放新高地，建设具有历史文化特色的国际化大都市。

新型城镇化

市区人口2020年将达1280万，到2020年累计转移1000万农村居民进城落户，大西安都市圈主城区建设面积将达850平方公里。将构建以大西安为核心，以西咸新区为引领以宝鸡、榆林、汉中、渭南为四极的"一核两轴两带三走廊四极"的城镇群新格局。

新时代要求背景下，老城肩负着未来文化复兴的使命 老城不堪重负！

重大事件

隋 582 建大兴城

唐 634 建长安城

宋 1087 碑林创始

明 1370 城墙外扩 建西安城

明 1582 钟楼迁址

清 1609 关中书院创立

清 1649 修建满城

清 1683 修建南城

民国 1912 拆除满城南城

民国 1912 创立易俗社

民国 1934 陇海铁路通车至西安

民国 1926 西安二月围城

民国 1936 西安事变

今 修复城墙全线贯通

建设历程

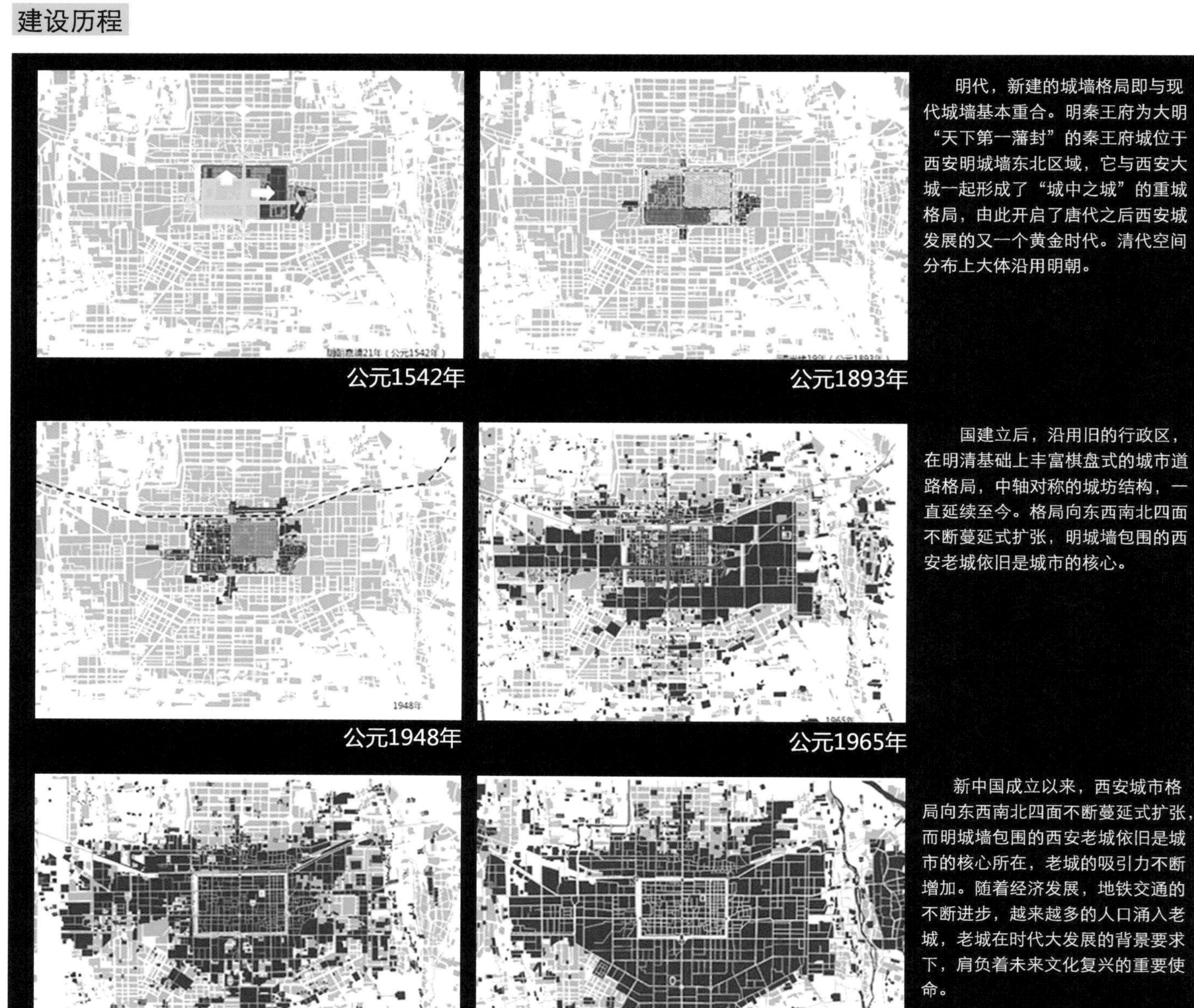

公元1542年

公元1893年

明代，新建的城墙格局即与现代城墙基本重合。明秦王府为大明"天下第一藩封"的秦王府城位于西安明城墙东北区域，它与西安大城一起形成了"城中之城"的重城格局，由此开启了唐代之后西安城发展的又一个黄金时代。清代空间分布上大体沿用明朝。

公元1948年

公元1965年

国建立后，沿用旧的行政区，在明清基础上丰富棋盘式的城市道路格局，中轴对称的城坊结构，一直延续至今。格局向东西南北四面不断蔓延式扩张，明城墙包围的西安老城依旧是城市的核心。

公元1981年

公元1995年

新中国成立以来，西安城市格局向东西南北四面不断蔓延式扩张，而明城墙包围的西安老城依旧是城市的核心所在，老城的吸引力不断增加。随着经济发展，地铁交通的不断进步，越来越多的人口涌入老城，老城在时代大发展的背景要求下，肩负着未来文化复兴的重要使命。

传统界域构成法则

晶状体的社会网络

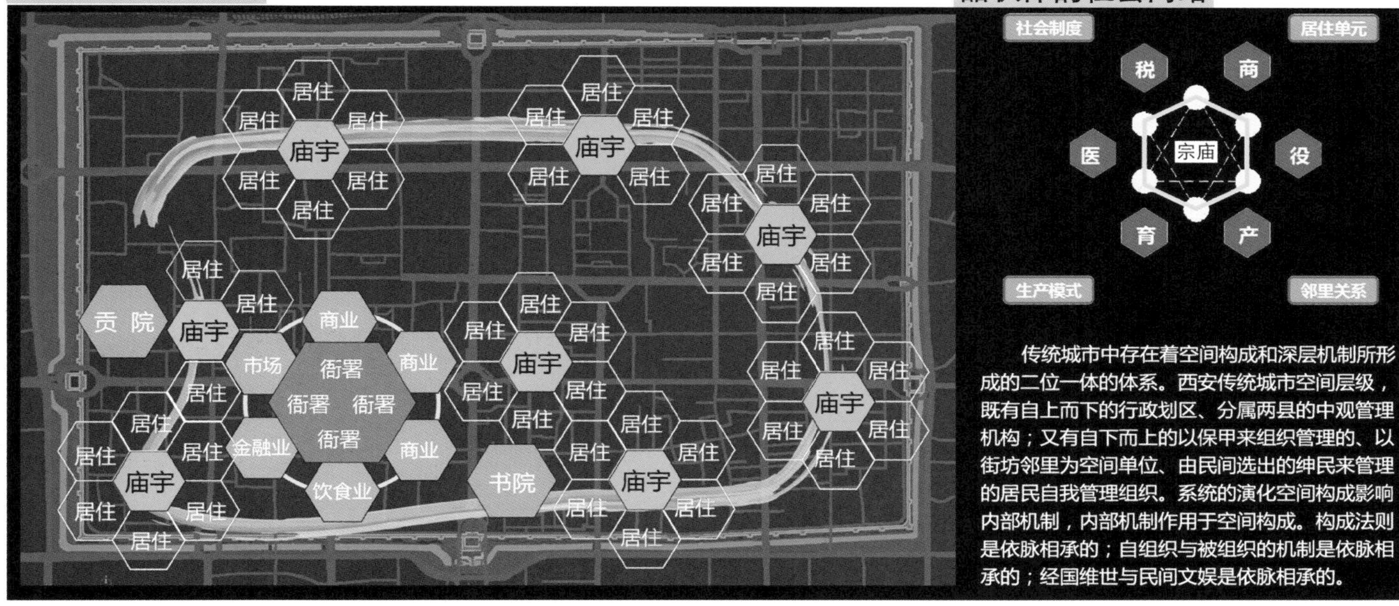

传统城市中存在着空间构成和深层机制所形成的二位一体的体系。西安传统城市空间层级，既有自上而下的行政划区、分属两县的中观管理机构；又有自下而上的以保甲来组织管理的、以街坊邻里为空间单位、由民间选出的绅民来管理的居民自我管理组织。系统的演化空间构成影响内部机制，内部机制作用于空间构成。构成法则是依脉相承的；自组织与被组织的机制是依脉相承的；经国维世与民间文娱是依脉相承的。

传统城市空间分析

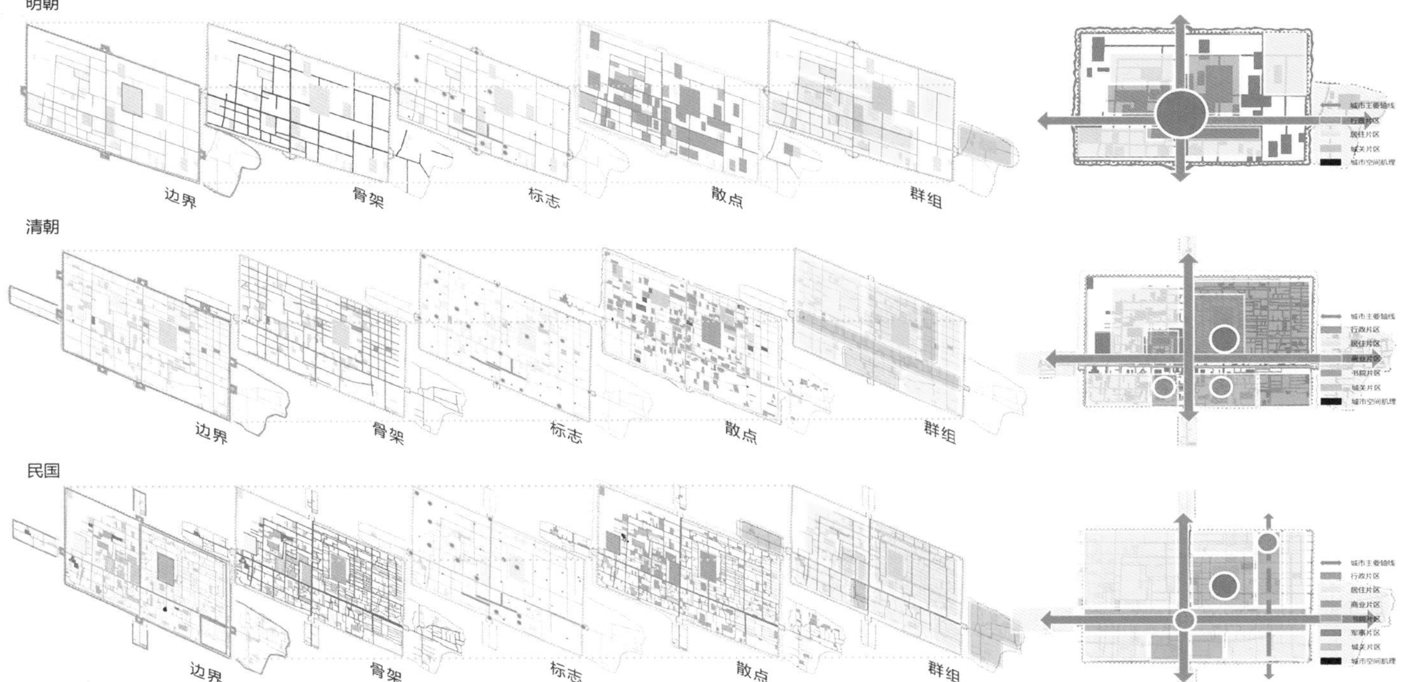

社会制度

古代良性二位一体

晶状体的社会关系

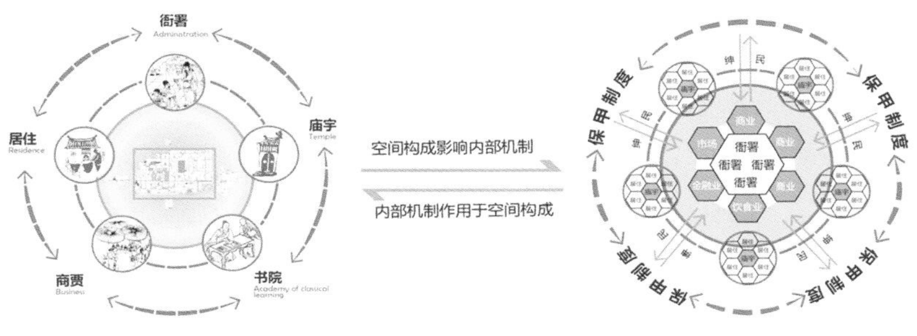

构成法则是依脉相承的　自组织与被组织的机制是依脉相承的　经国维世与民间文娱是依脉相承的

把脉篇

把脉篇通过对现状遗存评估得出现状遗存评价，通过对现状环境评估中的明城区现状和更新机制展开发现明城区的问题以及深层机制，基于以上得出明城区现代生活的窘境。

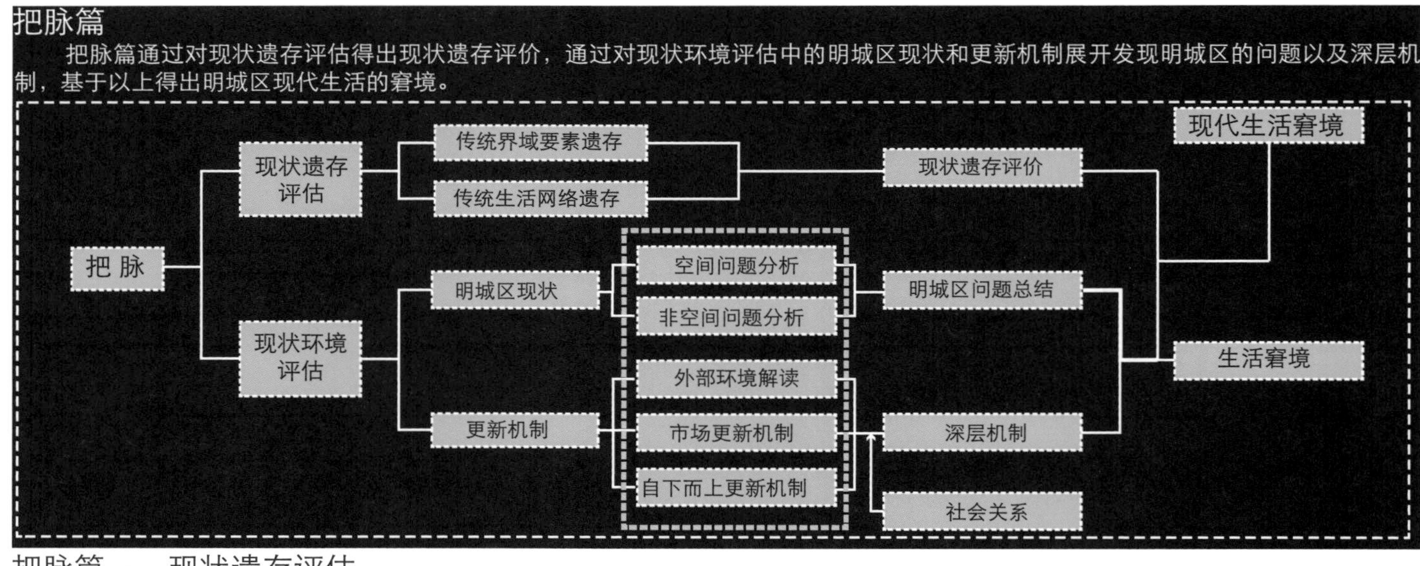

把脉篇——现状遗存评估

历史遗存街巷

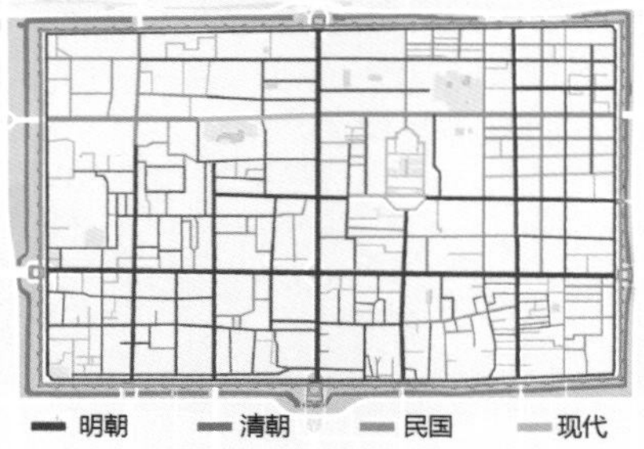

明朝 清朝 民国 现代

历史遗存空间

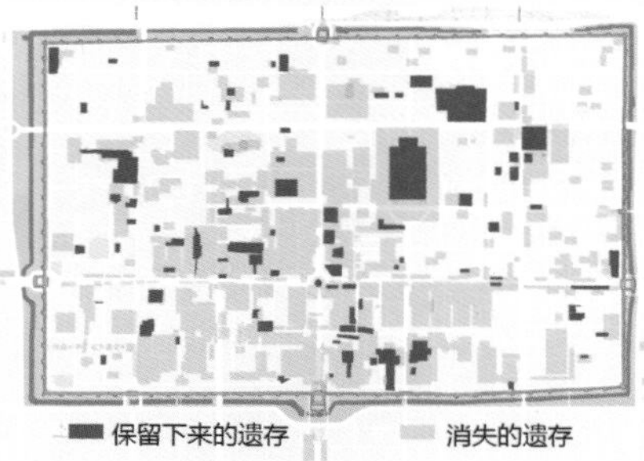

保留下来的遗存 消失的遗存

历史遗存活动

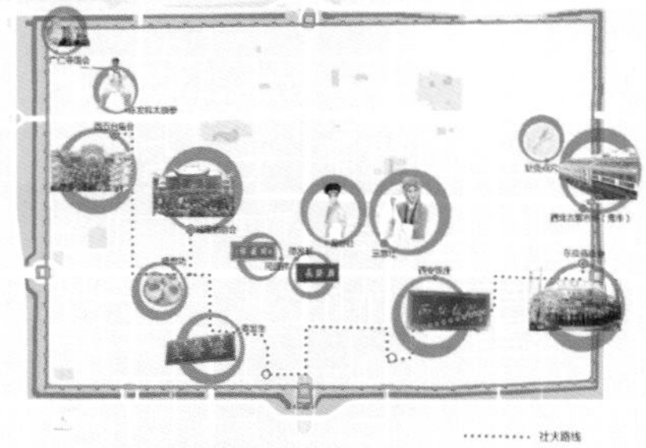

历史遗存活动

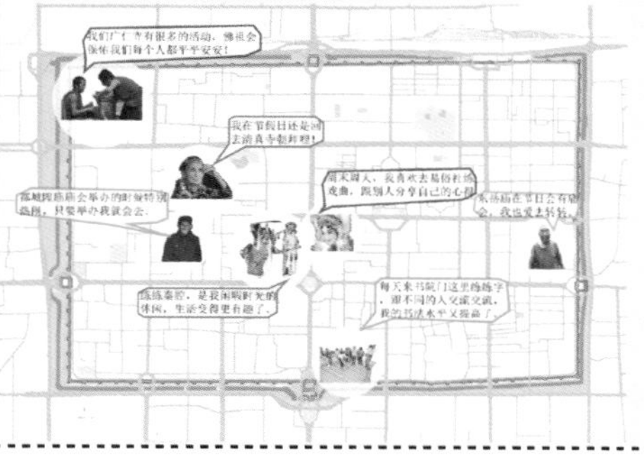

【历史遗存结构】

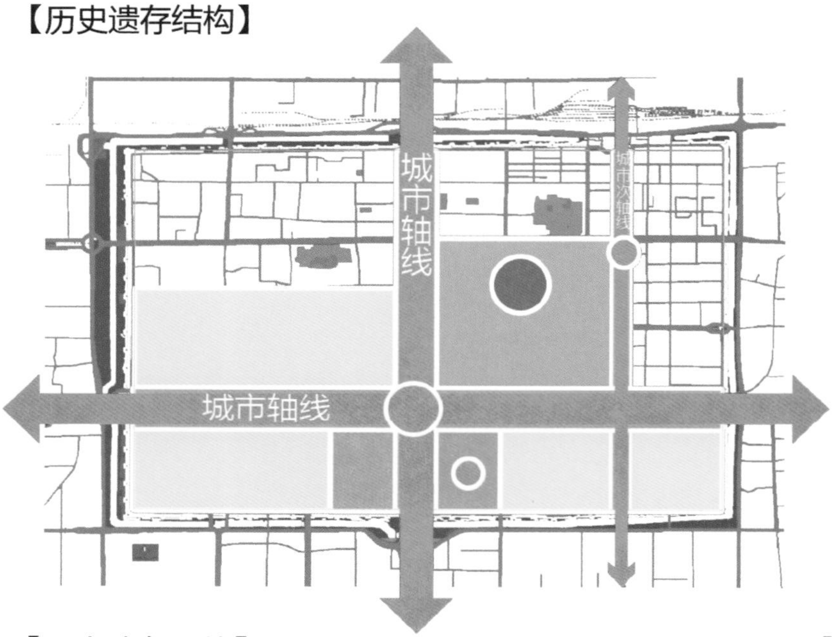

城市轴线

城市次轴线

【历史遗存评估】

与生活契合程度 居民认知程度 保护完整程度

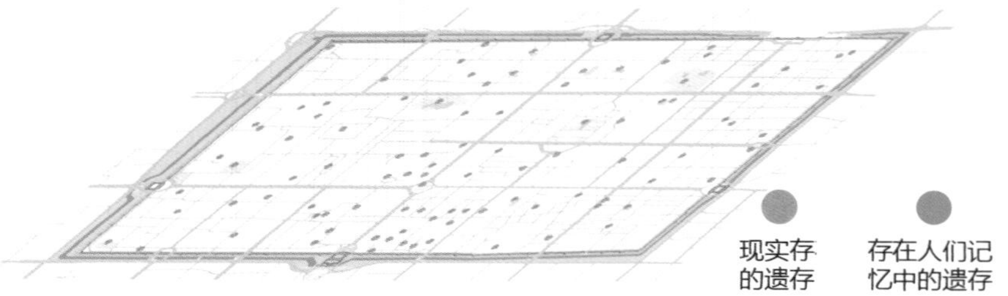

现实存的遗存 存在人们记忆中的遗存

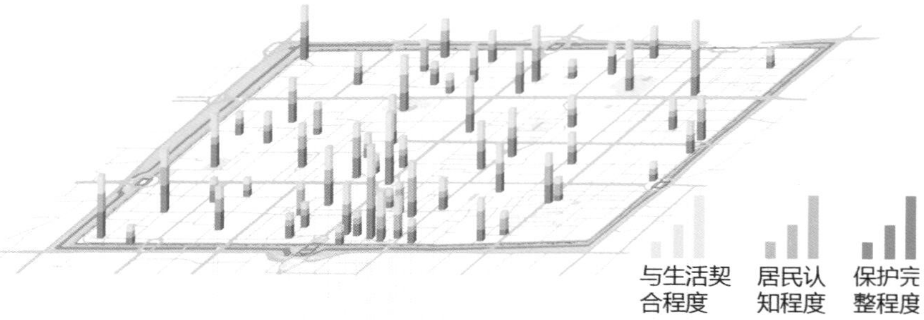

把脉篇—现状建设适宜性评价

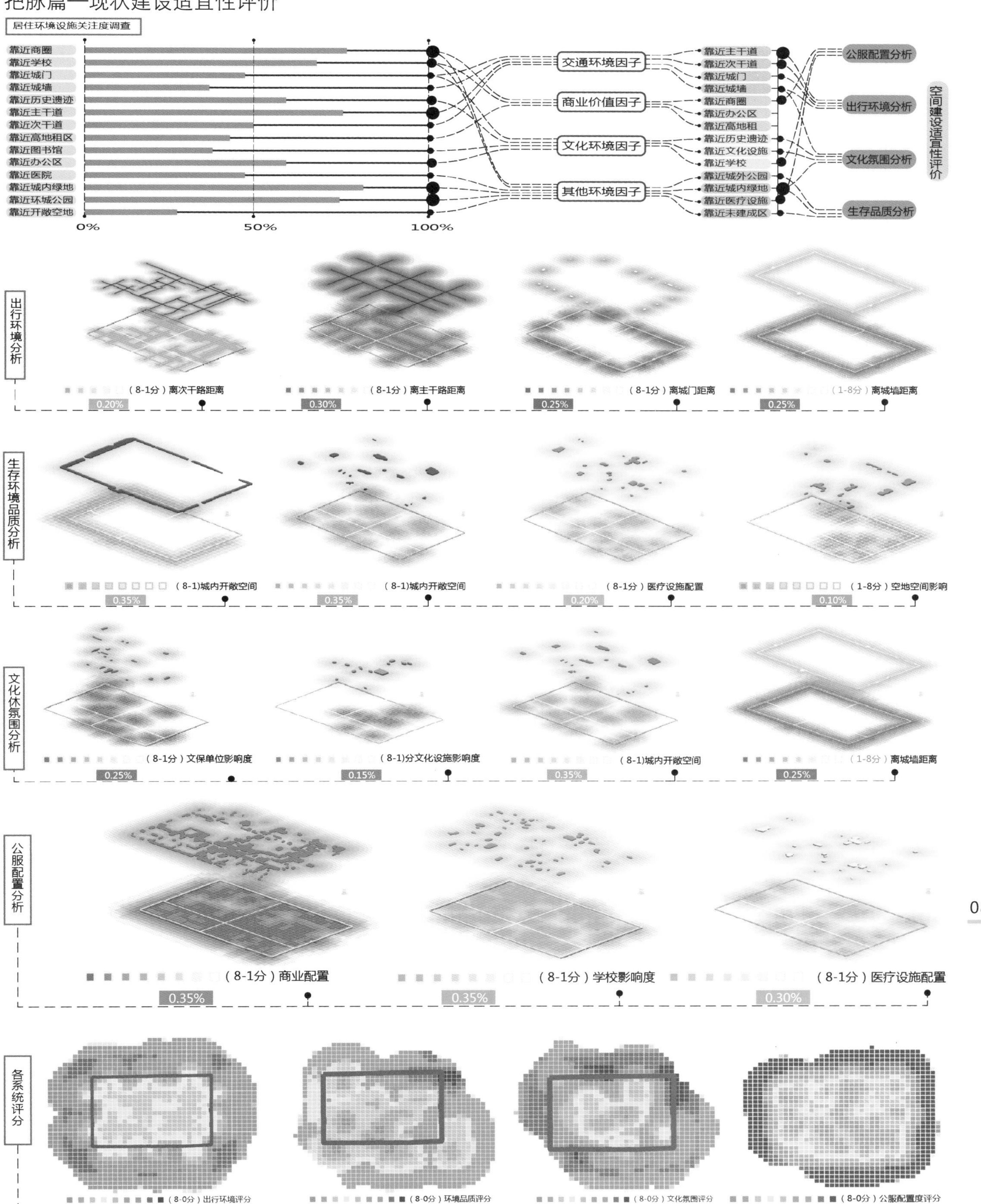

【用地现状图】

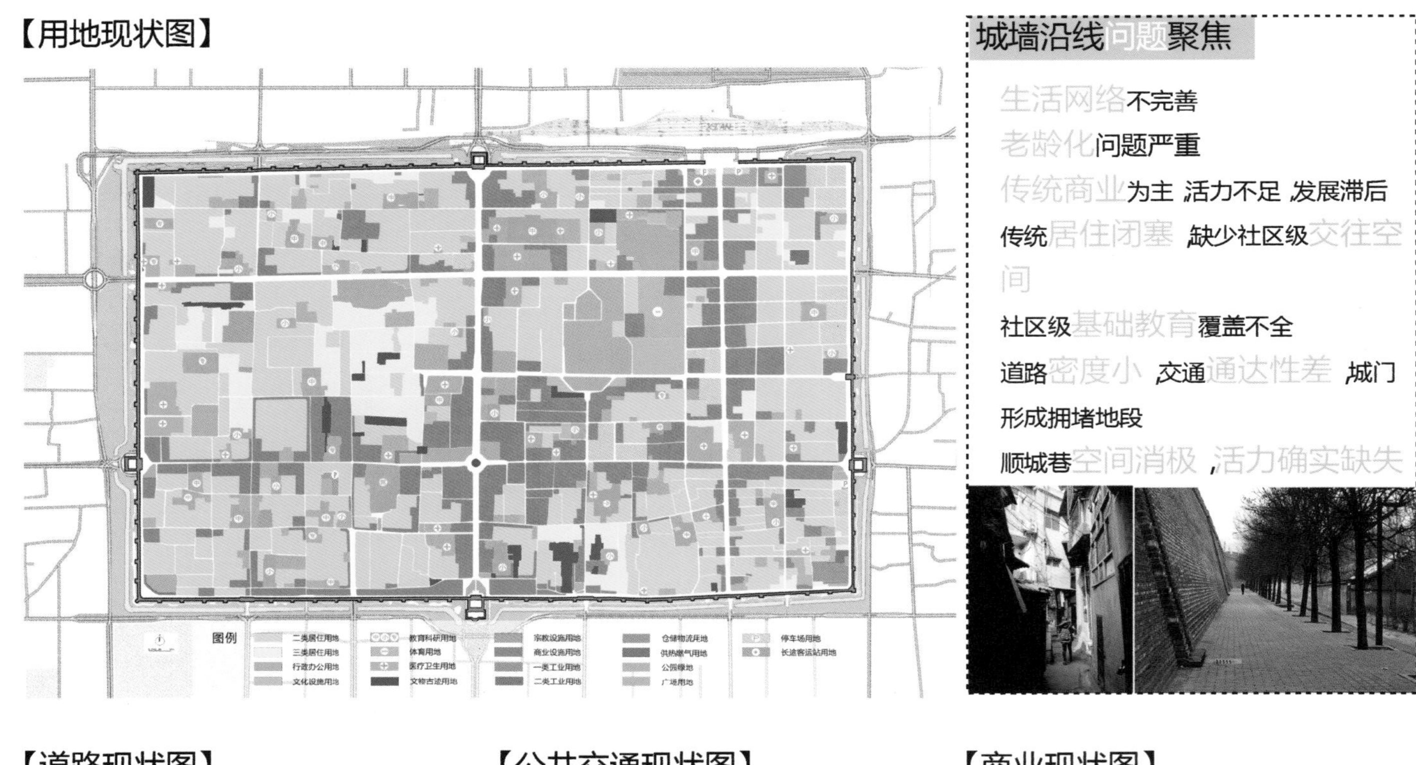

城墙沿线问题聚焦

生活网络不完善

老龄化问题严重

传统商业为主，活力不足，发展滞后

传统居住闭塞，缺少社区级交往空间

社区级基础教育覆盖不全

道路密度小，交通通达性差，城门形成拥堵地段

顺城巷空间消极，活力确实缺失

【道路现状图】 【公共交通现状图】 【商业现状图】

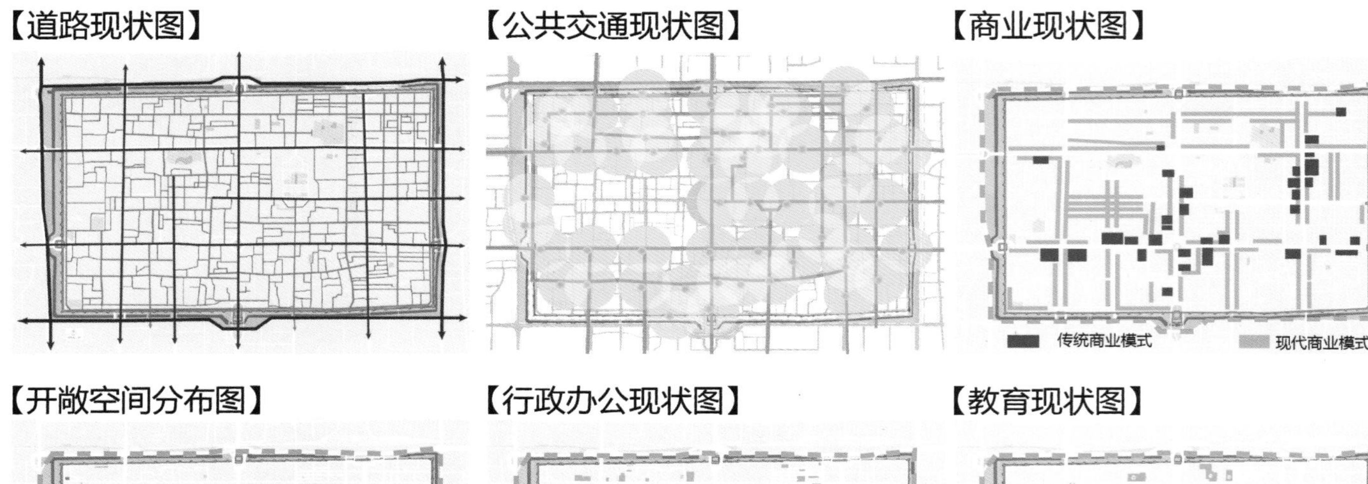

【开敞空间分布图】 【行政办公现状图】 【教育现状图】

【医疗现状图】 【人口居民构成】 【年龄分布图】

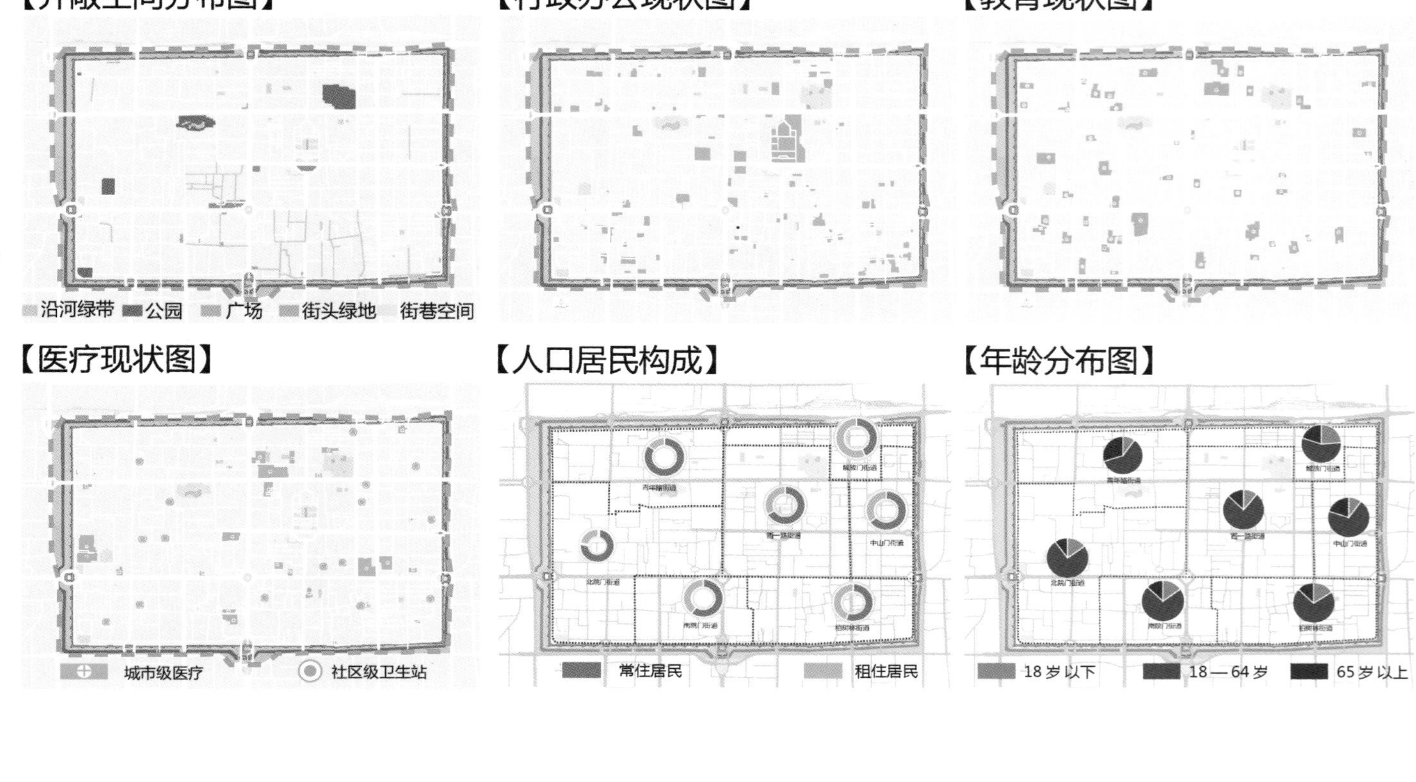

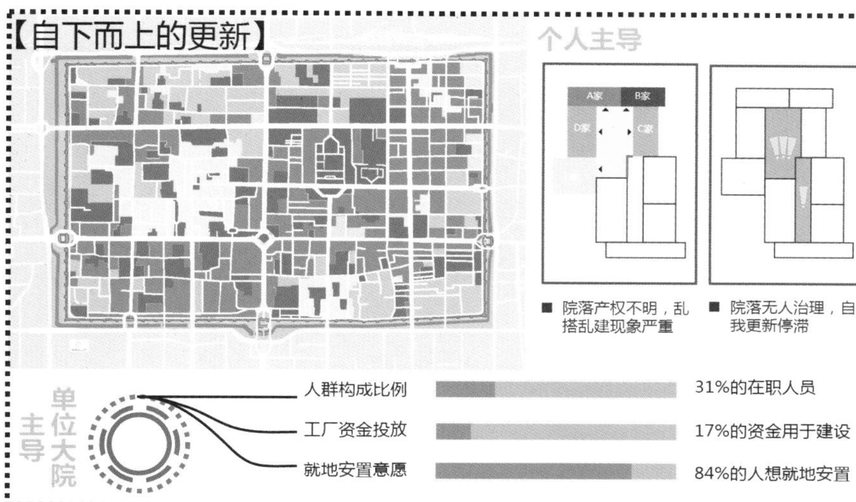
【自下而上的更新】
个人主导
A家 B家
D家 C家
院落产权不明，乱搭乱建现象严重
院落无人治理，自我更新停滞
单位大院主导
人群构成比例 31%的在职人员
工厂资金投放 17%的资金用于建设
就地安置意愿 84%的人想就地安置

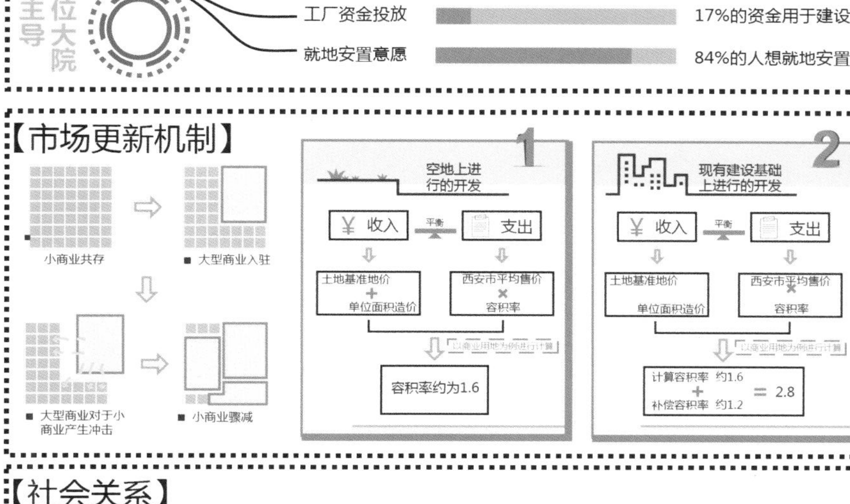
【市场更新机制】
小商业共存
大型商业入驻
大型商业对于小商业产生冲击
小商业骤减
1
空地上进行的开发
收入 平衡 支出
土地基准地价 + 单位面积造价
西安市平均售价 × 容积率
容积率约为1.6
2
现有建设基础上进行的开发
收入 平衡 支出
土地基准地价 单位面积造价
西安市平均售价 × 容积率
计算容积率 约1.6
补偿容积率 约1.2
= 2.8

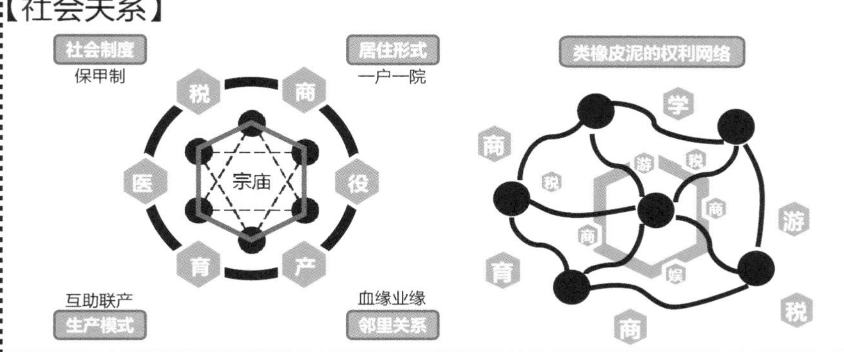
【社会关系】
社会制度
保甲制
居住形式
一户一院
宗庙
税 商 役 产 育 医
互助联产
生产模式
血缘业缘
邻里关系
类橡皮泥的权利网络
学 商 税 游 商 育 商 税

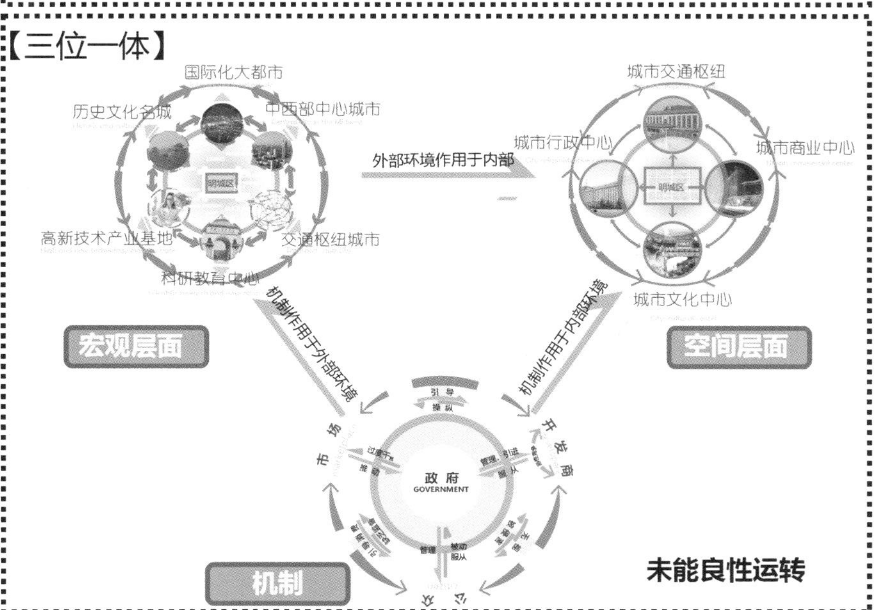
【三位一体】
国际化大都市
历史文化名城
中西部中心城市
高新技术产业基地
交通枢纽城市
科研教育中心
明城区
外部环境作用于内部
城市交通枢纽
城市行政中心
城市商业中心
城市文化中心
宏观层面
空间层面
机制作用于外部环境
机制作用于内部环境
市场
开发商
政府
GOVERNMENT
公众
引导
操纵
机制
未能良性运转

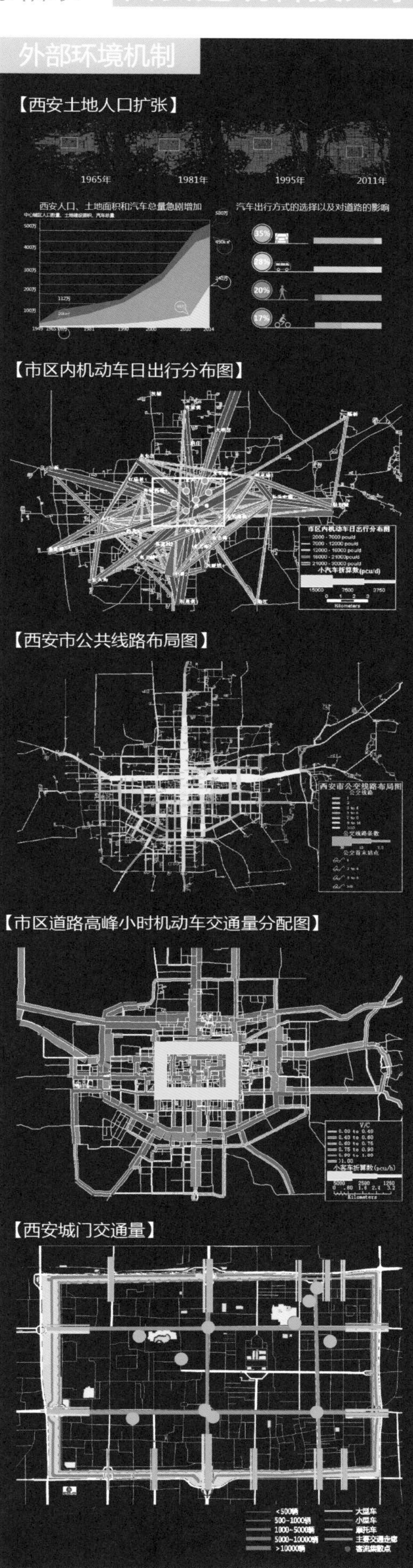
外部环境机制
【西安土地人口扩张】
1965年
1981年
1995年
2011年
西安人口、土地面积和汽车总量急剧增加
汽车出行方式的选择以及对道路的影响
35%
28%
20%
17%
【市区内机动车日出行分布图】
【西安市公共线路布局图】
【市区道路高峰小时机动车交通量分配图】
【西安城门交通量】

续脉篇—梳理目标 明确重点

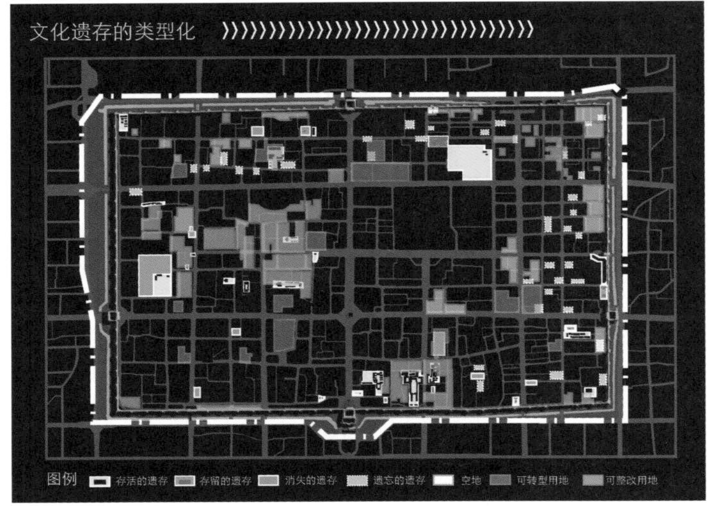

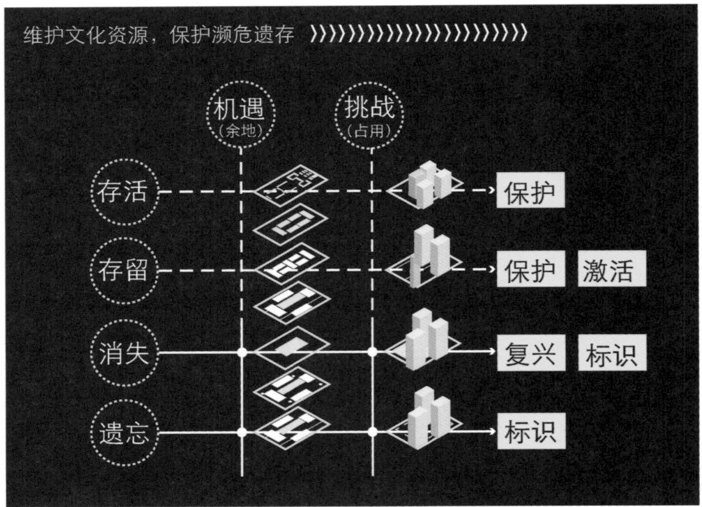

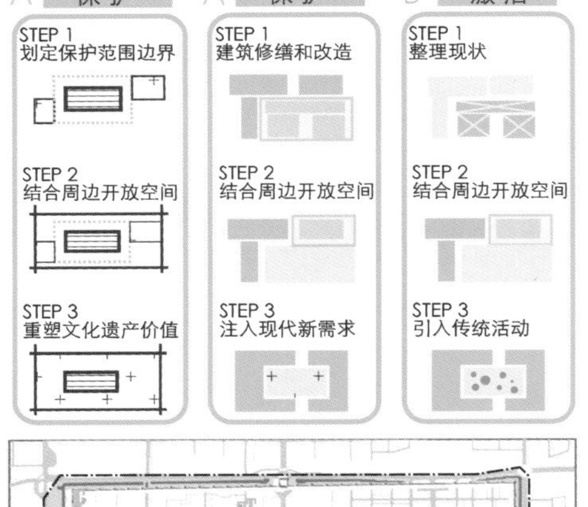

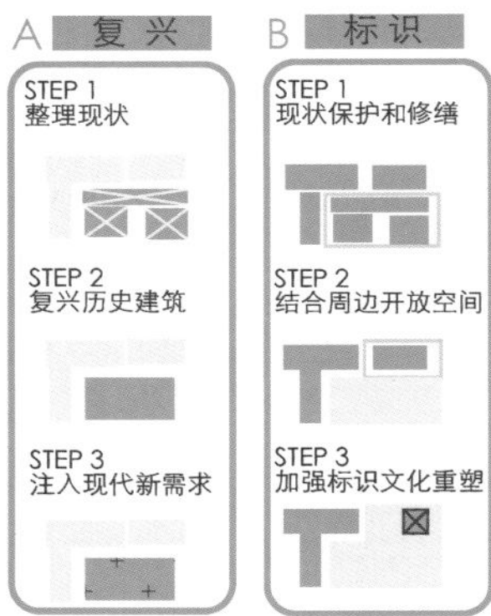

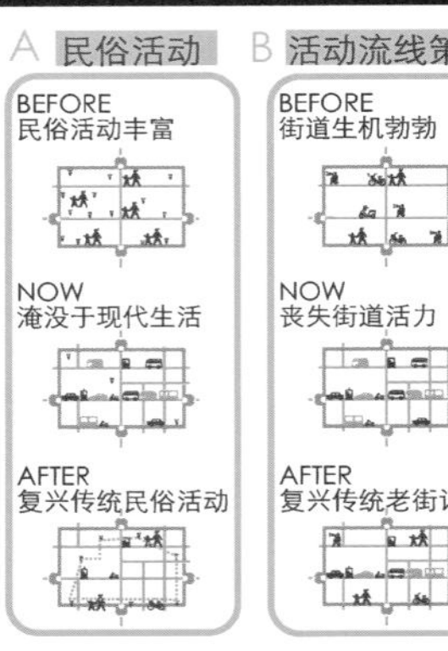

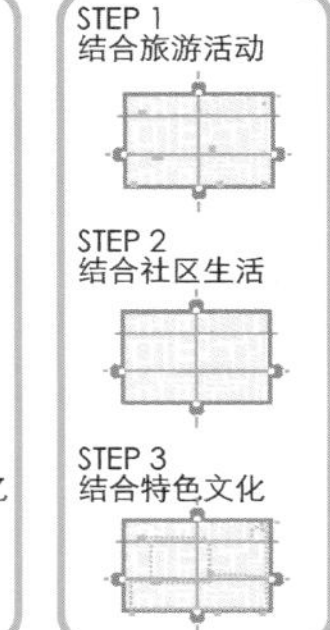

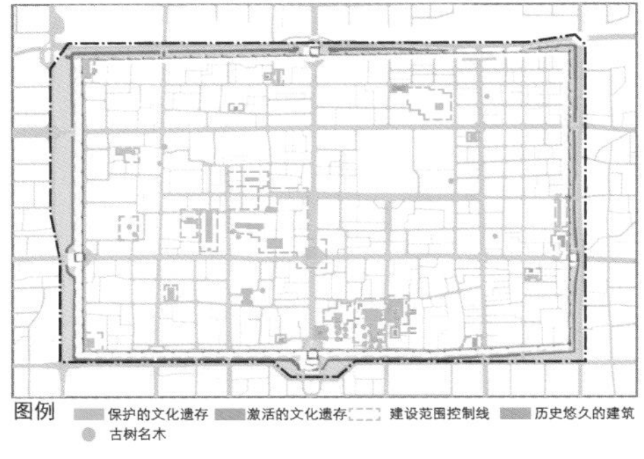

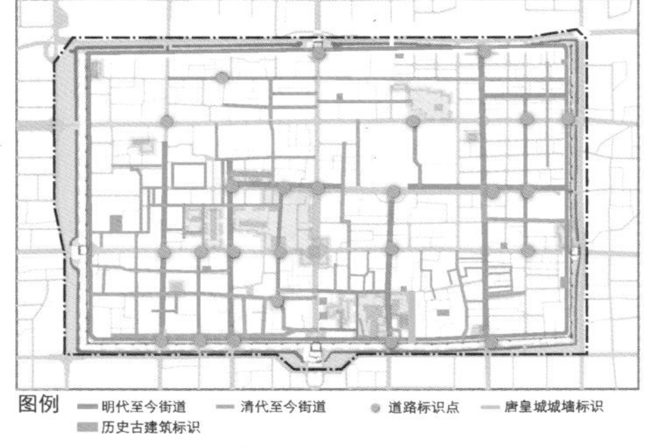

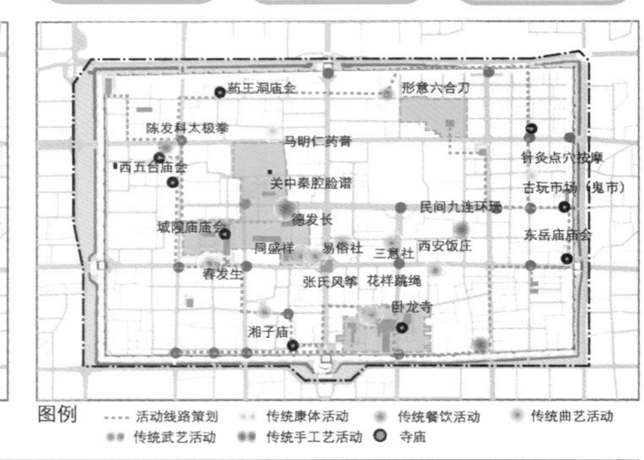

梳理文化脉络

对传统文化遗存进行类型化整理，发现传统文化的遗存可以整理为四类：

存活，即现状存在依然有活力的遗存；

存留，现状存在却无法与居民生活和谐共生的遗存；

消失，现在不存在但是依然深入人心的遗存；

遗忘，现在不存在居民也已经遗忘的遗存。

通过对遗存的再挖掘与整理，保护存活的，激活存留的，复兴消失的，标识遗忘的，以此来提升老城内的文化特色。

激活各类资源之后，老城内将会形成一套完整的文化脉络：文化遗产环线串接文化遗存，复兴的文化轴线提升城市的魅力，内部文化脉络构建起居民的自豪感与对老城的文化认同感，街巷网络将体现一座城市的文化精神。

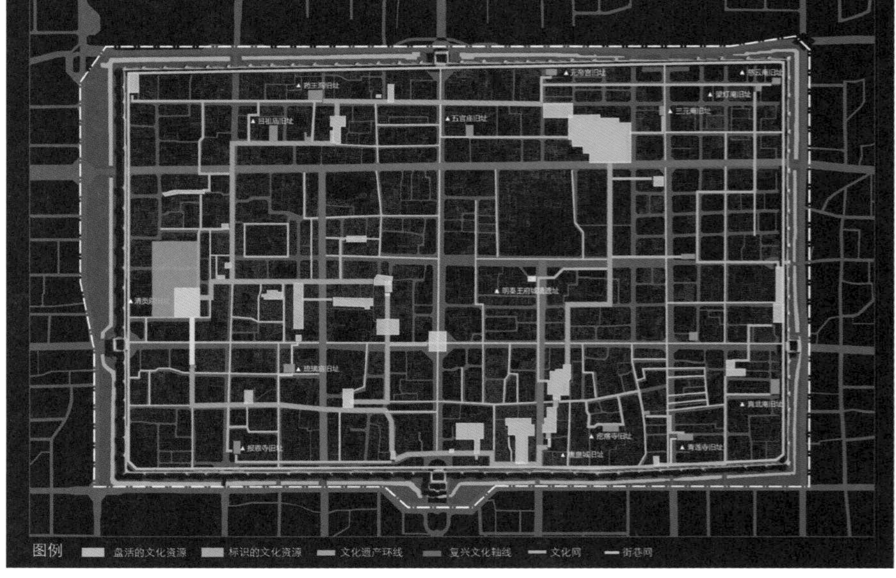

续脉篇—梳理目标 明确重点

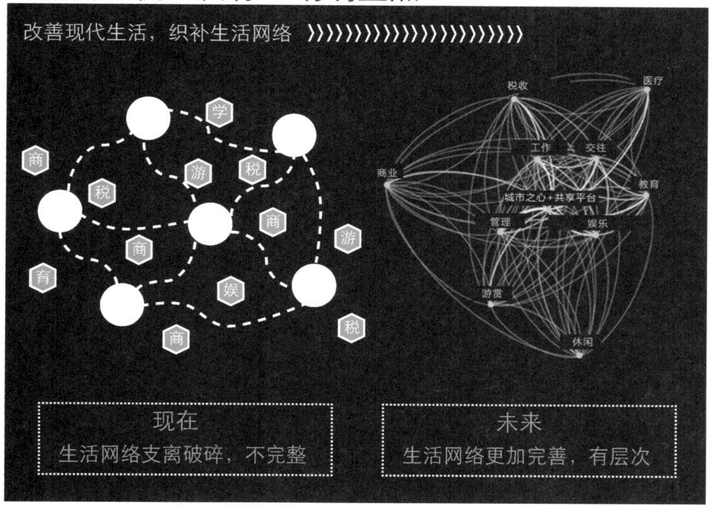

改善现代生活，织补生活网络

- 出行环境：道路环境、公共交通
- 公共设施：基础设施、服务设施
- 共享空间：开敞空间、公共平台
- 老龄需求：全龄社区、社会福利

创造 → 植入、转型

道路环境

STEP1:结构优化，道路升级
部分地段完善道路级配，实现区域间行为距离更加接近空间距离。
STEP2:路网改善，提高通达性。

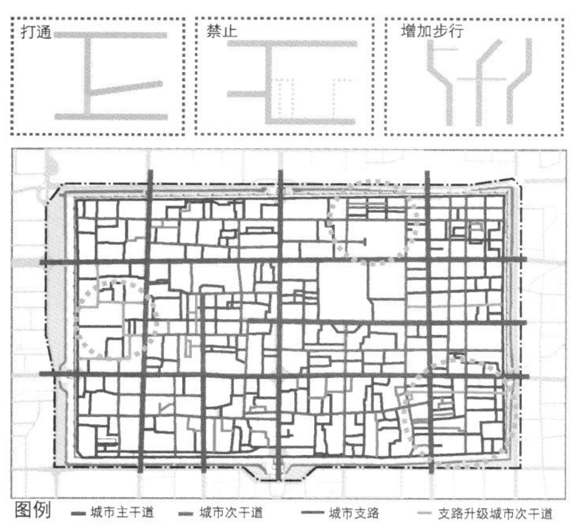

公共交通1

STEP1:完善公交，疏解压力
通过SOD模式建立，通过大型公交换乘小巴疏解部分交通压力。

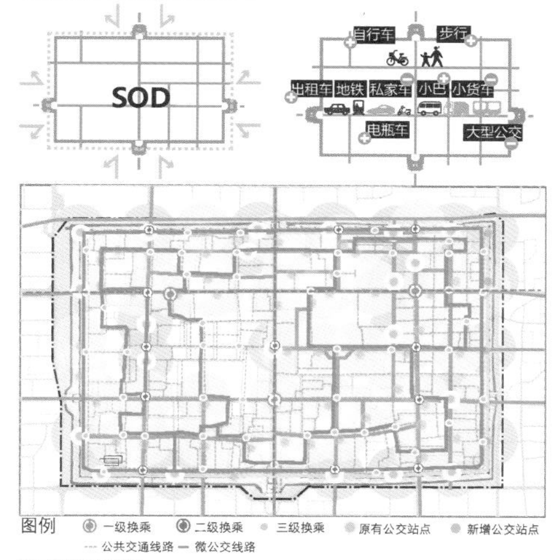

公共交通2

STEP2:慢行配置，站点优化
改善自行车租赁点环境，全城范围增设租赁点，“最后一公里”优化。

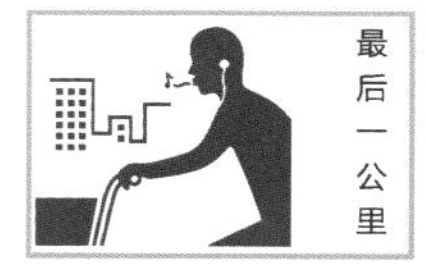

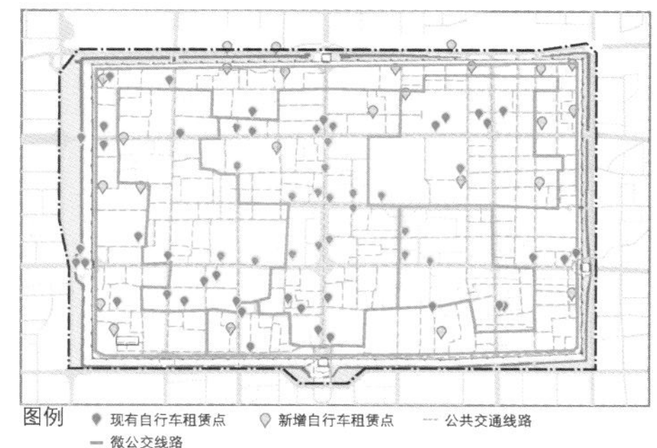

基础设施

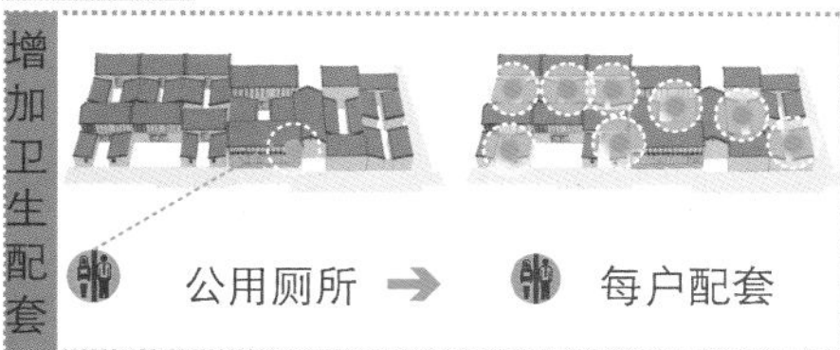

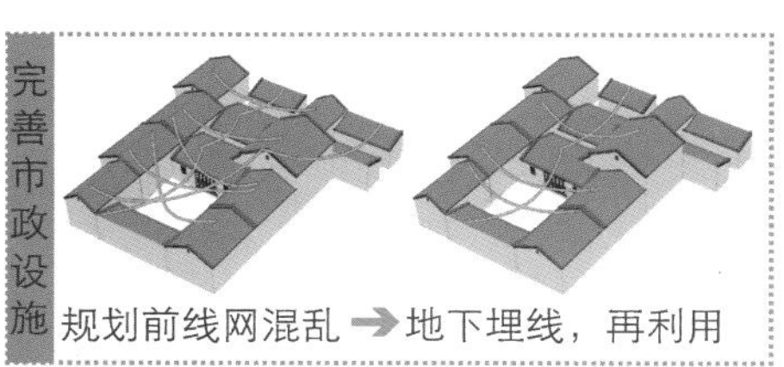

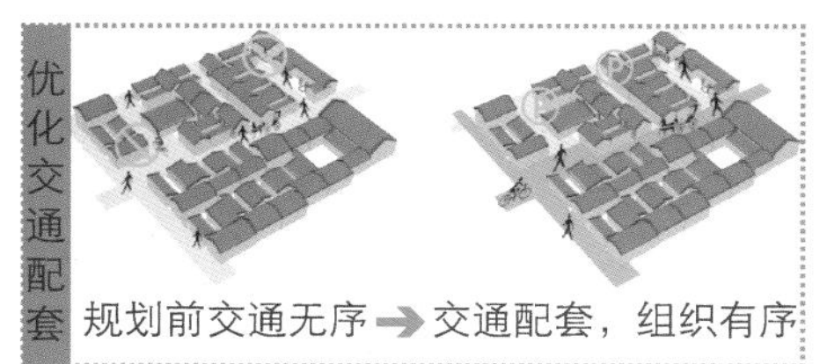

公服设施

STEP1:部分大型医疗与教育设施外迁大型医院与高中可以考虑外迁，转型用地还空间给老城居民。
STEP2:社区级公服分散布置
在各社区增加社区级公共服务设施以满足大型公服外迁后社区内部人群的需求。

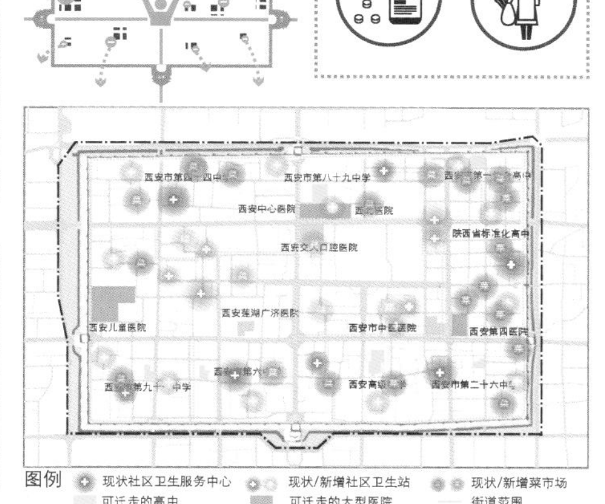

商业设施

STEP1:控制大规模商业开发
大型商业虽促进了城市经济发展，但也给老城带来了诸多力，同时使得老城内商业多样性降低。所以控制大规模商业的开发。
STEP2:鼓励自发型特色小商业
在城墙沿线地段鼓励自发型特色小商业的发展。

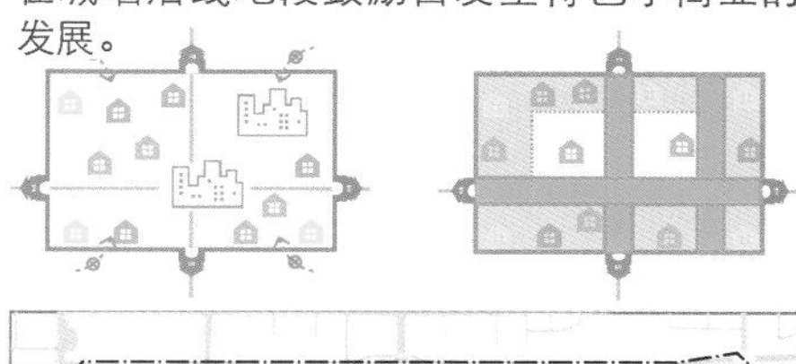

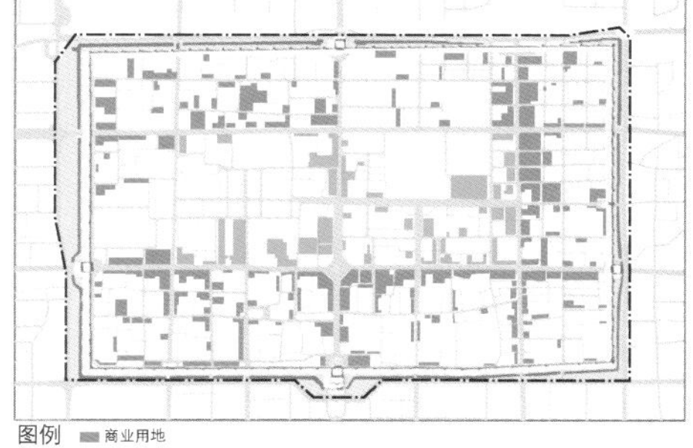

共享空间1

STEP1: 再利用空置用地

把现有的空地，转换为社区中心，广场，博物馆等，形成共享空间，增加公共空间。

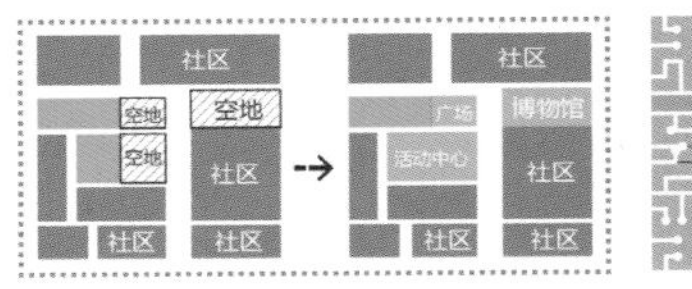

共享空间2

STEP2: 转型用地

老城内集中了大量的行政单位、城市级公服设施。利用其原有建筑，进行功能转换。

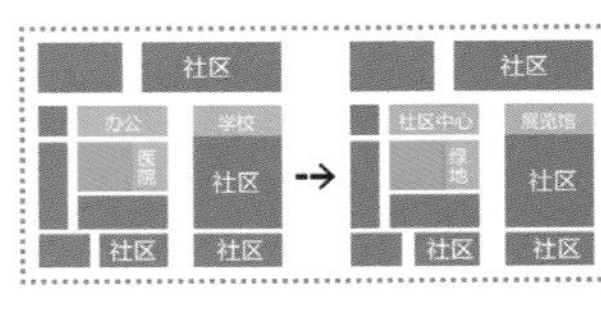

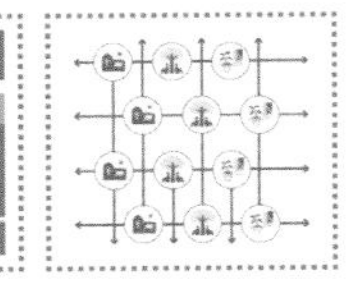

共享空间3

STEP3: 复合使用建筑

社区生活离不开市场，通过对菜市场的改造，丰富并延生更多功能，使其成为社区活力点。

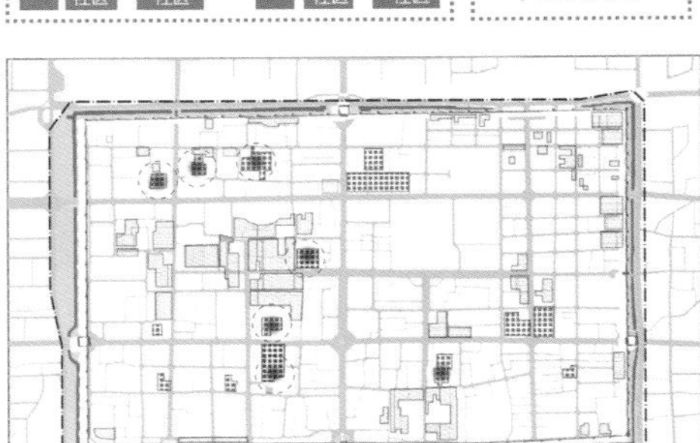

图例 可转型的用地 可改造的用地 空地 共享空间

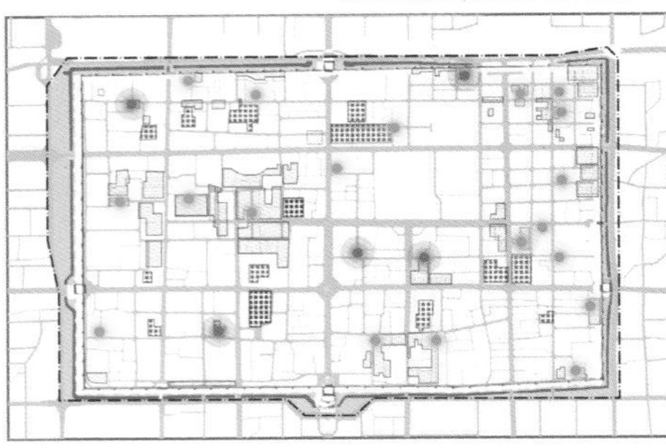

图例 可转型的用地 可改造的用地 空地 需更新菜市场 新增菜市场

共享空间4

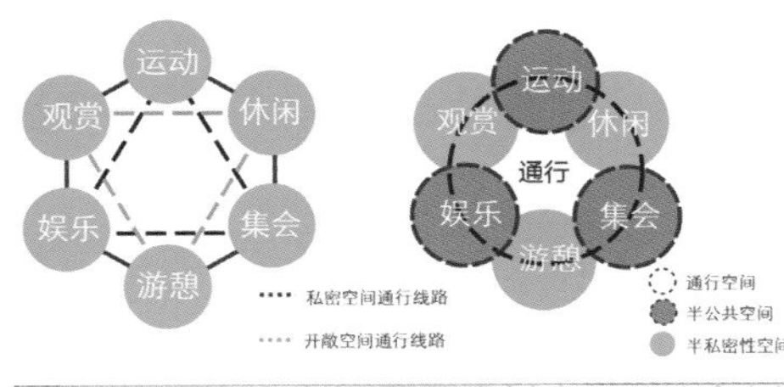

人居活动

STEP1:传统叠加，特色提炼

将历史传统生活中的特色活动提取出来。

STEP2:活动串接，环线构建

依托特色活动节点及公共空间构建现代生活环线。

STEP3:支线搭接，网络生成

将不同环线进行搭接形成现代人居活动网络。

老龄应对

STEP1: 全龄化社区改造

对社区进行整合、新建与改造。

STEP2: 植入老年福利设施

全龄社区建设后增加老年人需要的福利设施。

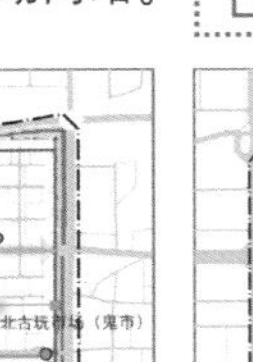

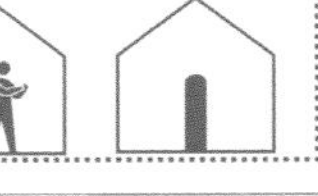

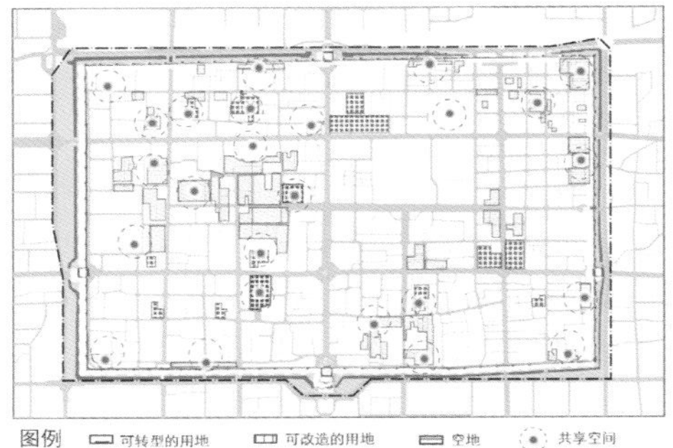

图例 可转型的用地 可改造的用地 空地 共享空间

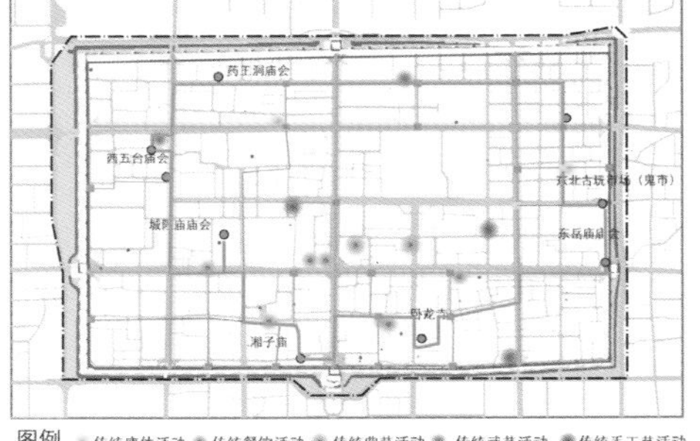

图例 传统康体活动 传统餐饮活动 传统商艺活动 传统武艺活动 传统手工艺活动 传统商业活动 现代商贸轴线 顺城巷 传统商贸轴线 商业牵引线路 活力搭接

图例 现状老年福利设施 新增老年福利设施 全龄社区 街道范围

织补生活网络

针对把脉中对现代生活问题的总结提出织补支离破碎的生活网络的概念。从四个方面出发：出行环境、公共设施、共享空间、老龄需求，提出以创造为主的整体策略来织补生活网络。在创造这样一个整体策略下，我们选用植入与转型两种手法：植入，利用空地、可转型用地与可整改用地植入居民所需要的空间；转型，可利用文化遗存的旧址，通过对这类空间的整改转型来创造居民需要的公共空间。

共享空间是生活网络重要的组成部分，因此我们将重点打造居民生活所需要的共享空间，通过对空地的再利用、可转型用地的功能置换、菜市场的功能复合以及居民邻里空间的再利用来创造共享空间。最后将共享空间以及公共服务设施的核心进行串联，将会形成一套完善的生活网络：一条顺城巷生活环，外圈层（城墙沿线地段）生活环，内圈层生活环，内外生活环线相互搭接的现代生活网络。

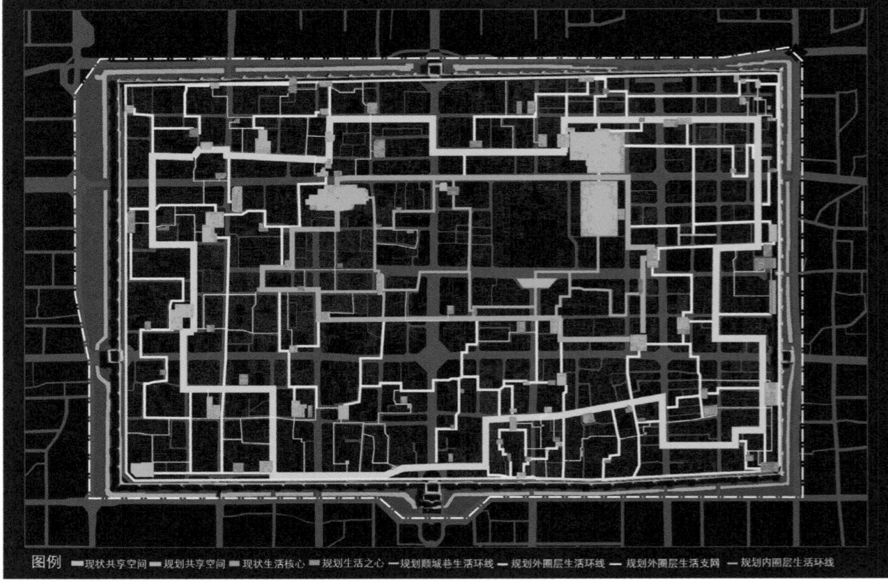

图例 现状共享空间 规划共享空间 现状生活核心 规划生活之心 规划顺城巷生活环线 规划外圈层生活环线 规划外圈层生活支网 规划内圈层生活环线

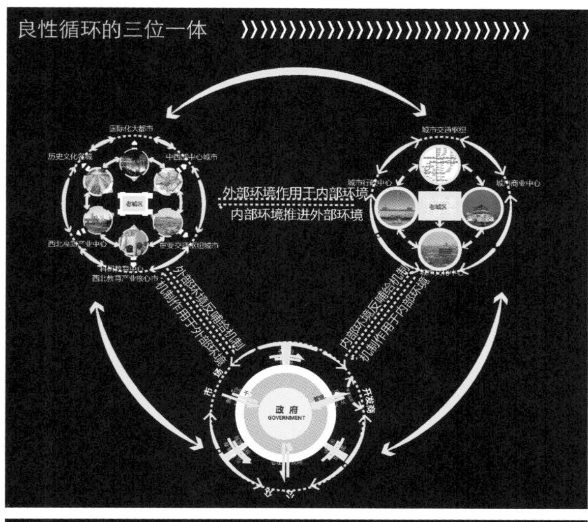

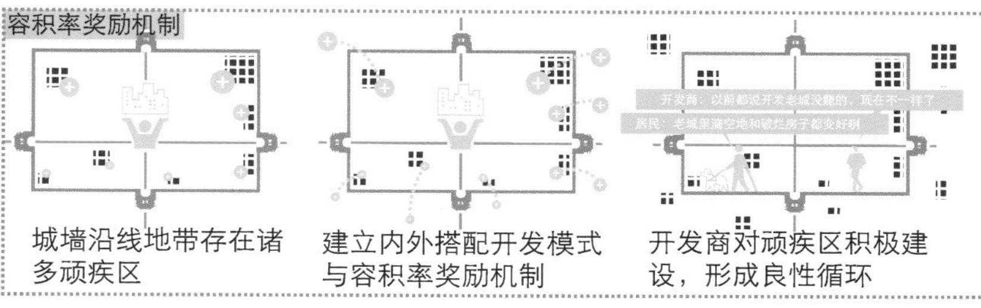

容积率奖励机制
城墙沿线地带存在诸多顽疾区
建立内外搭配开发模式与容积率奖励机制
开发商对顽疾区积极建设，形成良性循环

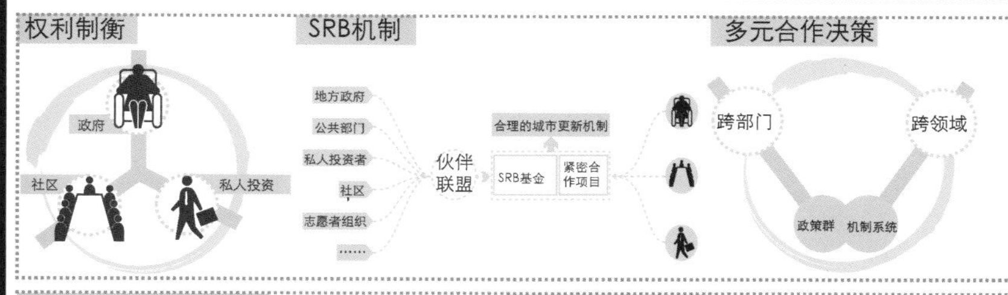

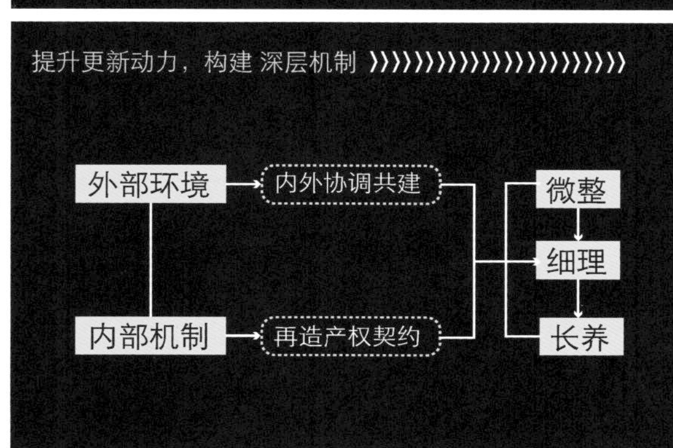

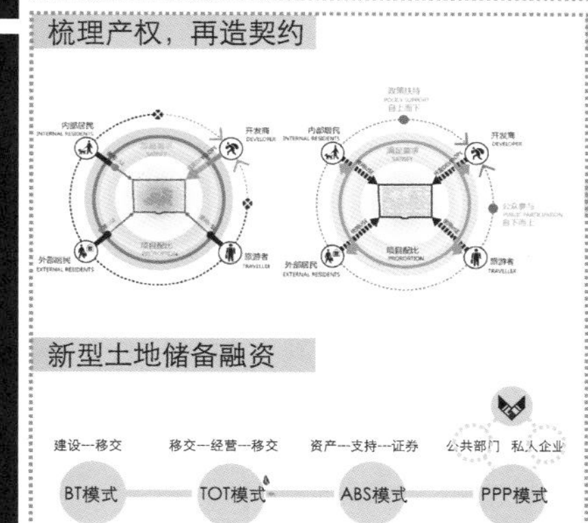

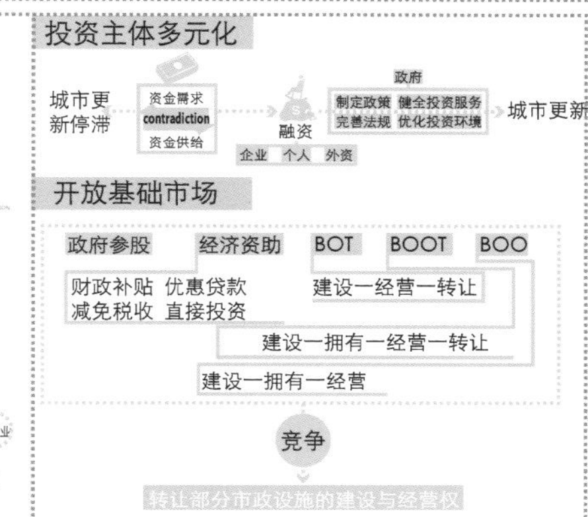

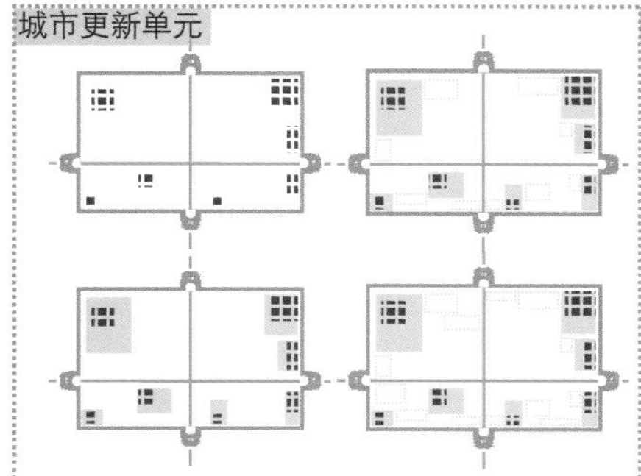

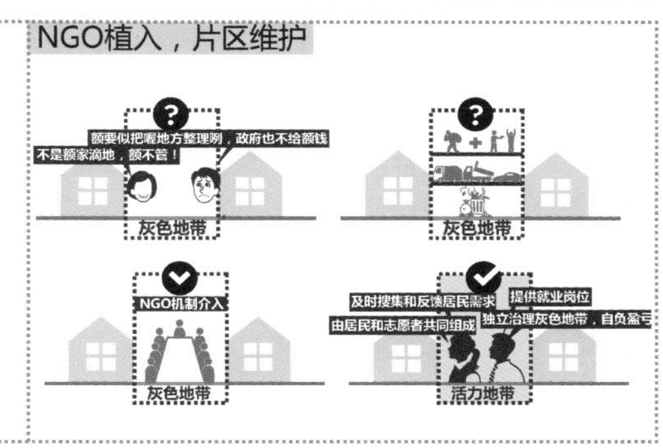

图例 自上而下更新的片区 自下而上更新的片区

构建深层机制

现状深层机制是一种恶性循环的状态，我们首先需要对它进行调整。老城内存在诸多顽疾区开发商不愿碰触，针对这些地段提出容积率奖励政策，开发商选择沿线地段进行建设，将在城外得到进行容积率补给，同时结合权力制衡、SRB 机制以及多元合作决策，使深层机制成为良性机制。为使良性机制呈现出合理运作的状态，需对城内产权进行梳理与居民再造契约。通过新型土地储备融资政策，使投资主体多元化，开放基础市场来促进城市有机更新。为使老城机制经过长期调养之后达到可持续发展的状态，在此将建立新型工作机制，使参与更新的主体多元化，利用大数据网络平台进行交流交涉，在每个片区植入 NGO 机制，对片区的各项权利进行维护。

经过微整细理与长养之后，老城的更新状态会呈现为自上而下与自下而上积极更新两种模式。

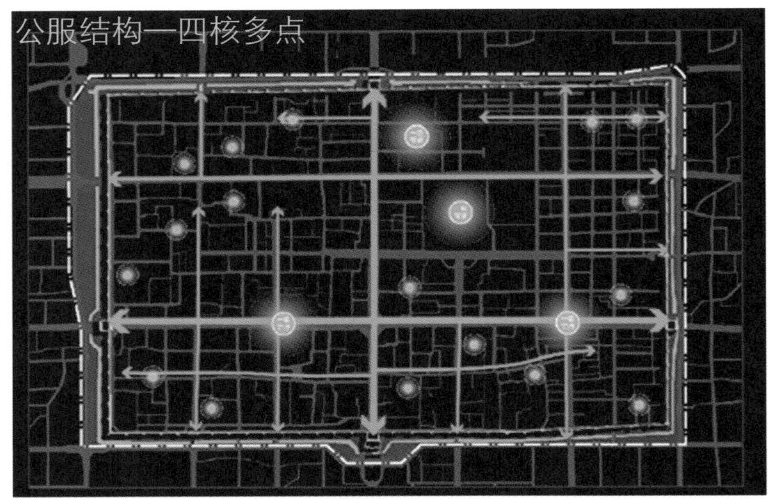

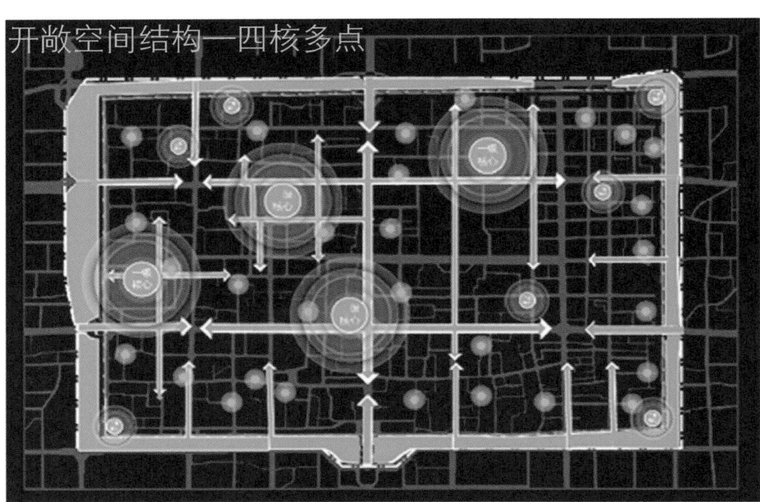

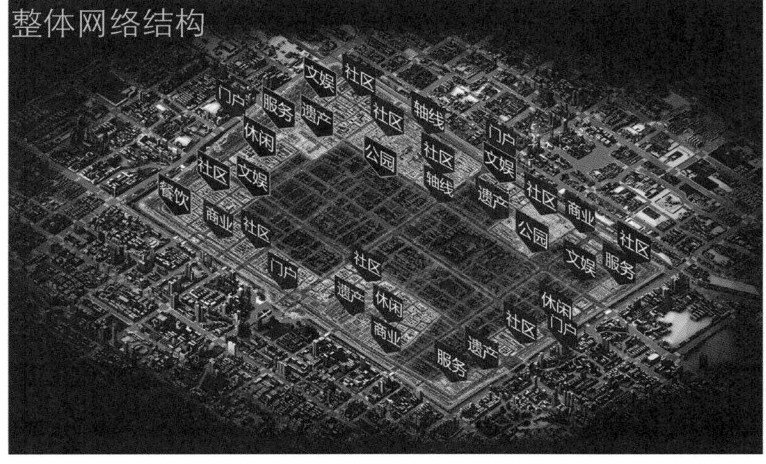

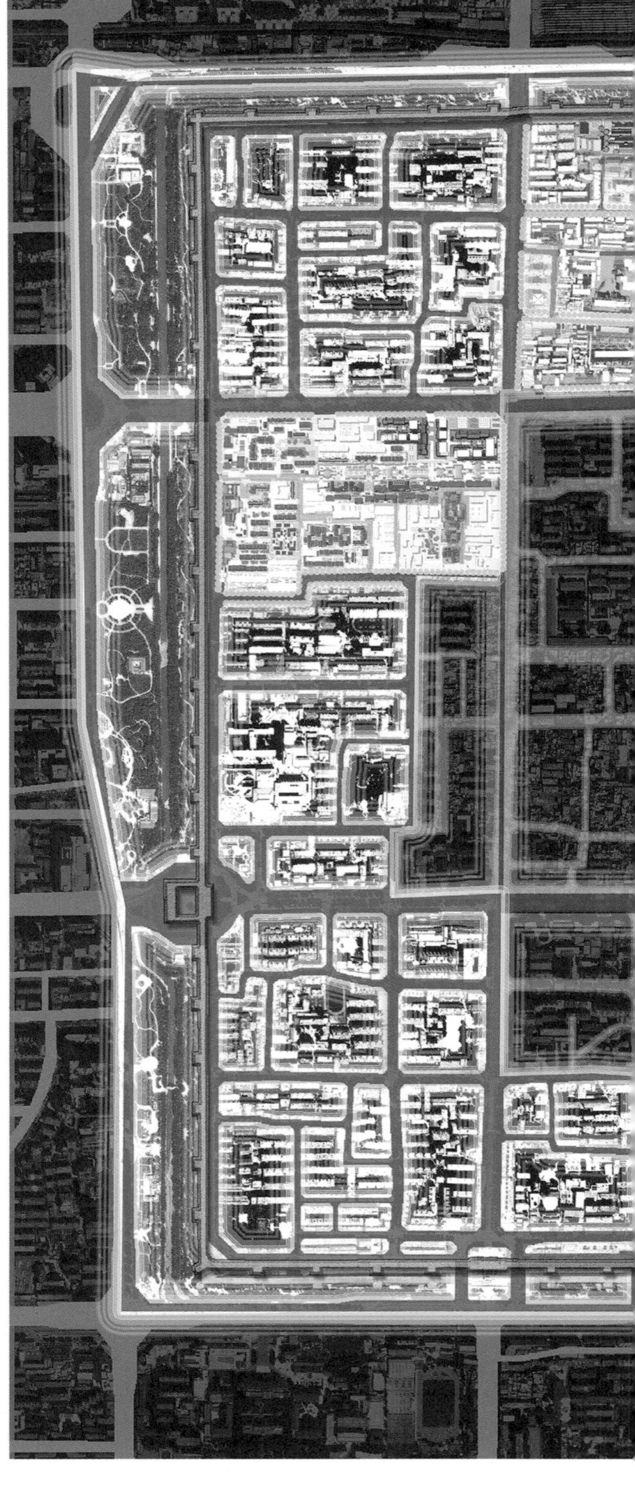

总体方案设计

基于文化脉络、生活网络、深层机制三个方面的综合考虑，我们选择了文化气息浓厚现状保护不足深层机制问题显著的三学街与七贤庄片区，文化氛围不足，生活网络割裂的东南与东北城角，文化资源丰富生活网络亟待织补的药王洞与西五台片区进行了我们的深入思考与详细设计。

我们整体的愿景：

长安都会，老街巷坊，城垣环绕，垂柳迎春，丝袍轻履，闲游漫步，见旧都之古朴，三千摇曳，望古城之肃穆，繁华渐洗，依依相守，丰蕴久藏，脉脉相承，续久而新。

三学街片区：

百业重开尊旧礼，古舍旧宅新人识，老街换得新颜色，众人协友共欢时。

东南城角片区：

百业重开尊旧礼，古舍旧宅新人识，老街换得新颜色，众人协友共欢时。

东北城角片区：
大道直来知古事，旧坊今人欲重拾。城垣内外张登彩，民富业兴未曾迟。
七贤庄片区：
小儿书声老翁闻，七贤故里忆忠魂，民国往事随风过，顺城故道有故人。
药王洞片区：
唐梦今夕几多晴，莲池古道意难平，药王鼓会众人拜，书生才子辈常新。
西五台片区：
古寺初晨有梵音，西五台高梦清心，客过旧宅为何事，长安花开百雀鸣。

三学街片区总平面图

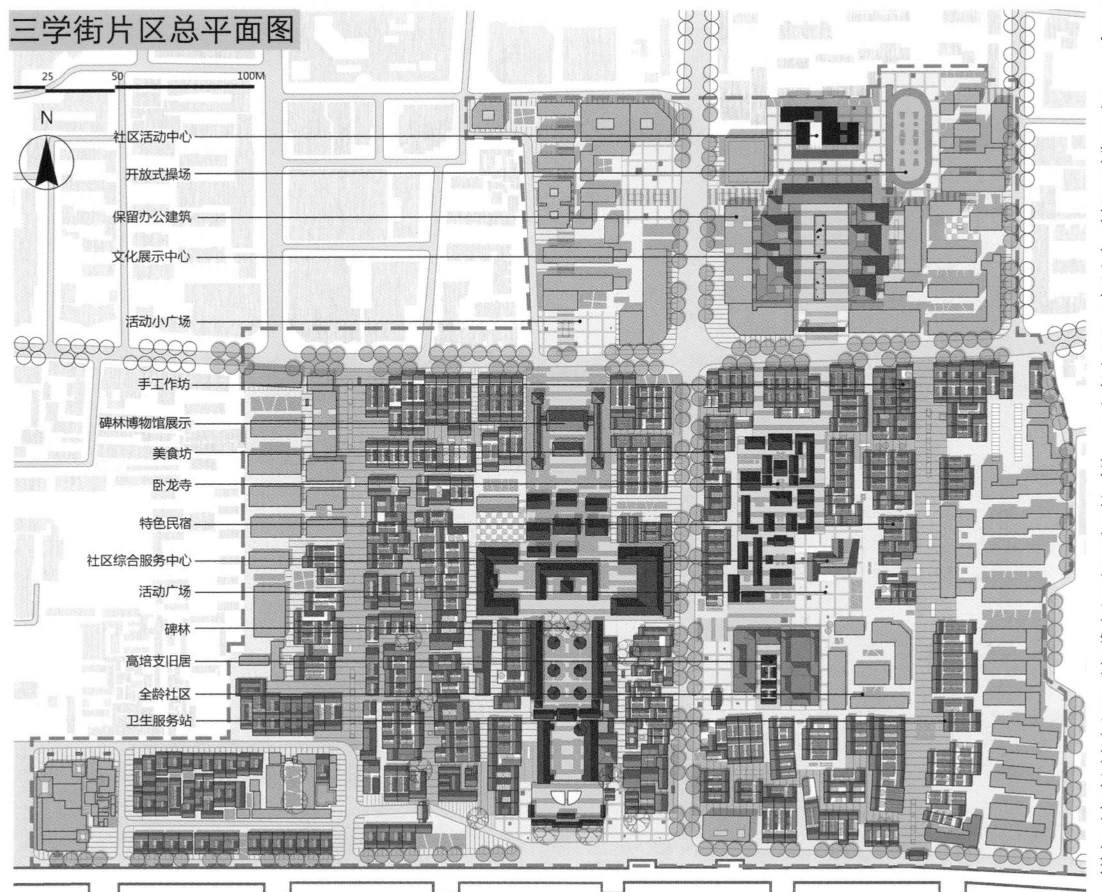

三学街片区设计说明

文化遗产层面，该片区的历史文化遗产淹没于现代建筑中难以识别，阻碍于现有形态难以更新，迷失于现代生活市民缺乏文化认同感。生活层面，这里市井生活气息浓厚尺度宜人，然而这里居住品质差缺乏活动空间。在深层机制层面，该片区主要以个人产权为主，以个人产权为主的地段，自我更新处于停滞状态，片区内存在诸多权属不明区域导致自下而上更新停滞。

对基地的综合现状进行梳理，对应传承文化遗产，织补生活网络策略的提出，得到了总体方案。地段内将重点打造四个文化节点：碑林博物馆、高培支旧居、卧龙寺考院旧址文化展示中心。其中将碑林博物馆的轴线向北延伸，激活高培支旧居，连接卧龙寺，对西安高级中学旧址进行改造形成文化展示中心，进而打造文化遗产环线。为应对老龄化趋势，将卧龙寺小区进行全龄社区改造，植入社区卫生服务站，形成片完善的生活网络和生活主环线。

规划系统分析图

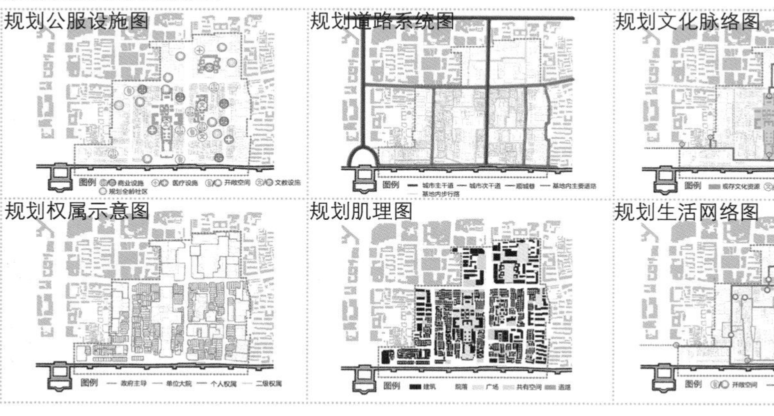

地段策略分析

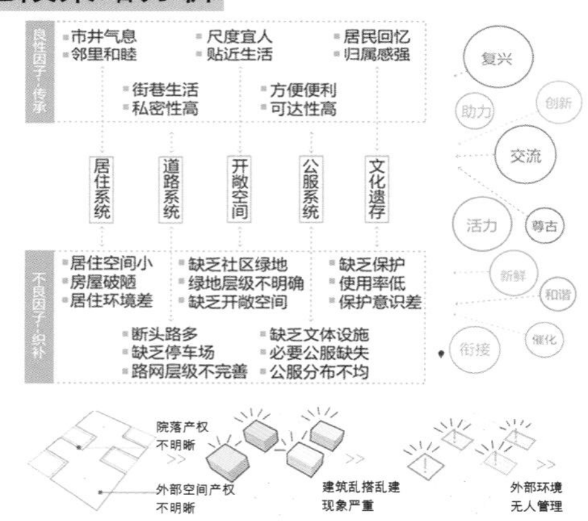

西安高级中学改造

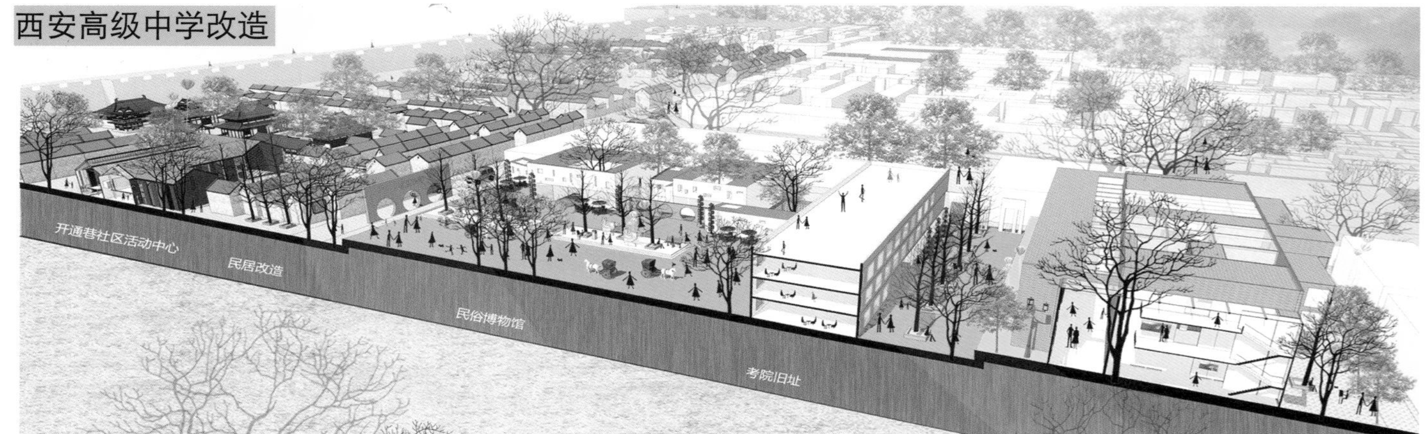

生活街景展示

文化策略

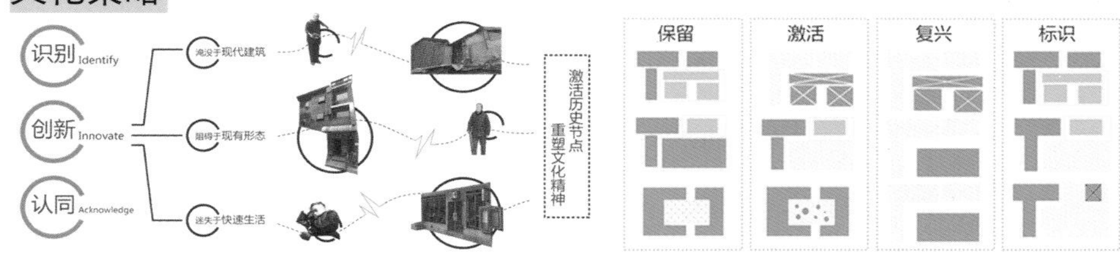

民居改造

节点透视

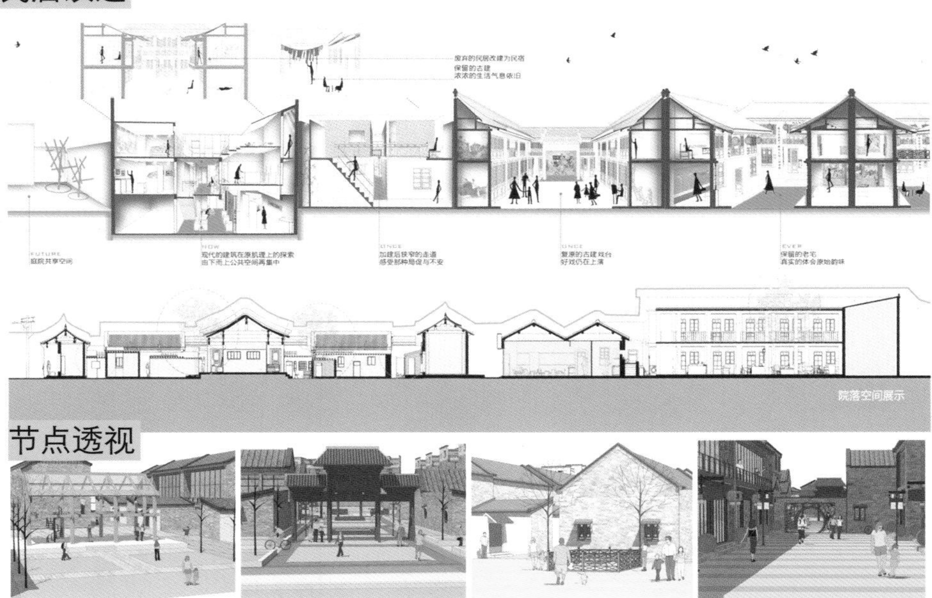

建筑改造策略

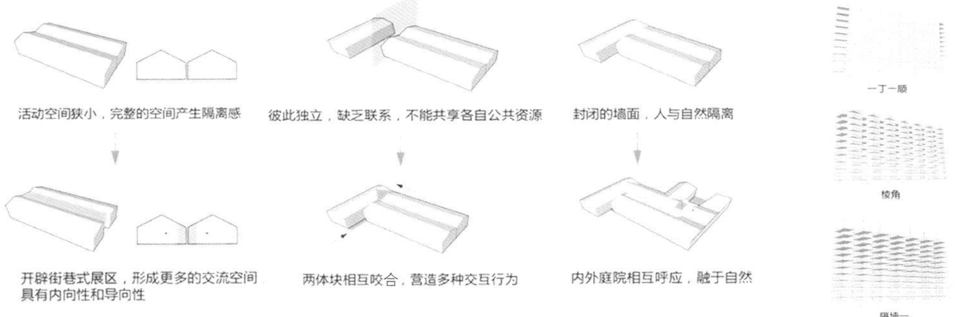

活动空间狭小，完整的空间产生隔离感
彼此独立，缺乏联系，不能共享各自公共资源
封闭的墙面，人与自然隔离
开辟街巷式展区，形成更多的交流空间
具有内向性和导向性
两体块相互咬合，营造多种交互行为
内外庭院相互呼应，融于自然

红砖故事

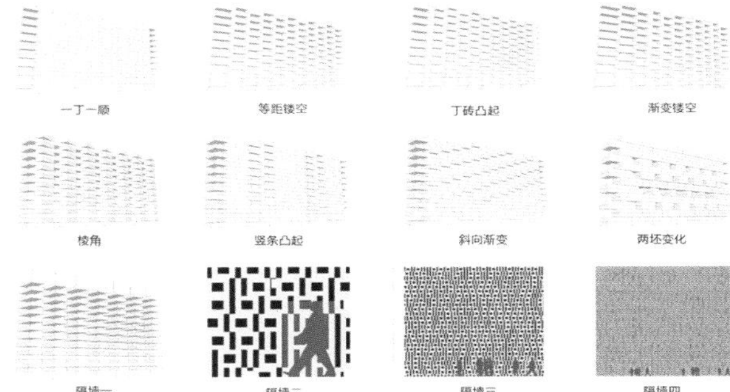

开通巷小学改造

节点透视

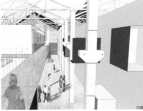

场地现状认知

场地元素认知

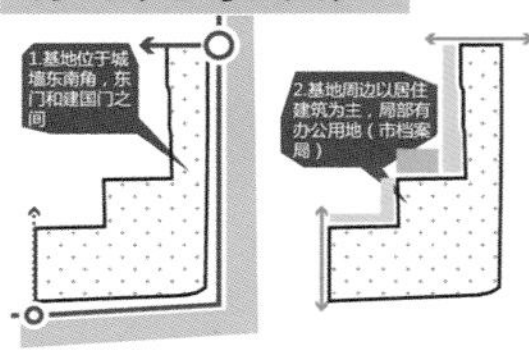

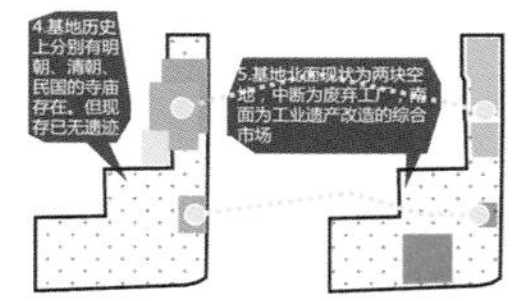

现状建筑评价

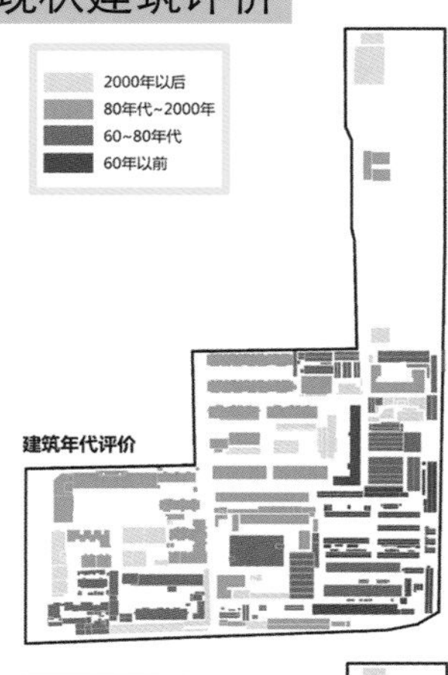

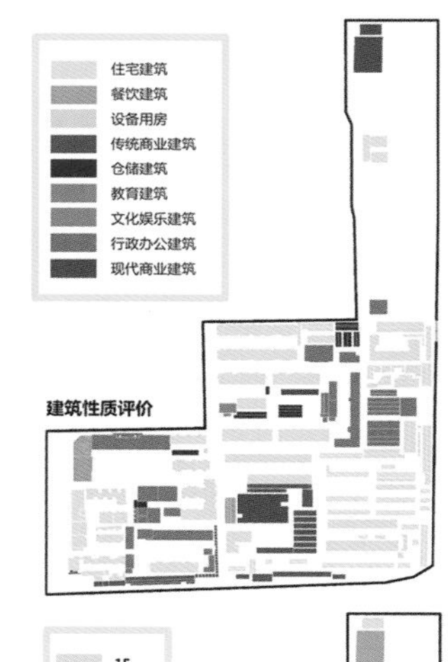

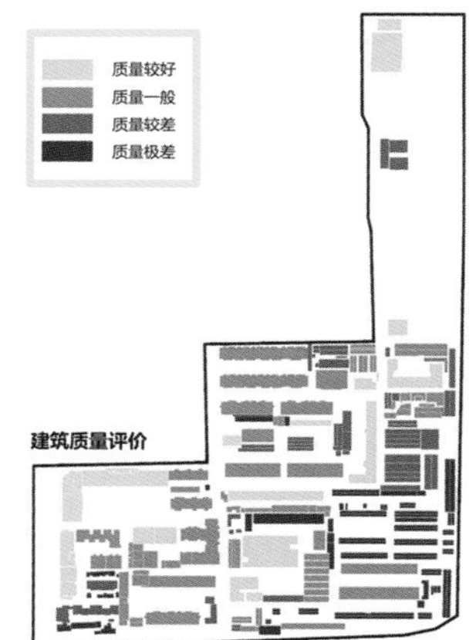

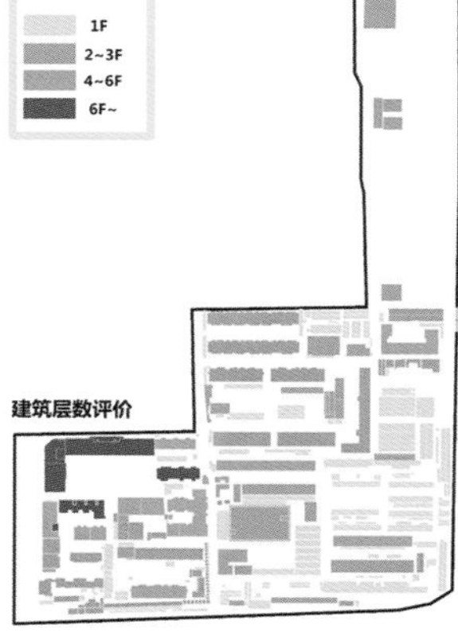

节点透视图

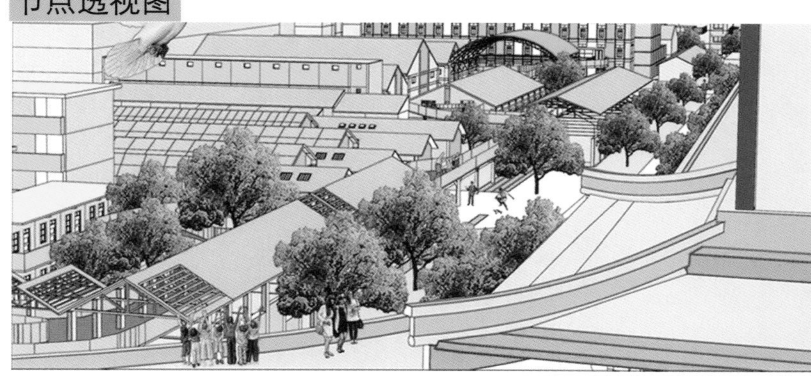

东南片区总平面图

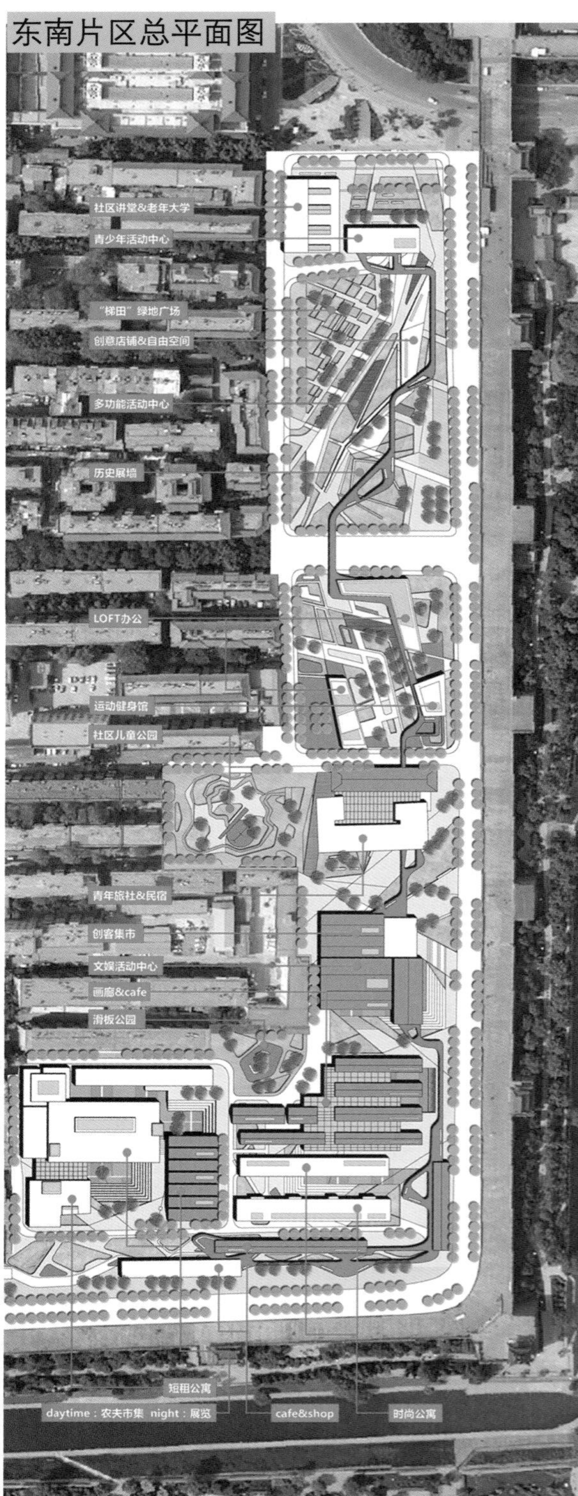

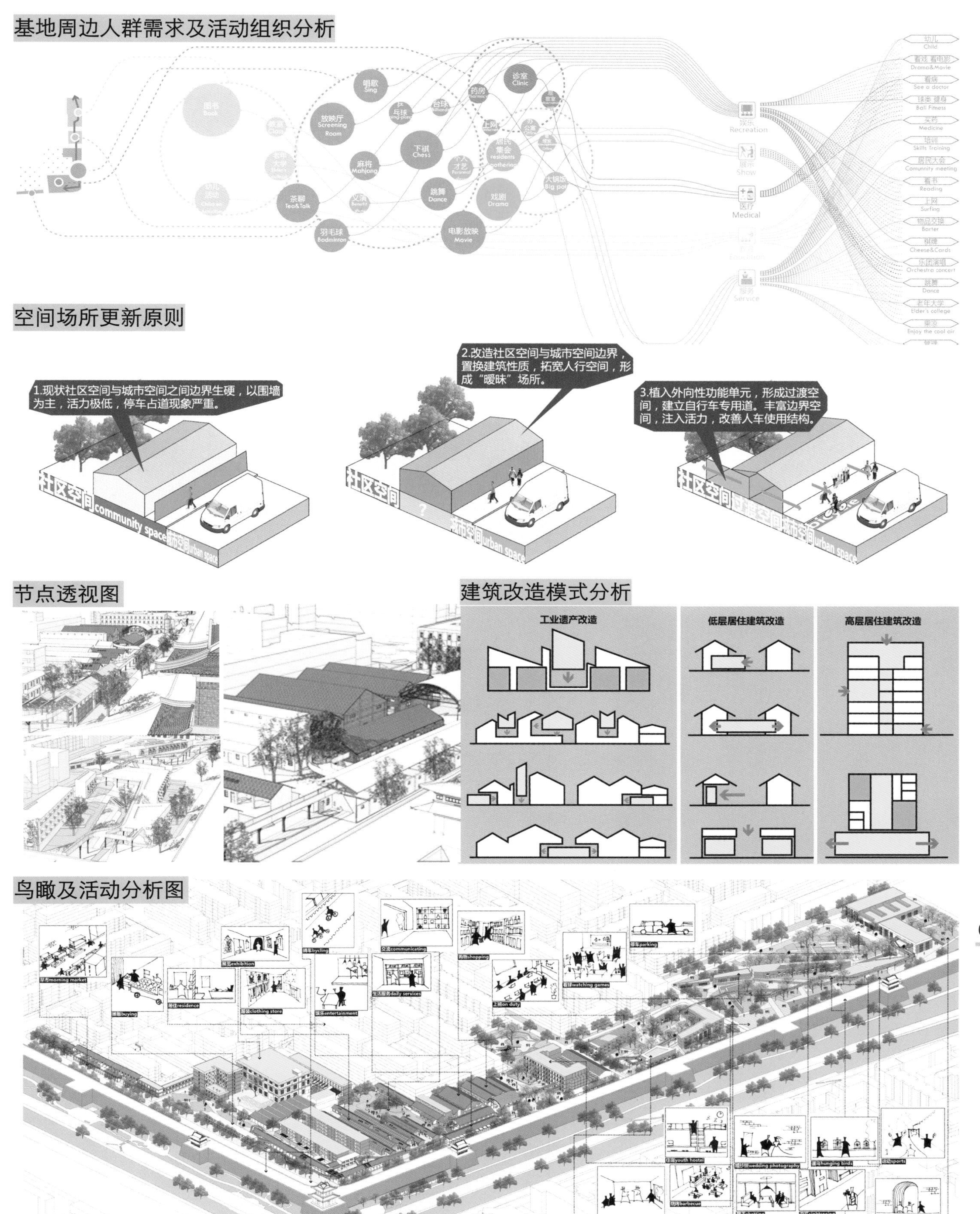
基地周边人群需求及活动组织分析
唱歌 Sing
诊室 Clinic
药房
放映厅 Screening Room
乒乓球
台球
上网
下棋 Chess
麻将 Mahjong
个人才艺
居民集会 residents gathering
大锅饭 Big pot
茶聊 Tea&Talk
跳舞 Dance
戏剧 Drama
羽毛球 Badminton
电影放映 Movie
娱乐 Recreation
展示 Show
医疗 Medical
服务 Service
幼儿 Child
看戏 看电影 Drama&Movie
看病 See a doctor
球类 健身 Ball Fitness
买药 Medicine
培训 Skills Training
居民大会 Community meeting
看书 Reading
上网 Surfing
物品交换 Barter
棋牌 Cheese&Cards
乐团演唱 Orchestra concert
跳舞 Dance
老年大学 Elder's college
乘凉 Enjoy the cool air
空间场所更新原则
1.现状社区空间与城市空间之间边界生硬，以围墙为主，活力极低，停车占道现象严重。
2.改造社区空间与城市空间边界，置换建筑性质，拓宽人行空间，形成“暧昧”场所。
3.植入外向性功能单元，形成过渡空间，建立自行车专用道。丰富边界空间，注入活力，改善人车使用结构。
社区空间 community space
城市空间 urban space
节点透视图
建筑改造模式分析
工业遗产改造
低层居住建筑改造
高层居住建筑改造
鸟瞰及活动分析图
早市morning market
摊贩buying
居住residence
展览exhibition
服装clothing store
骑车bycling
娱乐entertainment
交流communicating
生活服务daily services
购物shopping
上班on duty
看球watching games
停车parking
青旅youth hostel
婚纱照wedding photography
遛鸟hunging birds
运动sports
跆拳道taekwondo school
烧烤barbecue
聊天chatting
观光sightseeing
游戏playing

东北角火车站节点设计说明

针对西安老城内的现代生活，选取了城墙东北角兴隆坊片区进行典型地段设计。通过对现状用地和建筑的评价分析，明确可建设用地和可改造用地情况。

在保留传统记忆方面，选取了周边居民还存有记忆的传统节点进行标识。同时，提取出了传统元素，通过恢复重建、节点标识等方法来延续其传统文化根脉。对于周围可改造地段，通过权属梳理发现，单位大院权属占15%，其公共空间更新较为消极，现状环境不理想。

基于现状分析，将兴隆坊地段的现状问题归纳为四个方面。1. 火车站人流较大，但是现状相应的配套服务设施不足。2. 现状产业缺乏传统特色。3. 周边社区环境质量较差。4. 地块空间可达性差，现状开发停滞。由此，将该片区定位为，延续地段传统特色的火车站服务配套片区，同时对于现状周边的社区品质进行一定的提升。

概念提出：首先，通过传统元素的提取，保留部分原有道路名称，复建重要节点，恢复传统建筑形式并赋予其新的功能，以留住人们的记忆；在现有火车站轴线中引入城墙景观轴，营造特色商业，加强与火车站的联系。地段中心规划为传统民俗戏台，围绕其形成中央广场，戏台东部为恢复传统肌理的特色商业。

以上为本地块的设计思路。

总平面图

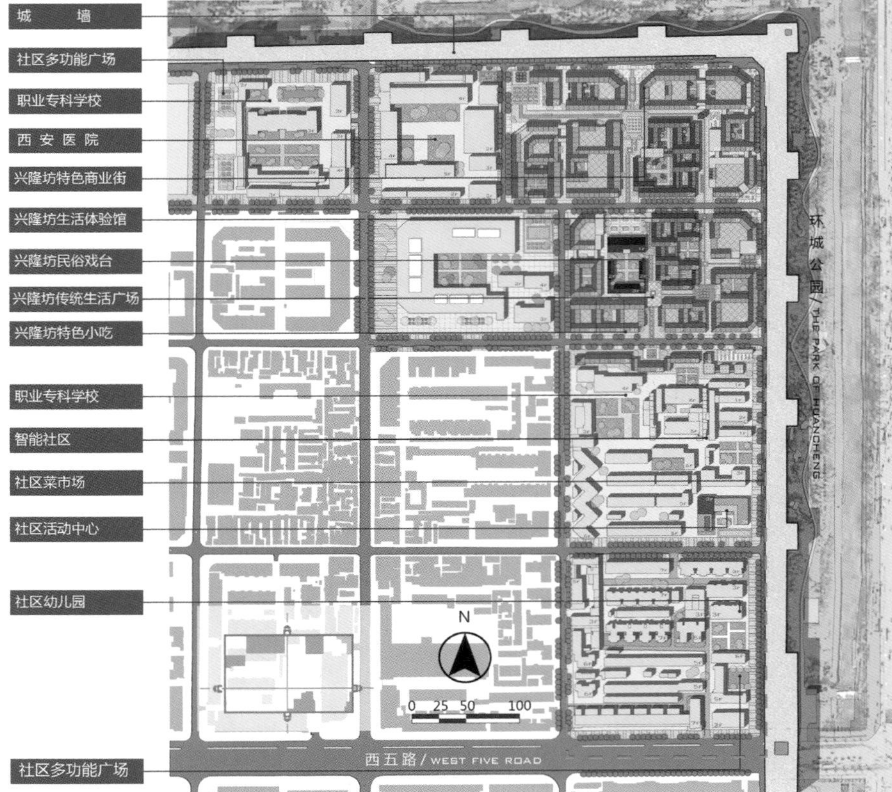

规划分析图

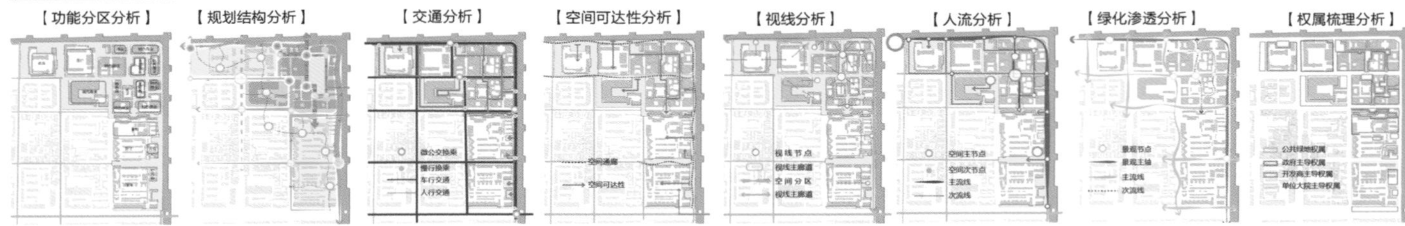

剖面图

节点透视图

活动策略图

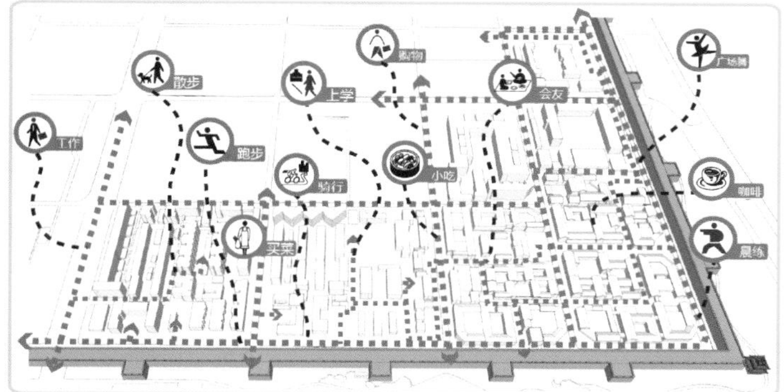

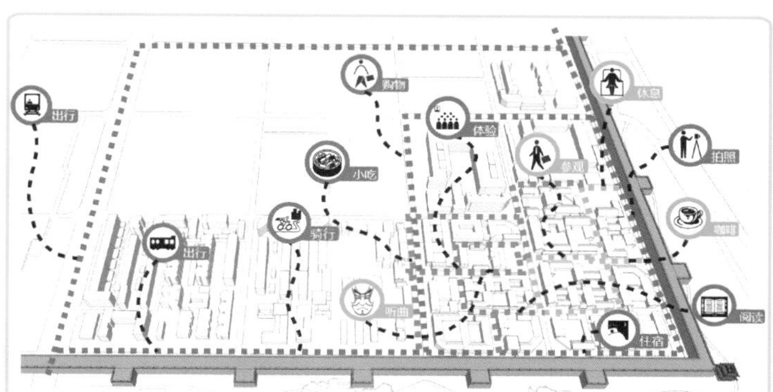

效果图

基地现状分析

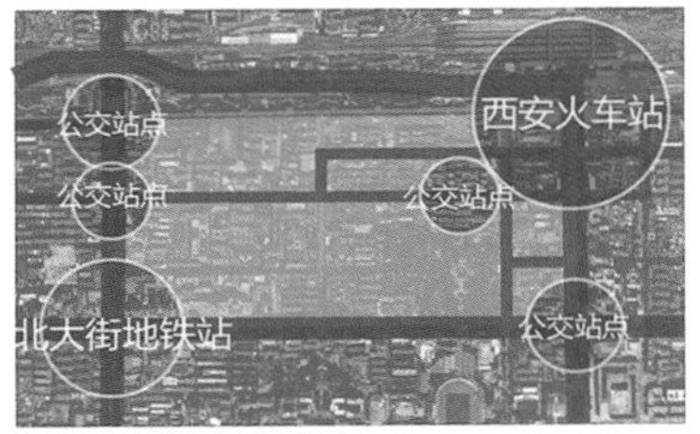

基地内周边重要节点

基地内重要节点

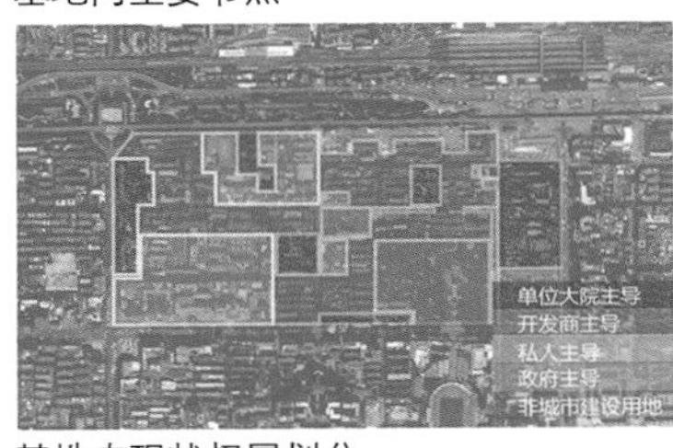

基地内现状权属划分

规划策略研究

1、公共生活策略

■ 利用文保周边形成开放空间，组织人流活动

■ 沿顺城巷作为公共休闲空间

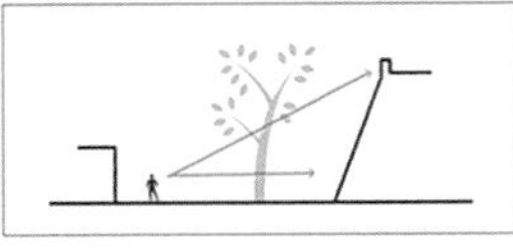

■ 整合现状外部空间作为开放绿地

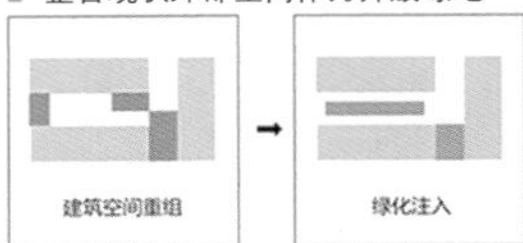

2、交通策略

■ 增设自行车道串联重要节点并与公交承接

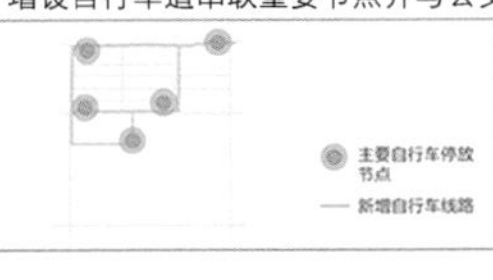
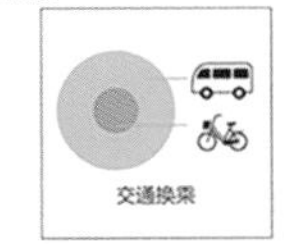

■ 现有道路功能重构，增加步行流线

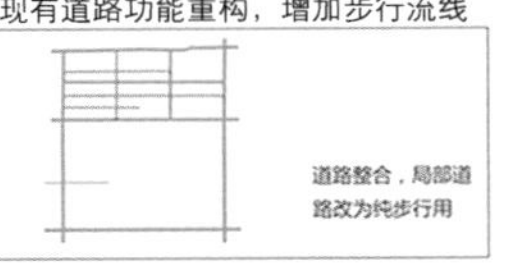

■ 地下停车节点

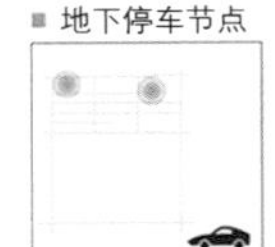

■ 地面停车节点

3、建筑策略

■ 建筑整合方式

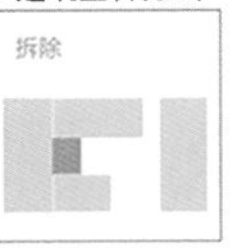

■ 传统公共建筑空间使用情况

■ 建筑空间的多重使用

■ 新建建筑在现代建筑的形体和空间组合基础上加入民国元素

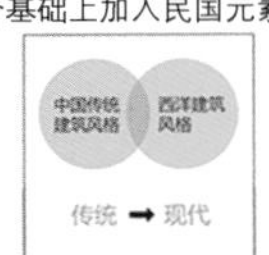

■ 建筑改造

■ 绿化注入

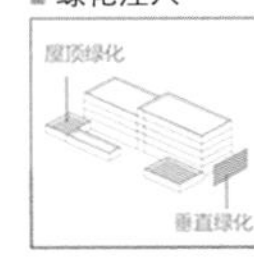

概念生成

基地现状
单位大院形式封闭
遗产保护被动
遗产与生活脱节

STEP 1
整合现状单位大院权属
植入公共空间
连接各孤立大院

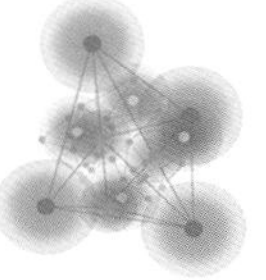

STEP 2
改善保护现状，通过展示、活动空间的植入，使遗产之间、遗产和生活相互联系串联成网

结构分析

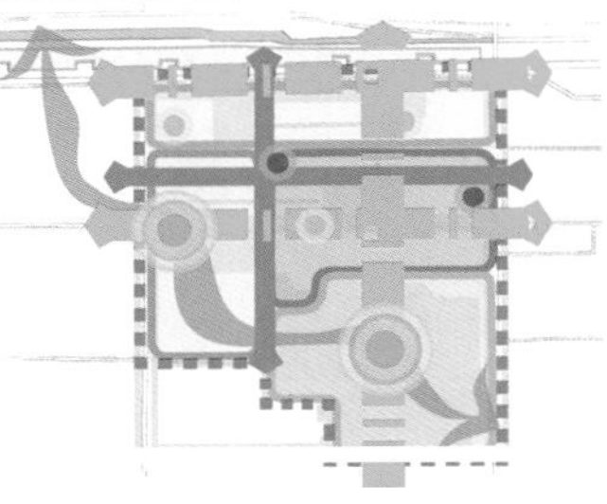

规划结构图

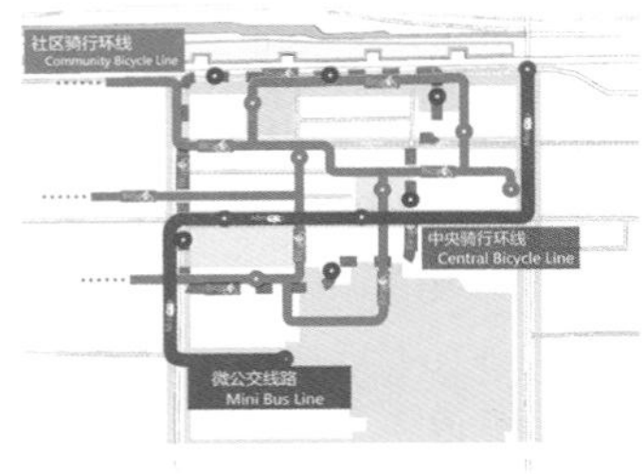

慢行系统图

人群活动构想

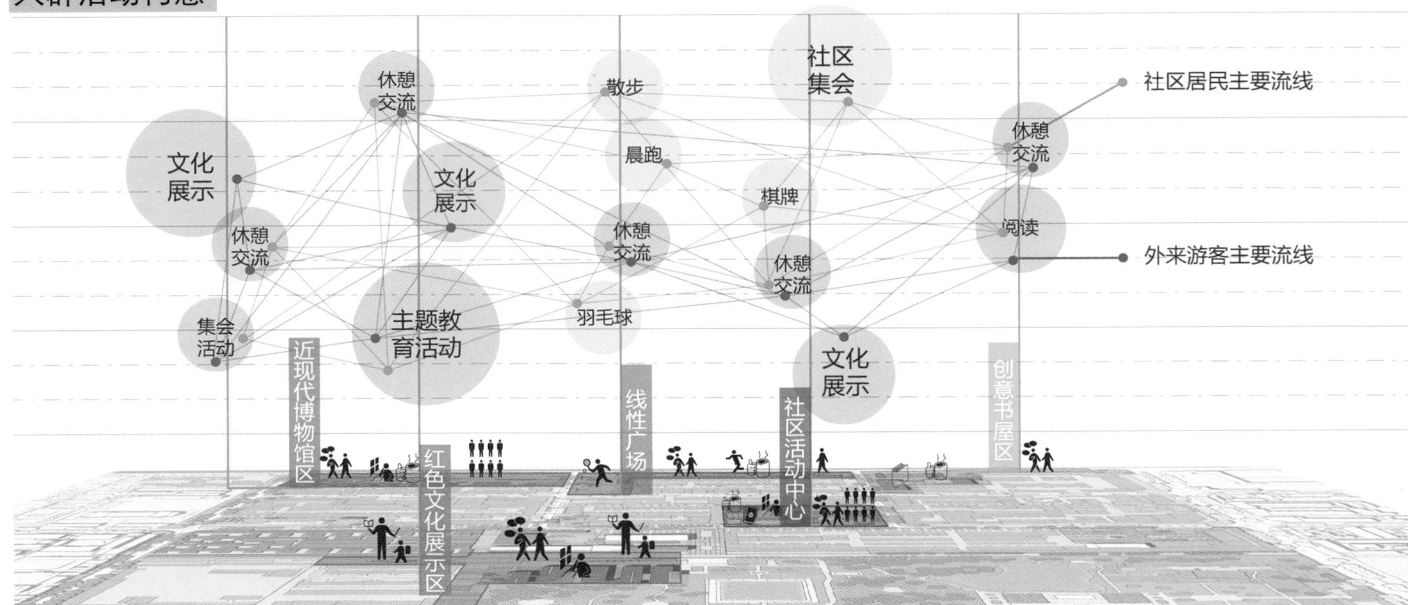

七贤庄片区总平面图

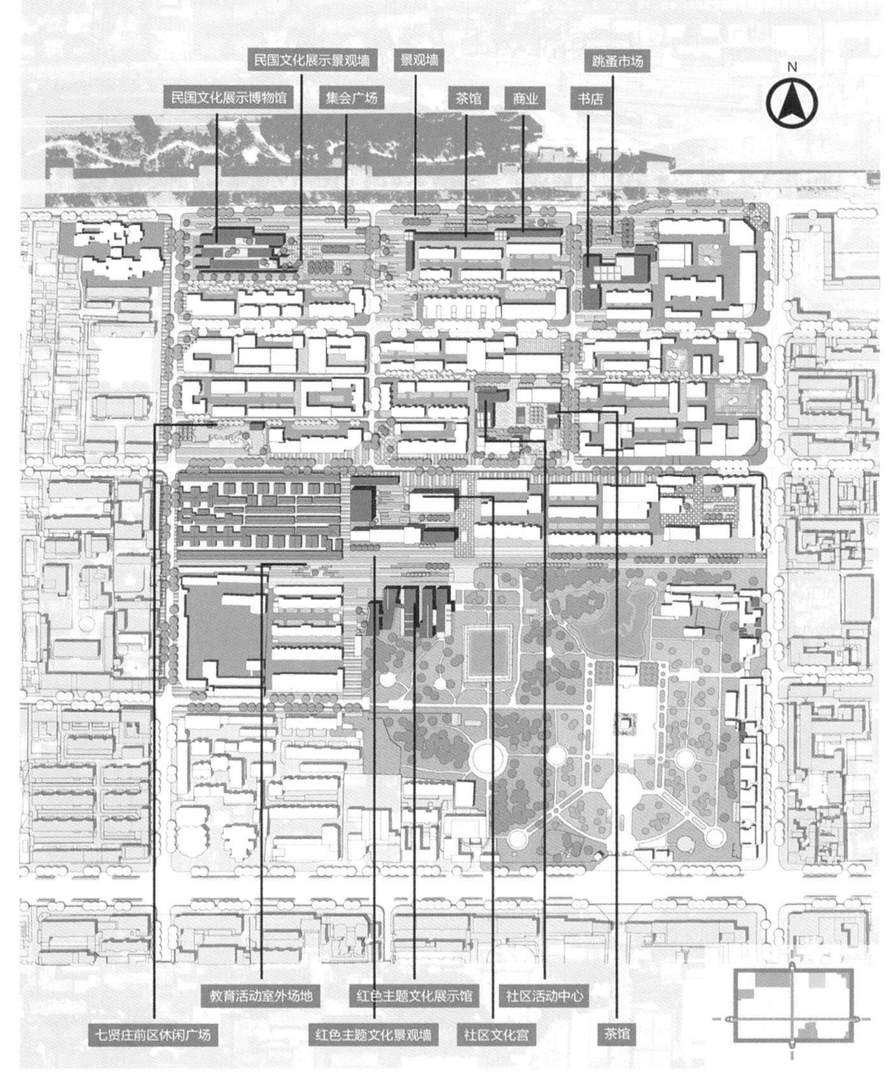

方案说明：

通过历史脉络梳理，我们发现地段内遗存有多处近现代历史建筑，传统文化资源丰富。然而通过调研，我们发现，这些遗存的保护现状并不理想，与居民生活联系较少，缺少活力。

在现代生活方面，基地内产权 35% 以单位大院权属为主。但是，现状大院形式封闭，大院间的居民缺少交流，硬性划分导致公共空间缺乏。

我们将七贤庄的主要问题归结为以下四点：1. 遗产自身保护被动、现状萧条；2. 遗产之间缺乏联系，孤立存在；3. 单位大院形式封闭，社区活动中心缺乏；4. 遗产与现代生活脱节。

由此，在该地段，我们的规划目标是：以近现代文化展示为主，同时改善现状单位大院封闭状况。

方案生成过程分为三步：

第一步，完善现状公服设施配套，梳理单位大院权属，引入公共活动空间，联系各个孤立的大院；

第二步，对于遗产，采取活力引入的方法，改善周边现状，适当植入新功能，并建立遗产间的联系；

第三步，通过共享空间的植入，使遗产与生活相融合。

书店改造节点

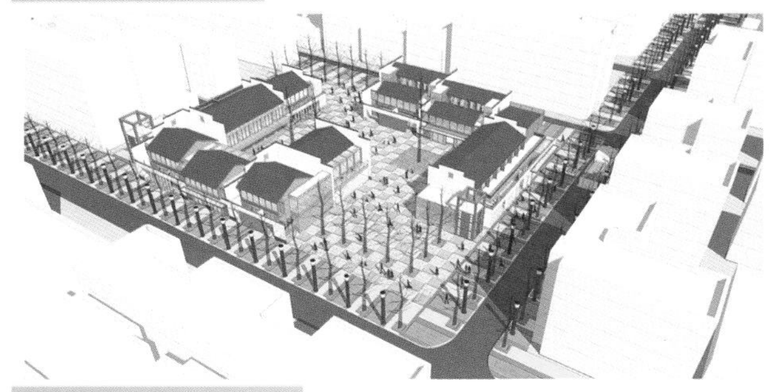

博物馆节点

社区文化站节点

社区活动中心节点

药王洞节点全局鸟瞰图

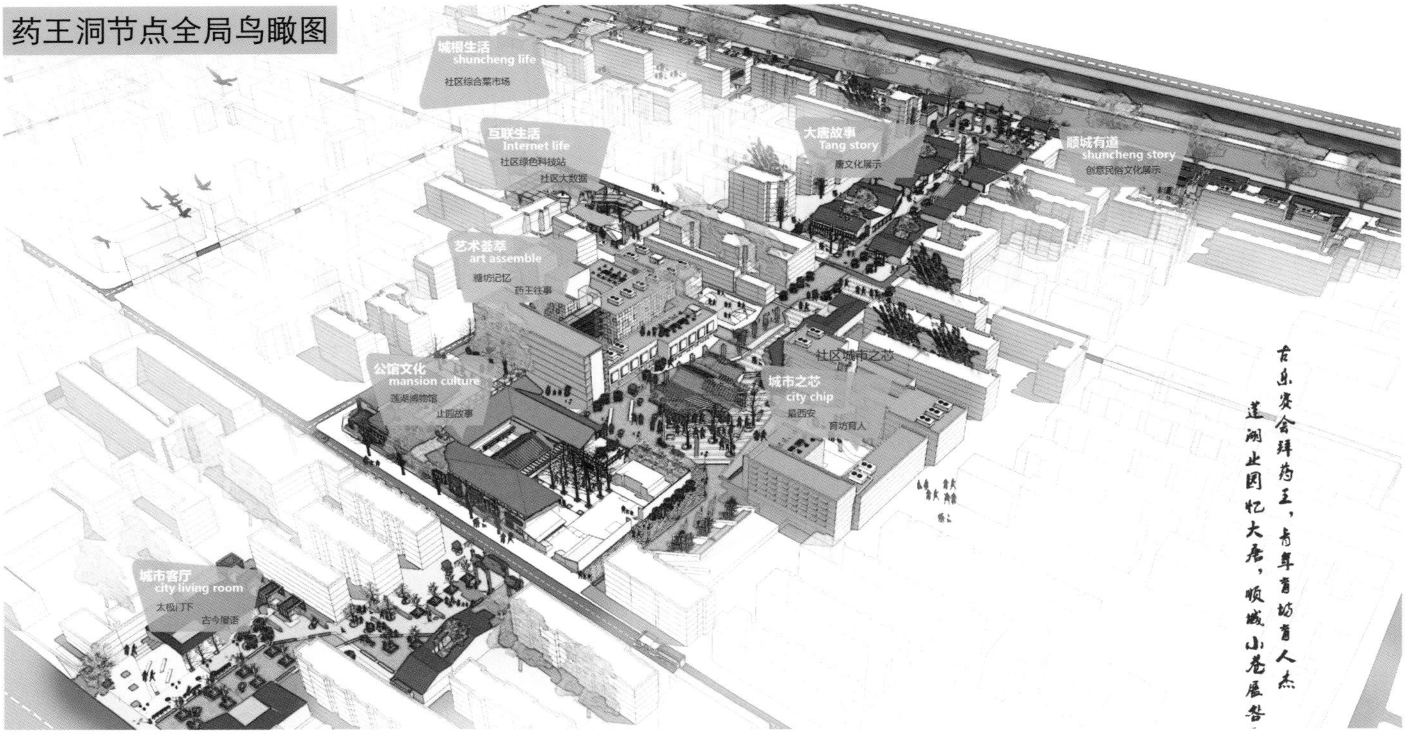

城根生活
shuncheng life
社区综合菜市场

互联生活
Internet life
社区绿色科技站
社区大数据

大唐故事
Tang story
唐文化展示

顺城有道
shuncheng story
创意民俗文化展示

艺术荟萃
art assemble
糖坊记忆
药王往事

社区城市之芯

公馆文化
mansion culture
莲湖博物馆
止园故事

城市之芯
city chip
最西安
青坊育人

城市客厅
city living room
太极门下
古今屋语

古乐宴会拜药王，青年育坊育人杰
莲湖止园忆大唐，顺城小巷展督

总平面图

新乐餐厅
小北门菜市场
乐·主题公寓
老城根民俗展示区
尚·餐厅
关中民俗体验馆
风情购物街
根·民俗公寓
乐·青年广场
老城余韵茶馆
青春之歌广场
药王洞路 Yaowangdong Rd.
糖坊街 Tangfang St.
社区绿色站
社区广场中心
社区活动站
民俗小剧场
止园风情园
老城概念书吧
露天演艺场
艺·时间公寓
西北三路 Northwest 3rd Rd.
青年路 Qingnian Rd.
莲湖·记忆博物馆
文化·客厅
莲湖路 Lianhu Rd.

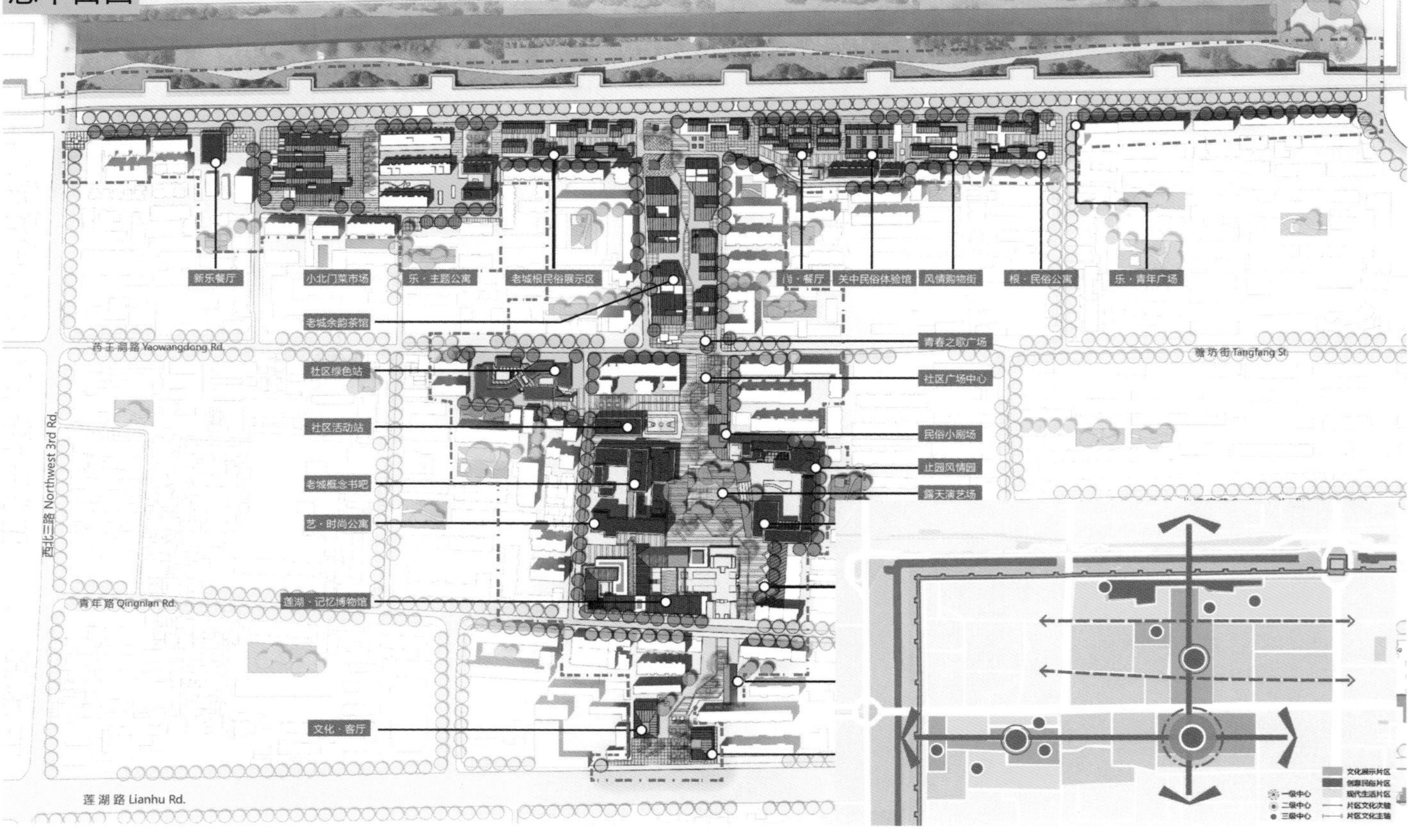

轴线剖面

设计说明

通过对化脉络、生活网络、深层机制的梳理，并针对整体脉络结构，将场地特征总结为内外圈层交界处，文化轴线脉络上，重要交通节点处，因此确定其功能定位为：顺接北院门历史街区，展现城北魅力的文化客厅，民俗休闲，互联新生活的功能复合的生活街区。以莲湖区历史博物馆为核心，串联杨虎城纪念馆，糖房街文化纪念馆，药王洞影像纪念馆，奇石展示中心，形成博物馆群。鼓励散落发展工艺坊，同时吸引艺术家参与民俗创意，形成的创意工坊将激活老城墙根的消极空间。建设城市之心和社区中心，打破社区壁垒，通过共享空间和活动组织串接社区生活构建四个社区活力点：小北门菜市场，药王社区绿色站，居民活动广场，止园社区活动中心。串接片区居民的主要生活聚集片区。

设计策略

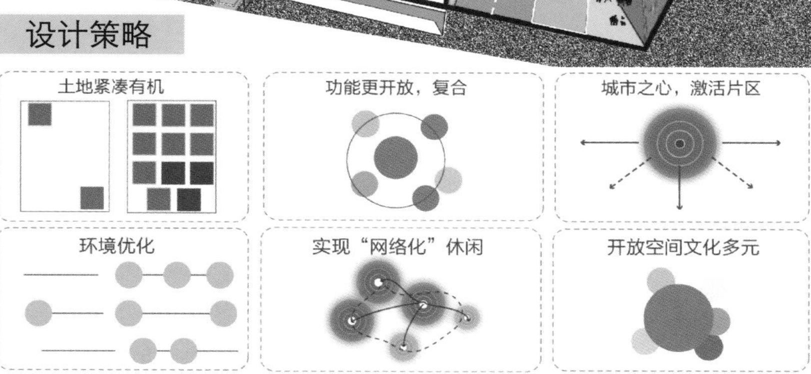

活动策划

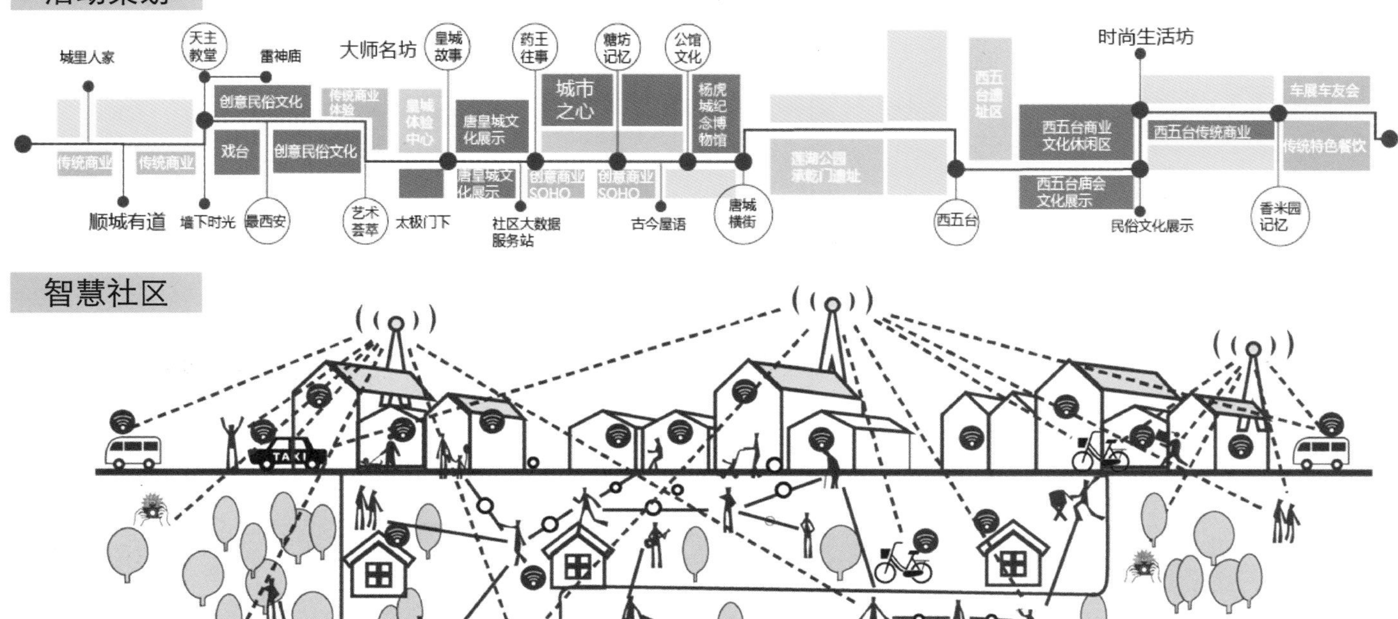

智慧社区

节点透视

西五台节点全局鸟瞰图

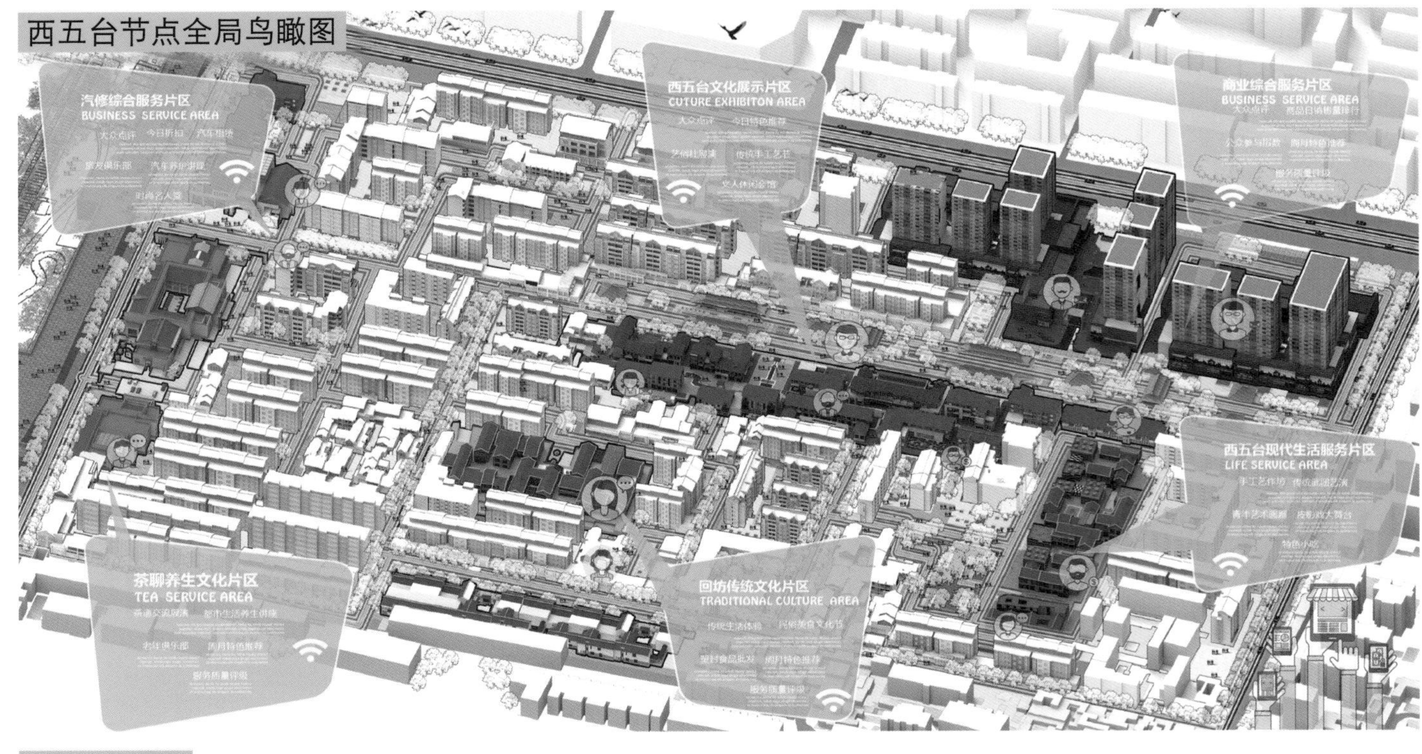

策略生成

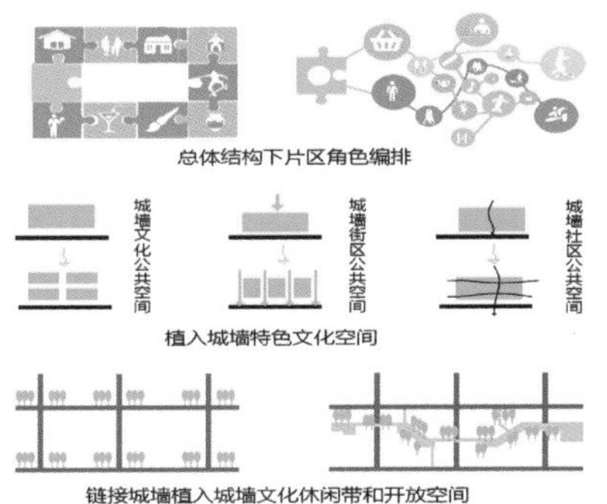

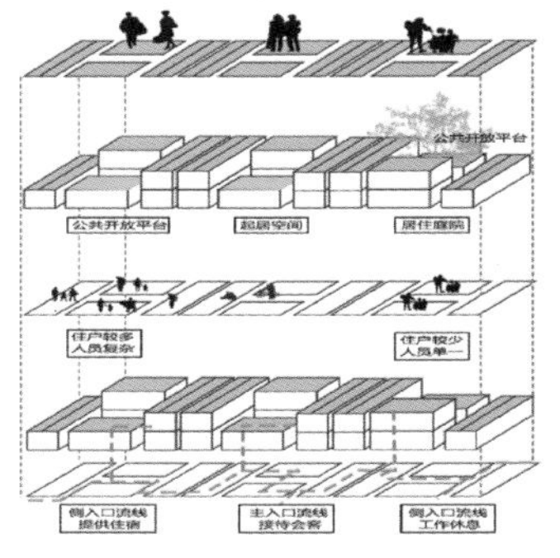

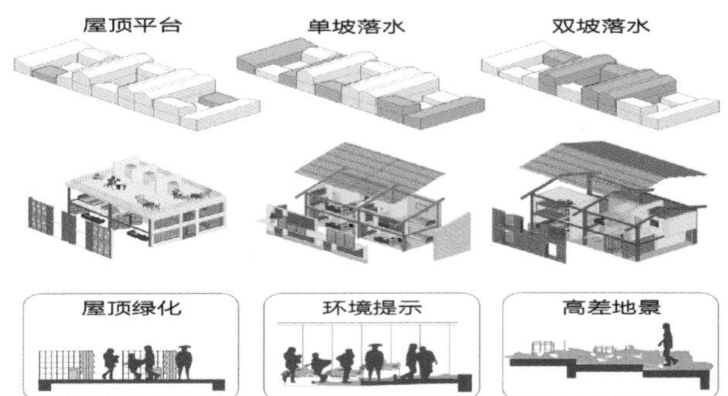

设计思路

挖掘西五台片区的突出和潜在的特色文化资源和文化产品，提取片区特质文化磁场，保护传统文化遗产和现代特色生活场景，提升特色，形成丰富多样的文化磁力点，成为片区发展的内核动力，实现现代生活与不同时期不同特色文化的融合。植入共享空间，活化顺城巷沿线生活，丰富其功能，构建西五台综合服务街区，链接社区新生活。打造西五台文化展示街区，彰显西五台传统特色。完善景观轴线，延伸至顺城巷，串联城墙景观，同时建立片区标识，述说片区故事。优化开敞空间，营造特色空间，为社区居民以及旅游者提供丰富多样的共享空间。通过对片区特色文化节点。联系路径的整合梳理，提示标记引导，串接片区居民的主要生活聚集片区，疏通经脉，最终实现片区的整体发展。

传统民俗艺术商贸步行街

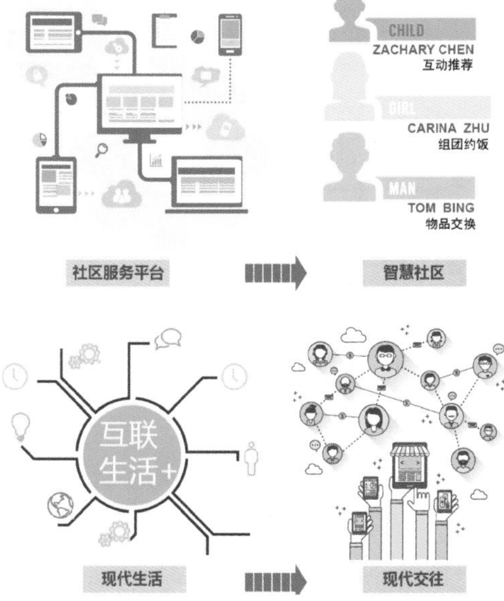

传统民俗艺术商贸步行街

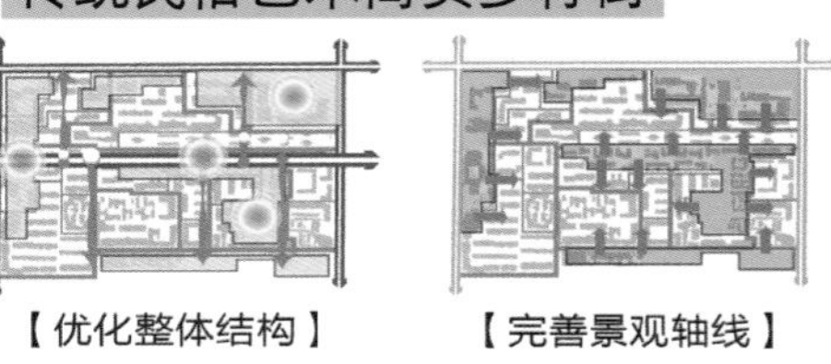
【优化整体结构】 【完善景观轴线】

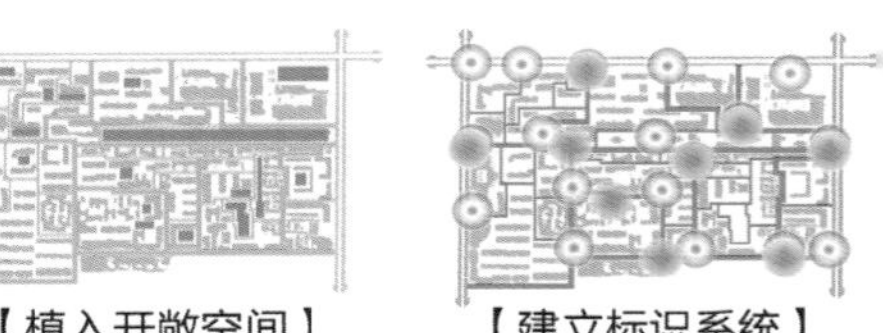
【植入开敞空间】 【建立标识系统】

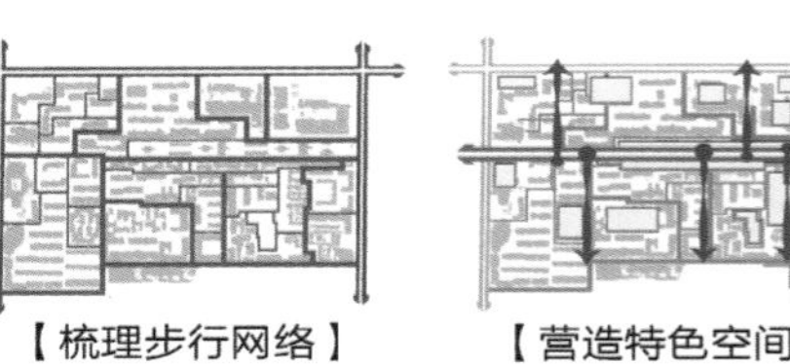
【梳理步行网络】 【营造特色空间】

总平面图

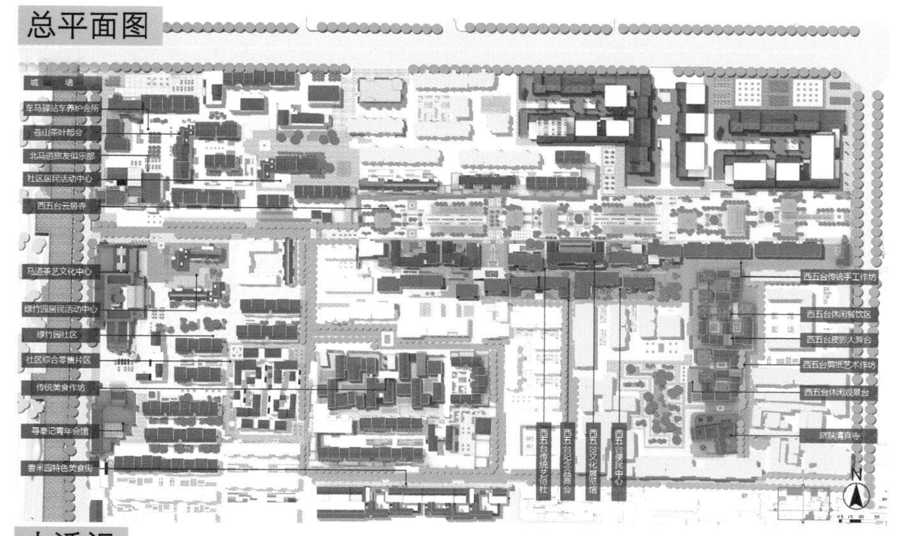

小透视

顺城巷汽修文化交流片区

休闲餐饮服务片区

回坊传统生活体验片区

西五台文化展示综合服务服务片区

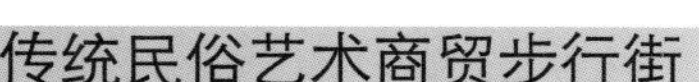

传统民俗艺术商贸步行街

西五台传统文化展示街区

西五台生活综合服务片区

可持续发展
遗产保护
再利用
遗产
构建环线
延续性
Continuity
Construction
西安的文化遗产面临众多挑战，现状城市形态，是不同历史阶段城市形态的积累，其发展总以原有形态为基础，并在空间上对其存在依附现象，因此城市形态具有连续性。只有经过不断更新和改造，协调文化遗产和现代生活，才能真正复兴老城活力。
Re-Use
可达性
适应性
延续历史留存记忆
Activated Gray Zone
激活灰色地带
复兴
Revival
生活
Life

临帝皇之故园兮，闻英烈之旧迹。
望群柳之摇曳兮，观老巷之童趣。
曦云合璧，旧城新客，
承青龙之卧盘，聚源内之地气，
雾霭天阔，故人佳话，
赏昔日之华光，悟今朝之圣象

老城东南片区更新规划

OLD CITY SOUTHEAST AREA UPDATE PLANNING

同济大学建筑与城市规划学院

叶凌翎　余美瑛　蔡　言　谢　超　蔺芯如　曹砚宸　屈　信　茅天轶

指导教师：田宝江　张　松

本毕设小组选取西安古城内城墙沿线东南地块为规划设计的基地，通过实地调研发现古城内文化传统与现代生活之间产生的严重错位现象：历史风貌和街巷肌理被破坏，文化遗产保护利用状况不佳，摇摇欲坠民居院落与主要街道整洁统一的表皮形成鲜明的对比，戏剧化景观的背后存在着深刻的社会问题。

针对老城更新缺乏动力、历史环境整体衰败、街巷生活失落等主要问题，结合基地自身的文化资源优势和发展潜力，提出了三项规划设计策略：资源经营，文化再造；全龄宜居，磁性社区；交通安宁，街巷复兴。通过挖掘地方特色文化资源，培育提升文化产业能级，整治改善老旧社区环境，以实现可持续社区更新发展的规划设计目标。在此基础上，分别以老旧居住社区的适老化更新改造，适老化社区设施及环境改善；以空间句法辅助分析，通过交通安宁化引导传统街巷复兴；三学街历史文化街区保护更新设计，以增强社区的归属感和磁力；通过人文旅游开发促进社区更新，创意产业介入旧区复兴等为主题，完成了不同地块的形式多元的城市设计方案。

The project team selected the southeast area along Xi' an ancient city walls as the base for planning and designing. Through field investigation we found there is dislocation between the ancient cultural tradition with the modern life in the city: historic streets and texture are destroyed, cultural heritages are in poor protection, ramshackle houses yard and main streets clean skin form brightly contrast, behind the dramatic landscape there is a profound social problem.

In view of the main problems of old city renewal lack of motivation, overall decline of historical environment, street life losts, based on combining its own cultural resources advantages and development potential, we put forward the three strategies of planning and design: resource management, cultural reconstruction; All ages habitable, magnetic community; Traffic calming, street revival. We dig the local characteristic cultural resources, foster ascension level, improve the old community environment, to achieve sustainable community update development planning and design. On this basis, by upgrading old residential community of aging, we improved aging community facilities and environment; Assisted by space syntax analysis, we used traffic calming to guide the revival of traditional streets; By designing Sanxue street historical and cultural blocks,we enhanced the sense of belonging in the community and the magnetic force; By promoting community updates by cultural tourism development, we creatived industries in the old area renewal.Thus to complete a different plots, in which are diversity forms of urban design.

背景研究

区位

全国层面

区域层面

西安市地处中国陆地版图中心，是西北和西南的门户城市与重要的交通枢纽。西安市承东启西、连接南北，是陇海兰新铁路沿线经济带上最大的西部中心城市。

省际五小时交通圈　省内一小时交通圈

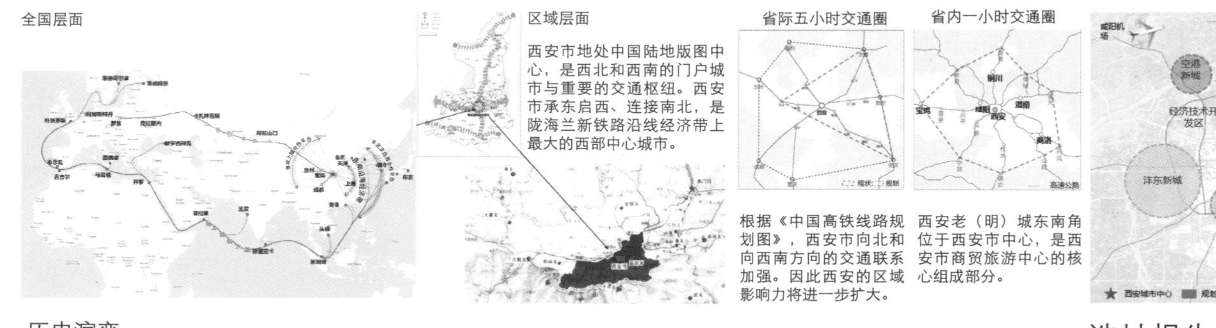

根据《中国高铁线路规划图》，西安市向北和向西南方向的交通联系加强。因此西安的区域影响力将进一步扩大。

西安老（明）城东南角位于西安市中心，是西安市商贸旅游中心的核心组成部分。

明城东南角区位

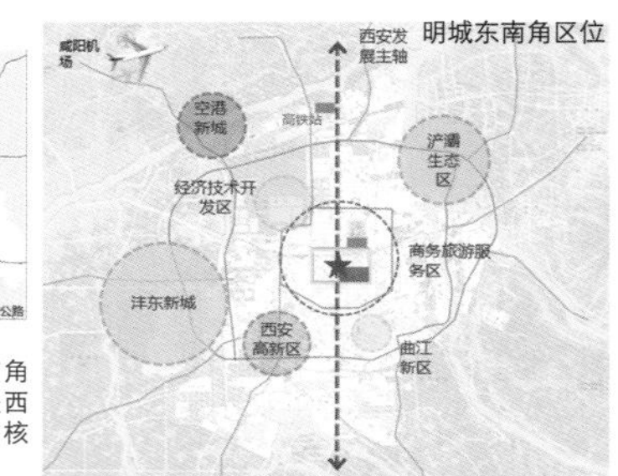

历史演变

选址报告

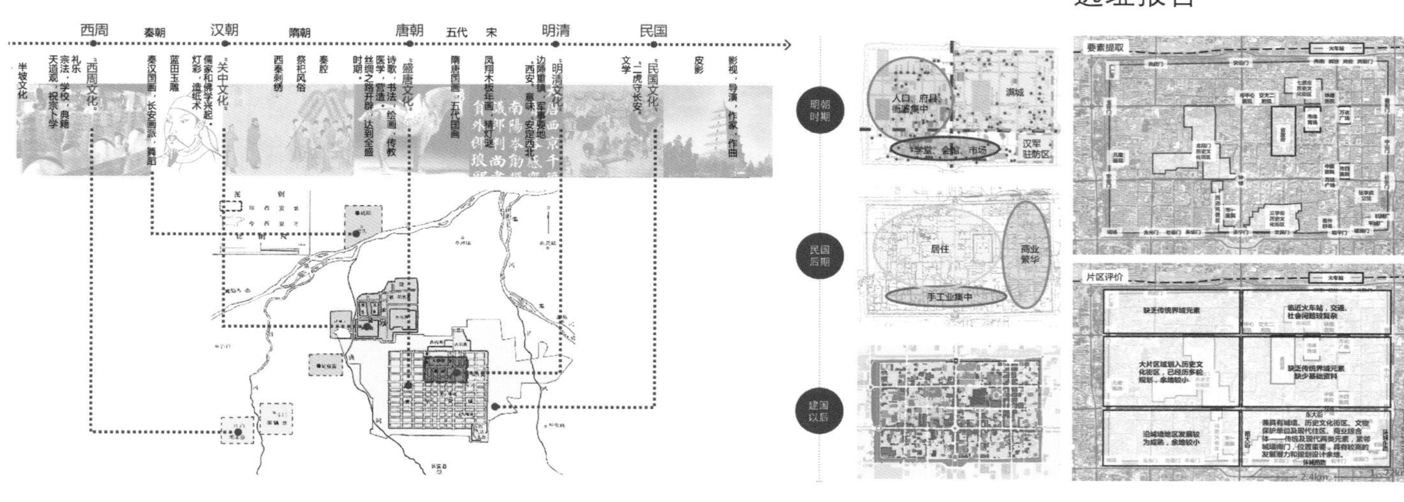

上位规划

《西安市总体规划（2008-2020）》

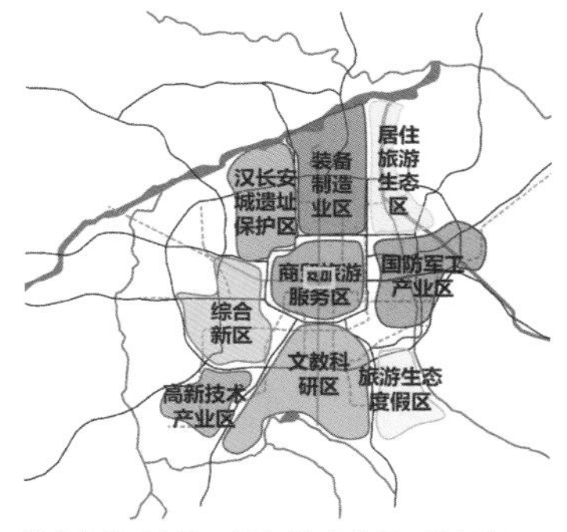

优化主城区布局，凸显“九宫格局，棋盘路网，轴线突出，一城多心”的布局特色，以二环内区域为核心发展成商贸旅游服务区。

•加快老（明）城功能的调整：老（明）城内将以商贸业和旅游业为主导产业，行政办公单位逐步外迁。“老（明）城”以人文旅游、文化服务、商业零售业为主。

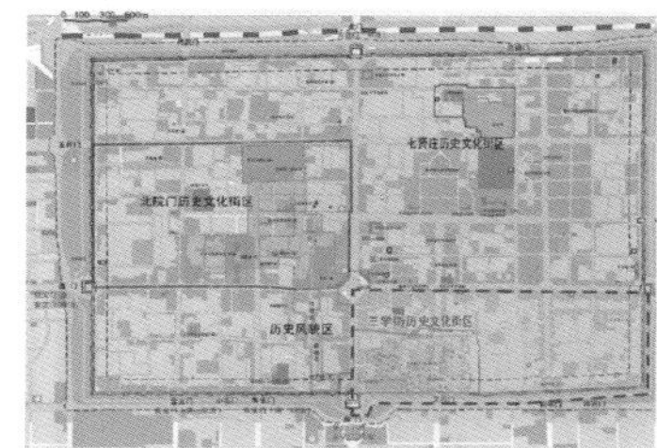

保护与恢复历史街区、人文遗存，形成“一环（城墙）、三片（北院门、三学街和七贤庄历史文化街区）、三街（湘子庙街、德福巷、竹笆市）和文保单位、传统民居、近现代优秀建筑、古树名木”等组成的保护体系，合理调整用地结构，改善老城的城市功能，构建具有古城特色的和谐西安。

现状分析

历史文化资源

老城东南片区范围内的物质文化遗产丰富：一个历史文化街区——三学街历史文化街区，四处全国重点文保单位——西安城墙、西安碑林、张学良公馆和高桂滋公馆，五处省级重点文保单位，以及工业遗产和特色民居。

老城东南片区的非物质文化遗产有：民间文化艺术活动门类众多，以长安画派最为著名，目前书院门依托长安画派形成了书画文化街。但是该片区非遗的价值并未得到充分利用。

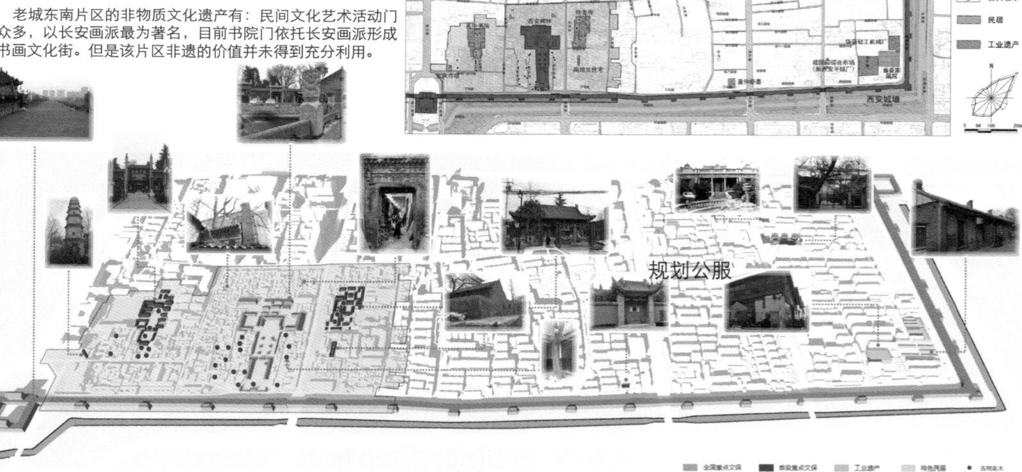

非物质文化遗产

人口构成

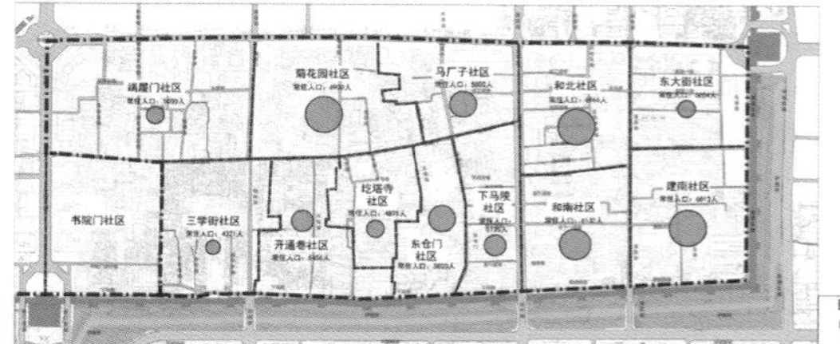

功能用地

建设用地总面积 172 公顷，其中，居住用地 81.58 公顷，占 47.43%；商业服务业设施用地 44.77 公顷，占 26.03%；公共管理与公共服务用地 33.22 公顷，占 19.31%；公共绿地 10.01 公顷，占 5.82%。

道路分析

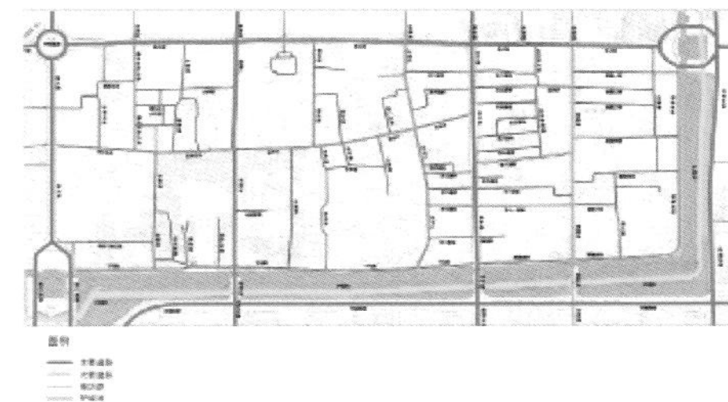

公共交通分析

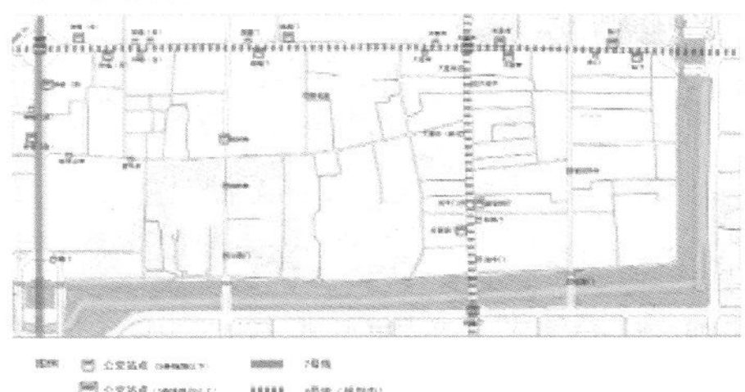

建筑高度分析

高度控制分析

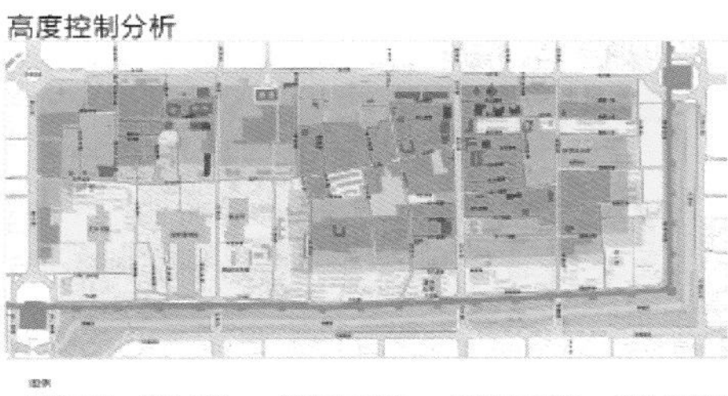

停车现状分析

建筑质量分析

建筑年代分析

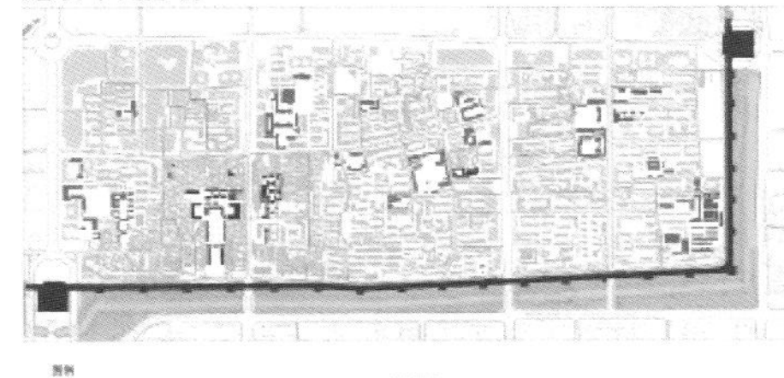

取样1:低层高密度住宅肌理

取样2:多层大体量商业肌理

取样3:多层中密度行列住宅肌理

取样4:工业遗存肌理

空间肌理分析

街巷业态分析

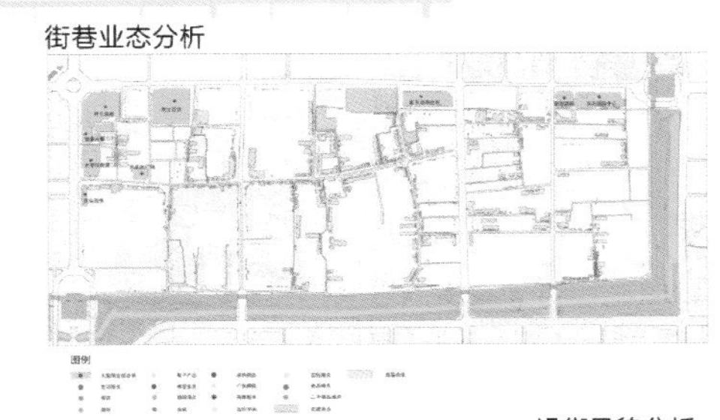

沿街风貌分析

B1 顺城巷D/H≈1.4

B4 顺城南路D/H≈2.6

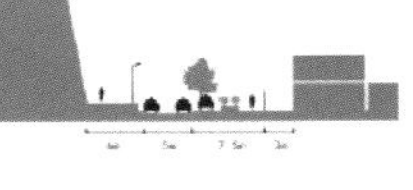

B2 下马陵D/H≈1.8

B5 顺城东路D/H≈1.1

B3 顺城南路D/H≈1.7

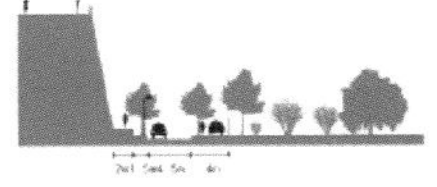
B6 顺城东路D/H≈1.7

城墙沿线街道断面

城墙沿线道路规划红线宽度10～20m，其中车行道宽5～7m，人行道宽1.5～6m，按城市旅游线路设计，车速为20km/h～30km/h。路面采用仿石材彩色混凝土砌块路面，人行道与道路有高差变化。占用红线的永久性建筑物多，尤其是城墙南段，向碑林博物馆等，占用宽度为2～10m。

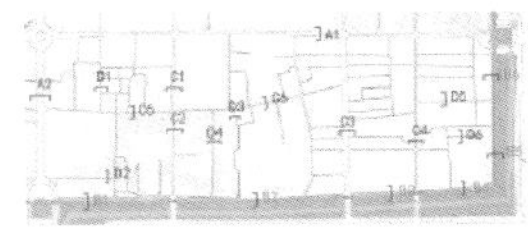

老城东南片区网络式更新规划

蔡言（1150359）屈信（1150377）蔺芯如（100938）叶凌翎（1150352）

题目解读

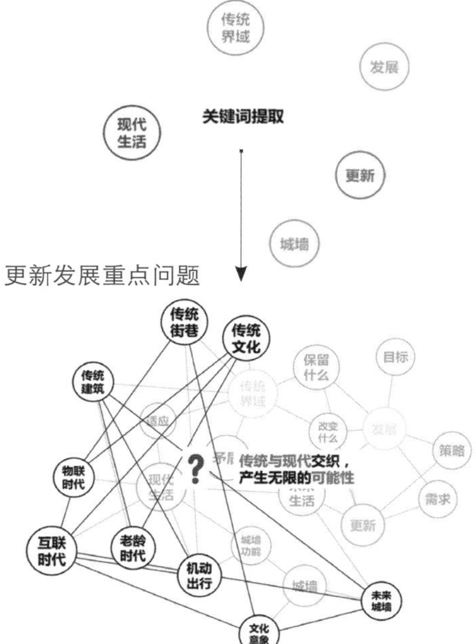

核心问题

1. 历史地区 陷入发展困境

地区缺乏自身发展动力，造血机能匮乏

2. 老龄时代 社会空间面临转型

配套设施，住宅需求，产业服务无法得到满足

3. 机动交通时代 街巷空间失落

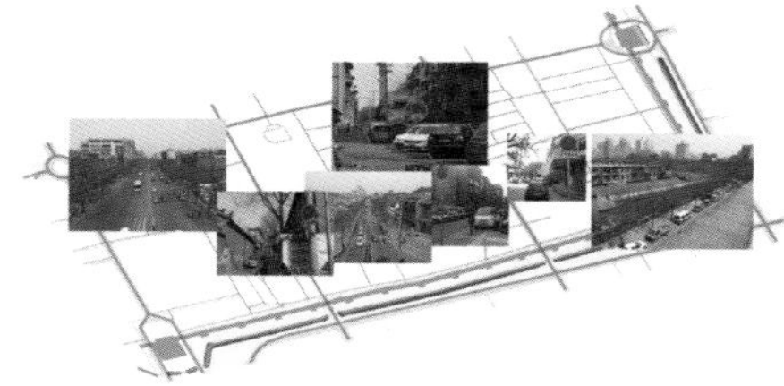

路网布局，交通管理措施，道路空间分配矛盾

城市中心 传统界域 现代生活 **错位**
功能置换 存在规划更新需求
传统街巷 机动交通
老旧住区 全龄居民

落后生活 历史街区

多策略叠加，网络式更新

植入产业、文化、社区优化导向的
公共空间网络
构建安宁化导向的
交通网络
划定产业优化延伸、空间结构优化导向的
复合功能片区
叠加形成旧城更新的
空间体系

空间策略 — 存量优化、旧筑新生

以修缮、改造、功能置换为主的空间更新

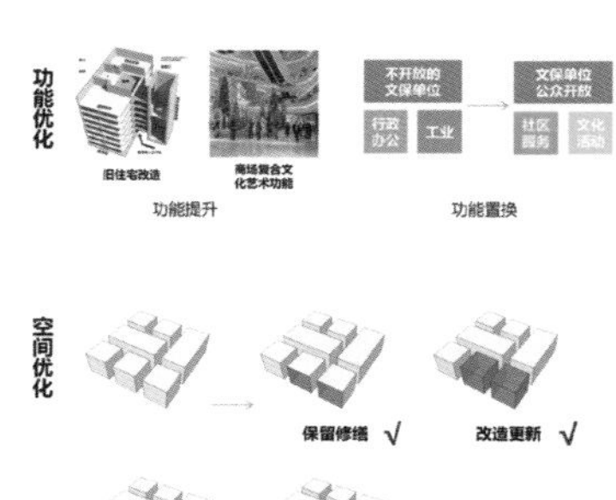

产业策略 — 融入社区、集体创业

鼓励居民利用手艺、不动产进行创业发展养老、文化创意产业。

文化策略 — 传承历史、资源经营

基于文化需求进行空间生产，激活旅游、商业、社区空间。

社区策略 — 全龄宜居、磁性社区

构建社区中心，引导集体活动、社区生活，提升社区归属感。

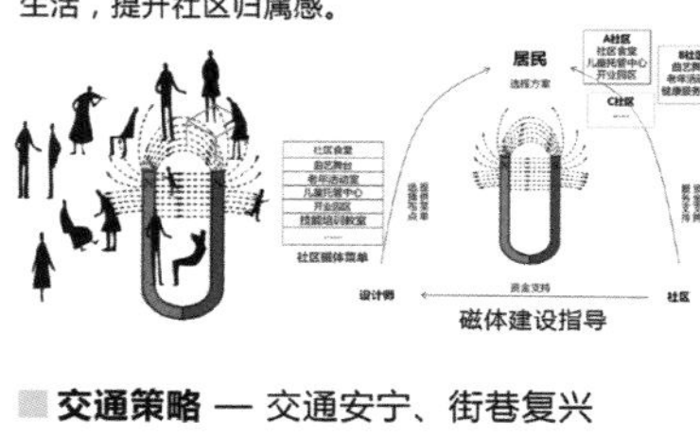

交通策略 — 交通安宁、街巷复兴

通过定量分析划定机动车限速区，设立地区微公交，促进车退人进。

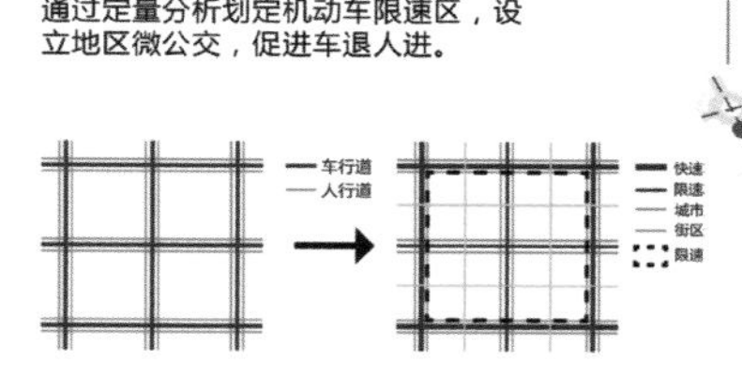

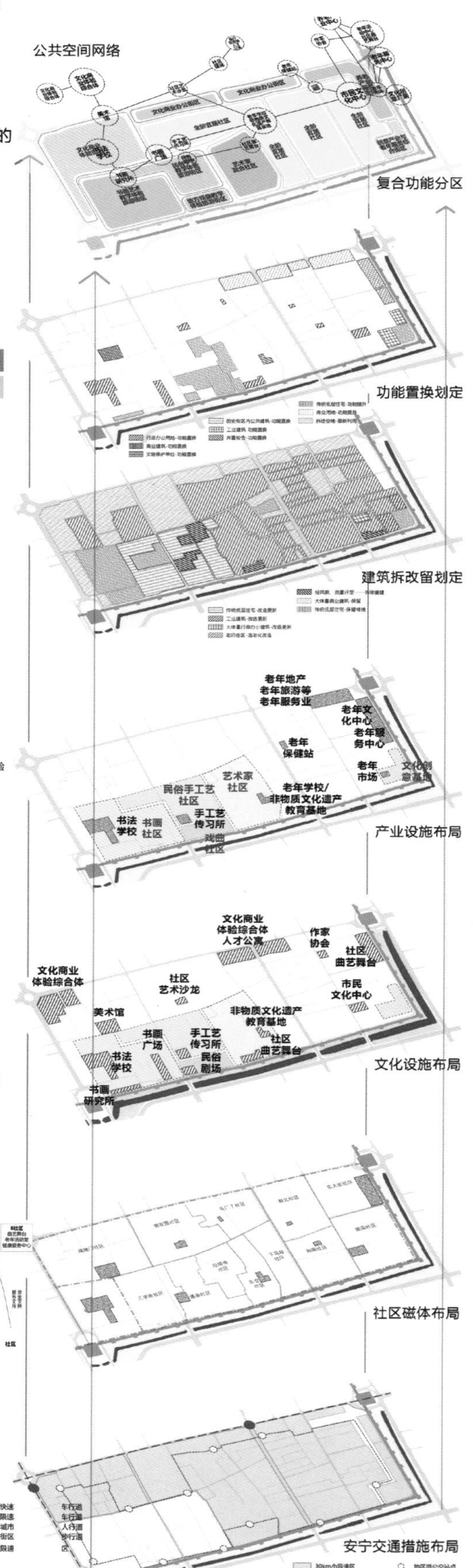

生活 乐活 激活

网络式更新策略指导下的城市设计 蔡言（1150359）

基地区位

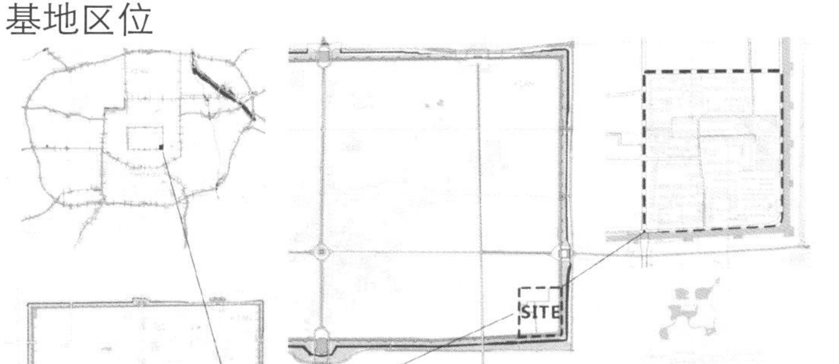

以西安老城东南片区总体定位和更新策略研究为指导的城市设计，选取城墙内东南角为规划对象，西安明城墙为东南边界，建国路、建国四巷为西北边界。

地区发展动力待挖掘

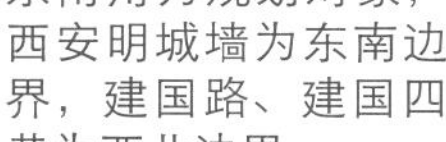

缺少服务功能定位，与老城主要商贸旅游体系联系弱。与城墙上下口联系弱。

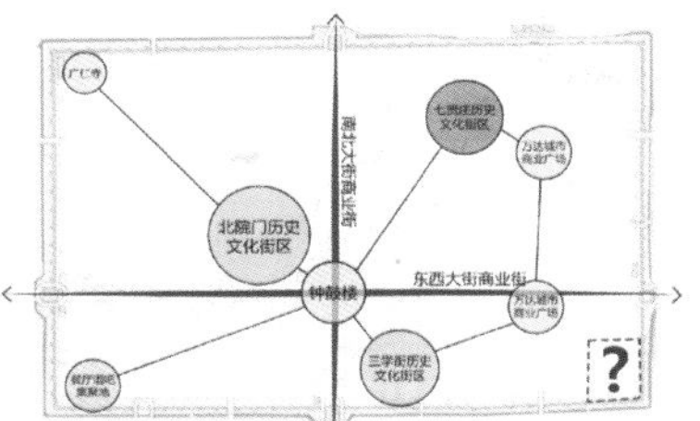

居民构成老化失活力

邻居大部分都是原来的退休职工，单位搬出去了，上班的年轻人都搬出去了，家里的孩子们也都搬出去了。

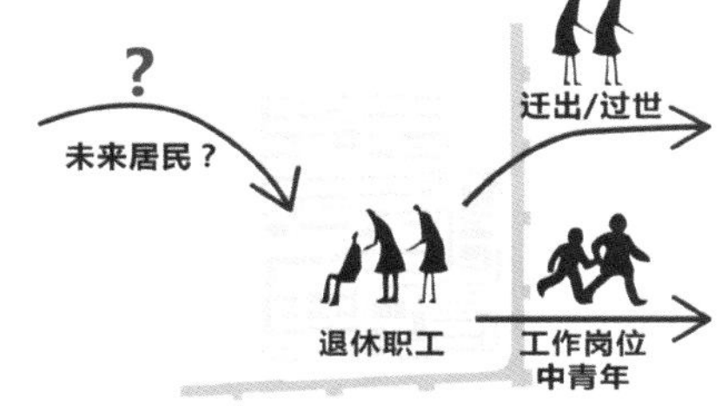

核心问题

生活环境质量待改善

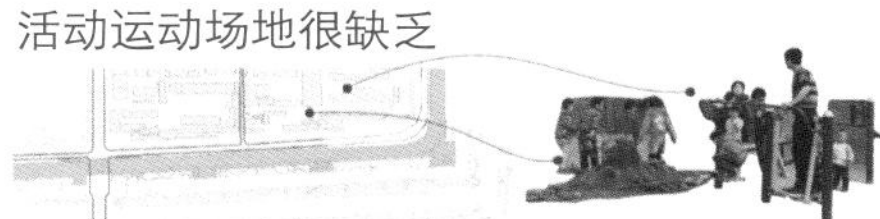

基地南部沿顺城巷存在设施落后、环境较差的低层住宅。

社区生活服务待完善

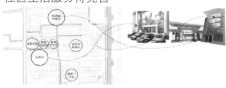

基地内大量省级行政单位，与居民生活关系弱，贴近生活的服务设施则比较缺乏。

活动运动场地很缺乏

部分住宅前有少量健身器材。

城墙角空间失落

基地南部近城墙角成为车辆停放的消极空间。

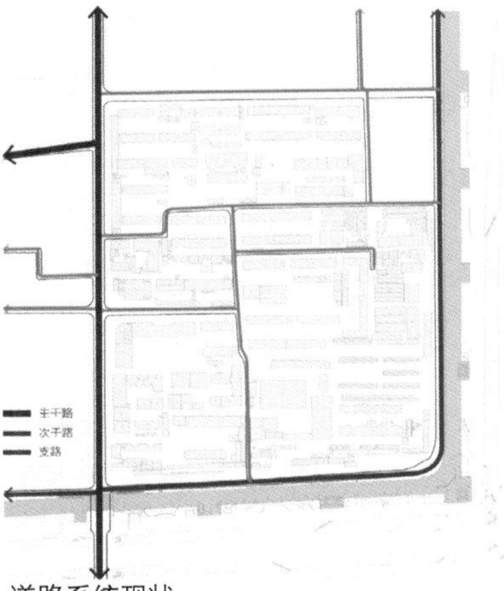

道路系统现状

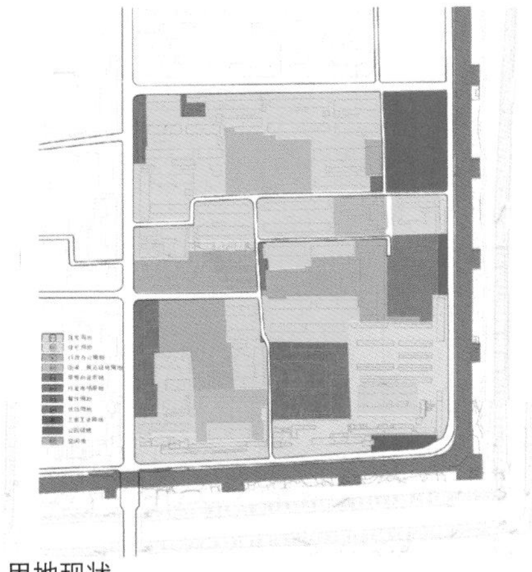

用地现状

权属现状

建筑年代现状

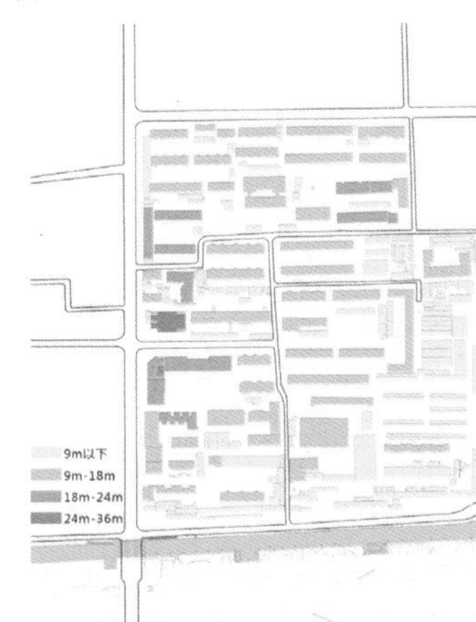

建筑高度现状

建筑质量现状

生活 乐活 激活

网络式更新策略指导下的城市设计 蔡言（1150359）

系统规划

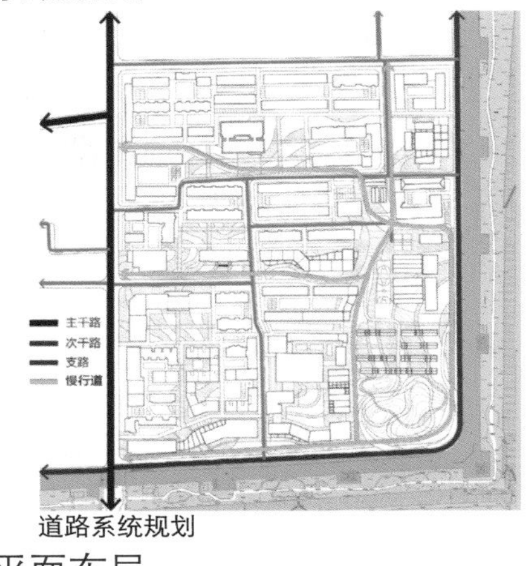

主干路
次干路
支路
慢行道

道路系统规划

社区图书馆
曲艺舞台
艺术实习基地
青年公寓
社区卫生所
青年公寓
社区活动中心
青年创业工场
青年公寓
市场
社区服务设施
青年社区设施
运动公园

公共服务设施规划

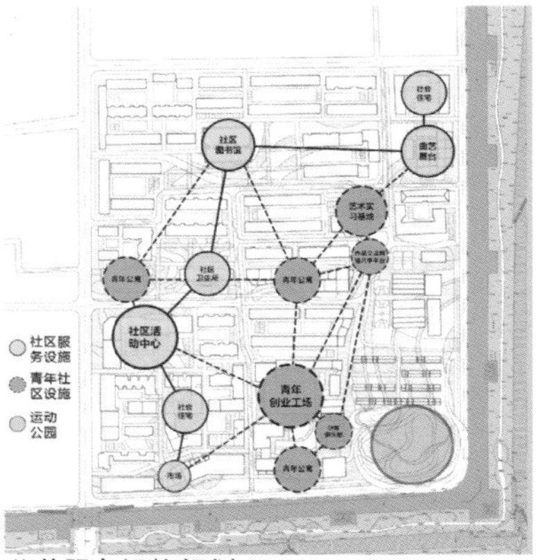

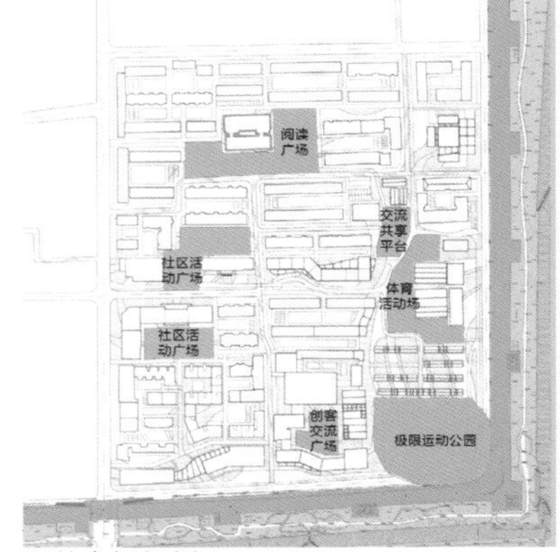

阅读广场
交流共享平台
社区活动广场
体育活动场
社区活动广场
创客交流广场
极限运动公园

开放空间规划

平面布局

N
0 10 20 50m
东八道巷
东十一道巷
主要经济技术指标
规划用地面积 16.83ha
建筑面积 18.34万m²
新增建筑 3.38万m²
保留建筑 14.96万m²
建筑密度 0.25
容积率 1.09
绿地率 0.20
① 社区图书馆
② 青年公寓
③ 社区卫生所
④ 社区中心/区级市民文化中心
⑤ 社区活动广场
⑥ 社会住宅
⑦ 市场
⑧ 印刷厂/艺术实习基地
⑨ 作品交流/网络共享平台
⑩ 青年创业工场
⑪ 创客俱乐部
⑫ 社区曲艺舞台
⑬ 运动公园服务中心
⑭ 运动馆
⑮ 运动场
⑯ 戏水池
⑰ 沙坑
⑱ 慢跑骑行道
⑲ 娱乐休闲街区
⑳ 极限运动场
㉑ 运动博物馆
㉒ 城墙互动跑道
规划范围

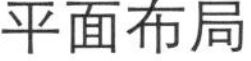

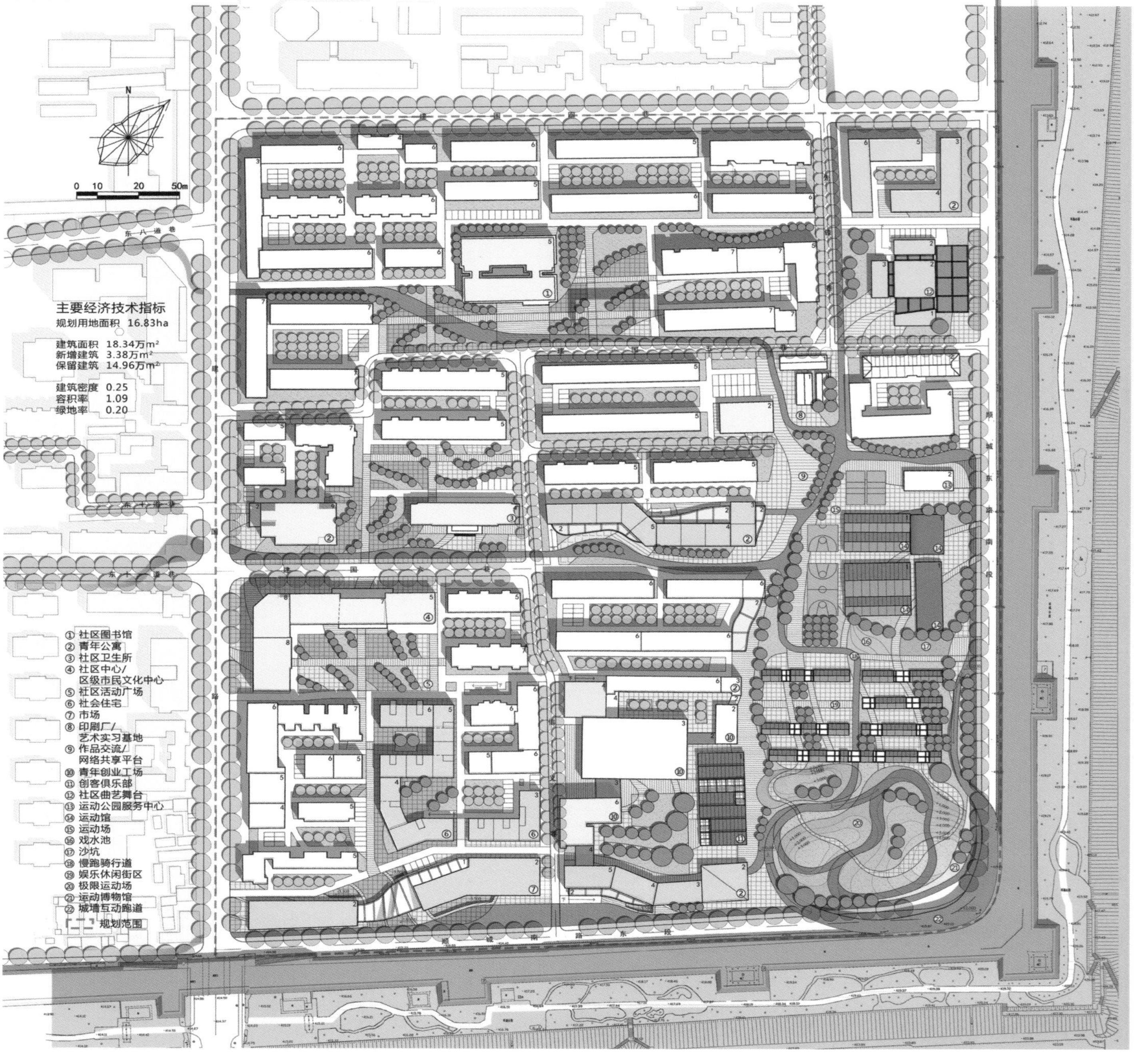

生活 乐活 激活

网络式更新策略指导下的城市设计 蔡言 （1150359）

规划策略

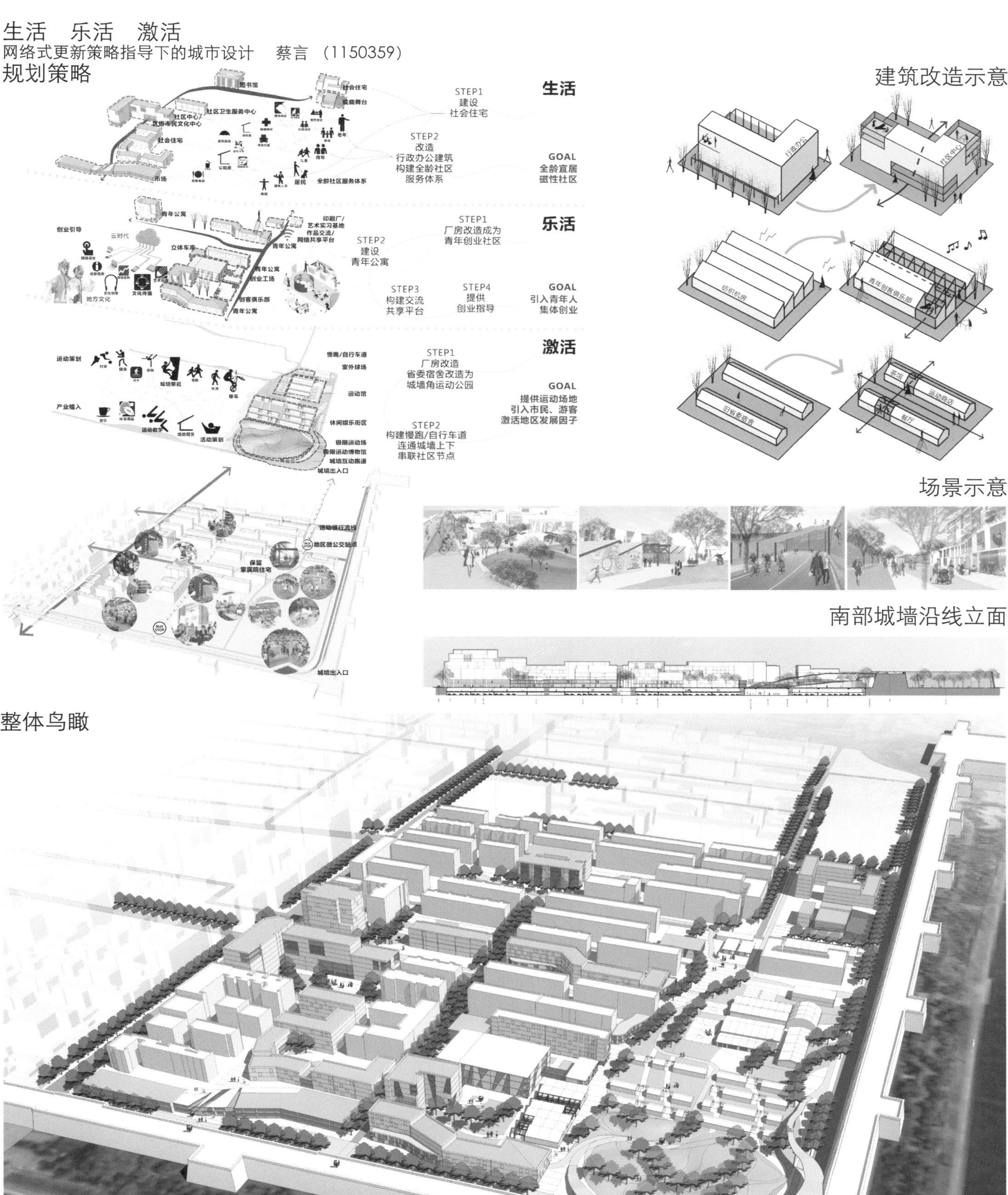

建筑改造示意

场景示意

南部城墙沿线立面

整体鸟瞰

古韵新生　社区赋活

资源经营 集体创业策略指导下的城市设计　叶凌翎（1150352）

基地区位

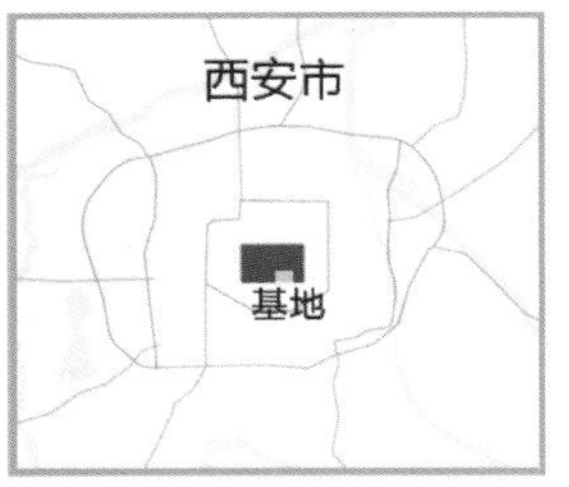

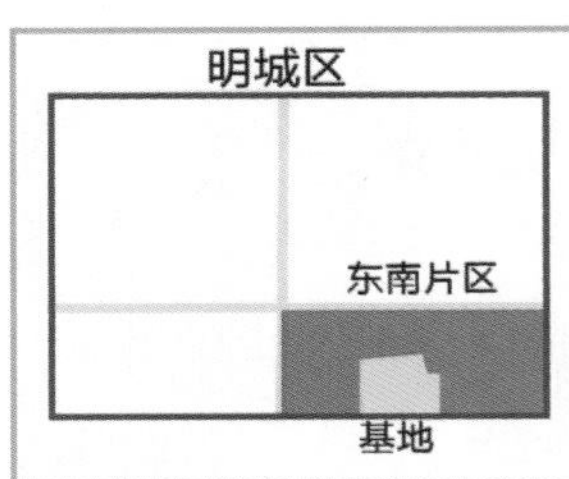

问题剖析与规划策略

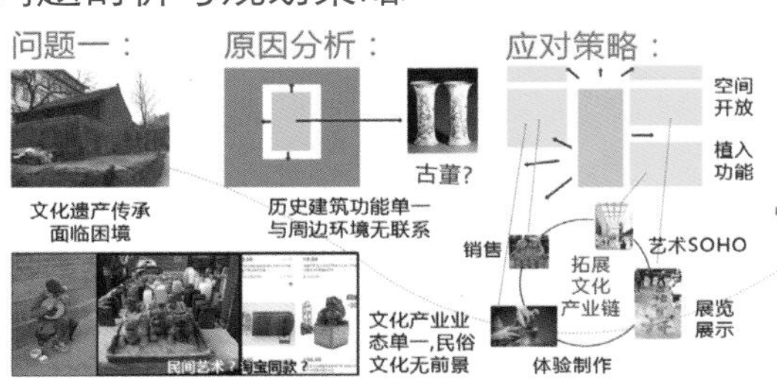

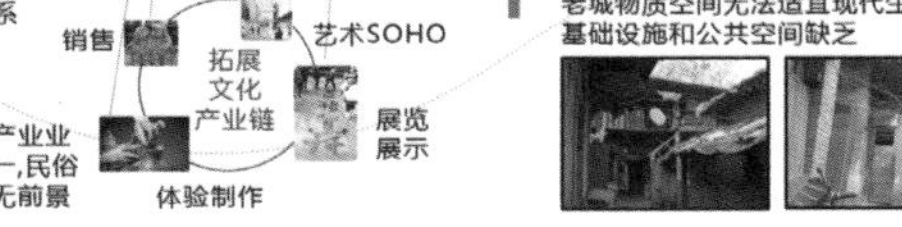

方案生成

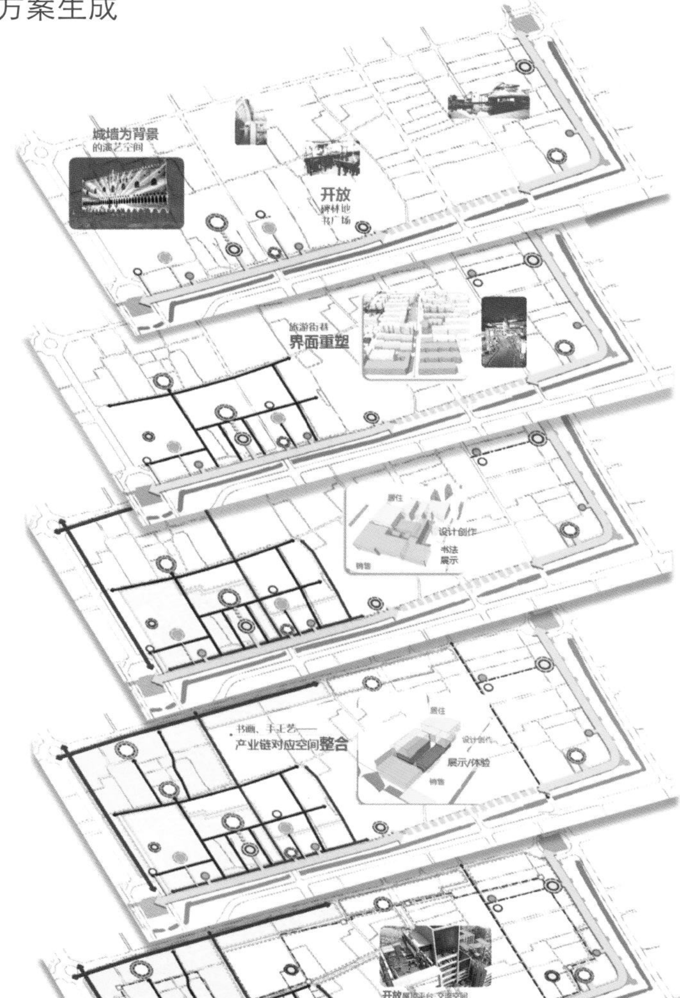

详细设计片区概念深化

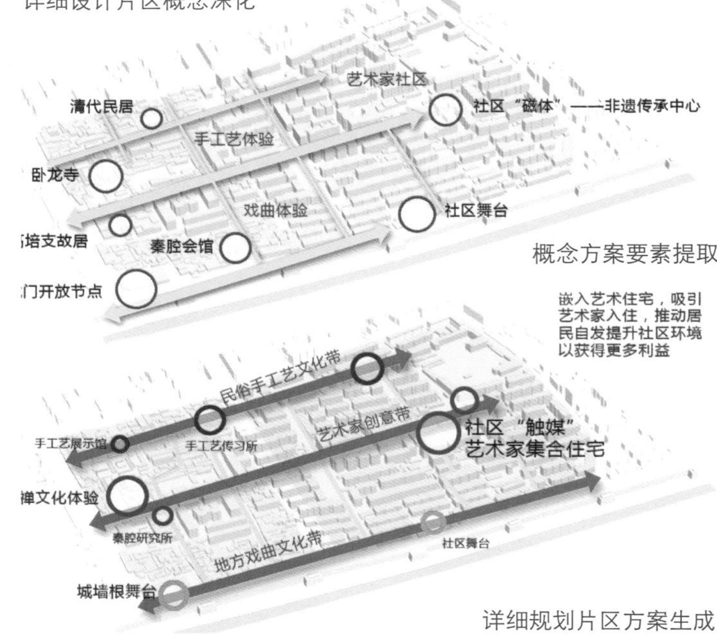

概念方案要素提取

详细规划片区方案生成

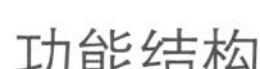

功能结构

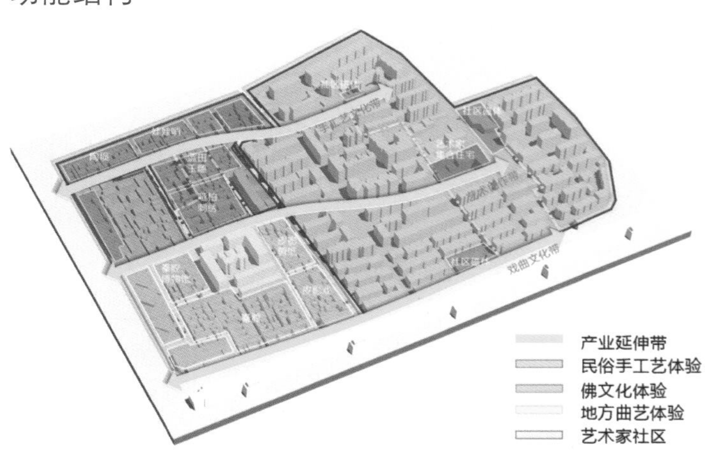

古韵新生 社区赋活

资源经营 集体创业策略指导下的城市设计 叶凌翎（1150352）

总平面图

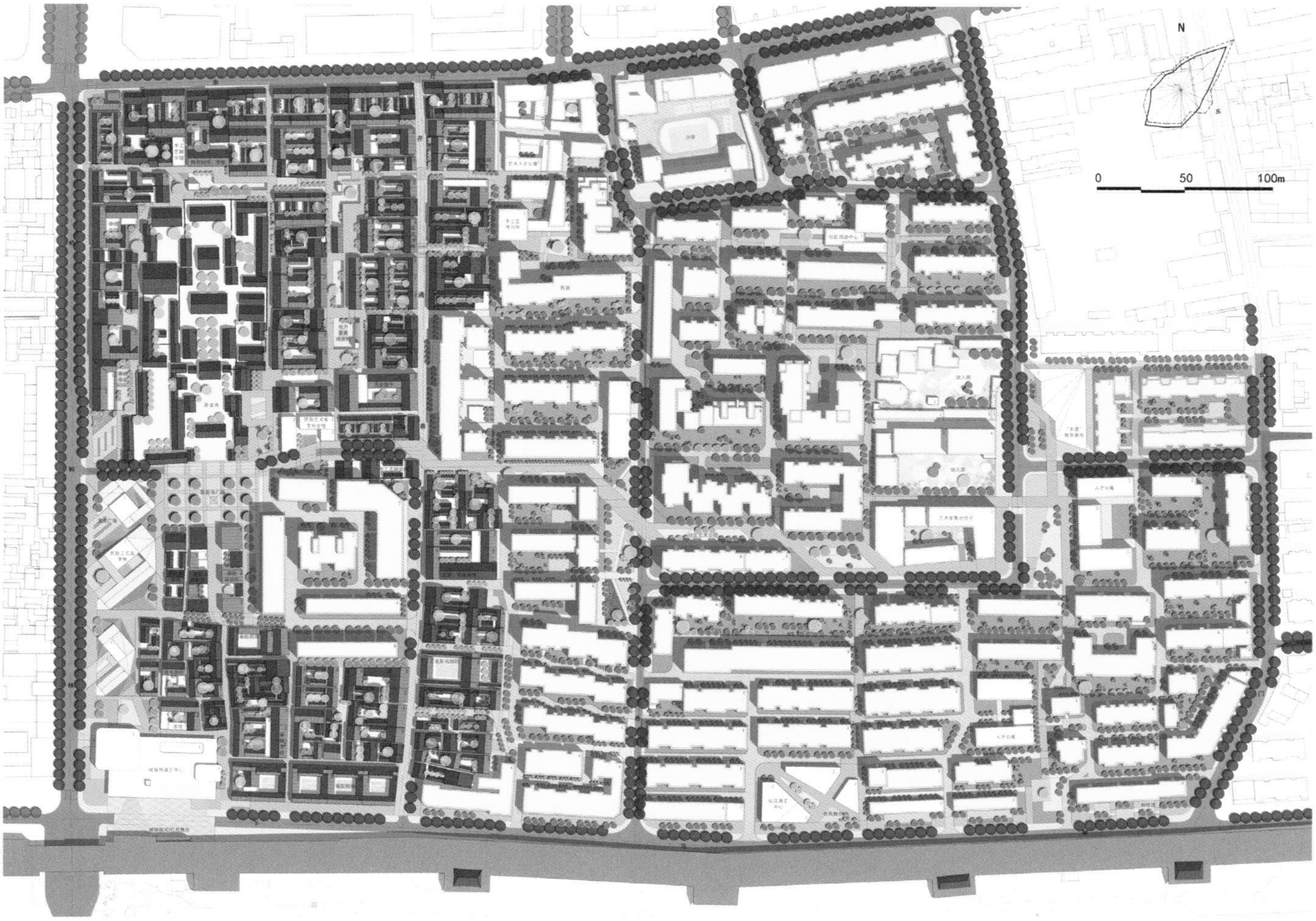

规划系统

道路交通

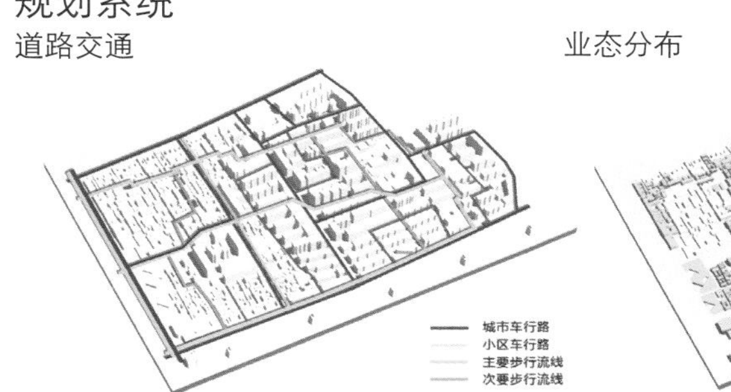

打通部分断头路，完善该片区的车型流线，形成机动交通"微循环"路网。同时梳理主要的步行流线，与小区车行路在空间上形成错位，以营造更好的社区环境。

业态分布

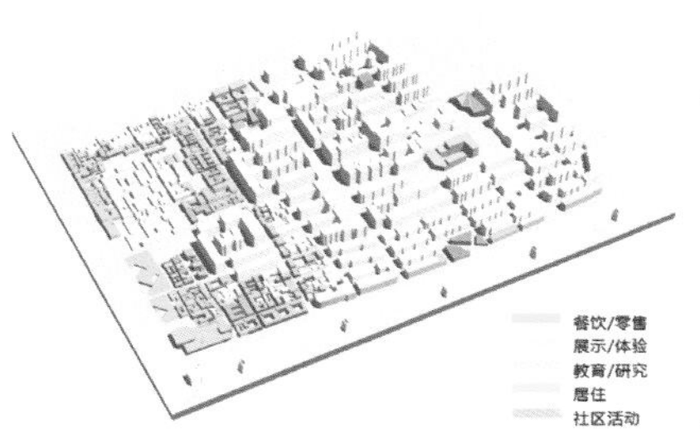

餐饮/零售
展示/体验
教育/研究
居住
社区活动

将概念规划中的功能结构在空间上进行落实，根据三个民俗文化产业片区以及文化旅游和社区磁体分布，进行以业态为主导的空间生产。

地下空间

高度控制

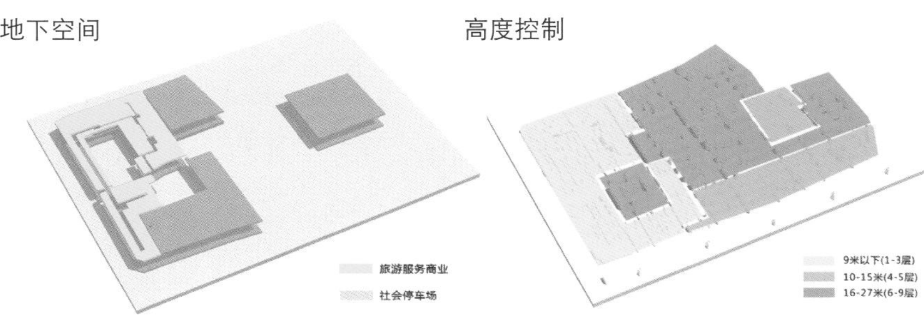

将该片区西侧的地下空间进行开发利用，成为该片区以文化旅游为主要功能商业街。另外，对地下空间开发成本和工程实施性进行预判，排除历史建筑以及老旧社区正下方的空间，将其余空间与城市更新同步进行停车场开发。

根据西安总体规划（2008-2020）中历史名城保护规划对该片区的高度控制要求，同时根据现状建筑高度，对该片区进行了三个层次的空间高度划分，遵循历史建筑、历史文化街区控制高度较低，建筑高度向腹地逐渐升高。

重要空间

113

古韵新生　社区赋活

资源经营 集体创业策略指导下的城市设计　叶凌翎（1150352）

规划愿景

鸟瞰图

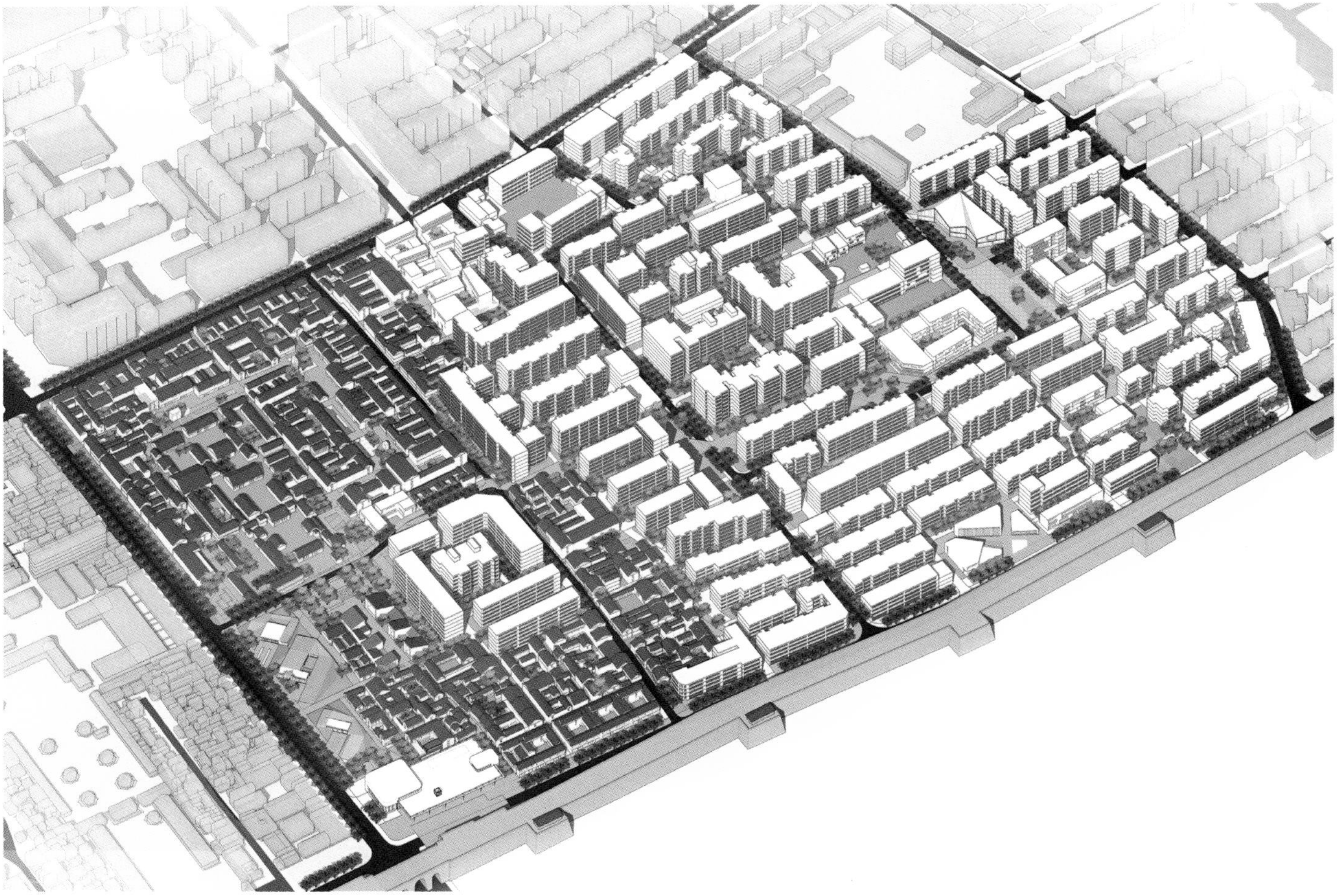

A. 饮食天地&文化公园

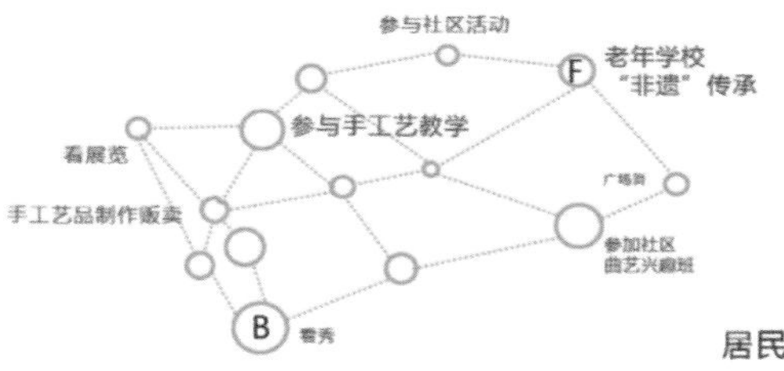

D. 手工艺体验广场

B. 城墙根3D灯光秀场

E. 秦腔戏院

C. 艺术家集合住宅

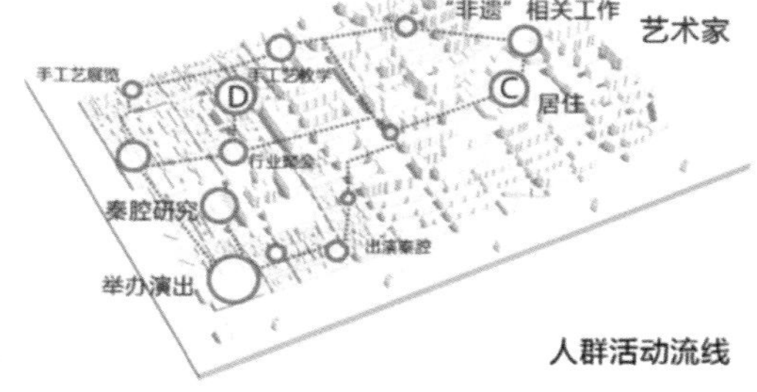

F. "非遗"传承基地

全龄宜居　循环社区

老旧居住社区适老化策略指导下的城市设计　蔺芯如（100938）

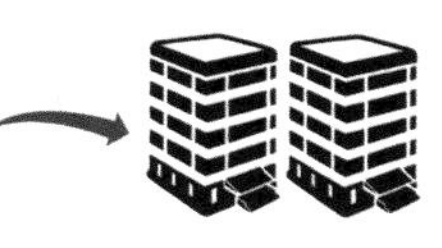

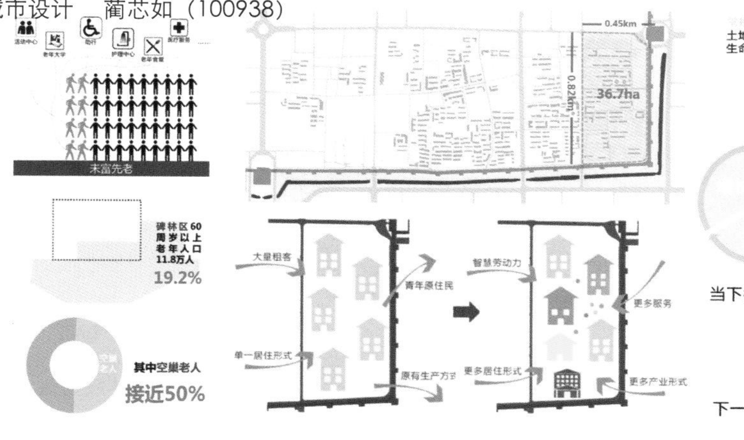

详细设计地块选择了东南片区中最东边的地块，位于城墙拐角，与城墙关系密切。地块在片区中情况较为典型：住宅大多为大量上世纪留存下来的家属院、人口老龄化严重、服务水平落后、社区衰退。运用东南片区中适老化改造的指导性策略，在地块中实践。

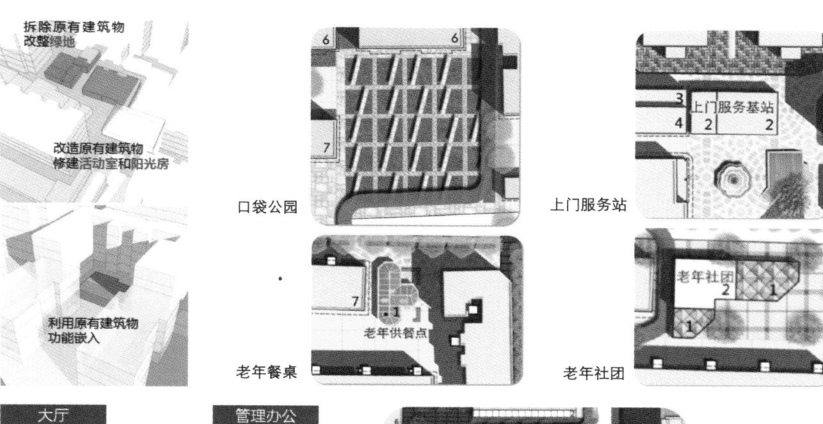

植入磁体治疗老城

街坊养老"工具包"
棋牌室　健身室
老年餐桌
活动室　便利店
卫生服务站
"口袋"公园
……

主要为三级服务设施，服务半径较小。嵌入式配置各项功能，围绕"口袋公园"的开放空间形成街坊活力中心。

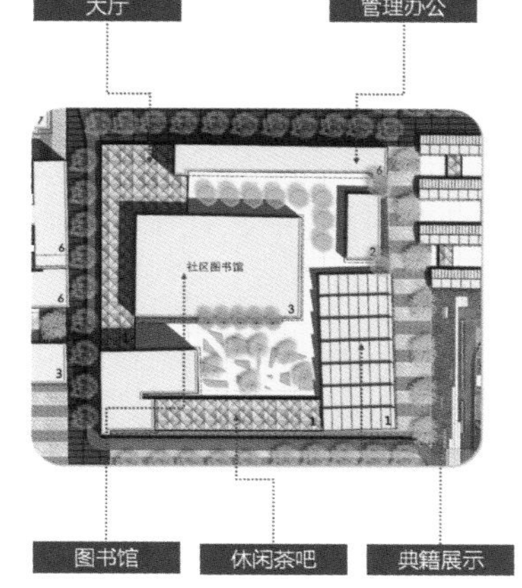

社区磁体"工具包"
老年网吧　超市
卫生服务中心
兴趣爱好班
老年图书馆
日间照料中心
……

主要为二级服务设施，服务半径较大。建造有独立用地的"社区磁体"，结合各项公共活动设施，配备老年人所需活动空间，开展如曲艺，舞蹈，歌唱，书法等多项老年活动。

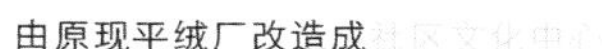
由原现平绒厂改造成社区文化中心

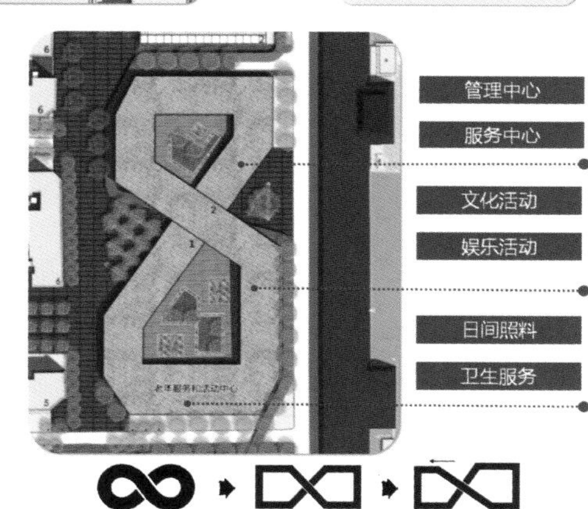

倚靠城墙，新建一站式老年活动和服务中心

双向就业促进融合

老年就业　完善社区参与机制，利用既有房屋资源，发挥老年余热

青年就业　发展老年产业和创意产业，引入青年人，给社区注入活力

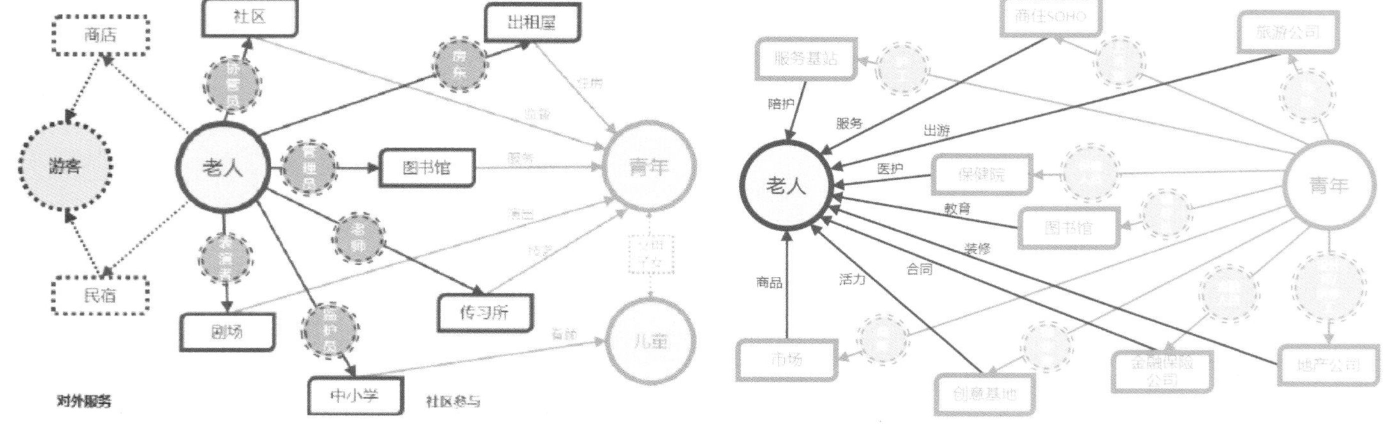

全龄宜居　循环社区

老旧居住社区适老化策略指导下的城市设计　蔺芯如（100938）

城市建设用地平衡表

用地代码		用地名称	用地面积(hm²)	占城市建设用地比例(%)
大类	中类			
R		居住用地		
	R1	一类居住用地	89395.41	27.34
A		公共管理与公共服务设施用地		
	A1	行政办公用地	6695.07	2.05
	A2	文化设施用地	38897.14	11.90
	A5	医疗卫生用地	3783.16	1.16
	A6	社会福利用地	2159.15	0.66
	A7	文物古迹用地	34612.64	10.59
B		商业服务业设施用地		
	B1	商业用地	41518.28	12.70
	B2	商务用地	15968.60	4.88
G		绿地与广场用地		
	G1	公园绿地	43308.66	13.25
	G3	广场用地	19513.58	5.97
E	E1	坑塘沟渠	31077.94	9.51
H11		城市建设用地	326929.63	100.00

方案以改造为主，避免大拆大建的更新方式。通过植入社区磁体、街坊“工具包”、青年就业节点和青年居住节点等功能区块，形成四个功能环，并通过步行街串联环结构，形成整体。

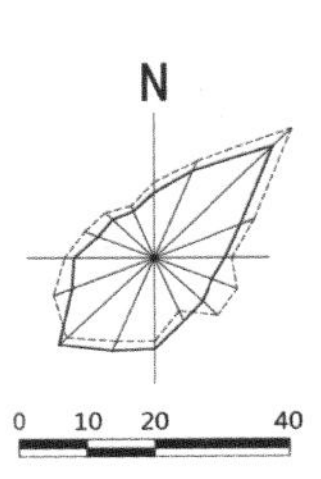

系统分析

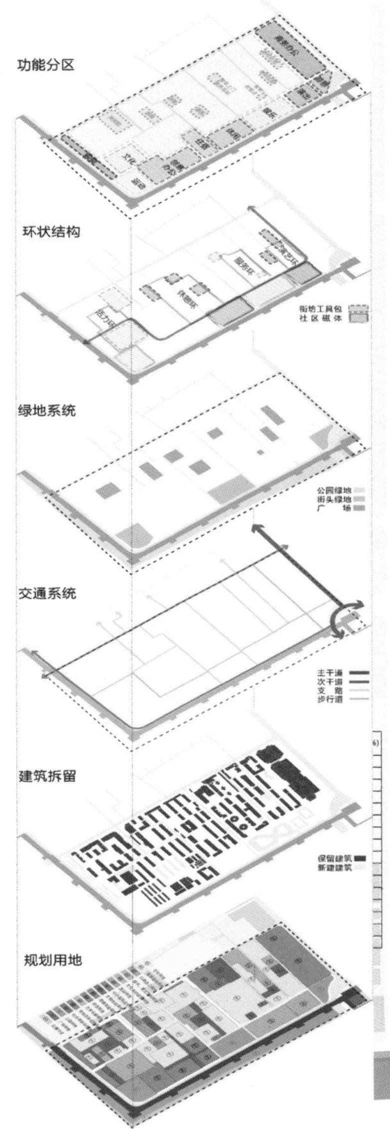

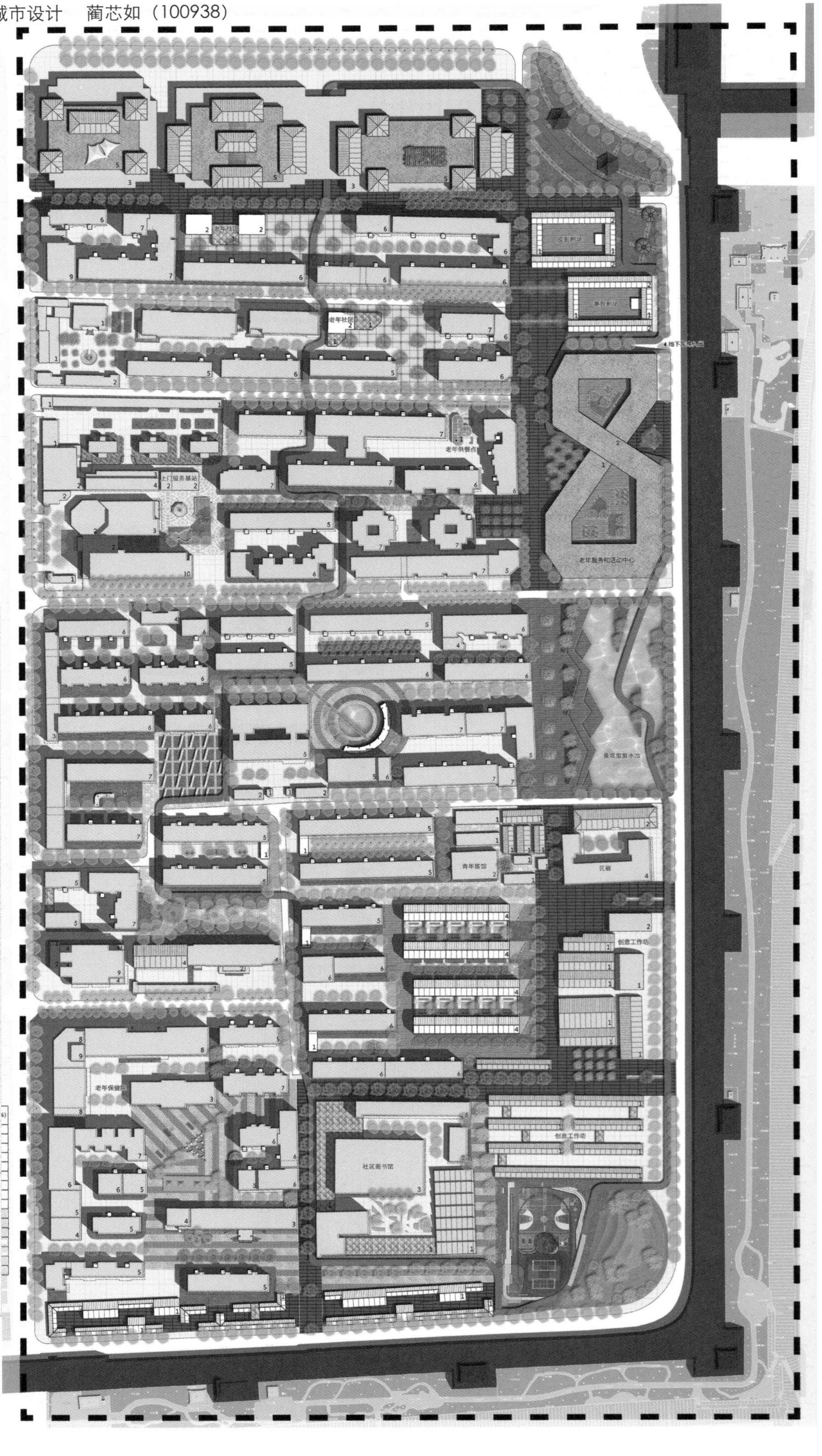

全龄宜居 循环社区

老旧居住社区适老化策略指导下的城市设计 蔺芯如（100938）

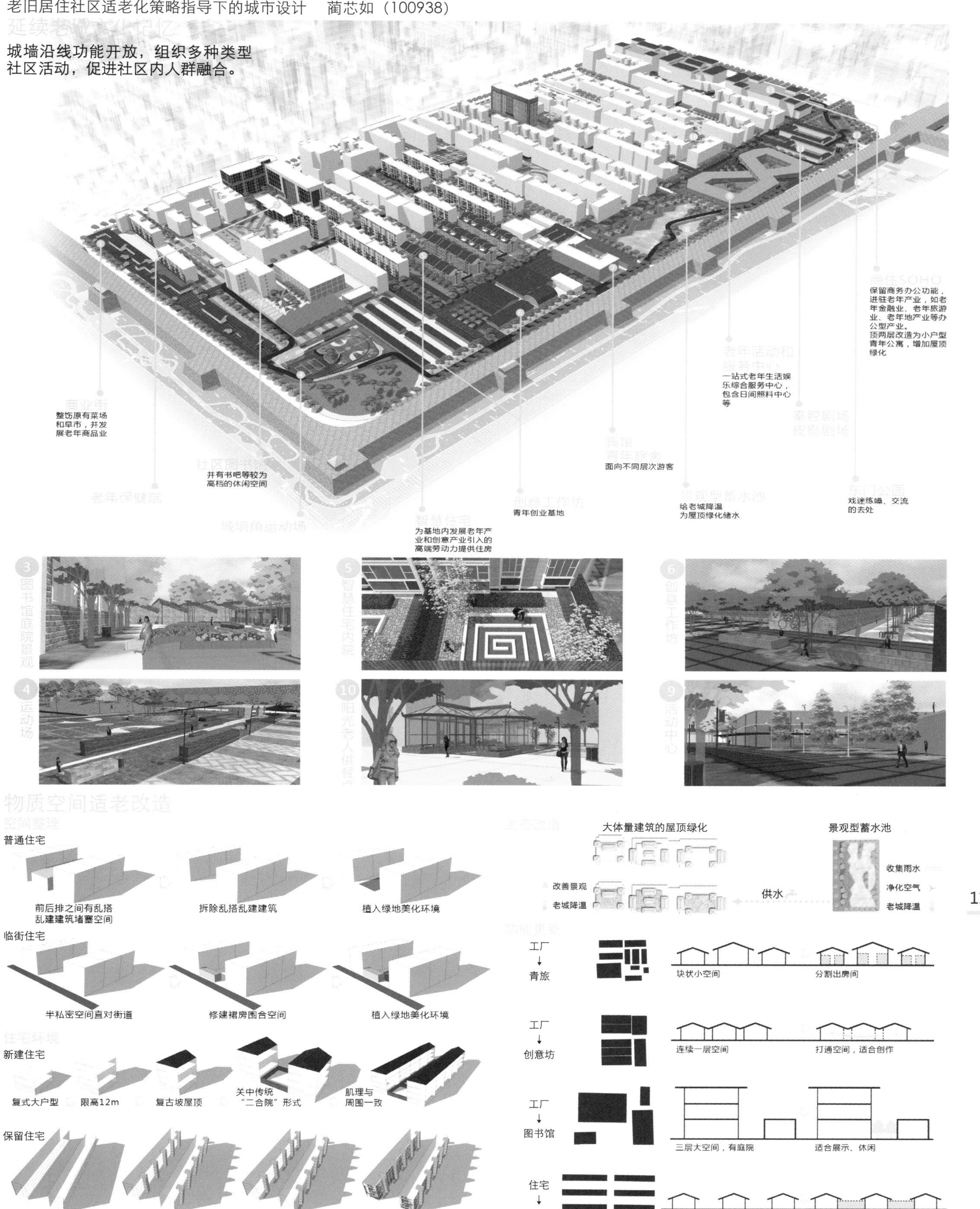

延续老城文化记忆
城墙沿线功能开放，组织多种类型
社区活动，促进社区内人群融合。
商住SOHO
保留商务办公功能，进驻老年产业，如老年金融业、老年旅游业、老年地产业等办公型产业。
顶两层改造为小户型青年公寓，增加屋顶绿化
老年活动和服务中心
一站式老年生活娱乐综合服务中心，包含日间照料中心等
商业街
整饬原有菜场和早市，并发展老年商品业
秦腔剧场
皮影剧场
宾馆
青年旅舍
面向不同层次游客
社区图书馆
并有书吧等较为高档的休闲空间
老年保健院
创意工作坊
青年创业基地
景观型蓄水池
给老城降温
为屋顶绿化储水
东门公园
戏迷练嗓、交流的去处
城墙角运动场
智慧住宅
为基地内发展老年产业和创意产业引入的高端劳动力提供住房
3 图书馆庭院景观
5 智慧住宅内院
6 创意工作坊
4 运动场
10 阳光老人供餐
9 活动中心
物质空间适老改造
空间整理
普通住宅
前后排之间有乱搭乱建建筑堵塞空间
拆除乱搭乱建建筑
植入绿地美化环境
临街住宅
半私密空间直对街道
修建裙房围合空间
植入绿地美化环境
住宅环境
新建住宅
复式大户型
限高12m
复古坡屋顶
关中传统“二合院”形式
肌理与周围一致
保留住宅
多层住宅
加电梯
加坡道
立面修缮
生态改造
大体量建筑的屋顶绿化
景观型蓄水池
改善景观
老城降温
供水
收集雨水
净化空气
老城降温
功能更新
工厂→青旅
块状小空间
分割出房间
工厂→创意坊
连续一层空间
打通空间，适合创作
工厂→图书馆
三层大空间，有庭院
适合展示、休闲
住宅→创意坊
规律的室内外空间
玻璃棚连接，形成多重空间

安宁街区　禅乐绕巷

交通安宁化指导下的历史街巷复兴设计　屈信（1150377）

安宁街区·禅乐绕巷

设计说明

历史地区的交通安宁化关键在于静态和动态的机动车交通不对街巷公共空间产生干扰。本设计通过划定限速区、增设公交环线、大量增加地下停车空间等手段，在开通巷历史地区形成一个交通安宁化的历史街区。并通过挖掘地方佛教和戏曲文化的价值，打造一个适于步行体验地方音乐文化的旅游网络，和一个适于步行出行的生活网络。提供新的就业机会、建立新的社会关系节点。以此促进该历史地区的发展，并起到辐射点的作用，刺激周围历史地区的空间再生产。

功能定位

中国传统文化中，“儒释”两家最为重要。如今的碑林博物馆以孔庙为载体，与关中书院联动，带动书院门步行街形成了以儒家的笔墨书画等书院文化为特色的商业步行街，受到了国内外游客和西安本地市民的一致好评。然而同时，开通巷地区的佛家文化却没有如前者般体现出自己的价值。

开通巷地区在文昌门内东侧，与孔庙隔街相望，具有区位优势，并拥有卧龙寺、高培支旧居等省级历史文保单位，具有发展以汉家佛文化为主题的旅游及周边服务业的潜力；同时，以高培支旧居为源点，也可培育以地方戏曲文化为核心的旅游产业。与碑林博物馆联合，形成文昌门内体现“儒释”文化特色的历史文化街区。

规划发展延伸佛教文化和戏曲文化产业，将开通巷地区打造成为以汉家佛文化和音韵文化为主的文化旅游街区。

核心理念

一般认为，交通安宁化是只针对机动车的管制措施，目的在于限制或排斥小汽车交通，这其实是一种常见的误读。而正确的交通安宁化的核心理念是通过构建多种出行方式平等共享的交通空间，发展多方式的城市交通体系，从而降低小汽车过度增长对城市环境造成的损害。也就是说，交通安宁化措施不仅设计机动交通，还包括公共交通、非机动交通等各种城市交通方式，其目的并不在于排斥小汽车，而在于削弱它在城市交通体系中的优先地位，促成不同交通方式使用者之间的权利平等 (卓健，2014)。

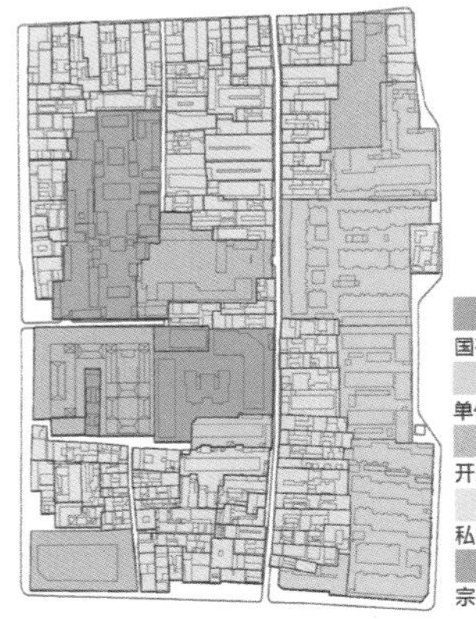

产权类型现状

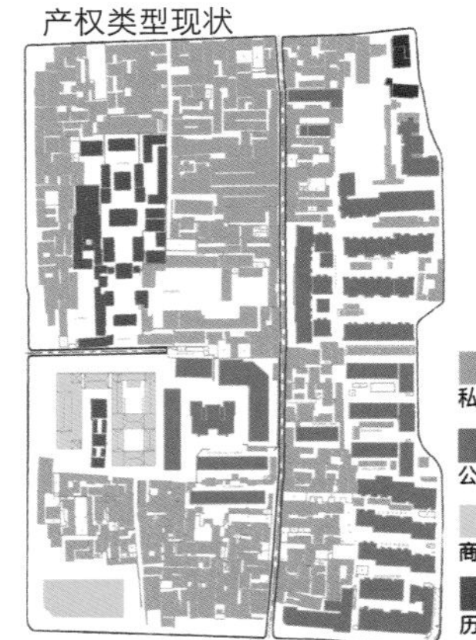

建筑类型现状

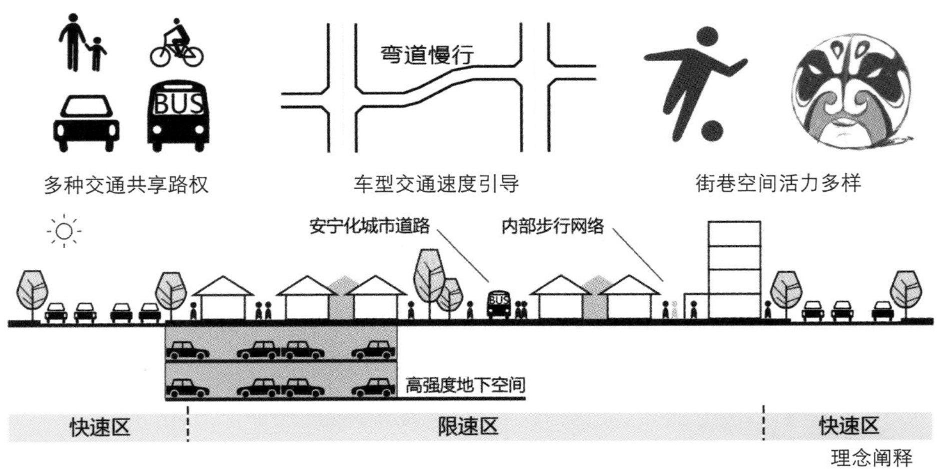

理念阐释

建筑质量现状

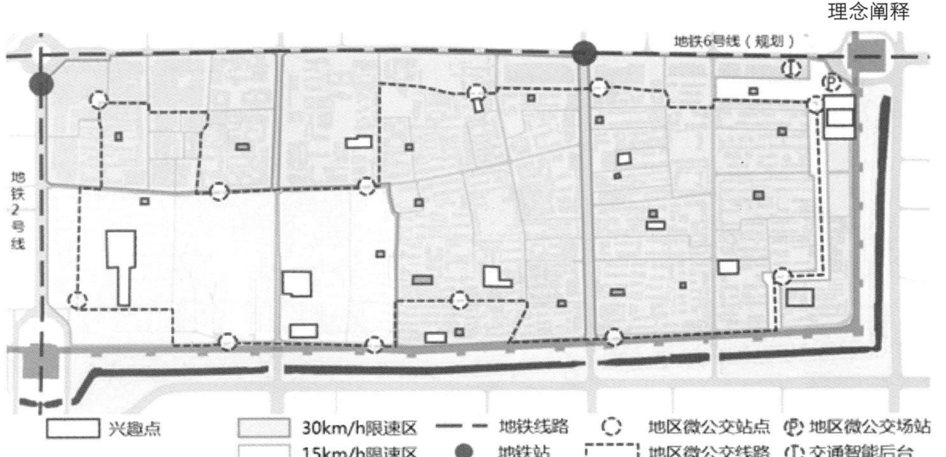

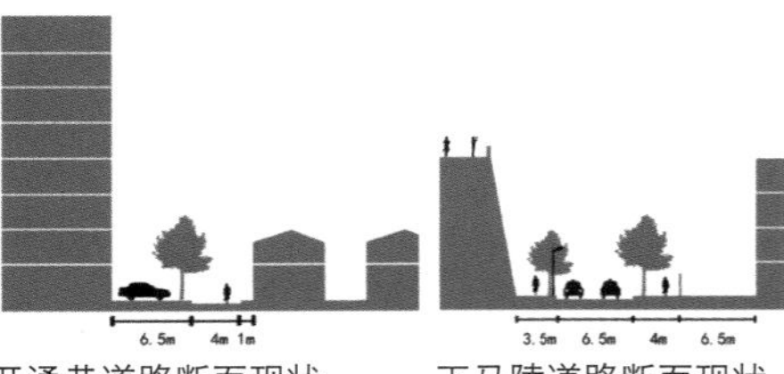

开通巷道路断面现状　下马陵道路断面现状

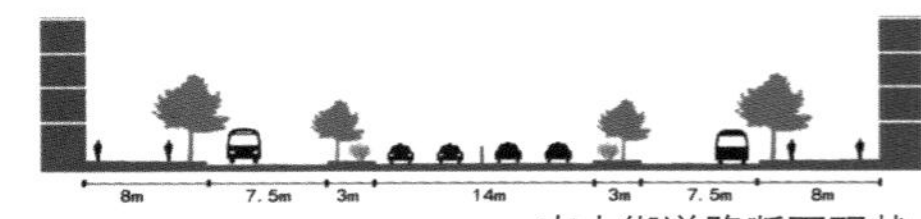

南大街道路断面现状

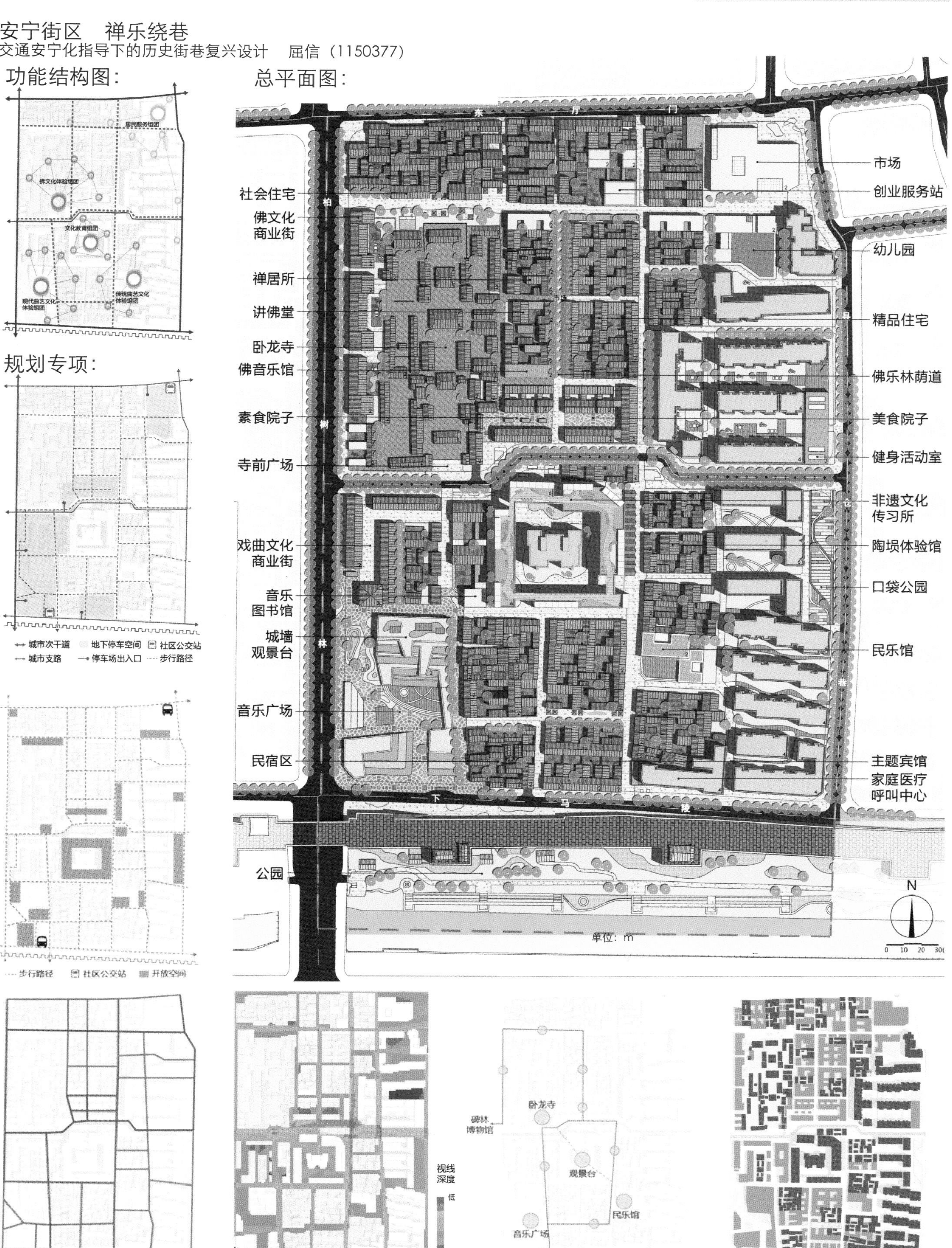

商业界面 景观界面

空间视线深度值越低，越容易被关注
分析单元尺寸为2×2m

游览节点 游线

新建建筑 保留建筑

安宁街区 禅乐绕巷

交通安宁化指导下的历史街巷复兴设计　屈信（100938）

鸟瞰图：

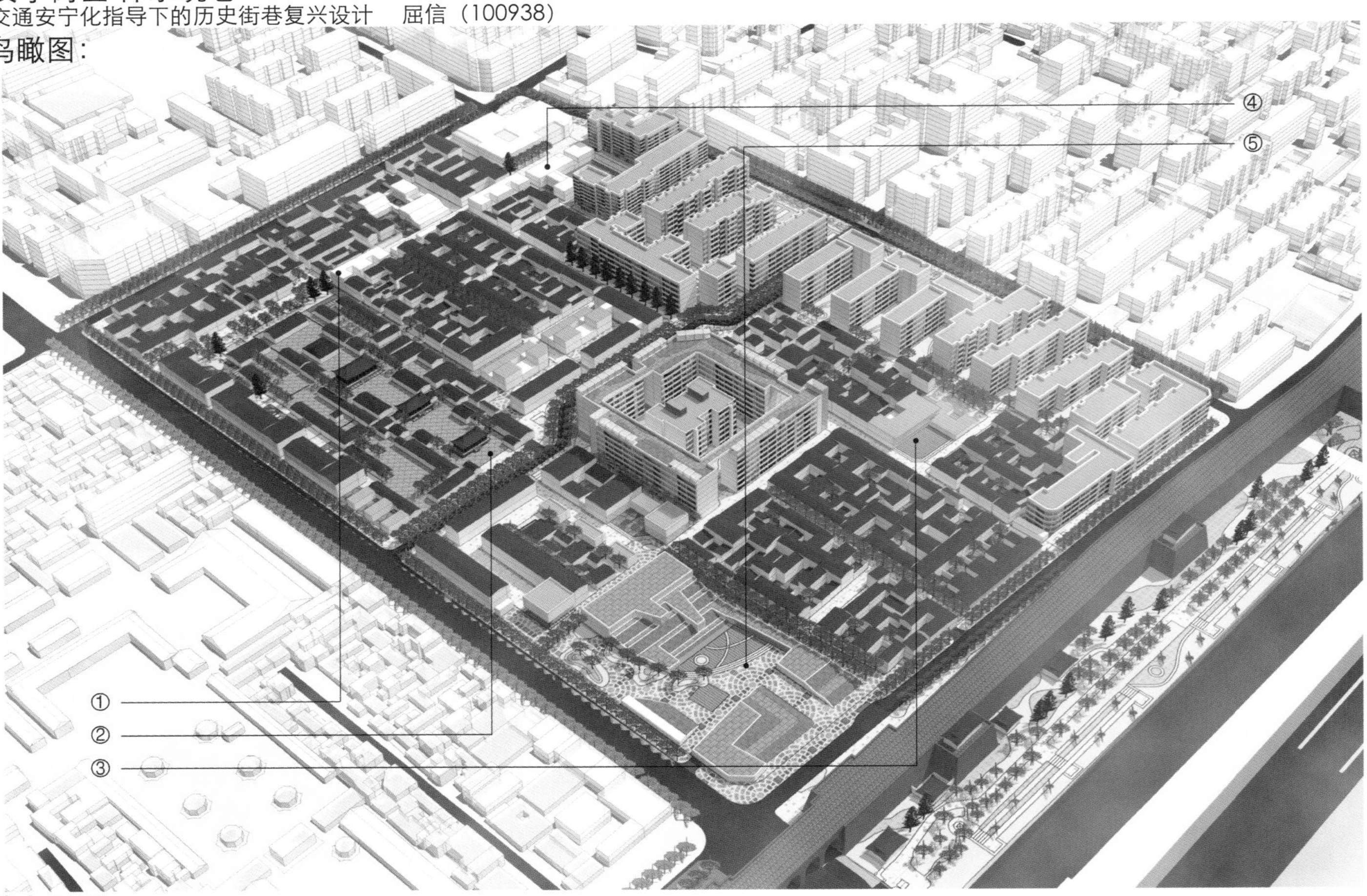

④
⑤
①
②
③

节点呈现：

1 卧龙寺后街

3 开通巷

5 城墙音乐广场

2 卧龙寺前街

4 开通北巷

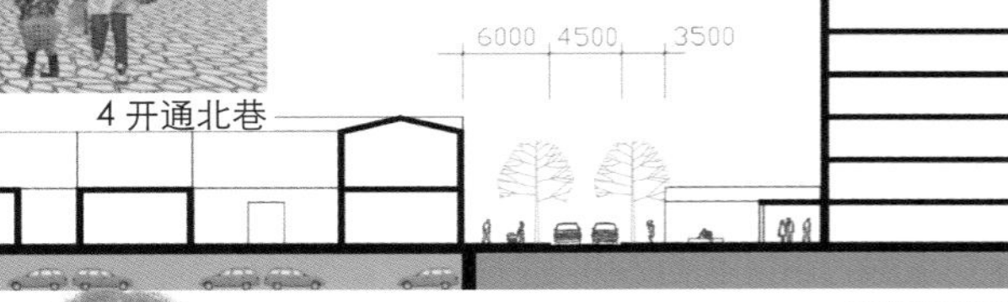

开通西巷剖面

卧龙寺后街立面

社区更新·文化再造

余美瑛（1150337） 谢超（093264） 茅天轶（102615） 曹砚宸（1150378）

题目解读

皮埃尔·布迪厄："我将一个场域定义为位置间客观关系的一个网络或一个形构，这些位置是经过客观限定的。"

场域（field）：是一种具有相对独立性的社会空间，一个社会被分割成许多不同的场域，在这些不同的场域进行一些为特定目标的竞争。

惯习（habitus）：社会中所有社会成员的行动的关键原则，具有习惯、习性的意味，但是却不是单纯反射性的习惯，而是一个透过长时间生活实践，累积下来的一种习性，来自环境文化的一种深刻影响。

规划导向——社区更新作为平台——社区更新
规划导向——文化创意作为纽带——文化再造

现状问题

大量建筑品质不佳，急需改造

新建筑与传统街区的矛盾

传统文化衰落，地区记忆淡化

传统文化未能融入现代生活

社区生活单调，老龄化程度高

缺乏社交平台，社区意识薄弱

规划目标

以传统文化和创意文化作为触媒点，融合不同人群，构建多重社会网络下的活力社区。

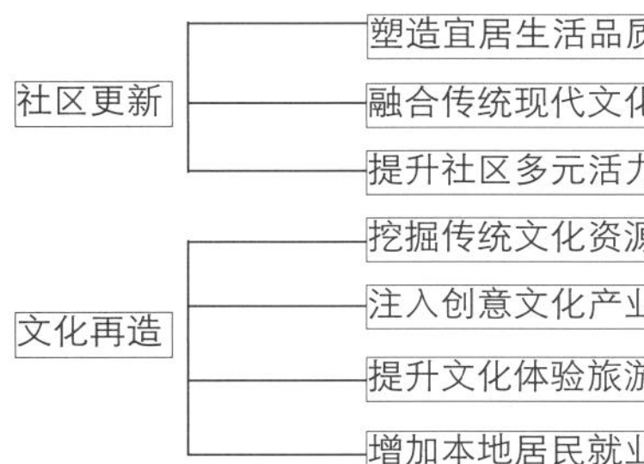

路网规划

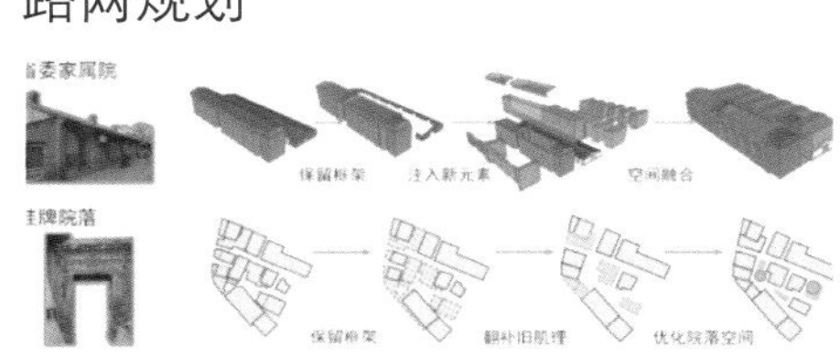

公共空间塑造

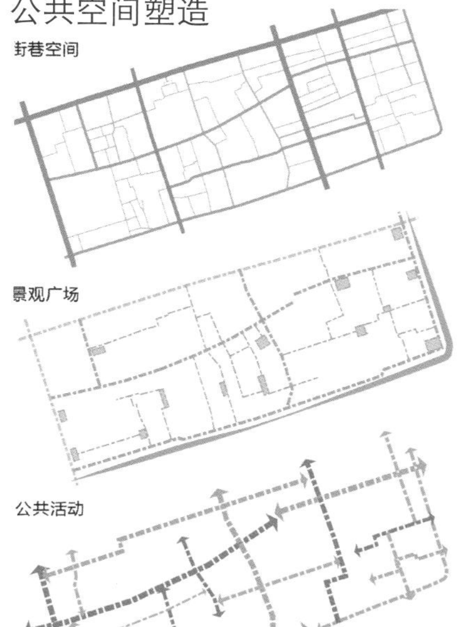

服务设施完善

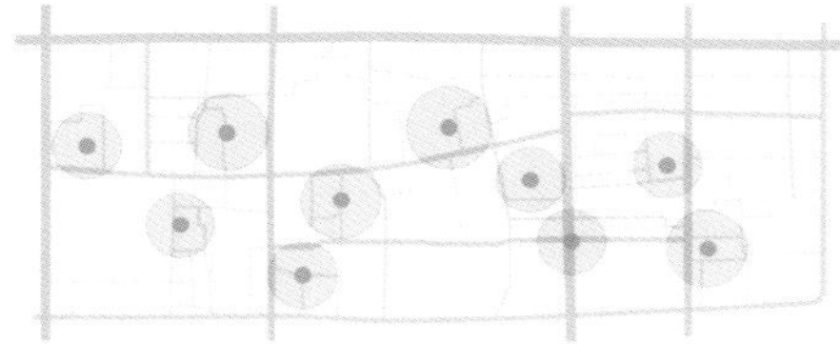

增设社区小型服务设施点

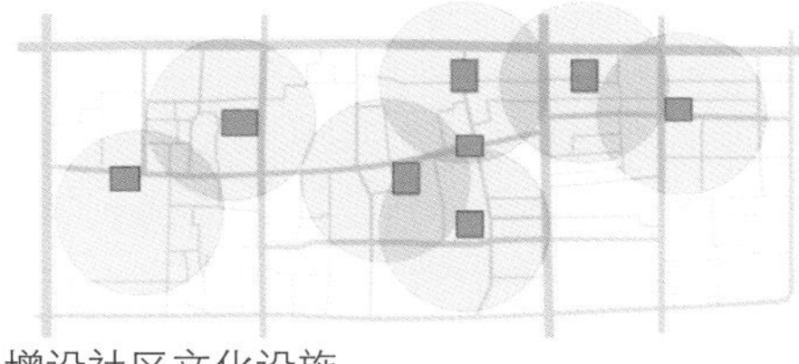

增设社区文化设施

社区更新

居住建筑改造

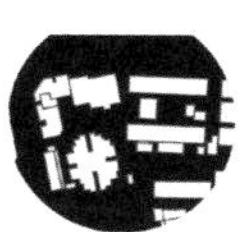

低层住宅：多分布于历史文化街区内，以1-3层建筑为主，多私自搭建

多层住宅：多分布于历史文化街区外，6-8层联排式老化街区外，点状为主，建筑为主，邻里感缺失，尺度异化。

建筑高度：多分布于历史文化街区外，点状为主，

对建筑高度、年代、质量等进行调查分析，综合多种因素得出对建筑进行不同模式改造的范围和策略。

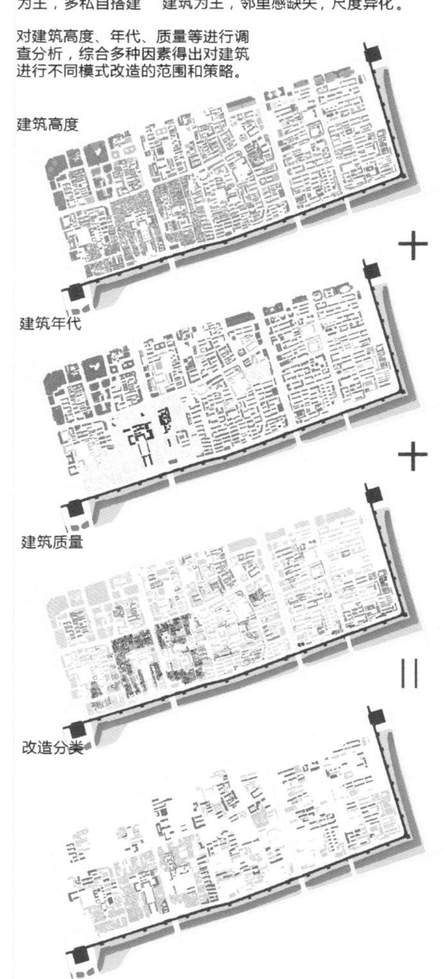

文化再造

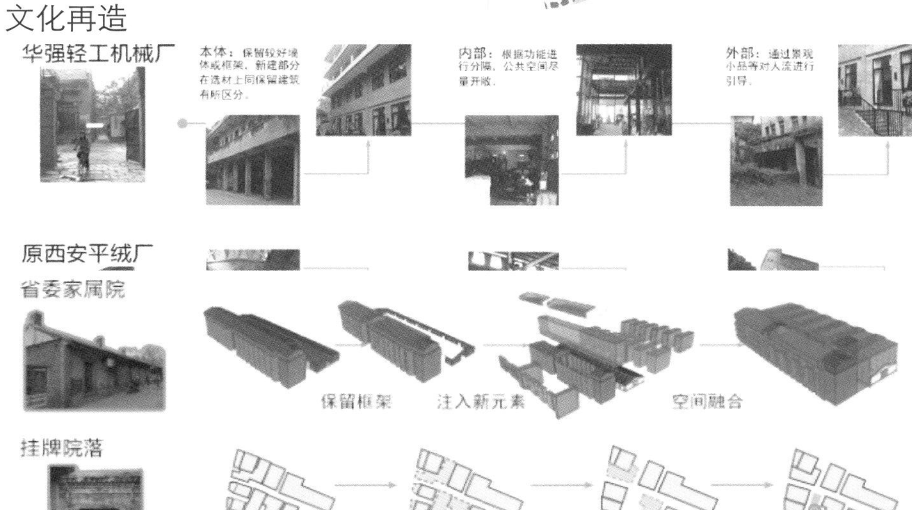

社区更新·文化再造

新旧之间　余美瑛（1150337）

社区居住形态与改建设计

1. 基地背景

选地处于三学街历史文化街区边缘，基本包括了西南片区几种典型的居住空间形态，无论是历史街区内住宅片区，还是以多层为主的老旧住区，其各自特征已在之前有所分析，均亟待改善。同时选地内有卧龙寺和高培支故居等文物古迹点。目前并没有得到有效的保护和利用。同时，基地内老龄化特征较为明显；传统富有传统历史特色，也有现代文化的特征。

2. 空间布局

在空间的布局上，以卧龙寺、高培支故居等文物古迹点为资源核心，以传统空间格局和院落肌理为依托，根据之前所述规划策略，挖掘、保护和发扬历史遗存的价值，重塑街巷空间、院落场地空间等社区公共空间，功能规划以对内社区服务为主，打造集居住生活、休闲娱乐、文化创意和商务办公于一体的老城慢活社区。

3. 功能规划

针对文化遗产的保育，打造卧龙寺－高培支故居－古城墙轴线，沿途以市民广场、游客体验中心、商业街等激发空间活力，提高文化遗产的地位；针对街巷空间重塑，以原有的街巷格局为基础和脉络，将街巷系统重新整合为有机的空间网络；针对居住建筑改造，将之前所述的建筑改造和环境改善策略落实，优化建成环境；针对历史文化街区和老旧住区的割裂，通过菜场、创智坊、社区休闲活动中心等公共服务设施和景观绿地广场将不同居住形态的社区衔接融合，吸引周边居民，形成历史文化街区的柔性边界；使得“边缘”不再是“边缘”，而是具有活力的社区共享空间。同时开发地下空间，增设停车场，缓解老城交通压力。依托界面连续且丰富的街巷空间，串联地块内的公共服务设施和创业基地点，形成富有活力的文化体验带。

改建策略导向

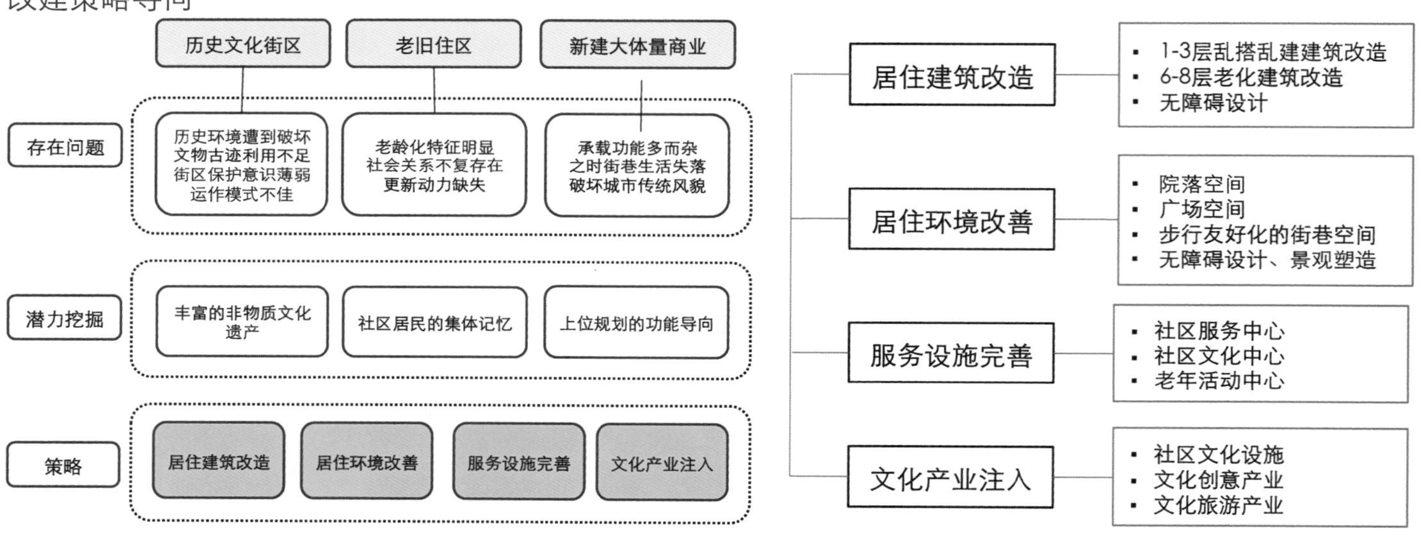

片区空间梳理

低层高密度住宅片区

多层中密度行列式住宅片区

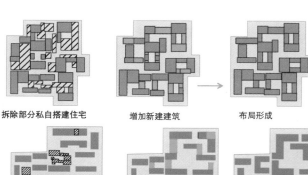

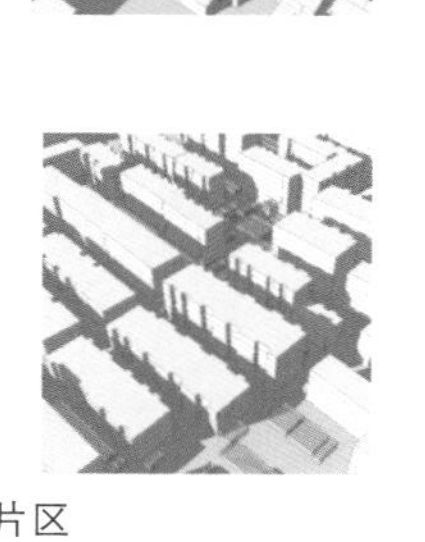

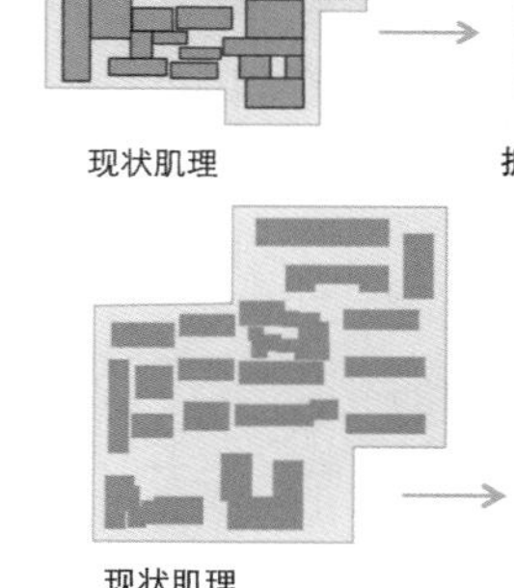

现状肌理　拆除部分私自搭建住宅　增加新建建筑　布局形成

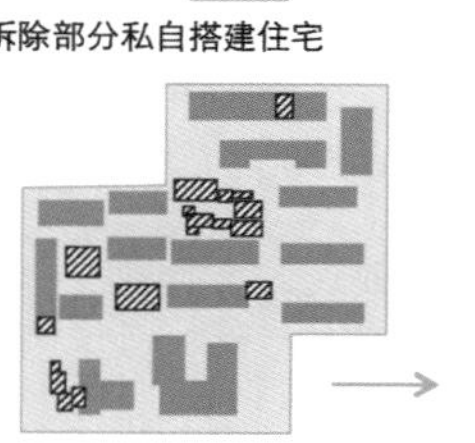

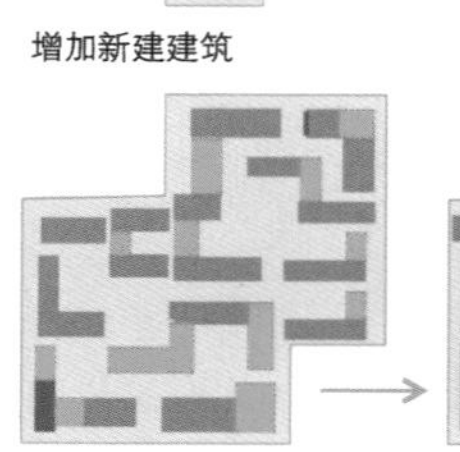

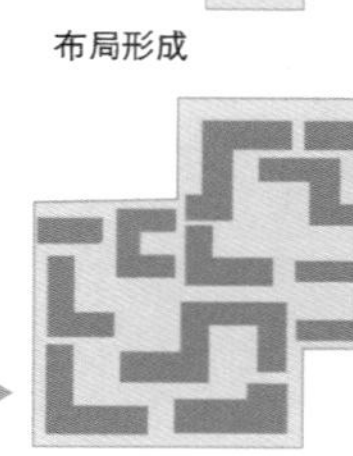

现状肌理　拆除部分私自搭建住宅　增加新建建筑　布局形成

社区更新·文化再造

新旧之间 余美瑛（1150337）

设计策略

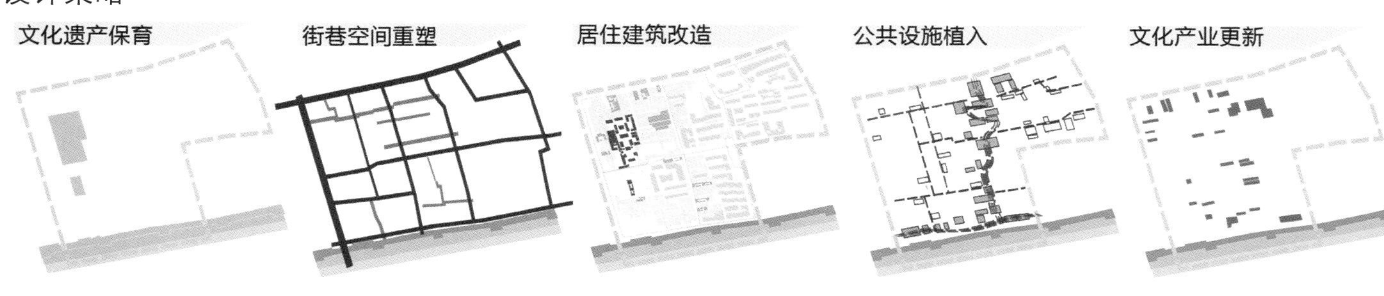

总平面图

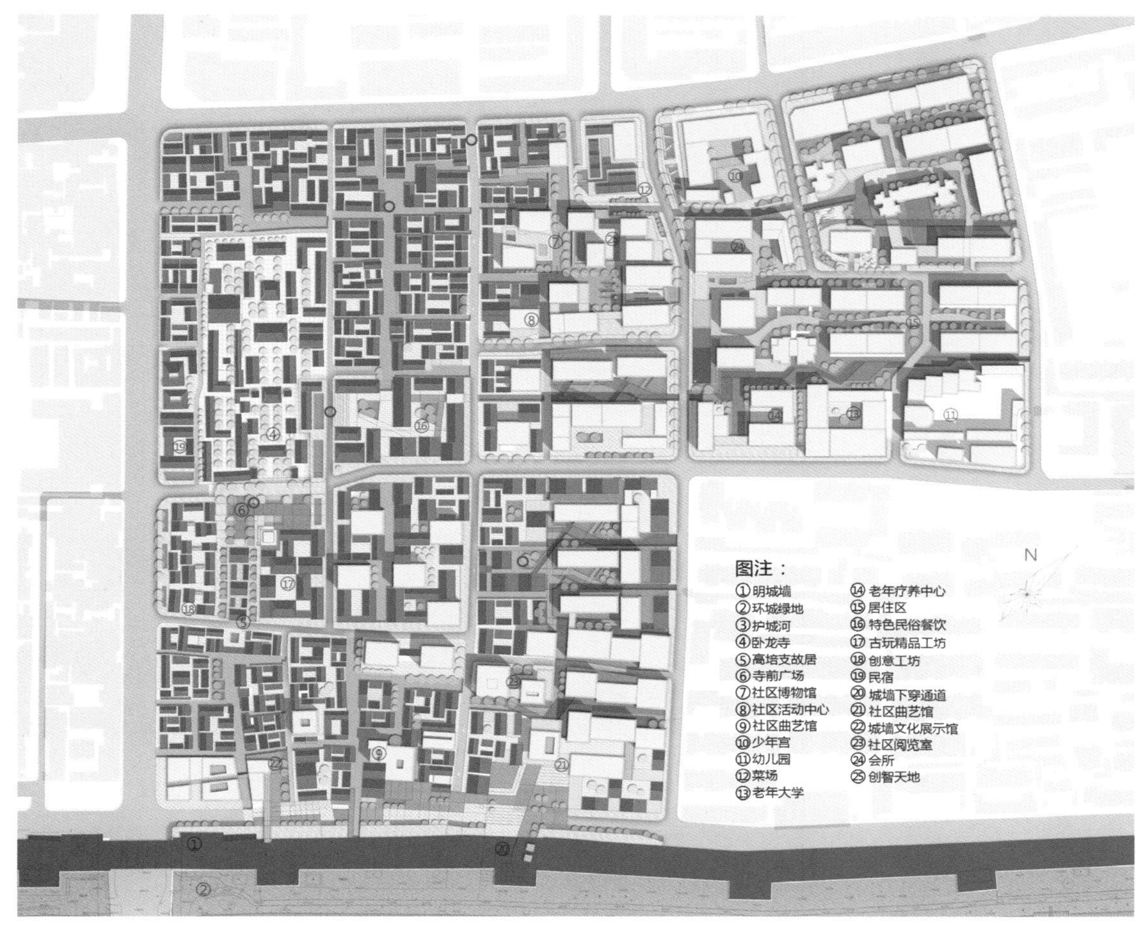

创智天地

创意工坊

民俗餐饮

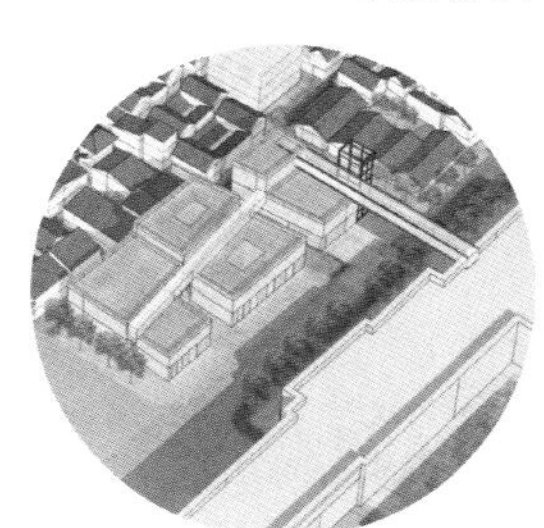

城墙根民俗博物馆

社区磁体

系统分析

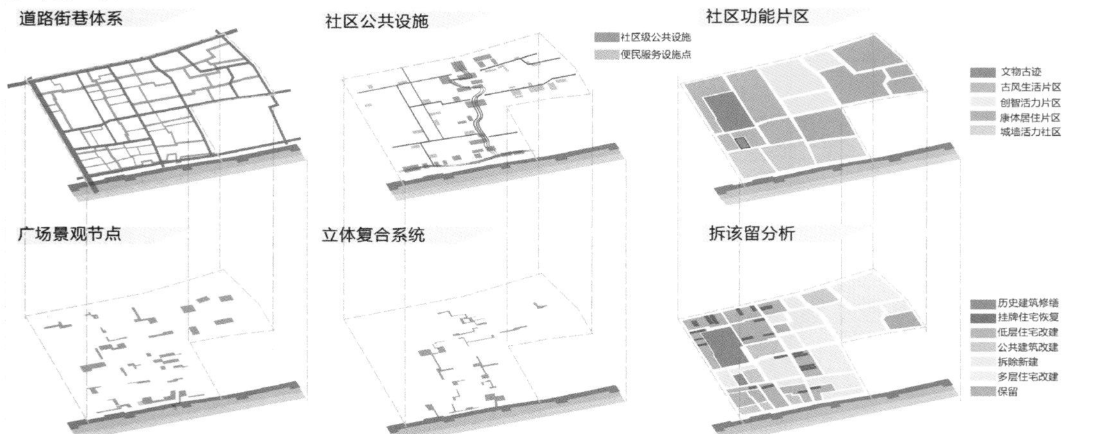

社区更新·文化再造

新旧之间　余美瑛（1150337）

规划指标

用地规划平衡表			
用地分类		面积（公顷）	比例
文物古迹用地		2.58	11.6%
居住用地		9.86	44.2%
	一类居住用地	4.55	20.4%
	二类居住用地	4.56	3.4%
	服务设施用地	0.75	3.4%
商业服务业设施用地		1.50	6.7%
	商业用地	0.81	3.6%
	商务办公用地	0.69	3.1%
公共设施用地		1.51	6.8%
	文化设施用地	1.02	4.6%
	教育设施用地	0.49	2.2%
道路与交通设施用地		4.52	20.3%
	道路用地	4.23	19.0%
	交通场站用地	0.29	1.3%
绿地与广场用地		1.02	4.6%
	公园绿地	0.85	3.8%
	广场用地	0.17	0.8%
城市建设用地		20.99	94.1%
水域及其他用地		1.31	5.9%
规划范围总用地		22.3	100.0%

鸟瞰效果图

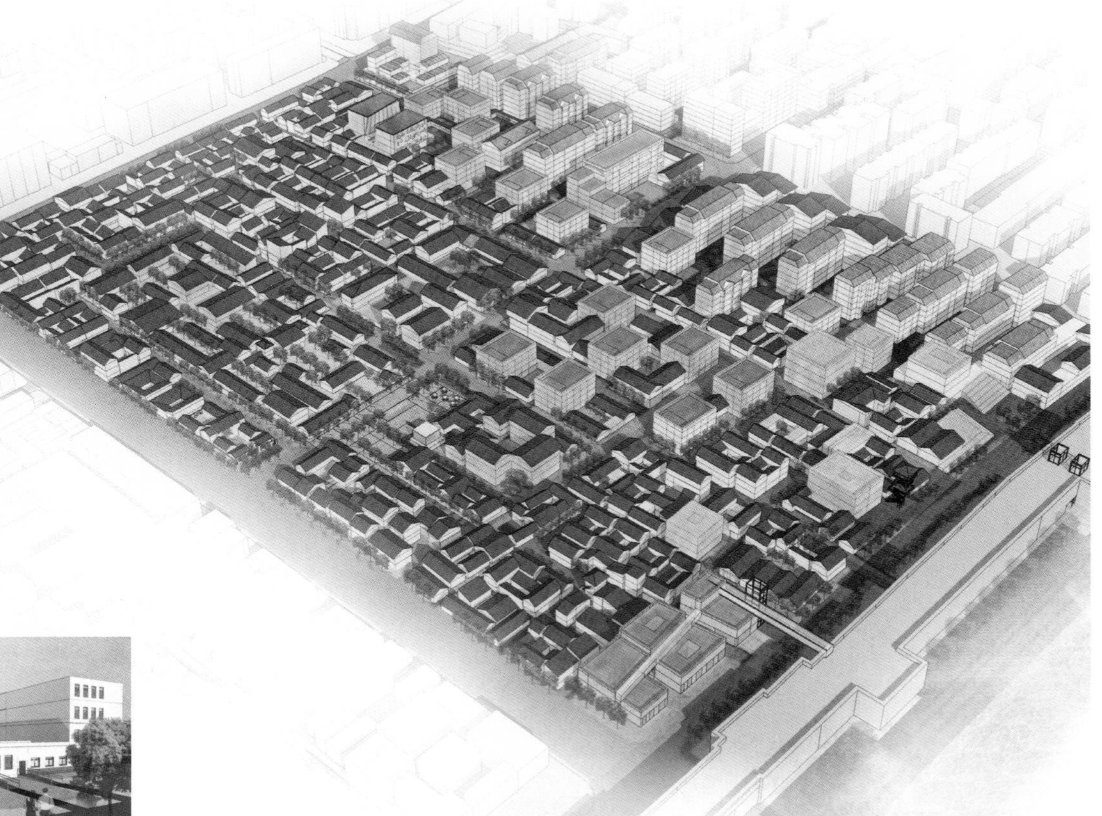

节点透视

老年活动中心

街巷景观

卧龙寺前广场

街巷景观

社区休闲广场

民俗餐饮广场

城墙沿线设计

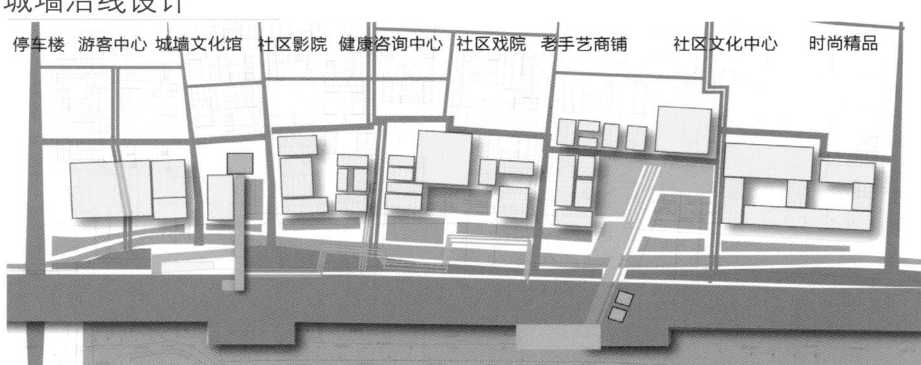

剖面关系

社区更新 · 文化再造

老年社区的环境改善方案设计　曹砚宸（1150378）

1 基地背景

位于和平门和建国门的附近，以和平路 - 东八道巷 - 建国路 - 建国六巷 - 信义巷 - 城墙为边界，占地 18 公顷。目前常住人口约 5000 人，其中 60 岁以上老年人占 20%，约为 1000 人。地区主要呈现出老龄化和社区老化两个特征。

针对这两个特征进行基地的现状分析，发现存在以下 4 个核心问题。

（1）地区老龄化趋势明显

（2）缺乏服务设施，生活品质不佳

（3）地区建筑老化，缺乏活动场地

（4）邻里交往缺失，社会网络断裂

基地区位

2 规划策略

（1）建筑跟新策略

根据基地内的建筑质量现状，确定建筑的拆除、改造、保留情况。对于乱搭乱建的 1-3 层建筑和临时板房，采取拆除措施；对于建筑质量一般，但是建筑风貌较好的建筑，采取改造措施；对于 6-8 层质量较好的住宅建筑和 2000 年后新建的高层建筑，采取保留措施。

新建的建筑满足城墙沿线的高度控制，在色彩、体量、立面、屋顶上与周边建筑协调，适应西安老城的整体风貌。改造的建筑需要展现出现有的立面风貌，同时通过建筑改造巩固结构，并适应新的建筑功能。保留的建筑需要优化居住环境，增加适老设施，提高宜居性。

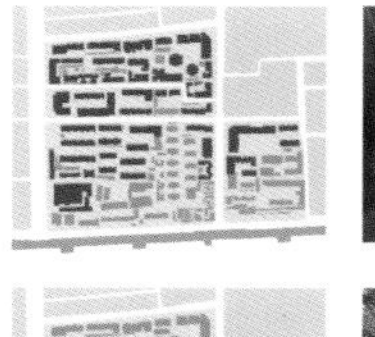

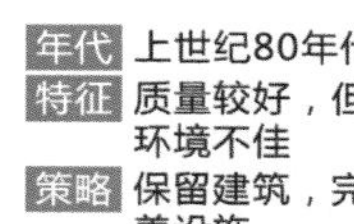

年代　上世纪80年代

特征　质量较好，但环境不佳

策略　保留建筑，完善设施

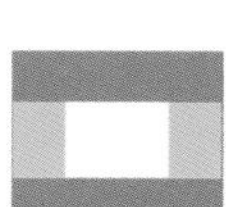

增加围合度，形成院落空间，增加无障碍设施

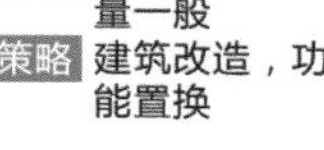

年代　上世纪60年代

特征　风貌较好，质量一般

策略　建筑改造，功能置换

加建连接形成室内公共场所和屋顶活动平台，建筑围合形成院落空间

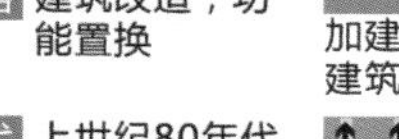

年代　上世纪80年代

特征　乱搭乱建，质量差，风貌差

策略　拆除新建，注入新功能

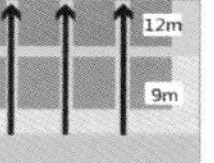

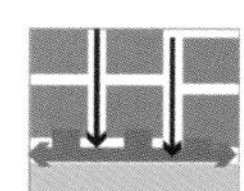

为了协调风貌，高度根据城墙有控制，新建建筑遵循城市方格网肌理。沿城墙设计休闲步道

（2）活动空间构建

对活动空间的设计上，根据老年人的活动特征将老年人的出行范围分为基本生活活动圈和扩大邻里活动圈。基本生活活动圈是老年人每天所到之地，活动半径小，以步行不超过 5 分钟为宜，约 180-220m。扩大邻里活动圈是老年人长期生活和活动的空间，此圈层范围不宜大于老年人步行 10 分钟的疲劳极限距离，约为 500m。

根据不同活动对空间的需求，构建一套完整的活动空间系统，根据不同活动从私密 - 开放的需求，构建“室内活动场所 - 屋顶活动平台 - 组团院落 - 社区公共广场”活动空间系统，各个空间由休闲步道相连，使居民有一个连续的活动空间，组织各类活动，促进邻里交往。

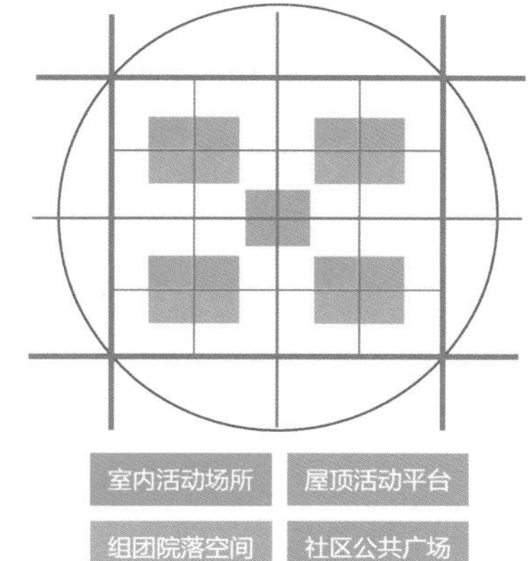

活动空间体系

（3）服务设施完善

根据老年人的需求：老有所住、老有所医、老有所养、老有所乐、老有所学、老有所为，分别设置不同的服务设施。

针对与家人共同生活的老年人，保留现有的住宅，对建筑进行适老化改造。针对独自居住的老年人，规划老年公寓。

规划 24 小时提供医疗服务和紧急救助的社区医疗卫生中心，以及为老年人提供理疗、护理、保健等服务的老年人护理院，满足介助型老年人的生活需求。

规划的服务设施分为基本生活服务设施和商业服务设施。基本生活服务设施包括老年服务中心和公共餐厅；商业服务设施包括社区商业街和便利店。

老有所住	• 自理型老年住宅 • 介助型老年住宅
老有所医	• 护理院 • 医疗卫生中心
老有所养	• 老年服务中心 • 日间照料中心 • 公共餐厅 • 社区商业中心
老有所乐	• 文化活动中心
老有所学	• 老年学校
老有所为	• 老年再就业中心

为了满足老年人锻炼、散步、聊天、下棋、亲子、跳舞等休闲娱乐的需求，方案中针对不同的活动设计不同的休闲活动空间，主要分为户外活动场地和室内活动场所。

除了满足老年人物质生活的需求，还需要满足老年人精神文化生活的需求。通过文化教育、文化娱乐等活动，不仅可以提升老年人的文化素质，丰富老年人的精神生活，还可以促进社区尊老爱老氛围的形成，促进不同年龄群体的融合。

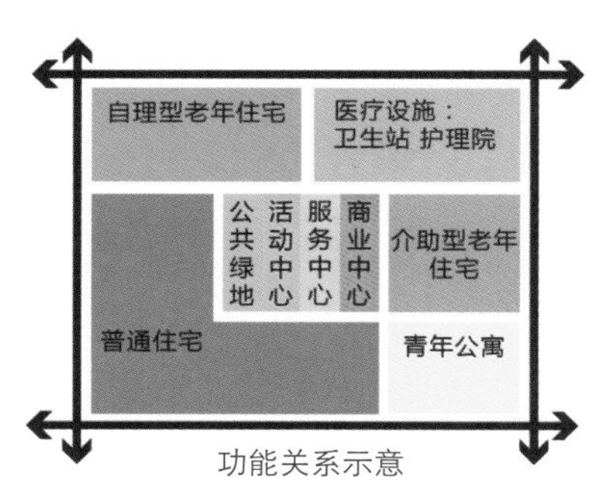

功能关系示意

社区更新·文化再造

老年社区的环境改善方案设计　曹砚宸（1150378）

方案设计平面图

和平路
东八道巷
东六巷
建国路
建国六巷
信义巷
顺城南路
城墙
城
河
拍
城
平面标注
1 介助型老年公寓
2 自理型老年公寓
3 老年人护理院 医疗卫生中心
4 日间照料中心 公共餐厅
5 管理中心 服务中心 文化活动中心
6 社区超市
7 社区菜场 旅店
8 特色餐饮小吃街
9 民间艺术教育基地
10 城墙根影剧院
11 青年创业中心 老年再就业中心
12 创业工作坊
13 青年公寓
14 健身中心
N
0 10 20 50 m
保留建筑
改造建筑
新建建筑
主要步行带
步行区域
院落空间
公共广场
绿化景观
道路

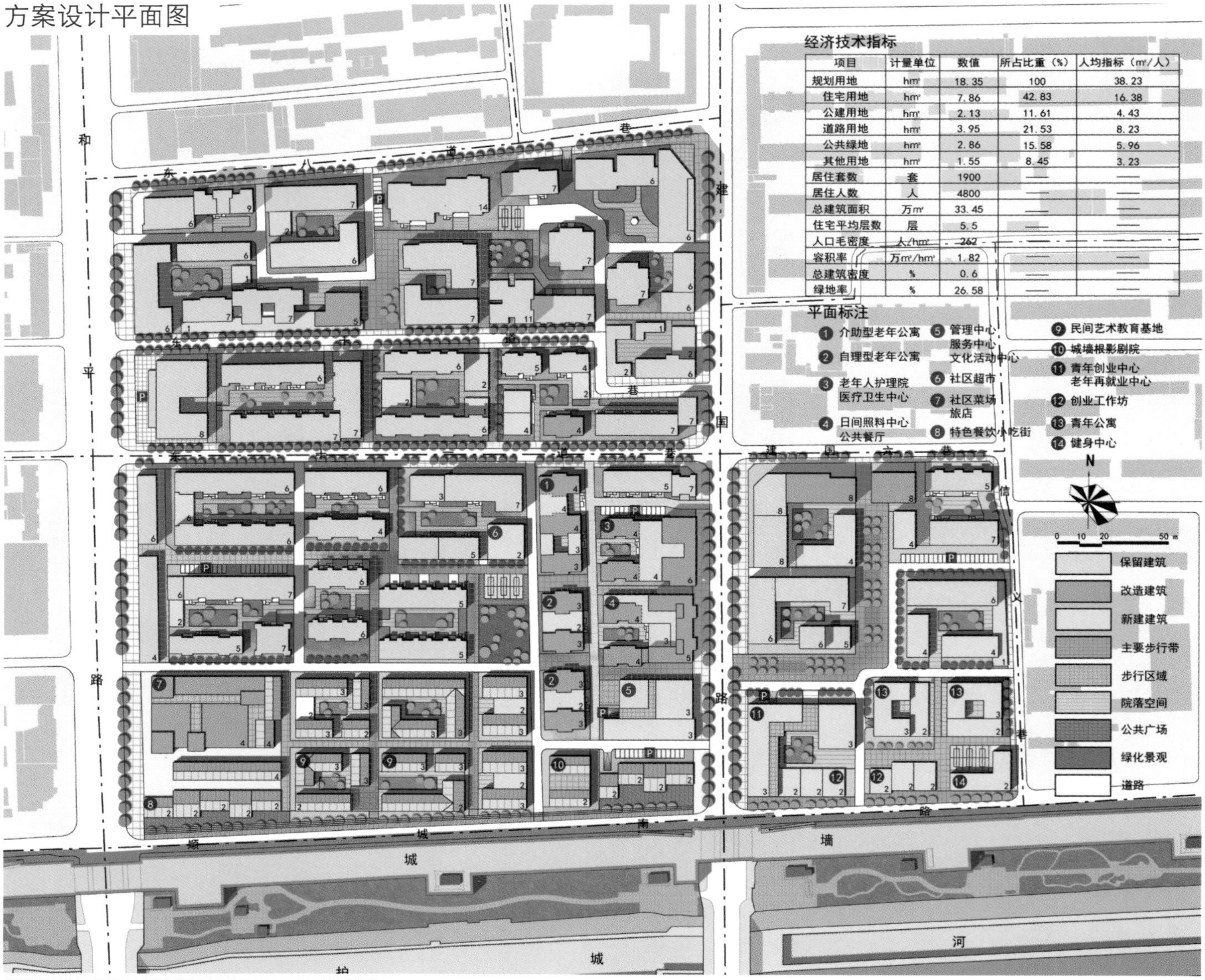

经济技术指标

项目	计量单位	数值	所占比重（%）	人均指标（m²/人）
规划用地	hm²	18.35	100	38.23
住宅用地	hm²	7.86	42.83	16.38
公建用地	hm²	2.13	11.61	4.43
道路用地	hm²	3.95	21.53	8.23
公共绿地	hm²	2.86	15.58	5.96
其他用地	hm²	1.55	8.45	3.23
居住套数	套	1900	——	——
居住人数	人	4800	——	——
总建筑面积	万m²	33.45	——	——
住宅平均层数	层	5.5	——	——
人口毛密度	人/hm²	262	——	——
容积率	万m²/hm²	1.82	——	——
总建筑密度	%	0.6	——	——
绿地率	%	26.58	——	——

保留
改造
拆除

建筑拆改留分析

20m限高
15m限高
9m限高
城墙高12m

新建建筑高度控制

普通住宅区
普通住宅区
老年住宅区
普通住宅区
青年住宅区
城墙办公休闲区

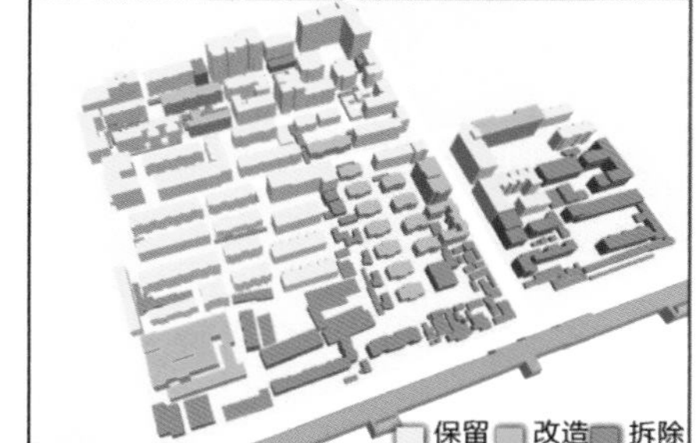

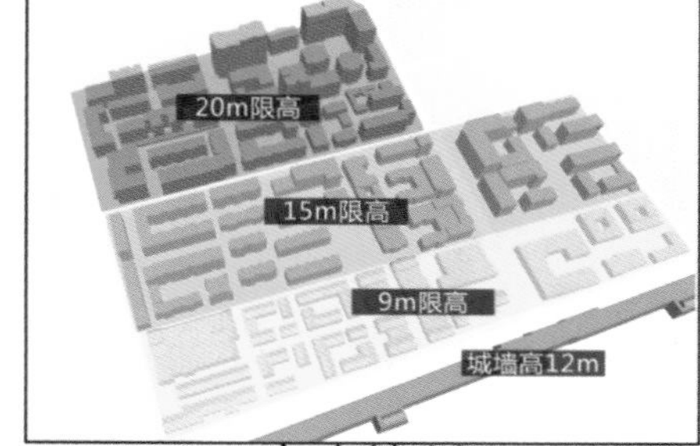

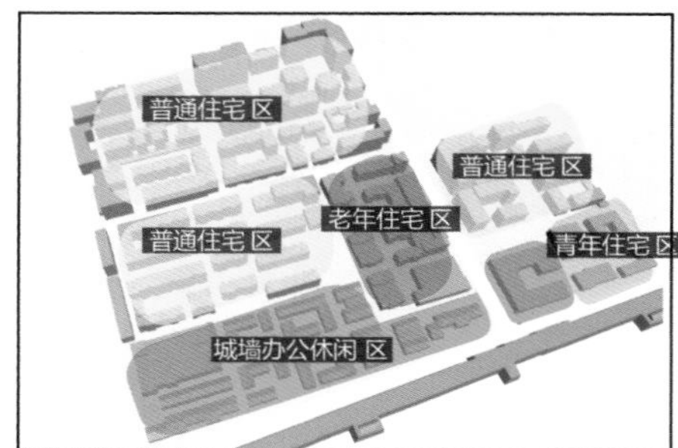

功能分区

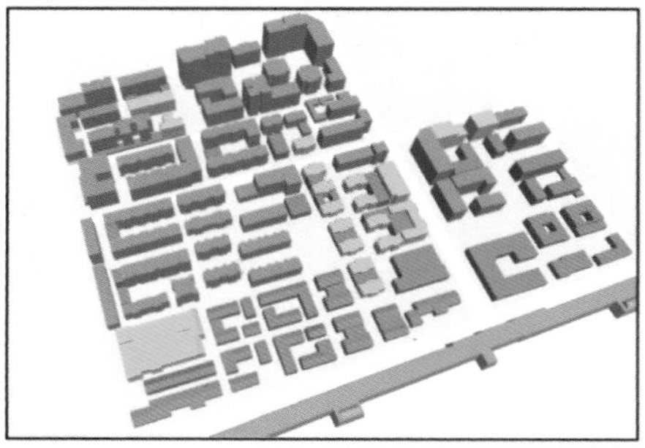

新建建筑肌理

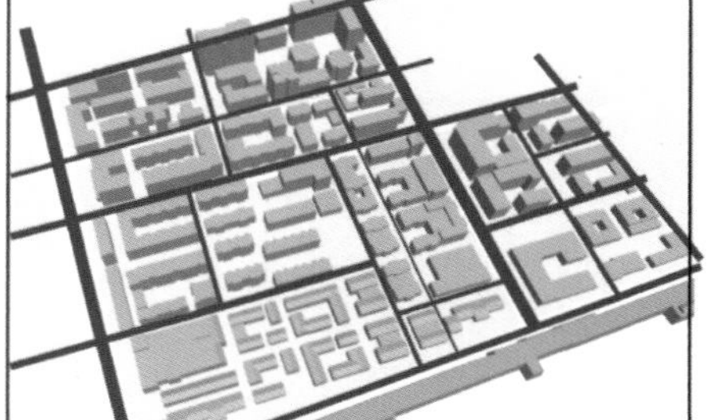

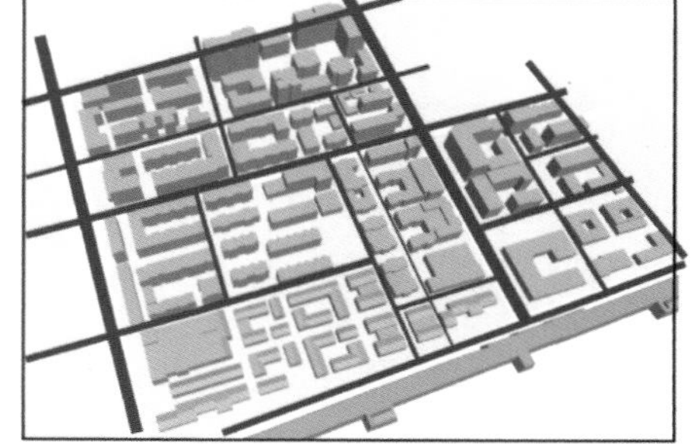

车行交通系统

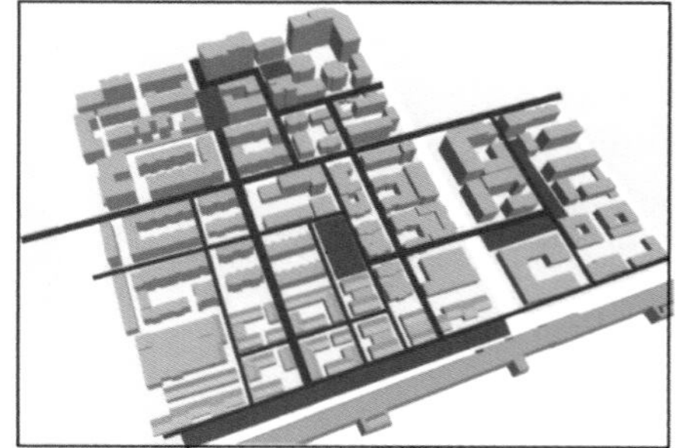

步行交通系统

社区更新 · 文化再造

老年社区的环境改善方案设计　曹砚宸（1150378）

重要节点设计

1 多功能老年社区组团

通过建筑改造和功能置换形成的多功能老年社区组团，功能包括老年居住、医疗设施、护理院、日间照料中心、公共餐厅、文化活动、管理服务，以及各种公共活动空间，打造成一个为老年人服务的专业机构。

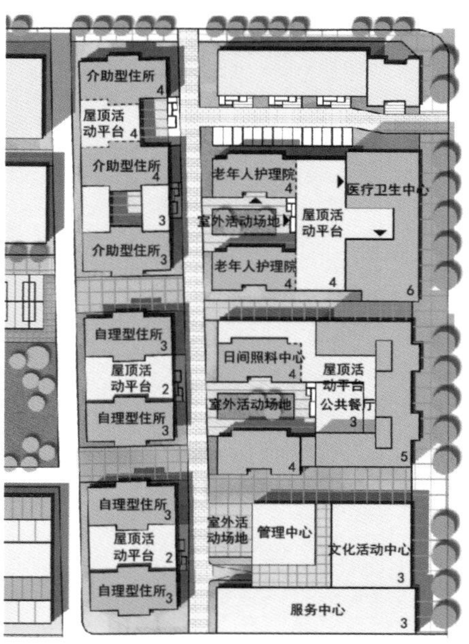

节点一平面

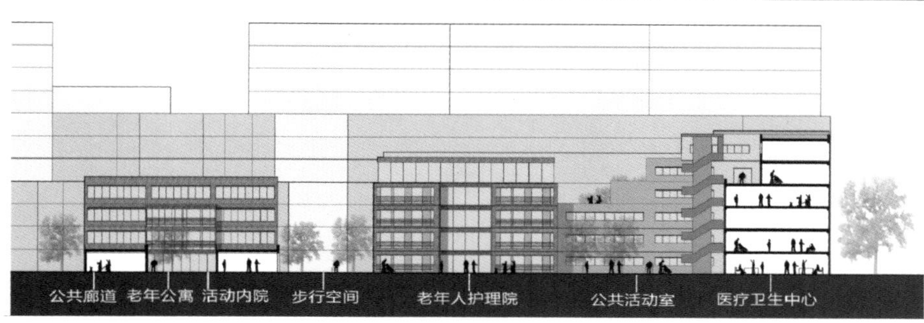

节点一剖面示意

2 活力青年组团

设计青年公寓和创业中心，在地区中引入年轻人，青年创业带动地区文化发展的同时，可以为老年人服务，促进人群之间的交融，新的人群激发地区活力，实现社区的有机更新。

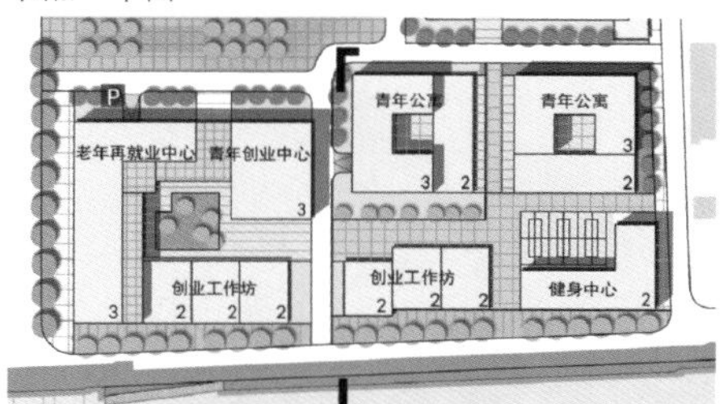

节点二平面

节点二剖面示意

节点二透视效果

3 民间艺术教育基地

沿城墙打造民间艺术教育基地，展示并传承西安的非物质文化遗产，不仅是身怀技艺的老年人传授民间技艺的平台，也是游客了解、认识并学习民间技艺的平台，促进文化产业的发展的同时，增进居民和游客的互动，完善社区的社会网络构建。

节点三透视效果

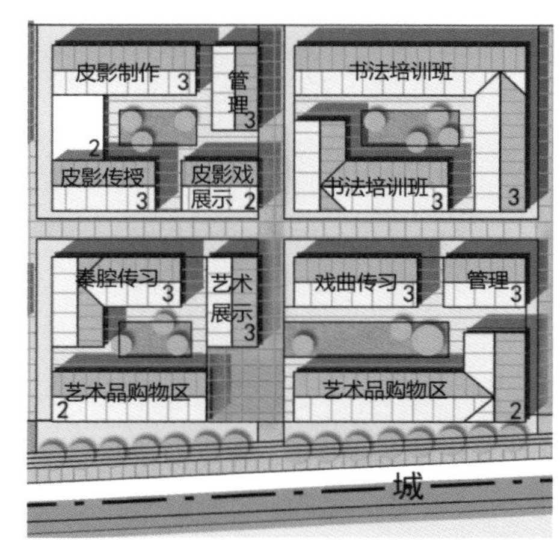

节点三平面

社区更新·文化再造

以人文旅游促进社区更新　谢超（093264）

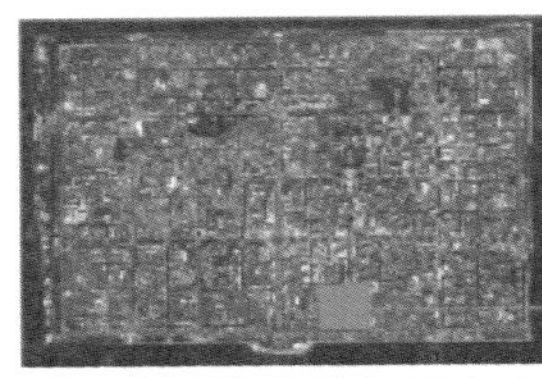

基地简介：

选址西安老城区东南地块内的三学街历史文化街区，规划范围四界分别为安居巷（西）、东木头市（北）、开通巷（东）、下马陵（南），面积约为 19.5 公顷。

该地块有着包括宝庆寺塔、关中书院、西安碑林、卧龙寺、高培支住宅、西安城墙的重要历史文化资源；而且随着顺城巷、东南大街等干路的基本改造完成，再从与之衔接的支路和背街入手，逐步形成旅游休闲、娱乐与商贸相结合的网络，创建文化遗存和特色产业聚集区势在必行。

问题切入：

80、90 年代的碑林博物馆周边风貌完整的院落格局如今已破碎不堪，私自搭建现象严重，历史街区风貌破碎，居民生活质量急需改善，于是将社区更新的切入点定位在“院落肌理的找寻和格局的恢复”。

VS

院落研究：

（1）院落组织：布局主要是多组院落有机的垂直于街道纵向并列展开，街区内部也有部分院落无规律展开；院落两端为建筑 1~2 层，面宽 8~15m，1~6 进，院落有三合院也有四合院。

（2）单体研究：正厅：进深 3.6~9.0m，面宽 9.0~15m，双坡屋顶 1~2 层；侧厅：进深 2.4~4.0m，面宽 3.6~6.0m，多为单坡屋顶 1~2 层。

（3）院落更新：采取风貌延续、设施现代、容量适中、户型规范等策略，因此普通院落多更新为下沉立体式院落，建筑多为 3 层其中一层地下；根据体量组合方式，采用 48m^2、64m^2、96m^2、128m^2 四种户型。

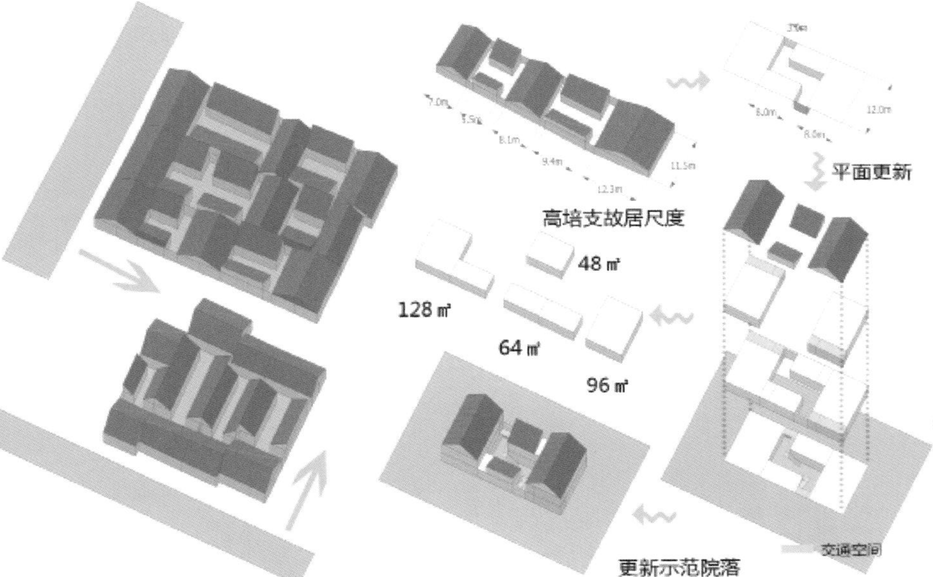

更新示范院落

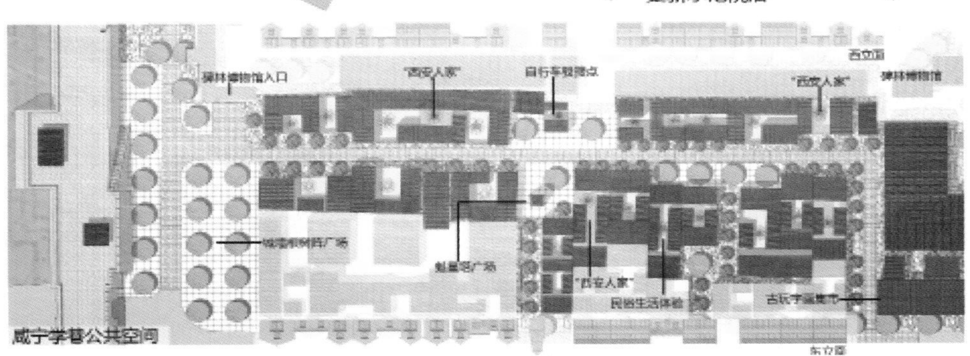

设计过程

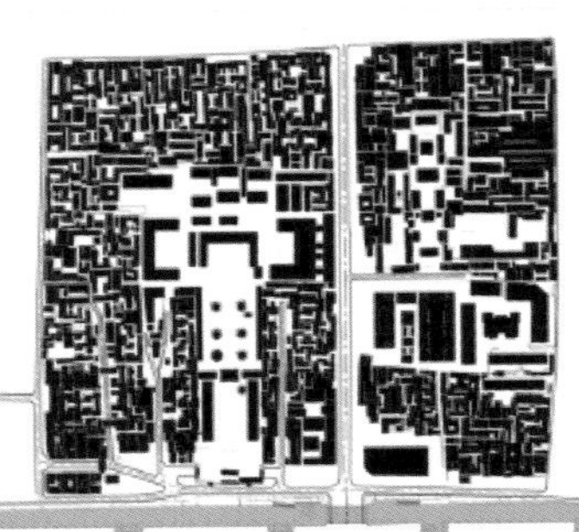

研究现状肌理关系，看似繁乱无章

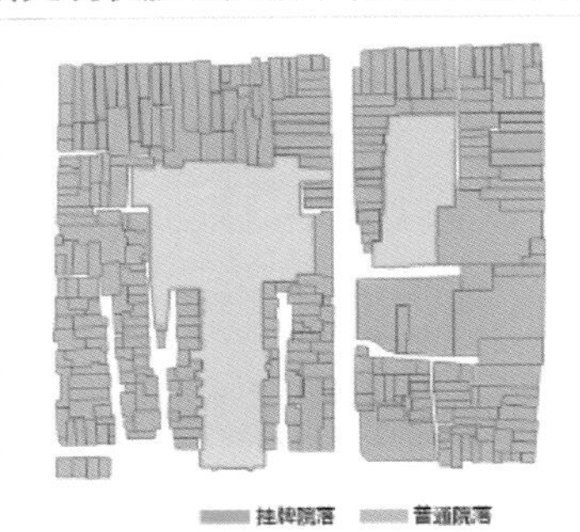

梳理原始院落格局，简化设计

组织植入公共空间，调整院落

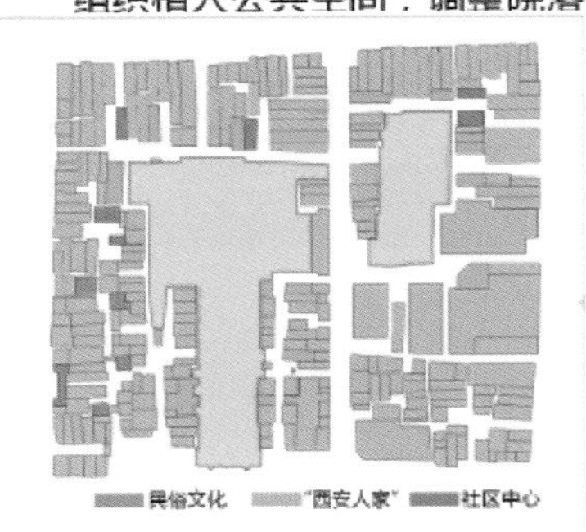

配套社区·旅游，调整功能

借力历史资源辐射，配套功能

社区更新·文化再造

以人文旅游促进社区更新　谢超（093264）

东仓门
东木头市
柏树林
西安市碑林博物馆
卧龙寺
开通西巷
顺城巷
0　25　50　100

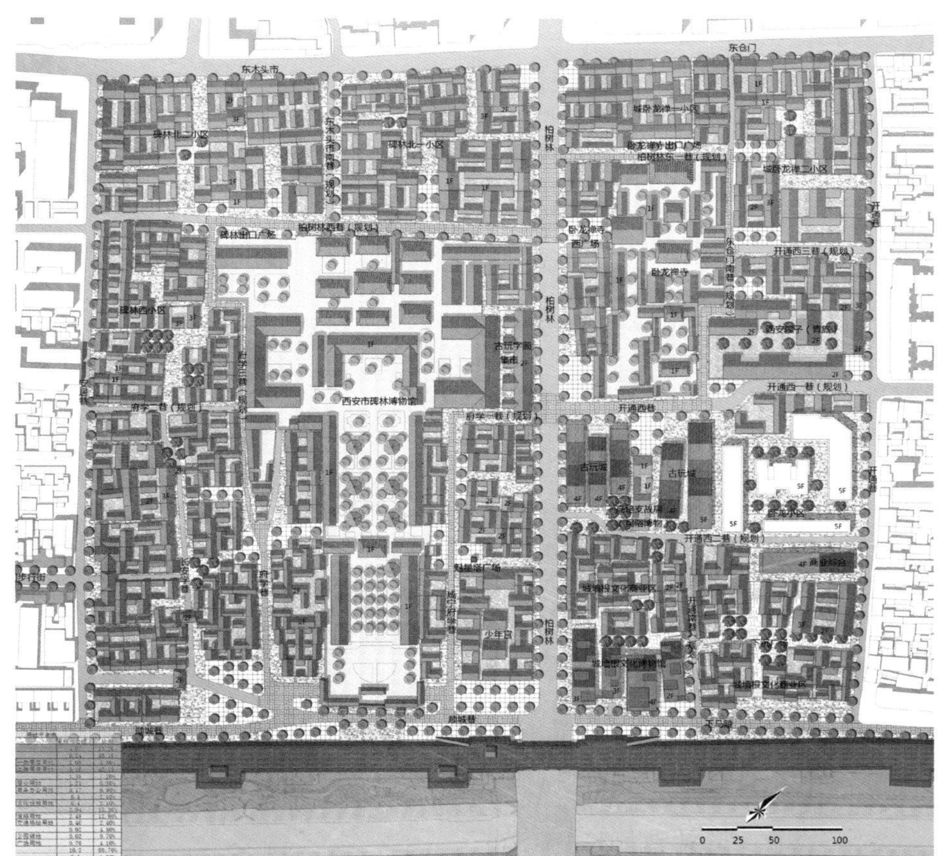

用地分类		面积（公顷）	比例
文物古迹用地		4.07	21.20%
居住用地		9.24	48.10%
	一类居住用地	1.08	5.60%
	二类居住用地	8.16	42.50%
商业服务设施用地		1.38	7.20%
	商业用地	1.21	6.30%
	商务办公用地	0.17	0.90%
公共设施用地		0.4	2.10%
	文化设施用地	0.4	2.10%
道路交通用地		2.94	15.30%
	道路用地	2.48	12.90%
	交通场站用地	0.46	2.40%
绿地与广场用地		0.92	4.80%
	公园绿地	0.02	0.70%
	广场用地	0.79	4.10%
城市建设用地		19.2	98.70%
水域及其他用地		0.3	1.30%
规划范围总用地		19.5	100%

优秀传统院落
景点
预期新增自发改造的小店铺、工作坊
城墙
新增社区活动点

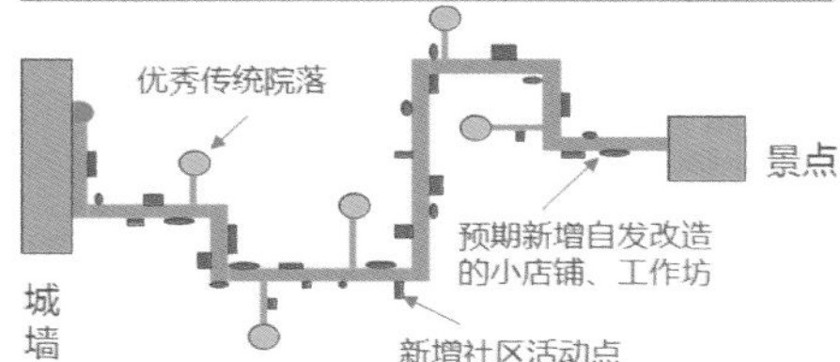

总策略："建立起城墙上和城墙下游线的有机联系，由物质文化遗产吸引游客，将旅游引入社区，借机复兴社区。"即以人文旅游促进社区更新，发展社区旅游。

（1）不仅要考虑社区的旅游景观、旅游环境的建设，还要考虑社区本身的建设；（2）不仅注重游客的满意度，更要强调当地居民参与旅游开发；（3）发展的目标是实现旅游目的地社区的经济、社会、环境效益的协调统一和最优化。

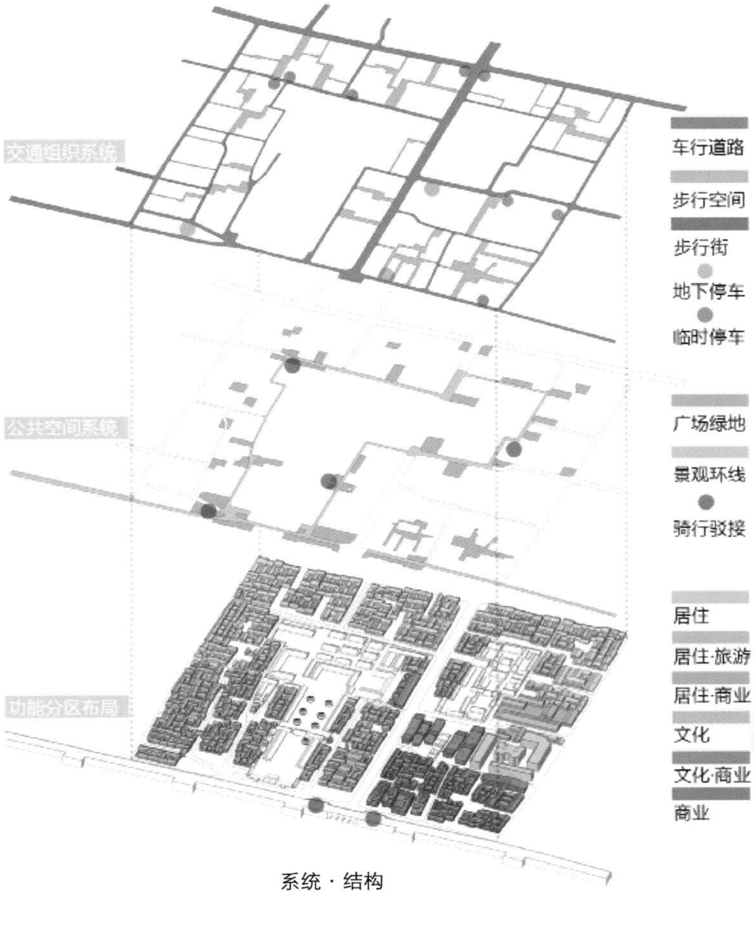

交通组织系统
公共空间系统
功能分区布局
车行道路
步行空间
步行街
地下停车
临时停车
广场绿地
景观环线
骑行驳接
居住
居住·旅游
居住·商业
文化
文化·商业
商业

系统·结构

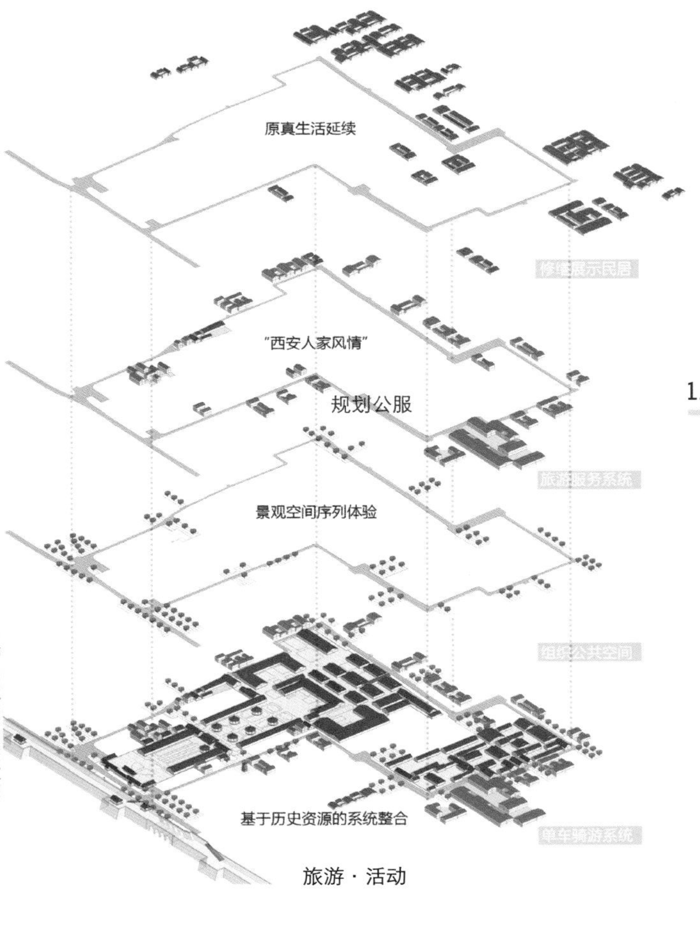

原真生活延续
修缮展示民居
"西安人家风情"
规划公服
旅游服务系统
景观空间序列体验
组织公共空间
基于历史资源的系统整合
单车骑游系统

旅游·活动

社区更新·文化再造

以人文旅游促进社区更新　谢超（093264）

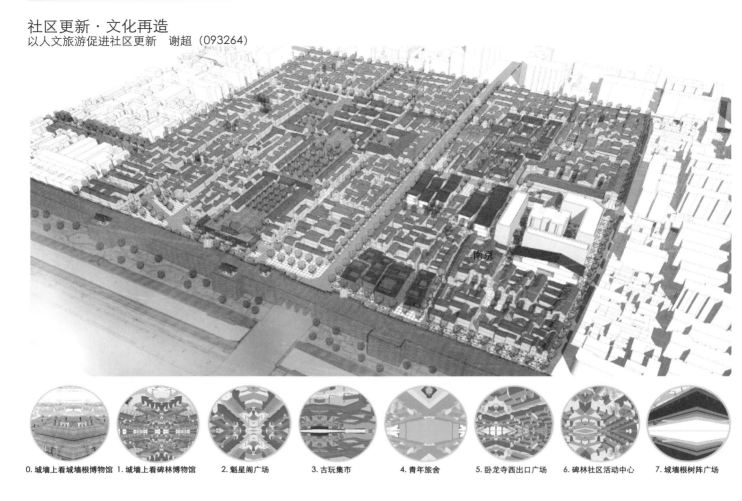

0. 城墙上看城墙根博物馆　1. 城墙上看碑林博物馆　2. 魁星阁广场　3. 古玩集市　4. 青年旅舍　5. 卧龙寺西出口广场　6. 碑林社区活动中心　7. 城墙根树阵广场

公共空间主要分三类进行重点表达：

（1）城墙上开放空间——通过在城墙根文化博物馆（原址停车楼）的开放坡屋顶上设置集观景、休闲、曲艺文化等多重功能的屋顶平台，用人与人的活动与交流，将城墙与基地紧密联系；

（2）社区公共活动空间——平面空间形态由原来的院落肌理形态转化而来，向尽可能多的院落开放，为居民提供健康的锻炼、交往空间；

（3）文化商业活动空间——空间形态形成原理同上，主要进行传统艺人的技艺展示、交流、传播等活动，同时植入时尚的商业元素。

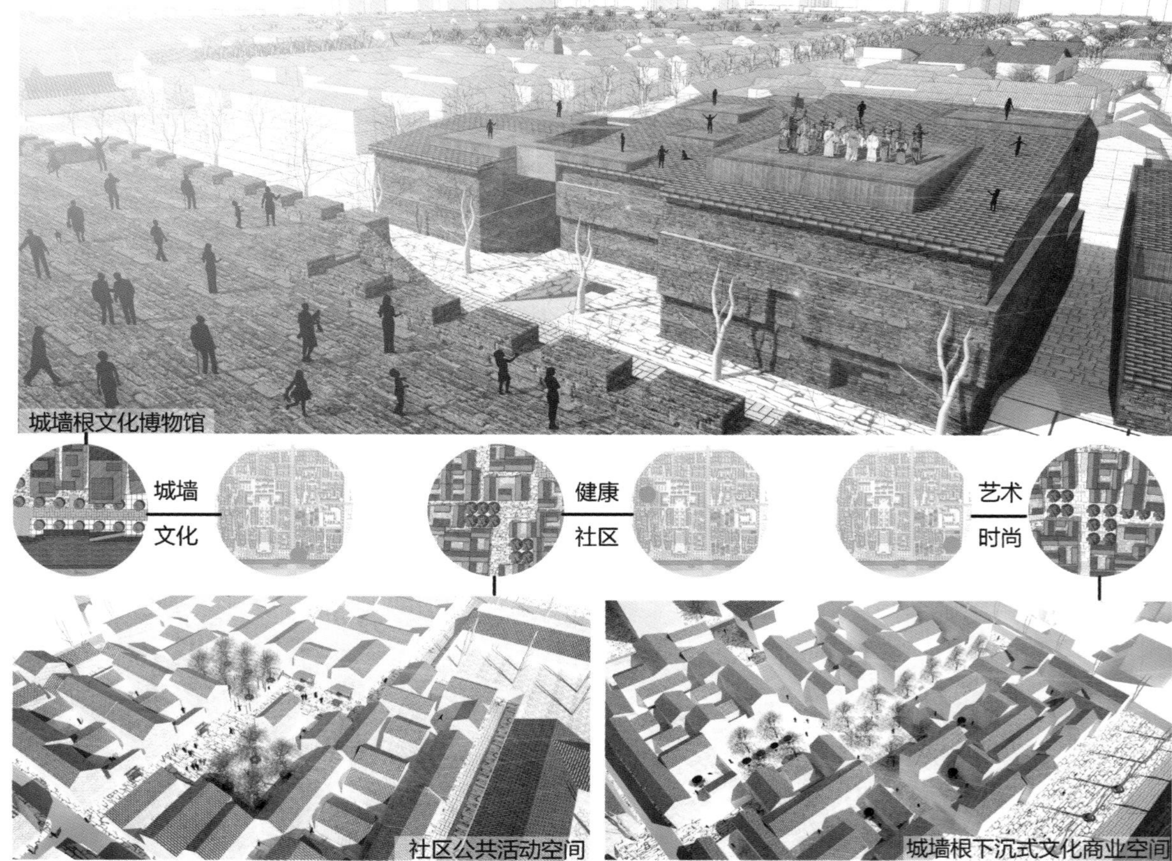

社区更新 · 文化再造

创意产业介入下的旧城复兴　茅天轶（102615）

1 课题背景

城墙沿线地段空间记录着西安城市的演进历程，具有重要的价值；承载了历史情感、记忆和辉煌，城墙又是当代西安人“乡愁”的重要构成部分。

然而随着时代的变迁，现今的城墙内由于硬件设施老化，功能外迁，人才外流，已不复往日的生机活力，对老城区的更新改造势在必行。

2 规划背景

通过对老城东南片区内部文化资源和人才资源的分析，地区内丰富的历史文化积淀和周边丰富的创新人才，使得这里有将创新思维注入传统文化的潜在动力。同时随着“一带一路”等各项政策的出台，说明了发展文化创意产业是西安老城更新的一种可能性，也符合了上位规划对老城发展人文旅游、文化服务的产业定位。

3 城市设计说明

本次设计在对西安老城东南地块的分析研究的基础上，提出注入文化创意产业，焕发老城活力新生的概念。规划以文创产业为触媒，以基地内保留较好的近现代建筑空间为载体，结合城墙，通过建筑改造、环境整治、人才再利用等手段，推进老城复兴步伐。

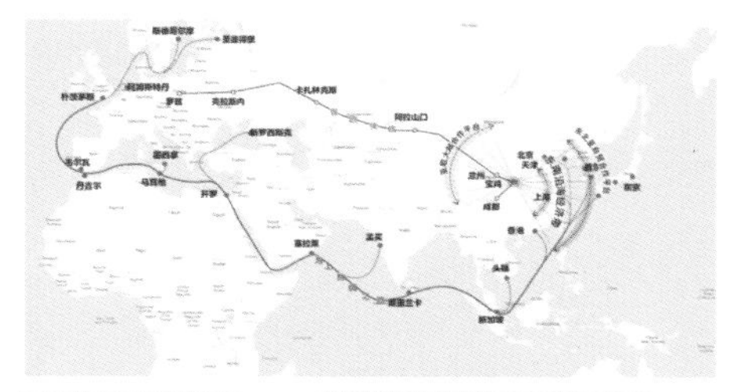

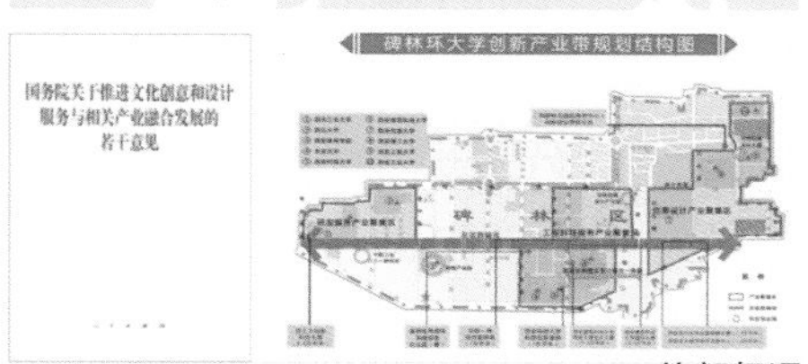

外部机遇

区位分析

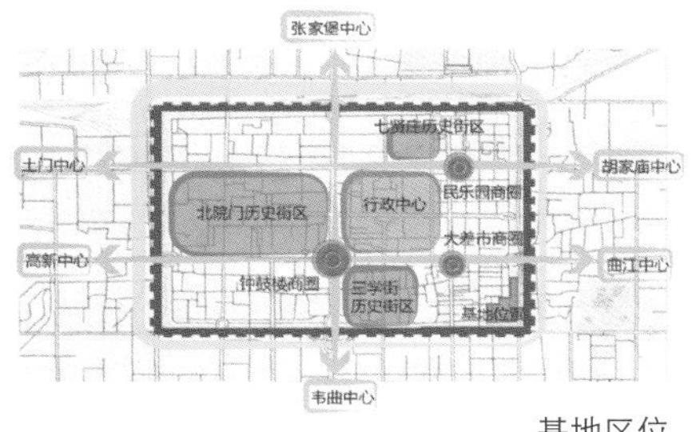

基地区位

基地分析

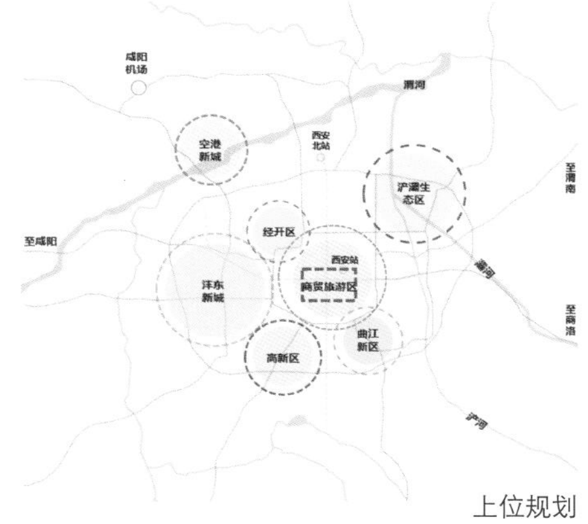

上位规划

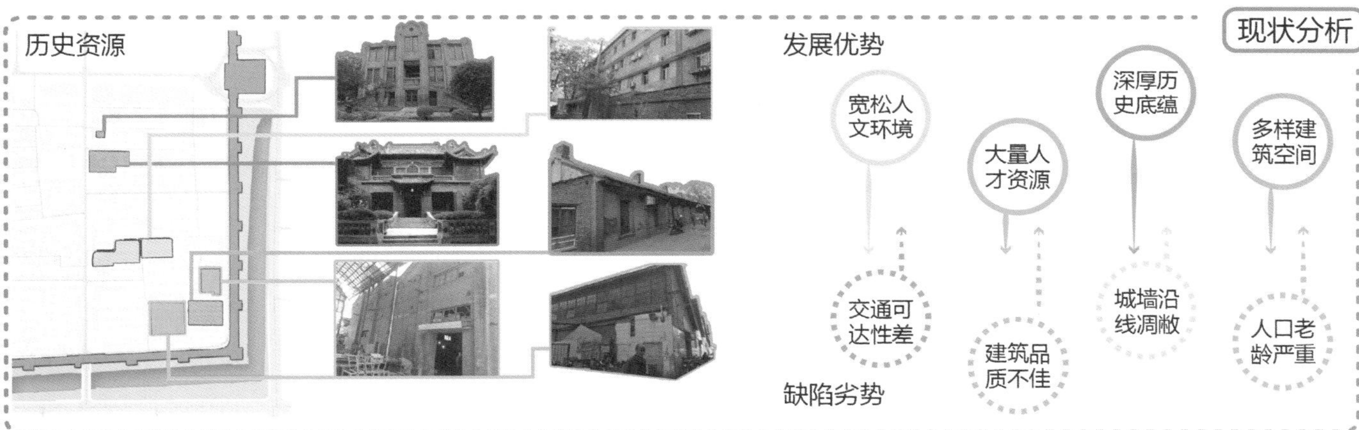

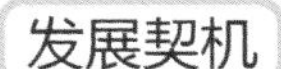

总体规划提出，老城以人文旅游、文化服务为主要功能。

陕西省出台《关于推进文化创意和设计服务与相关产业融合发展的实施意见》。

碑林区启动建设环大学创新产业带。

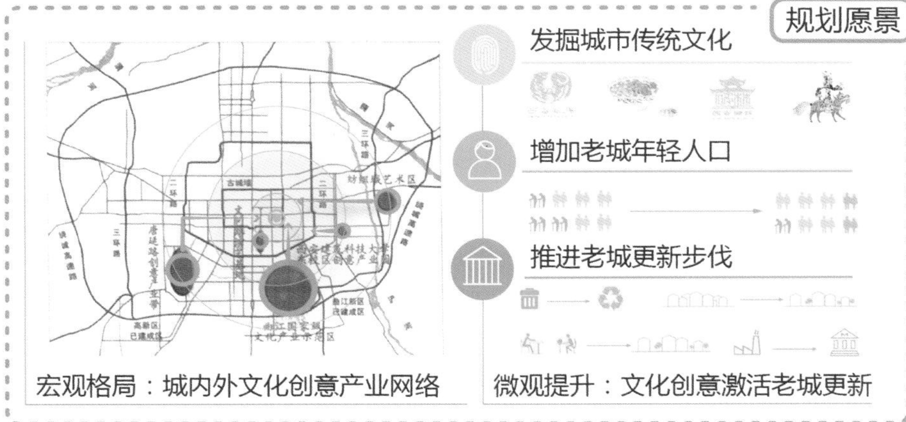

社区更新·文化再造

创意产业介入下的旧城复兴　茅天轶（102615）

总平面图

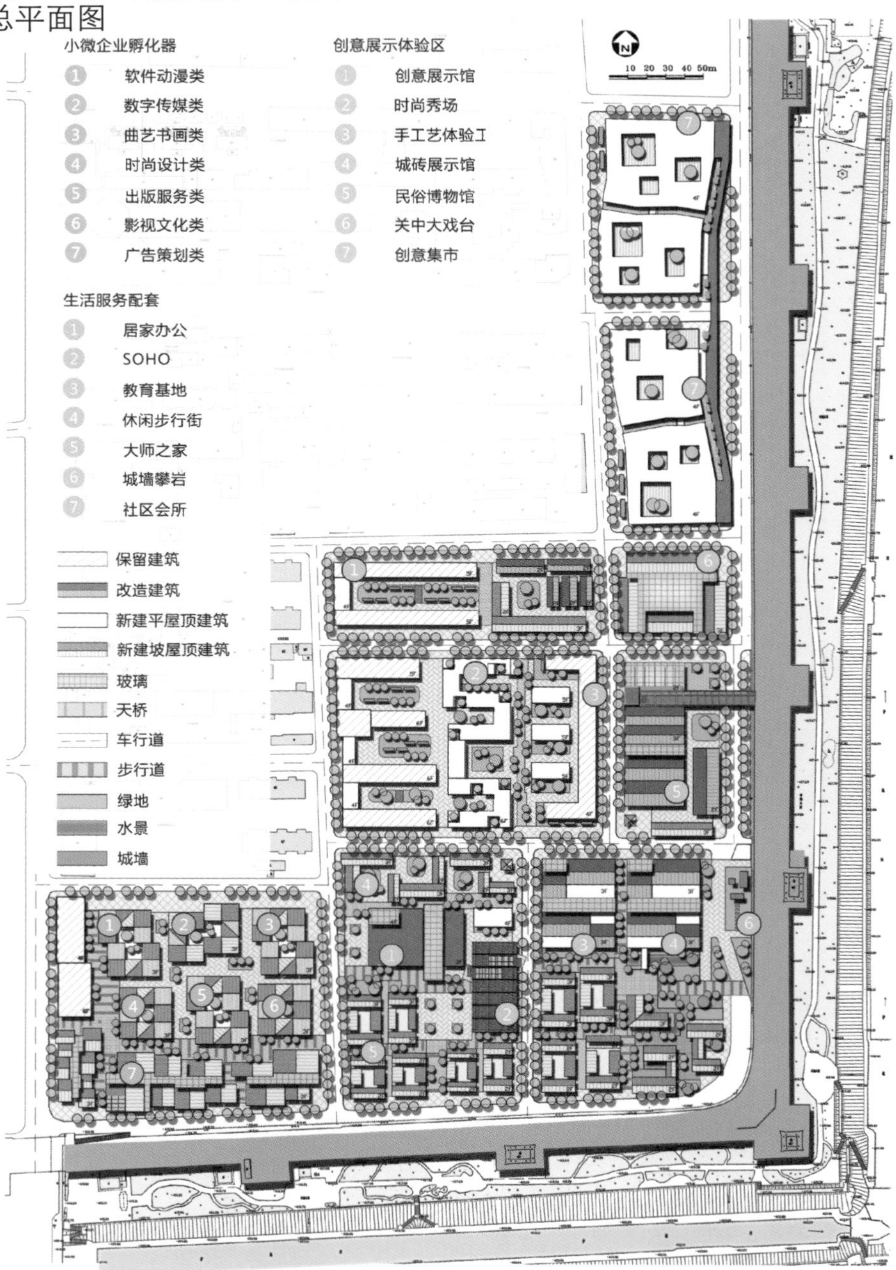

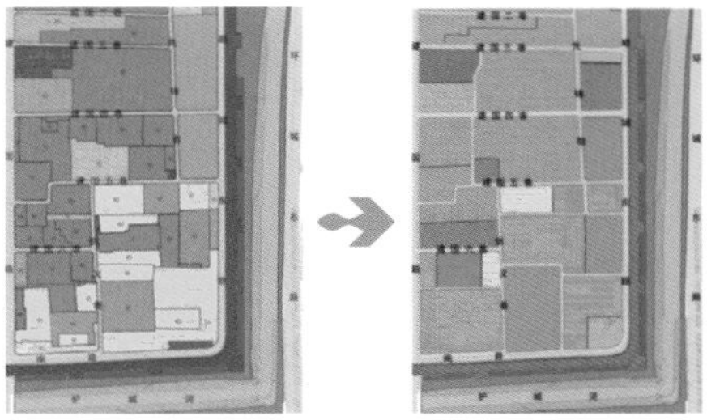

用地功能调整

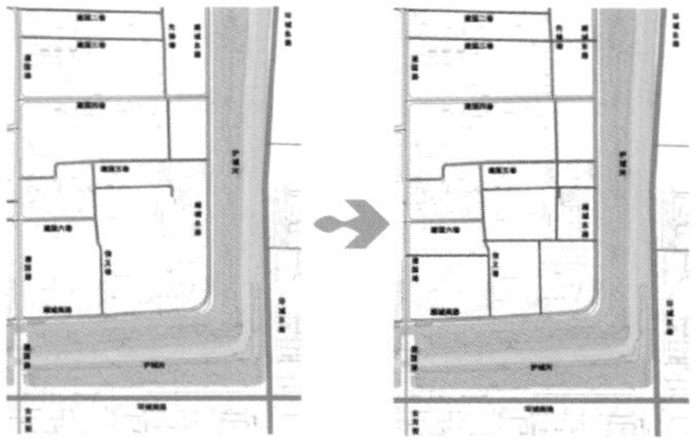

道路系统调整

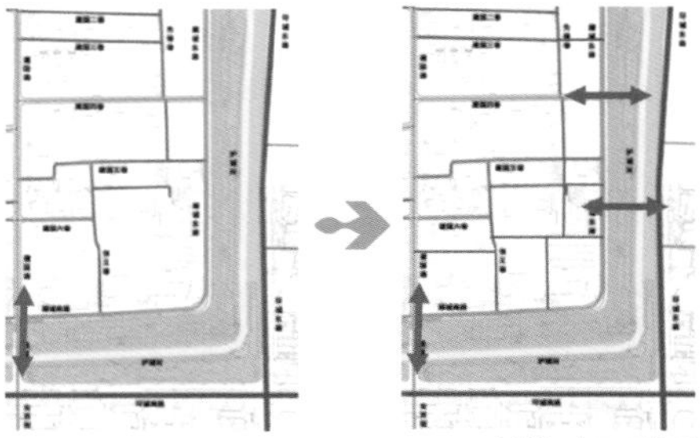

城墙上下联系

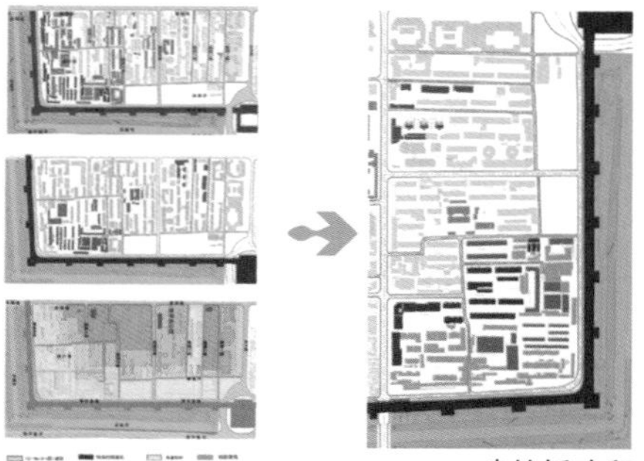

建筑拆改留

系统图

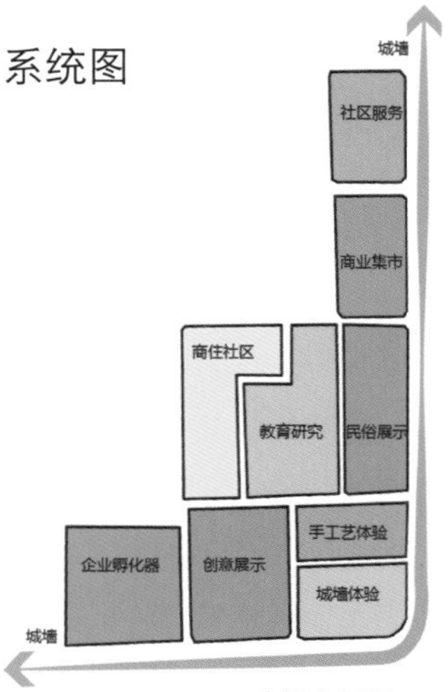

功能布局图

交通组织图

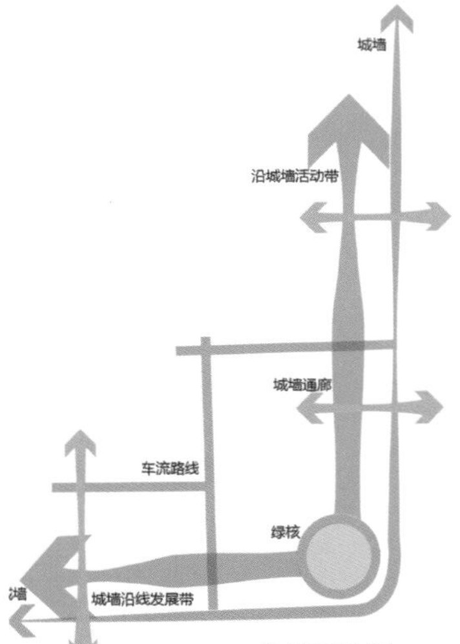

规划结构图

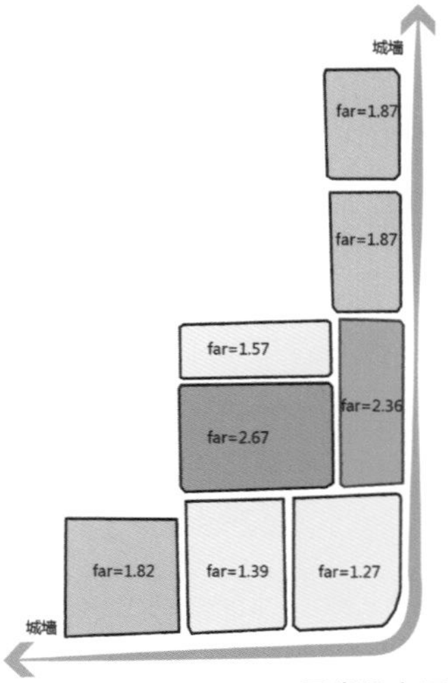

开发强度图

社区更新·文化再造

创意产业介入下的旧城复兴　茅天轶（102615）

节点改造

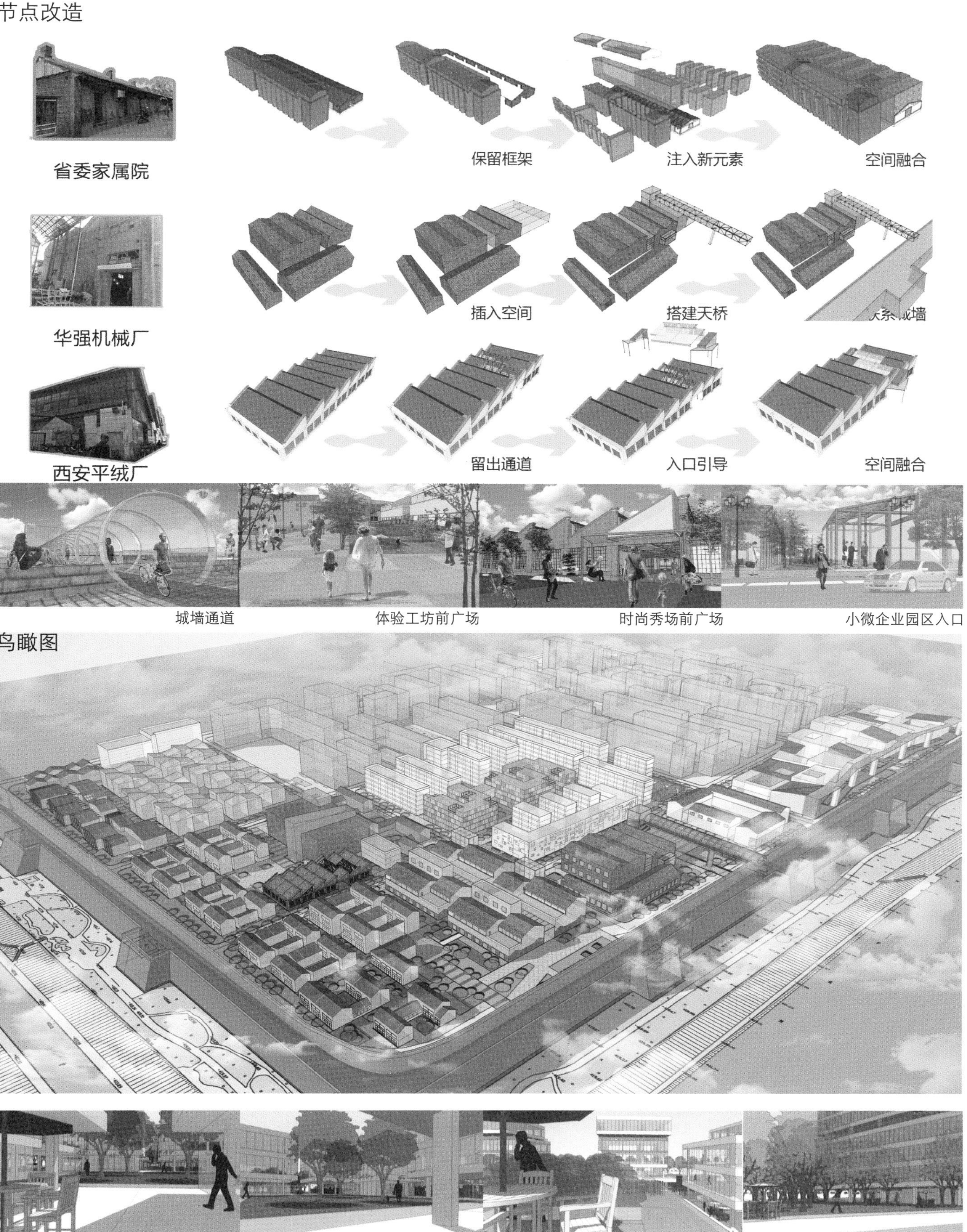

居家办公试点项目

水蕴 · 长安

A SUSTAINABLE DEVELOPMENT PROPOSAL FOR XI’AN

重庆大学建筑城规学院

李立峰　唐睿琦　顾力溧　谭　琛　肖卓尔　岳俞余　余　珍

易雷紫薇　张琳娜　曹永茂

指导教师：赵万民　王　敏　王　正

针对“传统界域 · 现代生活——西安城墙沿线地段更新发展规划”这一命题，小组经过分析调研，对西安传统界域的三个方面进行剖析，分别是西安的生态界域，生活界域和文化界域。历史上，西安城八水环绕，城水相依，自然景观充满生机。秦岭山脉与渭水交融的关中平原乃是天府之国，也蕴育出长安大唐盛世。生活与文化也紧密相依，古时水边的渠井相济的公共生活，历史街道的繁华如梭，坊巷间佛寺道观密布，书院文庙国子监里书生大儒们环坛而坐，闻道洗心，为后世留下了灿烂 的民俗文化与汉学文化。

基于对核心三个方面的研究，聚焦“生态退化、文化衰落、生活失落”三个现状核心问题，我们提出“润生态”，“漫生活”，“涵文化”系统策略来重塑老城活力。并在详细城市设计层面，从三个系统切入，以地块为依托提出 9 条分项思路来解决具体问题。“润生态”植入生态技术，旨在重塑城市水脉，构建绿色网络，营造生态社区；“漫生活”基于多样化社区，聚焦串接漫游体系，激活公共生活，完善公服设施；“涵文化”则挖掘传统文化，提出传承文化多样性，提升文化展现力，激活文化创造力。

同时在更新机制上提出“渐进式开发策略”和“自上而下”与“自下而上”相结合的更新模式，以求取得可持续可实施的更新发展规划。以如水灵动漫润的规划策略，孕育西安老城墙内的现代生活。

Aiming at the topic of “traditional Realm, Modern Life”, we define the realm as enviroment realm,life realm and culture realm, Tracing back to ancient time, we searched for the precious resources and possibilities to restore the treasures by modern methods. In ancient time, Xi’an is surrounded by abundant water vein, which bred magnificent Tang Dynasty. Public activities occured along the canals and wells. The Buddist temple, Taoist temple stood densively on the prosperous street. Scholars gathered in Confucious’ temple to discuss the profound and lasting theory. All of these provided successors with splendid folk custom and culture.

Based on field investigation, our team summarized three main contradictions which are ecological degradation, the decline of traditional culture and the loss of the quality of life. Based on the core goal to re-construct life inside the Xi’an city wall, we determined to divide the planning into three systems, folllowing as ecological restore, community connection and cultural activation. On the layout of detailed urban design, we refine the systems into 9 specific strategies to solve problems. On the respect of ecological environment, water vein rebuilt, net of green space and ecological community are taken into account. As for community, slow traffic system, flexible public space and public service facilities improvement are tactics. Traditional culture industry and colourful local festivals enhance the connotation of culture.

The updating mechanisms, such as progressive development, cooperation between community union and property developers are put forward to pursue sustainable.

1 背景解读

1.1 文明摇篮　世界古都

西安所在的关中地区是中华民族的摇篮、中华文明的发祥地，和罗马 雅典 伊斯坦布尔并称为世界四大古都。西安的每一寸土地，都积淀着厚重的传统文化，承载着久远的中华文明。

1.2 汉唐荣耀

“九天阊阖开宫殿，万国衣冠拜冕旒”，长安在其发展的极盛阶段一直充当着世界中心的角色，这座中国历史文化的首善之都，已成为中国历史的底片，中国文化的名片和中国精神的芯片。

1.3 近代没落

历史的荣光逐渐远去。自唐以后，西安城市建设步伐减缓。

1.4 复兴曙光

新丝绸之路：

城市有自己的生命，生生不息。西安作为丝绸之路的起点，历来是西北地区的核心城市。“一带一路”战略正在谋划世界的中国，西安乘着新丝路的发展机遇，正构建联系世界的西北通衢，其未来复兴的曙光初现。

生态文明：

中国作为全球最具活力的经济大国，几十年来，粗放型经济增长方式使生态环境面临严峻挑战。党的十八大以来，城市生态环境受到前所未有的重视，生态文明发展、生态城市建设给西安发展带来新机遇。

1.5 西安区位

西安地处关中平原腹地，自古便有天府之国的称号。西安所处的关天城镇群，是西北大发展的基点。西安是国家重要的科研、教育和工业基地，中国历史文化名城，中国最佳旅游目的地城市之一。

1.6 规划范围

本次规划范围为西安老明城，分别隶属于莲湖区、新城区和碑林区。面积约13k㎡，人口约40万人。

世界四大古都

丝绸之路经济带的复兴

西安在西部的区位

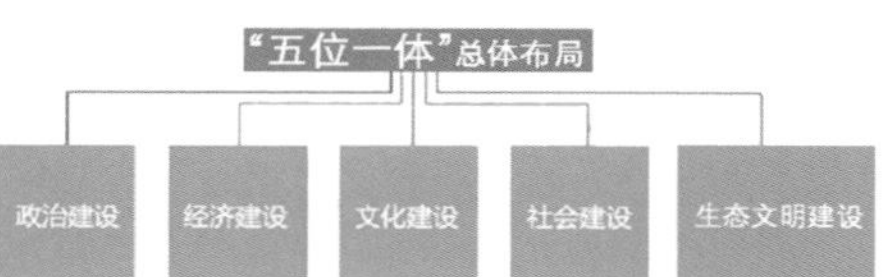

十八大后国家发展总布局

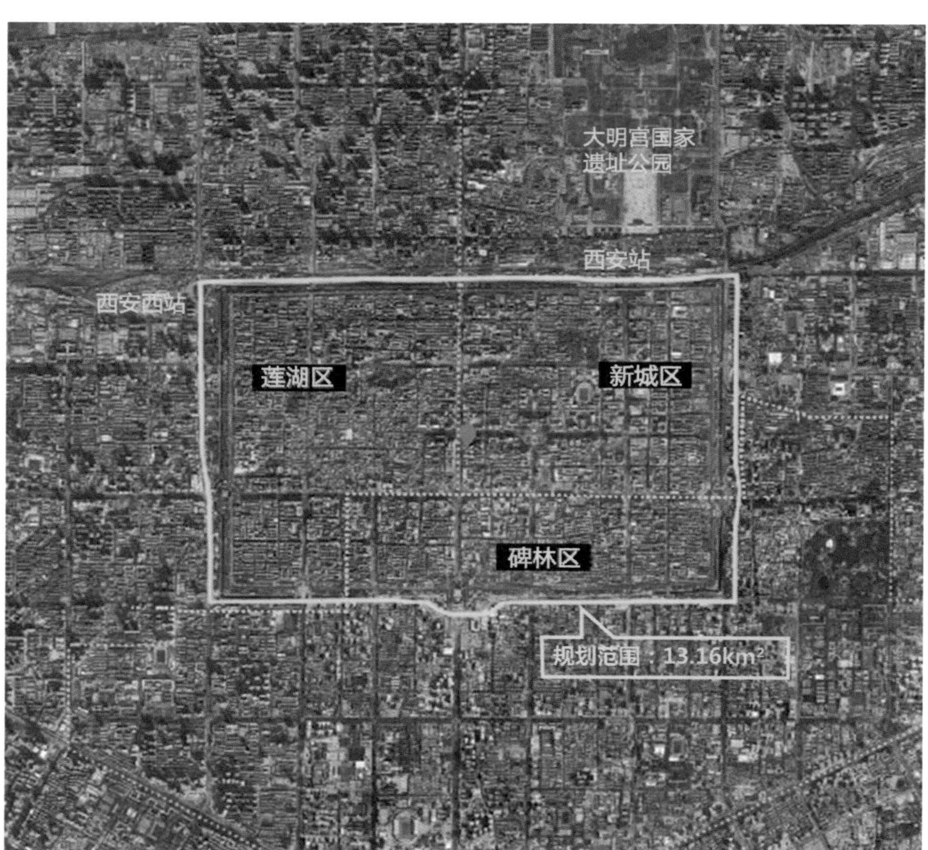

基地选址

明城区在大西安的区位

西安明城墙范围

2 上位规划

2.1 总体规划与历史文化名城保护规划

西安市总体规划对明城区定位为以人文旅游、文化服务、商业零售业为主导产业，行政办公单位逐步外迁。

历史文化名城保护规划中形成了“一环（城墙）、三片（北院门、三学街和七贤庄历史文化街区）、三街（湘子庙街、德福巷、竹笆市）”等组成的保护体系。

2.2八水润西安规划

八水润西安的专项规划为我们展示了一个水系丰盈，绿色自然的未来西安城市发展图景。

西安市城市总体规划（2008-2020）　西安市历史文化名城保护规划（2008-2020）“八水润西安”河湖水系规划图

3 基地分析

3.1 生态格局

随着城乡的快速发展，西安周边的山水与城市日渐远离，西安的生态格局已经逐渐退化。

原因分析：

①西安及周边人口的急剧膨胀对生态的影响；

②秦岭生态系统遭受破坏，森林面积锐减、水源涵养能力下降；关中平原河渠水量减少。

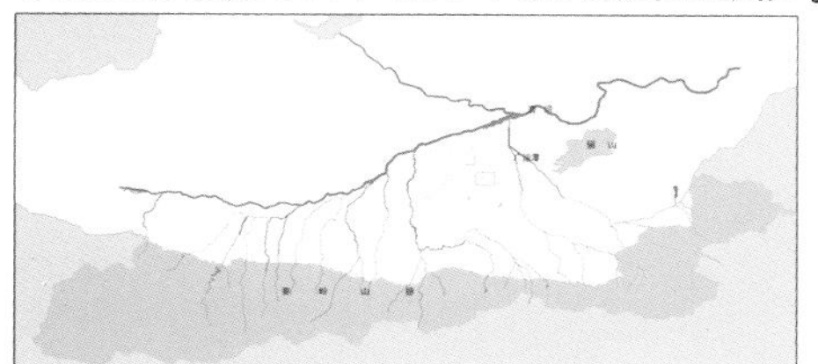

3.2 文化资源

文化优势——五宗并城，内涵丰富

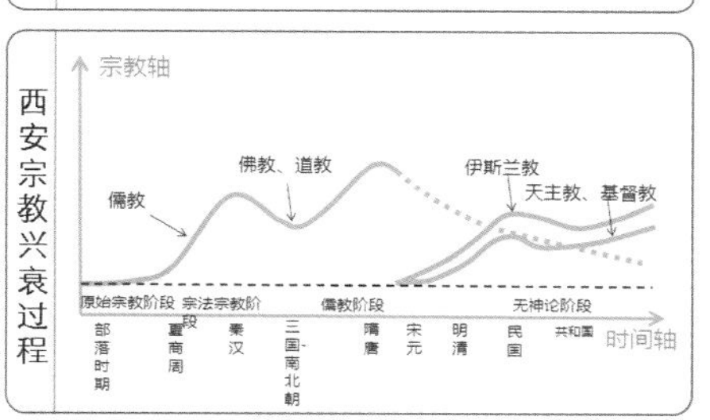

文化问题——文化的过度侵蚀和消费

西安现有民俗文化种类丰富，但在现代经济社会下，出现了被过度商业侵蚀和消费的现象。

□用地现状分析

明城区人口约 42 万，公共设施用地占比过高，人均居住用地和人均绿地面积偏低。

□公服设施分析

明城区内公共服务设施用地达标，但用地分配不均，教育、行政、商业用地过多文娱、体育用地过少。

□道路交通分析

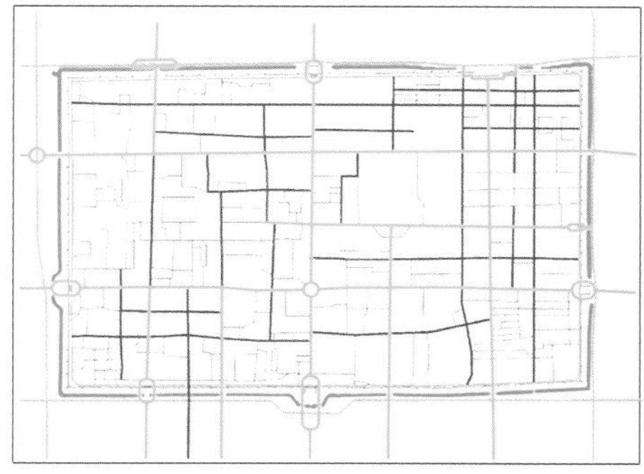

现状主次干道连续性差，支路连通性差，街巷萎缩。现状道路系统“零散化”，路幅宽度“两极化”。

□绿地系统现状分析

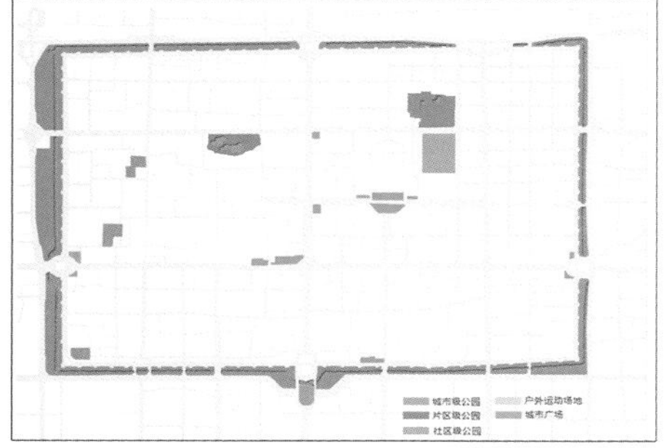

绿地分布不均，缺乏联系，整体性差。以护城河带状公园为主，点状绿地不足。

□文化资源点现状分析

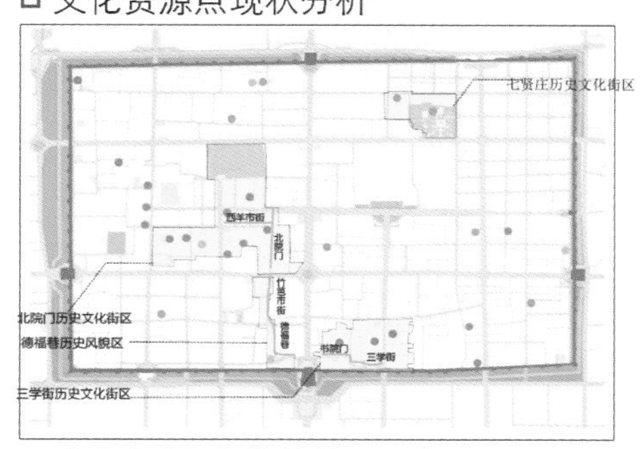

历史文化资源保护较差，方式单一。资源多但并没有加以发扬与扩展。

□历史保护区现状分析

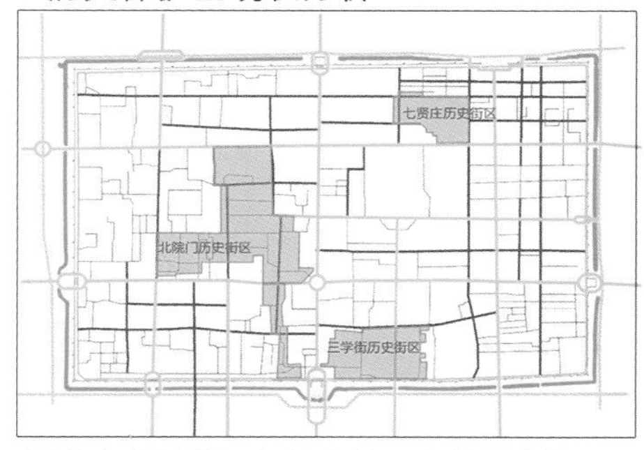

历史底蕴浓厚，但能守护下来的历史街区越来越少。

4 解题—传统界域

其一，西安这座古老城市的发展受到了生态承载力的极大制约。
其二，院落空间衰落，街道生活兴起，但是街道空间与现代生活脱节。
其三，西安文化与现代生活脱节，呈现衰落的趋势。
对于西安这块土地，我们以历史为基础，生态为手段，生活为聚焦，努力描绘西安的现代生活图景。

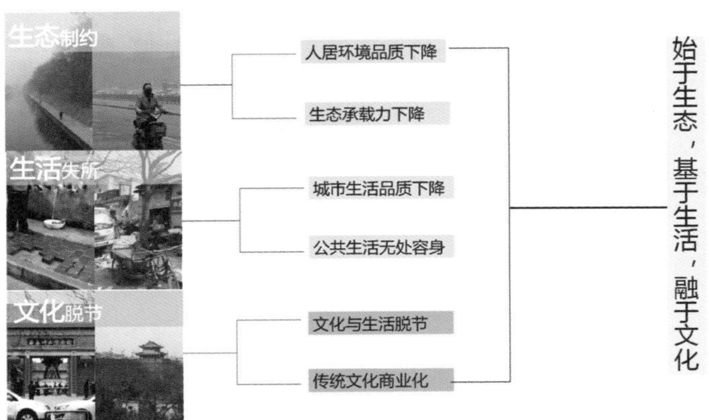

现代生活

对于现代生活，我们有着共同的追求。
绿色生态，人居环境的改善是城市以人为本的基础；活力生活，公共空间以其共享的特质，实践城市生活的真正含义；多元文化，城市因其包容而具备放之四海的吸引力。

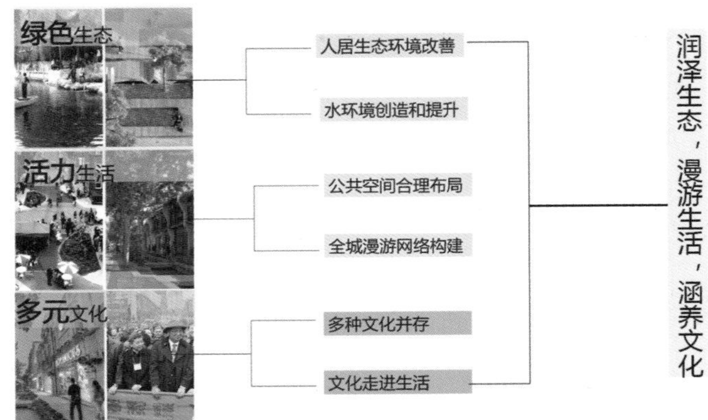

总体理念

水，其质中性，却润泽万物；其行无声，却漫流万径；其状无形，却包容万象。

[细流以润物] ——生态理念　　[浮生且漫行] ——生活理念　　[海涵共文昌] ——文化理念

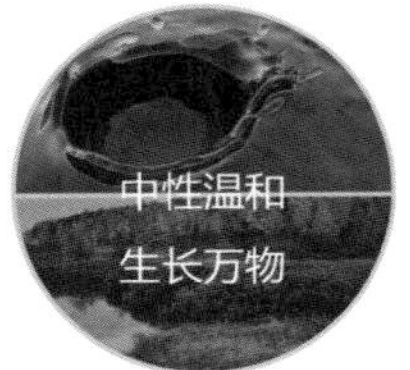

水的特性：中性
水是有机体最重要的组成部分。

现代生态人居环境对水的作用愈发重视；
水能改善城市生态环境，从而提升城市竞争力。

水，以江川河流为载体，流遍神州大地；
水之经流处，生生不息，万物生长。

公共生活，以街道院落为载体，激活城市；
街道活力之处，纳人流往来，观人潮涨落。

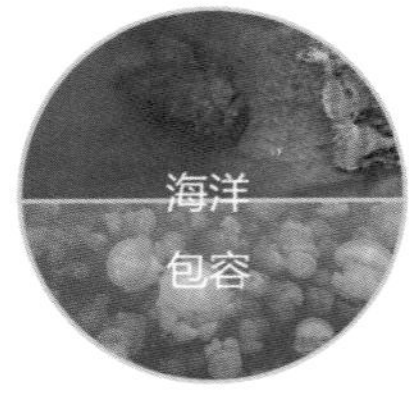

我们称海洋为母亲，因为她永远包容一切。
水以其包容，孕育了繁盛的生命。

唐代的华夏文明曾以包容的文化姿态拥抱世界；
如今仍以包容的姿态融汇古今，走向文化繁荣。

5.1 生态核心问题

城市水资源

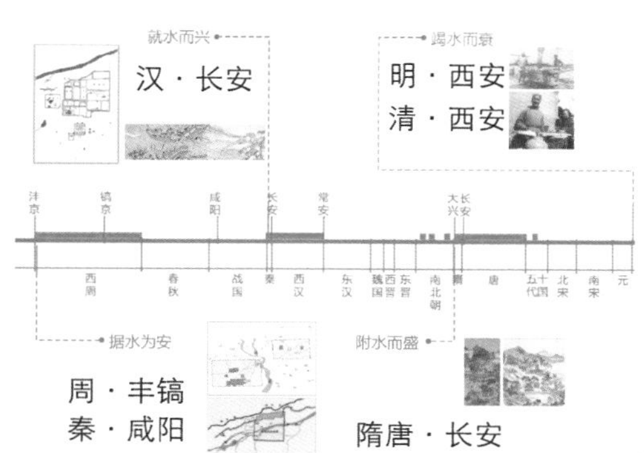

水兴则城兴，水殇则城衰

西安城市居民与自然共生的生活逐渐消失

如何重塑消失的“水”，润泽老城人居生活

城市绿地

绿地分布不均,结构不合理

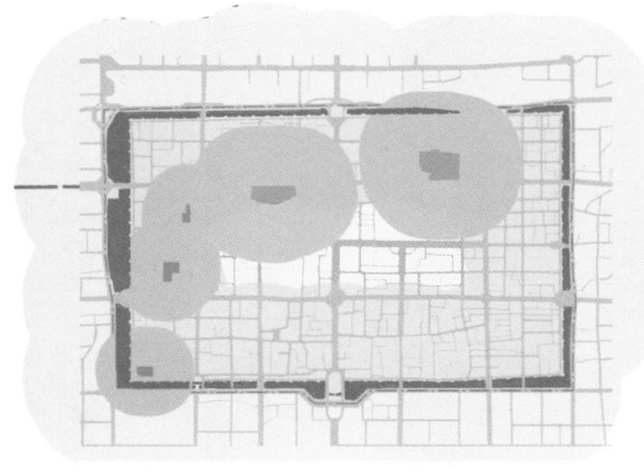

绿地层级性差

5.2 生活核心问题

城市公共服务设施

公共服务设施占地多，但各类用地发展不均衡

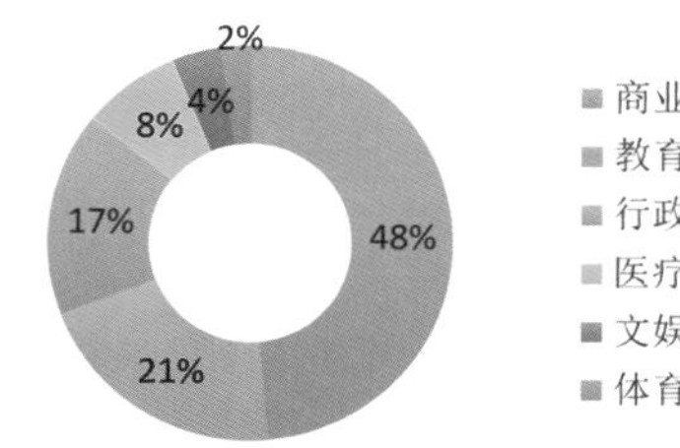

城市公共空间

原有居民搬出，关系网络缺失

原有院落承载了家族或者亲邻的交往空间功能家庭结构的变化导致原有的院落空间不再承载交往功能。

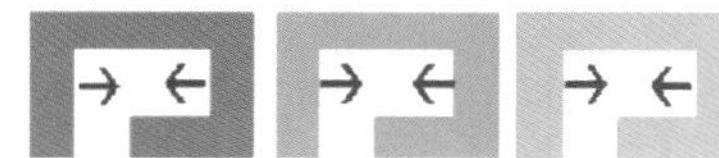

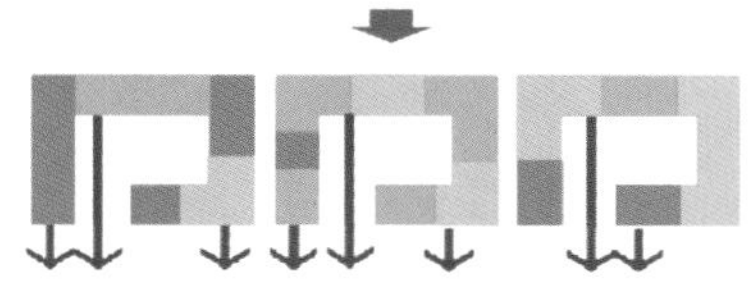

对于经济利益的追求使居民乱搭乱建，人口密度过大。

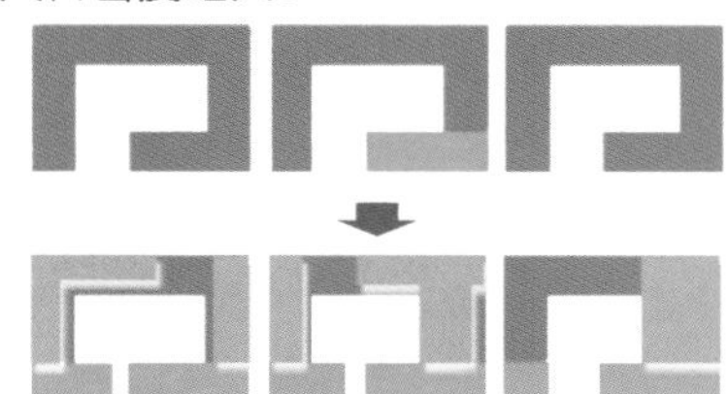

城市交通设施

现状停车区外“过于集中、覆盖范围局限”区内“严重缺失、无序混乱停放”

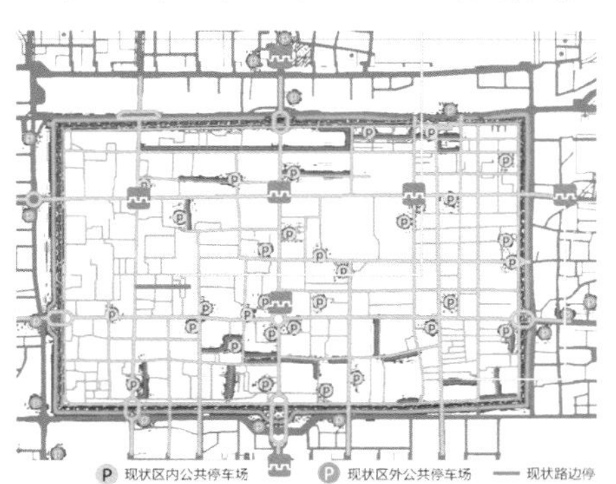

5.3 文化核心问题

文化资源丰富，但利用不足

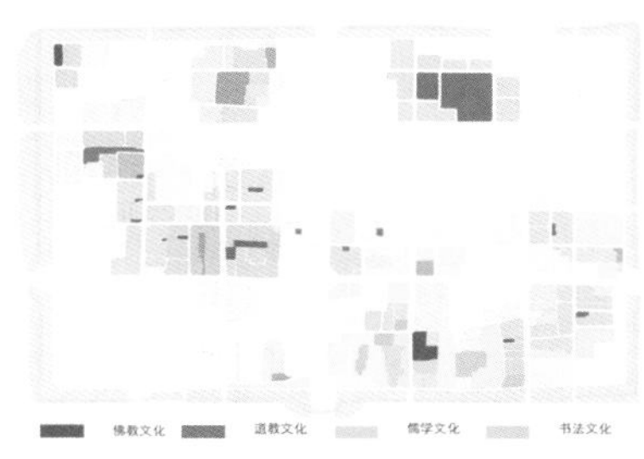

文化展示力欠缺，文化展示场所缺乏

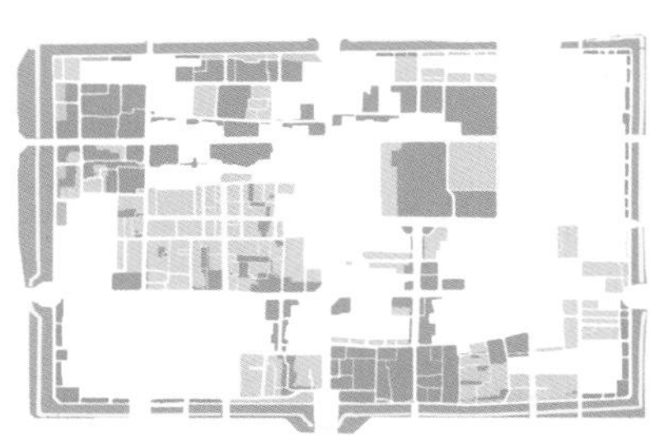

文化逐渐趋同，文化多样性渐弱

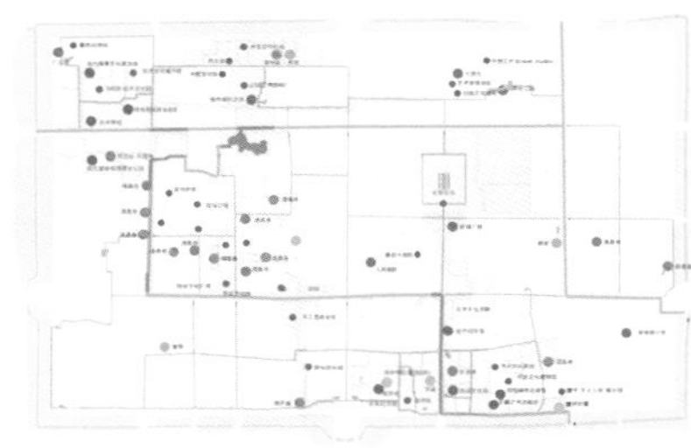

文化活力不高，文化创造力待提升

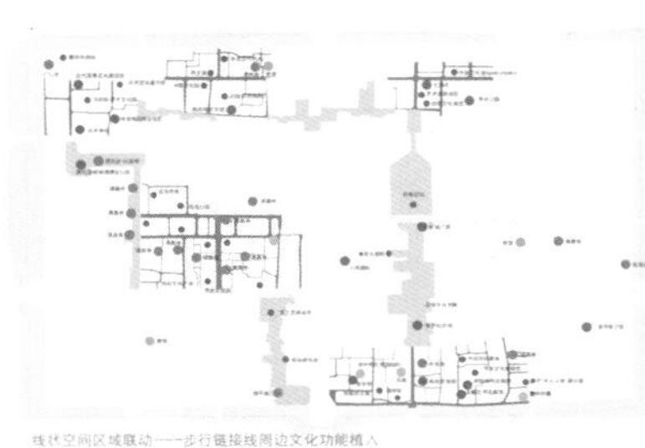

6.1 润生态系统设计

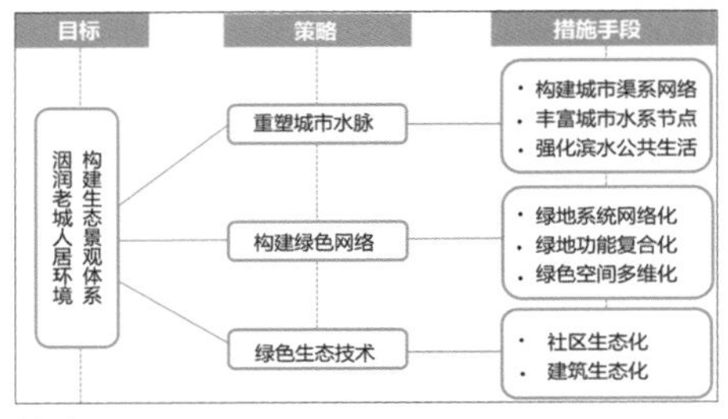

策略图示

为了实现构建生态景观体系，涸润老城人居环境的概念目标，我们提出了“重塑城市水脉，构建绿色网络，绿色生态技术”的三大策略，从这三方面入手以期实现“润 · 生态”的主题。

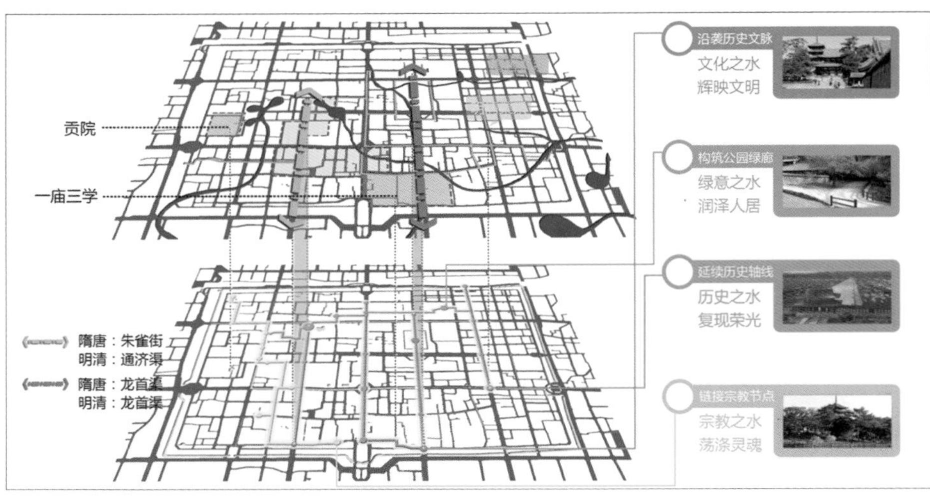

渠系廊道塑造

1 重塑城市水脉

据水城始立，附水城可兴，水系的丰竭关联着城市的兴衰。历史上丰盈的八水让长安城曾经是一座有着水运之便和迷人水景的城市。我们思考将外围水系引入明城区内，滋润老城干涸的人居环境。

回溯及复原隋唐、明清历史渠系的重要轴线，作为城市核心渠道。通过历史要素提取叠加，我们设计了四条主题渠道。

在对城市历史文化资源和公共活动节点分析的基础上，结合打造三种类型的城市水系景观节点。

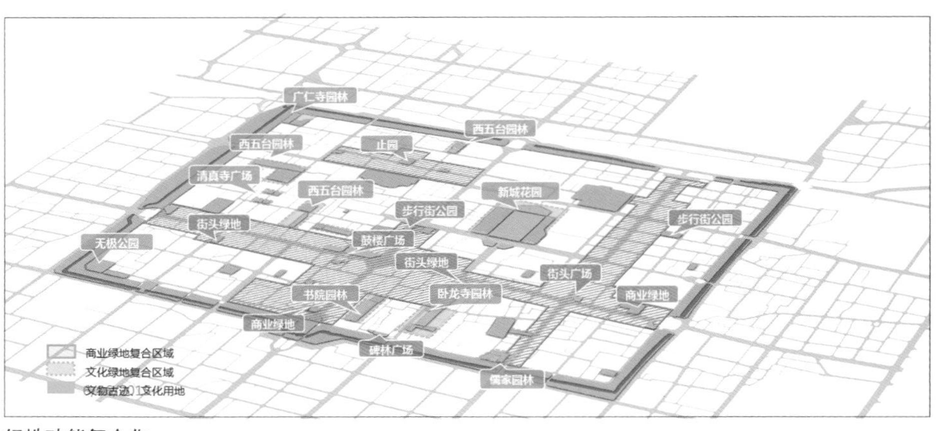

绿地功能复合化

2 构建绿色网络

面对明城区内绿地系统存在的现状问题，我们提出“先完善，后提升”的绿地发展策略，通过完善绿地系统网络，促进绿地功能复合，推动绿地立体发展，以实现全面提升老城绿色人居环境。

首先，我们通过多因素叠加分析得出绿地优先发展区域，在这些区域增加绿地斑块，并且依据城市道路、历史游憩路线以及水渠设置绿化廊道，完善绿地网络。

其次，将开敞空间与文娱、商业等功能复合，分析人群需求细化开敞空间类型。

最后，我们在城市密集区发展多维化绿地空间，更好地完成了对自然的收纳。

3 绿地生态技术

改善老城人居环境，利用绿色生态技术将旧城改造与生态城市建设相融，主要从社区生态化和建筑生态化两个方面入手。

社区生态化方面，强调以雨水循环系统为主线的低冲击开发；建筑生态化方面，通过功能转化、体形改造、空间重组和生态改造，以实现建筑生态化、再利用。

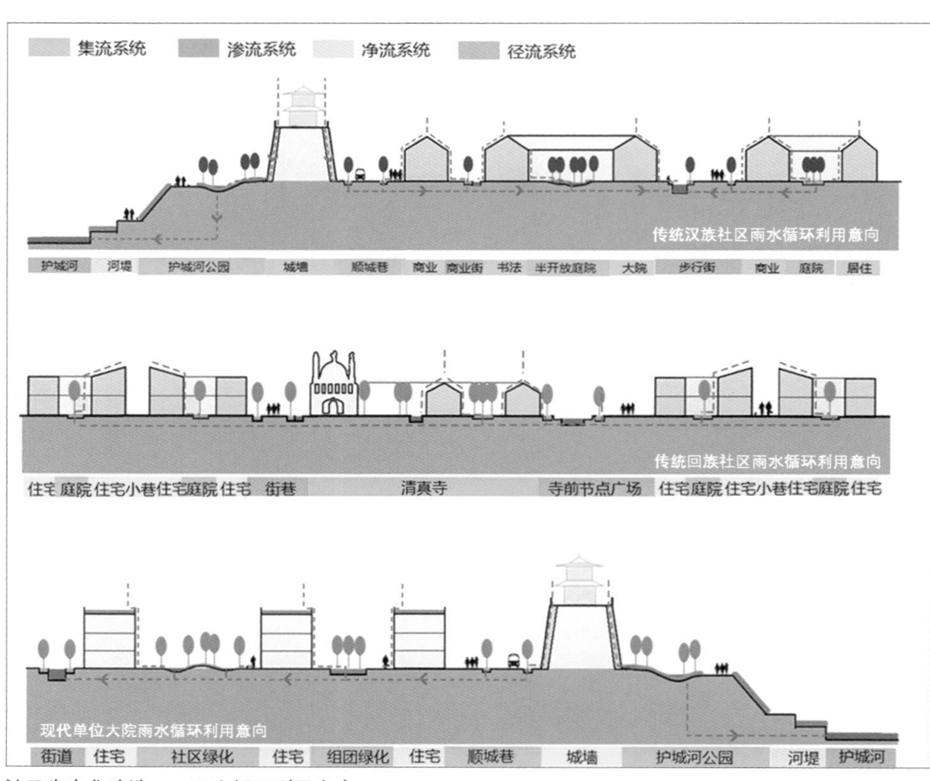

社区生态化改造——雨水循环利用意向

6.2 漫生活系统设计

漫生活框架

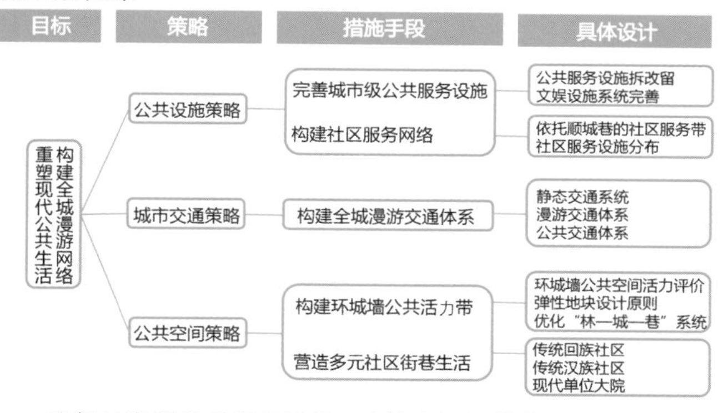

我们从完善公共服务设施，串接交通漫游体系，激活公共生活，三方面入手提升民生环境，营造活力人居。基于生态文明和历史风貌保护原则；我们不主张大规模的“拆、建”，而是通过三个柔性策略解决问题：控制机动车交通，链接公共交通和串联慢行交通；我们通过弹性地块的功能复合；慢行交通促进行为多样；生活流线与游憩流线适度分离，在顺城巷适当布置，提升顺城巷活力，带动城市发展。

环城墙公共活力带塑造

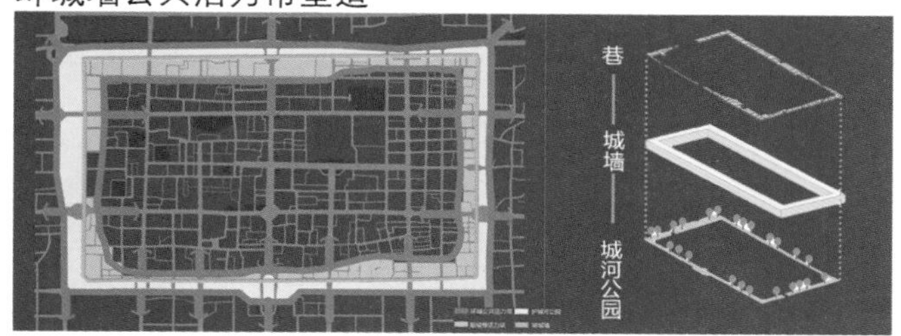

弹性地块激活模式

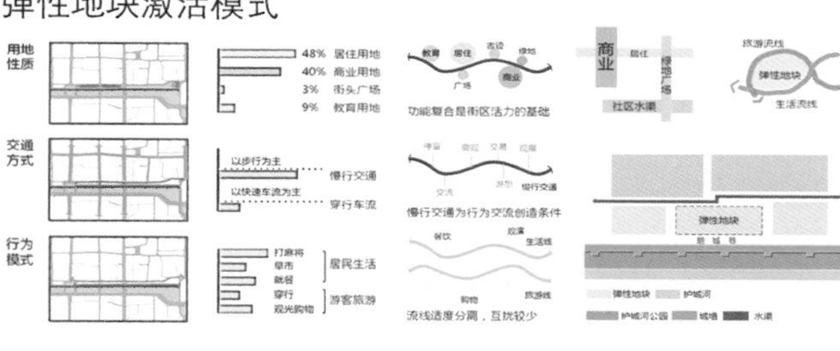

完善公服设施

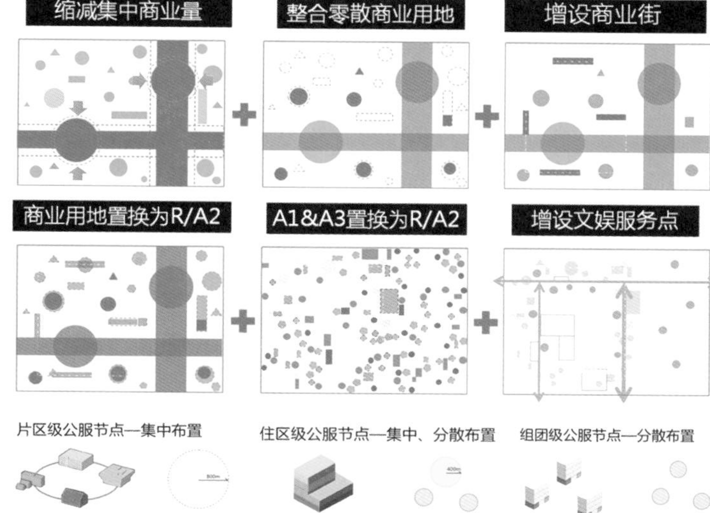

弹性地块交通模式

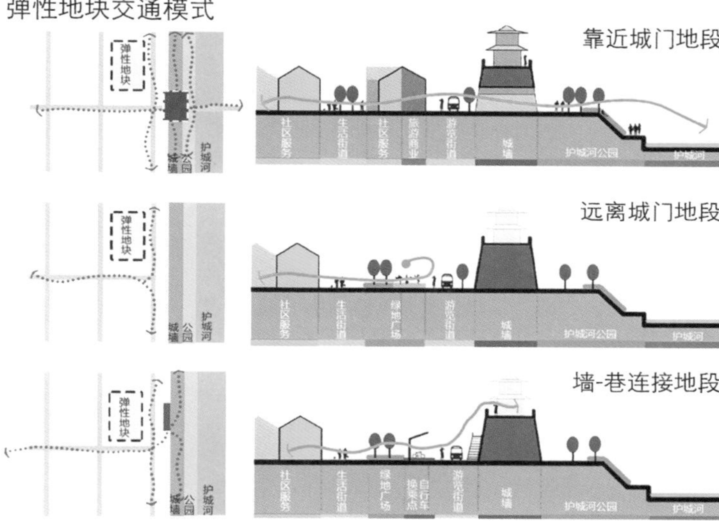

特定路段道路改造

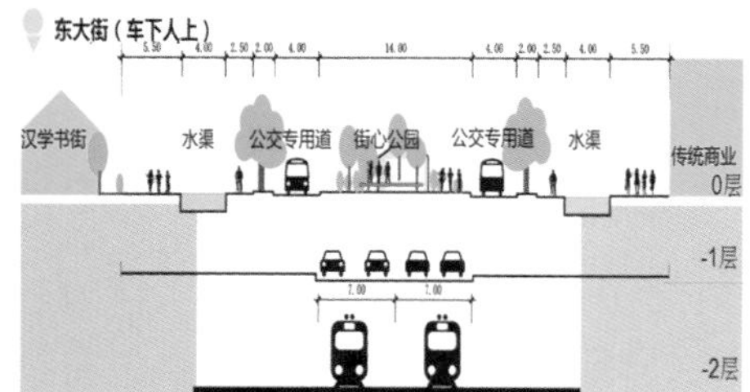

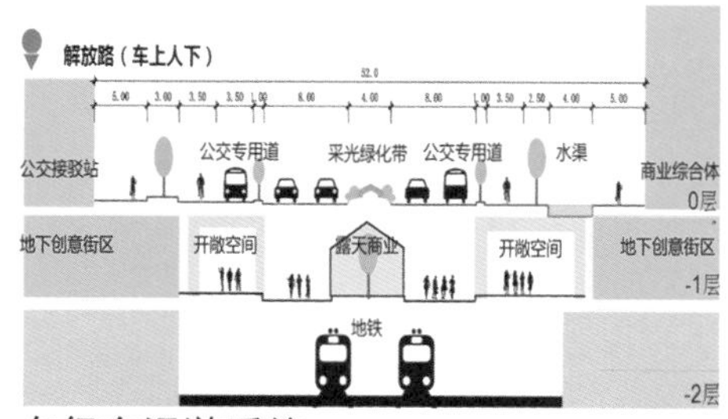

立体漫游系统设计

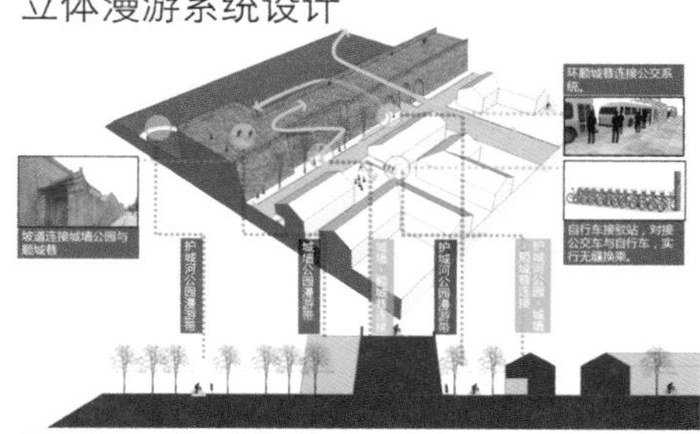

专线公交漫游系统

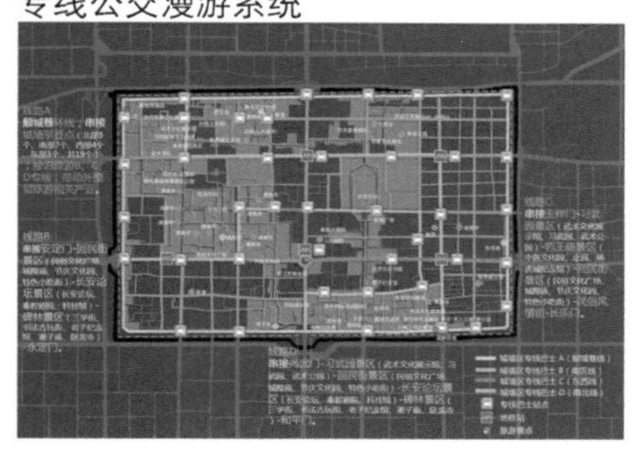

自行车漫游系统

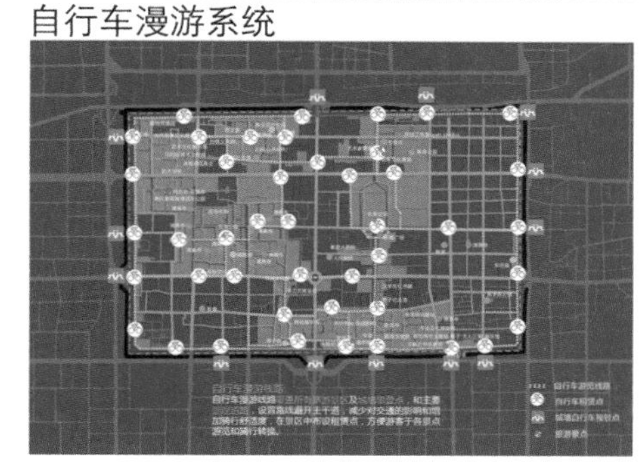

双圈层“P+R”停车系统

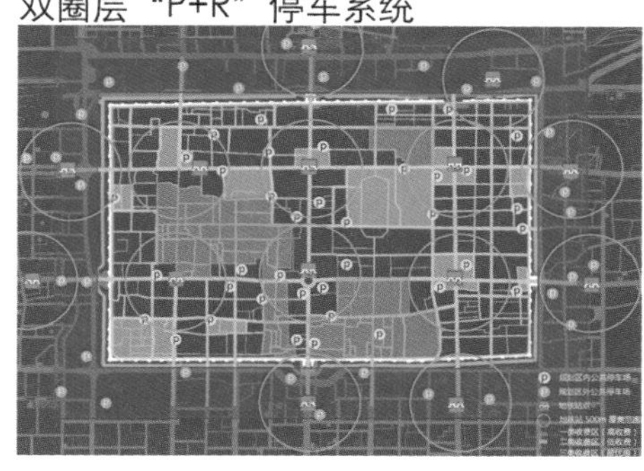

6.3涵文化系统设计

文化系统设计结构

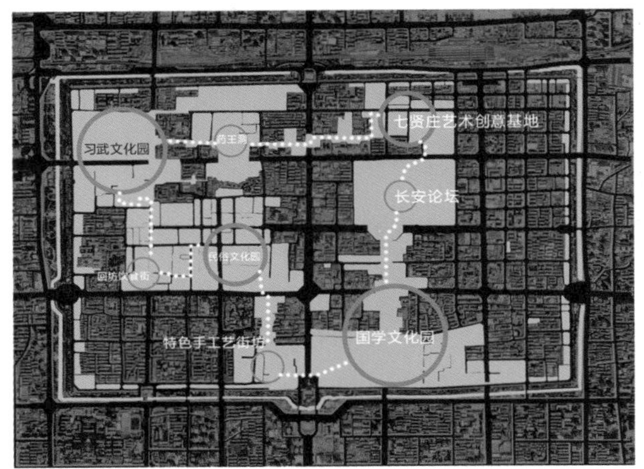

文化系统设计框架

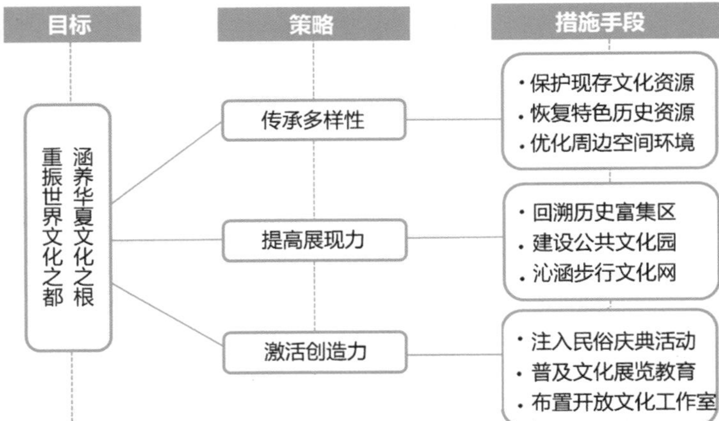

文化系统设计策略

传承多样性

历史文化资源点是城市文化多样性的空间载体，保护和恢复历史文化资源点，优化周边空间环境提升文化氛围是传承历史文化多样性的有效途径。

通过对现状资源点的功能空间状况进行分析，对完好的资源点，如清真寺、佛寺，现状保护；对文化空间缺失异化的道观、教堂，进行空间和功能恢复。

在此基础上对历史文化资源点周边环境进行优化，主要有三种优化方式，第一，绿化缓冲（如西五台）；第二，功能外置（如城隍庙）；第三，新功能植入（如碑林）。通过三种方式实现资源文化点周边环境的优化。

提高展现力

历史文化区是集中体现文化特色的区域划定历史文化区，设定文化体验路线，使文化特色得以充分表达，是提高文化展现力的可行途径。

回溯历史富集区，恢复部分文化历史资源点，建立公共文化园，使历史文化能得到展示。

通过设置步行文化网，连接主要文化区以及各文化资源点，形成文化体验环线以及文化体验片区。以此整合文化资源，提高文化表现力。

激活创造力

城市文化创造力是文化活下来的内在动力。通过活动、教育与创作，使传统文化得到传承与新生，新兴文化得到注入与展现。

结合恢复的文化资源点，对民俗文化特有的空间进行设计；重塑秦腔、战鼓、清明赐火等西安民俗文化活动。

增设世界级的文化机构，利用对话、讲学、思辨的场所，进行文化普及，弥补缺失的文化内涵布置开放文化工作室。

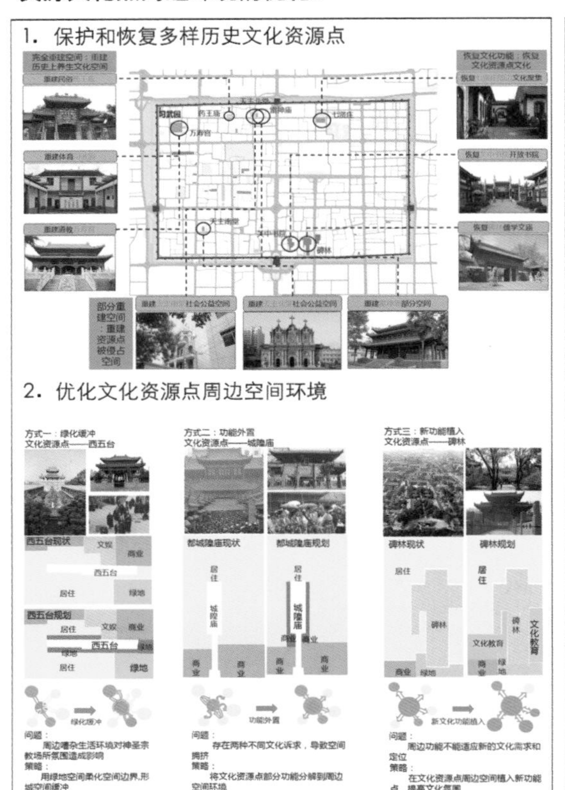

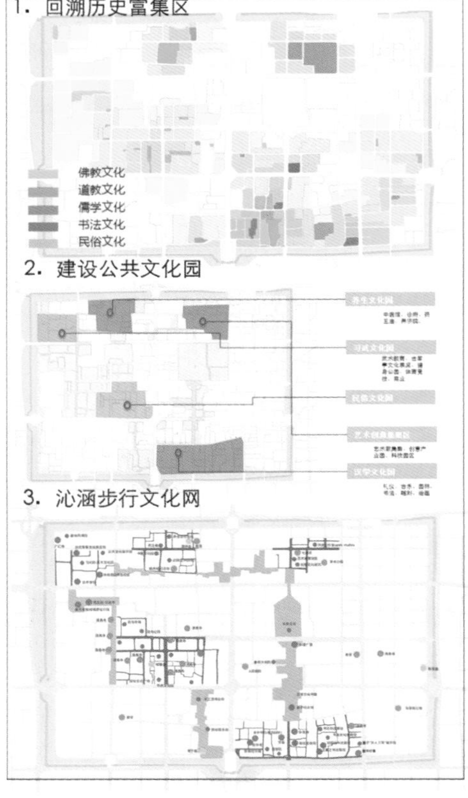

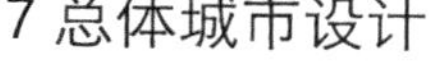

7 总体城市设计

7.1 总体城市设计土地利用规划

用地性质		面积（公顷）	比例（%）	人均用地面积（m²/人）
居住用地		449.7	44.65	16.06
其中	一类居住用地	44.08	4.44	—
	二类居住用地	399.5	40.21	—
道路与交通设施用地		324.7	25.67	11.6
其中	交通场站用地	0.94	0.1	—
市政公用设施用地		2.35	0.18	0.08
其中	供应设施用地	1.89	0.14	—
	交通设施用地	0.46	0.04	—
绿地与广场用地		212.8	19.61	7.6
其中	公共绿地	185.1	18.63	—
	广场用地	9.73	0.98	—
公共管理与公共服务设施用地		188.8	14.35	6.74
其中	行政办公用地	19.35	1.47	—
	文化设施用地	68.82	5.23	—
	教育科研用地	34.9	2.65	—
	体育用地	13.76	1.05	—
	医疗卫生用地	21.47	1.63	—
	社会福利用地	0.52	0.04	—
	文物古迹用地	0.49	0.04	—
	宗教用地	29.54	2.24	—
商业服务业设施用地		137.9	10.48	4.92
总计		1316	100	47.01

建设用地平衡表

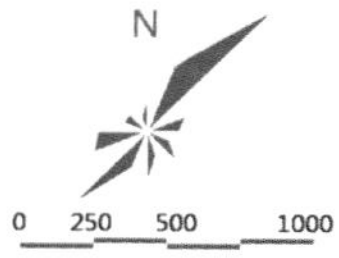

N

0　250　500　1000

图例

R1 一类居住用地　R2 二类居住用地　A1 行政办公用地　A2 文化设施用地　A33 中小学用地　A4 体育用地
A5 医疗卫生用地　A6 社会福利用地　A7 文物古迹用地　A9 宗教用地　B 商业服务业设施用地　S4 交通场站用地
U1 供应设施用地　U2 环境设施用地　G1 公园绿地　G3 广场用地

7.5 总体城市设计平面图

7.2 绿地系统规划

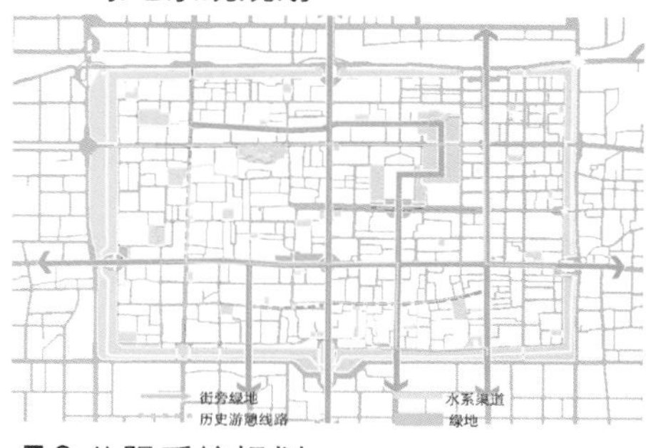

7.3 公服系统规划

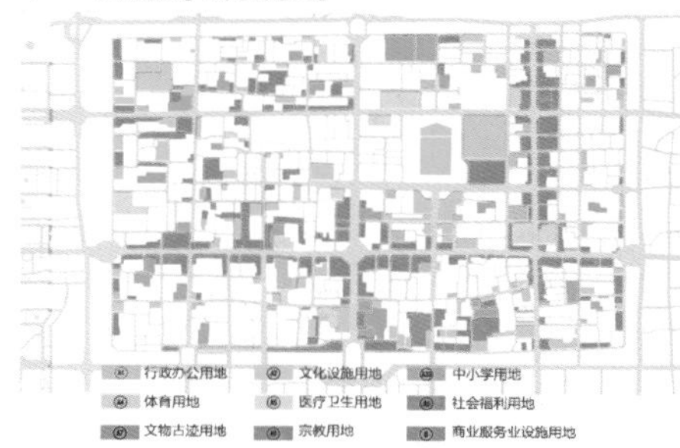

7.6 专题详细设计研究

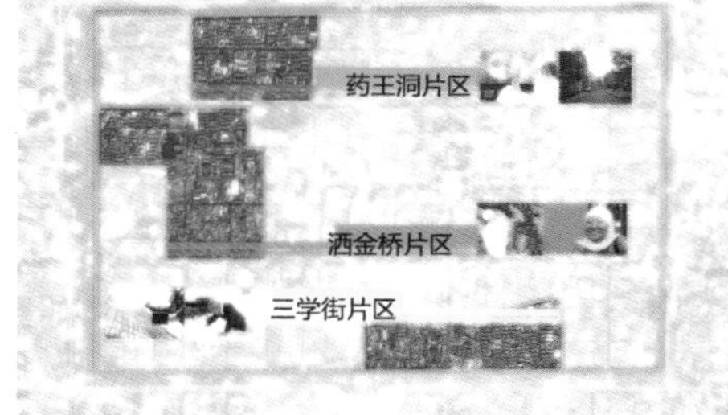

通过将各系统要素叠合，得到三个重点区域，由南向北分别是：

以汉学文化资源集中、传统居住问题严重为主要特点的三学街片区；

以回汉民族融合、传统回族居住问题为主要特点的洒金桥片区；

以文化资源相对一般、现代单位大院肌理为主要特点的药王洞片区。

7.4 文化系统规划

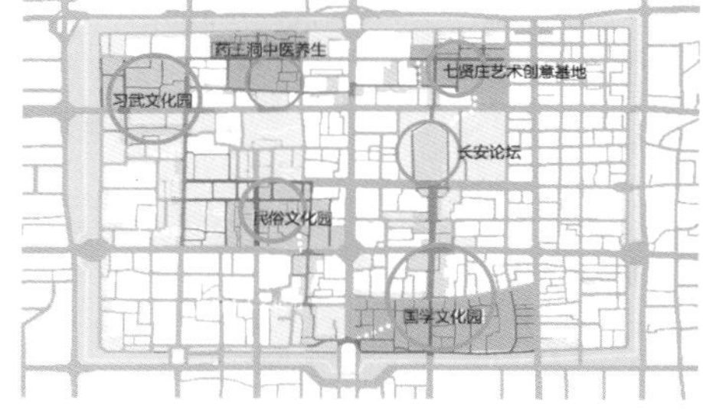

143

8 三学街片区详细设计

上位承接

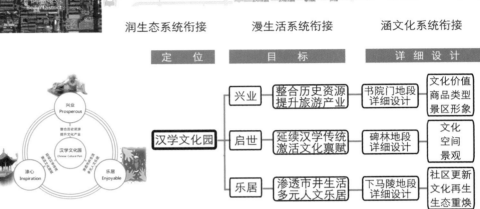

润生态系统衔接　　漫生活系统衔接　　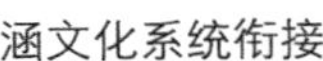涵文化系统衔接

目标策略

三学街片区位于老城南部，是历史文化资源最为丰富的地区。片区总面积约72.2公顷，流动人口，老年人口较多。我们落实了中期润生态、漫生活和涵文化三个系统的要求。我们通过分析发现其核心问题，并在汉学文化园的定位下结合片区地段特色提出兴业、启世、乐居三个策略，将三个策略分地段进行了详细设计。

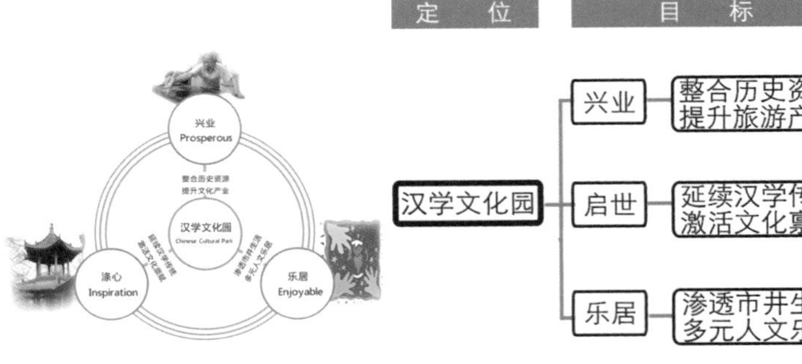

8.1 “兴业”主题地段详细设计

兴业——书院门地段详细设计

分区设计者：李立峰

书院门场地内功能复合，关中书院是最主要的文化资源点。场地内的主要活动人群有游客，在校的师生和本地就业的居民。我们通过分析建筑质量、建筑年代、建筑高度，确定改造方式。

我们通过查阅相关文献和问卷调查，分析了游客和经营者群体的基本情况和需求愿望。在调查分析的基础上，形成文化旅游提升模型。在调查分析的基础上，形成文化旅游提升模型。通过加权分析，得出文化价值、商品类型和景区形象是核心影响因子。

8.1.1于文化价值

我们通过在关中书院周边增加柔性过渡，增强书院的开放性。我们将民俗、文化活动与场所空间相结合，形成体验式旅游。

8.1.2于商品类型

商品服务的多样性在于人的多样性。通过改造一些沿街单元楼，植入社区培训中心，为一般市民提供技能培训和创业场地。

8.1.3于景区形象

我们进行建筑功能改造与置换，梳理街巷空间，营造特色街巷。

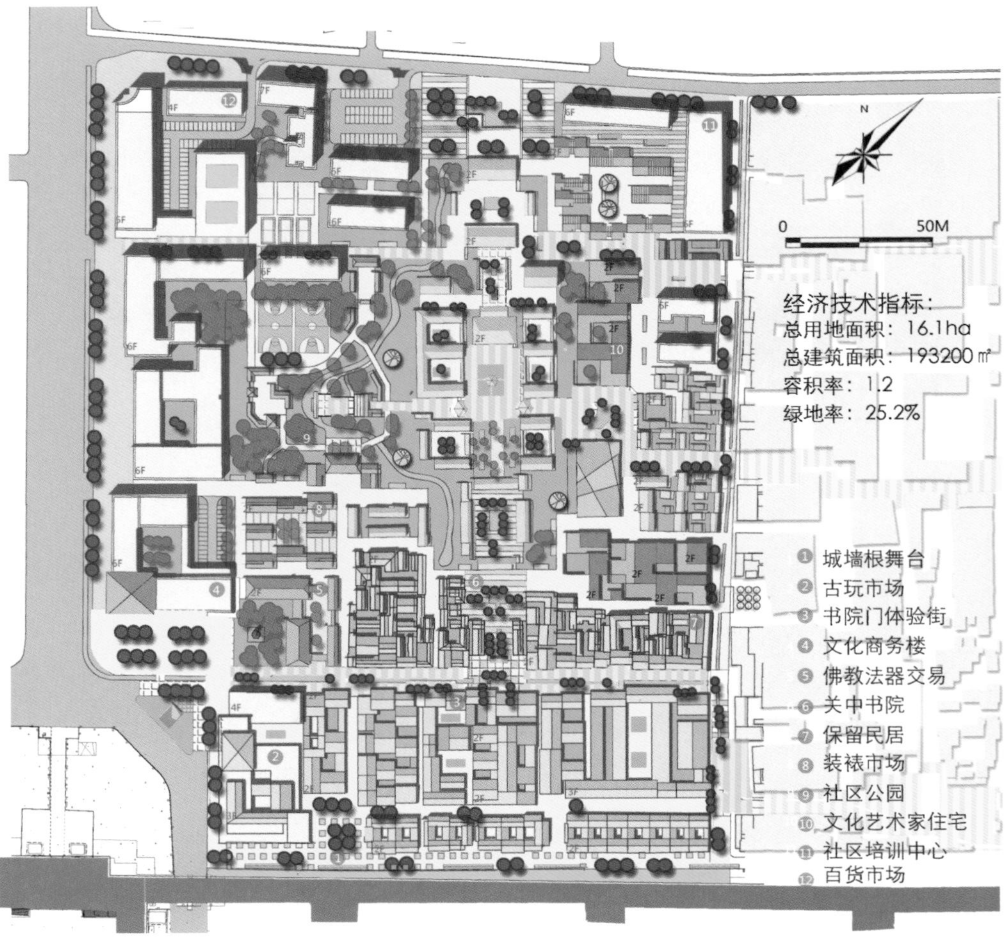

规划策略

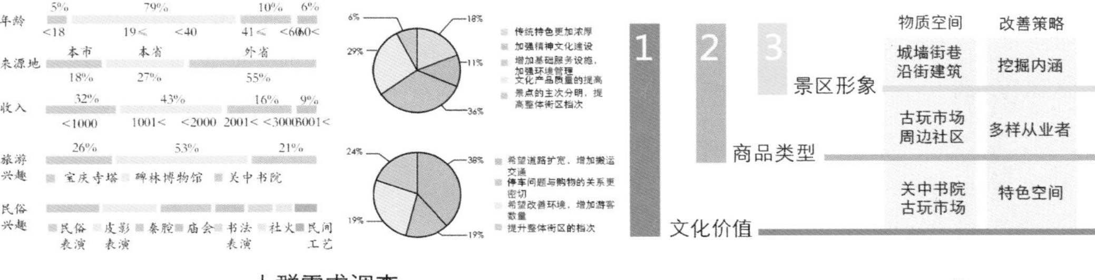

人群需求调查

书院门步行街

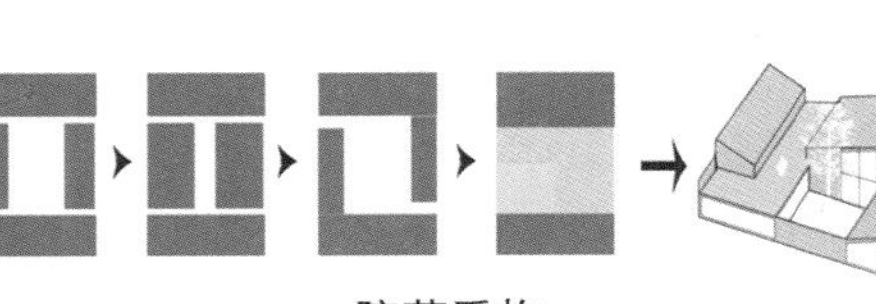

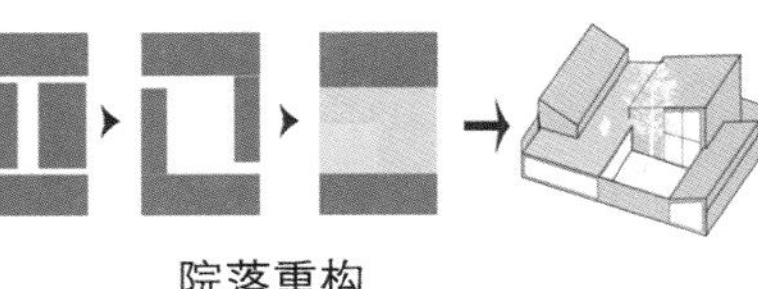

院落重构

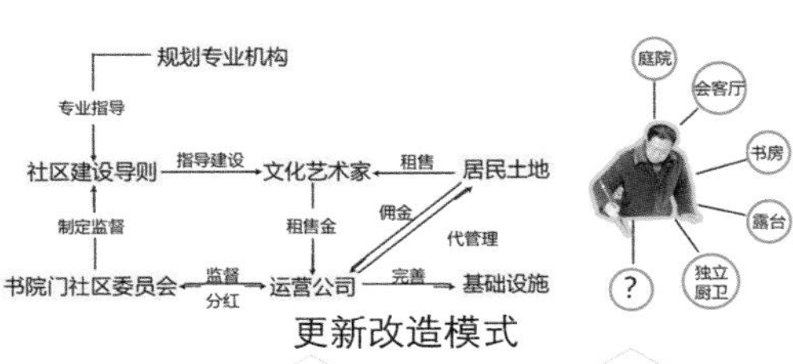

更新改造模式

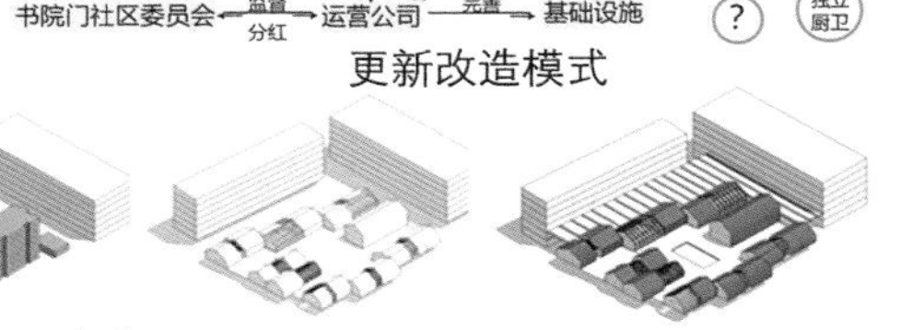

社区培训中心改造

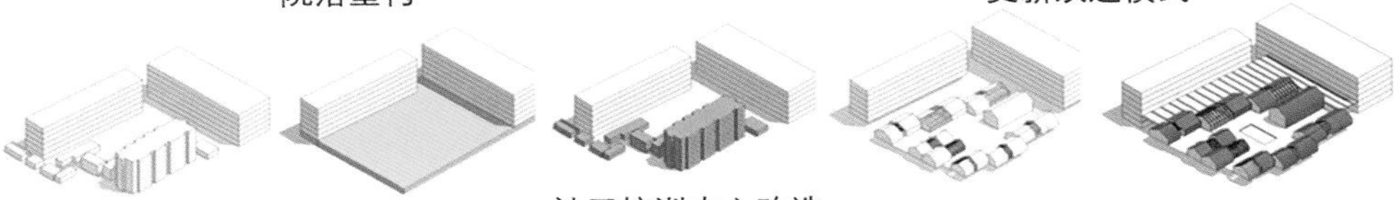

社区培训中心

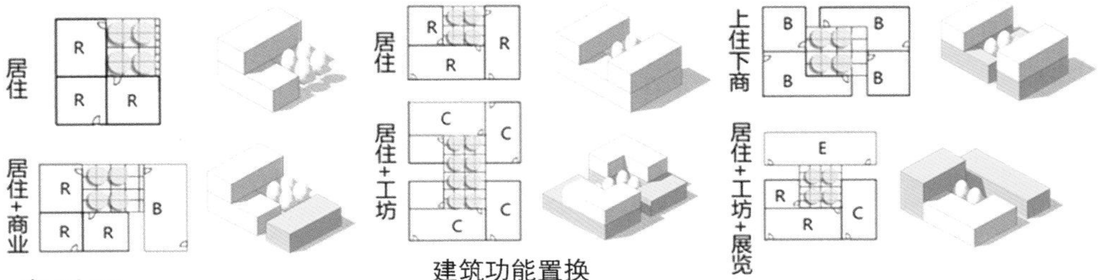

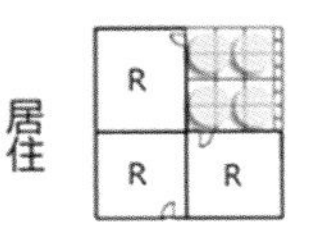

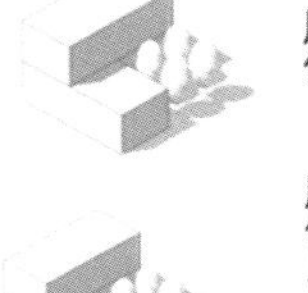

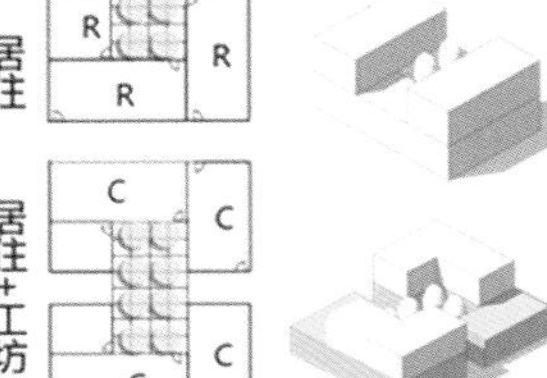

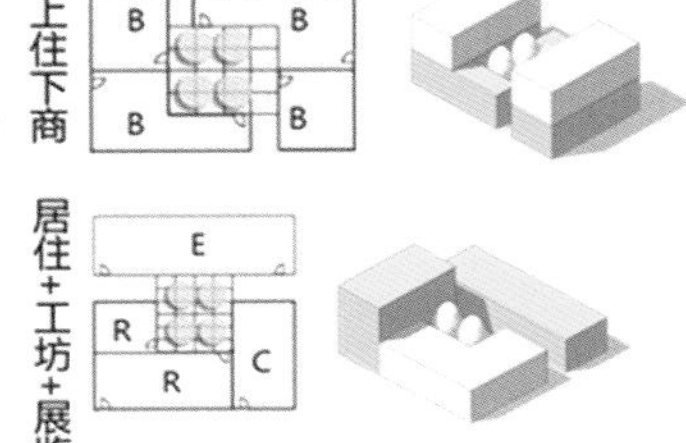

建筑功能置换

关中书院

鸟瞰图

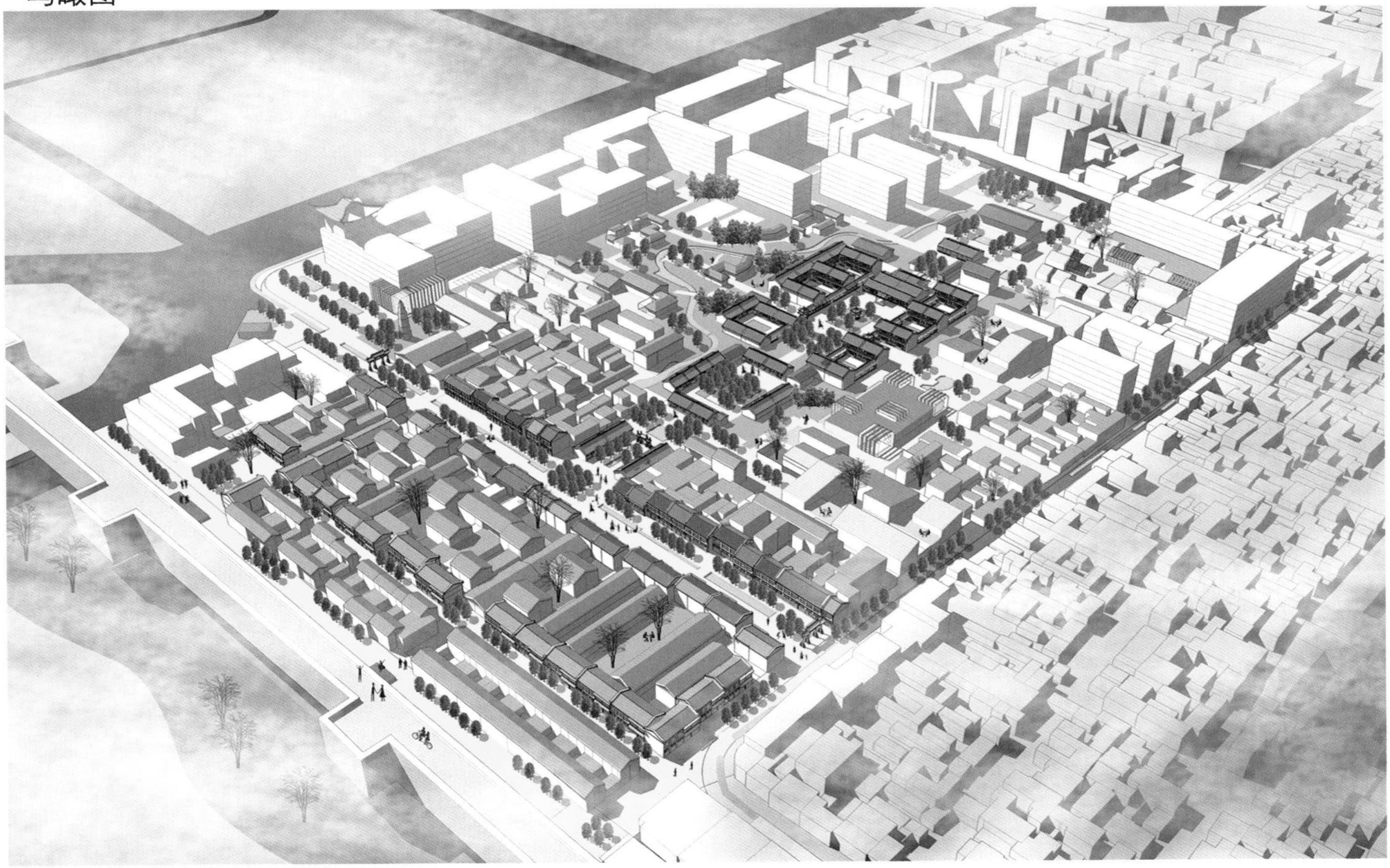

承 · 启——三学街片区详细城市设计

8.2 启世——碑林卧龙寺地段详细城市设计　分区设计者：唐睿琦

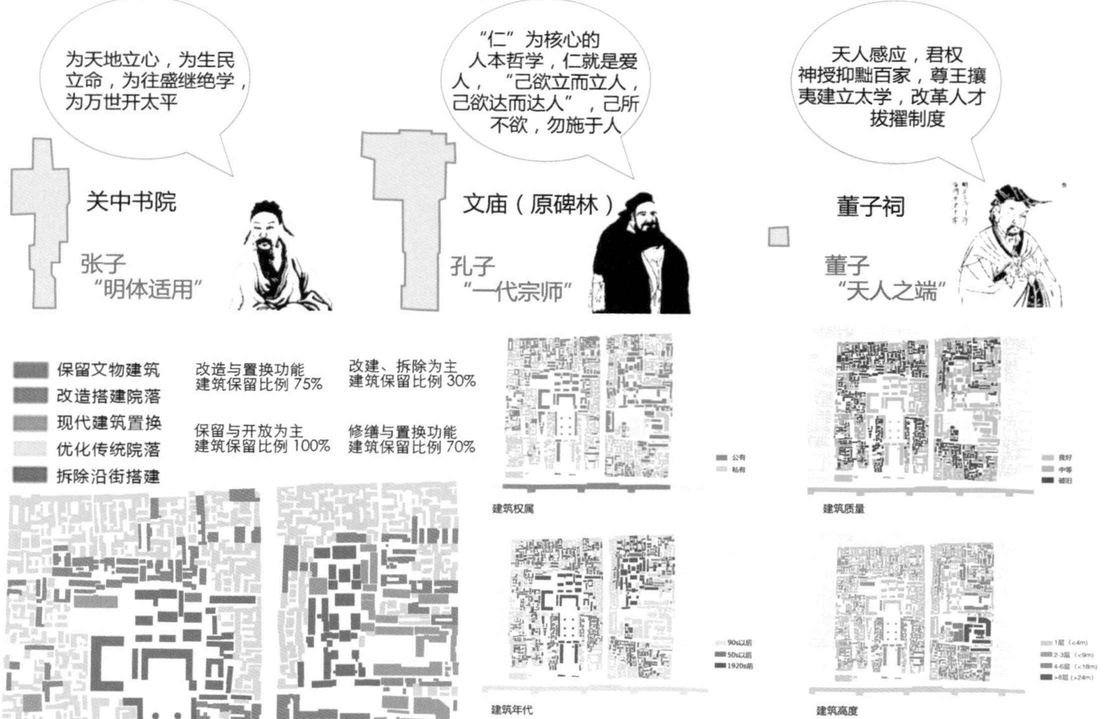

本设计地块位于西安文昌门–柏树林地段，内有碑林与卧龙寺、高培支故居等历史文化古迹。片区以文化展示、文化教育为主导功能，以“启世”为中心，恢复汉学文化核心区域的教育功能，用四大文化策略将地块内四种重要的传统文化结合发扬。

1. 新增柔性公共界面，使绿地公园包裹文化核心节点，增加开敞度，发扬文化资源点的展示、吸引与文教作用。

2. 梳理空间院落结构，保护传统街区肌理，延续关中院落格局。但针对不同的功能，提供旧院落的改造方式和新院落的修建模式。

3. 梳理步行空间，限制机动车进入。用水渠景观串联公共生活场地，组织民间文化活动。

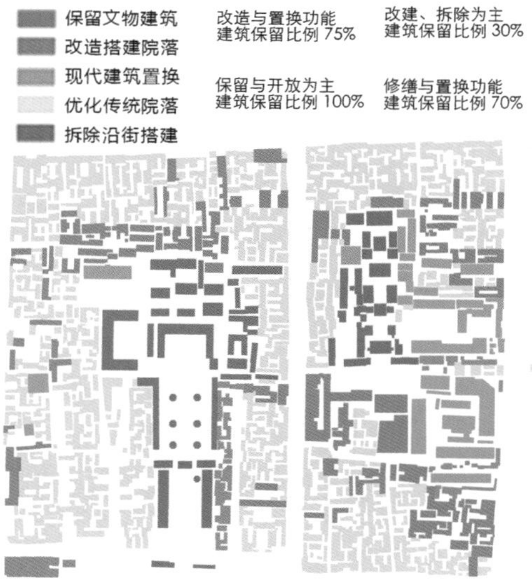

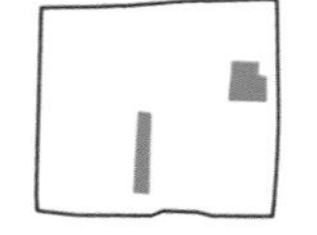
已拆迁用地 8%

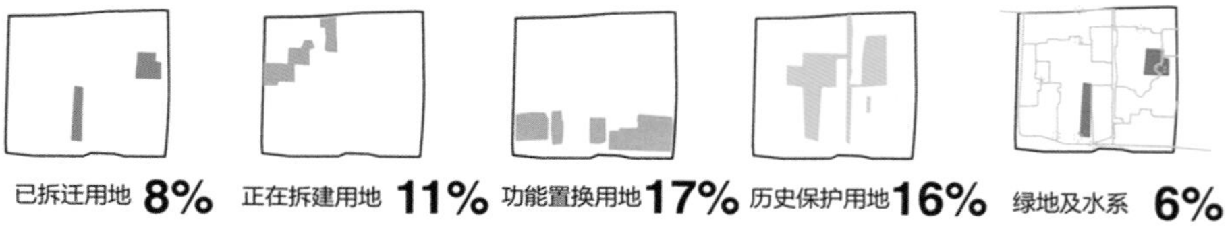

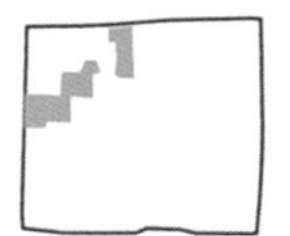
正在拆建用地 11%

功能置换用地 17%

历史保护用地 16%

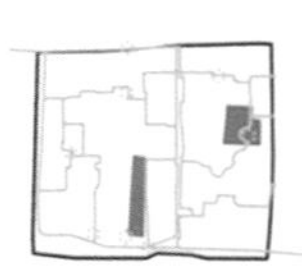
绿地及水系 6%

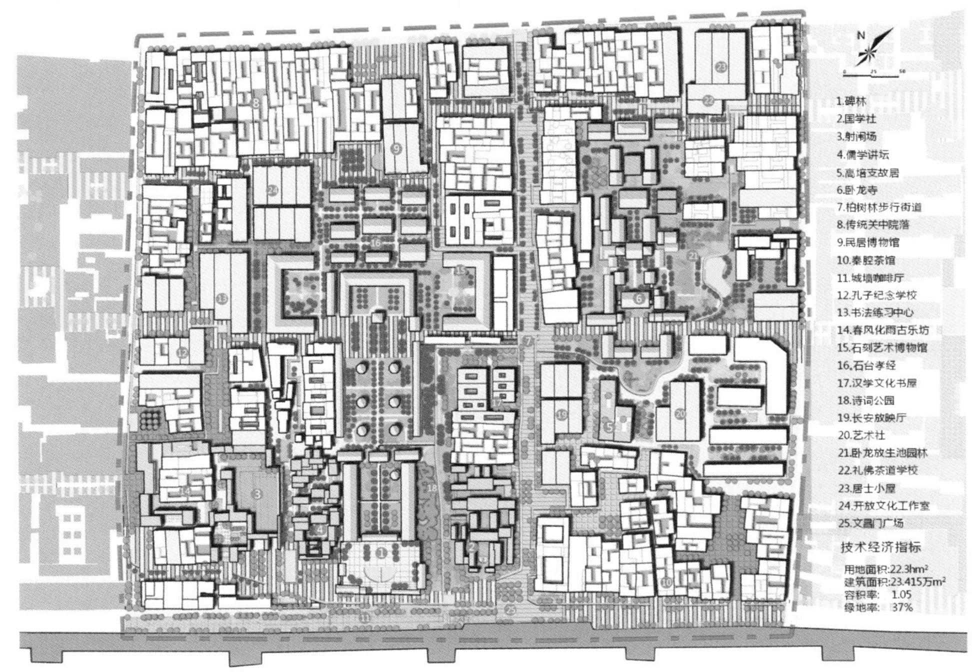

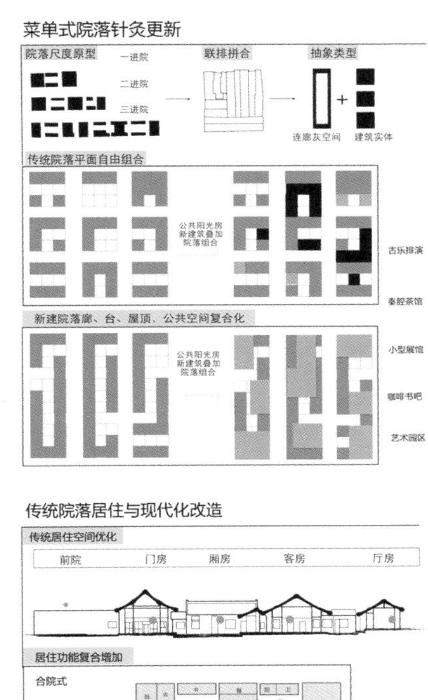

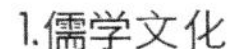

1.儒学文化

1.1 宣扬其道

1.2 国学学习——国学机构与国学社的兴起

1.3 文化复兴——讲学与思辨的场所

1.4 文化对话——“长安论坛”

2.书法文化

2.1 博采众长——新“碑林”及书法艺术展览空间

2.2 笔墨生香——书法技艺传承

3. 礼乐文化

3.1 古乐学习——新设“春风化雨坊”

3.2 文武并重——健身、射箭、骑马的场地

4.市民文化

4.1 秦腔茶社——沿街巷的休闲娱乐空间

4.2 小吃摊点——步行系统的摊位规划

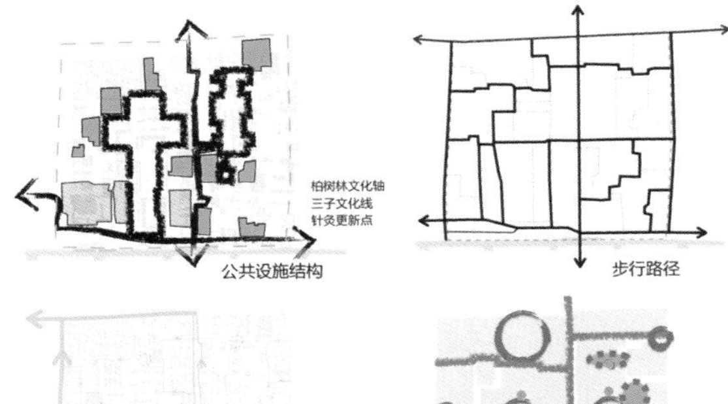

公共设施结构

步行路径

水渠设计

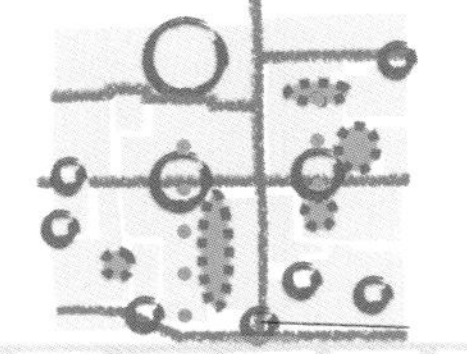
景观系统

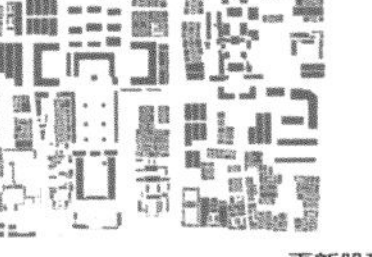
更新肌理

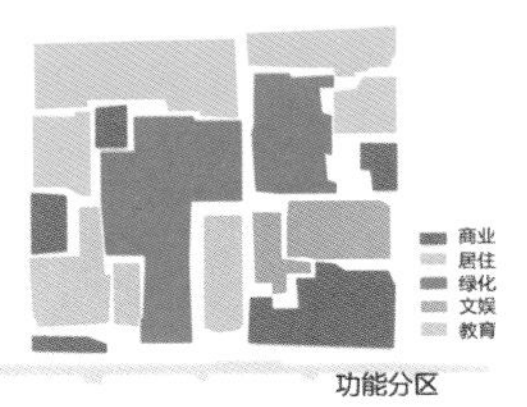

功能分区

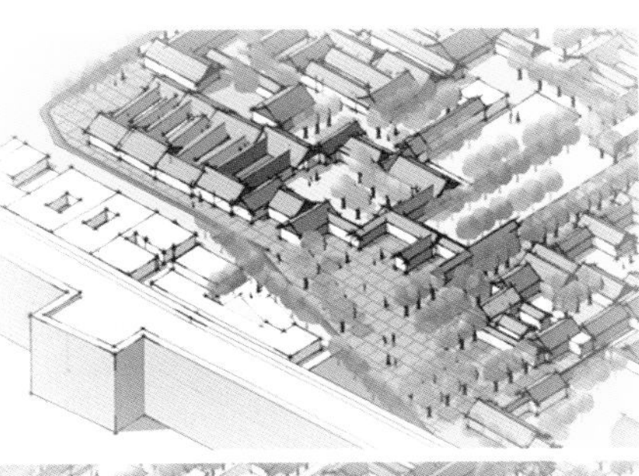

8.3 承·启——乐居

下马陵董子祠地块详细设计

分区设计者：张琳娜

1.地块简介

地块位于开通巷以西，东临和平路，为规划国学文化园东部地块，场地内有董仲舒墓下马陵等历史文化资源点。地块现状功能单一，以居住为主，主要形式为单位家属院，具有内向封闭的特点，既不能适应现代居住生活需求，也不符合片区整体定位。

2.设计策略：

通过三大策略达到提升地块形象的目的，分别是：社区更新、文化再生和生态重焕。

（1）社区更新：

计划经济时代产物的单位社区曾作为最基本的社会组织细胞，单位文化作为一种习惯和一种习惯和一种潜规则通过居民日常生活影响实现单位社区的认同，并形成记忆。

打破单位社区的封闭限界，逐步达到开放型现代城市社区。通过改变传统大院形制，建立网络联系，统筹资源共享和激发潜在活力点等手段，对传统居住空间进行更新。采用渐进式更新的方式，更加符合更新的可操作性。

（2）文化再生：

地块内有两处重要的文化资源点：董仲舒墓和下马陵顺城巷。董仲舒墓现位于单位大院之内，其正殿长期作为老年活动中心使用，并不对外开放。而下马陵现状为僻静的城市支路，沿线以普通零售业为主，缺乏空间特色。针对文化资源点失落的现状，对董仲舒墓采用柔性空间过渡，营造空间氛围。对下马陵顺城巷，打破单调街道界面，形成绿色开敞景观带。

下马陵公园在董仲舒墓和文化核心区之间实现了步行链接。并承接其文化功能，以书法展览为主，重塑历史空间场所氛围。

（3）生态重焕：

改变顺城巷灰色沉闷风貌，结合城市水渠，创造文化绿带。结合雨水低冲击开发设计，体现现代城市生态文明理念。

办公建筑以立体院落形式实现功能复合化，提供丰富多元的活动场所。绿化屋面不仅美化景观，环境亲和，并且减少建筑能源消耗。起伏屋面部分接地，形成草坡广场，增进活力，成为承载活动的载体，吸引、汇集人气。

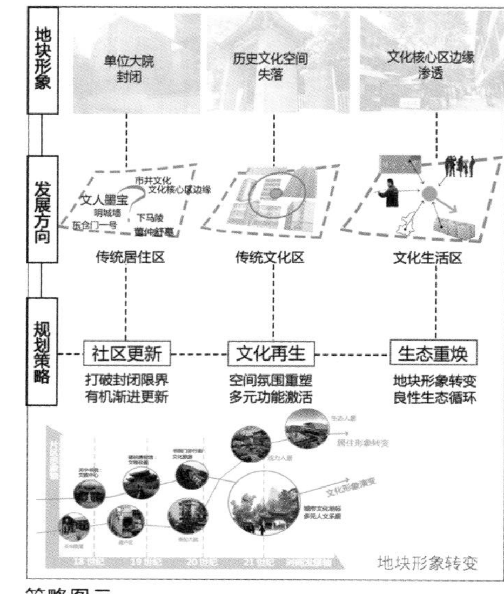

策略图示

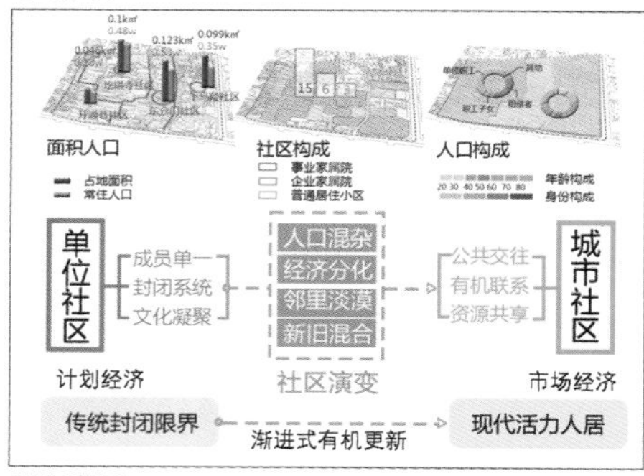

规划背景

商业步行街

社区中心广场

院落空间

院墙改造

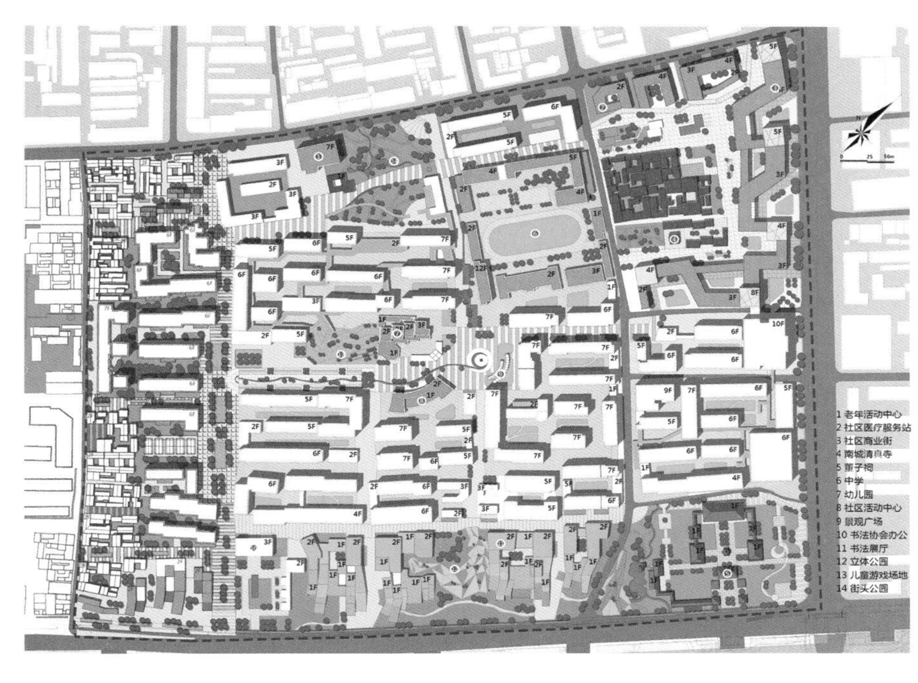
1 老年活动中心
2 社区医疗服务站
3 社区商业街
4 南城清真寺
5 董子祠
6 中学
7 幼儿园
8 社区活动中心
9 景观广场
10 书法协会办公
11 书法展厅
12 立体公园
13 儿童游戏场地
14 街头公园

更新内外诱因
文化区辐射影响
外来人口涌入
商业资本介入
更新现状条件
历史文化底蕴
建筑质量较好
土地价值上升
有机更新
更新形式
延续单位大院空间肌理和文脉生活
更新动力
触媒介入，新功能刺激
可操作性
结合现状更新条件渐进式更新

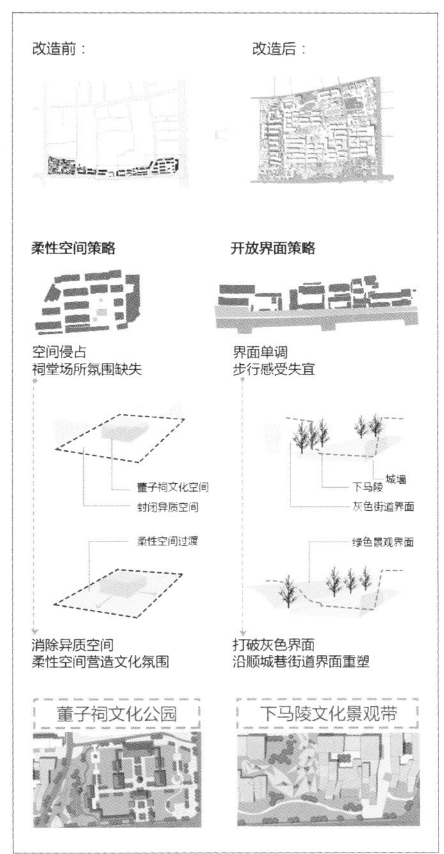
改造前：
改造后：
柔性空间策略
开放界面策略
空间侵占
祠堂场所氛围缺失
界面单调
步行感受失宜
董子祠文化空间
封闭异质空间
柔性空间过渡
下马陵
城墙
灰色街道界面
绿色景观界面
消除异质空间
柔性空间营造文化氛围
打破灰色界面
沿顺城巷街道界面重塑
董子祠文化公园
下马陵文化景观带

文化再生

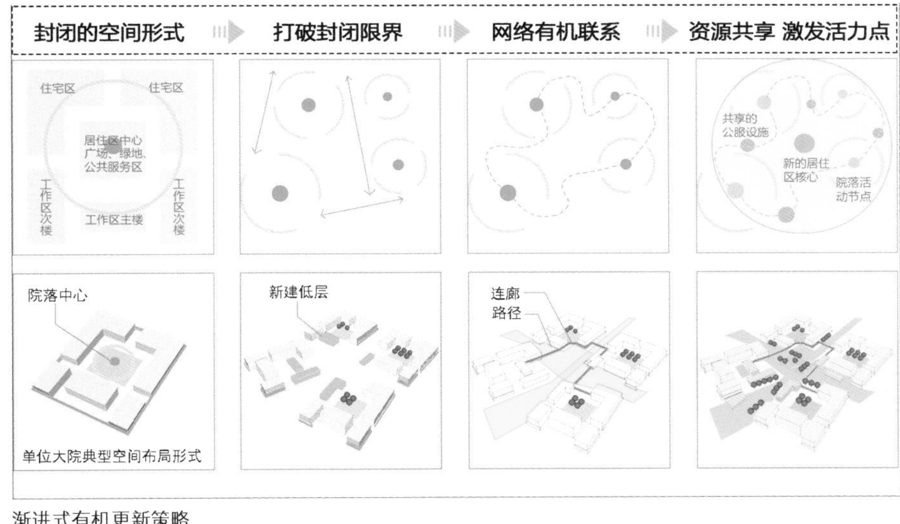
封闭的空间形式
打破封闭限界
网络有机联系
资源共享 激发活力点
住宅区
住宅区
居住区中心
广场、绿地、公共服务区
工作区次楼
工作区主楼
工作区次楼
共享的公服设施
新的居住区核心
院落活动节点
院落中心
单位大院典型空间布局形式
新建低层
连廊
路径

渐进式有机更新策略

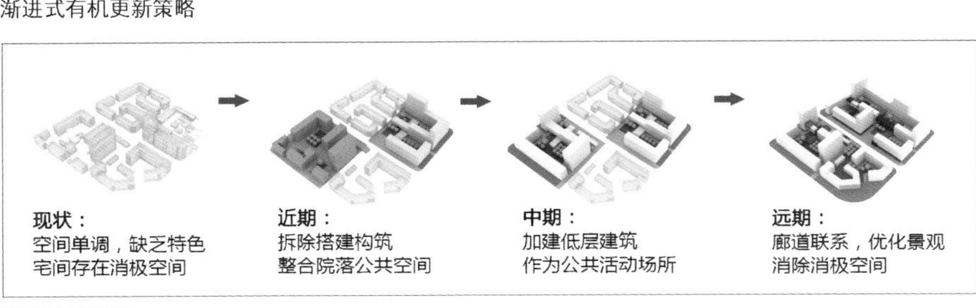
现状：
空间单调，缺乏特色
宅间存在消极空间
近期：
拆除搭建构筑
整合院落公共空间
中期：
加建低层建筑
作为公共活动场所
远期：
廊道联系，优化景观
消除消极空间

院落更新进程

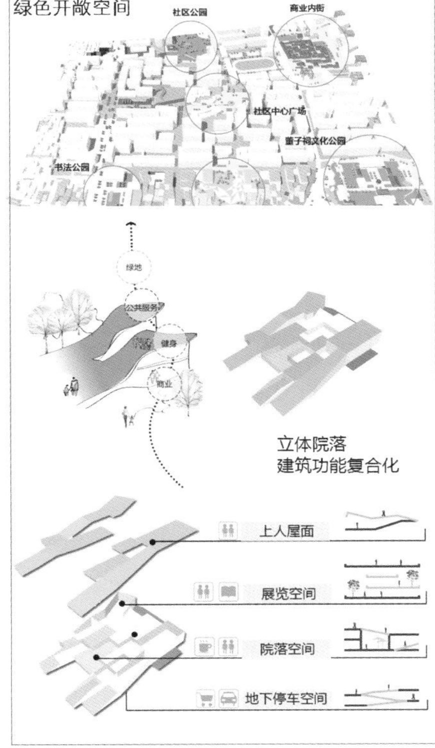
绿色开敞空间
社区公园
商业内街
社区中心广场
董子祠文化公园
书法公园
绿地
公共服务
健身
商业
立体院落
建筑功能复合化
上人屋面
展览空间
院落空间
地下停车空间

生态重焕

9 多元共生——洒金桥片区详细城市设计

设计者：谭琛，肖卓尔，岳俞余，易雷紫薇

基地位于城墙内西北部洒金桥片区，是传统的回族聚居区。保留原住民生活的空间，提供具有传统特色的社区现代生活，我们提出“多元共生”的理念。依据三个地段的空间肌理特点，分别提出“传承”“新生”“融合”三个地段的规划主题。

“传承”——在回族传统社区探讨文化传承和居住生活改善

“新生”——在回族新社区讨论现代生活背景下回族新型社区

“融合”——在回汉混合社区实现多元文化、生活的融合与发展

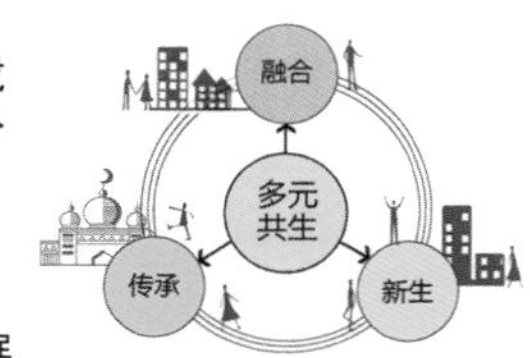

资源点分布　　空间肌理分析

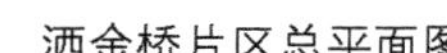

洒金桥片区鸟瞰图

洒金桥片区总平面图

9.1多元共生——传承

洒金桥片区清真西寺地段详细城市设计

分区设计者：谭琛

9.1.1设计定位

该地段属于回族传统社区，以回族特色的商业街为特点。以对传统生活的保留为前提，提高对内吸引力和对外展示力。

9.1.2设计理念

保留大多数的院落格局，进行适宜性改造，划定一期建设保留区，形成“小规模开发，渐进式推进”的更新模式。

9.1.3设计策略

通过三个策略来实现的更新目标：

（1）清真寺“新”空间模式

“开放式清真寺” 拆除围墙，以通透的游廊延展至街道，成为居民交流的纽带。“功能外展式清真寺”在原有清真寺外围分化出民俗商业建筑，开放花园定期市集，成为游客了解原住民文化的新窗口。

（2）商业分型，水绿街道

在不同街道设定不同主题的街道商业业态，满足原住民、居民、游客的不同需求。将水渠引入街道，回应回民教义中对于洁净流水的崇敬，多尺度的水绿街道划分纯步行与慢行空间，植入公共活动，增强街面交流。

（3）“菜单式”院落改造方案

通过研究区域内回族商业经营型院落的空间模式，以及新的经营需求下，可能植入的民俗相关产业，提供适宜不同经营业态和规模的院落模式。

系统结构

水渠系统　　景观系统　　慢行系统

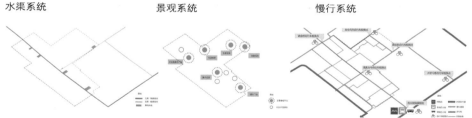

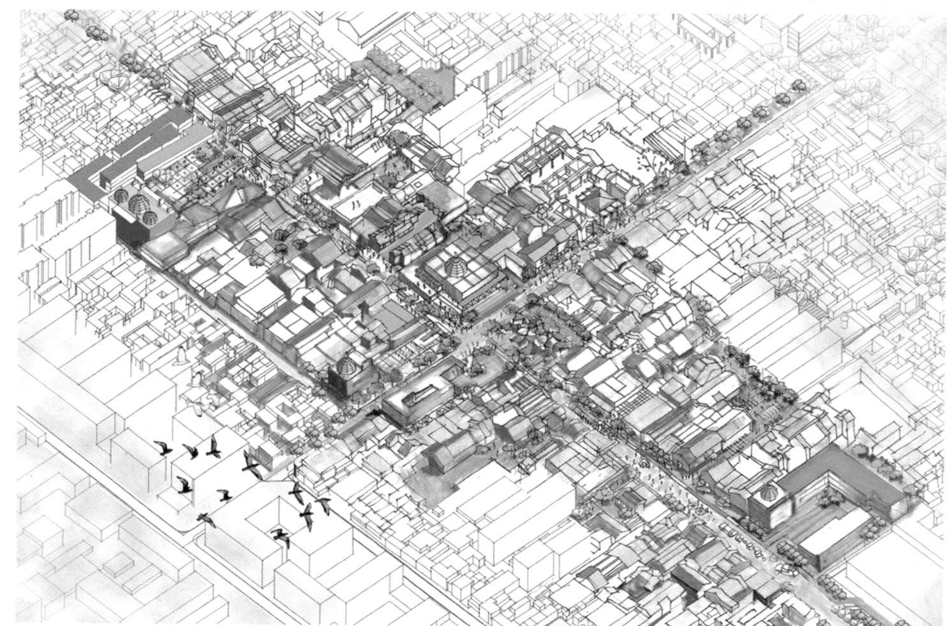

总平面图

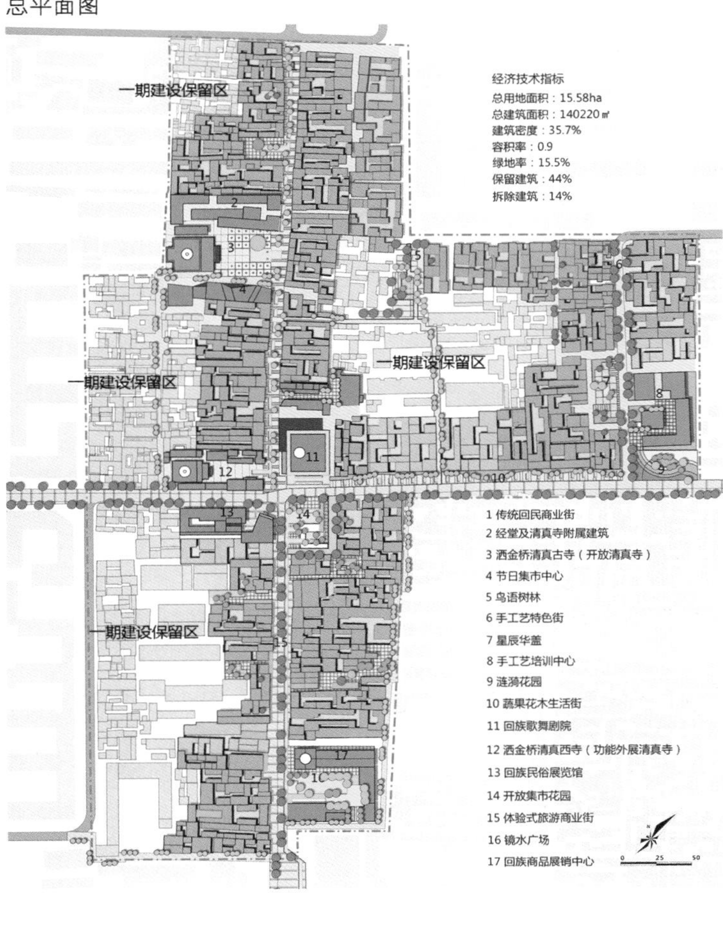

拆建关系分析　　新建与改建分析

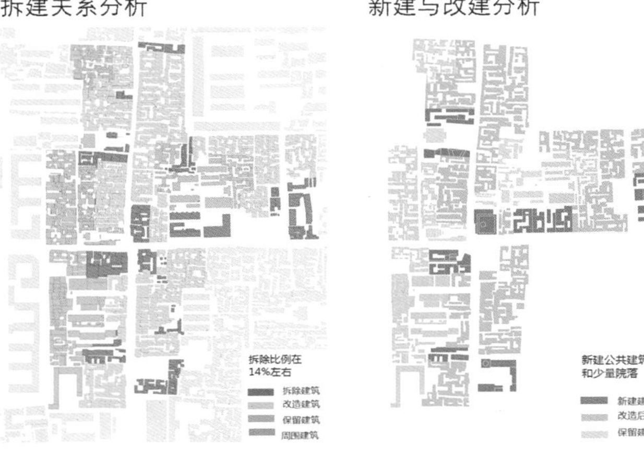

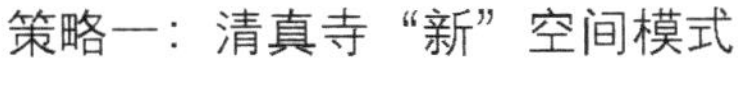

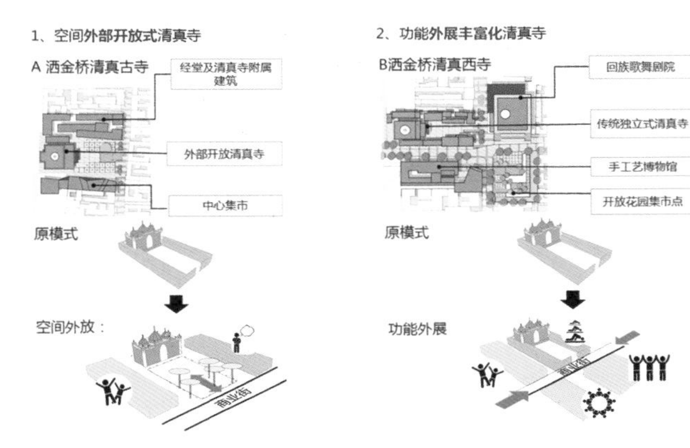

策略二：商业分型，水绿街道

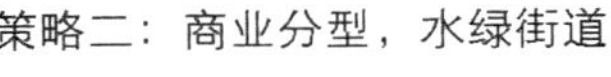

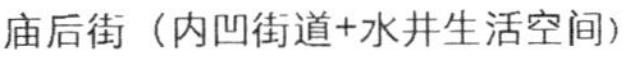

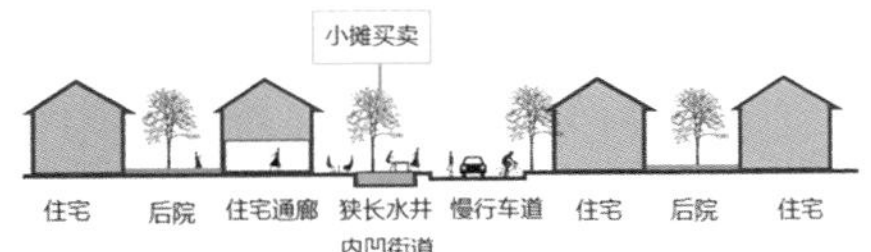

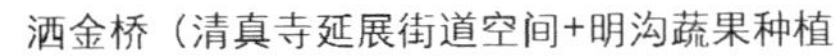

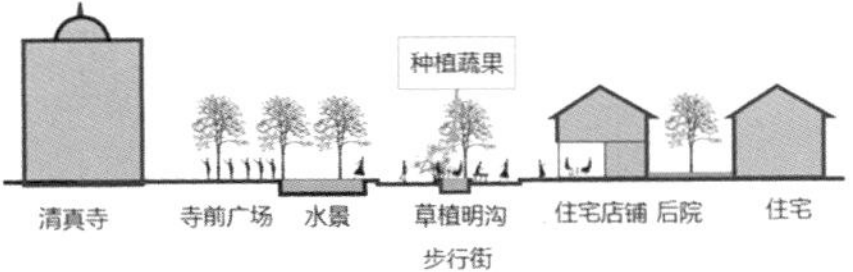

大麦市街（街旁绿地渗透+草沟花卉种植）

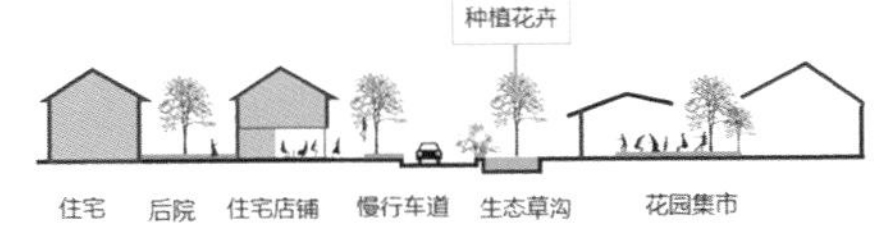

策略三：菜单式院落改造方案

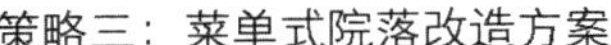

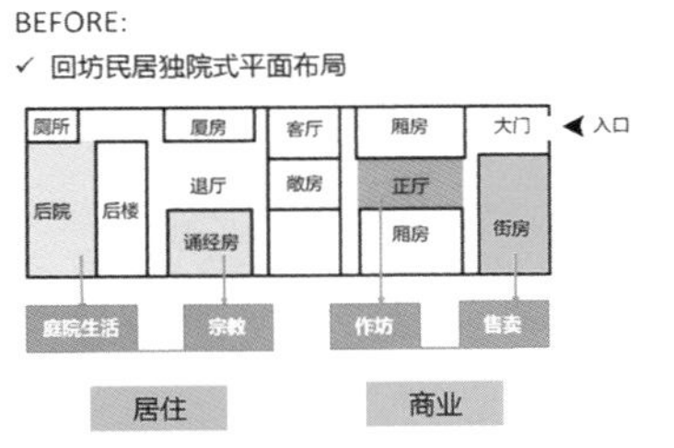

矛盾点： 简单原始的院落形式**无法满足**现代生活多样的商业经营

单一的餐饮食品行业 → 多种多样的商业业态

单一家族式经营 → 小规模集群化合作经营 / 老字号店铺雇佣本民族员工

“菜单式”更新模式提供选择

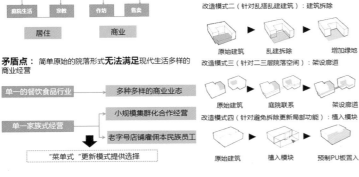

NOW:

Step1:对院落空间的建筑进行梳理

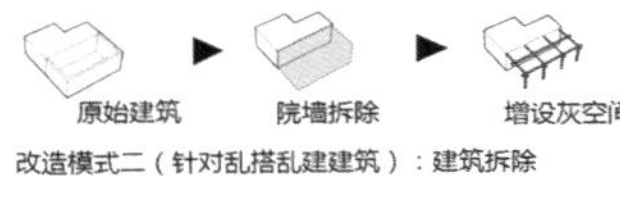

改造模式二（针对乱搭乱建建筑）：建筑拆除

原始建筑　乱建拆除　增加绿地

改造模式三（针对二三层院落空间）：架设廊道

原始建筑　庭院联系　架设廊道

改造模式四（针对避免拆除更新局部功能）：植入模块

原始建筑　植入模块　预制PU板置入

Step2:产业功能落实

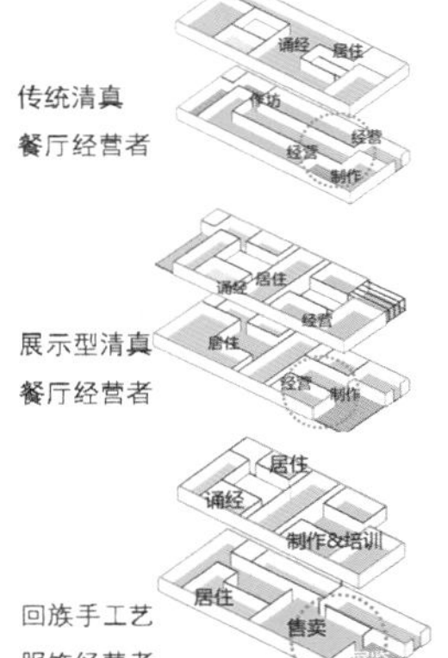

回族手工艺服饰经营者

传统艺术家庭培训

增加社区活动绿地

水绿街道与展示型商业结合

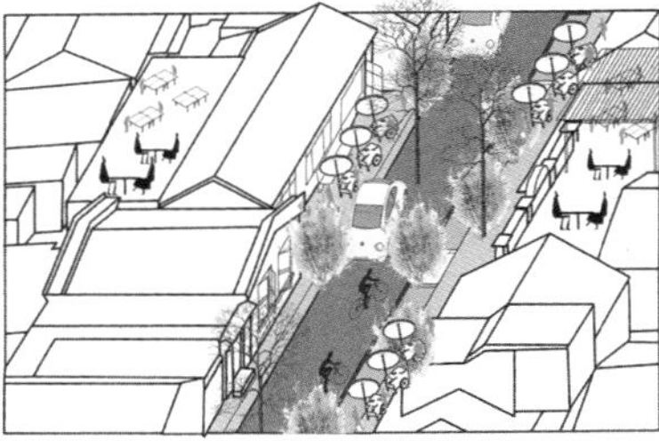

9.2多元共生——传承

洒金桥片区大小学习巷地段城市更新详细设计

分区设计者:肖卓尔

9.2.1基地情况

地段位于洒金桥片区大小学习巷，基地面积为12.8公顷。基地内场地原生肌理保存较为完整，具有多变的回族院落空间和尺度宜人的街巷空间。基地内围绕大小学习巷清真、营里清真寺形成了回族传统聚落。

9.2.2设计定位

传统的基地空间承载着原生社会群落，而开放的、多元的公共空间代表着现代社区活力生活，我们希望通过我们的设计完成传统教区生活与现代社区生活的对话与融合，实现传承与发展的和谐。

9.2.3设计主题

基于场地“宗教信仰需求、公共空间需求、高密度居住”的特征，我们提出了“自上而下”与“自上而下”相结合的社区更新的规划理念，分别对应场地公共空间发展更新与院落空间引导更新。

9.2.4设计策略

通过三个策略来实现自上而下与自下而上的更新目标;

（1）建立以清真寺为中心新社区中心

在以清真寺为中心的新社区中心建立中，充分尊重清真寺功能空间外扩，以及现代社区活动空间增加的发展需求，在原有“寺坊”空间组合模式中，加入生活、文化、宗教以及广场绿地等空间要素，围绕清真寺形成了文化、生活、宗教活动丰富的公共活动空间。

（2）完善街道网络空间

通过对现状街巷的梳理，拆除部分房屋，形成了以清真寺为中心的街巷体系，并植入各类小广场节点，提供街道活动空间，提高街巷活力，并且引入水渠串联节点活动空间，在清真寺周边形成景观水池。

（3）叠院改造的更新模式

通过研究区域内居民自发院落更新模式，发现居民空间增长的内在需求与居住环境品质下降的矛盾，我们提出叠院改造模式。将场地中的院落进行划分，建立更新单元，建议通过设计不同高度的屋顶花园，实现居民居住环境的提高。

街巷网络完善

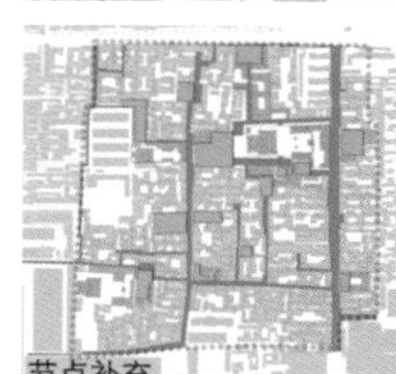

街巷节点分析

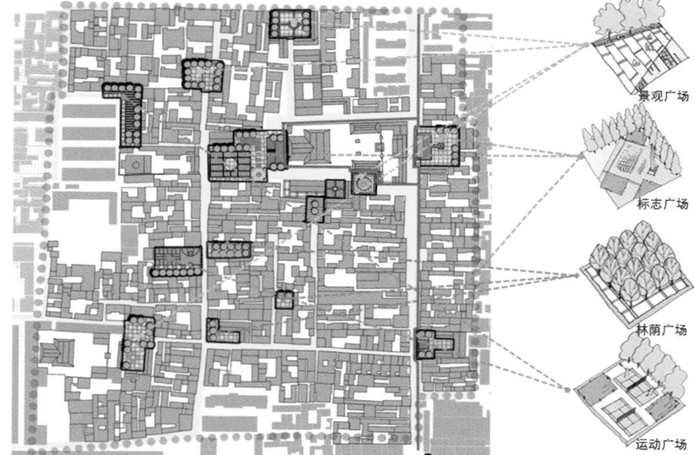

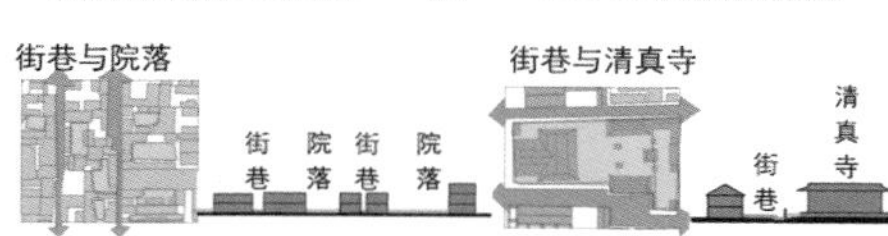

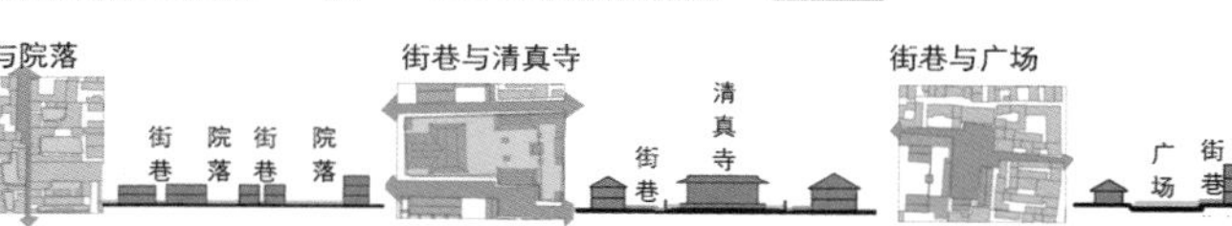

更新策略

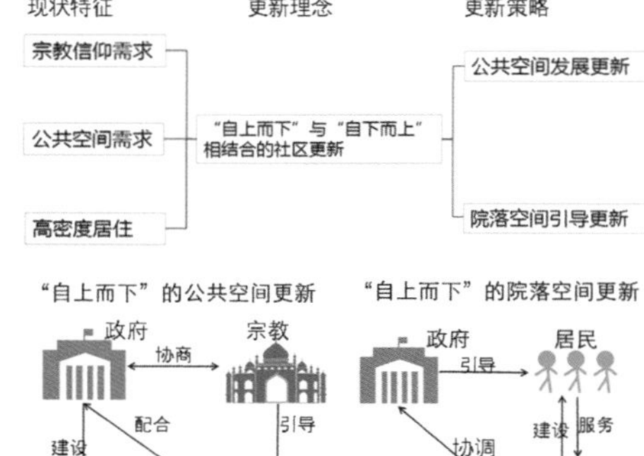

院落更新研究

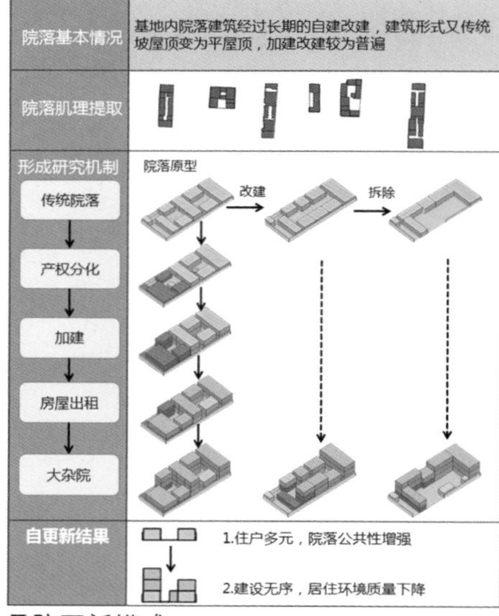

叠院更新模式

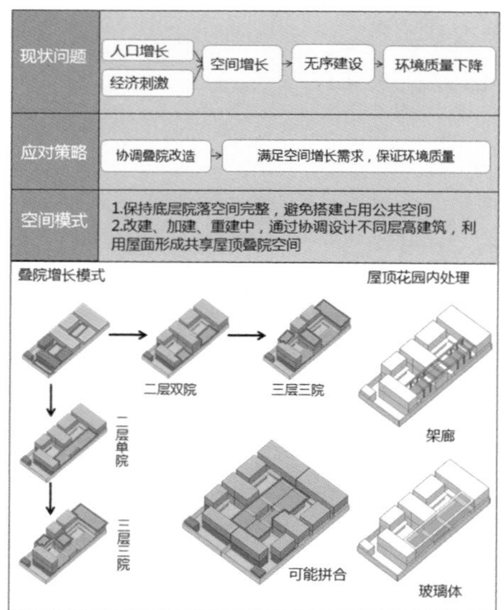

活动小广场

艺术花廊

礼拜亭

总平面图

经济技术指标

总用地面积：12.8ha

总建筑面积：116632㎡

建筑密度：44.5%

容积率：0.91

绿地率：12.5%

保留建筑：75400㎡

改建建筑：41232㎡

拆除建筑：28137㎡

1.大学习巷清真寺
2.生活服务中心
3.图书馆
4.经堂
5.小学习巷清真寺
6.营里清真寺
7.清真女寺
8.医疗服务站
9.回族文化博物馆
10.文化小广场
11.礼拜小广场
12.运动场地
13.入口小广场

N

0 25 50m

拆建关系

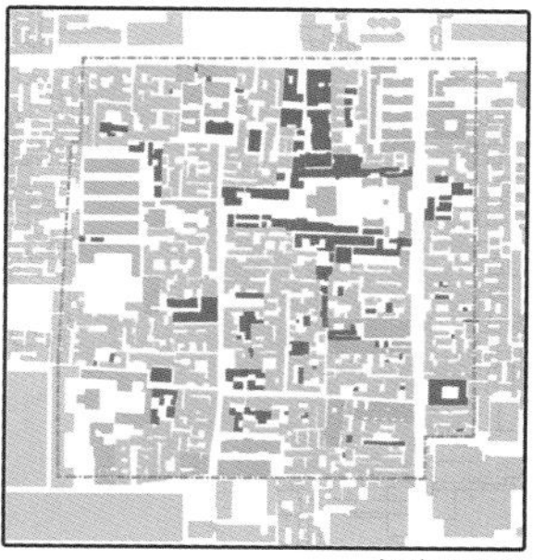

拆除
改造
保留

规划结构

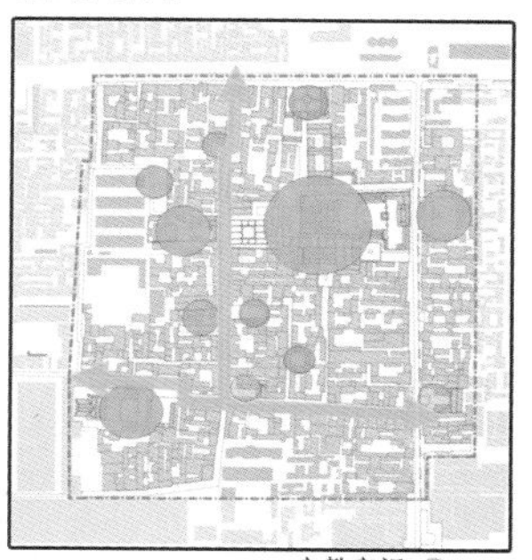

宗教空间
广场及绿地
社区服务空间
社区活动轴

交通系统

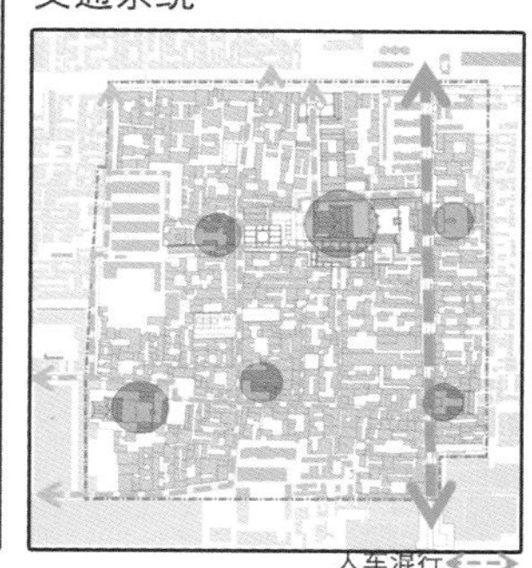

人车混行
主要人行
次要人行
人群集聚点

鸟瞰图

9.3多元共生——新生

洒金桥片区西仓地段城市更新详细设计

分区设计者:岳俞余

9.3.1地段选址

本次设计地段位于西安明城区内北院门回坊西北侧，是洒金桥回民片区的边缘，设计范围15.1公顷。

9.3.2设计主题

随着社会经济的不断发展，该地块内回民开始修建多层的现代小区，小区内的空间完全不同于传统的肌理尺度。

由于户型的普遍性和单一化，回民间血缘与地缘关系逐渐消失。同时，由于清真寺的缺失，回民原有的寺坊社会结构也消失了，导致回民间关系隔离。如何让现代的回民小区适应回民的传统生活习惯和宗教信仰，成为回民新生社区的当务之急。

9.3.3设计策略

通过提供多样化的住宅类型、完善社区宗教空间、打造公共生活轴线三个策略，以营造一个适合回民生活的新生社区。

（1）构建立体公共生活网络，维系回族传统社会结构

首先针对具有血缘关系的回族人提出居住空间立体化的策略。多代人共居是回族文化得以延续的的重要因素之一。因而提供多样化的立体院落模式，可以维系回民间血缘关系。

针对具有地缘关系的回族人，通过打造小区开敞绿地、室内交流空间、楼栋连廊空间三个层次的立体交往空间，来丰富回民的公共生活，并维系回民传统的生活习惯和众多的共同活动。

（2）营造多样化的宗教空间，满足回族社区宗教需求

随着时代的发展，越来越多的年轻人选择在家进行礼拜。因此我们提出了打造清真寺、小区礼拜场地、室内礼拜场地三个层级的宗教空间，并对其建设进行指引。例如，小区礼拜场地由于回族礼拜的习惯必须设置在小区西侧，因而新建小区的入口不易设置在西侧，小区布局也相应的在西侧形成静谧空间，从而更加适应现代回民的生活。

在回族，洁净的水是神圣的存在。承接上位规划中明城区的规划水系，强化渠系驳岸设计，沿渠系打造交往空间，最终达到以水为指引，强化清真寺的可达性，创造良好交往空间的目的。

（3）打造青年创意指导中心，激发回族潜在创新能力

西仓围墙外侧是西安著名的花鸟市场，活力度高，内部的粮仓却被荒废。以传统的西仓集市为依托注入新的活力，形成创意市集。并针对西仓荒废的粮仓实施改造，使其成为回族青年创意指导中心。

基地现状

1. 自建小区内回民血缘与地缘关系淡化

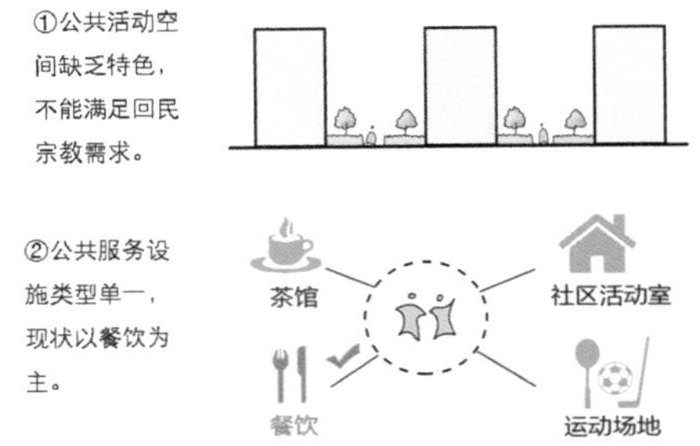

①公共活动空间缺乏特色，不能满足回民宗教需求。
②公共服务设施类型单一，现状以餐饮为主。
茶馆
社区活动室
餐饮
运动场地

2. 新社区缺失清真寺，传统社会关系失衡

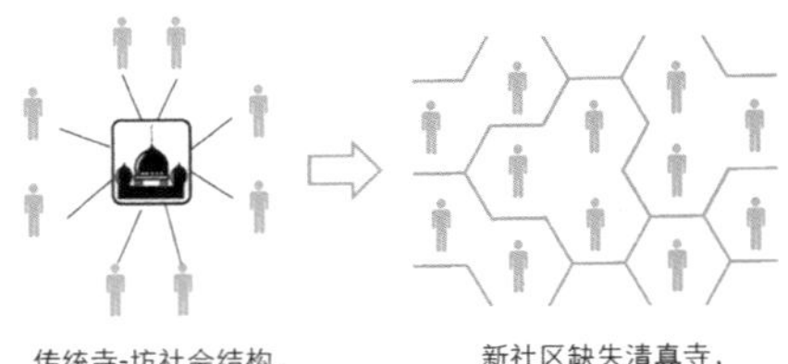

3. 西仓内部荒废，成为传统回民社区与新社区边缘化的真空地带

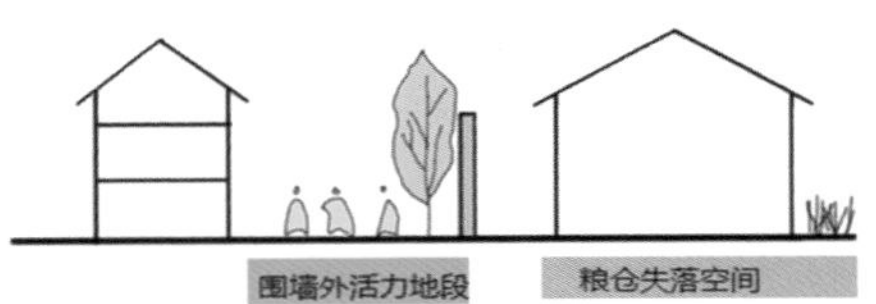

西仓西侧和南侧围墙外是西安著名的花鸟市场，活力度高，内部的粮仓却一直处于荒废状态，缺乏活力

鸟瞰图

总平面图

策略二：营造多样化的宗教空间

三级宗教空间

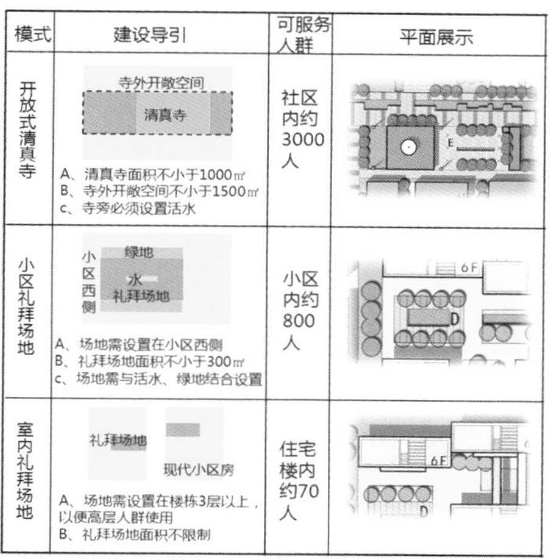

模式	建设导引	可服务人群	平面展示
开放式清真寺	寺外开敞空间 清真寺 A、清真寺面积不小于1000㎡ B、寺外开敞空间不小于1500㎡ c、寺旁必须设置活水	社区内约3000人	E
小区礼拜场地	小区西侧 绿地 水 礼拜场地 A、场地需设置在小区西侧 B、礼拜场地面积不小于300㎡ c、场地需与活水、绿地结合设置	小区内约800人	6F D
室内礼拜场地	礼拜场地 现代小区房 A、场地需设置在楼栋3层以上，以便高层人群使用 B、礼拜场地面积不限制	住宅楼内约70人	6F D

清真寺

社区礼拜场地

以水为指引，强化清真寺可达性

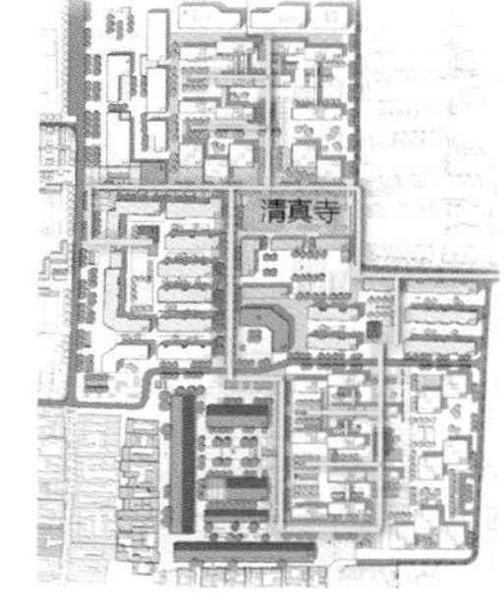

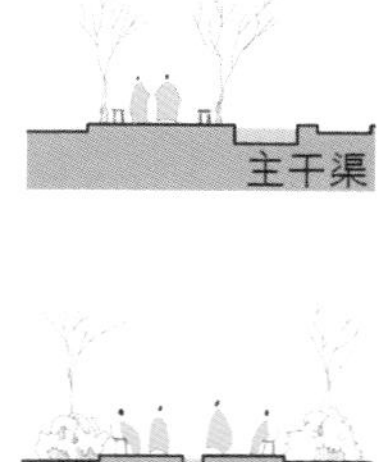

策略一：构建立体公共生活网络，维系回族传统社会结构

居住空间立体化

三代同堂占回族家庭比例的46%，是回族文化得以延续和集成的重要原因之一。

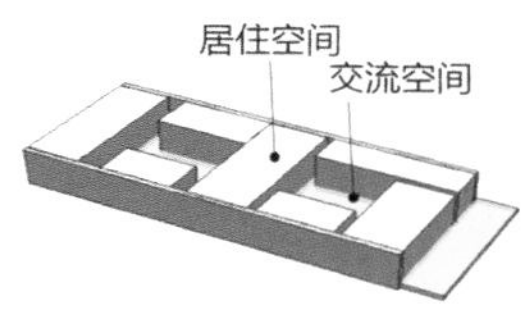

传统小尺度平面院子

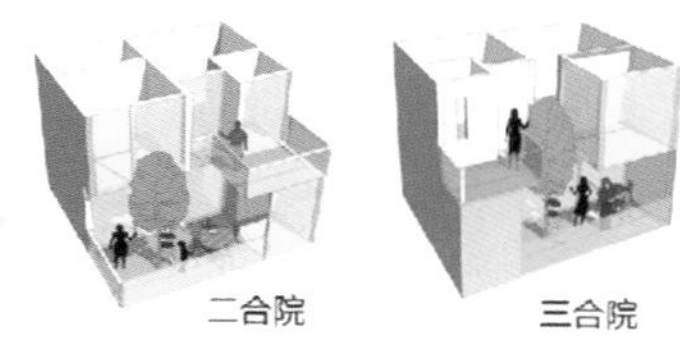

现代小区立体院子

交往空间多维化

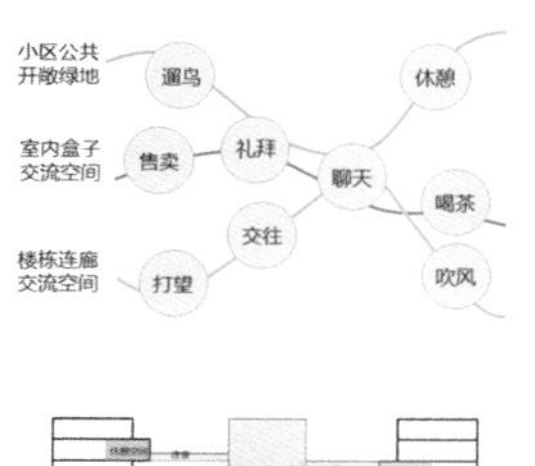

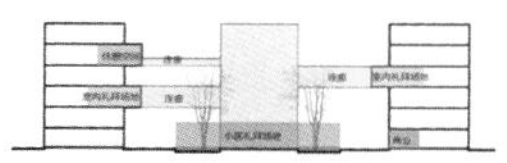

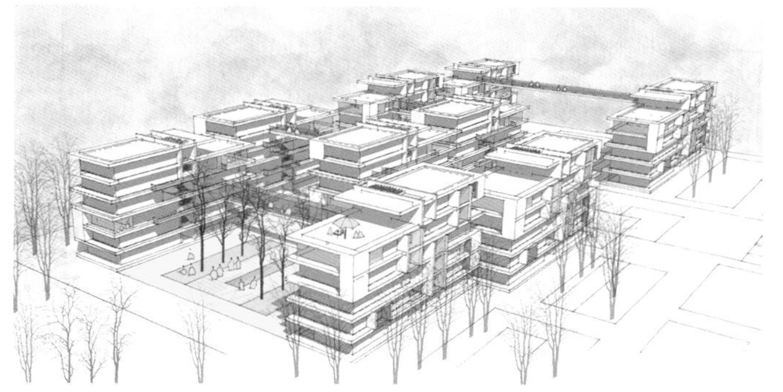

策略三：打造青年创意指导中心

西仓围墙改造

保留西仓西、南侧围墙，延续传统市集，增设创意市集

西仓仓库改造

拆除部分粮仓，打造室外公共活动场地，为创意市集提供场地

9.4 多元共生——融合

洒金桥片区西北地段城市更新详细设计

分区设计者：易雷紫薇

1.地段选址

本次设计地段位于西安北院门历史街区，洒金桥片区西北部，设计范围25.18公顷，总研究范围为西安明城老区。

2.地块现状

场地的状态较难被界定为某种类型的区域。传统与现代建筑肌理交织，回族和汉族社区共存，佛教和伊斯兰教共存。因此，融合成为设计的主要挑战及特色。

3.主题构思

针对上位规划的要求和现状需求分析，总结得出本次设计目标，即营造具有街道活力和多元包容性的公共空间。因此本地块设计以街道空间为主要设计研究对象。

4.空间策略

（1）传统现代融合。通过对传统街道的复杂性和多样尺度进行还原，对现代机动车交通进行共存设计，实现传统现代的融合。

（2）佛教和伊斯兰教共存。依据宗教各自的信仰，划定核心控制区和协调控制区，分别进行业态和风貌管控。

（3）回族和汉族融合。通过三种基本融合模式的设计，以街道为载体展示和交流。

A 功能设施	B 服务设施	C 场所	D 特殊空间
1.适老化设施 2.文脉传承 3.承担旅游功能	1.住区服务设施，定位为普通居住区 2.旅游服务设施	1.绿化和休闲设施 2.不同尺度的公共空间场所。	1.公众参与，给予相应的寺庙适当的改造

伊斯兰教

1.核心控制区：严格保留清真寺

2.协调控制区：建筑应具有伊斯兰特色，禁止算命看相等活动，餐饮业限制为清真，禁止酒吧，茶馆等喧闹的场所。

佛教

1.核心控制区：按照佛教礼仪修建建筑，商业限制为佛教相关商业；

2.协调控制区：限制餐饮业，禁止酒吧等喧闹商业场所。

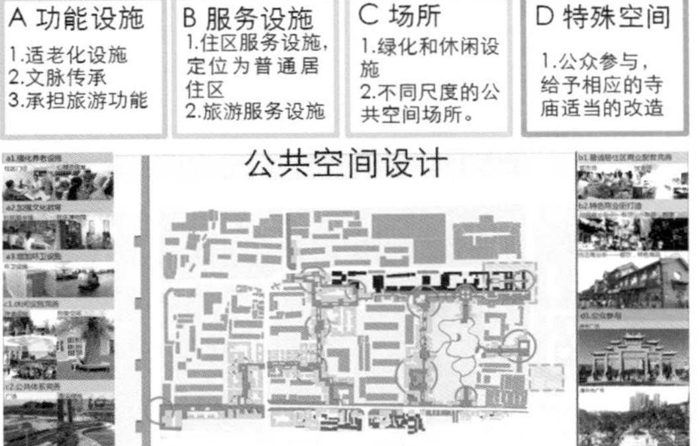
公共空间设计

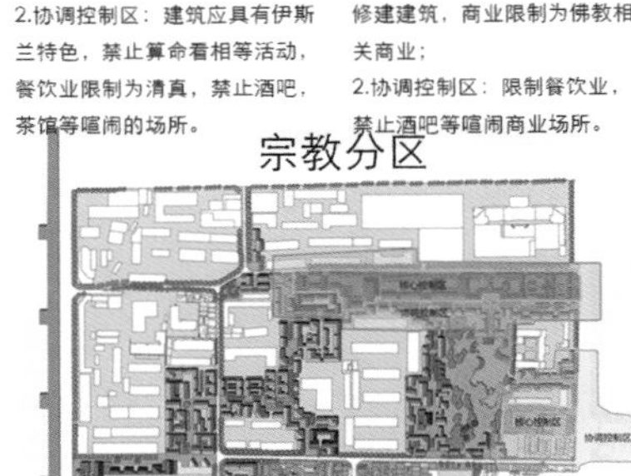
宗教分区

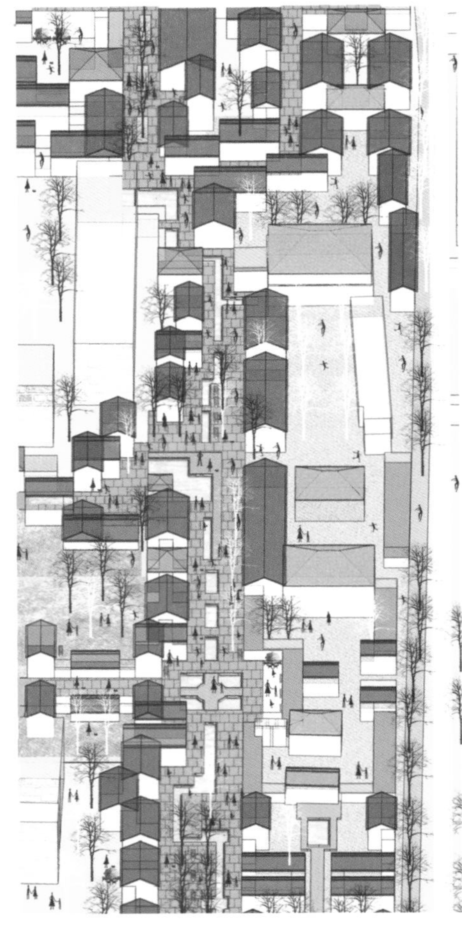

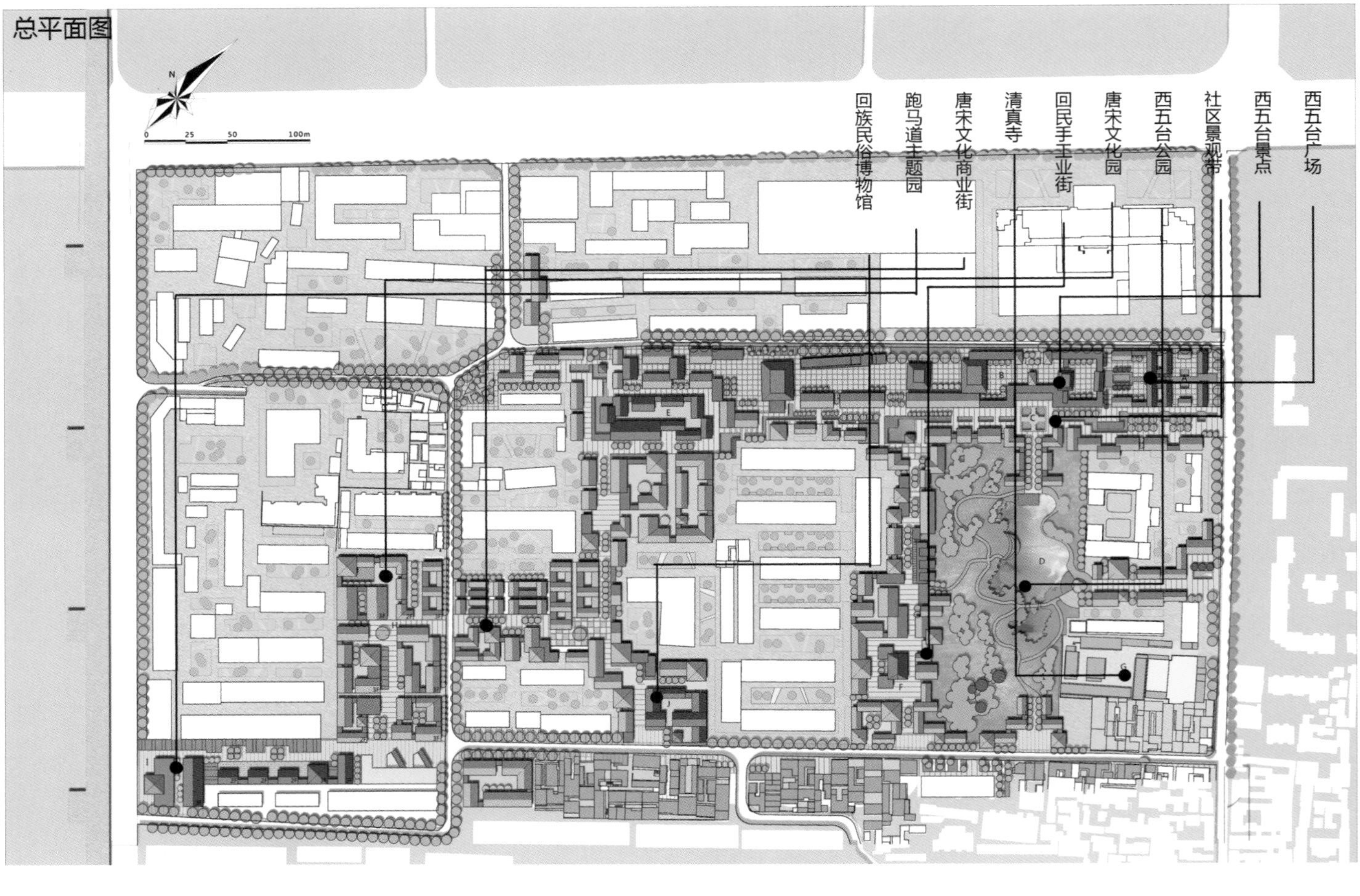

总平面图

N

0 25 50 100m

回族民俗博物馆
跑马道主题园
唐宋文化商业街
清真寺
回民手工业街
唐宋文化园
西五台公园
社区景观带
西五台景点
西五台广场

街道设计原则

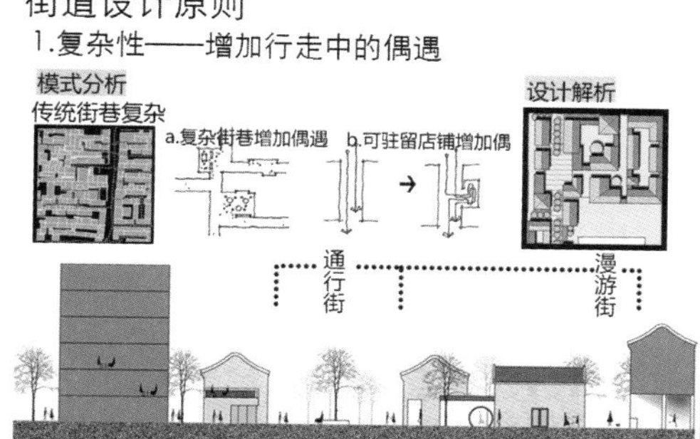

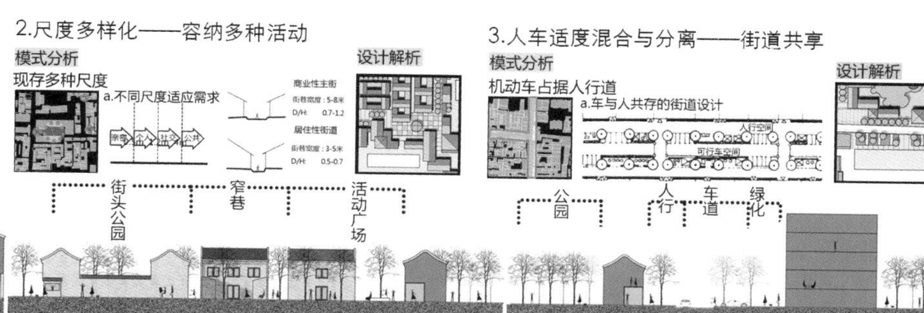

回汉融合街道模式

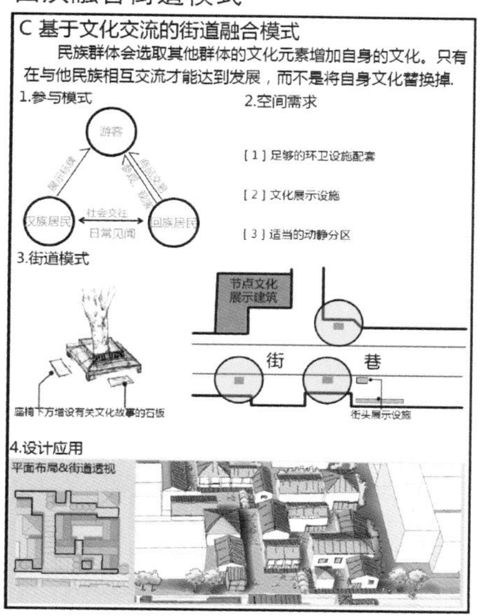

C 基于文化交流的街道融合模式
民族群体会选取其他群体的文化元素增加自身的文化。只有在与他民族相互交流才能达到发展，而不是将自身文化替换掉。
1.参与模式
2.空间需求
[1] 足够的环卫设施配套
[2] 文化展示设施
[3] 适当的动静分区
3.街道模式
节点文化展示建筑
街
巷
4.设计应用
平面布局&街道透视

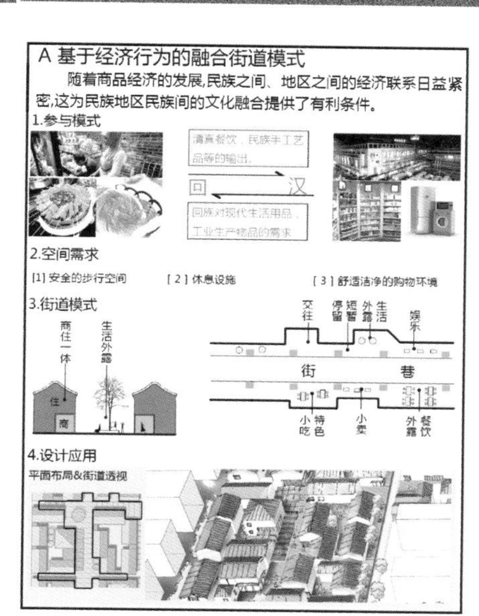

A 基于经济行为的融合街道模式
随着商品经济的发展,民族之间、地区之间的经济联系日益紧密,这为民族地区民族间的文化融合提供了有利条件。
1.参与模式
回
汉
2.空间需求
[1] 安全的步行空间
[2] 休息设施
[3] 舒适洁净的购物环境
3.街道模式
商住一体
生活外露
街
巷
4.设计应用
平面布局&街道透视

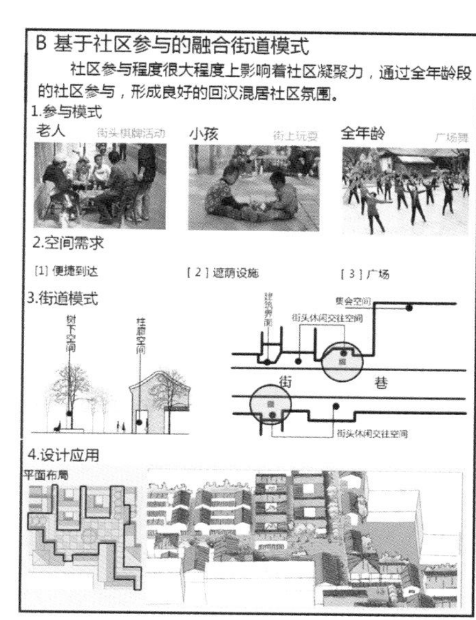

B 基于社区参与的融合街道模式
社区参与程度很大程度上影响着社区凝聚力，通过全年龄段的社区参与，形成良好的回汉混居社区氛围。
1.参与模式
老人
小孩
全年龄
2.空间需求
[1] 便捷到达
[2] 遮荫设施
[3] 广场
3.街道模式
街
巷
4.设计应用
平面布局

总体鸟瞰

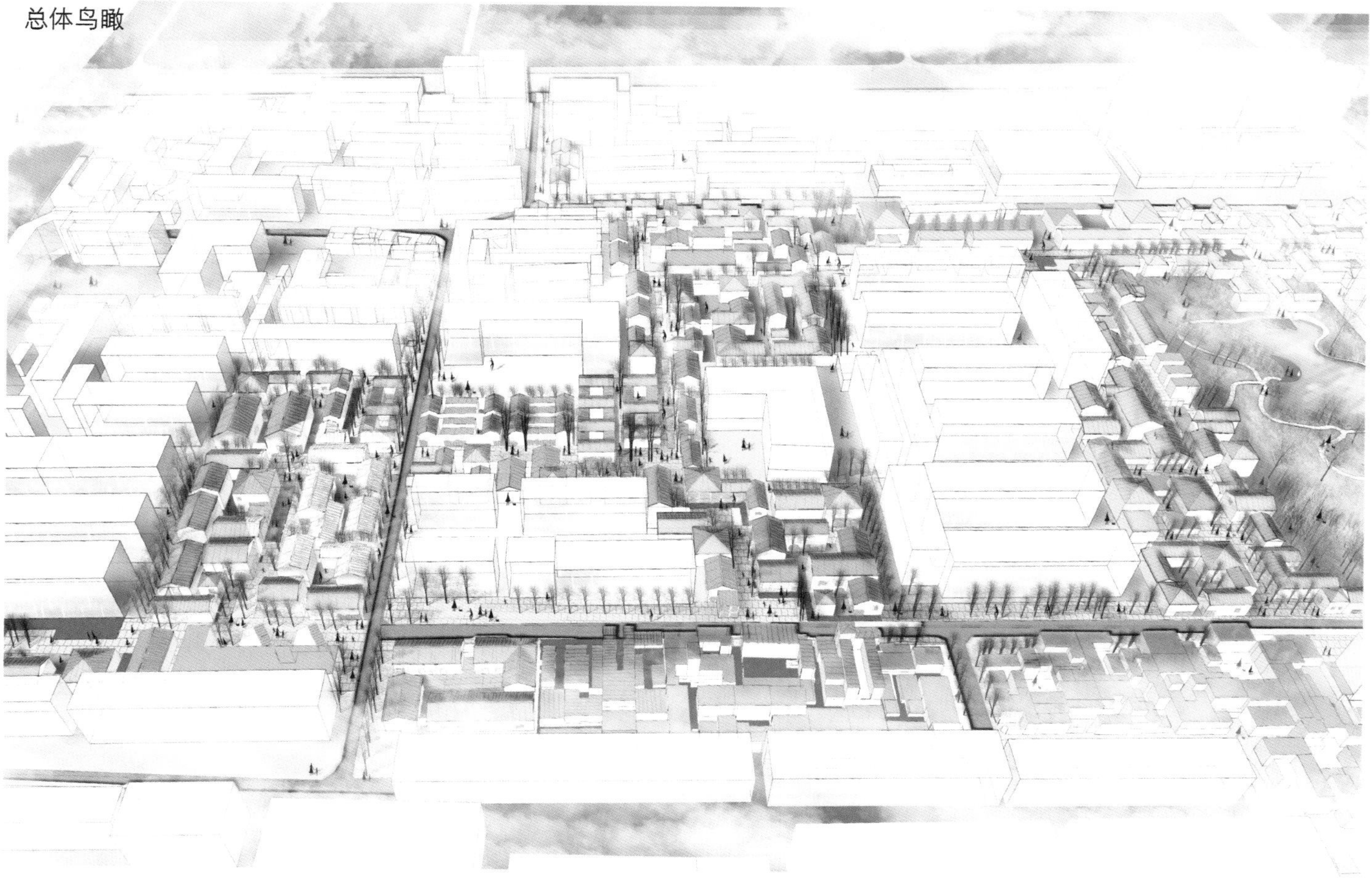

10 药王洞片区详细城市设计

设计者：顾力溧、余珍、曹永茂

药王洞片区位于陕西省西安市明城区内西北部，面积约62公顷，人口约4万人，以老年人口和常住人口为主。

上位承接及功能定位

上位规划对药王洞片区的定位为养老养生，通过分析，场地存在药王洞、类雷神、菩萨庙等道家养生和民俗历史资源，所以我们在承接上位在润生态、漫生活、涵文化三个系统设计的同时对其定位为：道家养生与民俗体验。

功能分区

以理疗膳食养生功能和休闲文化养生功能构建“T”形养生文化线；以传统民俗展示体验功能构建“L”形民俗体验线，交织双重形成双重文化体验网络。

建筑肌理

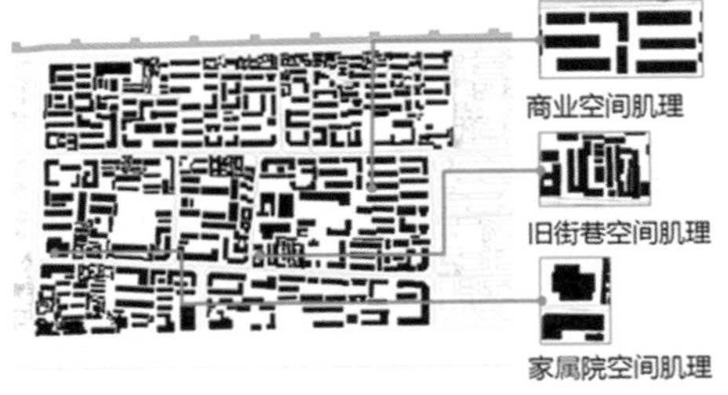

建筑高度

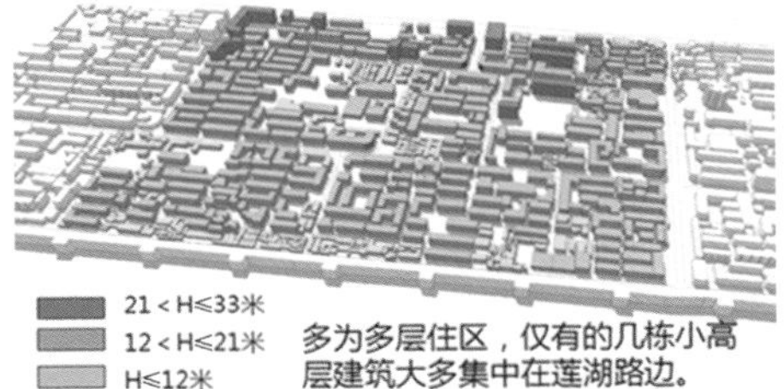

居民构成

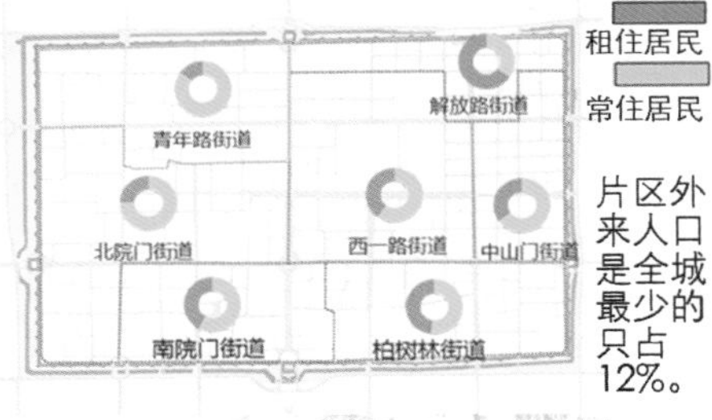

租住居民
常住居民
片区外来人口是全城最少的只占12%。

历史文化资源点

雷神庙
祭祀雷神的庙宇，属自然崇拜，是人类希望之所在。而现在雷神庙却淹没在了一所小学之中，不对外开放。
杨虎城纪念馆
纪念馆建筑和止园是杨虎城故居，拥有丰富的历史记忆，现状建筑保存良好，但场地略显局促。
现存药王“庙”
药王洞因孙思邈而得名，这里曾经有个药王庙。从清代开始，每年农历二月二，庙里都有隆重的庙会举行。如今，庙宇失去光华，但一年一度的庙会仍是街道里的一项盛事。
菩萨庙
清代寺庙林立，民间人们为自己祈福而自建了菩萨庙，如今庙宇已消失踪影，但民间对它的记忆犹在。

建筑质量

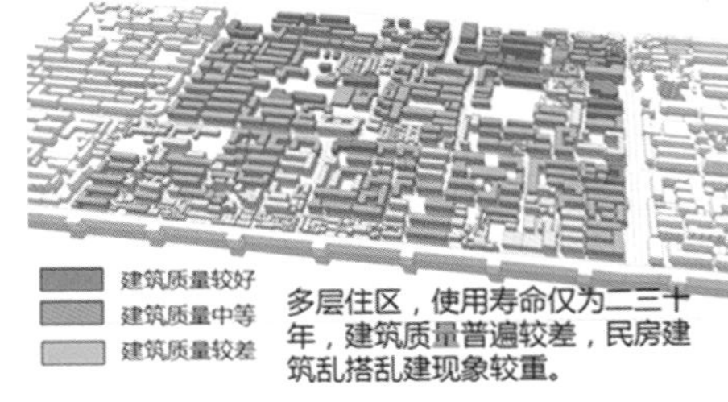

建筑质量较好
建筑质量中等
建筑质量较差
多层住区，使用寿命仅为二三十年，建筑质量普遍较差，民房建筑乱搭乱建现象较重。

建筑拆改留

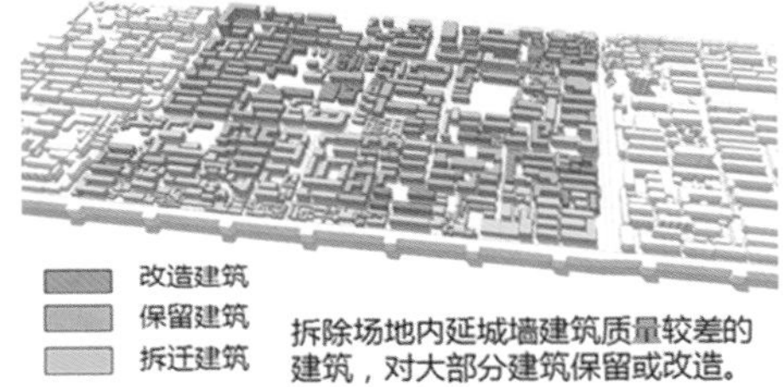

改造建筑
保留建筑
拆迁建筑
拆除场地内延城墙建筑质量较差的建筑，对大部分建筑保留或改造。

年龄构成

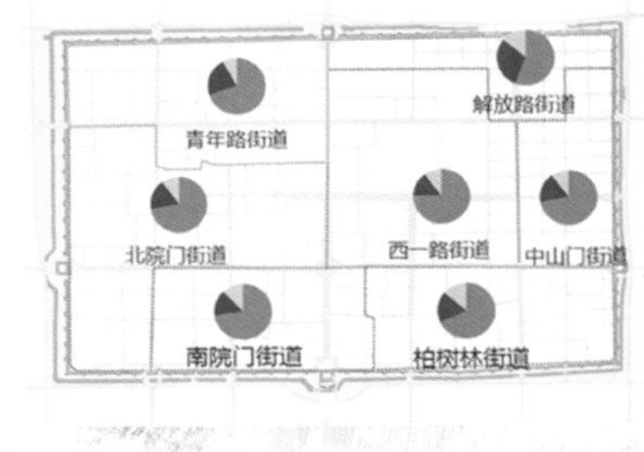

18岁以下
18-64岁
65岁以上

片区老龄化严重，老年人口占27%。

整体框架

定位	目标	策略	详细设计
民俗体验 道家养生	创造文化体验 重塑文化身份	传承历史文化资源	民俗展示体验片区
		激活文化创造力	理疗膳食养生片区
		交织双重文化体验网络	休闲文化养生片区
	提升社区活力 丰富公共空间	塑造多元公共空间	
		构建社区便捷出行系统	
	构造宜居环境 植入生态景观	植入景观廊道	

策略一：传承历史文化资源

策略二：激活文化创造力

策略三：交织双重文化体验网络

策略四：塑造多元公共空间

策略五：构建社区便捷出行系统

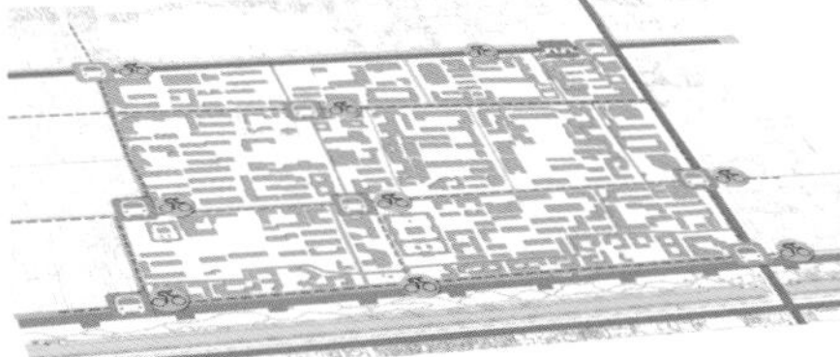

策略六：植入景观廊道

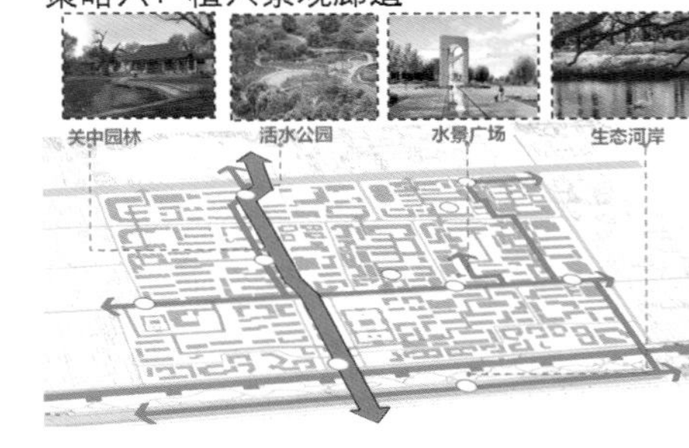

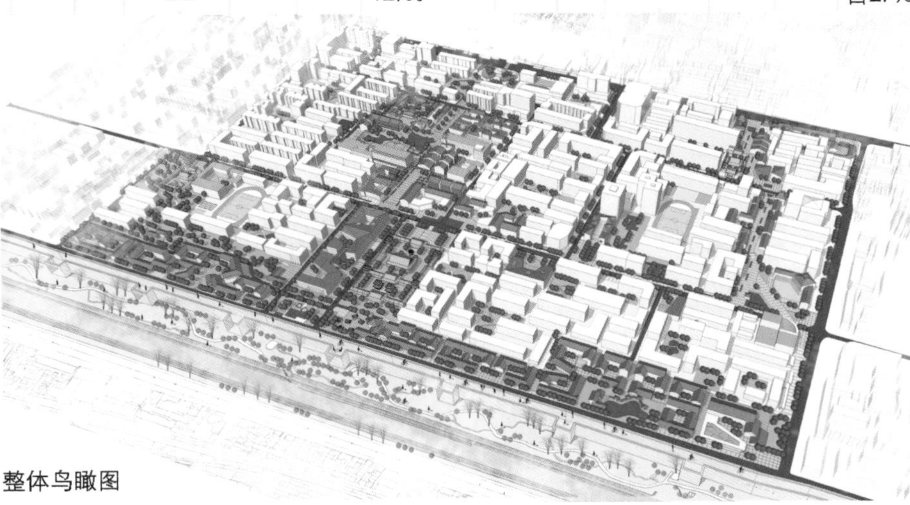

整体鸟瞰图

10.1 理疗膳食养生区详细城市设计

分区设计者：顾力溧

交通系统设计

结合上位规划对交通的引导，设置以公共交通、自行车和步行的漫游线路及相关交通节点；分析各时段商用和居民停车比例，设置了白天商用，夜晚社区使用的车库共享方案。

空间新绎

顺城巷建筑虽然老旧，但院落格局任然保存着关中传统院落格局。

关中传统院落以两进院落和组合院落为主，建筑尺度多为10×20，院落空间多变。

结合地块定位为理疗养生，相对需要比较静谧的空间，在对院落重新组合时对外开放较少，院落较为封闭。

结合地块定位为膳食养生，相对需要比较开放、灵动的空间，在对院落重新组合时对外开口较多，院落较为开放，建筑尺度适当扩大。

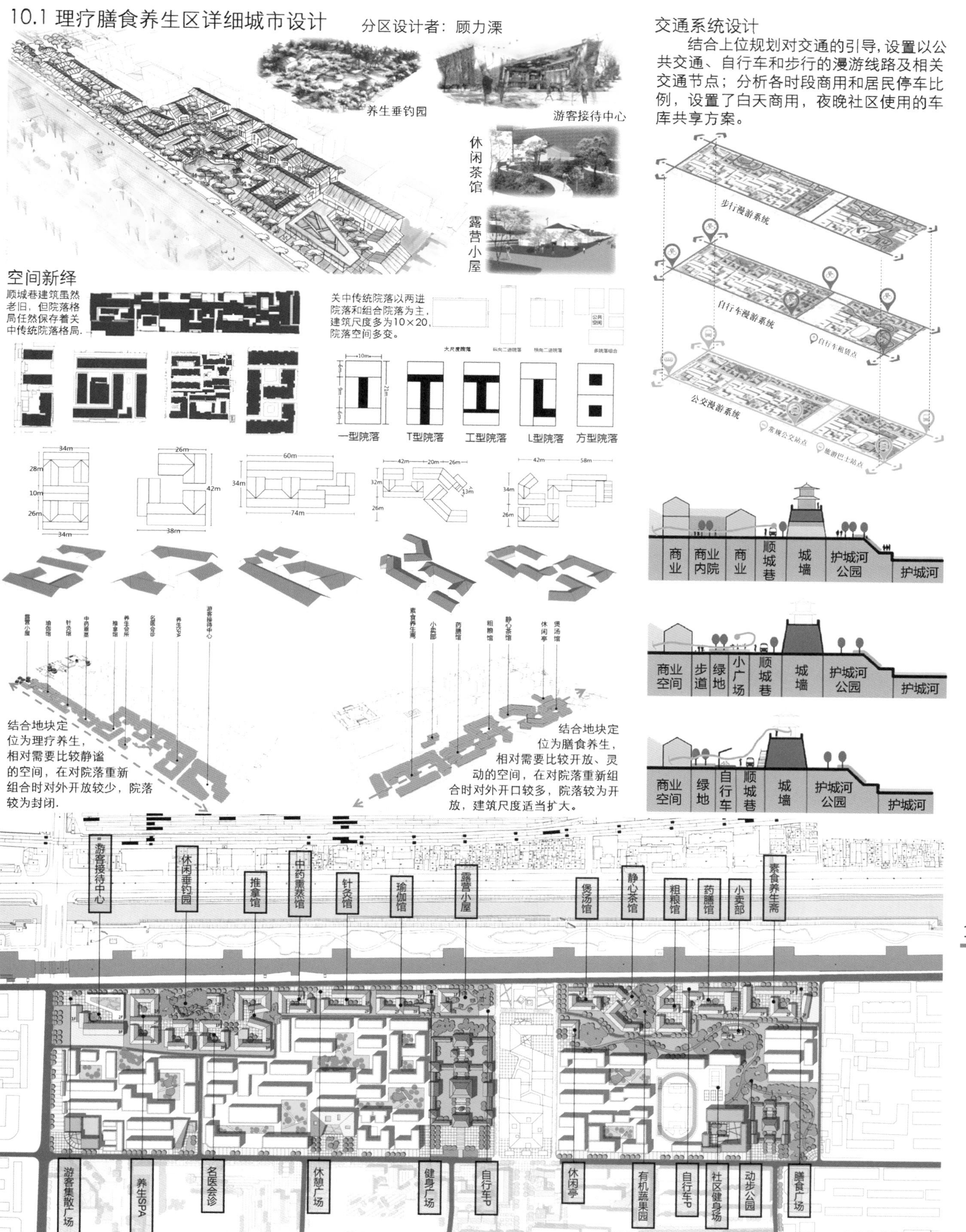

10.2 休闲文化养生片区详细城市设计

分区设计者：余珍

基地选择范围为药王洞片区东南部地块，设计范围18.9公顷。基于药王洞片区总体设计中对该地段的功能定位的要求与周边环境分析，确定该地段的功能定位为休闲文化养生。主要体现在以下四个策略：

10.2.1 生活新体验

首先根据老年人、中年人与青少年这三类人群各自的养生目标，与相应的空间需求，提取出运动养生、环境养生与文化养生三类休闲养生类型。然后，我们了五个环境养生节点、六个文化养生节点以及三个运动养生节点，共同构成多元生活体验路线。

10.2.2 公园新境界

一条草木繁茂的天桥由莲湖公园延伸至药王洞片区，结合城墙根公园处的城墙攀登点，将莲湖公园与护城河公园景观引导渗透入地段内，让三者融合成为城墙内部最大的开放空间。为居民提供充分的休憩和环境养生空间。

10.2.3 街道新模式

（1）基于平衡各类交通模式的街道改造

在要用于机动车通行的街区还对其机动车道进行改造，使该街道从以机动车为主要交通工具转变为具有多种交通选择。从而激发社区活力，增强步行体验，促进可持续发展，打造社区文化。

在原有的道路结构上改造形成无路缘街道，方便各种场地设施的建设，有利于激发底层零售区活力。且可移动的路界护柱可灵活利用，偶尔或永远关闭该街道，以禁止汽车通行。

（2）雨水径流管理

通过一系列雨水渠道景观设施对雨水径流进行收集。但是在许多情况下，由于地下设施或结构的存在，雨水渠道无法渗透雨水径流，因此我们在街道上设置了渗透式与溢流式两类雨水渠道景对雨水进行管理。

10.2.4 建筑新演绎

提取传统建筑元素，融合现代建筑材料，形成具有关中特色的现代建筑。在院落层面，通过传统建筑与现代建筑的相互穿插，形成具有现代风格的传统院落空间，并在院落之间加入架空平台，形成院落间的公共交流空间。

街道雨水径流管理

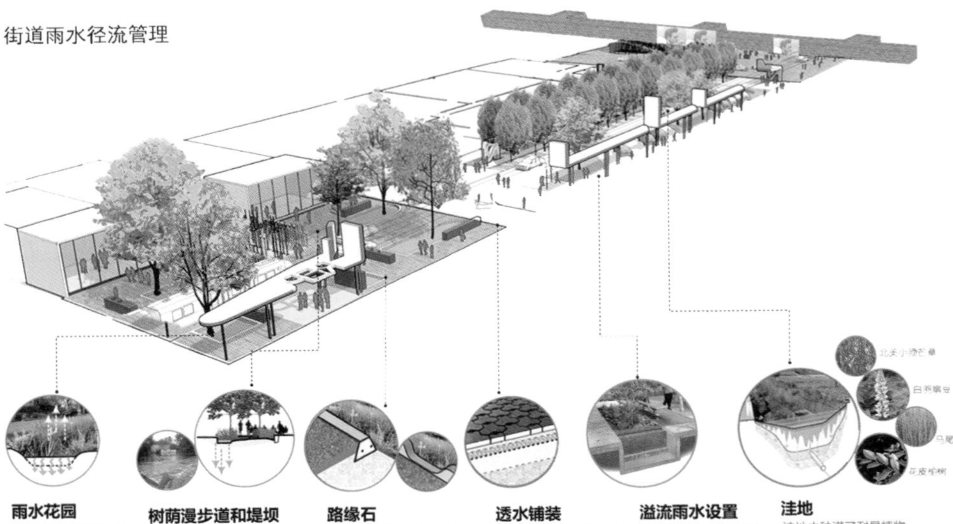

雨水花园
通过植物、沙土的综合作用使雨水得到净化，并使之逐渐渗入土壤。通过其植物的蒸腾作用可以调节空气的湿度与温度，改善小气候。

树荫漫步道和堤坝
将植被种植于土堆上与生态调节沟一起就像是自然的堤坝一样，可以在处理暴雨径流时减弱暴雨的流速。

路缘石
削减出不同长度的路缘石可以使更多的雨水径流得到控制。平齐的路缘石可以最大化得均匀分布流向处理设施的水。

透水铺装
透水铺装可以允许水渗透坚硬的路面，用于替换不可渗透的道路，该路面既可人行也可以允许车行。

溢流雨水设置
将雨水管或明渠改为渗透管或渗透渠，周围回填粗砂、砾石等多孔材料，雨水通过埋设于地下的多孔管材向四周土壤层渗透。

洼地
洼地中种满了耐旱植物，这些草木能够深深扎根，既能抵御水体的滞留又能抗旱。

高阳里街道改造前

高阳里街道改造后

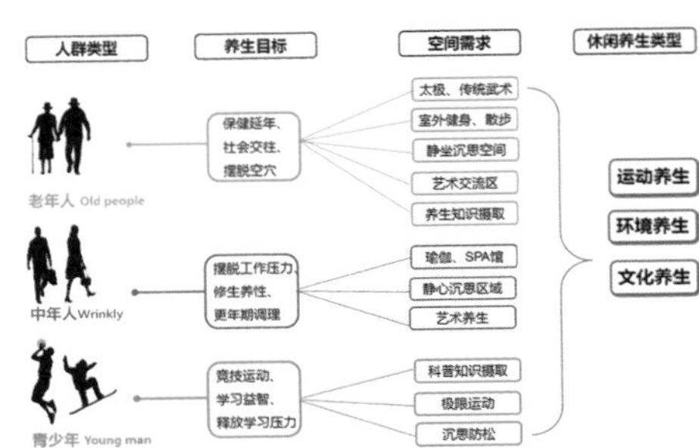

人群养生目标

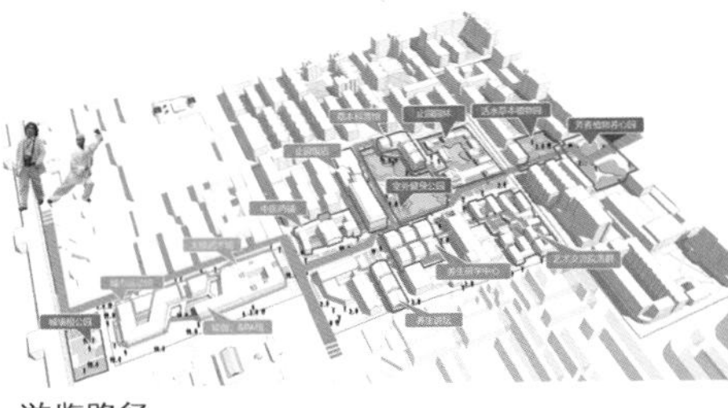
游览路径

居民生活路径

慢行街道剖面

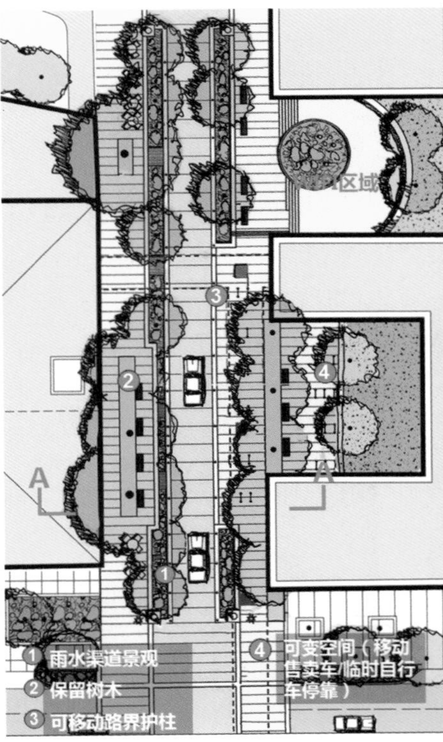

高阳里街道改造

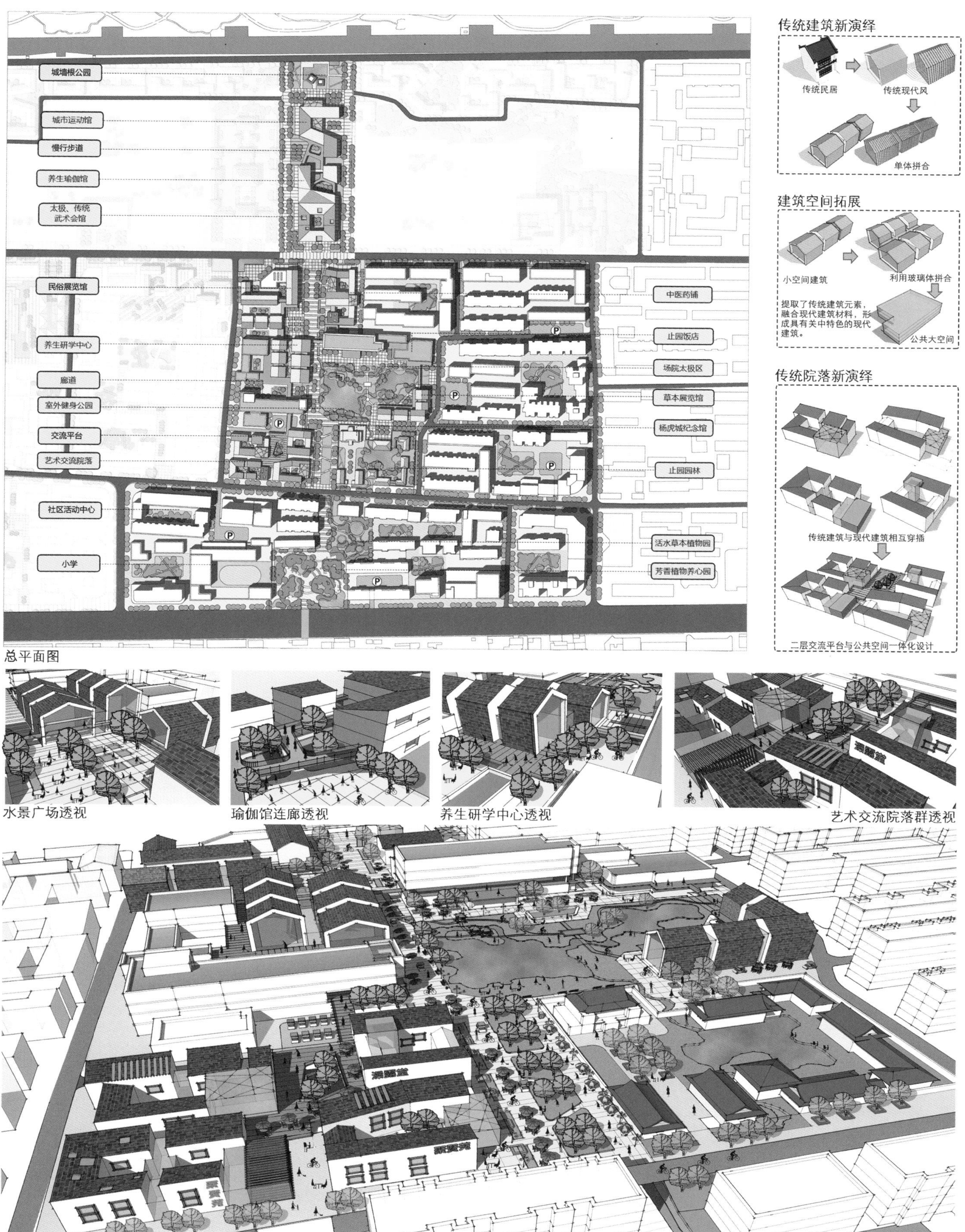

总平面图

水景广场透视

瑜伽馆连廊透视

养生研学中心透视

艺术交流院落群透视

鸟瞰图

10.3 民俗展示体验片区详细设计

分区设计者：曹永茂

本片区设计以民俗展示体验为主题，结合基地基本情况及不同人群的需求，设计了三条主题街道，作为带动此地区发展的活力带。

策略一：公共节点塑造

抓住关中传统生活的四大公共节点（庙宇、戏台、广场、标识物）对该片区进行设计，包括传统文化理念的体现和节点氛围的营造。

策略二：街巷空间营造

基于对传统关中民居的街区尺度、空间序列、风格的研究，确定主题街区的设计方案，并对节点进行断面设计。

策略三：多元人群空间活动策划

民俗来源于人民，因此必须基于本地人需求，同时结合旅游需求，才能使民俗具有长久的生命力。

策略四：社区建筑改造

基于居民不同需求，对社区一般区域进行建筑改造，包括功能置换、增加交流空间等。

借鉴：文化线路规划理论

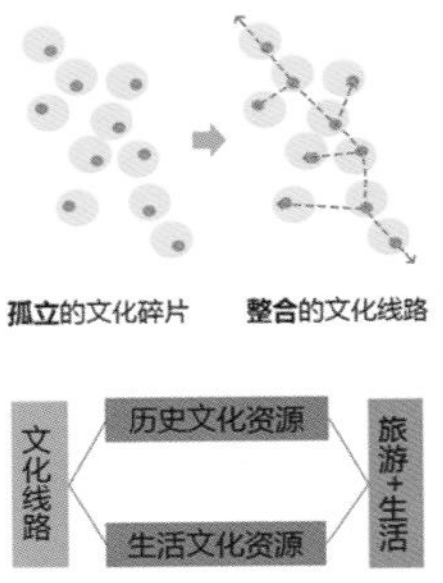

孤立的文化碎片
整合的文化线路
文化线路
历史文化资源
生活文化资源
旅游+生活

城市文化线路，最早在1994年马德里会议上提出，是特指城市中以反映某历史时期历史风貌并服务于城市发展的具有历史、文化内涵的**线形空间**。

本片区的设计主题为**“旅游+生活”**

设计主轴为**“L”型民俗展示体验轴**

三大主题街区为
民俗文艺主题街区
民俗美食主题街区
民俗手工作坊街区

民俗手工作坊街区
民俗美食主题街区
民俗文艺主题街区

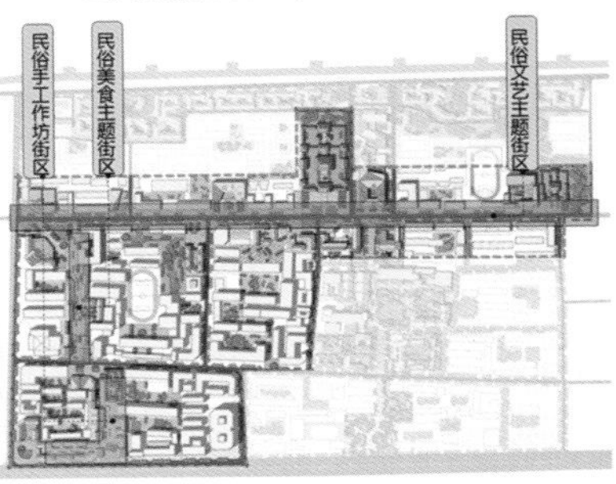

策略一：公共节点塑造

庙宇（以药王庙为例）

养生植物园
药王塑像
妙手仁心园
药王庙正殿
着手成春园
成春亭
庙会广场
入口牌楼
阴阳水景

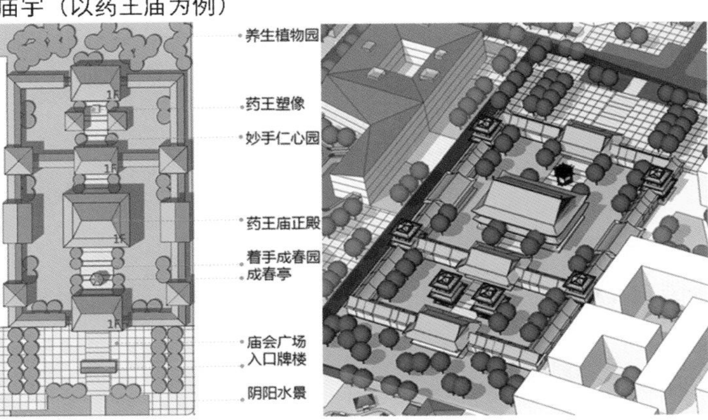

戏台、广场、标识物

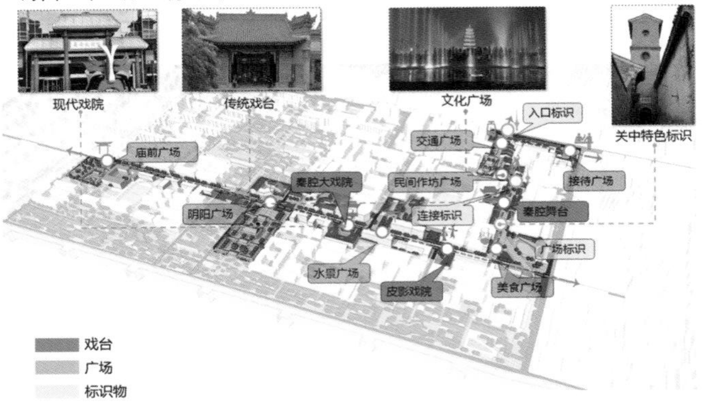

现代戏院
传统戏台
文化广场
入口标识
关中特色标识
庙前广场
交通广场
秦腔大戏院
民间作坊广场
接待广场
阴阳广场
连接标识
秦腔舞台
广场标识
水景广场
皮影戏院
美食广场
戏台
广场
标识物

总平面图

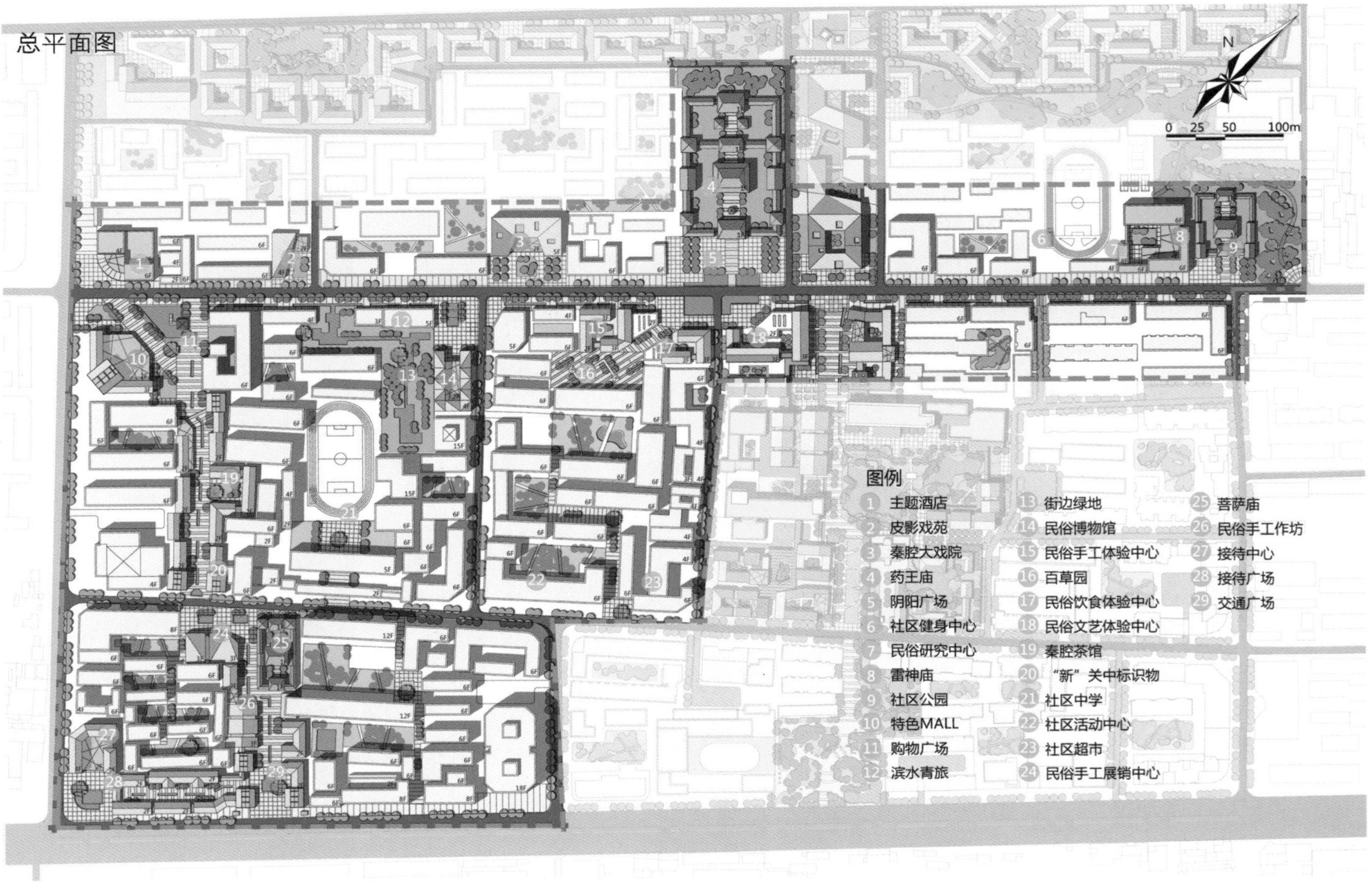

N
0 25 50 100m
图例
1 主题酒店
2 皮影戏苑
3 秦腔大戏院
4 药王庙
5 阴阳广场
6 社区健身中心
7 民俗研究中心
8 雷神庙
9 社区公园
10 特色MALL
11 购物广场
12 滨水青旅
13 街边绿地
14 民俗博物馆
15 民俗手工体验中心
16 百草园
17 民俗饮食体验中心
18 民俗文艺体验中心
19 秦腔茶馆
20 “新”关中标识物
21 社区中学
22 社区活动中心
23 社区超市
24 民俗手工展销中心
25 菩萨庙
26 民俗手工作坊
27 接待中心
28 接待广场
29 交通广场

策略二：街巷空间营造

街巷尺度

关中原始传统街巷（以袁家村为例）

平面肌理尺度　三维空间尺度

关中传统与现代结合的街巷（以关中民俗博物院为例）

平面肌理尺度　三维空间尺度

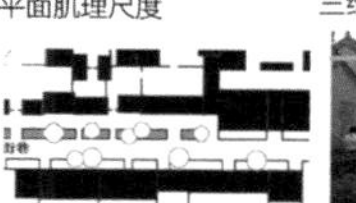

结合关中传统民居街巷及关中民俗博物院街巷尺度，同时考虑到基地功能的需求，大致确定民俗体验街建筑开间在10m左右，D/H值在1:1到1:1.5之间。

街巷节点断面

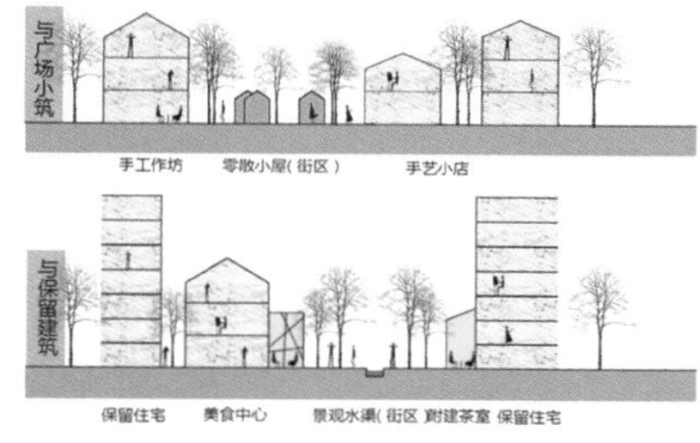

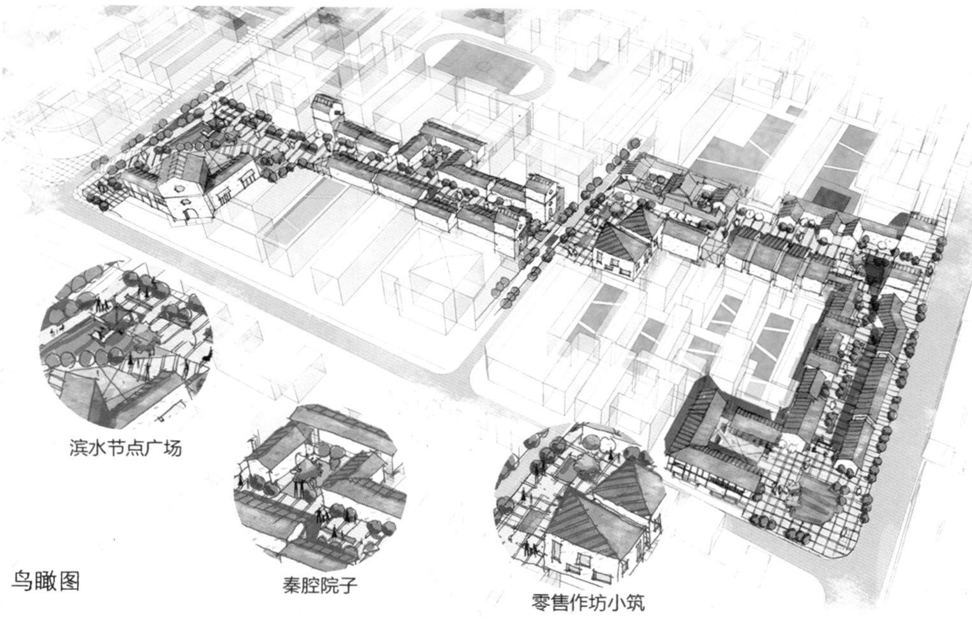

鸟瞰图

策略四：社区建筑改造

现状居住建筑
住宅1--2层居住功能与文化创意功能的有效置换
二层连廊与公共空间的一体化设计，形成对外开放的界面

策略三：多元人群空间活动策划

多元人群空间路线需求研究

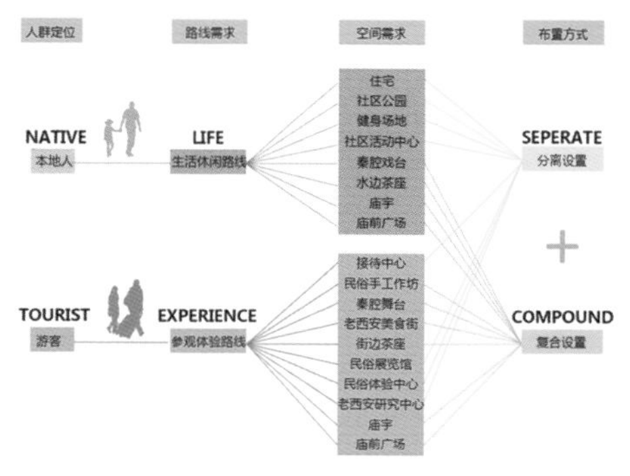

SEPERATE分离设置

将本地人与游客的路线与空间需求适度分离，尤其是对于本地人相对私密的空间需求以及游客相对独立的空间需求。

COMPOUND复合设置

由于民俗是人们在长期发展中形成的相对稳定的文化事象，因此其展示活动应来源并贴近于生活，从而更好地其独特魅力。

通过功能空间的复合设置，弱化了传统民俗展示与娱乐休闲功能之间的界限，让民俗产业在这个场地上可以和谐地生长。

本地人空间路线策划

游客空间路线策划

多元人群空间路线叠合

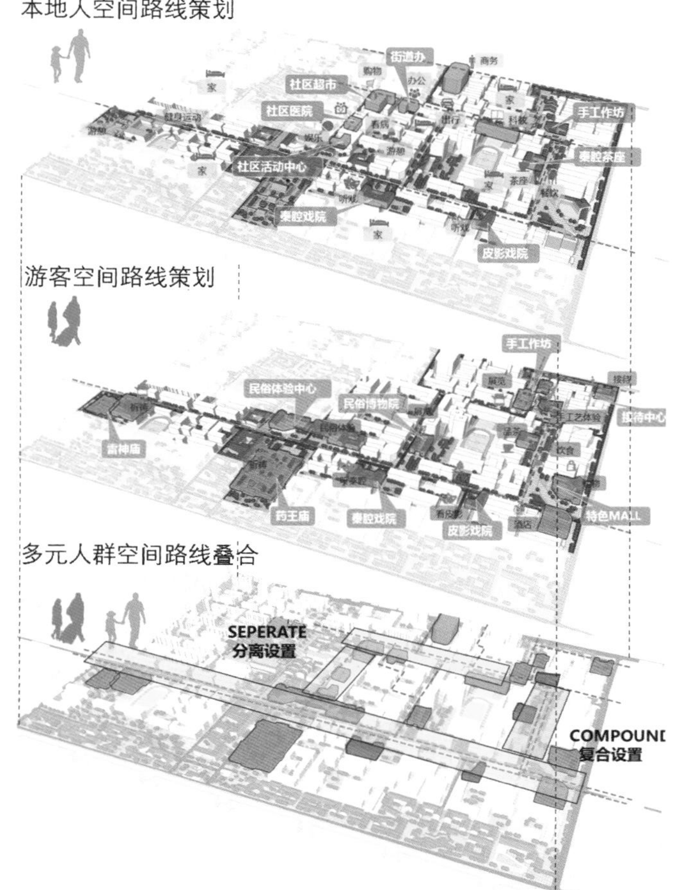

民俗文化活动策划（以药王庙会为例）

时间：大庙会：每年二月二
月庙会：每月初一、十五
程序：请神——游演——场演——收会
项目：民间社火、秦腔、西安鼓乐、皮影戏 等

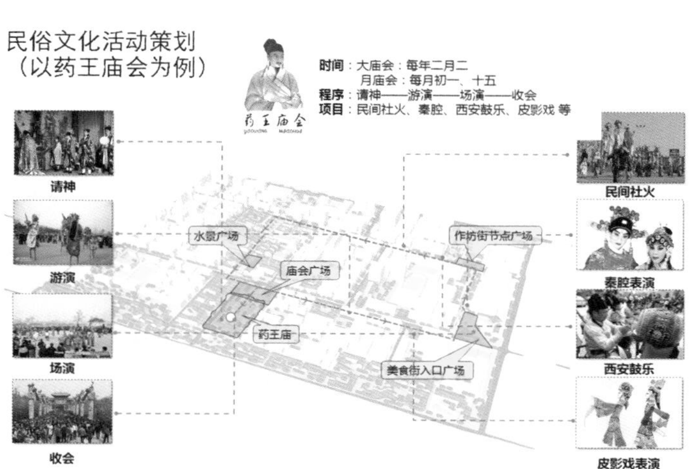

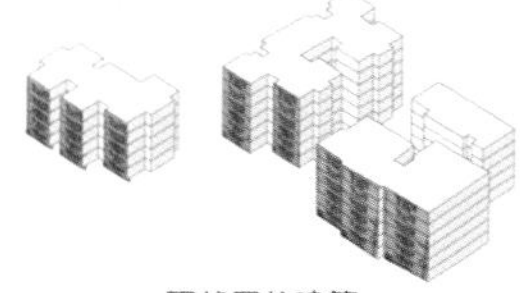

古城 · 新生

ANCIENT CITY, MODERN LIFE

清华大学建筑学院
宗　畅　张　伟　易斯坦　向　上　李遇安　黄若成
郑千里　孙英博　高雅宁　李浩然　王健南　刘秋灿
指导教师：吴唯佳　刘　宛　郭　璐

我们以“古城 · 新生”为题展开规划设计。首先，进行背景研究，基于西安历史格局、现实问题、未来机遇进行分析，得到其历史格局壮阔、未来前景辉煌，然而现状空间秩序混乱，亟需重塑空间整体性的战略判断，并提出以现代生活为线索，形成游客、市民、居民三个层次的整体性网络，重塑传统界域的空间秩序。其次，对核心问题进行分析，针对服务游客的历史格局模糊、服务市民的空间特色缺失、服务居民的生活网络破碎的问题，提出建构彰显格局的历史文化网络，特色鲜明的公共休闲网络，充满活力的日常生活网络，三网叠合，实现古城新生的目标。在此基础上分别展开三个网络的规划设计，在历史文化网络中挖掘历史资源、整合游览线路，继承骨架轴线；在公共休闲网络中，以具有关中特色和老城风味的公共空间为核心，建立公共空间之间的便捷交通联系；在日常生活网络中，增加居民日常活动空间的数量、提升品质、增强活力和多样性。最后，在三个网络上分别选择具有代表性的 4 个地段，进行有针对性的城市设计。

The theme of our project is “Ancient City, Modern Life”. Background research was carried out firstly, with the analyze of the historical city structure, contemporary problems and the future opportunities, a strategic judgment could be made that the reconstruction of spatial integrality is critically needed since the contemporary urban space is out of order. Three networks of tourists, citizens and local residents could be formed to reconstruct the order of the traditional urban space taking modern life as a clue. Based on this concept, the core problems of the urban space were analyzed, including blurry historical urban structure, flat public recreation space and fragmented daily life service system. On this condition, a plan was proposed to construct a historical culture network for the tourists with clear structure, a public recreation network for the citizens with distinctive regional characters and a daily service network for the local residents with abundant energy, aiming at the rebirth of the ancient city. The specific planning and design of the three networks was launched. The historical resources were excavated, the tour route was integrated and the historical structure and axis were inherited to construct the historical culture network. A convenient public transportation system was built for the public space with regional characters for the public recreation network. The quantity, quality and diversity of daily activity space for the daily service network. At last, 4 representative sites of each network were selected for specific urban design.

1 总体工作思路

1.1 背景研究

1.1.1 历史沿革

西安是十三朝故都，有着3100多年的建城历史和1100多年的建都历史，从西周到隋唐为都城时期，而宋、明、清朝则为府城时期，城市历史悠久，城市格局严整壮阔、秩序井然。

1.1.2 空间定位

西安地处中国陆地版图中心，是长三角、珠三角和京津冀通往西北和西南的门户城市与重要交通枢纽，北濒渭河，南依秦岭，八水绕长安。西安是国家重要的科研、教育和工业基地，中国历史文化名城，中国最佳旅游目的地城市之一。其历史文化的保护和展示也将成为城市发展的最大助力之一。

西安是陕西省的政治、经济、文化和科教中心。在未来的规划中，西安地处丝绸之路经济带的起点和经济、文化、商贸中心，将成为新亚欧大陆桥和黄河流域最大的城市。作为西北地区的门户和重要交通枢纽，西安还承担了国家科研、教育和工业基地的作用。

西安地处渭河以南，秦岭以北，自古以来就有八水绕长安的美誉，自汉长安开始，西安城的城市选址就和自然景观轴线有着严格的对位关系。自明城以来的西安城市发展轨迹可以看出，历史轴线对于城市的发展有着重要的影响，许多重要空间都位于这些轴线上。

1.1.3 上位规划解读

按照保护生态环境，加强区域与城乡协调发展的原则，在西安市域范围内，构建“一城、一轴、一环、多中心”的市域城镇空间布局，形成主城区、中心城镇、镇三级城镇体系结构。因地制宜地稳步推进城镇化，逐步改变城乡二元结构。

新城区以商贸业、旅游业、高新产业及科教为支柱，建成经济繁荣、社会稳定、生态环境优美、空间布局合理、设施完善的新型城市中心区。碑林区以科研文教、旅游、商贸为主导产业，具有良好人居环境和生态环境的西安市主城区的功能区之一。莲湖区以现代装备制造业、服务业、旅游文化业为一体的、保持古城风貌的商业和居住的综合区。

优化主城区布局，凸显“九宫格局，棋盘路网，轴线突出，一城多心”的布局特色，以二环内区域为核心发展成商贸旅游服务区；东部依托现状发展成工业区；东南部结合曲江新城和杜陵保护区发展成旅游生态度假区；南部为文教科研区；西南部拓展成高新技术产业区；西部发展成居住和无污染产业的综合新区；西北部为汉长安城遗址保护区；北部形成装备制造业区；东北部结合浐灞河道整治建设成居住、旅游生态区。

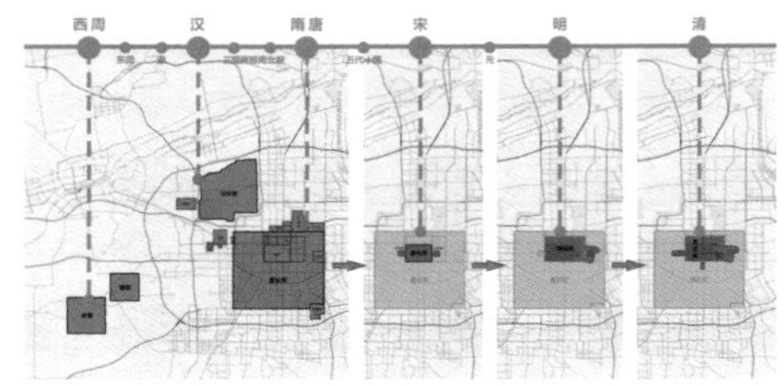

图 1 西安城市空间发展时间轴

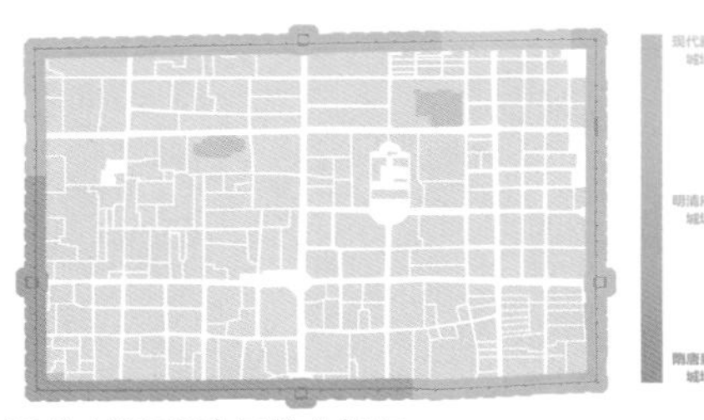
图 2 城墙建造年代分析图

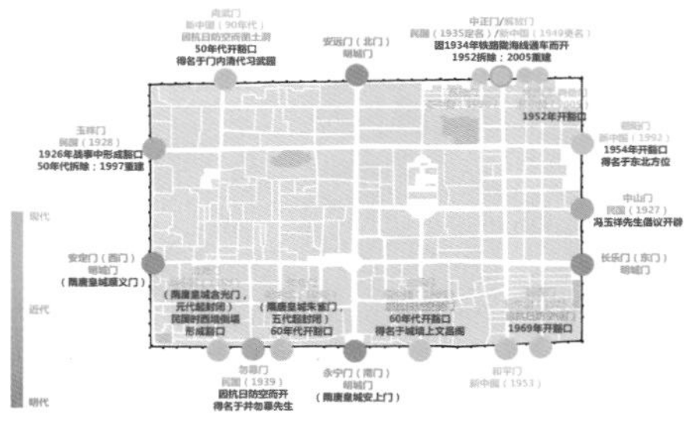
图 3 城墙建造年代分析图

图 4 西安历史

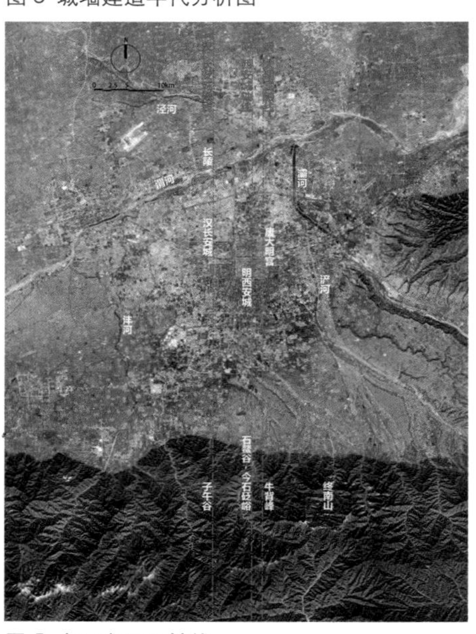

图 5 大西安景观轴线

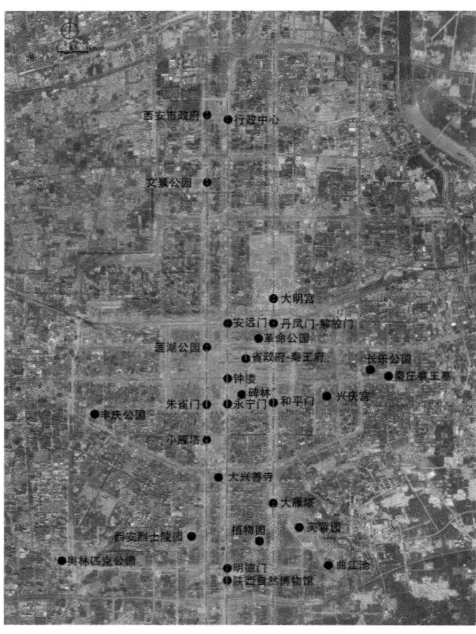

图 6 西安城区历史轴线

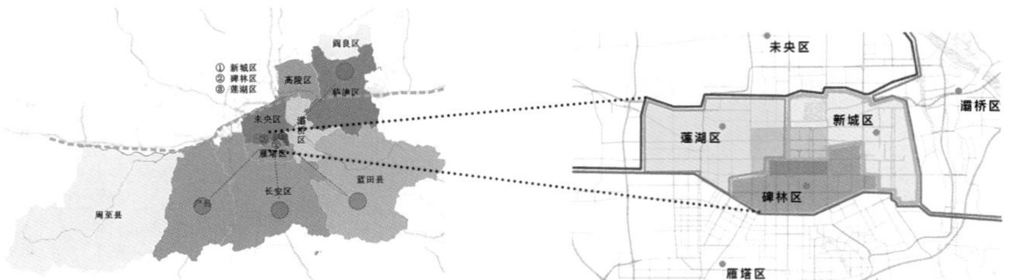

图 7 市域城镇规划

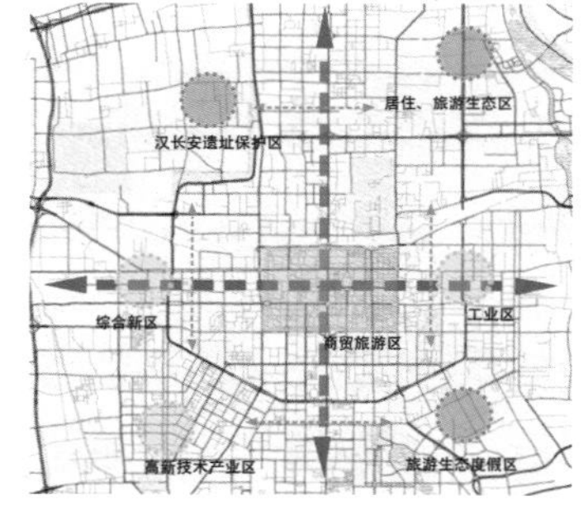

图 8 主城区规划

1.2 战略判断

1.2.1 主要问题

在背景研究之后，我们进行了现场的访谈和调研。根据调研时的了解，以及相关文献的阅读，我们总结了明城空间发展现状的两大问题。第一点是整体性丧失，城市风貌不统一、建筑风格各异。第二点是空间秩序混乱，现状社区生活的空间品质较差，没有统一规划的公共开敞空间。

我们发现西安明城的传统空间有着历史格局壮阔、未来前景辉煌这两大优势，与之相矛盾的，现状空间秩序的混乱，西安明城内的绝对整体性已经丧失，我们只能尝试相对整体性的塑造。那么如何把现代生活相结合使之协调发展，就成为我们设计的重点。

1.2.2 以“人”为本的视角

空间发展与人的行为活动息息相关，要理解明城空间秩序混乱的现状，同时提出建设性的解决方法，最直接的方式就是以“人”为本，从西安老城内三类不同人群的活动网络为线索，探索老城空间结构与现代生活的矛盾与突破口。

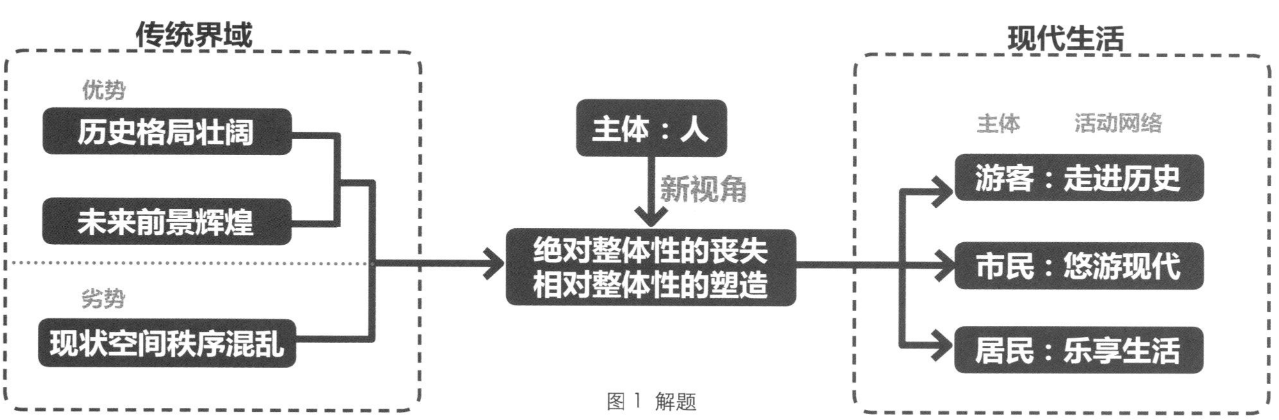

图 1 解题

1.3 工作框架

引入人的视角后，我们以现代生活的服务对象为线索，分析这三类城市生活主体的活动范围和需求，并形成了三个层次的整体性网络，分别为：游客 - 历史文化网络、市民 - 公共休闲网络、居民 - 日常生活网络。希望通过这三个网络的设计，重塑传统界域的空间秩序。

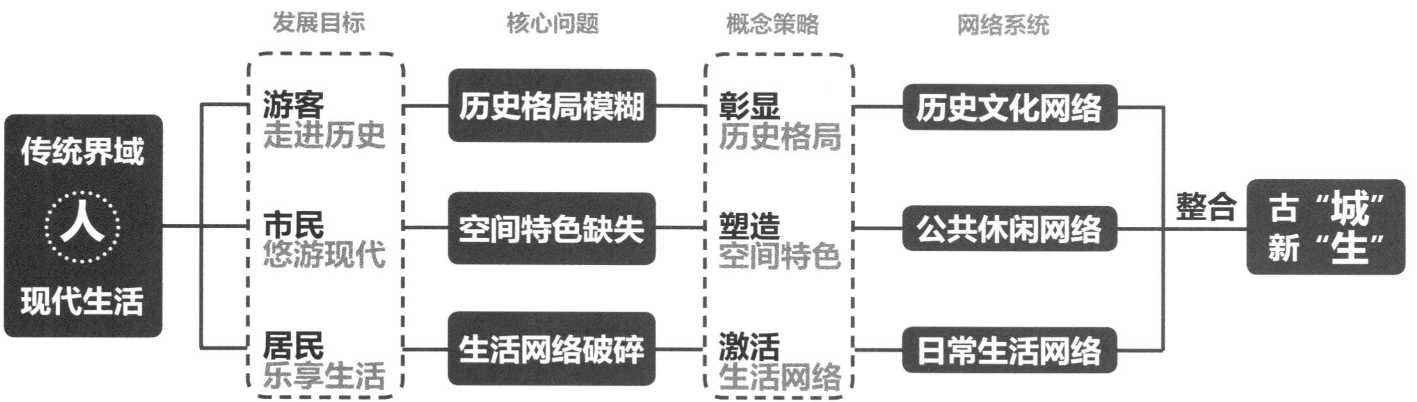

图 2 设计框架

2 城市网络构建

2.1 历史文化网络

2.1.1 核心问题
——历史格局模糊

问题一：传统格局不清晰

由唐长安空间格局与现状西安空间格局的对比可知，皇城轴线和大明宫轴线两条轴线在现在的西安空间格局中还能够看到。历史都城格局对现状西安老城内的空间格局留下了一定的印记，但是并不清晰，可以通过设计进行强化。

由明府城空间格局与现状西安空间格局的对比可知，明府城轴线和秦王府轴线两条轴线对现状西安的空间格局有重要的影响。现状西安老城基本继承了明府城的空间格局，如东西南北大街和一些主要交通干道，也新修了一些道路。但是传统格局不能满足现代生活的要求，要针对现实问题进行适当优化。

这些轴线关系和历史格局只能在现状的西安空间格局中找到影子，传统的格局已经不是很清晰了。

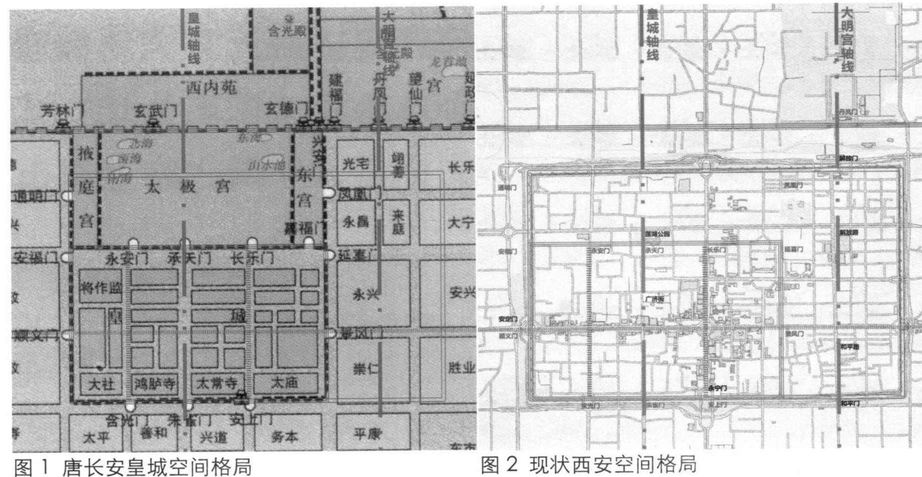

图1 唐长安皇城空间格局

图2 现状西安空间格局

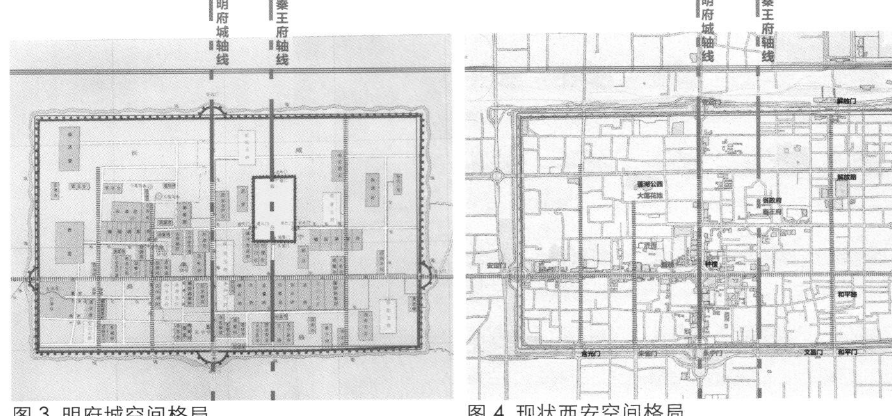

图3 明府城空间格局

图4 现状西安空间格局

问题二：历史资源无整合

西安现状的历史资源主要集中于钟鼓楼和老城南两个片区，其余零散分布，不成体系。

历史文化的表现形式单一，缺乏各自的特色和区分度。

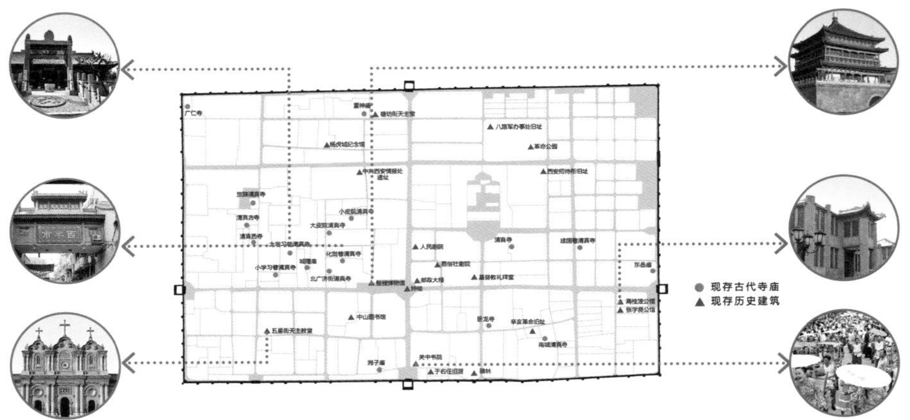

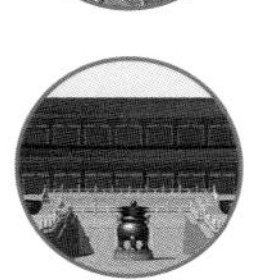

图5 现状历史资源分布图

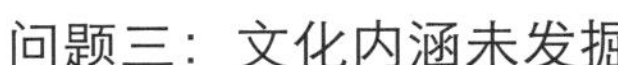

问题三：文化内涵未发掘

现状西安老城内其实有很多尚待发掘的历史资源，如都城时期的重要旧址、历史名人故居和近现代民居建筑等。将这些历史资源挖掘出来，避免其被随意破坏。

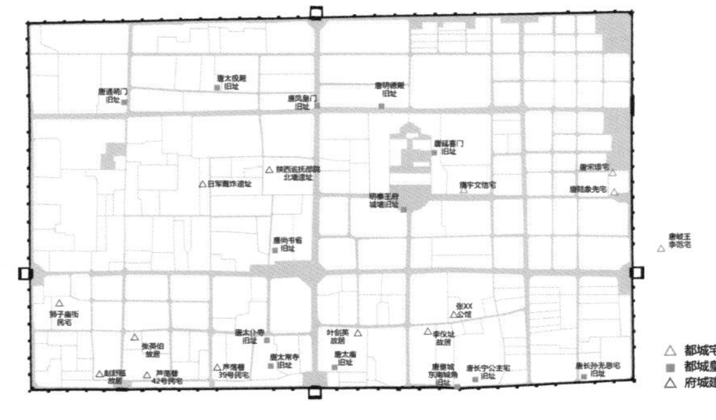

图6 未发掘历史资源分布图

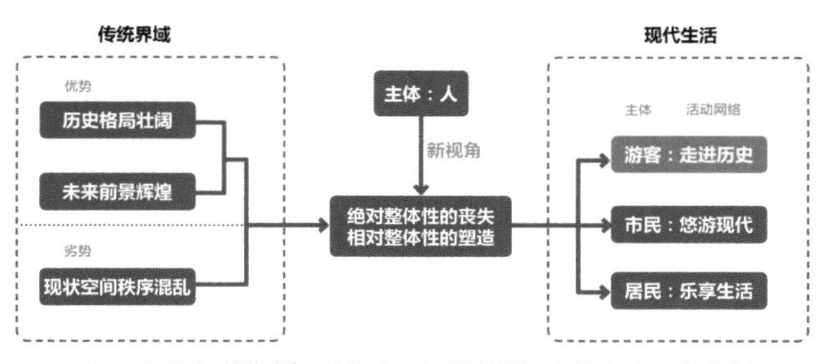

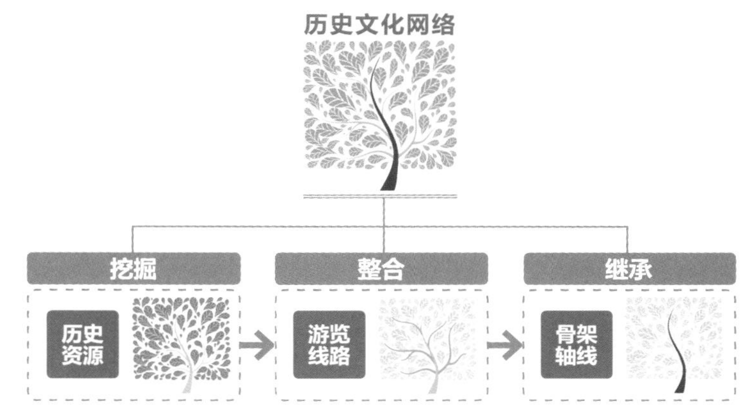

我们将历史文化网络定位为以西安传统轴线与城市骨架为主线，历史文化保护资源为标志，结合旅游、展示、文教、娱乐、商业等多种功能，建立传承古都特色、发扬传统文化的城市历史文化网络。历史文化网络的设计有三个部分组成，第一部分是挖掘历史资源，第二部分是通过游览线路的设计整合历史资源，第三部分是由城市骨架和轴线串联游览线路。

2.1.2 设计策略

策略一：挖掘文化内涵
——文物保护与遗址重建

西安目前的历史资源分布有以下几个问题：现存历史资源分布零散，没有主次之分，难以形成统一的历史资源体系；一些重要的历史资源没有得到充分展示，埋没了其历史价值；历史资源没有进行有效地分类保护和修缮，游客无法了解其历史意义。

图 1 历史资源分布图

选取重要的历史资源作为控制点，直径 800m 以内为辐射范围，得到 14 个历史文化的辐射圈，基本覆盖老城内的历史资源；辐射圈以重要历史节点为核心，整合周边附属性的历史文化资源；辐射圈主要分布与历史轴线、城市骨架周边，可以通过交通设计，达成历史资源的整合。

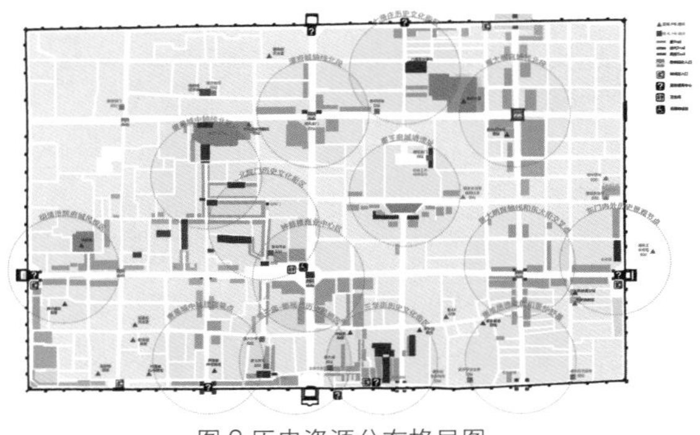

图 2 历史资源分布格局图

将历史资源以形成时间分为两大类，红色为都城时期，蓝色的为府城时期，它们基本也覆盖了城内现有的 3 个历史文化街区和一个历史文化风貌区。一些历史资源的分布与现有的历史文化街区重合，可以利用现状优势进行优化设计一些历史资源已经消失或疏于管理，但具有很高的历史价值，可以对其进行修复或重建。

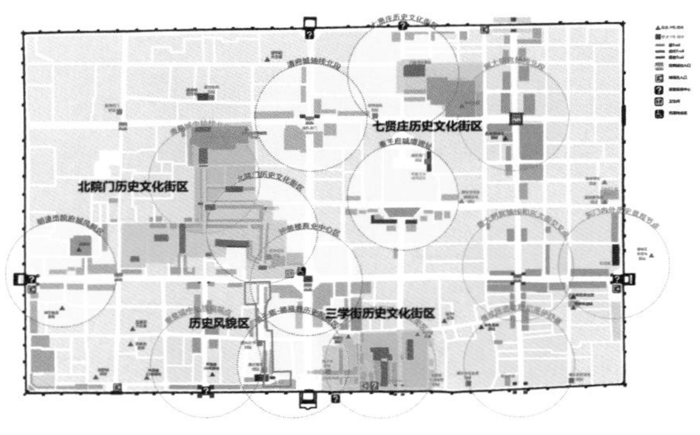

图 3 历史资源分类图

策略二：整合历史资源——游览线路与交通系统

游览线路

现状交通人行游览网络混乱，没有合理的规划和引导，各时期历史资源分布混杂；人行、自行车、公共交通的转换没有妥善的设计，处于自发的状态；忽视了重要景点间的交通连接，给全城范围的历史文化游览带来了问题。

基于以上分析，我们设计了三条整合和连接不同类型历史资源的游览线路，红色线路为连接都城时期历史资源的都城觅影，蓝色线路为连接府城时期历史资源的府城寻踪，黄色线路为展示城墙周边文化的城墙探迹。

都城觅影线路主要涉及了唐皇城轴线、秦王府轴线的设计，城门城墙遗址周边开放空间的设计，并串联了唐朝时期的名人故居。府城寻踪线路主要串联了明清时期留存的建筑，消失的名人故居和传统民宅，以及民国时期的革命遗址。城墙探迹线路主要串联的唐城和明城时期墙上主要的历史节点，展示了城门、敌楼等墙上建筑，并增设了城墙上下口，实现了城墙与顺城巷、城墙与环城公园的互通。

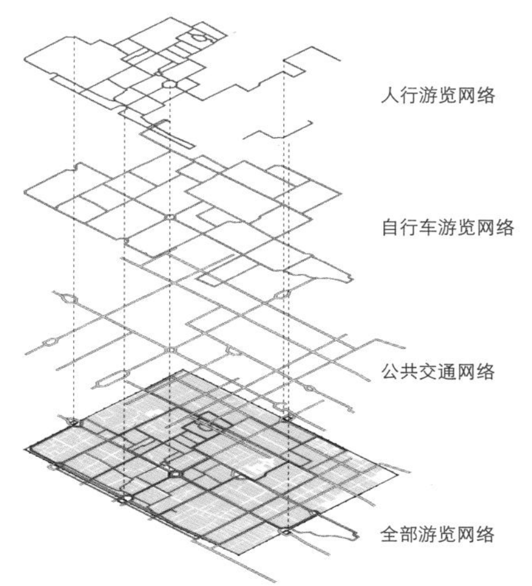

图1 现状游览交通网络分析图

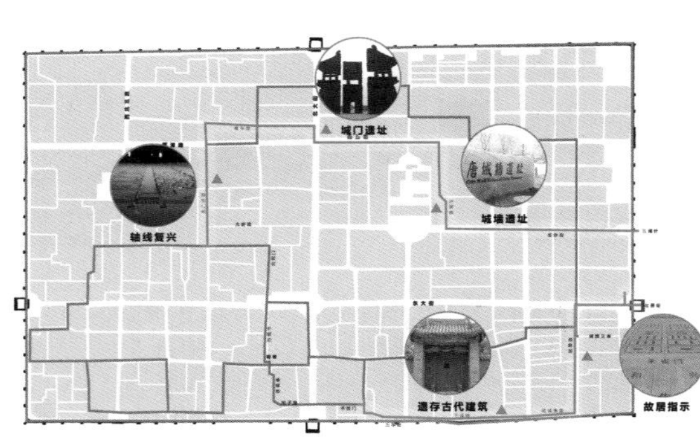

图2 都城游览线路设计图

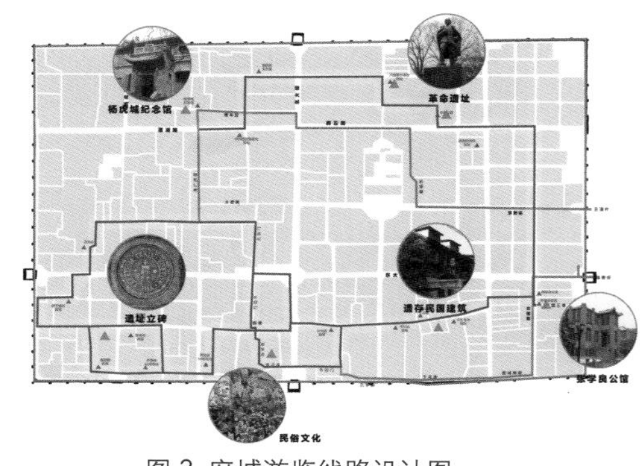

图3 府城游览线路设计图

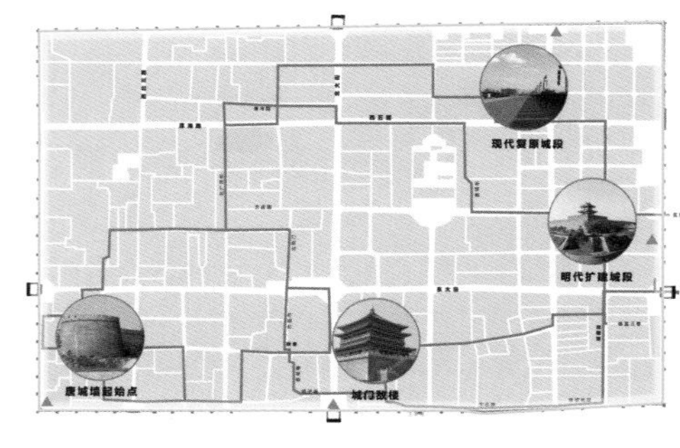

图4 城墙游览线路设计图

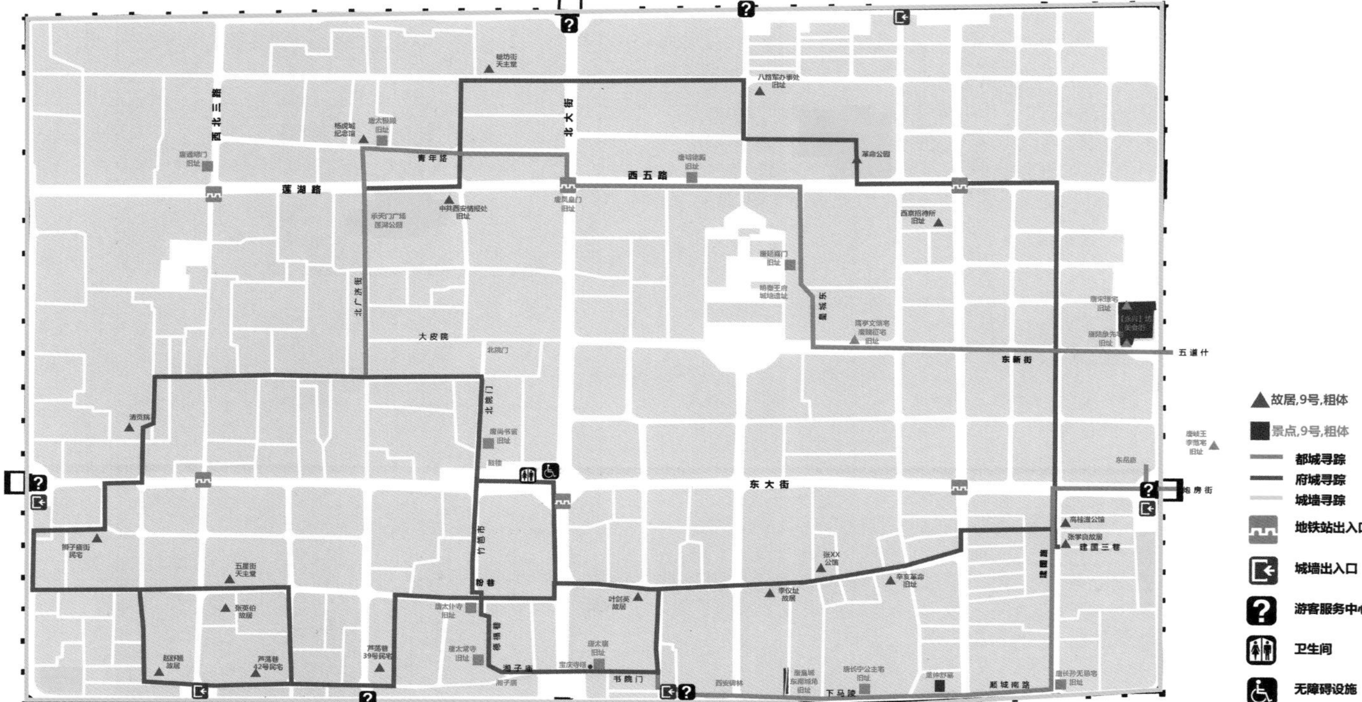

图5 总体游览线路设计

交通系统

城内外的游客通过城市骨架和轴线等干路到达游览线路起始点，并从起始点出发，沿着三条不同类型但相互交错的游览线路进行老城内的历史文化游览。

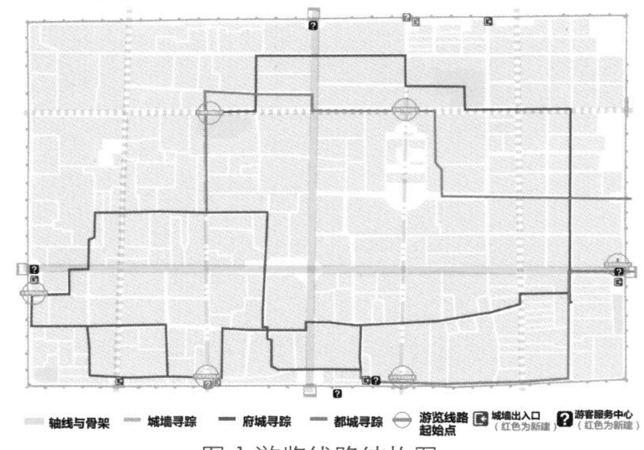

图 1 游览线路结构图

城内新增的交通节点可以达成不同层次的城市网络之间的方便转换。使三条游览线路之间的联系更加紧密。

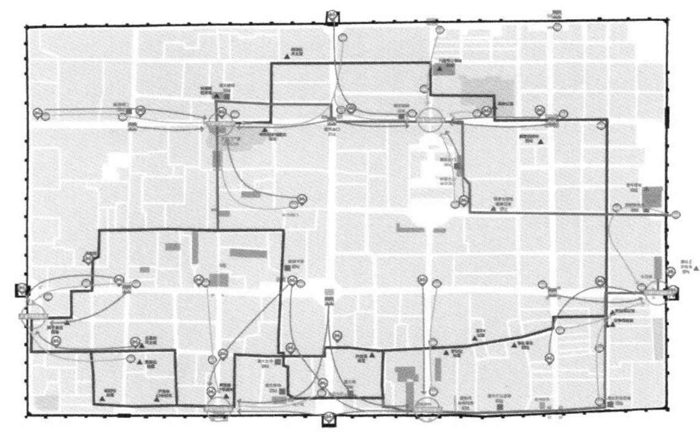
图 2 交通节点分布图

西安现代道路交通网络，仍然以明城格局为基础。

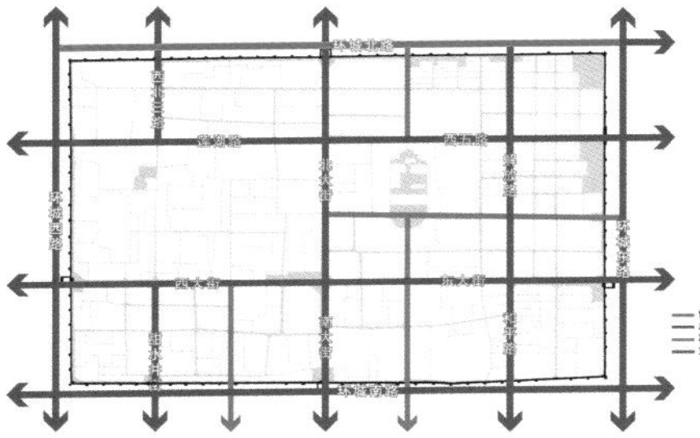

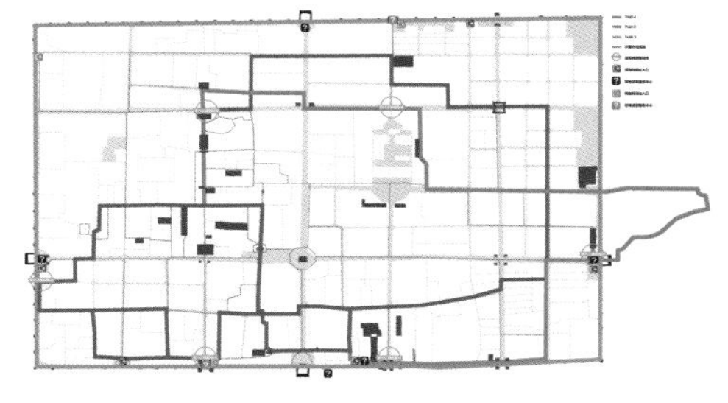
图 3 老城内交通网络图

对现有游客集中、商业网点密集但步行安全性较低的路段进行改造，提升游客步行体验；开发新的步行路段，并整合为前述“古城寻踪”系列路径，引导游客选择。

图 5 步行系统设计图

在现有的“一横一纵”两条线路的基础上，新增一条横线和一条纵线。“两横两纵”在明城范围内共设 6 个车站，全部位于交通骨架的节点位置，可基本实现明城范围内 800m 步行完全覆盖。

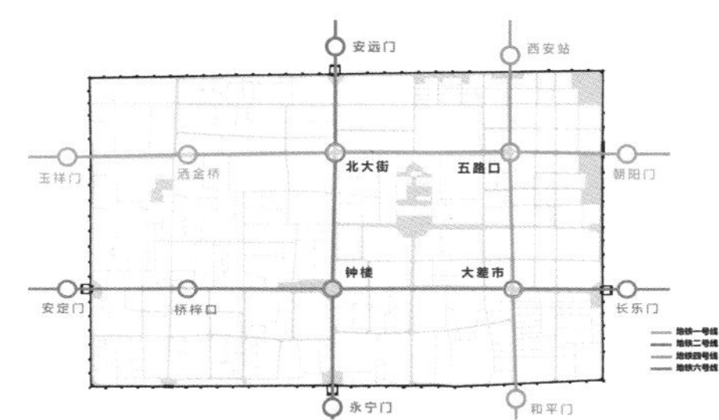

图 7 轨道交通系统设计图

西安城市轨道交通尚未成网，仅建成一横一纵两条线路。

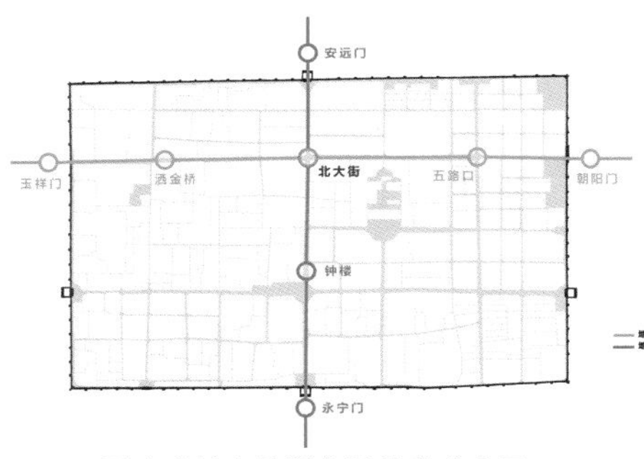

图 4 老城内轨道交通线路分布图

以现状公共自行车租赁点较密的西南片区为参考，结合“古城寻踪”系列路径布局，在麦苋街、北新街、南新街、建国路等片区增设新租赁点，扩展公共自行车服务覆盖范围，方便游客自主选择交通方式。

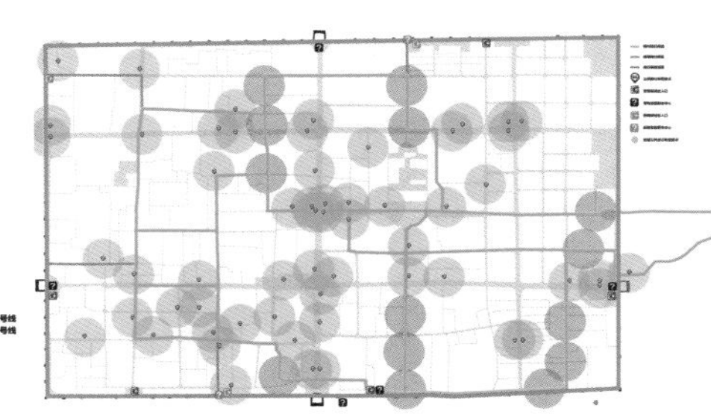
图 6 骑行系统设计图

西安现已建成较为完善的公交专用道网络，规划将专用道路侧各站点改造为港湾式公交车站，改善公交车辆通行环境及市民候车环境。受明城格局限制，西安轨道交通站距较疏；因此建议地面公交线路减小站距，力求实现明城范围内 300m 步行完全覆盖。

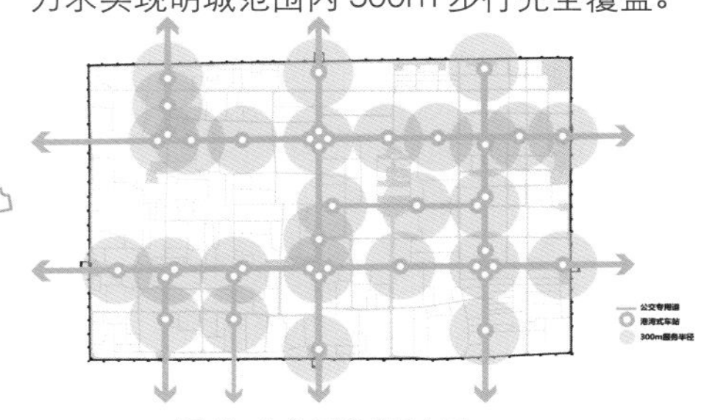
图 8 公交系统设计图

重要路段游客密度：目前西安古城内游客过于集中在钟楼、碑林、回坊等传统旅游点周边，其他地区游客密度较低。

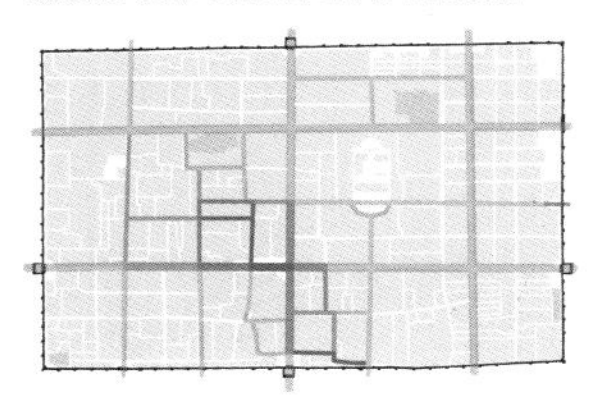

重要路段商业网点密度：面向游客的商业网点多分布于特色历史街区的支路两侧，干路路侧的步行通道趣味性相对不足。

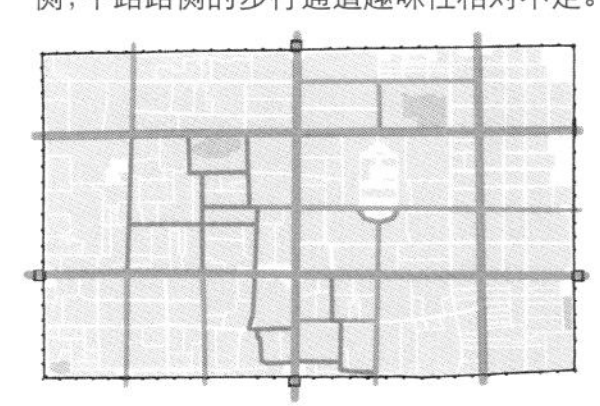

重要路段不行安全系数：东西南北大街等干道路侧人行设施完善，西羊市、木头市等旅游点周边支路则不能满足游客步行安全需求。

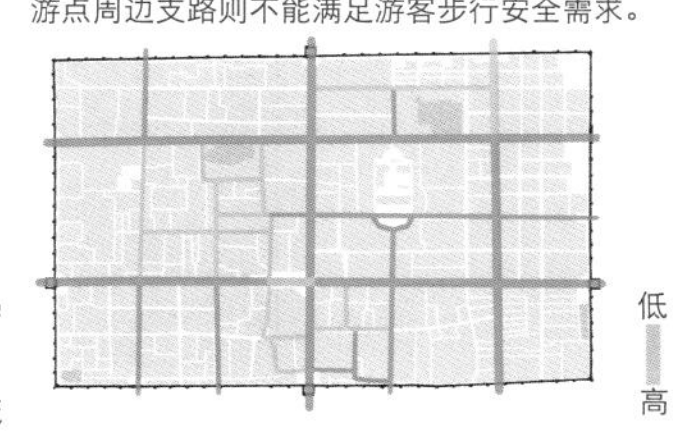

重要路段情况分析：将以上三张图重叠，即可将古城内主要游客步行路径分为图示的四类，其中前两类为步行环境待改进路段。

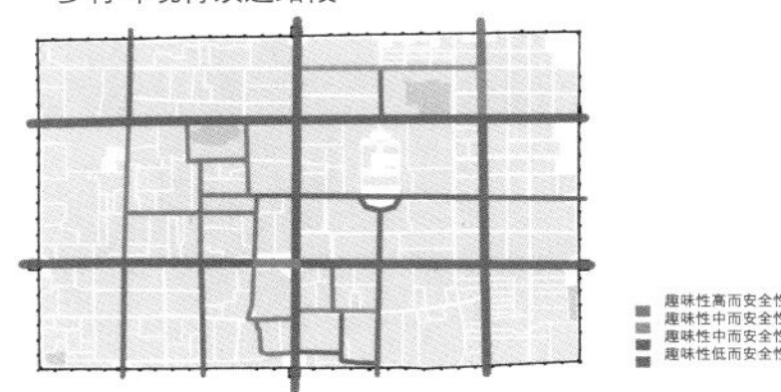

图 9 老城内慢行系统现状分布图

策略三：继承传统格局
——城市骨架与历史轴线

现状城市的主干道网络成不完全的两横三纵格局，已建成的轨道交通有一横一纵两条。通过梳理，我们得出了两横三纵的城市骨架，并加入了三条历史轴线，分别是红色的唐皇城轴线，绿色的府城轴线，黄色的秦王府轴线。

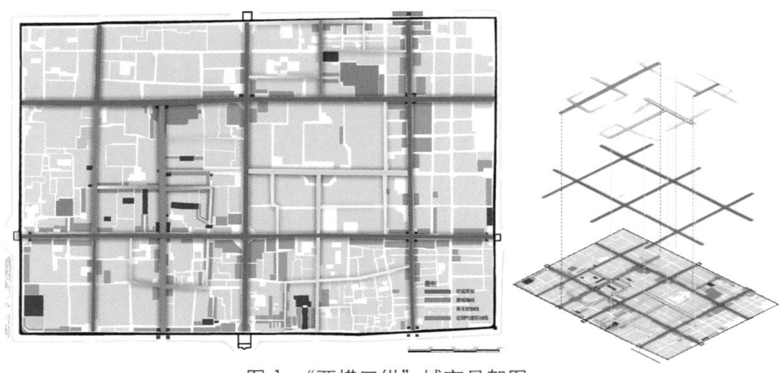

图 1 “两横三纵”城市骨架图

现状的洒金桥路段过于狭窄拥挤，摊贩侵占道路的现象严重，人车混行存在安全隐患，不能承担城市骨架的功能，设计对其进行道路拓宽和功能置换。在两横三纵的城市骨架交汇处，设置交通节点指引，如历史雕塑和指引标示等。

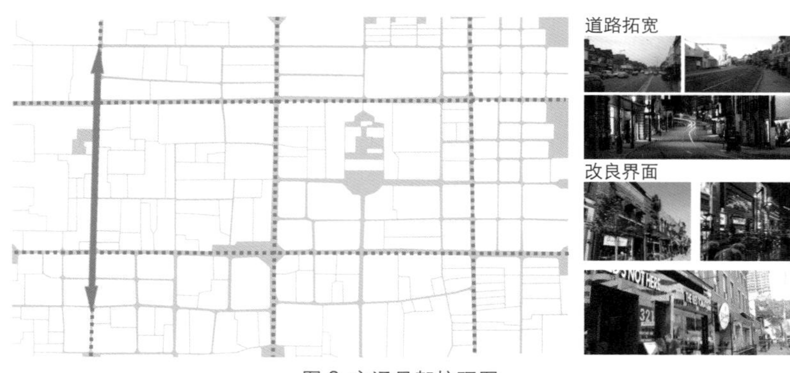

图 2 交通骨架梳理图

对于唐皇城和秦王府轴线，设计对其进行功能和视觉上的强化，突出其历史意义。选取唐皇城和秦王府轴线上有价值的历史节点进行分类的修缮和改造，如唐皇城正门朱雀门和太极宫正门承天门，分别增建朱雀门游客服务中心和承天门广场，在服务游客的基础上，展现城市的都城气象。而一些重要的历史节点则可增设雕塑等构筑物，对其进行标识和展示。

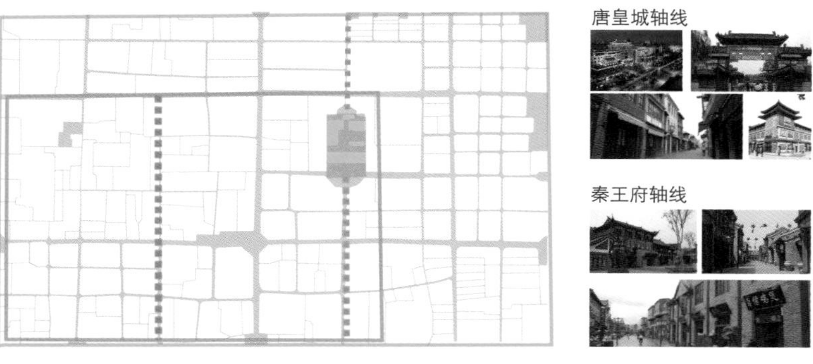

图 3 唐皇城轴线和秦王府轴线图

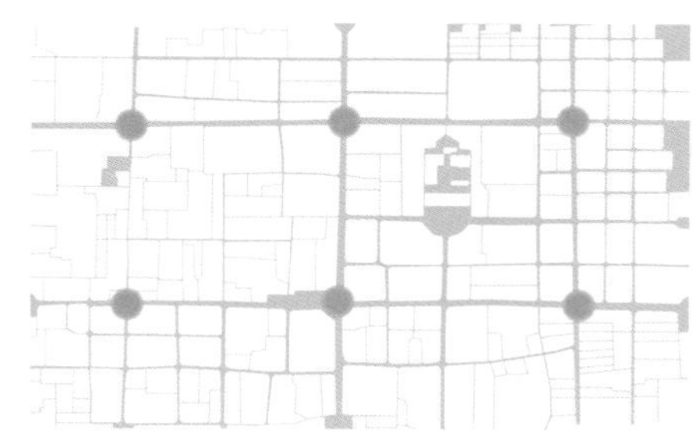

指引标识

历史雕塑

图 4 交通节点设计意向图

图 5 历史轴线上的节点设计意向图

2.2 公共休闲网络

2.2.1 核心问题
——空间特色缺失

问题一：老城定位不明确

西安市的公共休闲生活十分丰富，但是明城内的公共空间却缺乏特色。西安市有八水环绕，南面有秦岭作为屏障，拥有非常好的山水景观资源；明城之外既有曲江这样优质的大型公园绿地景区，又有历史博物馆这样面向全体市民的公共建筑。反观明城内的公共空间，无论是面积还是环境质量都难以和城外的公共空间比较。由于缺乏明确的定位，导致吸引力不足。

老城内的公共空间要想提升吸引力的话必须有自己的定位，塑造空间特色。

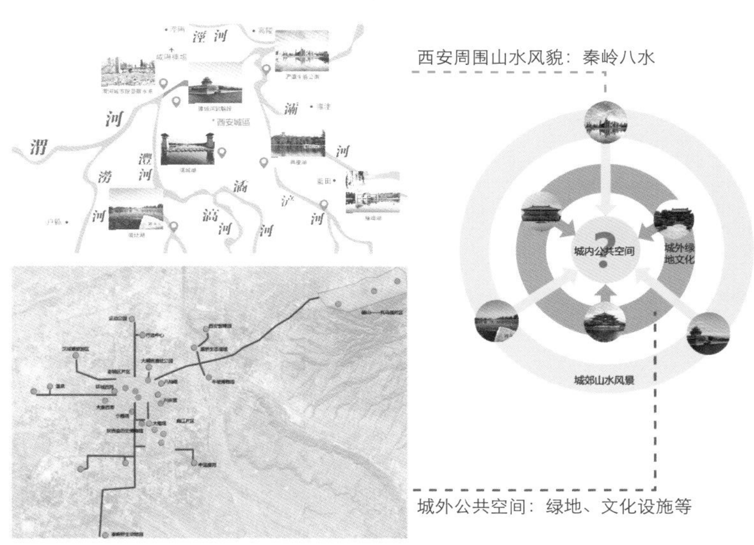

天然的山水风光等城外的各类休闲娱乐为西安城内提供资源，但城内一定的封闭性导致城内也需要自己特色的休闲资源，与城外形成一个网络体系。

图 1 老城公共空间定位分析图

问题二：休闲空间层次不完整

目前老城内的公共空间多数为缺乏联系的大尺度的公共空间，缺乏层次，不成体系。可以围绕着大尺度的公共空间规划设计小尺度的公共空间，并在之间建立联系形成一个有层次的整体。

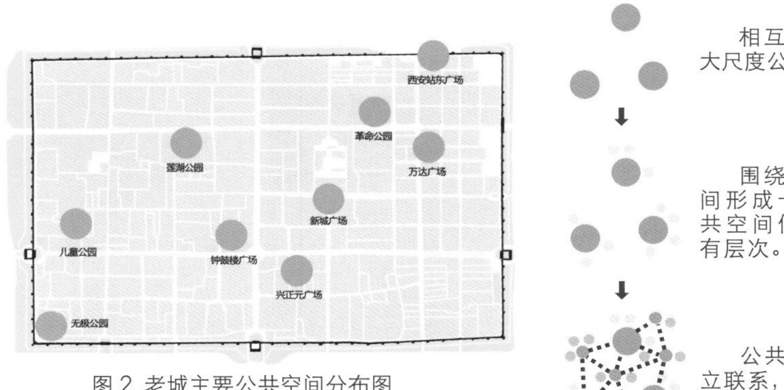

图 2 老城主要公共空间分布图

相互之间缺乏联系的大尺度公共空间。

围绕大尺度的公共空间形成一些小尺度的公共空间使得公共空间具有层次。

公共空间之间互相建立联系，形成一个完整的休闲空间整体网络。

问题三：休闲空间可达性差

当前的休闲公共空间还存在着可达性差的问题。部分地区不适合人车混行，有明显的空间隔离等现状。

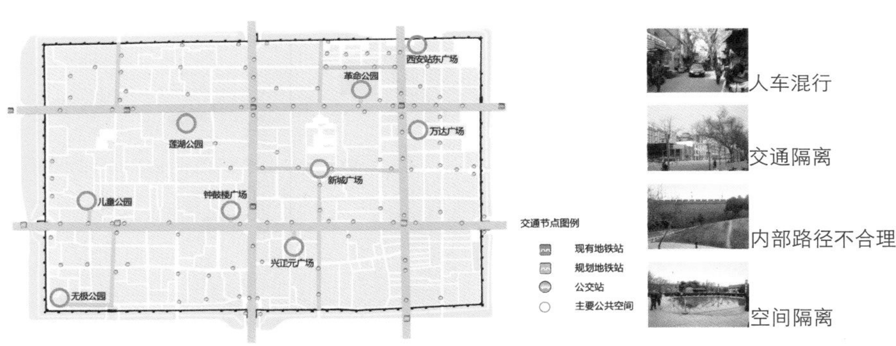

图 3 老城主要公共空间可达性分析

问题四：休闲空间环境品质差

空间环境品质差也是当前老城内休闲公共空间明显表现出的问题。缺乏市政设施，管理混乱等都影响到了市民对公共空间的使用。

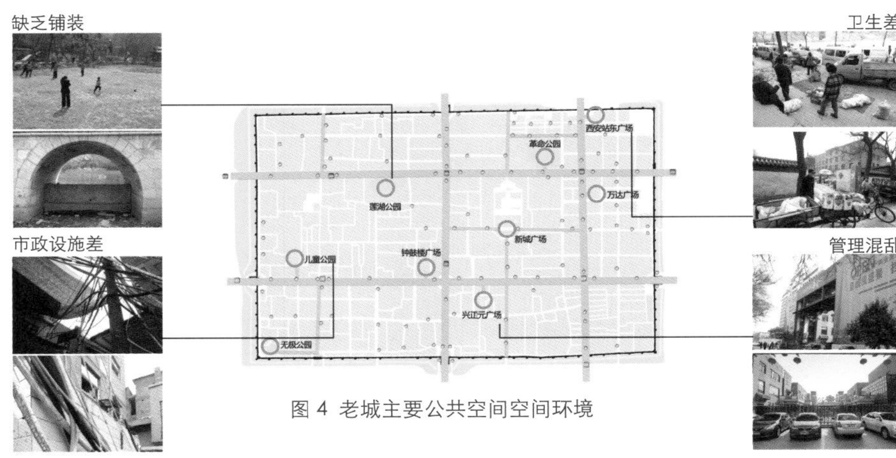

图 4 老城主要公共空间空间环境

传统界域
优势
历史格局壮阔
未来前景辉煌
劣势
现状空间秩序混乱

主体：人
新视角
绝对整体性的丧失
相对整体性的塑造

现代生活
主体　活动网络
游客：走进历史
市民：悠游现代
居民：乐享生活

以现代生活的服务对象为线索，形成三个层次的整体性网络，重塑传统界域的空间秩序

古城　新生

公共休闲网络

核心问题	应对	
老城休闲定位不明确	关中特色，老城风味，体验式休闲	定位
休闲空间层次不完整	以重要公共空间为核心构建特色空间网络	策略
休闲空间可达性差	在公共空间之间建立便捷的交通联系	策略
休闲空间环境品质差	改善空间环境品质	策略

我们将公共休闲网络定位为以西安传统特色和文化创意为主要标志，结合商业服务等功能，具有西安特色多元融合的城市文化休闲网络。公共休闲网络的设计主要按照民俗文化、民族宗教、传统小吃和现代游憩四种类型寻找西安老城内的特色街巷，并依托特色街巷设计西安特色的核心节点，最终形成网络。

2.2.2 设计策略

策略一：以重要公共空间为核心构建特色空间网络

特色街巷类型：

4 种不同类型的特色街巷分别是：民俗文化，民族宗教、传统小吃和现代游憩。这 4 种类型基本可以涵盖西安的地域特点。民俗文化包括西安的舞蹈艺术、器乐演奏等文化艺术；民族宗教则是扎根于西安的汉族佛教和回民伊斯兰两种宗教；传统小吃指的就是著名的西安特色小吃，比如肉夹馍等；而现代游憩则是结合商业等形成的文化创意类休闲活动。

网络生成逻辑：

首先以现有的已经具有一定主题特色的街巷空间和核心节点作为网络的源头。然后寻找附近街巷里的特色优质资源，将其加以整合提升，使得所处的街巷也成为特色街巷。最后特色街巷聚集形成一定规模的地方成为新的核心节点，丰富了整个网络构架。

现有的特色街巷和核心节点：

根据四种不同的分类，我们在老城内找到了一些现在已经表现出一定特色的街巷以及核心节点。这些地方目前就拥有比较丰富的特色资源，如图所示，主要集中在东西南北大街附近的商圈上。

这些现有的特色资源包括已有的秦腔茶楼、戏剧院等民俗文化了类资源，肉夹馍等著名小吃点等传统小吃类资源，清真寺等民族宗教类资源，酒吧街等现代游憩类资源。

东西南北大街以及莲湖路是当前西安老城内重要的商业地区。这几条大街是人流集散的主要道路，周边分布着许多重要的商业大型建筑，也是公共休闲网络中重要的组成部分。

特色街巷

民俗文化

西安的文化气息浓厚，不论是文学创作、舞蹈艺术、器乐演奏、书画风格，还是传统戏剧、民间表演艺术、古文物收藏，在国内外都有一定的影响。而西安丰富的非物质文化遗产，更是深刻地影响了西安市民对于休闲方式的选择。

民族宗教

西安在其深厚的历史文化积淀中，宗教文化占有很重要的地位。数千年的宗教文化充分吸收了传统文化的营养，同时也深刻影响了关中人的道德礼仪、思维方式、生活风俗和文化艺术等，宗教文化与地域文化相互补充、融合，丰富了西安文化的宝库。

传统小吃

西安特色小吃经历了千余年的发展。由于政治、经济、文化的有利条件，陕西小吃博采各地之精华，兼收民族饮食之风味，挖掘、继承历代宫廷小吃之技艺，因而以其品种繁多、风味各异而著称。传统的风味小吃，西安文化及市民公共休闲的重要组成部分。

现代游憩

西安市在城市化进程中，形成了若干个具有西安古都特色的现代游憩商业区，而在老（明）城内，更是形成了以钟楼为核心的 RBD，包括东大街、西大街、南大街以及南门内的书院门和碑林等，汇集了商业购物、餐饮、娱乐、住宿、旅游景点等。

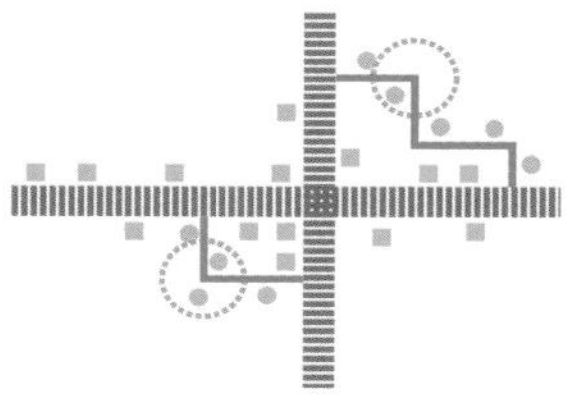
1.以现有优质的街巷空间、核心节点为出发点

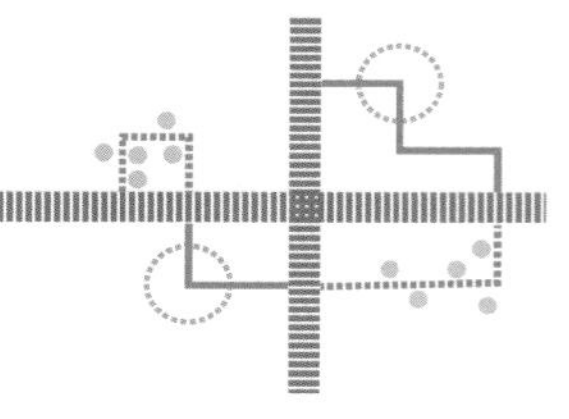
2.结合街巷周边优势资源，形成特色街巷网络

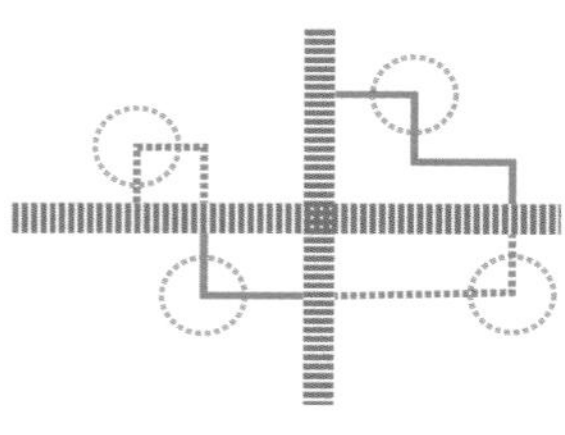
3.特色街巷聚集，形成新的核心节点，丰富整个网络构架

图 1　网络生成逻辑图

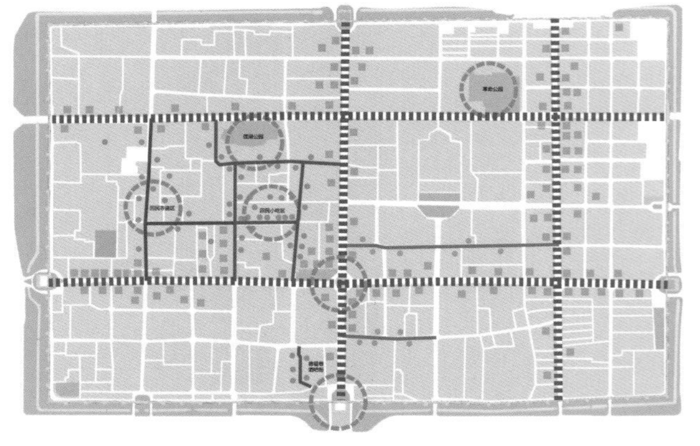
商业
民族宗教
传统小吃
民俗文化
现代游憩
核心节点

图 2　现有特色街巷和节点图

现有的特色街巷和核心节点:

在老城范围内同样按照这 4 种不同的分类寻找零碎散布的特色资源，将其加以整合提升形成我们新的特色街巷。如图所示，一个覆盖整个明城范围的网络有了大致的轮廓。

更新措施:

为了能够使得现有的特色街巷更有活力，新增的特色街巷逐步拥有特点，分别对四种不同类型的特色街巷提出一些相应的更新改造策略。

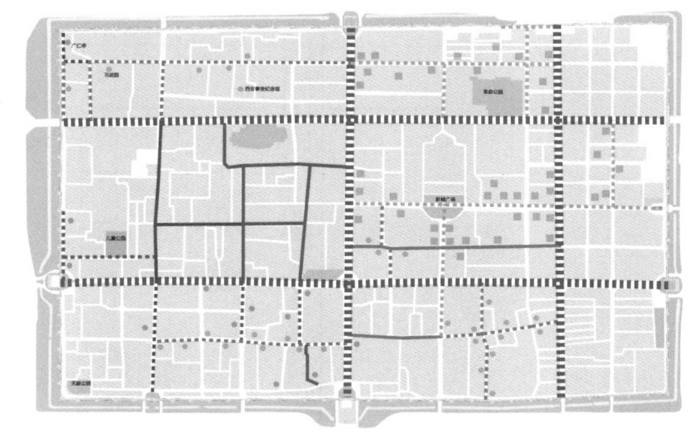

图 1 新增特色街巷图

民族宗教

完善基础设施

加强空间入口可识别度

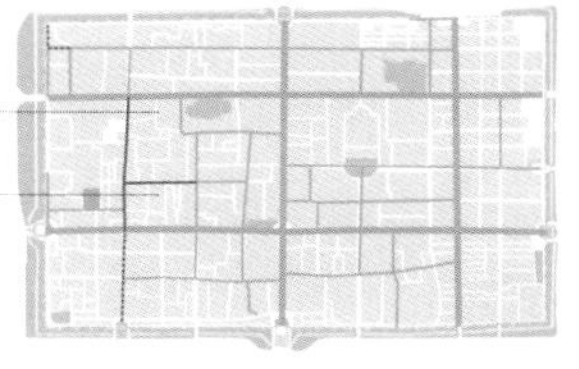

结合附近的清真寺聚集的特点，增设有西安特色的基础设施，形成有宗教特色的街道界面。

在寺庙等重要空间节点的入口区域增设有识别度的标志物，引导人群向公共空间聚集。

民俗文化

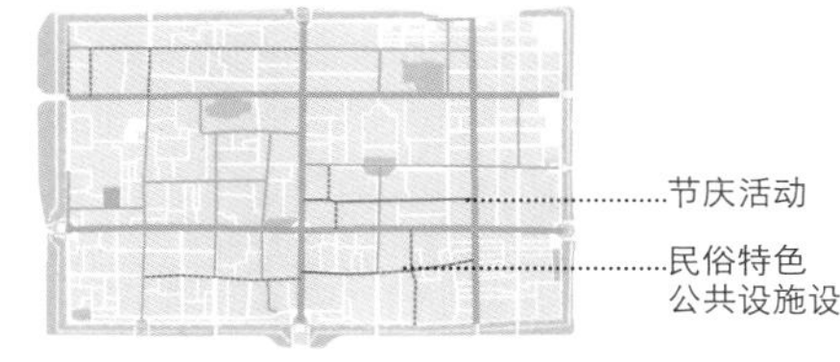

以附近的传统戏曲活动为出发点，形成相对聚集的文化活动集散点，带动提升街巷活力。

传统小吃

规范临街的商铺，考虑形成统一的沿街用餐区域，增强街道的连续性，减少商铺对交通的影响。

对商铺进行规整，建议商铺在红线内进行商业活动，规整街道界面。

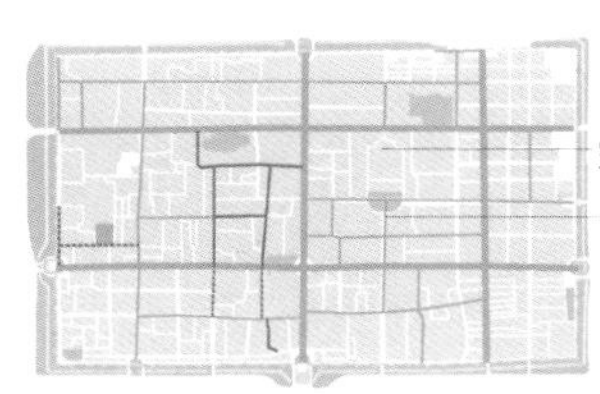

完善街道环境设施

疏导交通

现代游憩

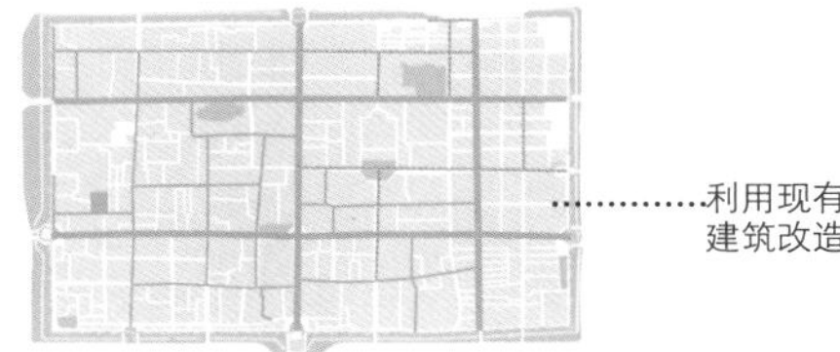

优质的商业等资源吸引人群聚集，营造并引导人群流向有特色的开放空间。

以新增的特色街巷作为基础，在特色街巷聚集的地方形成了我们新的核心节点。这些节点将结合附近的网络，以一到两个特色为主题形成网络上的高潮部分。

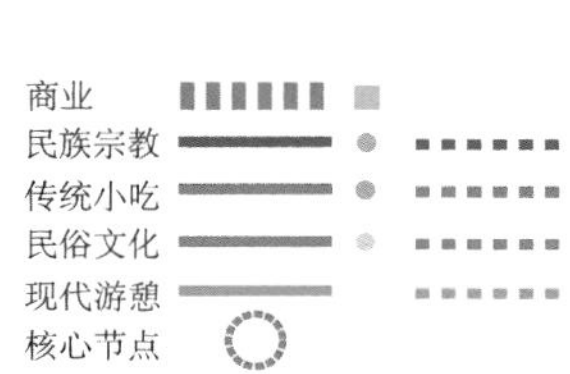

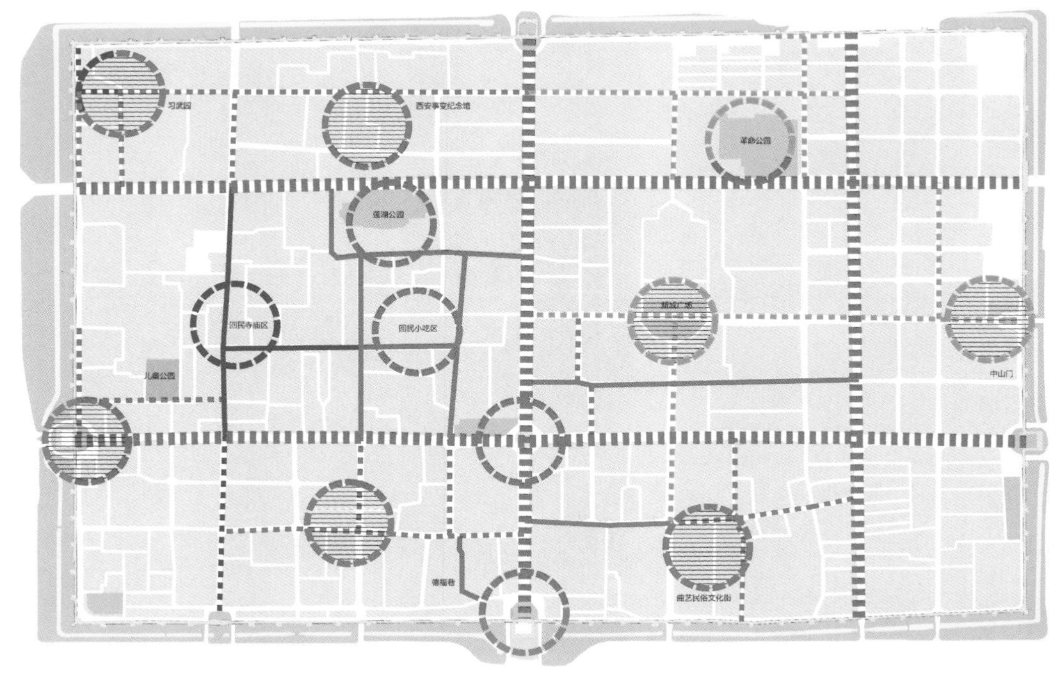

图 2 公共休闲网络图

节点更新措施：

对于网络上的核心节点，重要的是要将碎片化缺乏联系的资源整合起来形成体系。以南门节点为例，就需要将民俗文化的展示点系统组织，将大型商业建筑和步行商业街区的人流合理组织引导向民俗文化街区。

有的核心节点由于位于多种特色街巷的附近，它的主题可能会有一到两种。有的核心节点缺乏小尺度的公共空间，需要增设近人尺度的休息场所。核心节点的更新还要结合地段内部的实际情况，比如交通、建筑现状等进行具体讨论。

以南门节点为例

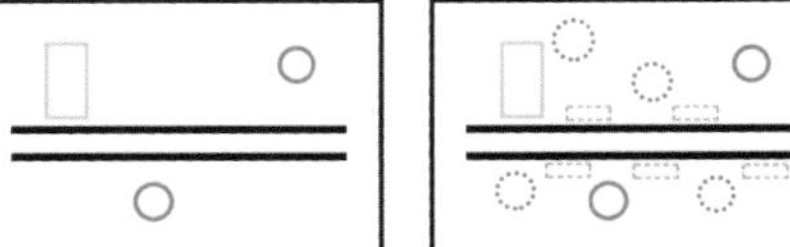

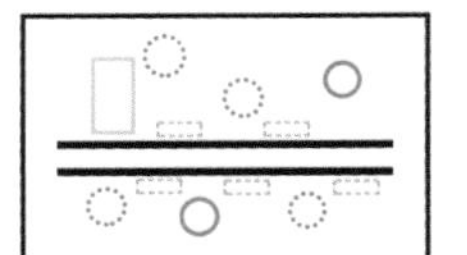

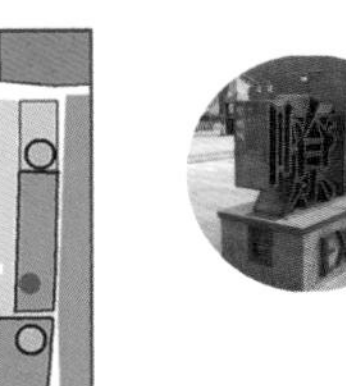

1. 增设街边的亲人尺度休息空间。在现有的相对较大规模的绿地公园等的公共空间的基础上，在街巷中增加小尺度的休息空间，供其中使用的市民进行临时休息、交往、娱乐等活动，增加便民休憩座椅等设施。

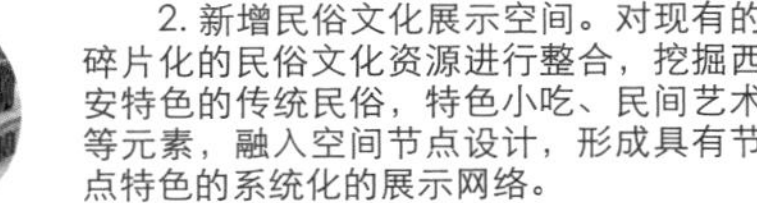

2. 新增民俗文化展示空间。对现有的碎片化的民俗文化资源进行整合，挖掘西安特色的传统民俗，特色小吃、民间艺术等元素，融入空间节点设计，形成具有节点特色的系统化的展示网络。

3. 加强核心节点可识别度。在节点特点的基础上，通过便民服务设施，景观小品、园林绿化等的设计，以及部分公共空间中展廊、雕塑等陈设，充分的展示该节点所展现的西安特色，加强节点之间的可识别度。

图 1 核心节点策略图

策略二：在公共空间之间建立便捷的交通联系

现有的公共空间之间的联系比较弱，需要在他们之间建立便捷的交通联系。利用现有的公共交通系统，以及之后规划建设的地铁站点，我们设计了一个新的公共交通网络。通过增加自行车的租赁点，增加公交线路的覆盖范围，改善公共空间之间的步行环境这样一些方法，来达到建立便捷交通的目的。

其中以规划的地铁站点为人流集散的核心点，然后辅以公交系统覆盖到主要的公共空间，最后以自行车租赁点来衔接小规模公共空间和主要街道之间的联系。

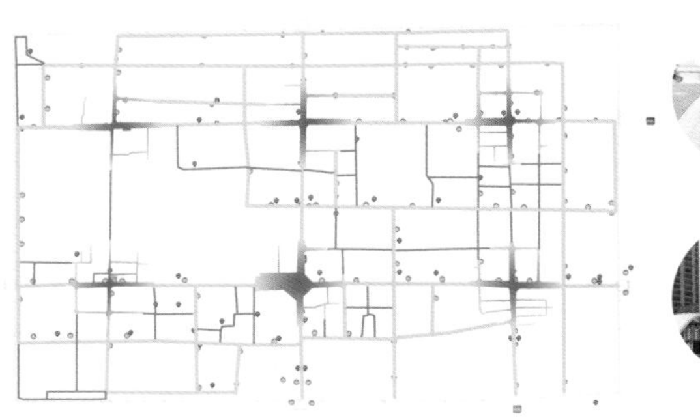

1. 增加自行车租赁点。在现有的自行车租赁点分布网络的基础上，根据各个公共空间之间的联系度的需求及对于便捷度的要求，在重要的节点位置增加自行车租赁点，形成完善的自行车租赁网络。

2. 完善公交网络。加强老城内公交网络管理，形成完善的公交体系的同时，使市民出行更加便利，能够较好覆盖公共空间网络，并且与规划的地铁线路之间进行很好的衔接。

3. 改善步行环境。增加步行道宽度，明确步行区域，避免人车混行造成交通混乱，增设无障碍，人行道边休息座椅，垃圾箱、电话亭等设施，在必要的位置增加遮阳设施，完善夜间照明设施。

图 2 交通联系图

策略三：改善公共空间环境品质

空间环境品质直接影响人们在使用公共空间时候的空间感受。目前西安公共空间的环境品质欠佳，非常需要对其加以改善。

改善的方法很多样，包括从设计层面完善基础设施，增加广场铺装的设计，改善街道的卫生条件等。从另外的方面应该增强公共空间的管理，方便人们的使用。

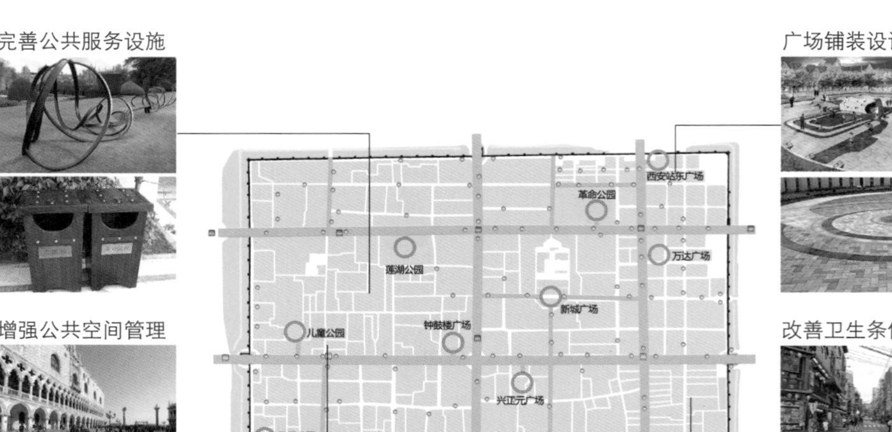

图 3 改善空间环境品质

2.3 日常生活网络

2.3.1 核心问题
——生活网络破碎

小区内部空间

街旁的树荫

路边的餐馆

问题一：社区公共空间分布少

当前社区周边的公共空间主要为异界街旁树荫，健身器械所在地等，分布比较少，不能满足周围居民的使用需求。

街心花园

顺城巷

公园的座椅

图 1 社区公共空间分布少

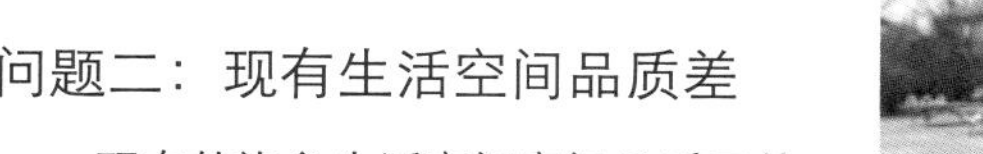

问题二：现有生活空间品质差

现有的许多生活空间空间品质不佳，比如许多健身器材所在的空间缺乏必要的围合和遮阴，顺城巷荒凉缺乏人气。街边的餐饮设施随意摆放，卫生条件差。

无人的健身器材

荒凉的顺城巷

糟糕的餐饮环境

图 2 现有生活空间品质差

问题三：社区老旧缺乏管理

许多社区的管理问题严重，比如有随意私搭乱建的线型，街边随意停车，一些路边的公共空间也被私人堆放物品而占用。这些现象没有得到相应的管理。

私搭乱建

随意停车

私人占用

图 3 社区老旧缺乏管理

问题四：肌理单一不适应现代生活

我们选取了老城靠近城墙的几个居住区研究了其肌理形式，发现这些老城内的居住区建筑肌理多为现代建筑下的肌理形式，单一没有变化。这样的肌理并不适应现代丰富多样的生活。

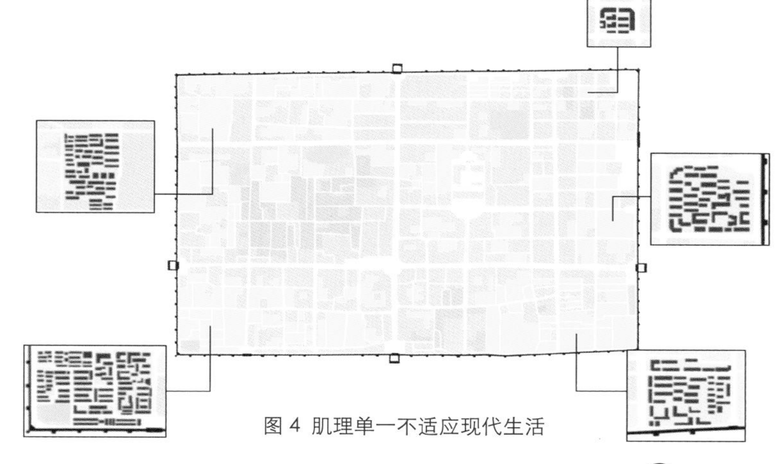
图 4 肌理单一不适应现代生活

—居民日常活动空间少，辐射范围不广泛，整体联系弱，到达便捷性差。
—公园、广场内平配套服务设施不完善，公共活动种类少，空间品质不佳。
—街道驻足空间少，私有化或占用严重，景观环境待提升。
—街巷设施缺乏，功能单一，街巷生活不活跃，公共活动发生可能性小。

—以街巷空间为串联骨架，构建覆盖全城的居民日常生活网络，公共活动空间优质可达、趣味多元。

图 5 愿景

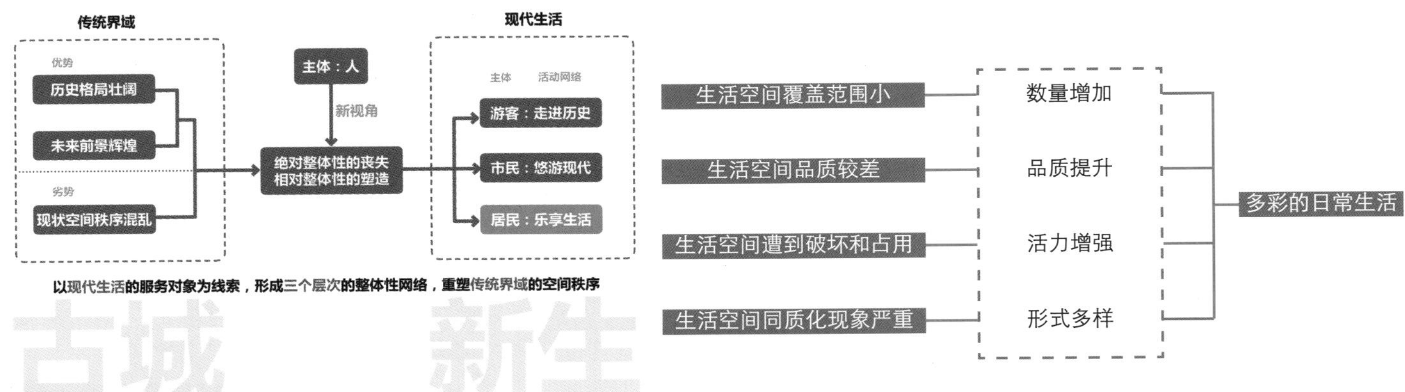

我们将日常生活网络定位以西安的传统城市肌理、多元的街巷空间形式为主要载体，结合商业、文教娱乐、邻里交往等多种空间功能，建立具有浓厚的西安生活特色、蓬勃发展、有机更新的居民日常生活网络。从我们的调研中，我们发现西安城墙内部的老城居民生活区有着逐渐衰败的趋势。作为一个历史悠久、发展迅速的历史文化名城，在一带一路的政策指引下西安已经逐渐发展成为一个国际化大都市。但是与此同时，西安城墙内部的西安老城区则显示出相对的衰败，城墙内部的老城肌理变得混乱，现有的城市空间骨架被打破，已经形成的城市空间格局被蚕食。我们希望整合老城内部的居民生活空间，通过居民活动空间数量与质量的提升来达到基本满足老城内部居民生活的需求；同时通过西安老城内部居民生活网络的构架来完善整体的空间网络布局，从居民生活的角度来提升老成都生活环境和生活质量，有节制的、缓慢的对城内空间进行提升和完善，最终达到一个比较平衡的生活态势。

2.3.2 设计策略

从总体上来讲，西安城内部现状公共空间数量比较少，同时类型比较单一、质量较差、居民到达不便。连接大型公共空间和城内的主要道路，使得居民更容易去公共空间进行日常活动。补足公共交通网络，发掘可能存在的小型公共空间，增强公共空间之间的联系。完善街巷网络系统，为居民生活提供更为多彩的日常活动空间。丰富街巷网络系统同时增加公共空间系统，使其变成一张匀质的日常生活网络遍布在西安城内。增加城内公共空间的数量和质量，完善街巷空间网络系统，使其变成总体网络中有着重要作用的网络系统。

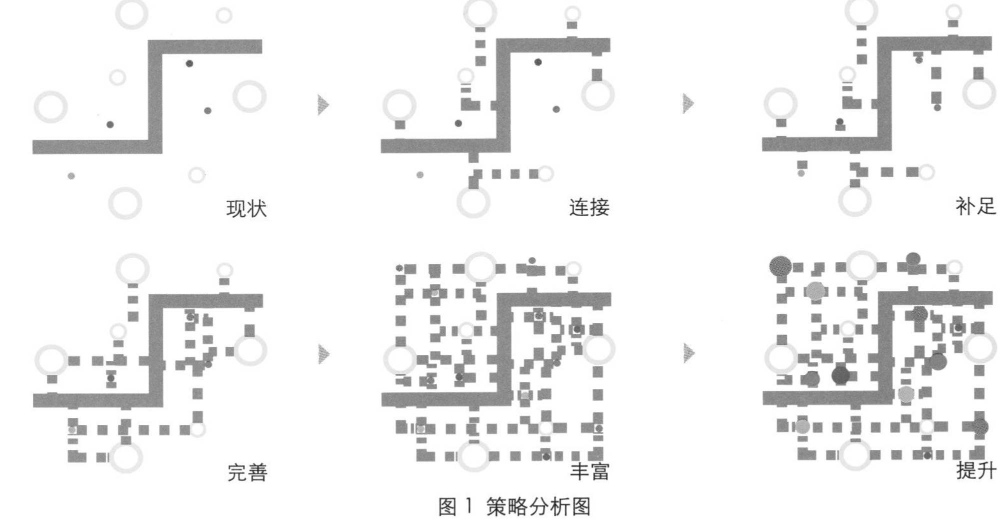

图 1 策略分析图

策略一：顺城巷空间的补足与利用

顺城巷的空间可能性非常大，但是目前却对它的潜能挖掘不够。表现为现状利用率比较低，许多空间处于荒弃状态，这些路段大部分使用率都比较低，我们计划增加这些路段的绿化及基础设施，营造公共空间。

图 2 顺城巷位置示意图

图 3 顺城巷重要节点选点图

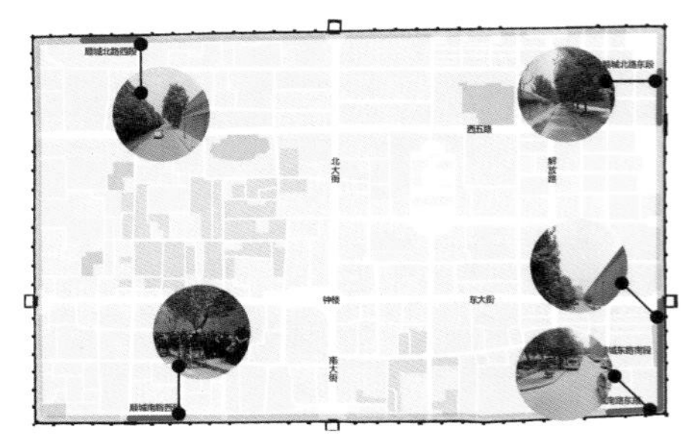
图 4 顺城巷空间特色示意图

策略二：街巷空间的改善与提升

日常生活网络生成过程：

居民日常生活重要元素的叠加：住宅、学校、宗教、健身绿地、诊所、底商丰富的街巷。

将顺城巷和重点街巷同居民区相连接，形成在重点居民区范围内匀质的居民生活网络，同时形成更加致密而匀质的网络包含住宅区域内部道路。

街巷空间的现状吸引力不足，人情交往条件与基础设施条件不能兼具，因此我们选择一条联系居民区并尽可能将这些日常生活元素串联起来的街巷网络，改善提升后作为区域核心的居民生活空间。

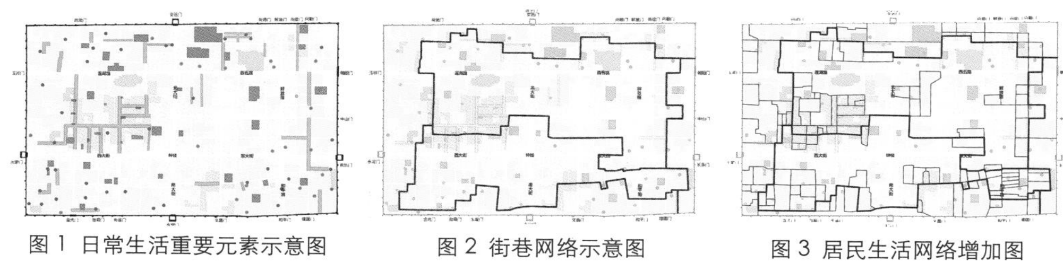

图 1 日常生活重要元素示意图　图 2 街巷网络示意图　图 3 居民生活网络增加图

策略三：深入住区的毛细血管

更深层次的渗透，将毛细血管网络的功能依照现状与预期进行设计，将这些功能连缀在街巷网络和顺城巷网络上，最终形成居民日常生活网络的大系统。将居住区和前面得到的街巷网络相连接，标出居住区内的道路，形成了空间和功能上都匀质的居民日常生活网络。

图 4 居民生活网络示意图

街巷分类：

下面将对这个网络上的街巷进行分类，并针对不同类型的街巷提出不同的设计思路。分类标准一是现状空间形态和肌理：包括现代肌理、传统肌理、混合肌理。标准二是街巷功能：包括商业、文教、交往三类。按这两个标准划分后，两两组合就形成了 9 种不同类型的街巷，由于回坊比较特殊，因此单独列为一类。十种不同类型的街巷分别是现代 + 商业、现代 + 交往、现代 + 文教、混合 + 商业、混合 + 交往、混合 + 文教、传统 + 商业、传统 + 交往、传统 + 文教，以及回坊这种特殊的类型。根据不同的类型分别提出对应的更新措施。

1. 现代 + 商业

街道特点：大尺度街区；商业业态丰富，大型商场等比较密集；街道人气高，活力足。

设计思路：打造功能复合、空间丰富的人车共享型商业街区，满足商业、休憩、娱乐等多元化需求；同时解决人流车流量大带来的街巷形象与使用的双重问题。

2. 现代 + 交往

街道特点：大尺度街区；公共空间数量密集；街道周围有较多的人流。

设计思路：打造形式多样，空间丰富的公共交往活动空间，满足现代交往、商业、娱乐等多元化需求，同时解决交通拥堵的问题。

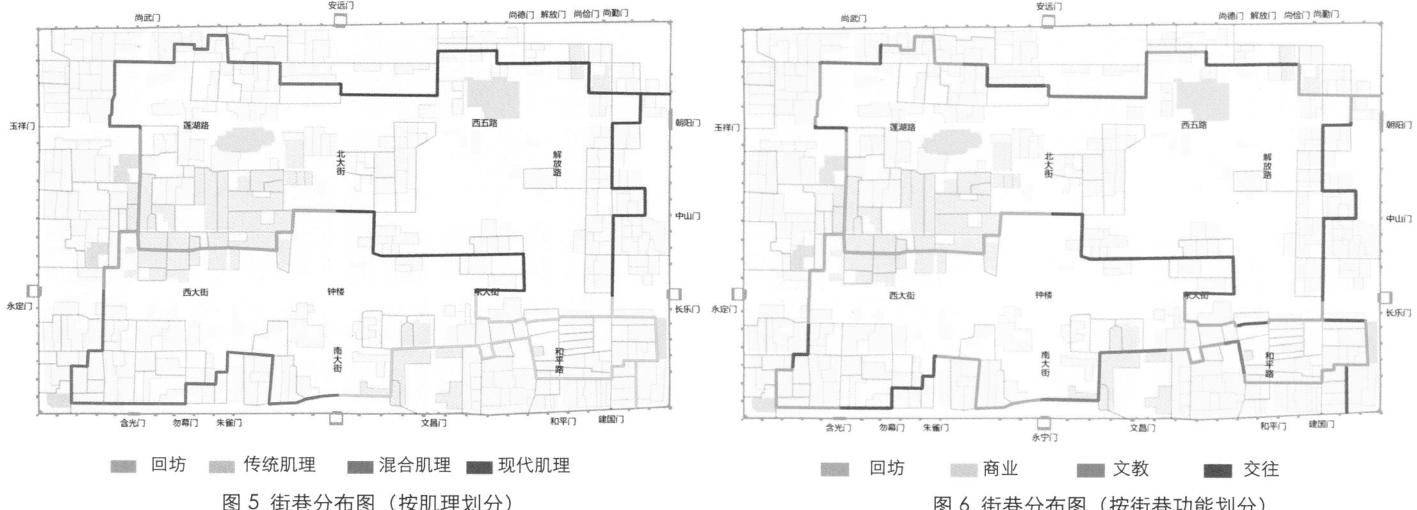

图 5 街巷分布图（按肌理划分）　图 6 街巷分布图（按街巷功能划分）

3. 现代 + 文教

街道特点：街道尺度比较大，沿街界面绿化景观比较好，空间利用可能性多；社区服务性质小型底商丰富；配套服务设施缺乏，街道公共活动发生的可能性低。

设计思路：打造功能复合空间丰富的人车共享型商业街区，满足商业、休憩、娱乐等多元化需求；同时解决人流车流量大带来的街巷形象与使用的双重问题。

4. 混合 + 商业

街道特点：保有一些传统窄巷、沿街露天的小型市场、传统餐饮等商业活力高，没有大型商业，居民活动比较多，氛围热闹。

设计思路：完善基础设施、注重人行道的利用，创造可停留可休憩的空间。

5. 混合 + 交往

街道特点：周边居住小区环境安宁、有一些传统街巷、部分道路人行道宽，居民活动频繁，生活气息浓。

设计思路：注重公共空间的营造和娱乐休憩等设施的营造配置增强街巷的可停留性，提供居民观景、锻炼等日常活动的舒适场所。

6. 混合 + 文教

街道特点：串联着内向的住宅小区和学校，环境较为静谧、部分道路人行道比较宽，林茵绿化好、道路分时段人流车流量大，有特定服务人群。

设计思路：结合学校周边，完善街道两侧服务设施配置营造公共空间，创造安全舒适、动静结合、服务老少等多种活动空间。

7. 传统 + 商业

街道特点：旧城街巷肌理保留，存在小尺度的街巷空间；传统市场风貌保留；街巷内部环境品质不佳，设施缺乏。

设计思路：对单边开放的街巷的改造与利用，激活店前空间，营造可停留的场所；商铺改造和摊位整治，设计街道家具，提升市场等便民空间的环境品质。

8. 传统 + 交往

街道特点：旧城街巷肌理保留，存在小尺度的街巷空间；部分道路景观环境比较好；传统生活方式有所保留。

设计思路：利用现有的绿化景观完善公公服务设施和基础设施，为居民打造高品质的线性活动场所；注重街道家具设计，满足不同人群需求，融合传统元素体现城市历史底蕴和人文特色。

9. 传统 + 文教

街道特点：旧城街巷肌理保留，存在小尺度的街巷空间；串联着一些重点中小学；部分道路绿树成荫，步行空间可利用性大。

设计思路：创造安全舒适的线性公共空间；在学校周边注重基础设施和公共服务空间的配置。

10. 回坊

由于画回坊地段条件特殊，故不做深入讨论。

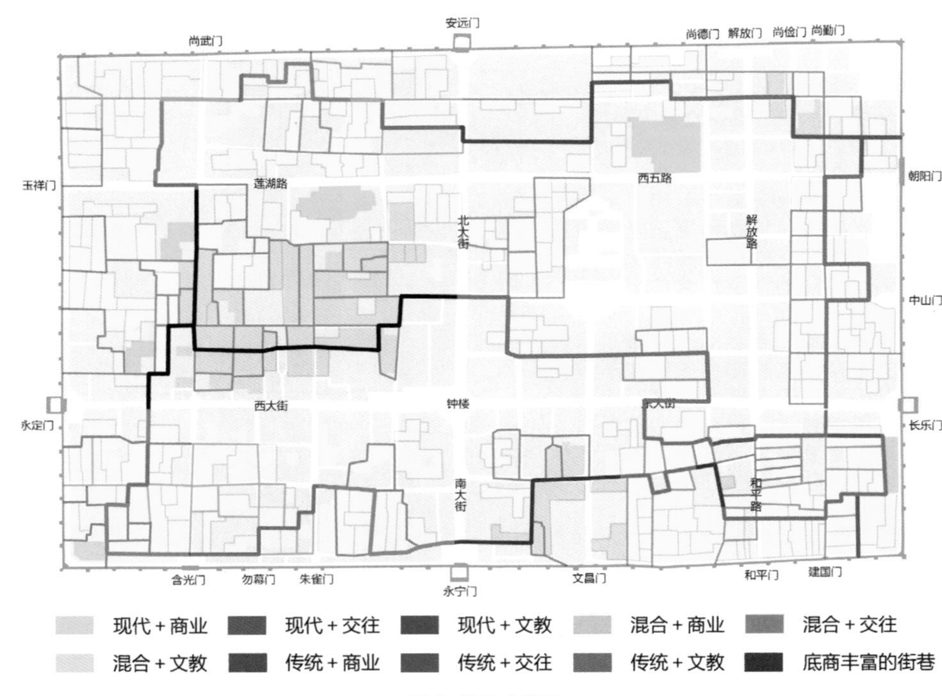

图 1 街巷分类图

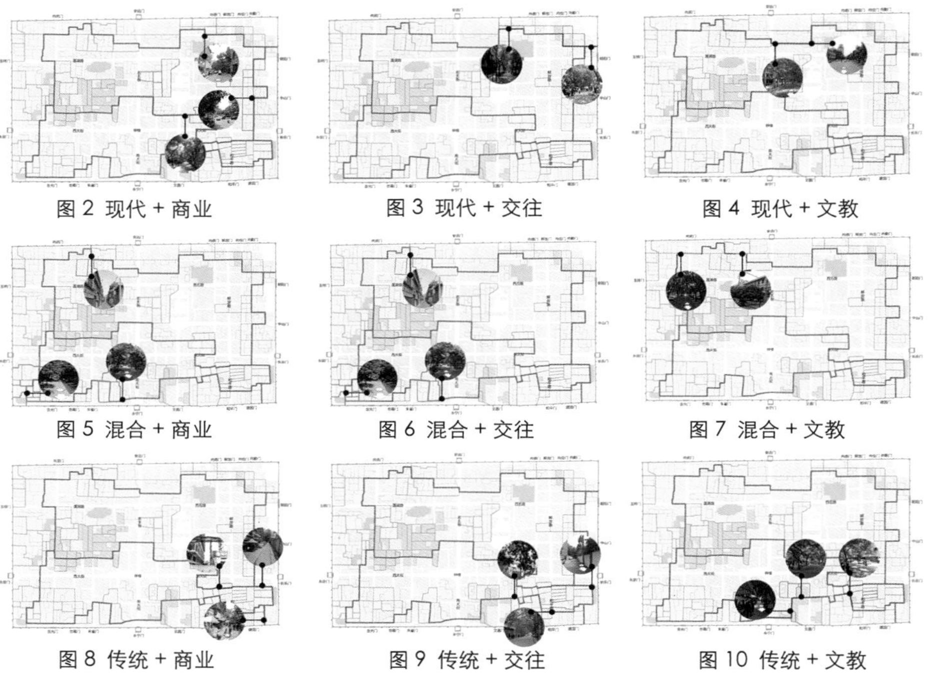

图 2 现代 + 商业　图 3 现代 + 交往　图 4 现代 + 文教

图 5 混合 + 商业　图 6 混合 + 交往　图 7 混合 + 文教

图 8 传统 + 商业　图 9 传统 + 交往　图 10 传统 + 文教

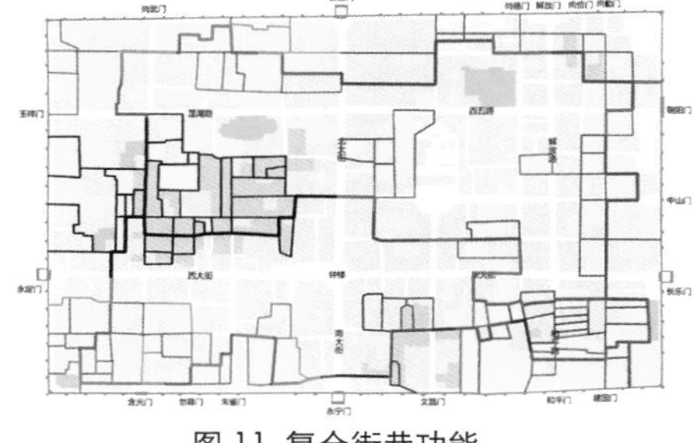

图 11 复合街巷功能

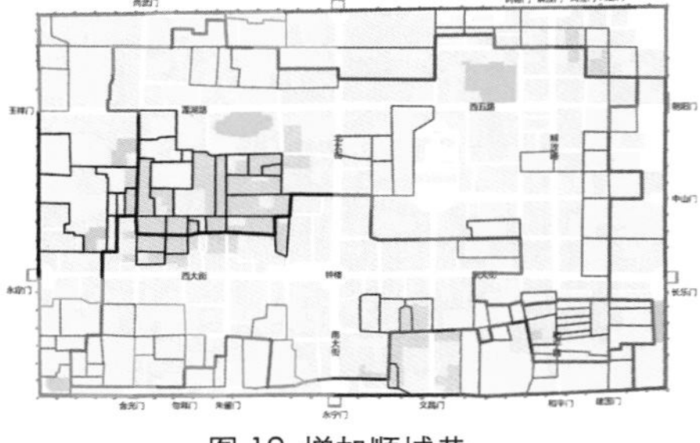

图 12 增加顺城巷

整合提升：

然而这样基于现状出发找到的街巷网络空间不够复合，一些居住片区居民日常活动空间缺失，顺城巷空间并没有纳入居民生活系统当中，一个片区并不能很好地解决多种功能需要。

因此我们在现状基础上对部分街巷进行功能置换和空间改造，丰富其空间类型，复合街巷功能，然后也将顺城巷纳入其中最终得到了这张在空间和功能上都比较匀质的居民日常生活网络图。

在这张图中，基于现状梳理了不同类型的生活街巷，对其再进行整合提升，不同类型的生活街巷交织在一起组成了日常生活网络的庞大系统。

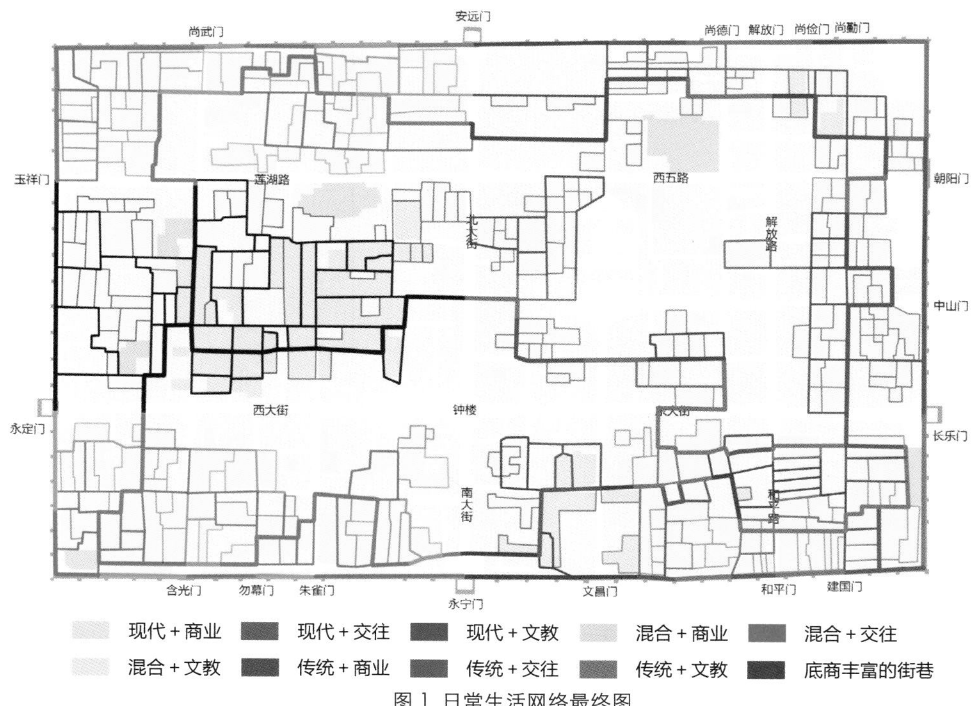

图 1 日常生活网络最终图

3 典型地段设计

在三个网络的基础上，我们分别在每个网络中选取 4 个地段进行城市设计，来作为整个网络设计上城市设计的典例说明。

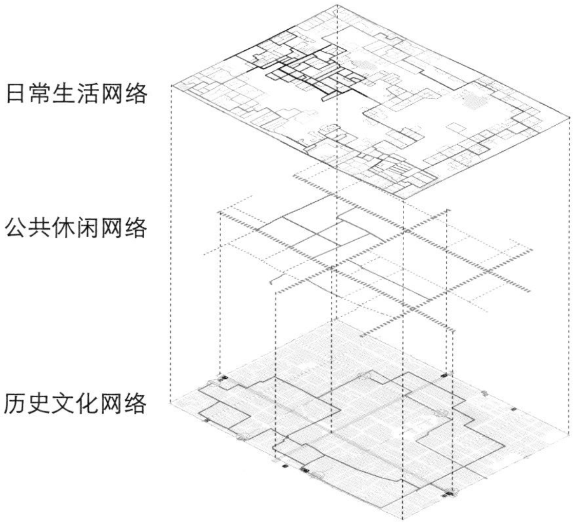

日常生活网络

公共休闲网络

历史文化网络

图 2 三个网络叠加图

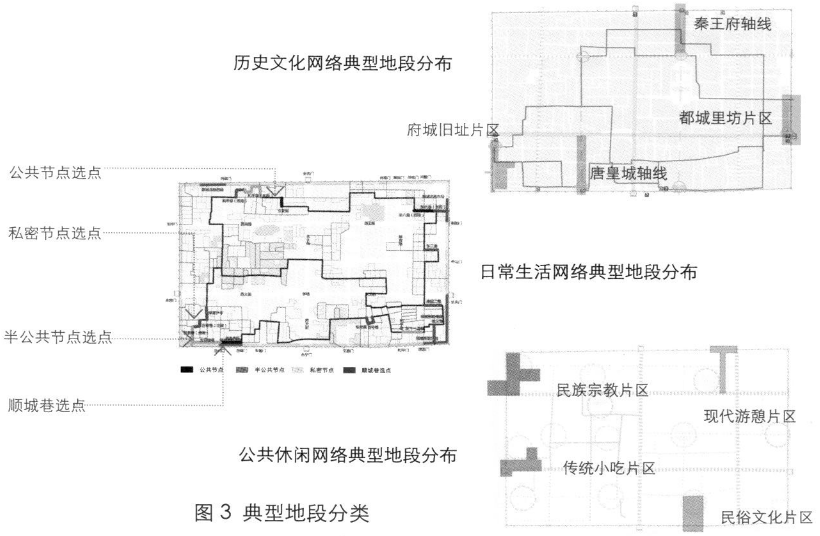

历史文化网络典型地段分布

秦王府轴线

府城旧址片区

都城里坊片区

唐皇城轴线

公共节点选点

私密节点选点

半公共节点选点

顺城巷选点

日常生活网络典型地段分布

民族宗教片区

现代游憩片区

传统小吃片区

公共休闲网络典型地段分布

民俗文化片区

图 3 典型地段分类

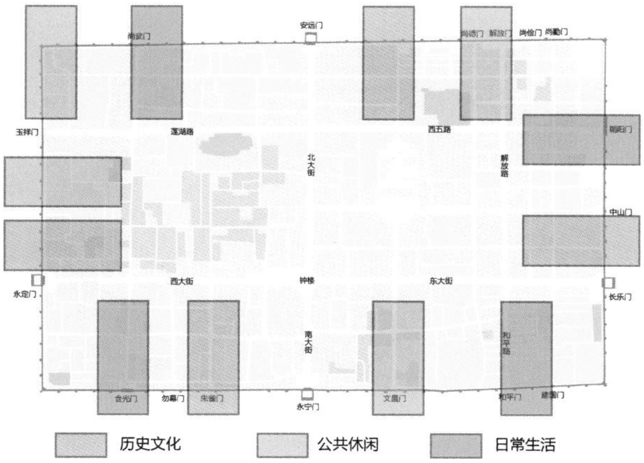

历史文化　公共休闲　日常生活

图 4 地段选择分布图

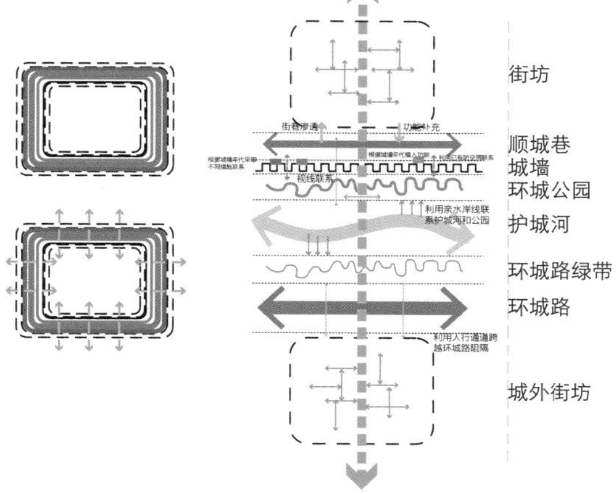

街坊

顺城巷

城墙

环城公园

护城河

环城路绿带

环城路

城外街坊

街坊：生活、居住 ——加强街坊内部之间的联系与街坊和顺城巷、城墙以及环城公园之间的交通和功能性之间的联系。

顺城巷：交通——加强顺城巷和内外部街坊之间的联系，使顺城巷的功能复合化，多元化，引进新的文化、展览、休闲生活等功能，使之变成一个更有活力的城市生活圈。

城墙：游览——通过历史年代的不同对城墙进行划分，结合城墙内部现有的防空洞等设施引进商业、文化等复合功能，同时利用现有车马道和未来可能会存在的电梯加强城墙与城墙内外的视线上和可达性上面的联系，使之变成为一个更有趣的城墙综合圈。

环城公园和护城河 ——增强环城公园的可达性与功能的复合性，增加护城河的亲水空间，使之成为一个更有生活气氛的生活型休闲圈。

环城路：交通——增强城内和城外之间的联系，通过可能的地下通道或者人行天桥来消除环城公路对于城内外的阻隔。

图 5 设计理念图

1 唐皇城轴线地段

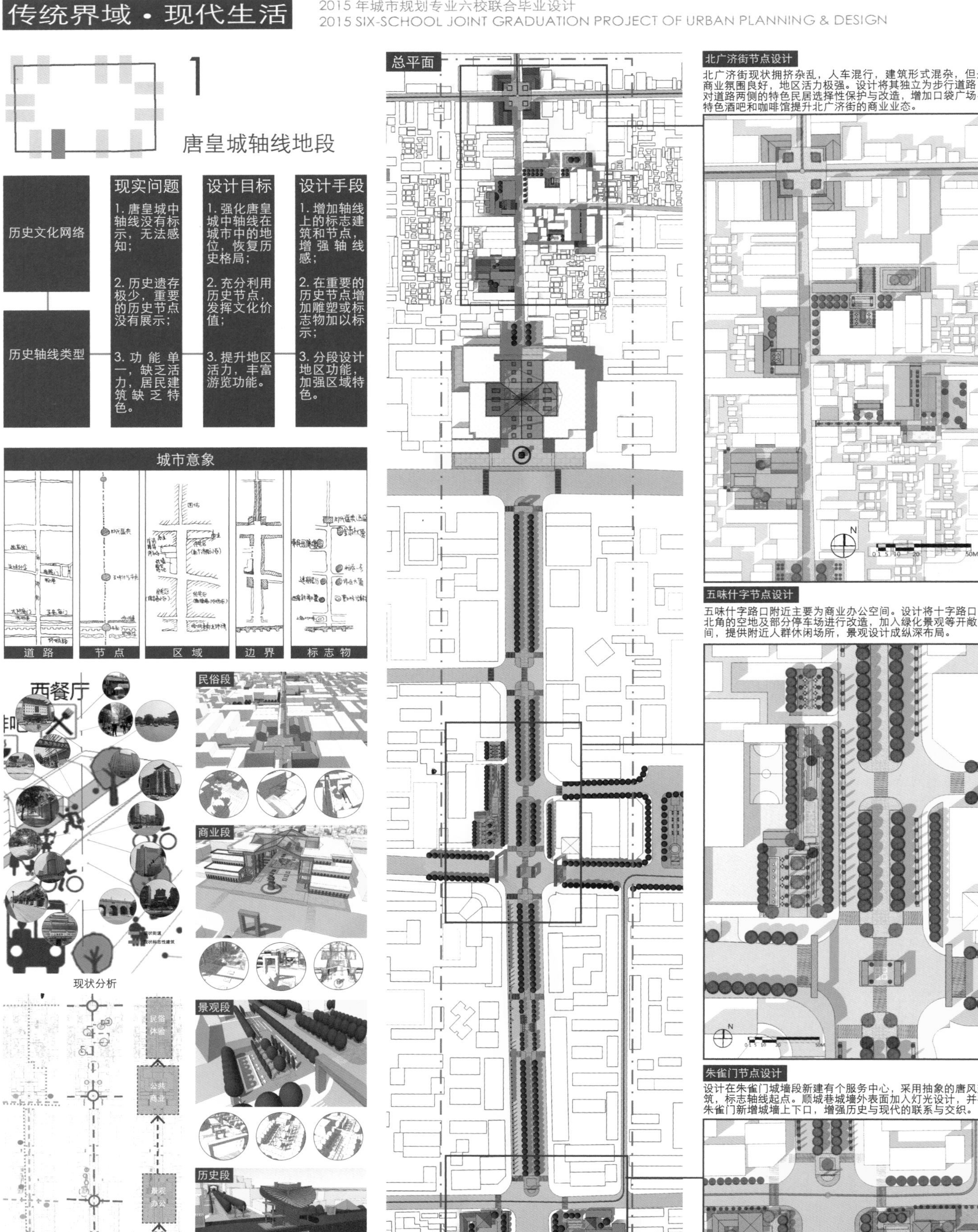
历史文化网络
历史轴线类型
现实问题
1. 唐皇城中轴线没有标示，无法感知；
2. 历史遗存极少，重要的历史节点没有展示；
3. 功能单一，缺乏活力，居民建筑缺乏特色。
设计目标
1. 强化唐皇城中轴线在城市中的地位，恢复历史格局；
2. 充分利用历史节点，发挥文化价值；
3. 提升地区活力，丰富游览功能。
设计手段
1. 增加轴线上的标志建筑和节点，增强轴线感；
2. 在重要的历史节点增加雕塑或标志物加以标示；
3. 分段设计地区功能，加强区域特色。
城市意象
道路
节点
区域
边界
标志物
西餐厅
现状分析
民俗段
商业段
景观段
历史段
交通流线
步行系统
轴线节点
总平面
北广济街节点设计
北广济街现状拥挤杂乱，人车混行，建筑形式混杂，但是商业氛围良好，地区活力极强。设计将其独立为步行道路，对道路两侧的特色民居选择性保护与改造，增加口袋广场、特色酒吧和咖啡馆提升北广济街的商业业态。
五味什字节点设计
五味什字路口附近主要为商业办公空间。设计将十字路口西北角的空地及部分停车场进行改造，加入绿化景观等开敞空间，提供附近人群休闲场所，景观设计成纵深布局。
朱雀门节点设计
设计在朱雀门城墙段新建有个服务中心，采用抽象的唐风建筑，标志轴线起点。顺城巷城墙外表面加入灯光设计，并在朱雀门新增城墙上下口，增强历史与现代的联系与交织。

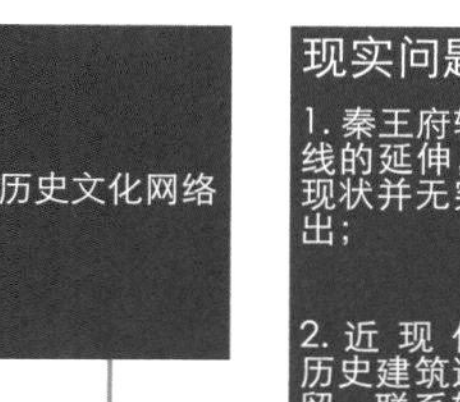

2

秦王府轴线地段

历史文化网络	现实问题	设计目标	设计手段
轴线强化类型	1. 秦王府轴线的延伸，现状并无突出；	1. 作为秦王府轴线的延伸，加强轴线感；	1. 街巷空间改造，轴线感营造；
	2. 近现代历史建筑遗留，联系较差；	2. 打造近现代历史文化片区；	2. 七贤庄片区商业氛围营造，节点激活；
	3. 片区整体缺乏活力。	3. 激活片区，加强其活力。	3. 城墙登墙节点设计。

城墙节点

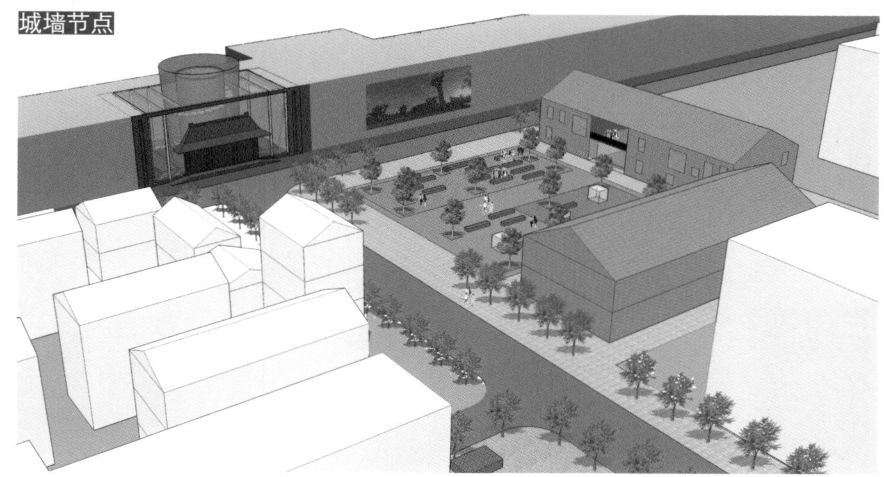

北侧城墙新设置登墙马道

北新街道路沿线景观

七贤庄周边商业街区

七贤庄入口

总平面图

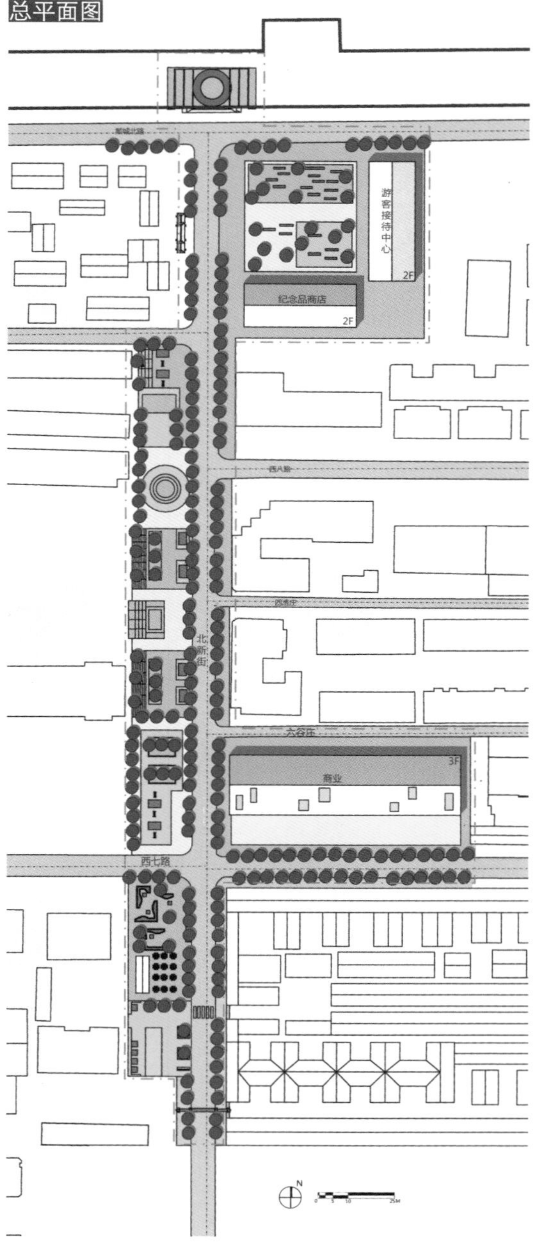

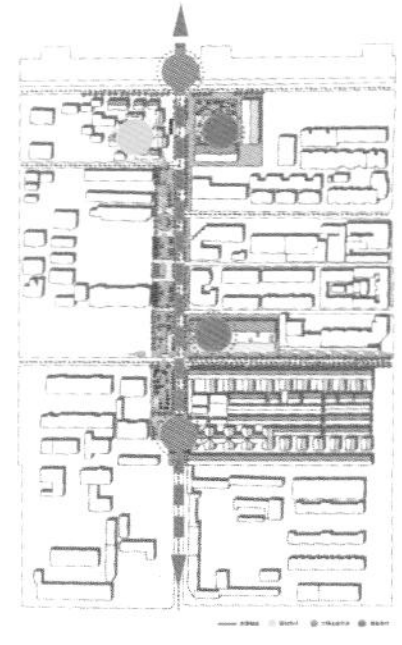

结构分析：
在结构设计上主要考虑到轴线关系的强化与设计。

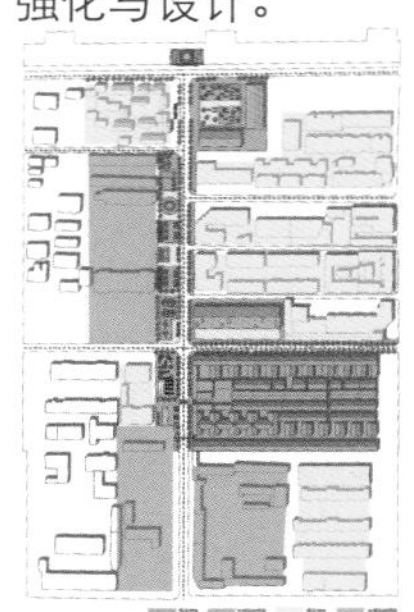

功能分析：
七贤庄历史街区被学校围墙围住，现状封闭。增设商业广场以增加活力。

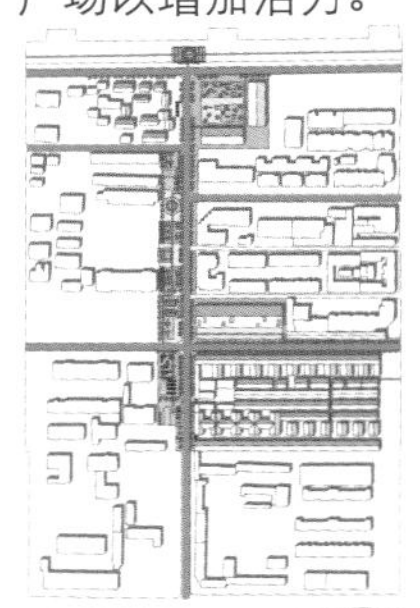

交通流线分析：
主要通过步行的方式进行参观游览。

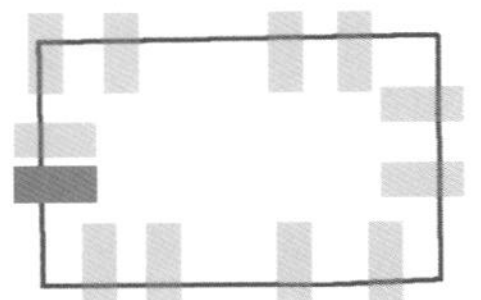

3

府城旧址片区

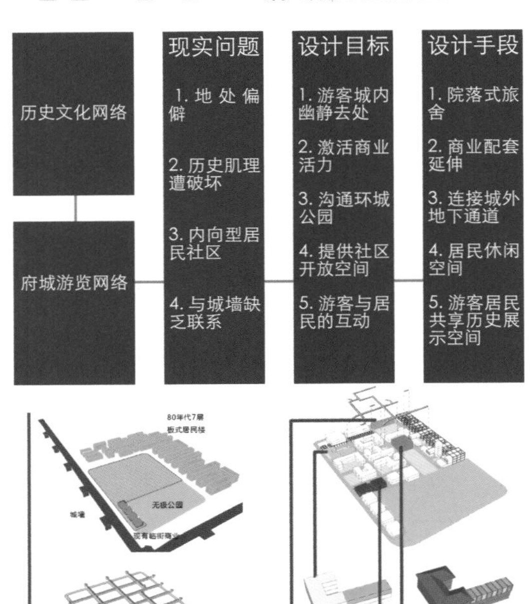

历史文化网络
府城游览网络
现实问题
1. 地处偏僻
2. 历史肌理遭破坏
3. 内向型居民社区
4. 与城墙缺乏联系
设计目标
1. 游客城内幽静去处
2. 激活商业活力
3. 沟通环城公园
4. 提供社区开放空间
5. 游客与居民的互动
设计手段
1. 院落式旅舍
2. 商业配套延伸
3. 连接城外地下通道
4. 居民休闲空间
5. 游客居民共享历史展示空间
无极公园
40X24m模数
沟通城内外

总平面图

由于地段所处幽僻，总定位为青年旅舍，在其南面和沿街增加相关商业，并在地段内部设置历史展示空间。

同时附近居民亦需要开放和绿地空间，因此设置居民休闲设置延伸向无极公园，居民商业通过地下通道到达城西环城公园。

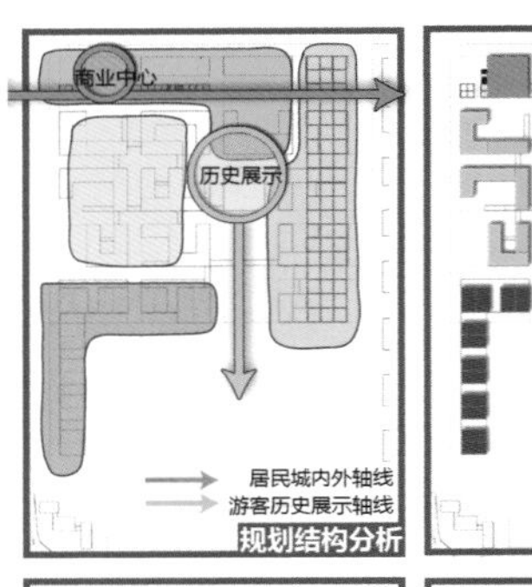

规划结构分析

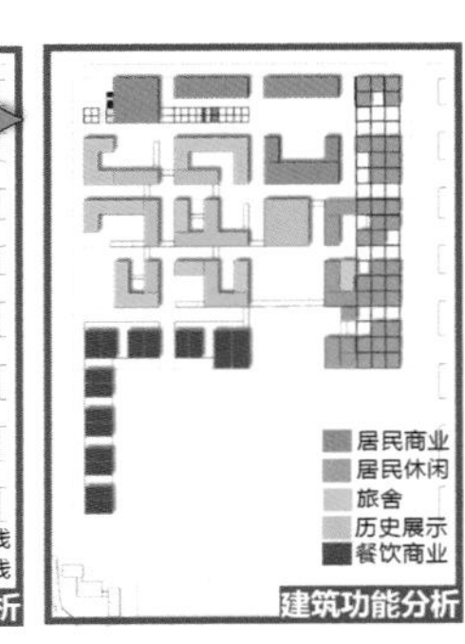

建筑功能分析

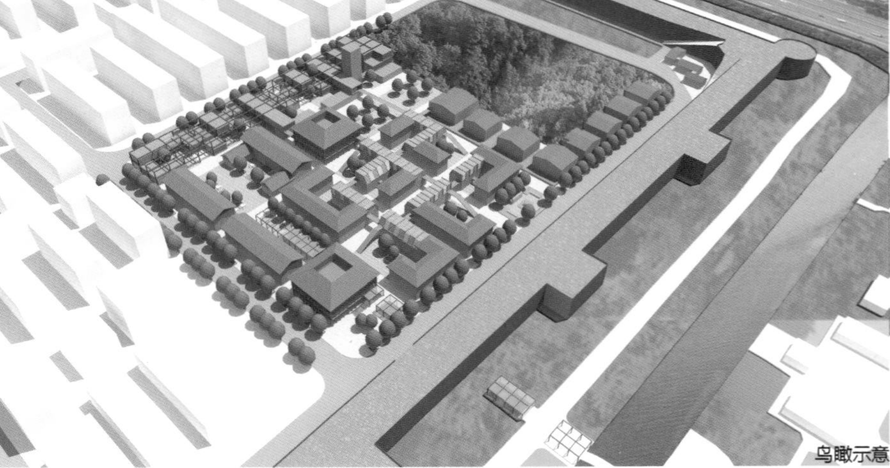
鸟瞰示意

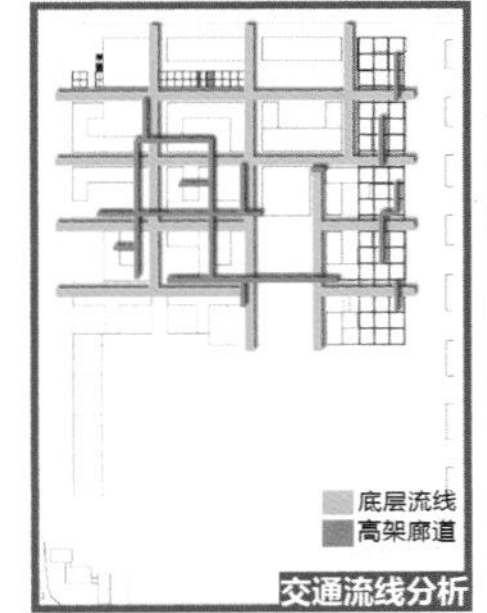

交通流线分析

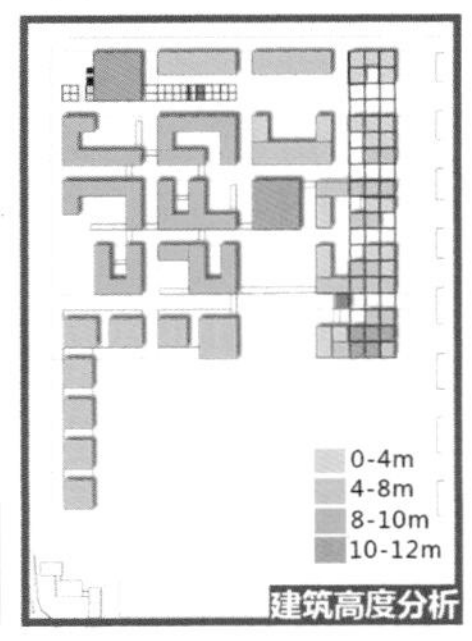

建筑高度分析

4

都城里坊地段

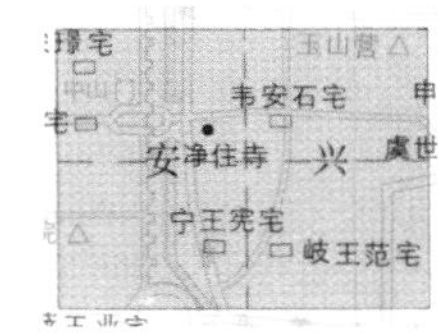

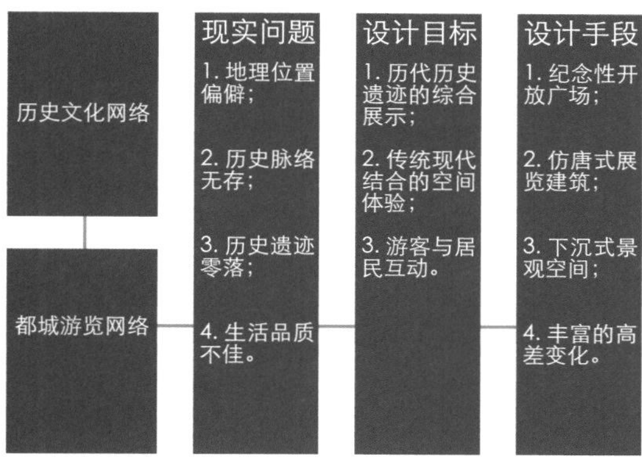

历史文化网络
都城游览网络
现实问题
1. 地理位置偏僻；
2. 历史脉络无存；
3. 历史遗迹零落；
4. 生活品质不佳。
设计目标
1. 历代历史遗迹的综合展示；
2. 传统现代结合的空间体验；
3. 游客与居民互动。
设计手段
1. 纪念性开放广场；
2. 仿唐式展览建筑；
3. 下沉式景观空间；
4. 丰富的高差变化。

明西安城的范围，除明府城城墙内的区域之外，还包括了长乐门外的东关地区，即东郭新城。由于全国的政治经济中心东移，西安与其他城市的联系以东向最为密切，因此明西安府城只有东关形成了外郭城，内设官厅等衙门机构。清西安府城南、北、西三门外也形成了外郭城，但东郭新城仍然规模最盛。

不同于明西安城的南、西、北三边，明城东墙位置在唐城时期并没有对应的历史边界线。东门内外的区域，在唐长安时同属安兴坊，都城游览路径也因此在东关处延伸到了城墙之外。

今炮房街北侧，留存有唐代皇家寺院 - 罔极寺。唐岐王李范的宅邸旧址坐落于寺西侧，有杜甫诗《江南逢李龟年》流传于世。今五道什字得名于清代五道庙，其位置是唐代韦安石宅邸旧址。一代代的历史遗存叠落于此，却鲜有游客前来发掘。

我们选择炮房街以北、罔极寺以西的地块，在整理现状的基础上设计三个各有侧重的景观广场。期望通过空间的营造，提示游客们眼前这个杂乱而有趣的片区，在历史上并不寻常。

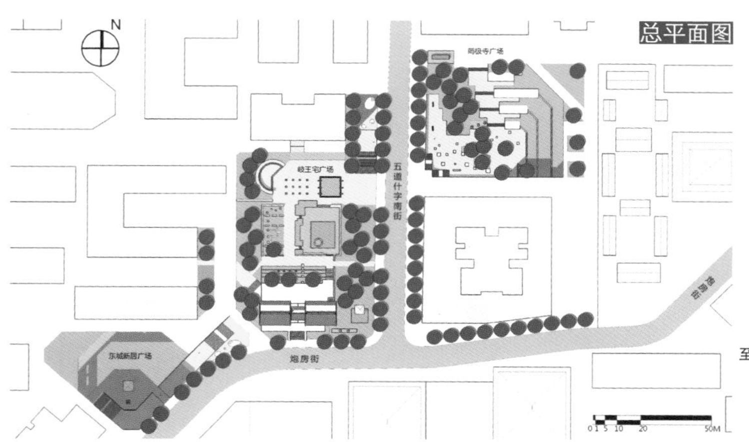

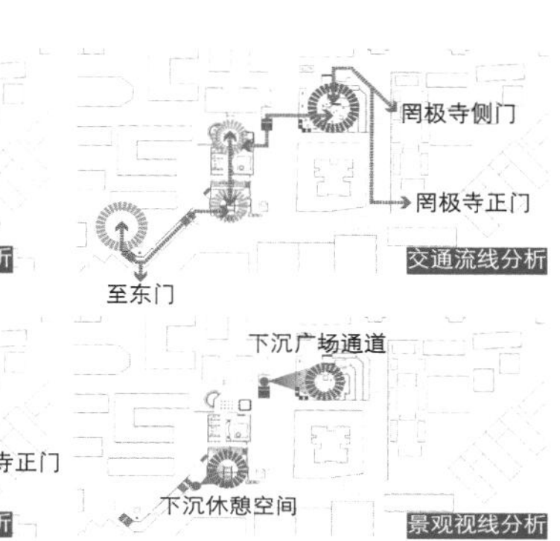

五道什字位于中山门外约 400m 处，清代时路口东北角建有五道庙，故名。五道什字南街，所在位置唐代属安兴坊，街南口与炮房街交叉处为即岐王李范的宅邸旧址，周边历史文化资源还包括罔极寺、北极宫旧址等，而炮房街本身也是清代时的商业街。炮房街现为一条斜向连接长乐门与罔极寺的狭窄小巷，市民及游客步行体验较差。五道什字南街南口的岐王宅旧址，现状是一块未经整理的三角形荒地，未见与历史文化资源相关的任何指示信息。

岐王宅三角地以西、东城新居小区南侧，有一块三角形的现状花园绿地，与炮房街之间以一堵砖墙隔开。我们拆除了这堵砖墙，代之以一条走向近似的下沉通道，既可实现类似的分隔效果，又增加了步行空间的趣味性。下沉通道内壁采用与古城墙近似的青灰色砖石纹理，营造出历史的厚重感。下沉通道东端放大，设有桌椅供游客休憩，顶板开有圆形天窗，可透过孔洞看到岐王宅旧址上的仿唐式建筑。

以岐王宅旧址为基础，可以整理出一块矩形空地，建设一座纪念性广场，即岐王宅广场。广场最南端邻近炮房街的位置，设置一座仿唐式建筑，作为岐王宅历史陈列馆。陈列馆后广场通过设置草坪、水池、阵列式纪念柱等，渲染广场的历史文化氛围。广场的主出入口位于南侧的仿唐式陈列馆，以及东北角的罔极寺广场下沉通道处。东、西两侧设副出入口通往邻近社区大门，北侧设通道直接接入邻近建筑。

我们拆除了五道什字南街与罔极寺之间的几处破旧的现状建筑，在形成的矩形空地上建设一座休闲性广场，即罔极寺广场。此外，这片空地也是清代北极宫的旧址，广场上设有相应的历史展陈。广场西南部分下沉，并通过西侧的下沉通道穿过五道什字南街，与岐王宅广场相通。广场北侧为台地，标高逐渐抬升至地平面，两侧设置有花坛和座椅。广场西侧的交通尽端区域设有小卖部和休憩茶座，供市民及游客歇脚。广场东侧有路径将游客引至罔极寺西墙，罔极寺在此处开侧门，游客既可直接进入，亦可沿西墙绕行至罔极寺正门。

东城新居广场、岐王宅广场、罔极寺广场，三处开放空间既彼此独立又相互联系，建成后可大幅提升东关地区的空间品质和步行体验，并为市民提供新的活动场所、为游客提供良好的参观导引。

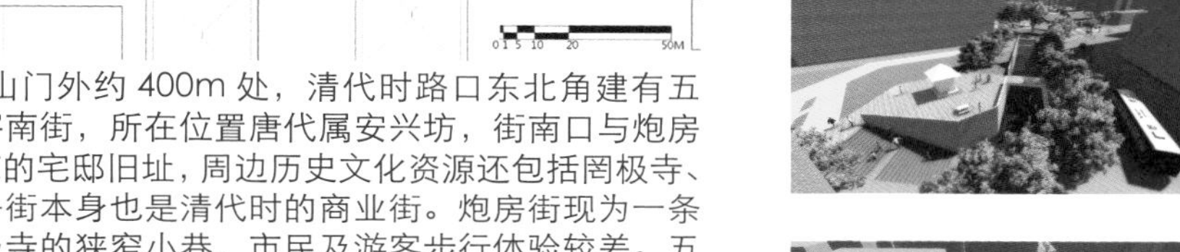

5 文昌门地段·民俗文化

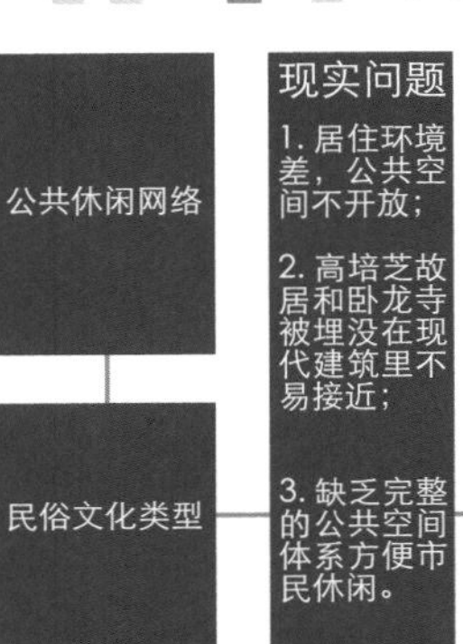

公共休闲网络

民俗文化类型

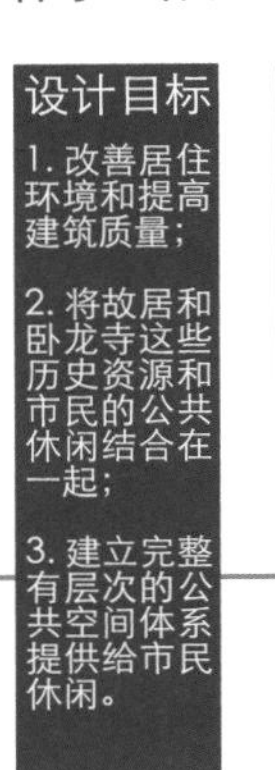

现实问题

1. 居住环境差，公共空间不开放；
2. 高培芝故居和卧龙寺被埋没在现代建筑里不易接近；
3. 缺乏完整的公共空间体系方便市民休闲。

设计目标

1. 改善居住环境和提高建筑质量；
2. 将故居和卧龙寺这些历史资源和市民的公共休闲结合在一起；
3. 建立完整有层次的公共空间体系提供给市民休闲。

设计手段

1. 拆除棚户区建设成合院式住宅；
2. 将故居和卧龙寺面向街道的界面打开，和周围的公共空间整合；
3. 建立一条步行流线，联系不同层次的公共空间。

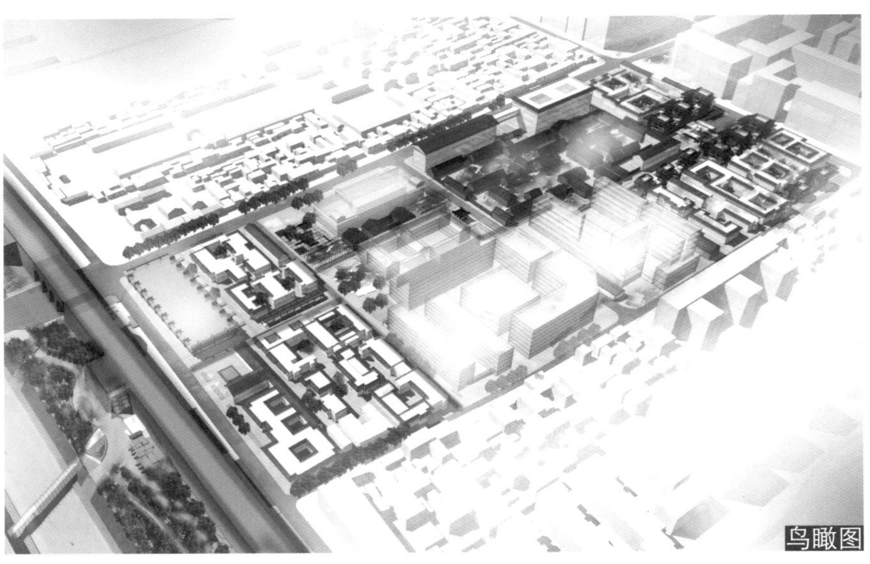

总平面图

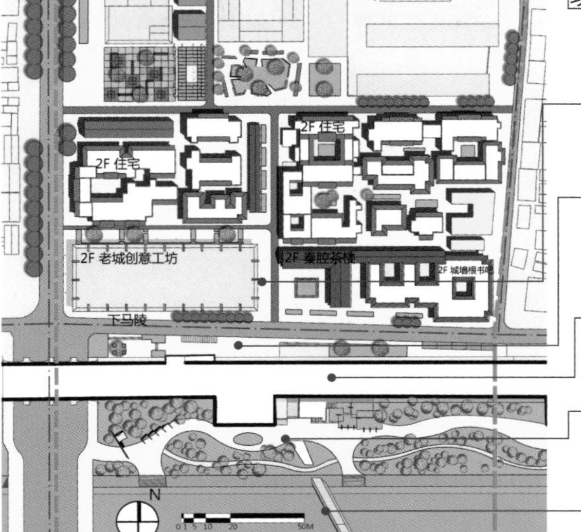

设计说明

文昌门地区是民俗文化活动十分集中的地区，这在市民公共休闲网络中也是民俗文化活动主题网络分布较为集中的地方。

地段内棚户区较多，建筑质量差，居住环境欠佳；同时地段内又有丰富的民俗文化基础，以及从大街上难以察觉的古寺和民居古迹。整个地段需要解决的主要问题就是挖掘出民俗文化这一地区特色，营造良好的生活和休闲环境。

在地段内设计步行道串联一系列的开放空间，形成一个公共空间序列，这样不仅能使得地段内和顺城巷、城墙和环城公园之间的联系更加方便紧密，也能带动周边区域的活力，在公共空间节点处更能促进多种民俗文化活动的发生，既能丰富周边居民的生活，也能展现出带有西安特色的休闲方式。

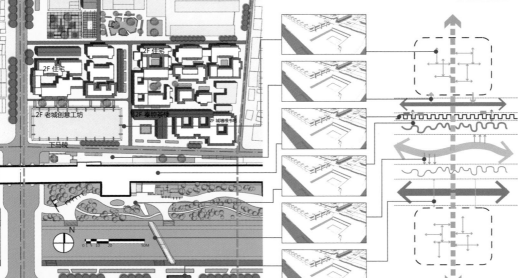

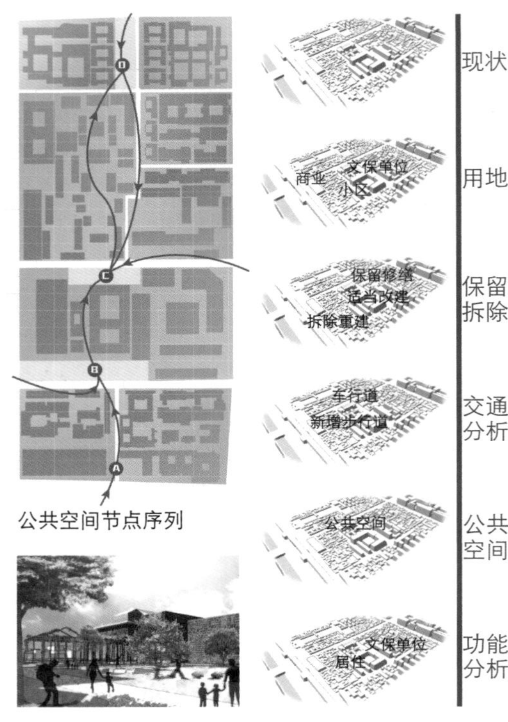

街坊	加强街坊和顺城巷之间的联系，街巷渗透功能互补
顺城巷	顺城巷功能复合多元化
城墙	城墙两边的视线联系
环城公园	根据城墙年代的不同建立可能的联系措施
护城河	利用亲水岸线和可能的跨河通道联系护城河和环城公园
环城路绿带	
环城路	通过可能的地下通道或者人行天桥来消除环城公路对于城内外的阻隔
城外街坊	加强城外街坊通过环城路和护城河甚至环城公园之间的联系

6 西门地段·传统小吃

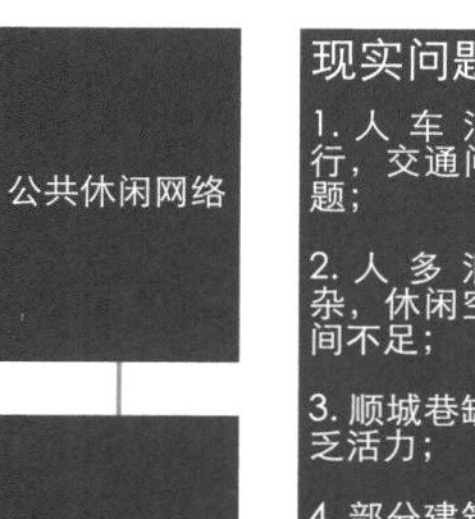

现实问题	设计目标	设计手段
1. 人车混行，交通问题； 2. 人多混杂，休闲空间不足； 3. 顺城巷缺乏活力； 4. 部分建筑质量差。	1. 增加城内外联系； 2. 提升顺城巷活力； 3. 增加开放空间，为人们提供休闲与美食场所。	1. 连接西门内外重要的空间节点； 2. 适当拆除质量差的建筑； 3. 改造和增加开放空间； 4. 设计内部的休闲线路，沿线路设立公共空间。

设计策略

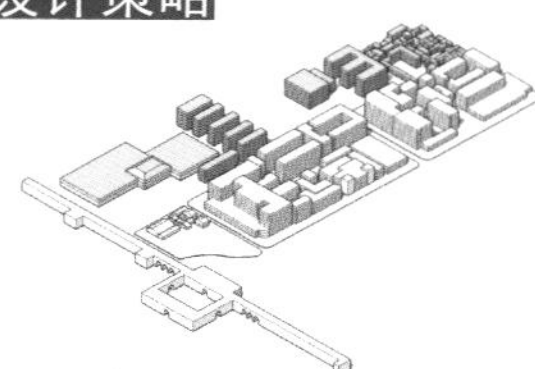

1. 现状建筑、广场与城墙，路分割成为三个组群

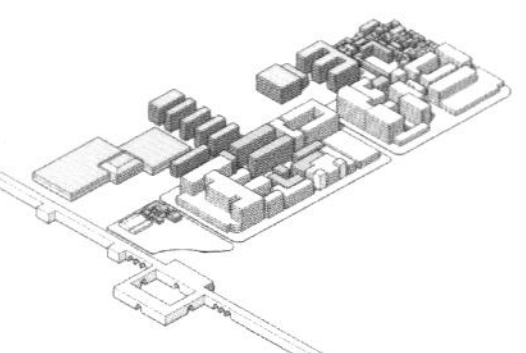

2. 对现状的建筑质量进行分析，选取建筑质量较差需要拆除的部分；以及对建筑不规整部分进行整理

3. 面对西大街的商业建筑质量较高，进行保留，并作为未来新的公共空间的围合元素之一

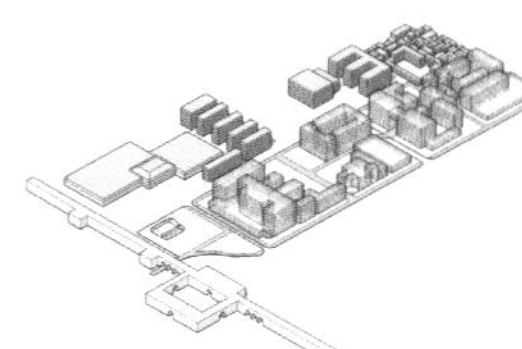

4. 用绿道设计内部人行流线，将三个分割的体块进行一定的连接，并连接顺城巷和环城公园

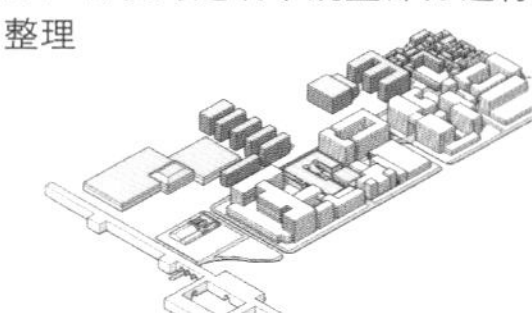

5. 对靠近顺城巷的广场进行重新设计，增加特色小吃集中的建筑

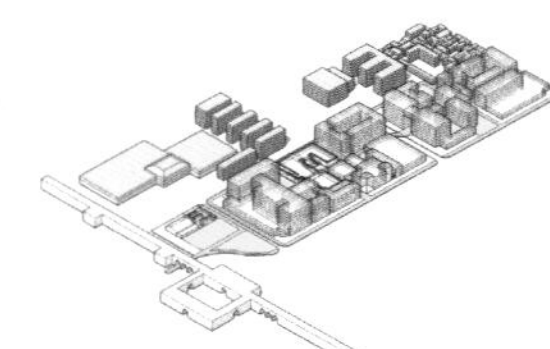

6. 丰富内部公共空间，根据不同的特点设计不同的广场

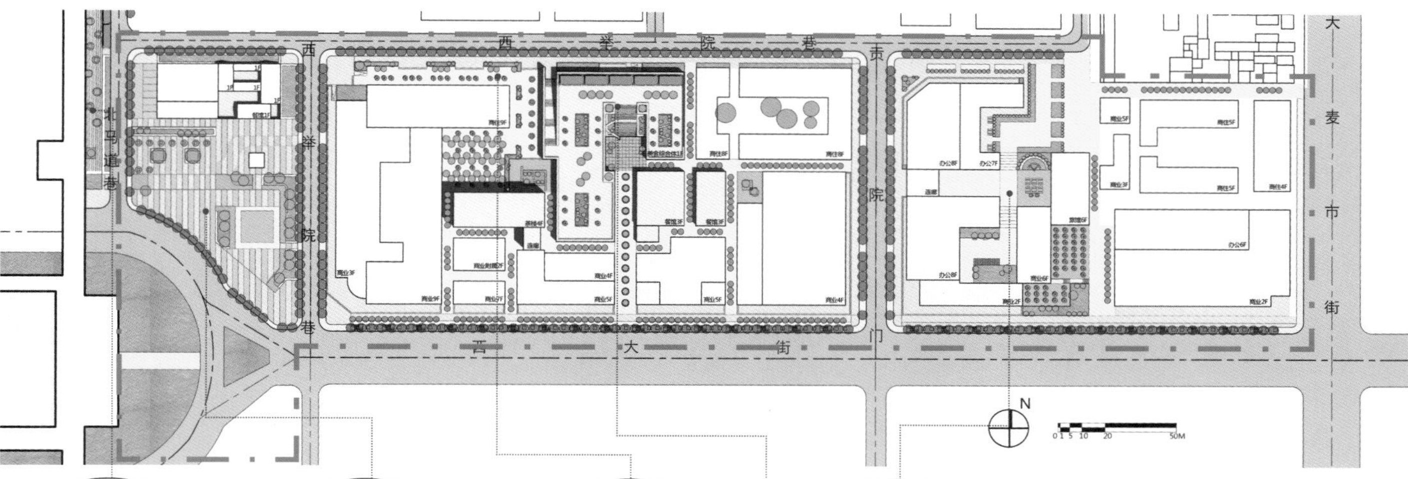

顺城巷
激活后的顺城巷成为主要休闲场所之一，既承担分散大量人流的作用，又可以作为西门内外连接的节点，激活城墙周围地区。

西门公园
进入西门后的内城门户地区之一，通过铺装和设计的引导，将进入西门的休闲吃喝的人分别导向西大街和西举院巷，也为人们提供了停留空间。

小吃街
依托原有的西举院巷内的小吃功能，将建筑与道路进行改造，不仅可以在室外享受便捷的小吃服务，还可以作为散步道，集小吃与休闲功能为一体。

上升庭院
在原有的写字楼之间创造良好的休闲环境，激活内部空间，同时为周围居民的休闲服务。

规划结构图

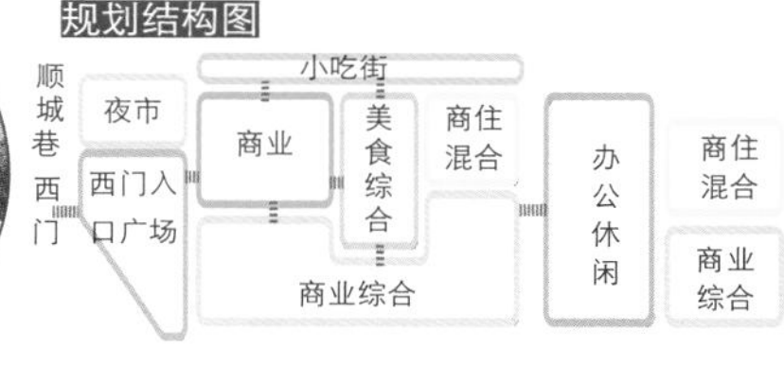

人行网络

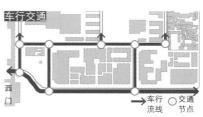

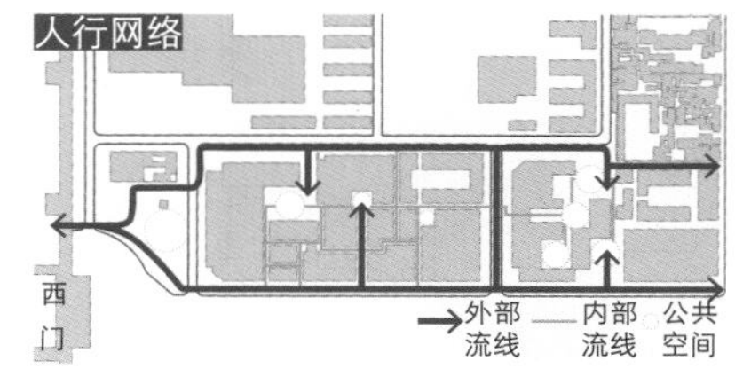

夜市与美食综合广场
在地面形成的开敞空间作为夜市，与小吃街连为一体；美食综合广场设有室内和屋顶座椅，与地面上其他美食休闲功能区相连，成为该片区内美食最集中的综合体。

车行交通

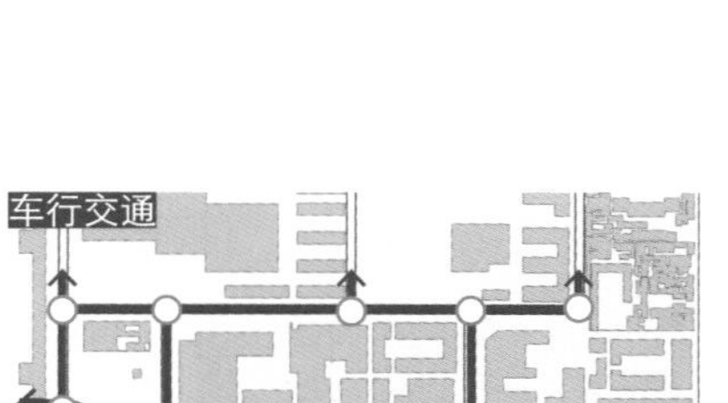

广仁寺地段 · 民族宗教

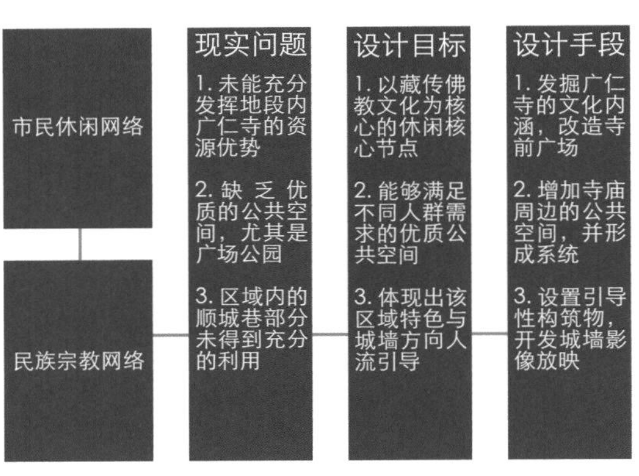

市民休闲网络
民族宗教网络
现实问题
1. 未能充分发挥地段内广仁寺的资源优势
2. 缺乏优质的公共空间，尤其是广场公园
3. 区域内的顺城巷部分未得到充分的利用
设计目标
1. 以藏传佛教文化为核心的休闲核心节点
2. 能够满足不同人群需求的优质公共空间
3. 体现出该区域特色与城墙方向人流引导
设计手段
1. 发掘广仁寺的文化内涵，改造寺前广场
2. 增加寺庙周边的公共空间，并形成系统
3. 设置引导性构筑物，开发城墙影像放映

鸟瞰图

规划指标：
用地面积：0.06km^2　容积率：1.1
建筑密度：0.3　绿化率：0.15

设计说明：

作为市民休闲网络中，具有特色的民族宗教资源的核心节点，这里的民族指的是藏族，宗教指的是藏传佛教（尤指格鲁派）而现状情况却是在广仁寺附近聚集形成了建筑质量参差不齐的大量的居民小区，在对建筑质量的评估以及 08 版控规的要求解读之后，对地段内结构进行重新梳理，主要通过改造与新增的公共空间，将节点特色充分展示出来，提高地段的吸引力。通过较为软化的手法，展开文化馆——城墙影像——嬉水花园与入口前广场——音乐喷泉——坛城广场这两条流线，形成一系列的市民休闲空间组合。

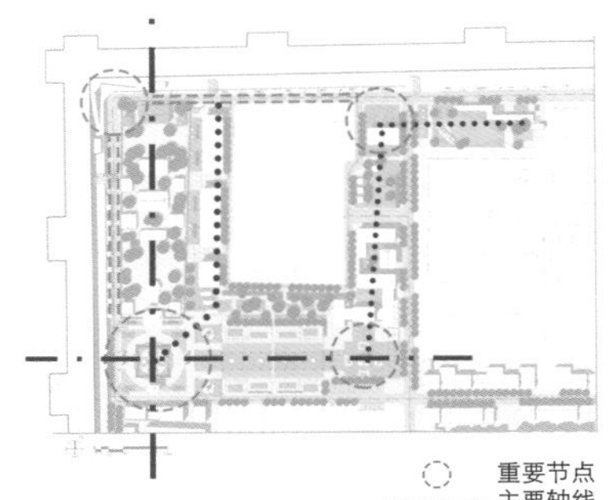

规划结构图

规划结构说明：

为了烘托出宗教气氛，并延续广仁寺的空间气质，采用了纵横两条轴线为基本结构，缓缓铺开空间序列，组成广仁寺前广场，在东侧则以庭院式公共建筑组合的方式与广仁寺遥相呼应。

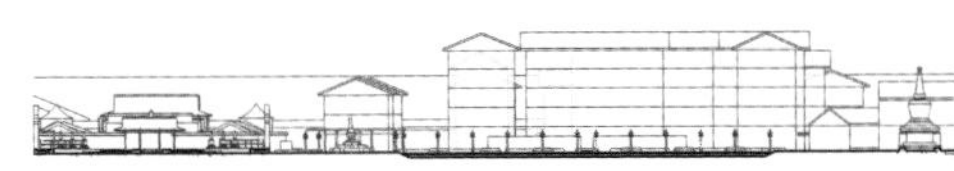
广场剖面示意图

广仁寺广场入口处

藏族文化馆中庭

城墙影像放映剧场

广仁寺广场中轴线

前广场燃灯节夜景

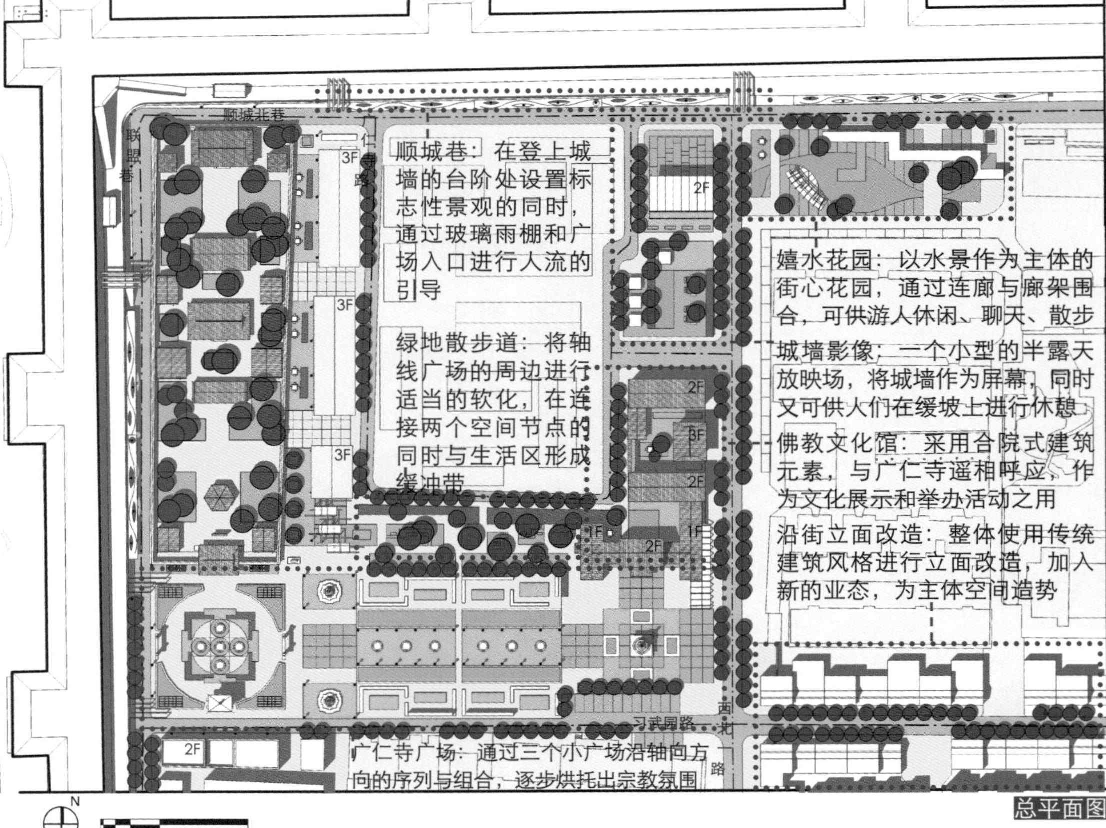

顺城北巷
联盟巷
仁寺路
习武园路
西北一路
3F
2F
1F
顺城巷：在登上城墙的台阶处设置标志性景观的同时，通过玻璃雨棚和广场入口进行人流的引导
绿地散步道：将轴线广场的周边进行适当的软化，在连接两个空间节点的同时与生活区形成缓冲带
嬉水花园：以水景作为主体的街心花园，通过连廊与廊架围合，可供游人休闲、聊天、散步
城墙影像：一个小型的半露天放映场，将城墙作为屏幕，同时又可供人们在缓坡上进行休憩
佛教文化馆：采用合院式建筑元素，与广仁寺遥相呼应，作为文化展示和举办活动之用
沿街立面改造：整体使用传统建筑风格进行立面改造，加入新的业态，为主体空间造势
广仁寺广场：通过三个小广场沿轴向方向的序列与组合，逐步烘托出宗教氛围
N
0 1 5 10 20 50M

总平面图

8 尚德路地段·现代游憩

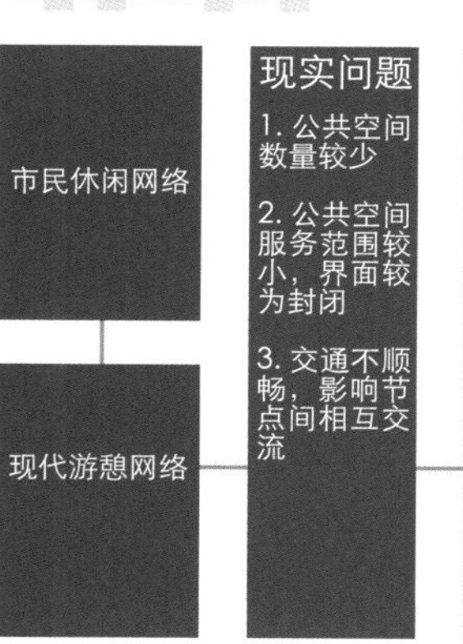

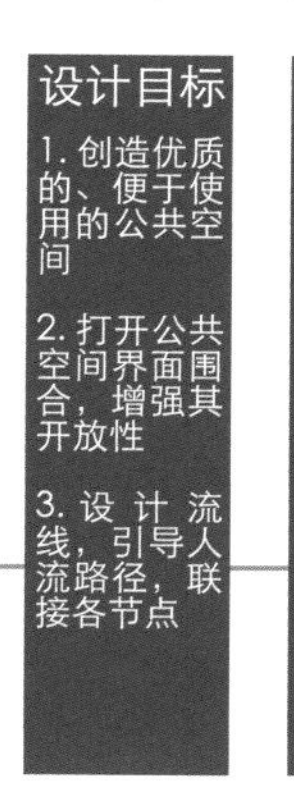

现实问题
1. 公共空间数量较少
2. 公共空间服务范围较小，界面较为封闭
3. 交通不顺畅，影响节点间相互交流

设计目标
1. 创造优质的、便于使用的公共空间
2. 打开公共空间界面围合，增强其开放性
3. 设计流线，引导人流路径，联接各节点

设计手段

1. 开放空间设计，主要含两个广场、一个商业街和一条绿带

2. 改造革命公园东界面，并且设计开放的商业街界面

3. 流线设计通过绿化和商业街实现节点沟通

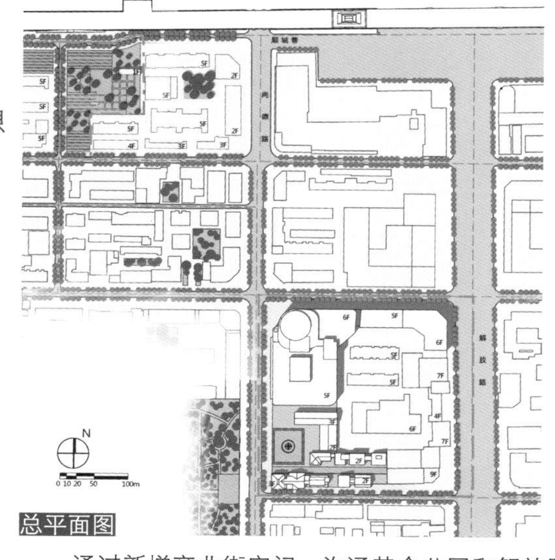

总平面图

设计说明：

本方案设计是市民休闲网络中“现代游憩”分支的一部分，核心思想是通过营造有现代氛围的市民休闲空间，如游乐园，开放性广场、公园，商业广场、商业街等，向全市的居民提供服务，提升街巷品质，激发街巷活力。

尚德路西邻革命公园，东临解放路商业区，北接顺城巷，附近有大量现代休闲空间，有极大的潜力发展成为一条重要的市民休闲分支网络。

在本方案设计中，通过打破革命公园东侧的隔离，并且在入口处设置开放的广场空间，增强了革命公园对外的服务范围；

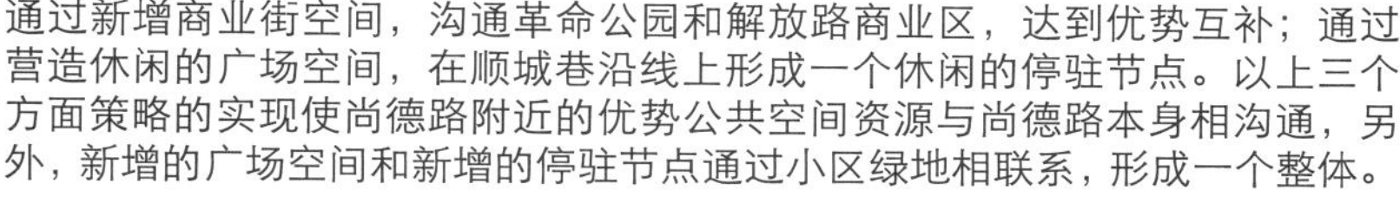

通过新增商业街空间，沟通革命公园和解放路商业区，达到优势互补；通过营造休闲的广场空间，在顺城巷沿线上形成一个休闲的停驻节点。以上三个方面策略的实现使尚德路附近的优势公共空间资源与尚德路本身相沟通，另外，新增的广场空间和新增的停驻节点通过小区绿地相联系，形成一个整体。

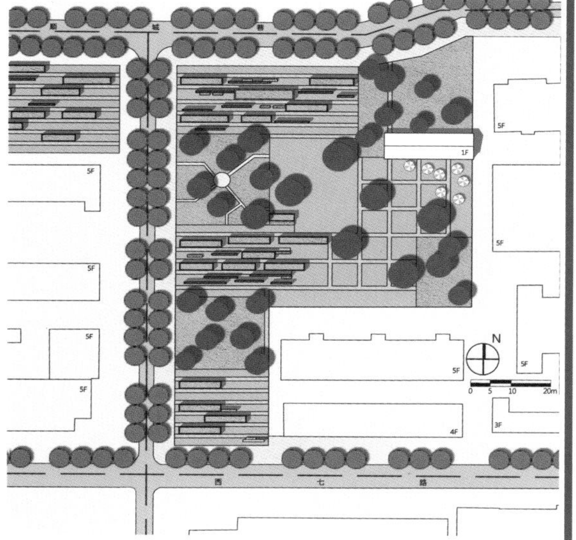

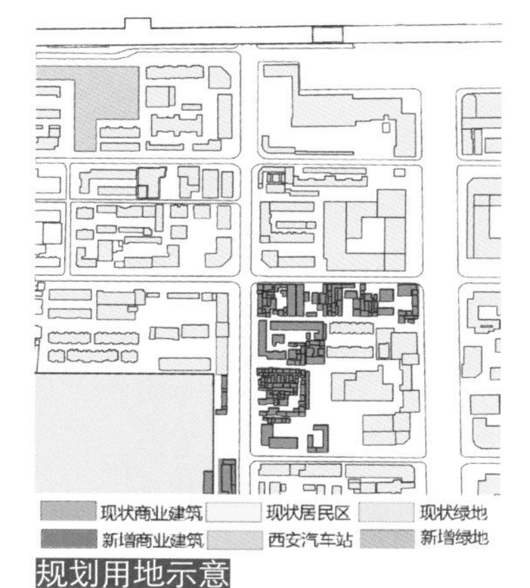

规划用地示意

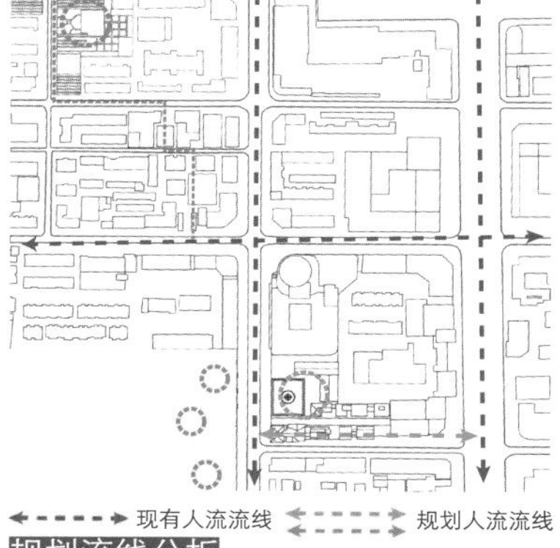

规划流线分析

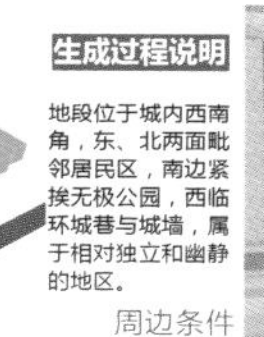

周边条件

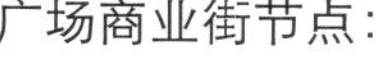

广场商业街节点：

该节点的广场正对革命公园东门，商业街则沿西六路方向延伸。

拆除革命公园东侧的小商铺还原为绿带，将革命公园发散向整个尚德路沿线，新增的广场呼应了革命公园的流线，解决了以前革命公园与尚德路“不说话”的问题。

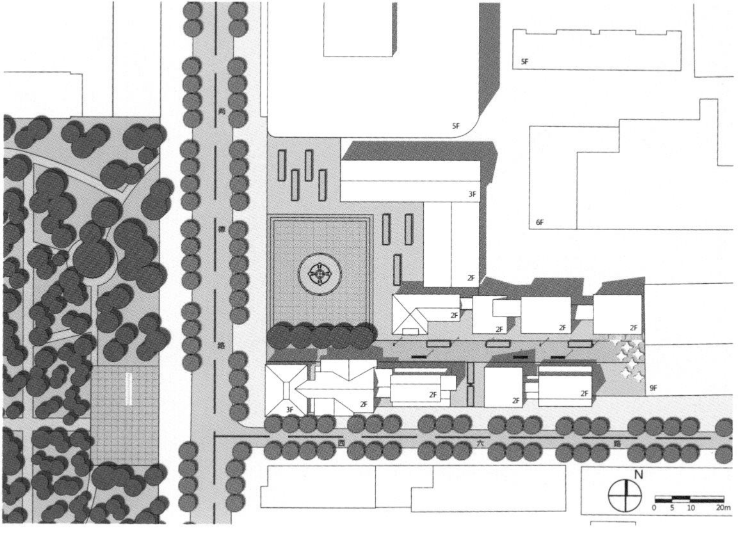

顺城巷绿地节点：

该地块现状为荒地，作为社会停车场使用。拟将其规划为以绿地广场为主的休闲停驻节点，该节点沿顺城巷（东西）方向有一定的延伸性。

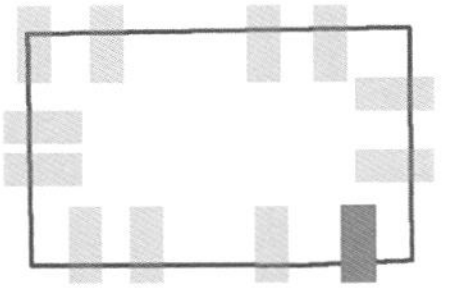

9

顺城北路地段

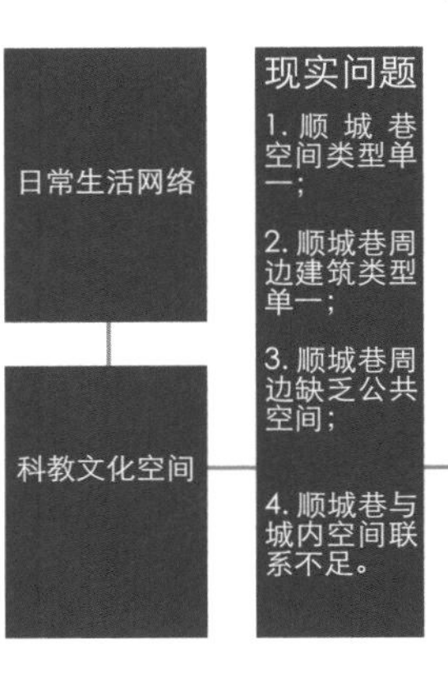

	现实问题	设计目标	设计手段
日常生活网络	1. 顺城巷空间类型单一； 2. 顺城巷周边建筑类型单一；	1. 使顺城巷周边变得更有趣； 2. 将使顺城巷周边建筑功能多样化；	1. 增加多种空间类型； 2. 增加复合型功能建筑；
科教文化空间	3. 顺城巷周边缺乏公共空间； 4. 顺城巷与城内空间联系不足。	3. 使顺城巷周边的公共空间数量更多，辐射范围更广； 4. 与城内的公共空间系统形成网络相连。	3. 改善沿顺城巷周周边的公共空间的数量和质量； 4. 打通顺城巷与城内空间网络的联系。

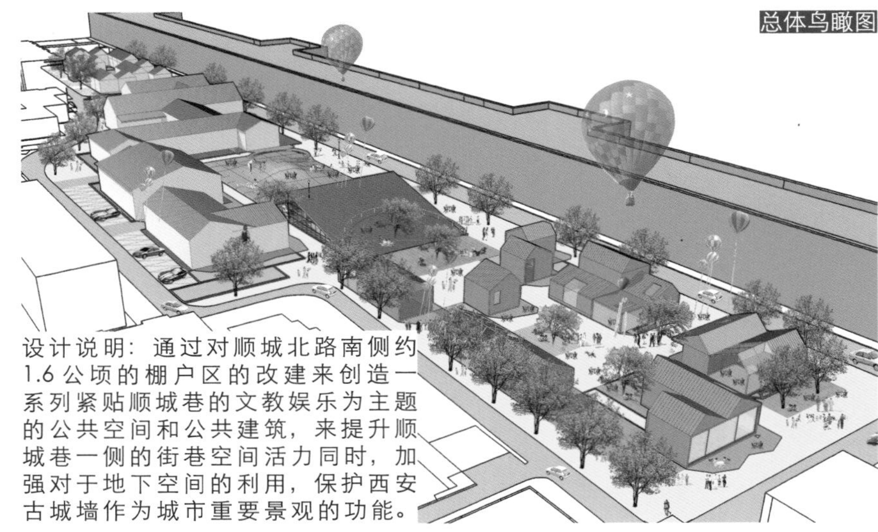

设计说明：通过对顺城北路南侧约1.6公顷的棚户区的改建来创造一系列紧贴顺城巷的文教娱乐为主题的公共空间和公共建筑，来提升顺城巷一侧的街巷空间活力同时，加强对于地下空间的利用，保护西安古城墙作为城市重要景观的功能。

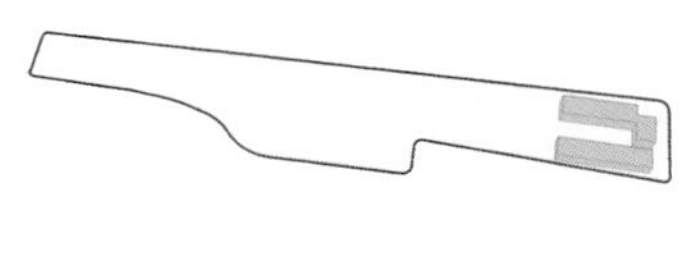

拆除地段内部原有质量较差的房屋，保留质量相对较好的居民楼。

增加原有道路，打通顺城巷与城内居民区之间的联系。

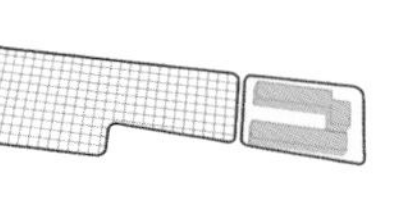

将地段内部按照西安传统肌理分成6*6的网格。

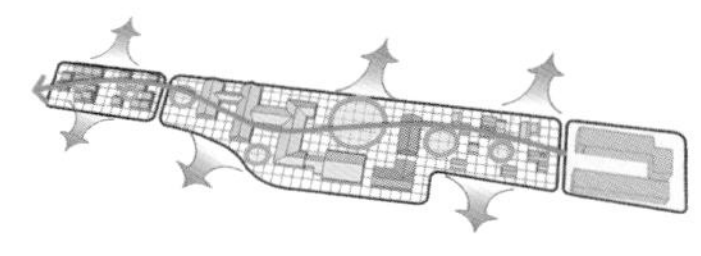

将不同功能的建筑置于网格内部，围合成为外部公共空间。

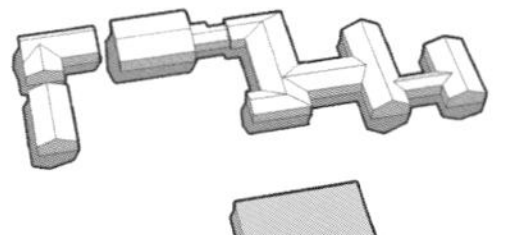

功能确立

建筑下沉

草坡升起

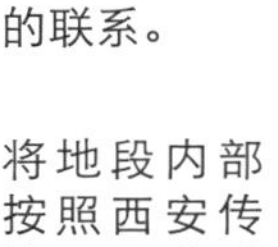

功能置入

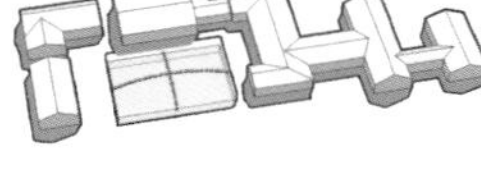

地面抬起

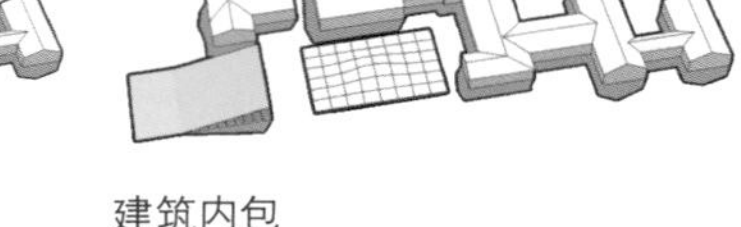

建筑内包

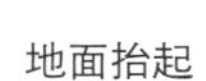

空间形成

从地段本身出发，原有地块作为居民生活网络中重要的科教文化典型地段，周边有着丰富的学校和医院等公共服务设施，因此在改造的地段内部加入活动服务中心、体育馆等有趣的功能，来满足其基本的功能需求。

将主要的体育馆功能置于地下，地上放置趣味公共空间，打开顺城巷一侧的空间。

尽量将主要的活动空间放置于地下，地上空间主要用于周边学生和居民活动，创造与传统西安城市公共空间不相同的公共空间，与传统的顺城巷相结合，打造一个建筑形式传统、空间形式丰富、活动形式多样的空间，变成顺城巷周边的一个重要的空间节点。

餐饮娱乐区意向图

公共活动区意向图

居民休闲区意向图

儿童娱乐区意向图

总平面图 1:1000

10

顺城巷西南角地段

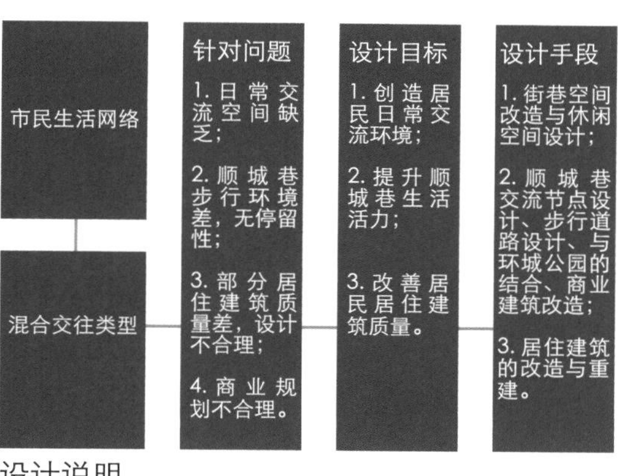

市民生活网络
混合交往类型
针对问题
1. 日常交流空间缺乏；
2. 顺城巷步行环境差，无停留性；
3. 部分居住建筑质量差，设计不合理；
4. 商业规划不合理。
设计目标
1. 创造居民日常交流环境；
2. 提升顺城巷生活活力；
3. 改善居民居住建筑质量。
设计手段
1. 街巷空间改造与休闲空间设计；
2. 顺城巷交流节点设计、步行道路设计、与环城公园的结合、商业建筑改造；
3. 居住建筑的改造与重建。

设计说明

地段沿柴家十字—迎春巷—火药局巷—顺城巷南段分布。针对现有的缺乏交流空间、规划功能不合理等问题，在地段沿线进行以改造为主的设计。

现状用地分析

地段沿柴家十字、迎春巷、火药局巷、顺城巷南段分布，功能以居住为主，顺城巷南路商业功能较为单一；有比较浓厚的邻里交流氛围，但缺乏相应的地点和建筑。

交通分析

车行交通去掉了部分车行道；在顺城南路沿线的地块打通若干南北向的道路；沿着顺城巷设计特殊的步行系统，同时连接环城公园，形成步行环线。

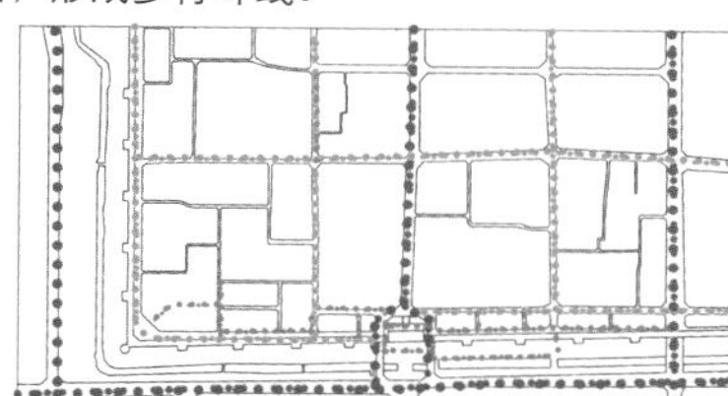

规划结构分析

柴家十字进行休闲设施设计和立面更新；顺城南路的商业建筑群改造；无极公园改造和环城公园的串联；顺城巷沿线的居住建筑重新规划；幼儿园附近增加商业广场。

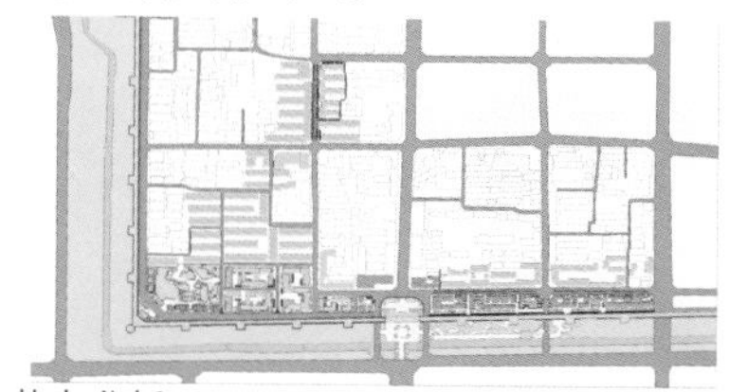

交流节点分析

柴家十字改造，为居民及商铺提供休闲空间；环城公园及无极公园的改造；合院式住区的设计；商业街改造，增加小广场和可停留空间；博物馆前广场改造。

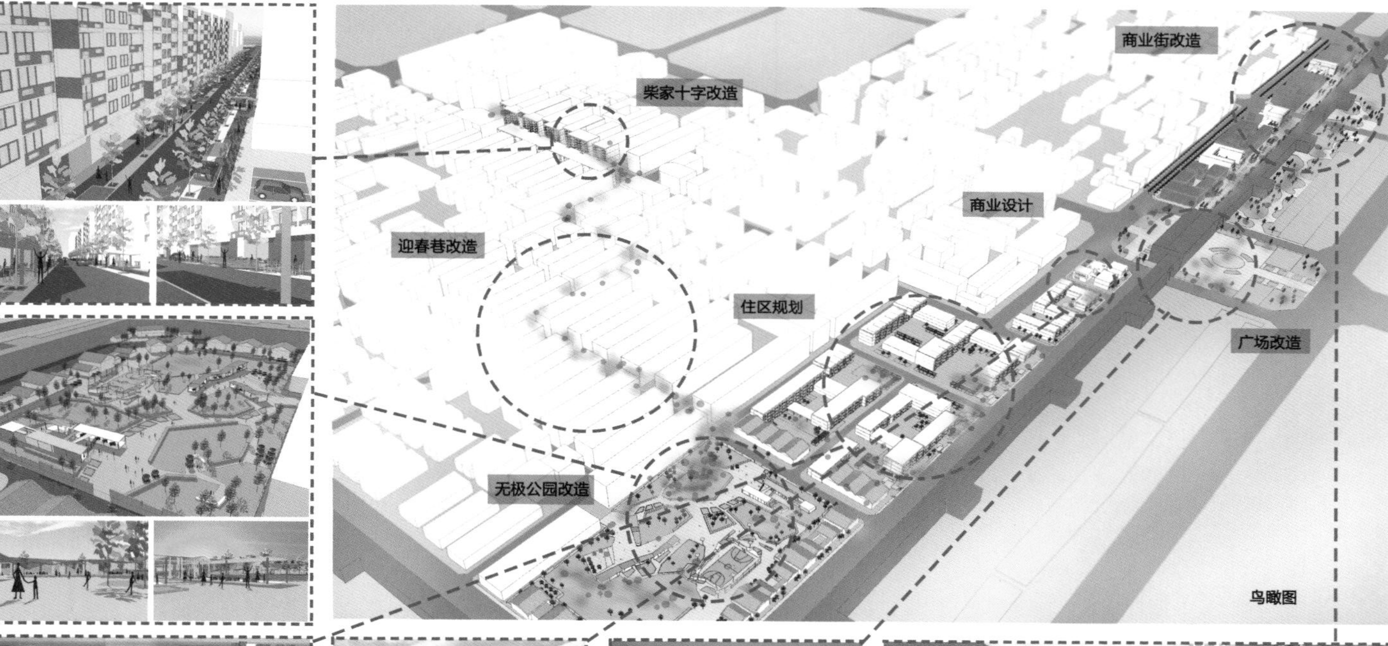

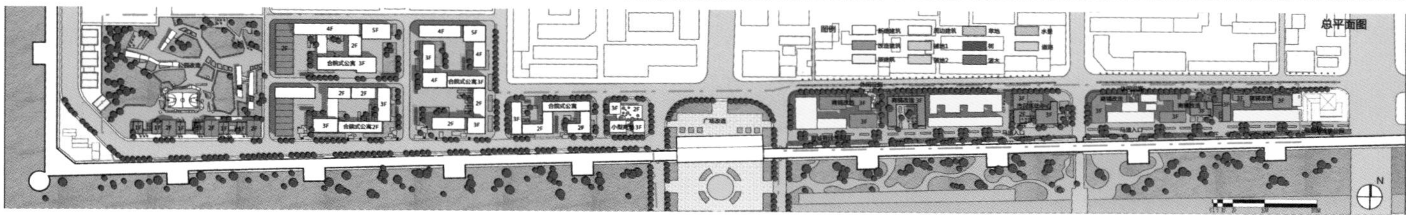

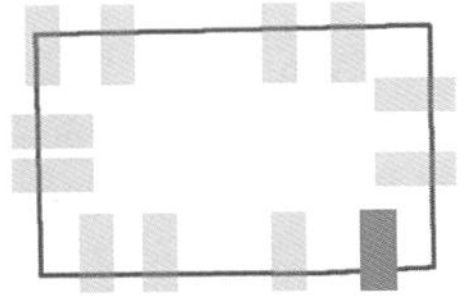

11

东南角地段

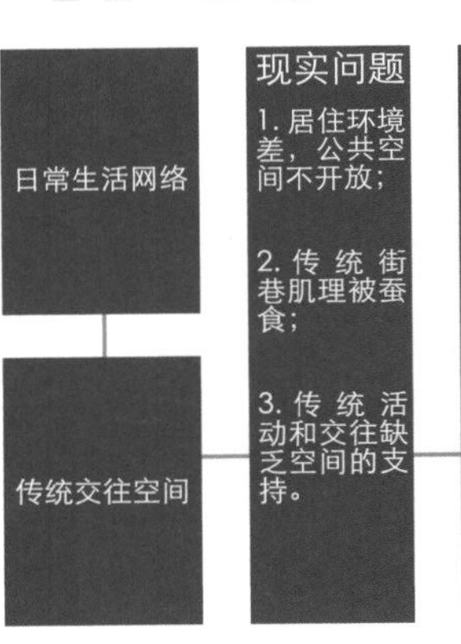

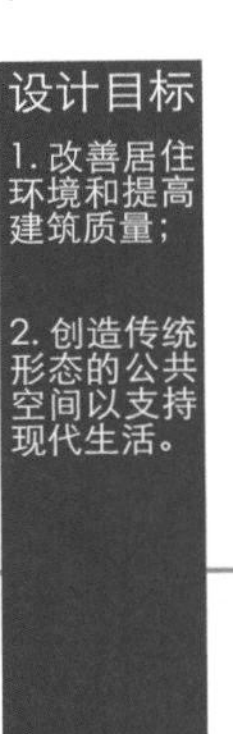

现实问题
1. 居住环境差，公共空间不开放；
2. 传统街巷肌理被蚕食；
3. 传统活动和交往缺乏空间的支持。

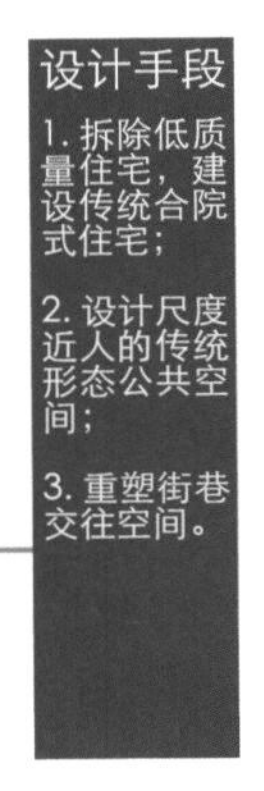

设计目标
1. 改善居住环境和提高建筑质量；
2. 创造传统形态的公共空间以支持现代生活。

设计手段

1. 拆除低质量住宅，建设传统合院式住宅；
2. 设计尺度近人的传统形态公共空间；
3. 重塑街巷交往空间。

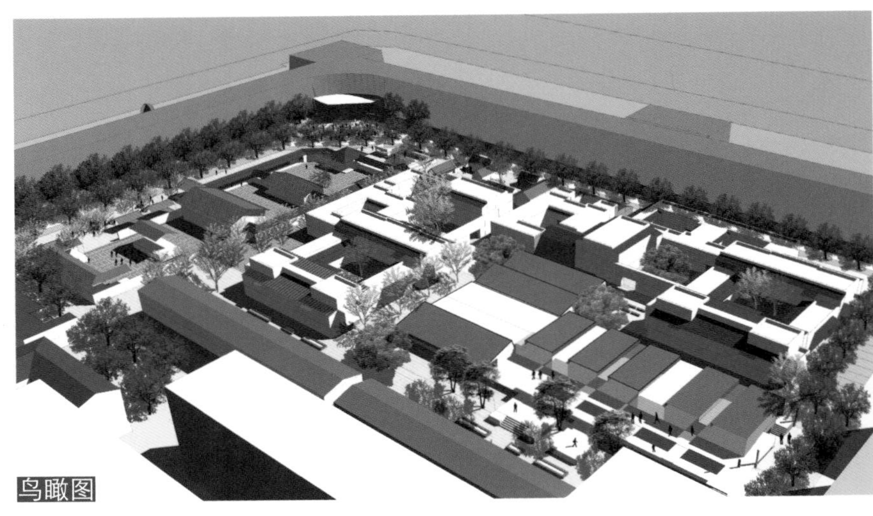

鸟瞰图

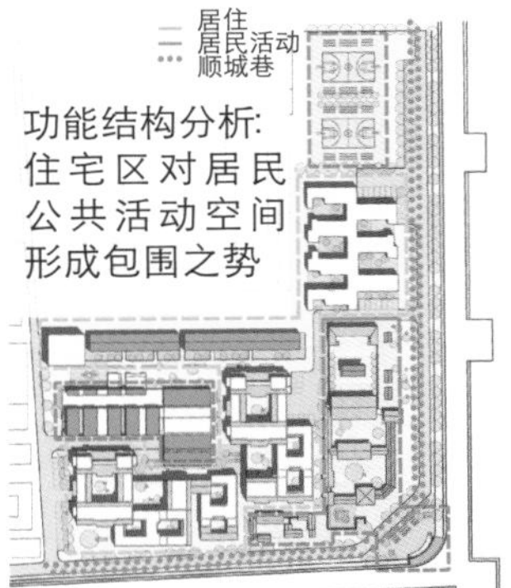

功能结构分析：住宅区对居民公共活动空间形成包围之势

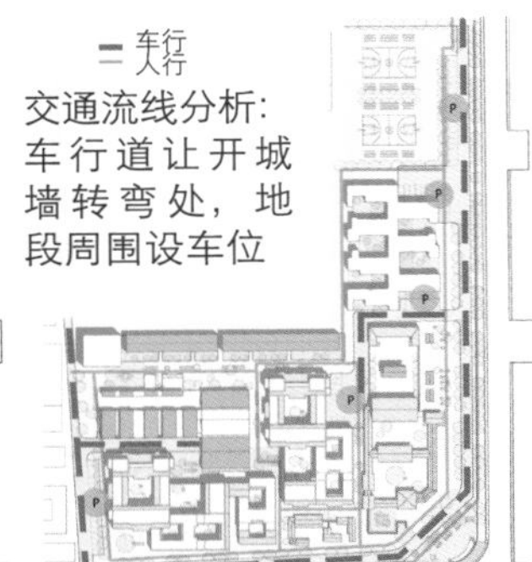

交通流线分析：车行道让开城墙转弯处，地段周围设车位

交往空间分析：私密性分层级，保障各类活动的不同需求

设计面积：38000 平方米

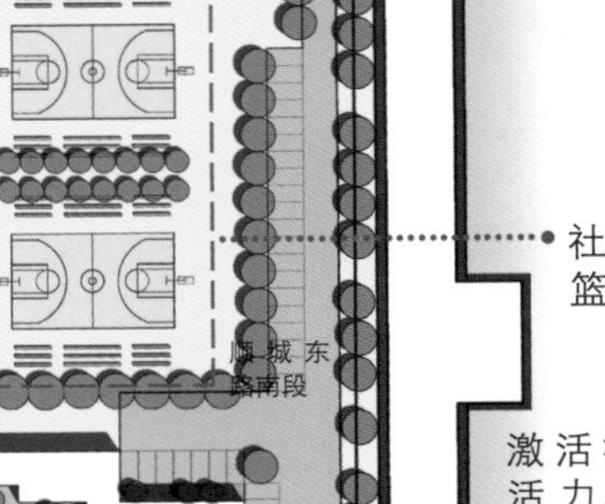

新式合院住宅中的庭院

城墙转角处戏台

居民生活综合体入口广场

书场与戏台入口处空间

设计说明：

公共空间方面，注重街巷和广场设计相结合，使空间更富节奏感；公共建筑方面，以传统形式呈现传统功能，促进现代交往；住宅建筑方面，营造合院空间，创造现代城市中邻里交往的可能性。

总平面图

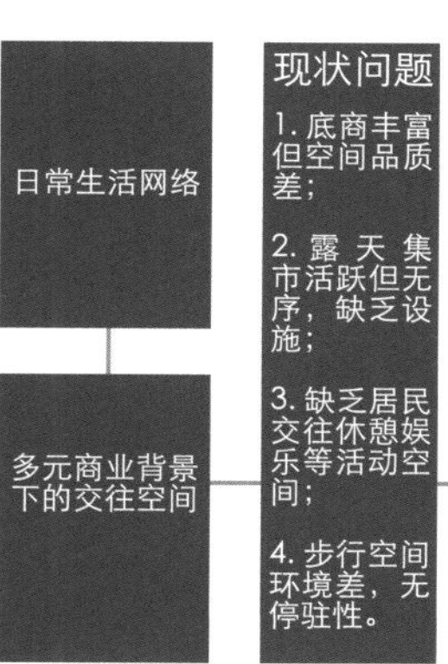

12 朝阳门地段

日常生活网络

多元商业背景下的交往空间

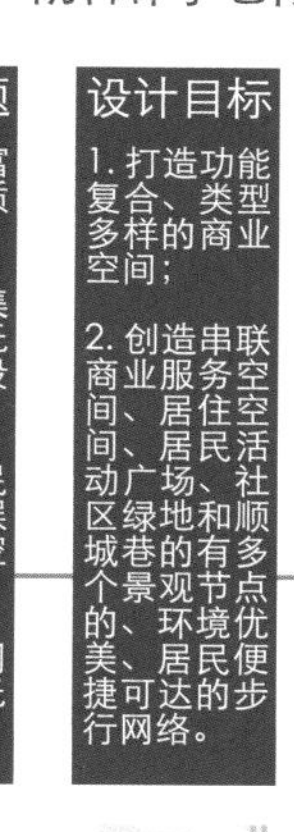

现状问题

1. 底商丰富但空间品质差；

2. 露天集市活跃但无序，缺乏设施；

3. 缺乏居民交往休憩娱乐等活动空间；

4. 步行空间环境差，无停驻性。

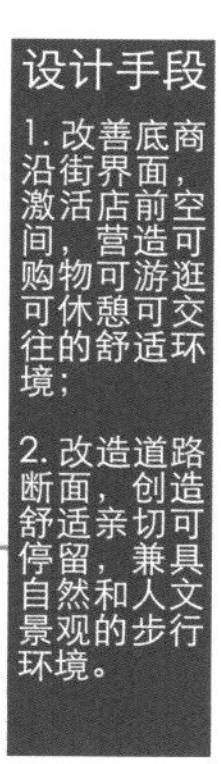

设计目标

1. 打造功能复合、类型多样的商业空间；

2. 创造串联商业服务空间、居住空间、居民活动广场、社区绿地和顺城巷的有多个景观节点的、环境优美、居民便捷可达的步行网络。

设计手段

1. 改善底商沿街界面，激活店前空间，营造可购物可游逛可休憩可交往的舒适环境；

2. 改道道路断面，创造舒适亲切可停留，兼具自然和人文景观的步行环境。

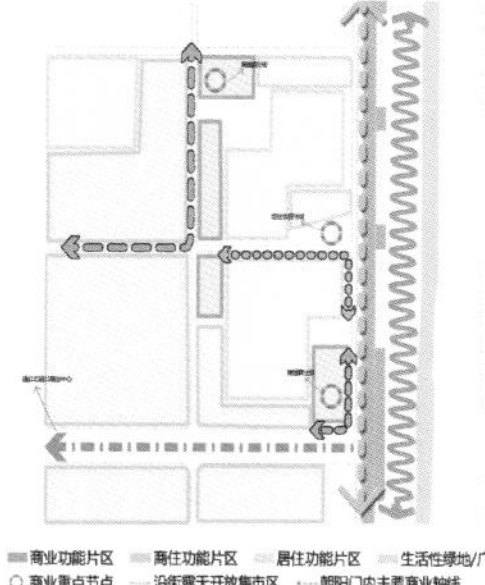

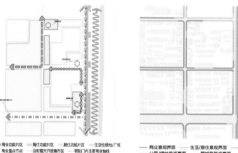

功能结构分析

商业景观界面　生活/居住景观界面　文化景观界面
公园/绿地景观界面　顺城巷景观界面
滨河环城公园　护城河

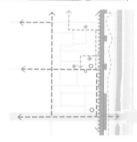

街道界面分析

商业步行流线　绿地/公园步行流线　居住组团主要步行流线
顺城巷步行流线　环城公园内步行流线
商业节点　公园/绿地节点　顺城巷活动节点

步行系统分析

设计概述

从西安内城居民生活视角出发，在充分立足现状、尊重城市历史文脉和传统生活习俗的基础上，对片区内居民日常活动的公共空间进行整体化、情趣化设计，利用渗透社区的步行空间将其串联成网络，创造功能多元的、环境亲切的、人性化的活动场所，使得现代城市空间和传统特色的城市生活有机融合，并表达出城市历史文化内涵，呈现生动积极的城市生活图景；使居民能乐享生活，享受现代文明的同时也能在城墙根儿下在老街坊内体会到传统生活的风韵。

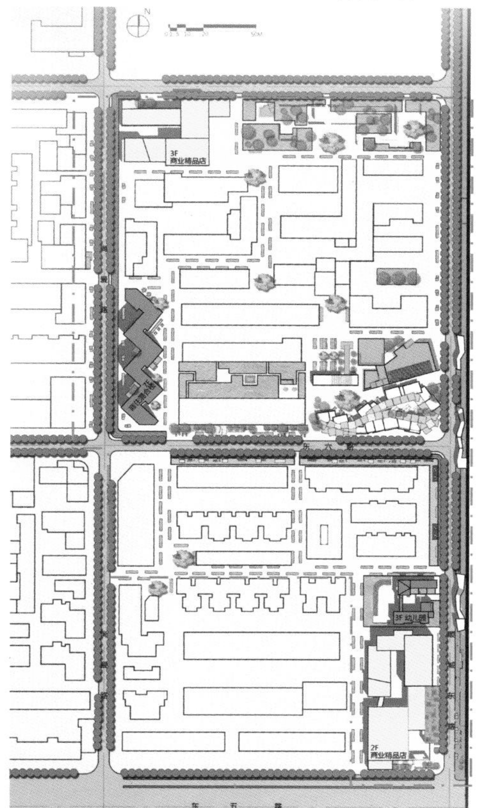

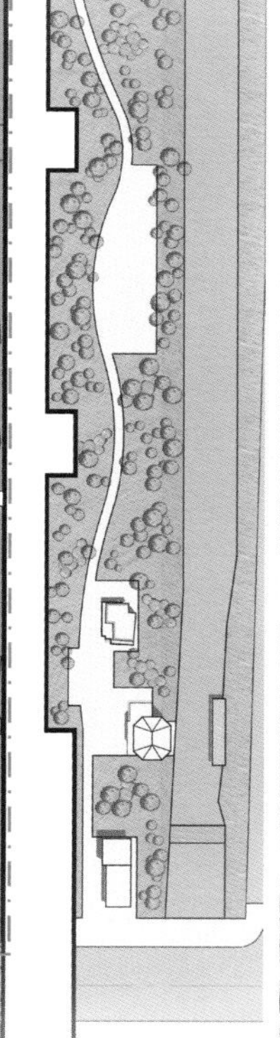

总平面图

1 生活性广场节点

利用局部抬高、下沉等地面处理手法，创造不同环境氛围的可供居民下棋、遛鸟、跳舞等动静不同的活动空间，引入水景形成广场面向小区的入口指引，穿过一个有顶的观演、茶室空间，和集市出口形成良好对景。

2 朝阳门商业街入口广场节点

运用和城墙统一的灰砖墙元素，形成一个设施完善、景观良好的开放商业街入口，和顺城巷步行活动空间呼应，营造一处可休憩可交往可游逛可观赏的场所。

底商外休憩性空间

居民活动广场空间

开放集市入口空间

顺城巷活动空间节点

2014/12/20 西安建筑科技大学 · 西安

- 现场踏勘
- 教学准备会

2015/03/10-13 西安建筑科技大学 · 西安

- 规划地段现场集体调研
- 课程讲授
- 规划地段六校混合编组调研
- 调研成果交流

2015/04/26 西安建筑科技大学 · 西安

- 中期成果交流
  点评专家：
  石楠、王富海、苏功洲、杨保军、汤道烈
- 补充现场调研

2015/06/06 重庆大学 · 重庆

- 最终成果交流
  点评专家：
  石楠、王富海、苏功洲、杨保军、赵万民
- 设计成果展览

科研流动站

西安碑林博物馆

汤道烈

王富海

中国城市规划学会理事

城市设计学术委员会委员

深圳市蕾奥城市规划设计咨询有限公司董事长

感谢邀请，让我能在做毕业设计 30 年后重温毕业设计，感慨颇多。

共性

首先是团队型毕业设计，题须余地，宜合宜分。合则一组人合作共担，每个人皆显能力，分则一个人独立完成，每个人展示成果，本次题目为西安古城，容量足够各团队从容选择，但显范围过大，内涵过深。

其次是联合型毕业设计，六校联姻，竞合俱现。竞争是客观而必然的，即便不排名次，刺激作用亦强；合作则为主观而需良善组织。本次据闻组织上有改进，但合作形式可更活跃而稳定，竞争内容也需要更可评判。

个性

同一舞台、同一题材，六个剧组，编、导、演自有擅长的演绎方式，幸喜看到今日之规划学生唱念做打能力大超过我辈当年甚多。经第一回合亮相、比较、磨合，各队第二回合均强化了整体性，个性发挥亦更加充分，表现方式差异大应为联设题中之义，俱可鼓励，相互借鉴，益于师生，也令我等大开眼界。

毕竟是毕业设计，时间不可逆不可延，成果其次而能力培养优先。本次题目过大过深，选择多样：做大则失之与泛而主观臆断，做小则未及深入调研现状、挖掘历史而仓促成果，做专则易于以偏概全而影响权衡，做泛则难以下手而只能概念名词横飞。上述四类，均显示规划在大建设时期养成之概念主导、逻辑断裂等弊端，以及工科规划弱于调研方法和钻研精神之传统痼疾，面对城市建设进入深耕细作新常态的未来需求，痼疾不治，前景堪忧。

程式

毕业设计是学生全面巩固提高能力的重要环节，联合毕设为学生提供横向借鉴的平台，而由中国城市规划学会主办联合毕设，则在培养学生能力之外增加了实战导向的环节。实战，则需在国家发展阶段、规划科学能力和实用原则下，推动专业教育发展及学生未来从业导向。

因此，建议学会小结既往三届活动之经验，提出程式化的“联合毕设活动组织纲要”，明确宗旨、特色和导向意义，据此厘定各环节的规范性要求，为各校毕业设计发挥示范作用。唯此，才能将学会在规划教育上树立的“联合毕设”品牌擦得更亮。

石　楠

中国城市规划学会副理事长兼秘书长

六校的同学们围绕“传统界域 · 现代生活”的主题，在对西安城市历史的发掘、理解和把握上均很有心得。西安是座了不起的城市，这不只在于历史与物质空间的遗存，同时在于人民在方方面面表现出来的厚重感、历史感与文化感，同学们对此均有很好的继承，而且能够在方案中有很好的体现。

在设计思路上，同学们普遍较好地把握了现代生活的多元要素，及其与传统界域的关系，并尝试以城市更新发展中的机制问题为切入点，以“慢调、微整、细理、长养”的态度，考虑了渐进式的旧城改造路径。同学们针对每个地块所采取的规划策略一气呵成，提出的具体更新方法也很有创意，整体思路的连贯性很强。尤其值得肯定的是，同学们能够把“人”放在核心位置，以人的生活体验为出发点，而非仅拘泥于冰冷的物质空间环境。

从规划设计成果来看，同学们均比较完整的反映了设计初衷，在空间表达方面也较为恰当并具有深度和创新性。同学们的成果汇报思路逻辑清晰，全景式、富有激情的展现方式为设计成果亦增色不少。

同学们取得的成绩值得庆贺，但仍有部分问题值得进一步思考：多元的设计思路应贯穿始终，在后期设计师的主观意识及干预力度不应表现的过分强烈；关注人的同时，还应动态的应对规划地段居民的演替问题；对规划地段产业、就业等问题的考虑仍需深化，对居民生活圈的分析不应仅停留在概念化的讨论层面；在城市更新触媒的选择上要注意代表性、可行性，并合理推敲“大触媒”的辐射带动问题。

西安城市所在的区位，最早是由先周迁都沣镐，随着秦、汉、隋、唐也都在这块“壶中福地”建都，就此成为千年古都。

西安古称长安、京兆，是世界人类四大文明起源地的古都之一，它是中华文明发祥地和华夏民族的摇篮。

西安古城是中华文化及城市建设的杰出代表，是联合国最早确定的“世界历史城市”和世界旅游胜地，今后更应建成为中国的华夏历史文化基地。

我们必须认识到西安明代古城片区的规划建设必须担负并实现上述的崇高目标和任务。

明城墙沿线的城市空间包括城墙及其两侧。外侧的空间有环城绿带和护城河，不宜以一般的“园林绿化”方式建设，它们的空间工程形式应凸显城墙的雄伟观和城墙的型体特质，绿化种植配置方式要体现中国传统植物文化的意境，特别不能应用西方的绿植手法。城墙内侧空间以顺城巷内环及各个城门节点进行整体的结构规划和重点地段定位。各重点地段的规划性质应按明城片区的总体规划结构方案（功能、交通及空间艺术构架）的要求，作出定位、定性和定量分析。

作为本科专业的毕业设计教学任务，每一个同学要选定一个地段作出该地段的规划方案，并在此基础上进行该地段核心节点的实体空间方案设计，不应停留在理念、原则和方法的层面上，要落到实地。

祝同学们毕业设计成绩优良、身体健康、未来的事业成功。

汤道烈

西安建筑科技大学教授

“传统界域、现代生活”是城市更新的一个恒久的议题，在规划设计领域也具有广泛性。如何保护城市的物质文化遗存并使之适应现代生活，如何延承城市的文化传统并使之融入当代城市，是这一议题的两面，具有同等重要的意义。而作为设计对象的西安城墙内侧历史地段，其厚重的历史、特殊的空间及与现代生活之间的强烈反差，使得设计并不那么易于发挥，设计者必须谨慎面对并充分发挥想象。应该说这是个颇有难度也值得期待的毕业设计，将全面检验学生的价值观、知识面、设计思维和技巧。

最终摆在我们面前的六份设计作业精彩纷呈，作业的设计视角颇有不同，但都积极回应了设计议题，较好地展现了较为全面的知识结构和对复杂问题的把握能力，尤其影响深刻的是学生活跃的思维和对设计对象贯注的热情。本次毕业设计体现出以下特点：一是重视对古城历史格局、空间肌理的保护和沿承，并将片段化的历史文化、历史空间与现代城市生活串接，突出历史的厚重感，建立起整体的城市风貌印象；二是重视在城市更新过程中尽可能保留原有的社会结构和居住形态，很多方案都提出了保留原住民、注入活力基因的策略，体现了有机更新的思想；三是重视新旧融合，关注传统居住空间的沿承，关注人对居住生活空间和环境品质的体验，提出了基于渐进性更新改造的多种方式；四是重视城市更新机制在规划实施中的作用，提出明确政府、居民、社会组织、投资方的权责，并采用多方合作的方式实现更新目标。

文化传承与创新是伴随规划者终生的课题，或许具体到每一份作业都还留有些许遗憾，或许面对复杂的城市问题还表现出些许稚嫩，但我们更看到了学生在作业中展现的文化价值观和对城市的责任感。将毕业设计作为重要的人生经历，作为踏入职业或继续深造的起点，保持对文化的尊重、对生活的激情、对人的关怀，每位学生都会受益终生。

苏功洲

中国城市规划学会城市设计学术委员会副主任委员

上海市城市规划设计研究院总工程师

本次 6 校毕业设计选题精当，既具浓郁的地域特色，又直面当下城市发展遭遇的现实问题，同时给学生设计能力和综合素养的发挥留下了较大的空间。

6 校学生在老师的悉心指导下，团结协作，各展才思，较好地完成了任务。两次汇报给我留下深刻印象，从调查研究、方案构思、图文表达、成果汇报各个环节，都有可圈可点之处，学生们的综合素质值得称赞。

对题目的理解、对任务的把握、对场地的感知、对问题的梳理、对主题的提炼、对方案的构思、对策略的运用、对意图的表达，虽然不尽相同，各有侧重，但系统分析研究的方法、综合应对问题的能力都得到呈现，且第二次汇报比前一次有长足进步，说明学生的综合能力得到明显提升，这可能是老师指导有方、6 校相互学习借鉴有效。

尽管总体表现出色，但 6 校依旧秉承了自身的特色，相互学习过程中并没有失掉自我，这是难能可贵的，也是我所期望乐见的。正如城市需要彰显自身特色，教学也需要发扬自身特色。

除了城市设计相关知识和理论的学习、案例的研究与借鉴、设计技能的提高和经验的积累以外，设计语言的运用要贴近语境，设计态度要端正，才能更上层楼，这个态度表现在对城市的理解、对历史文化的尊敬、对当地生活的尊重。好的设计师善于向历史学习、向生活学习，于寻常朴实中发现美，这需要学生在以后不断修炼，借用《大学》所言的人生八条目：格物、致知而后，就是诚意、正心，然后才能修齐治平。

杨保军

中国城市规划学会常务理事

城市设计学术委员会副主任委员

中国城市规划设计研究院副院长

运迎霞
天津大学建筑学院

不知不觉中，“城市规划专业六校联合毕业设计”到今年已经是第三届了。回首这三年的联合毕设教学，学会的精心组织、承办单位的大力支持、各校师生的全情投入、业界专家的精彩指导，都给我留下了深刻的印象，而联合毕设的教学组织过程也越来越成熟、越来越精彩。相比以往，今年的题目设置更有难度，视角已经从局部城市片区提升到以城墙为线索关注整个旧城的保护与更新，这样的命题要求学生具有更为全面的城市解读、城市策划和城市设计的能力。令我欣慰的是，六个学校的同学们各自从不同的切入点提出了精彩纷呈的应对方案，天大的团队在这个教学过程中也到达了充分交流、提升自我、取长补短的目的，收获颇丰。

卜雪旸
天津大学建筑学院

从北京、南京到西安，每次不同的挑战，崭新的学生团队，却似一年一度的老友重逢聚会，六校联合毕业设计为规划专业兄弟院校提供了很好的教学交流平台，也为学生提供了难得的互相学习机会和自我展示的舞台。联合毕业设计的魅力来自于共同设计目标下不同团队各具特色的研究视角、规划策略和设计方法，既聚焦视野，有充分包容，鼓励各校坚持传统特色，鼓励学生大胆创新，在互动中互相学习。我想，学生在联合毕业设计中的收获不仅仅在于完成了本科学习期间的一项重要的设计实践活动，更重要的是在工作中体验到团队合作的重要性，培养合作精神和责任感，锻炼协作沟通的能力和技巧，同时，在各校的交流中开拓视野、博采众长，得到多位专家和明师的指点，这些宝贵的经验将对他们的成长产生重要的影响。

张　赫
天津大学建筑学院

从南京到西安，联合毕业设计再一次让我们了解、熟悉、感怀了一座充满历史的城市。其实，儿时就曾在西安的城墙根儿下留下过自己的足迹，只是不曾想到二三十年后，却会以这样一种身份和方式回到这里，审视这座城市和自己的变化。所以，今年的联合毕业设计更是让我多了几分乡愁，多了几分回忆，也多了几分对当代年轻人（我们的这些毕设同学）的感佩。谢谢他们对这里的感悟，谢谢他们对这里的大胆建言，更谢谢他们身上的使命感和责任感，相信有了他们，我们的城市明天会更美好。

当然，毕业设计也是对他们五年专业学习生涯最好的总结和注脚。特别是今年，在我们建议下，采取的混合分组形式，更让联合毕业设计这个交流的平台真正搭建起来，成为大家合作的平台、共享的舞台、成长的天台。在这样一种氛围下，我看到了六校同学的亲密无间、取长补短和各自风采，也非常羡慕他们的未来，还是那句话，相信这里的一切都会是他们今后人生路上最好的财富。

最后，也要感谢西建大的老师们，用这样一个题目给了我们一个感受西安，感悟设计的机会。感谢西建大、重大的师生们在三次集中交流环节为大家付出的辛苦劳动。相信明年的联合毕设一定会更加精彩！明年，重庆见！

李津莉
天津大学建筑学院

作为指导教师我参加了三届联合毕业设计，从最初的北京宋庄到南京老城南，再到西安城墙沿线地区，基地和题目在变，面临的问题和难点各不相同，但最有意思最有价值的是，通过联合毕业设计建立的这个平台，使参与其中的学生、教师、专家，用这样一个舞台来展示五年之所学所授，用这样一场交流来学习互动，用这样一次比拼来相互了解，用这样一种方式来考察规划未来方向，用这样近的距离来聆听规划大咖们最真切的感悟与期望。

共同经历这令人难忘、拼搏收获的最后一个学期，看着众多青春的面孔、活力的身影，将带着激情与梦想，更带着对规划专业的追求与理想，或走入学府深造，或走出国门学习，或奔赴职场奋斗。冥想规划的明天，期盼并祝福有才华、有智慧、有思想的你们经过历练，终将成为专业栋梁。

孙世界
东南大学建筑学院

城乡规划专业六校联合毕业设计已经举办了三年，主办城市在变、题目在变、老师在变、同学在变，但不变的是大家对规划的热情和追求。今年的六校毕设在调研阶段各校打乱分组，真正实现了“联合”设计，同学们相互配合、取长补短，在取得丰硕设计成果的同时，也获得了真挚的友情。本次毕设的题目“传统界域、现代生活”具有极大的内涵深度和包容性，与西安这座古城一起让同学们迷惘、苦恼、兴奋、沉思，于是多元的成果呈现在老师和评委门的眼前，联合毕设的优势发挥出来，来自天南海北的同学和老师、来自全国著名学术机构的专家评委齐聚一堂，思想的碰撞、语言的隽永、汇报的精彩乃至火锅的热辣，都成为同学们一生永远的记忆。期待来年山城的精彩！

王承慧
东南大学建筑学院

此次六校联合毕业设计从开始就显现出它将不同以往。西安建筑科技大学同仁在教学组织上试图淡化 PK 式竞赛意味，从变不可能到可能地首次组织了六校师生交叉分组调研和讨论，到在答辩演讲席设置学生座椅，是一次在教学过程中重树教学“主体间性”的努力，对话交流为第一宗旨。实际上，在东大团队规划过程中，对于主体及其关系的关注贯穿始终，表现在对于机制研究的重视，同学们从开始的模糊不解到逐渐领悟，对于各类设计主体、设计对象、设计目标、设计策略的思路逐渐打开，最后都说这是与以往任何一次均不同的规划设计体验，欣喜于满满的收获和新视野的开启，尽管还存遗憾。此次规划设计是开放式和启发式的，一次规划设计绝对无法穷尽所有可能。在转型发展的时代，在各种力量的共同努力下，需要持续找寻真正的智慧发展策略。对于规划学会和六校共同搭建的这个平台，合作精神和探索精神终将成为一种标志，伴随每一个人的成长。

殷　铭
东南大学建筑学院

选题很好！西安城墙沿线地段城市设计作为毕业设计选题有两重含义。第一重含义在专业层面，十分贴切当前国内新型城镇化的发展目标，存量规划时代历史文化名城的传统界域如何保护、现代生活如何更新？与前三十年的快速城镇化背景下的城市更新又有何区别等？ 西安老城的坐标性为同学们展开了一副复杂画卷。第二重含义在教学层面，这个题目的复杂性已经远远超越了学生五年来所学到的知识。毕业设计不仅仅需要系统运用五年来所学到的各类知识，还为学生打通了一条校园生活与社会工作的一个通道。通过毕设的预热，让学生充分认识到规划的复杂性、弹性、可操作性等系列因素。西安城墙沿线地段城市设计最恰当地满足了这个要求。当然最后呈现的结果也达到了教学的目的。

常海青
西安建筑科技大学
建筑学院

感谢城市规划学会给我们提供六校联合毕设这个平台，使得我们有机会审视西安城墙沿线地带“传统界域”的“现代生活”。俗语说“老小老小”，意思是人年纪大了反而习性像个小孩子，由于有着丰富的阅历和经验，所以老人比小孩子更任性更难相处。西安的明城区特别是城墙沿线区域就像一位耋耄的老人，今天也想追赶现代化的生活方式，怎奈病痛缠身，脾气又倔，动辄就被没有耐性的儿孙“赶出家门”，或者置于一隅“不予理睬”。怎样才能实现老人家的现代生活梦呢？当然是要从老人的角度出发，学会和老人对话，仔细了解他的过去，了解他的诉求，根据他的身体条件，选取他能接受和适应的方式，耐心加细心，循序加渐进。如果我们能像对待孩子一般的耐心对待老人，像善待老人一样善待我们的老城，老城自然能焕发自己的时代风采。因此，在当下，技术不是问题，重要的是价值观。期盼我们的年轻学子，以尊重历史、尊重土地、尊重人的态度面对职业的未来，更好的实现“Living with heritage”的愿景。感谢六校师生和学会专家对我们观点和成果的认同，期待下一届有更丰富的收获。

李小龙
西安建筑科技大学
建筑学院

2015，从西安到重庆，六校联合毕业设计顺利告终。作为一名青年教师，又一次有幸参与其中，并通过与各校同学精英们的讨论交流、教学相长，以及与兄弟院校各位名师的近距离学习，获益匪浅！本届毕设以“传统界域 · 现代生活”为主题，充分激发了我对于城市理想、城市文脉的思考：“规划是一个饱含情感的叙事过程，叙事背后总藏着一个理想，理想引领着生活，而非被生活制约；理想的未来可能恰是过去，过去亦即未来；偶尔偏离时我们竭力地道句，请尽早归来吧。”最后，作为本次活动承办方的一员，十分感谢中国城市规划学会的大力支持！感谢重庆大学的期末精心组织！感谢六校师生的热情参与和支持！毕设似首久唱不衰的老歌，似散场后的余音绕梁；所有喜悦和苦涩的经历，都已化作了最宝贵的回忆。衷心祝愿我们来年的毕设“老歌”唱得更加洪亮而精彩！

李欣鹏
西安建筑科技大学
建筑学院

对于一个刚刚进入工作岗位的青年教师来讲，非常荣幸能够参加六校联合毕业设计这场高水平、高质量的教学活动。同学们在这个平台所收获的，不仅仅是专业方面的知识，更多的是学习中的感悟、交流中的成长以及收获时的幸福。“路漫漫其修远兮，吾将上下而求索”，求知的道路是漫长而艰巨的，但同时又是充满快乐和喜悦的，通过这次六校间互动式的学习，无论是老师还是学生，都获得了一笔可贵的人生财富。西安这座古城，承载了太多的历史、太多的文化、太多的回忆。同学们怀着虔诚的心情，用脚步丈量这里逝去的岁月，用心灵体悟这里厚重的往事，这既是他们幸事，我想也是这座古城的幸事吧。祝愿明年，我们能付出同样的感情，发出同样的感慨，收获同样的感动。

张　松
同济大学建筑与城市规划学院

今年的毕设选题有相当的难度，对于同济四年制规划专业的同学而言，相信感觉会更困难一些。感谢西安建大周到细致的安排，通过老师和专家对西安古城历史文化的介绍，第一次具有创新性的六校混合编组实地调研和现状分析讨论，快速有效的加深了同学们对西安古城和设计基地的认识。针对古城保护和社区环境中存在的各种问题，同学们的观察还是比较敏锐的，在很短的时间内对社区人口和居民意愿等也做了一定的调查分析。在西安建大和重大的两次毕设交流更是风生水起令人难忘，各校的设计方案各有千秋，同学的现场汇报更是可圈可点，经过规划学会评审专家的精彩点评，相信同学们收获到一般毕设难以得到的诸多教益，并将影响到他们未来的职业生涯。说到我们自己的成果，前期调研分析、规划策略以及各节点的设计方案做的很不错，如果对总体城市设计方案有更好考虑和表达就完美了。当然，大家的齐心努力和各自的才华天赋都有不俗的展示，相信你们在不就的将来在城乡规划领域就会有更好的作为和更漂亮的成就出现。

田宝江
同济大学建筑与城市规划学院

六校联合毕业设计今年已经是第三届了，可谓是渐入佳境。我感触最深的有三点：一是各校之间竞争PK的味道少了，联合交流的味道更浓了。特别是初期阶段的混合分组，把不同学校的同学组成一组，这种做法是今年联合毕业设计的创新，也是一大亮点！使得同学们真正体会到了“联合毕设”的魅力，不仅收获了友谊，而且在专业知识方面也彼此交流，取长补短，可谓获益匪浅。我也希望这种体现联合优势的做法可以在今后的联合毕设中延续下去。

第二点感受就是通过联合毕设，各校同学在保持本校特有优势的基础上，在专业技术知识和表达能力等方面都获得了切实地提高。从区域分析到现状问题的挖掘，从案例分析到理论框架的搭建，从规划策略的提出到具体空间的落实，同学们较好地掌握了一套理性分析的方法。与此同时，还注重对产权、投资、住民安置、人的活动需求等社会、经济要素的关注。

最后，本次联合毕设得到了中国城市规划学会的大力支持，以学会秘书长石楠为首的国内顶级的规划专家担任联合毕设的评委，为同学们带来了多场精彩的点评和学术讲座，相信也会使同学们在专业知识、规划理念乃至做人方面都会得到诸多启发，对日后的专业学习和发展产生深远的影响。

赵万民
重庆大学建筑城规学院

本次联合设计所选的场地位于西安老明城，这里传统的空间肌理与现代生活相互交织、是一个要素多样、问题复杂、矛盾突出的城市场所，传统界域的问题纷繁而迫切，现代生活的追求也充满了挑战。

如何分析和认识城市历史空间保护行为下的文化支撑和经济发展，如何理解和协调老城内民族构成、收入水平和文化程度有着显著差异人群的利益诉求，并不仅是单纯的空间设计可以解决的。令人欣慰的是，同学们能够努力突破自己所熟知的专业领域，以人文主义的情怀，综合运用各种手段来开展工作。最终六个学校的设计小组从不同的视角观察和透析基地的问题与矛盾，结合各自特长对所选场地进行了富有创意的规划设计，提出了却充满想象力但又基于对现状问题扎实调查分析的西安老城更新发展路径。

从北京、南京再到西安，经过连续几届的六校联合毕业设计教学，我们欣慰地看到各校师生之间相互交流与启迪，极大地促进了各校毕业设计教学水平的共同提高，同时又保留了各个学校自身的传统教学特色，充分说明了联合毕业设计这一教学模式的成功。让我们期待明年在重庆的联合毕业设计教学活动更加精彩！

王　敏
重庆大学建筑城规学院

“传统界域—现代生活”这样一个题目，且聚焦于西安这座中国甚至世界最负盛名的历史古都，不论是内容的广度还是思考的深度都颇具挑战性。这也是去年底先期踏勘地形时，各校指导教师的普遍感受。

在这次难得的联合教学实践中，从一开始现场调研阶段的各校混合编组，就感受到了各兄弟院校师生不同风格和流派的交流与碰撞，大家在相互启发、相互学习的同时，也结下了深厚的友谊。这正是联合教学的价值之所在，希望在以后教学中能继续加强这方面的环节，将联合毕业设计教学开展得更好。三个月的时间转瞬而逝，同学们在这次毕业设计既付出了辛勤的汗水，也收获了本科阶段专业知识与技能的综合提高。特别是从单纯注重物质空间形态的视觉控制，转向对历史人文、社会民生、市井百态甚至宗教信仰的全面关注与统筹思考，这是一名成熟规划设计师应有的眼界。

从各校师生最终完成的设计成果来看，这一挑战性的题目对于西安老城来说无疑是合适的。在这样一个民族复兴的黄金时代，有机会与西安这座千年古都的更新规划相遇，对我个人来说无疑也是一种幸运。

王 正
重庆大学建筑城规学院

毕业设计是学生走向社会参与实践前的最后一课，也是对学生本科阶段综合能力的全面考查，而今年的这一课，无疑因“联合”而丰富精彩，让参与其中的师生受益良多。六校联合毕设活动通过将国内六所顶尖规划院校的老师和同学凝聚在一起，使校际间的交流扩大延伸至整个教学过程。从前期混合编组调研，到中期讲评，再到期末汇报交流，三次聚首，加深了各校师生间的了解与理解，大家承认差异而相互欣赏；学生们也有机会接受来自不同学校老师的指导和同学们之间的相互学习，特别是有机会得到业内知名专家学者的亲临指导与点评，极大的开阔了学生的眼界，激发了学生的专业兴趣。本次毕设题目“传统界域 · 现代生活”，因其独特的选题视角及文化意义，使得同学们有机会认识到城市发展的复杂性、矛盾性及其深层关系，更好地理解专业的使命与方法。最后感谢中国城市规划学会对本次活动的学术指导，感谢西安建筑科技大学的精心组织和细致工作，并感谢参加联合毕设的全体师生。期待我们明年在山城重庆的再次相会！

吴唯佳
清华大学建筑学院

西安沉淀着丰富的华夏文明历史。虽然我们今天看到的老城仅是明城墙的遗迹，但断壁残垣无处不诉说着这个城市 3000 多年来的悲壮故事。

对于即将步入专业的学生来说，需要知道，城市规划与设计远不止在局部摆弄形式。空间之外，还应该了解城市的历史脉络，认识城市的使用者，判断各种人群的不同需求，有的放矢提出解决问题的可行途径；在城市的空间形态与人们的功能和文化需求之间搭建桥梁，既保持城市的独特韵味与历史传统，又满足现代生活的各种需求，张扬城市空间的生命力。

在一个学期的学习过程中，从初期调研到框架研究，再深入到地段设计，看到学生们从一个陌生的城市环境开始，逐渐培养出对研究对象的感情，而后充满激情地投入设计，这中间的进步令人鼓舞，也让我们感到欣慰。其实，“传统界域、现代生活”这个主题，对于学生们来说正是他们跨越专业的传统界域，挖掘全新的生活意义的一个隐喻的反映。六校联合毕设给各校同学提供了相互学习与交流的平台，希望大家在未来工作学习中能够保持对于专业的激情，继续为创造美好的城市人居环境投入自己的智慧和创造力。

刘 宛
清华大学建筑学院

对很多人来说，西安这个名称散发着一种神秘的气息，在城墙头古朴的埙声里，怀想大唐盛世的浮光掠影，坐看今日的车马喧嚣，听李小龙老师讲述大隐神人，如入武林幻境。

在我的记忆里，城墙就是西安热气腾腾的生活里静静的背景，小南门的古籍书店，书院门的文房四宝，碑林的古树，都和古老的城墙融为一体。正月的灯会、城门边的市场、护城河畔的顽童，无论怎样的喧闹，西南角那圆形的一隅总是那么沉静地伫立着。大人小孩就在这城墙脚下忙忙碌碌地生活着，浑然不觉。这是老百姓居住的大街小巷。

无论南郊的学生还是西郊的娃娃，嘴馋了往大麦市街跑，买肉夹馍可得去竹笆市，写生须到莲湖公园，找零七八碎要逛城隍庙，放风筝非新城广场莫属，看病之后必绕到儿童公园过把瘾，去体育场或八路军办事处活动非进革命公园转一圈不可……一定的，如今有了大唐西市、芙蓉园，老城的魅力仍然不减当年。这是西安人心里独具魅力的老城生活。

有朋自远方来，几个固定的节目是躲不掉的，曲江流饮、雁塔晨钟，那是他们向往的西安——秦砖汉瓦里埋藏着盛世宏图，晨钟暮鼓里回荡出隋唐风流，俯仰之间数千年的历史在眼前流转。如今的西安城墙，再现了梁思成先生未能实现的北京城墙梦想，在城墙上骑行，感受奇异的时空变化，成了西安旅行的新必修课。这是观光客思慕的十三朝古都。

破败混杂、妙趣横生、古朴恢弘……在不同人的眼里，这个城市是千姿百态的，也许正因如此它才更具魅力。老城街头巷尾穿梭生活的居民，得空儿就聚拢来享受老城滋味的男女老幼，追古寻踪的背包客，都期待着看到自己心目中的西安城。

对于我们这一行人来说，联合毕设就是一次发现之旅，睁开好奇的眼睛，重新发现尘土瓦砾中掩埋的宝珠，观察缤纷的城市空间中无尽的乐趣，静静体会斜阳里城墙脚下的生活之美……再次回想我们的方案立意，不知不觉间生疏了的西安城又熟悉亲切起来，心里很温暖。

郭 璐
清华大学建筑学院

西安是我的家乡，因此这次毕业设计的教学经历对我来说具有特别的意义。风味古朴的西安似乎还是生我养我的那个地方，但近些年来超高速的城市扩张又为它披上了我不熟悉的面纱，可以说是最熟悉的陌生人。此次教学可以说是带领学生一起摸索的过程，是对西安“传统界域”与“现代生活”的发现之旅，发现隐藏在稀松平常的城市景观与生活场景背后的历史脉络、地域文化与日常生活，发现人的活动所带来的空间设计的生长点。作为建筑学背景的同学，城市设计的深度与水平或许参差不齐，但是希望他们在大学的最后一个设计中能够通过自己的一点点研究和实践感受到“以人为本”这四个司空见惯的汉字背后的意义，并获得以发现问题、分析问题、解决问题的科学方法来实现它的一些心得体会。

天津大学建筑学院

白文佳

从最初义无反顾地报名参加六校联合毕设到现在，一直是痛并快乐着的。在这一过程中的收获是我的大学生活中是不可或缺的，尤其是大团队协作和汇报经验都将使我在今后的工作中受益。虽然在两次汇报后专家评委都给予了我们充分的肯定，但其实我知道自己的成果跟最初的设想和老师的期盼还是有些差距，对草图推敲的忽视让我们盲目地追求成果深度而对一开始最重要地推敲环节花费过少时间，以至于后期时间有限只能硬着头皮完成成果。总结起来，六校毕设对我来说是大学里一次最重要的课程，不算完美但收获颇丰！还有混合分组带来的认识并熟识其他学校同学的机会。新交了知心的朋友，也见识了各校的学习方法和设计风格，这将是我终生难忘的回忆！

陈明玉

参加六校联合毕设最大的收获就是能与各个学校在一起交流和工作，让我在短短一个学期的时间里，不仅感受到了西安，重庆两个城市的魅力，还结交了来自六校的朋友。体会到了不同学校的教学风格和特色，也有幸得到来自其他学校老师的指导和培养，感谢悉心辅导我们这次毕业设计的老师们和耐心给予意见的专家评委，以及队友，让我深刻明白只靠专业能力不能成事，协调合作也至关重要。磨了性子，长了知识，练了口才，交了朋友……六校毕设带给我的收获可能远不止这些，参与过程中的点点滴滴都变成美好的回忆留在逝去的青春里，永远记得六校老师和同学的笑容，记得那年有点累却收获满满的 2015 年的夏天！

陈　恺

在三个月的时间里，围绕着“传统界域 现代生活”的规划主题，我对西安老城进行着不断的探索，不断产生新的疑问并尝试找出答案。在深入的设计研究和各校的交流互动中，我对更新发展规划有了更进一步的认识。感谢一起努力过、奋斗过的同学们，感谢所有指导过、帮助过我们的老师，因为你们，2015 年的夏天才会如此充实而精彩。

贾梦圆

三个月的时间匆匆而过，从阳春三月的西安来到热情如火的重庆，我们的毕业设计也接近尾声。五年的规划专业学习中，这是第一次与其他五所学校的老师和同学们如此密切的接触和沟通，第一次如此近距离的聆听行业专家们的点评指导，从中收获颇多。通过这次联合毕设，我进一步理解了城市更新的规划方法和策略，认识到城市中的人和文化对城市发展的重要性。此外，还通过毕业设计的教学和训练，进一步掌握了规划的思考方式、沟通方式以及合作方式，我相信这些对我今后的发展将会起到至关重要的作用。最后，感谢为这次六校联合毕设辛苦的各校老师们以及各位专家们，谢谢你们搭建如此优秀的平台，让我的大学生活画上一个完美的句号。

亢梦荻

六校联合毕业设计的开始恰逢高考前一百天，结束也结束在高考的同一天。参加六校联合毕业同参加高考一样，是人生的一次洗礼。这个平台不仅激励着我们潜心钻研，也给了我们走近西安，认识西安的机会。更难得的是，结识了来自五湖四海的规划同行。城市需要做加法，需要做乘法，更需要做减法做除法。规划需要独立思考，需要大胆创新，更需要分工协作。感谢主办方的支持和专家老师的指导，感谢小组老师胡萝卜加大棒，也感谢我们十一人的并肩同行，也感谢一百天里一起努力的大家。

李　悦

很庆幸自己能参与到六校联合毕业设计，它提供给我一个前所未有的学习交流平台，也是自己大学五年结束前的一场盛宴。前期的混合分组以及中期和终期的汇报中让我学习体会到各校学生的风采，清华的同学汇报得独创新意，重大的同学视角独特开放细腻，西建大的同学设计饱含东道主的情意等。规划专家们既理解我们作为学生的理想化，又能立足实际，注重规划理念，引导我们对规划更深层次认识和思考。联合毕设结束了，但我对规划的热情和思索还没有结束，这次平台留给我的收获将惠及我未来的规划之路。最后，衷心感谢主办方的支持和六校的联合毕设指导老师们的帮助，感谢西建大同学和重大同学的热情款待，感谢我的指导老师和一起奋斗的天大小组同学们。

张秋洋

历时三个多月的毕业设计历程已经结束，与刚刚汇报结束时的兴奋不同，如今回顾这三个多月的团队设计经历，更多的是一些反思，对于设计不能达到预期理想，以是为恨。遗憾之余，试总结这段时间中所学所得，以激励与警示自己，在城市规划之路上可以更进一步。

熟悉新的设计模式可以说是我最大的收获，脱离以往按任务书设计方案的模式，这次设计自开题起就保持了十分强的开放性与自由度。这就要使我们学会从单纯的设计者向策划者与设计者相结合的角色转变。不得不说，意义十分重大。

真正领悟团队合作的重要性同样是通过这几个月的经历，作为十一人设计团队中的一员，只有每个人都做出努力使自己服从于团队，才能让这个团队正常的运转下去。在初期汇报中混合组的模式就体现了这一点，在短短几天内由陌生转变为相互合作，需要的是每个人的共同努力，希望这种设计模式在未来可以继续延续。

寥寥数句，不足以表意。但还需再次感谢西安建筑科技大学的老师、同学在学习与生活上对我们的帮助；感谢各校老师以及专家评委的指导。愿六校联合毕设活动可以成为规划学生的历练场，在未来诞生出更多优秀、精彩的方案。

孙　全

在参加联合毕设的这三个月里，我曾经不止一次地后悔过。诚然，高强度的工作、较大的压力和激烈的争论曾经让我心力交瘁。然而，在六校走到尾声的现在，我却产生了强烈的不舍，竟然希望六校的时间可以再长一点。这次六校联合的毕设，不仅仅让我收获了知识和技能，最重要的，是让我体验了一次 11 个人为同一个目标所共同努力的感受。另外，我感觉第一次打散分组的设定真是神来之笔，感觉这次认识的同学会成为很久很久的朋友。其实要是可以的话，我感觉可以在第二和第三个阶段同样采用打散分组的方式。现在网络技术如此复杂，至少 2-3 个学校分成一组是可以实现的，这样做肯定可以少些火药味，毕设也会更加充实快乐。

孙启真

100 天的毕业设计，就这样完结了，汇报结束的那一刻，本以为会开心庆祝，结果只是隐隐失落，感觉一下子失去了生活的重心，迷茫不知该做什么。选择联合毕业设计的初衷，其实是为了逼迫自己给自己大学五年一个好的结尾做交代，那些讨论熬夜奋斗的日子，最终成就不负本心的收场，在此之外 竟然还获得了额外惊喜，混合小组的小伙伴们谈天说地交往分享，思想碰撞和心灵交流，开阔视野的同时也收获了别样的友谊。青春春就是用来拼的，谢谢老师们，同组神一样的小伙伴们，还有充实的一百天！毕设快乐！

汪　舒

登城墙始知长安变迁；临南山终览渝州秀美。方三月之期，聆四海之道；竟五载之业，会六校之友。犹记长安三月，春日载阳，师生遍访古城之忆而感慨万千；晚风解乏，同侪共探调研之果而废寝忘食。更忆渝州凉暑，高朋满座，万里重逢，惊艳绝伦。夏雨翩然细无声，高台四瞩雾都美。然则节序更替，怀思辄动，白驹过隙，惊觉匆匆！嗟乎！往昔今朝，唯愿以贞静之青春，携浓郁之兴趣，求无限之希望。终感良师益友，如沐春风。师者极高明而道中庸，正心明德；友则各翘楚而善互补，志同道合。夫行业将兴，必以青年之奋发，学术将盛，必待后学之努力。愿以此行，呼朋引伴，共进以律己，向上而报国。幸甚至哉！是以为记之。

王　祎

六校联合毕业设计不仅锻炼和提升了我的设计能力，更重要的是，它提供了一个各校同学互动交流的平台。通过初期调研混合分组的共同合作，我与小组内其他 8 位同学在三天不分昼夜地调研、讨论和绘图过程中缔结了深厚的友谊；在中期汇报六校的思想碰撞后，我们相互学习，取长补短，不断完善设计方案；终期汇报时，各个学校都以自己独特的展示风格向在场的专家评审交上了一份完美的答卷，也让我接触到更加多元化的思维模式和表达手段。在毕设结束之际，我由衷地感谢三个月中悉心指导我们的三位老师，也感谢在西楼 316 一同奋斗过的 10 位同学们。

东南大学建筑学院

黄玮琳

初时报名六校联合毕设，就是想着能见见世面，看看其他学校是怎么样的，并没有想到，短短 3 个月的过程，体验到了那么多。初次现场调研与前两次不同的混合工作小组让我们与其他 5 校的小伙伴们熟悉了起来，中期答辩时候的沮丧，终期答辩前与小伙伴们一起熬夜奋战的友谊以及终期答辩时满满的激动与感慨。

六校联合毕设，我学到了很多，也感悟到了很多，虽然抱怨过、沮丧过，但是结束后留在心中的是满满的感动，感谢西安以及重庆小伙伴对我们的热情招待，在六校联合毕设结束之后，我只想说这是一次很棒的体验。

吉倩妘

大五的最后一个学期交织出现在南京、西安、重庆这三座城市。从寒风瑟瑟的三月到艳阳高照的六月，奔波、忙碌却也不乏充实、欣慰。

初来西安，也是第一次仔细地品味这座城市，是源于六校联合毕业设计，在这里认识了很多很优秀的同学、老师，我们一起探讨学术，也一起品尝美食，在酒杯的碰撞中擦出思想的火花，是这样一个毕业设计，让来自五湖四海的我们走到了一起。

在学校里，和五个同学搭档，三位老师，一次次开会讨论，碰到了很多难题，但是我们一个个克服，接触了自己本科五年都没有接触过的知识领域，在老师的带领下去研究机制，从最初第一次听说“机制”，到最后成果的完成，虽然还不够深入，但是我们已经都竭尽全力去在未知领域里面探索。虽然我们只有六个人，但是我们对自己这次毕设的要求远远不止六人的量，在这个六人组合里，我感受到了对学术执着地追求，我们都在尽自己最大的能力，相互合作，也各自发挥特长。

刘　洋

毕业设计的最后一个月里，做了 10 个微设计，熬了两个多星期的夜，回头想想真是一种酣畅淋漓的感觉！大学里每一次做设计和画图的时候，我都希望自己可以挑战一些新的题目，学会一些新的东西，并且做出一些具有独创性的设计，很开心的是，这一次我都做到了，这使我本科为止最满意的作品。感谢所有一路扶持的人，最要谢谢的还是自己的决心，信心和毅力。如果没有在美国的一年经历，获得了那么多肯定，也不会有今天这个对设计有自信，有热情，有理想的我。除了感恩，还是感恩！马上要去美国读景观硕士了，未来可能很少再接触城市规划和城市设计，所以很珍惜本科在城市规划专业学到的一切，希望以后还能回忆起这段满怀激情做城市设计的毕设时光。

梅佳欢

从事规划行业，很重要的是要有丰富的阅历、正确的价值观以及良好的团队合作能力，在面临复杂的社会问题时能够从容应对，而六校联合毕业设计给了我们一个非常好的平台和机会。很幸运能在本科五年结束之际参加六校联合毕设，去接受规划界的前辈、专家的建议与指导，在这一过程中我们不仅收获了更加专业的知识，更锻炼了自己临场发挥的能力。弥足珍贵的是今年的混合编组调研，让我们结识了更多真挚的朋友。三个月很短，但六个小伙伴一起奋斗、共同担当，圆满完成调研、设计、汇报的过程将是我们一生的财富。

宁昱西

再回想起这三个多月的毕业设计，感受颇多。在不断的反复中，有过失落，有过成功，有过沮丧，有过喜悦，但这已不重要了，重要的是我们一路走来，历练了自己的心志，考验了我们的能力，也证明了自己，发现了自己的不足。

接手这套设计后，反复思量与研究。涉及的问题很多，难度很大，我们的经验也十分不足。但是选择了就要勇敢果断地走下去，力求做到最好。这是我做人要求，也是我对这套方案设计的要求。

最后的成果让人喜悦，但其中付出的艰辛只有我们自己能够体会。从中期的不足到终期的肯定的背后是我们无数次的研究、讨论、修改。感谢我们这个团队，一路一起走过。也要感谢自己，一路走来，不断的否定，否定之中求肯定。其间很多的思绪缠绕着我，犹如被困的蝉蛾一样，想突破自己，突破常规，必须经历时间的考验，最后拾起散落满地的思想碎片，在不断的挣扎与蜕变中完成方案。

万　里

本次联合毕设最大的改变就是前期调研，将每个学校的同学重新组合，从“联合调研”开始推进联合毕设，为大家提供了更宽广的交流平台。正如本次设计“传统界域 • 现代生活”所述，西安老城的更新发展面临传统界域——城墙的限制，以及与历史遗存保护之间的矛盾，我所设计的西南角地块是一个被现代改造重新置换过的地段，保护或者复制都不切实际，因此考虑以现代要素重现历史活力，以西安现存唯一的圆角城墙为触媒点向外生长激活老城。三个多月的毕设时间思考传统界域与现代生活的关系还是太过仓促，正如我们汇报结尾说的那样：这只是个开始，还有无穷的可能。希望毕设带给我的思考和收获能让我更好地投入到即将开始的工作生涯！

西安建筑科技大学建筑学院

刘碧含

西安，一座让人又爱又恨的城市。在西安生活了十几年，远不如这三个月对西安了解得深入。面对历史气息如此厚重的城市，我们调研分析与思考的过程是艰难的，庆幸我们有如此优秀的指导教师，常海青老师、李小龙老师、李欣鹏老师，感谢组内的小伙伴，让我们在毕设过程中痛病并快乐着，感谢我们的专家评委老师一次次给予我们宝贵的建议。很庆幸自己参加了六校联合毕设，认识了优秀的老师和小伙伴，交了新的朋友，历练了自己，让我更加明白，在团队合作的过程中，与小伙伴们相互理解有多么重要，希望在以后的规划路上我们都可以走得更远，飞得更高。西安，这位坚强的老者已经守护了这片土地上千年，而今后，作为城市规划师的我们，将来守护这位历经磨难的老者！

张　程

守住一座城，留住一群人。新的生长必定依附于原有的，具体的，特殊的结构属性，由某种潜在的构成法则所引导。城市发展是渐近的，是难以预测的，却是连贯的，是可引导的，更是富于感情的。而我们本身就是这个复杂整体化系统的一部分，在形成他并且被他形成的过程中探寻着存在的意义。物欲时常蒙蔽双眼，让这种形成逐渐变得细碎，模糊，杂糅。幸好能够加入这么一群人：他们脑海中仍有旧梦，心上还有坚守，手里尚存分寸。早年便与规划结缘，与城市相伴。不去生产空间，只是坚持成为人类文明的搬运工，城市精神的缔造者和社会公平的捍卫者。用心去爱上城市，也为了成为那座城市里，老街上，小店旁，吵嚷却又满足的平凡角色。

刘　辰

这段时间或辛酸，或痛苦，或欢笑，或难过都是我们对于这大学五年生活最美好的纪念。对于西安这样一个我生活了五年的城市，既熟悉又陌生，她厚重又轻佻，都有一股特殊的气息流淌在每一个生活在西安的人的身体中。通过这一次的毕业设计，我更加深入的认识到西安老城里人。这些人是坚韧的，是乐观的，同时也是守旧的，固执的。从他们身上学到的东西值得我去细细品味。最后，我想特别感谢一下辛苦指导我们的三位老师，这三个月愉快的相处让我学到了很多，也了解了很多。从你们的身上我们才真正感受到什么叫做对这座城市深沉的热爱。感谢这次联合毕业设计，你为我的大学生活画上了圆满的句号，然而规划之路才刚刚启程！

崔哲伦

如果说五年大学是我们情感和理想的孕育期，那么毕业设计就是果实收获期；不管绚丽还是平凡，也不管饱满还是干瘪，我都将无怨无悔。毕业设计宛如展示自己的一个平台，倾听各方意见和建议，做出好的作品，也展现自己的才智，这是努力创作的一种精神。设计是自己的选择之路，没有答案就应该勇敢地去寻找，说出自己想要的，在设计中体现对于事物的看法，对于情感的理解。因为自己总是不愿满足，在简单的生活里找到满足，在复杂的世界里发现生活，找到自己对人对事明确的路，我觉得这就是设计——把对事的看法用点、线、面去表达。就让感谢的话转换成一种动力，让自己在以后的路上能走得更精彩吧。

张　晓

非常荣幸有机会参加六校联合毕业设计，能够与各位专家和六校老师直接交流。首先衷心感谢诸位专家评审以及各位老师的宝贵建议。其次，要特别感谢常海青、李小龙、李欣鹏三位老师指导教师的悉心指导。最后，本次联合毕设初期混合编组，让我结交了很多来自不同地区的同学和老师，对以后的规划学习大有裨益。另外，在本次规划设计之中，还有赖于毕业设计小组积极上进和互帮互助的团队精神，虽然方案的进程是辛苦的，但过程却充满乐趣和回忆，每当回想起我们深夜画图和探讨方案的场景时，还能感受到体内流淌的热情。很感谢在大学的最后与六校的同学和老师共度这样一段美好时光，给大学生活画上一个圆满的句号。谢谢大家！

蓝素雯

作为本科最后一个设计，在这日日夜夜的100多天时间里，感谢三个老师孜孜不倦的教诲，我学会了很多。我明白了作为一个规划人，它在规划设计中更准确的角色；了解了面对一个老城，应该怎样更加有感情的面对；知道面对一个繁杂的对象，要如何更深入的剖析。经过这次毕设，我明白了很多从前不曾接触，不曾面对的东西。很多时候，规划人更应该站在一个人的角度，去了解，去感受，去分析；除了从自上而下的角度，更应该考虑从自下而上。我还要感谢与我并肩合作的10个小伙伴以及9个来自不同学校的小伙伴。感谢你们，在这个设计中，我获得了很多，学到了很多，了解了很多，我相信我的未来可以走得更好。

曹　通

随着毕业设计论文的结束，大学四年也随之接近尾声。过去的日子历历在目，要感谢的太多太多，一切都弥足珍贵。

这三个月有苦有乐，有甜有笑，一切都已过去，留下心底的还剩下什么。当初在乎的成绩似乎已经没那么重要，当初那些想逃离的日日夜夜却是现在最怀念的东西。这次毕业设计能够圆满结束，要感谢三位老师的悉心指导，我才得以在短时间内领会规划专业的基本思考方式，掌握了通用的研究方法。十位朝夕相处的同学，我们相互督促学习鼓励走完这段旅程，我们风雨同舟，共尝甘苦。同时，我也无意中结交了六校的老师和同学，我们拥有过这样一个宝贵的平台，让我们有一次毫无保留的学术交流机会。感谢所有帮助过我的老师同学，为我传道授业解惑，能够顺利完成这次毕设，离不开每一个人的付出。

大学是一场没有归程的旅行，即使多么留恋，四年的旅程已经走过。从此，我们告别了一段纯真的青春，一段年少轻狂的岁月，一个充满幻想的时代。一路坎坷，一路欢笑，一路成长，带着我们走向更加成熟的明天！

石思炜

这次六校联合毕业设计，为我们提供了一个与全国城市规划专业优秀学校交流的平台，让我受益匪浅，尤其是在此过程中检验了大学五年所学习的知识，并且让我不断反思的对城市的理解，如何崇敬城市，尊重城市的历史。在此我，我先感谢诸位专家的耐心评审和不同学校老师对于课题的不同见解，其次，特别感谢常海青，李小龙，李欣鹏三位老师的谆谆教诲，使我在问题研究方法和设计态度上有了新的转变。能与建大团队其他成员团队合作，能为了我们在这生活五年甚至不止五年的土地畅想她的未来等等，因为这些，这个2015年的初夏才能留下如此美好的回忆。

雷佳颖

本次毕业设计我们是在常海青、李小龙、李欣鹏三位老师的指导下完成的，十分感谢老师们在这三个多月中对于我们的耐心指导，从毕设最初的调研认知、中期的问题挖掘及分析、到最终的方案设计都给予我们悉心的指导和帮助，令我受益终身。其次，感谢我们本次毕设小组的全体组员们，通过大家的辛苦努力，我们成功地完成了这次的六校联合毕设。在整个过程中，大家共同讨论、相互鼓励，从最初对于题目的迷茫到最后在老师的指导下一同努力完成。同时，通过这次的毕设也是我对于西安老城有了更深的认识，也对于西安有了更加浓厚的情感，对于旧城更新改造规划也有了一些新的思考。

邢　晗

一次毕设，三位老师，一个学期，十位同学，短短十六个字，却即将成为我人生中最珍贵的记忆！作为一个建筑学的大四学生，一个偶然的阴差阳错，我有幸进入了六校联合毕业设计。在过程中，我们遇到了很多问题，但是经过老师悉心的关照耐心的解答和同学们之间的包容和忍耐，最终都得以化解。过程中重要的是一路走来，历练了我的心志，考验了我的能力，也证明了自己，也发现了自己的不足。经过100天的共同努力，我们增进了团队协作的意识，培养了师生间、同学间真挚的感情。最后，我要感谢所有在毕业设计过程中给我以支持和帮助的老师、同学和朋友们。

孙博楠

本次联合毕业设计，不仅锻炼了我的专业技巧，还让我得到了一个非常棒的平台，可以和这么多六校专家学者，老师同学交流学习。其中在第一次的混合分组联合调研中，我们通过讨论调研走访，获得了很多关于西安改造、城市认知的优秀想法。在随后的两个月时间里，我们十一人的西建大团队各展所长，共同学习进步。我们有欢笑有争执，有理解有埋怨。最终由于我们对设计理念的坚持不懈和老师对我们的鼓励帮助，最终做出了一条满意的毕业设计。再次感谢在本次设计中所有对我们有过帮助、有过支持的专家老师同学们！谢谢你们！

同济大学建筑与城市规划学院

叶凌翎

很庆幸自己的毕业设计能够在六校联合毕业设计这样的舞台上完成。带着自己学校独具一格的工作方式，和其他学校的同学老师们交流、合作、互相学习，是非常难得的一次机会。第一次集结中与六校的同学们共同完成基地调研的任务，我学会了如何协调不同工作模式也收获了浓浓的友情。第二、第三次集结中聆听其他学校的成果汇报，将我从惯有的思维体系中解脱出来，各校同学们看待问题的方式、解决问题的思路和投入的热情都让我感到受益匪浅。

最后，感谢此次的主办学校——西安建筑科技大学和重庆大学老师及同学们的热情款待，感谢我们的两位带队老师——田宝江老师和张松老师的悉心指导，感谢同济联合设计团队的队友们在合作过程中的理解和互助！

祝愿六校联合毕业设计在之后的每一届都圆满成功！

余美瑛

对西安老城的规划设计是一个特别而艰辛的过程，在这个过程中能吸收到一些研究的基本方法，逻辑思路的架构方法和应有的学术态度是我最大的收获。

感谢中国城市规划学会的各位评委对此次规划设计的关注，在我们的方案汇报中提出了宝贵的意见。也感谢西安建筑科技大学和重庆大学的老师和同学，在调研和汇报过程中给予大量的支持。

感谢两位指导老师一学期以来的辛勤指导，在选题、立意，到深入问题的方法和思路，都给我非常有价值的指引；严谨求实又不忘创新的学术态度，也让我获益匪浅。

感谢一起学习工作的同学，在共同奋斗、彼此鼓励的过程中给了我美好的回忆；也非常庆幸在过程中认识了许多优秀而有趣的小伙伴，与你们的友谊我将永远珍存。

蔡　言

联合毕设，是学会为我们这个毕业生群落中植入的多功能复合的公共空间。这个空间沟通了多个人群，包括各校的老师，同学以及学会的老师们。

这个公共空间丰富了本科学习单一的空间序列，为我们提供了出游，体验上海以外城市的机会。

这个公共空间的功能更是多元复合的。这是一个学术交流的空间，让我们在大学还没毕业就能够得到来自这么多学术前辈们的指导与点评，让我们得到来自六校老师的指导，让我们能够得到来自各个学校的思考与灵感，尤其是各校认识问题分析问题独特的视角与方法，是我回去一定会认真学习的；这也是一个促进人与人之间互动、加强网络关系的公共空间，从没有一个机会，我能一下子认识到来自全国最好的几个学校的朋友，这个公共空间的植入让我的朋友圈更加热闹。

这个公共空间更兼具了地方美食，西安古城观光旅游，等丰富的功能，在这里，也要感谢西建大重大同学的周到的安排与招待。

作为学会这个公共空间规划的使用者，我感到非常幸运，也希望这个空间能够永远充满活力，让更多的同学从中获益。

屈　信

能够参加六校联合毕业设计，我感到非常的幸运。而作为我本科四年学习的最后一章，我也在这个过程中收获颇丰。

首先，六校师生混合小组的形式我非常喜欢，这不仅让我认识了很多来自其他学校的朋友，也在小组的交流和争论中开阔了眼界，学习到了不一样的研究思路和不同的观点。这是一段非常珍贵的经历。

其次，来自规划学会和各校老师对我设计成果的点评也让我认识到了城市规划作为一门科学，在学习和研究的过程中科学性、逻辑性和思维严谨的重要性。我将这作为我继续深入学习和研究的基本守则。

此外，汇报演讲也是对设计成果的一个检验和归纳的过程。在这个过程中，我感受到了来自伙伴的鼓舞和压力，让我深刻体会到了成果汇报对于学习和研究的重要性。

最后，感谢在整个毕业设计中给予我帮助的各位老师、同学们，是你们让我有了上述的珍贵经历。

蔺芯如

有幸参加这次六校联合毕设，完成毕业设计的同时，认识了许多其余五校优秀的同学。交流中最大的感受是六校风格迥异，互有长短，都有值得学习的优点和亮点。如不参与此次毕设，我可能还是完全“同济模式”的思考方式，虽有其长但仍显其短，如今发现了自身局限，拓展了思维方式。希望今后还能体验更多这样助益良多的校际交流。

感谢田宝江老师、张松老师二位指导老师的谆谆教诲，感谢西安建筑科技大学和重庆大学的热情招待，感谢学会的各位专家“大佬”们的犀利点评。因为有你们，才让这次毕设显得那么与众不同、意义重大。相信在未来的日子里，这段经历也将一直伴随我在规划的路上走得更远。

曹砚宸

非常荣幸毕业设计能够参与到六校联合设计这个课题中，为我大学生涯的尾声添上了多彩的一笔。记得首次集结于西安，认识这座城，感悟万千；混合分组工作的方式一开始让我手足无措，却很快和大家融入一起，调研熬夜、亲昵吃喝。联合设计的可贵之处就在于与其他学校同学的交流，拓宽思路，取长补短。

其次，在整个学期的设计过程中，非常感谢老师的悉心指导，以及团队中其他同学的相互陪伴、齐心协力。虽然过程中有各种辛酸，但是不断努力进步，最后还是交出了一份满意的答卷。

茅天轶

过去的一个学期对我来说是一个特殊的学期，第一次参加联合设计，第一次和别的学校的同学在一个小组合作。这中间有陌生，有辛苦，有误解，但更多的是成长！两次的西安之行，最终的重庆话别，虽然每一次的相聚都是带着任务，带着压力，但每一次的交流，都能带给我许多惊喜，充实我的精神世界。每个学校都有自己鲜明的特色，在感受它们的个性的同时，也提醒我要取长补短。

六校联合毕业设计把我们几个学校的师生联系了起来，尤其是我们这些参与其中的同学，联合毕设的结束，意味着我们即将毕业，无论我们下一站会去向何方，我相信，过去的这一学期在我们每个人心中都是一段有意义的经历。

谢　超

第一次有幸能与如此之多优秀的同学、老师互相交流学习，获益匪浅。这是大学本科最后阶段的一次再系统学习的过程，期间经历了喜悦、聒噪、痛苦和彷徨。如今，伴随着设计最终完成，成果丰硕，复杂的心情烟消云散，成就感油然而生。感谢西安建筑科技大学和重庆大学的各位老师、同学们的细心准备、精心安排，不然不会有这么成功的六校联合毕业设计。感谢指导、评委老师们倾注的大量心血，一遍遍地指出每一个具体的问题，严格把关，循循善诱。最后还要感谢同组共同奋斗过的所有小伙伴，同校的不同校的，是在你们的共同陪伴、共同努力下齐心协力，才有的精彩成果。至此，“西安”、“重庆”这两个城词，深深地刻进了我的心里。

重庆大学建筑城规学院

李立峰

我很荣幸能够参加六校联合毕业设计，在这忙碌而又充实的三个月里，我收获颇丰。特别是在混合编组调研阶段，我在混合组平台上，结实许多朋友，同时也和其他学校的老师进行了深入交流，这是真正达到了联合设计的目的。三个月的毕业设计使我的规划思维得到了很大提升，对城市问题和城市发展有了新的思考。六校联合设计是对本科学习的总结，也是下一阶段的开始，祝愿老师同学们越走越好，越飞越高。

唐睿琦

通过六校联合毕设的交流学习，收获了许多专业知识的同时也深刻了解到作为一名城市规划师职责所在。在联合教学的部分获得了可贵的与其他学校学习交流的机会。“用更开阔的视野去看待问题，用更广阔的思维去解决问题”是在联合答辩中最大的感触。也非常感谢规划界的前辈们中肯而犀利的点评，让我们能够及时纠正自己的不足之处，路漫漫其修也远兮，吾将上下而求索。

顾力溧

三个月的时光匆匆闪过，也许是六校的忙碌，或许是小组成员的交心与包容，让我忘却这即将离别的伤痛。六校高手齐聚于底蕴深厚的西安切磋技艺，让我在拼搏中奋力成长，混合编组是六校的第一次，让我们除了专业上的收获，也收获了来之不易的友谊并将珍惜。鹰击长空，我们必将扑腾着翅膀，待其羽翼丰满，祝安好！

谭　琛

能参与到六校联合这样一个高水平的设计活动中去，与不同学校的学生老师互动交流，思维碰撞，感到很幸运。谢谢老师，谢谢一起奋斗的小伙伴们。作为毕设环节，是对五年以来学习的知识的一个综合运用，通过回顾交流进一步提升了自己，也明确了自己需要加强的方向。通过对西安历史城区的设计，我懂得了我们应以谦卑的姿态来观察城市、理解城市，向城市的历史、城市的传统、城市的文化学习。3 个月与老师和小伙伴们欢笑努力我将珍藏在心，也祝愿六校联合有更多的精彩。

肖卓尔

学生生涯的最后一个设计很荣幸可以参加到这样一个六校联合设计，能与这么多优秀的老师和同学相聚到西安这样一个历史文化底蕴深厚的城市。在将近三个月的设计过程中，认识了许多优秀的同学，学到了许多城市设计的方法。也通过这次设计，对大学五年的所学的知识进行了总结和回顾。在面对明城区旧城更新时，我深刻地认识到旧城更新的复杂性，在以后的工作生活中，还需加强经济、文化、社会等诸多方面的知识学习与储备。这是一个结束也是一个开始，很感谢六校联合毕业设计。

岳俞余

转眼三个月的联合毕业设计就结束了，其间有争辩有讨论也有欢笑，要感谢一路跌跌撞撞、相扶相持的同学们，三个月的时光让我们结下了深厚的友谊。从愉快的前期调研到忐忑的中期答辩，到最后缤彩纷呈的终期成果，让我收获颇丰。特别是前期的混合编组，让我感受到其他学校的老师和同学不同的思维，是一次很好的交流。也预祝六校联合毕设更加成功，同学们有更好的交流机会。

余　珍

非常幸运能够参加此次的六校联合毕业设计，作为本科的最后一次设计，不仅仅是五年来所学知识融会贯通的成果，更是一次让六校学生互相学习的机会。从最初的开题到调研再到设计，与老师讨论，学生交流，修改方案，每一个过程都是对自己能力的一次检验和充实。此外，最重要的是调研阶段六校打乱重组的新形式，真正打破了各校间的交流盲区，让我们学生认识了一群新的朋友、新的老师，不管以后是学习或者工作，这都是一份珍贵的回忆！

易雷紫薇

六校联合毕业设计，首先要感谢学院给了我们这样好的学习交流机会和平台，其次要感谢老师的悉心指导和同学们的倾心奉献。虽然毕业设计做得很辛苦，但是与同学之间结下了深厚的友谊，与六校师生之间的交流也开阔了眼界，让我认识到自己以后要成为一名规划师还有很长的路要走。而专业知识之外，更要树立自己的设计观和人文情怀，认识到世界的变化，从而创建属于我们时代的理想城市。

张琳娜

毕业设计的结束为我的五年本科生涯画上句点，不知道这个句点是否圆满，但三个月关于友情的满满回忆，大概会一生怀念。再也不会有这样刚刚好的十个人，他们一起拼过也一起疯过，共同拥有一段痛且充实的时光。谢谢毕设，谢谢友情，谢谢成长，不管在哪儿，希望我们都能不忘初心，勇敢前行！珍重！

曹永茂

通过这次毕业设计，首先通过从大尺度到节点一套完整的城市规划与设计流程，是对大学五年所学的完整回顾。而这次毕业设计学到最多的就是怎样完成多人合作的设计，在此过程中，每个人充当怎样的角色，彼此间如何配合才能高效完成设计内容，这些问题都是以前未曾思考过的，这次有了一个很好的机会进行合作，也让自己充分认识到了自己的优势和弱点。再有就是学会了如何通过汇报来完整呈现自己的方案亮点。最后要感谢指导老师和同学三个月以来的悉心授教和共同努力，因为有你们我成长了很多。

清华大学建筑学院

宗　畅

这次六校联合的毕设收获良多，感谢吴唯佳老师、刘宛老师和郭璐老师的指导和帮助，让我顺利完成了毕业设计以及论文的撰写，并从中收获了城市设计的相关理论知识和实践方法。从六校以身作则的教师们和才华横溢的同学们身上，我也收获了不一样的经历和感受。这次联合设计的混合调研阶段，让我认识了来自六个不同学校的朋友，让我打开了眼界，不再局限于清华自己的小圈子。从他们身上我看到了勤奋、认真的学习态度，和规范、系统的规划思维方式。进过半年的交流，我们也都成为很好的朋友。总的来说，我不仅收获了知识上的增长和技能上的提高，而且在各个方面都有了成长与进步。

张　伟

五年的建筑学学习以一个规划毕业设计结尾，注定了这一个学期的毕设是令人终生难忘的。或许最开心的事不是展示的顺利结束，而是六校的朋友们凑在一起有说有笑；或许最难忘的风景不是大雁塔前的喷泉表演，而是环城公园里爷爷奶奶们的太极拳晨练；或许最累的时光不是日行二十公里调研的日子，而是独自面对屏幕拼图的晚上；或许最想感谢的人不是耐心热情的老师，而是每天一个电话问平安的父母。学术水平的上升，合作能力的加强，心理素质的提高，这些都是毕业设计给我带来的丰富收获。回想这一学期的毕业设计，几乎每一天都历历在目，可谓精彩纷呈，令人难忘的事情不计其数。感谢母校和老师对我的培养，愿之后的六校联合毕设越办越好。

易斯坦

通过这次联合毕设我认识了很多其他学校的同学，结识了新的小伙伴，跑到了新的地方同时也学到了很多东西。感觉非常开心，是人生中一段难得的体验。同时感谢同组的老师和小伙伴们，从你们身上我也学到了很多东西。我将会一直记住这次联合毕设。

向　上

经过这次3个月的六校毕业联合设计，我收获良多。两次深入的调研，我几乎走遍了西安老城里的每一个角落。走过古城里纵横交错的老街小巷，品读老树、牌坊等蕴藏的古韵，捕捉居民日常朴实生动的生活瞬间，我深深地被这座城市吸引，也对设计越来越充满热情。从最初我们小组面对毕设题目的茫然无措，到后来逐渐清晰的思路和明确的设计方向，这是一个充满挑战的过程，是一个小组讨论、交流和灵感不断碰撞的过程，从中我不仅在设计能力上有所提高，更学习到很多团队合作的技巧。很庆幸自己参加了这次联合毕设，在前期混合调研、中期和最终两次汇报交流的过程中，我和其他学校的小伙伴们建立了很深厚的友谊。一生只此一次的毕设虽然结束了，它却是我终生难忘的一次宝贵经历。

李遇安

这次六校联合毕业设计使我收获很大。首先在分组调研阶段，认识了六校的小伙伴们。能够接触和理解他们的规划思维对我来讲是一件非常有意思的事情，这是对于一个城市一个区域的不同角度的理解。其次，能做这样一个题目，我也觉得很有意思。这个题目的难度是很大的，也曾让我们焦头烂额过。我在其中负责的是居民日常生活网络这一部分，奇妙的是，做下来之后，仿佛自己真的亲自走过了西安的大街小巷。调研的经历也使我非常难忘。最后就是毕设的经历了。人生只有一次毕设。意识到这件事的时候我论文都已经写完了。然而回忆起这件事情的时候，这次设计的方案的轮廓会渐渐淡化，但是遇到问题、解决问题然后共同出图的经历和感触会更加长久吧。

黄若成

现在的毕设都流行搞个大新闻，这次的六校联合设计也属于这一类。但我不得不说，这个大新闻搞得好！六个学校可谓天南地北，近百名师生汇聚一堂，这意义就要比方案本身来的大了。学生之间没有代沟，大家聚在一起，欢声笑语一片，这其中汲取的知识可比闷头做设计要高得多。两次去西安，一次来重庆，大家都建立起深厚的友谊，可谓设计之外的一段佳话。和人同样有趣的还有城市本身，西安千年古都，文化底蕴实在不是北京可比的；重庆作为山城，巧妙的建筑与规划同样令人咂舌。要不是设计的缘故，我真愿意长住于这两个地方，真心的。毕设之后就是毕业，在重庆告别时大家都有些不舍。但就是这种略带遗憾的设计才是最美好的回忆。

郑千里

首先要感谢这次联合毕设的主办方，感谢为汇报交流提供了场地支持的西建大和重大，无论是在西安还是在重庆，都让我们感受到了来自家的温暖。此外，还要感谢其他来自六校的师生们，特别是指导我毕设的三位老师：吴唯佳老师、刘宛老师和郭璐老师，以及一起工作的同学们，正是大家的团结协作和共同努力，才得到了最终的精彩成果。这次的联合毕设提供了一个很好的平台和交流机会，它让我认识了来自不同学校的同学，结识了很多新的朋友，共同经历和留下了一段珍贵而美好的回忆，在这个过程中我的学习和收获也颇多。时间虽短，友谊长存，希望我们共同努力，在以后的学习和工作中能够不断地取得更好的成绩，在城市规划的道路上走的更加精彩。

孙英博

这次的六校联合设计让我收获很多，不仅克服了很多困难很充分地完成了自己的设计与论文工作，更是收获了不仅仅局限于学习设计的一些其他内容，同时也见识到了一种新的小组合作的方式。这次调研过程中发现的很多城市问题，或者说旧城的保护与发展问题值得进一步的思考与探究，设计的出发点、侧重点到底是什么同样值得思考与验证，并且对于设计的理解与价值观也应该继续坚持。感谢老师对我最终论文题目的支持与肯定以及对于公众参与这一主题提出的建议，让我对本科阶段所最为感兴趣且一直在努力尝试学习的内容在毕业阶段有一个初步的总结，在以后的学习生活中也会继续真实地面对自己的兴趣和实际问题，完善自己的知识与设计水平，争取真正做出自己所期待的设计。

高雅宁

以前来西安是以游客的身份，这次来是以设计者的身份，将自己想象成西安老城的一员，每天在西安看日出日落，经历喜怒哀乐。一学期的时间还是太短，还没有吃够西安好吃的凉皮肉夹馍，还没有看完西安的历史遗迹，就这样匆匆又走远。感谢混合编组和同校的同学们，和你们一起讨论我收获了很多；感谢所有的指导教师，你们的付出帮助我们顺利完成了这个综合复杂的设计；感谢所有参与这个毕业设计的人，有了你们我们的本科可以画上圆满的句号。

李浩然

这次设计是我第一次参加多校联合设计，相比于之前仅仅是和其他学校的同学有私下的交流与探讨，此次联合设计让我们有机会在西安这座古城中面对面地交流。特别是调研阶段的混合编组汇报，我有机会去其他学校的同学联合讨论调研以及方案，我从他们那里收获颇多。这也是我第一次到古都西安，两次调研，三次交流，让我完成了对西安的认识。这次的题目很大，我们很贪心地对整个老城区进行了分析，这个过程是艰辛的，也是收获巨大的。从最开始无从下手，然后在老师和大家的集思广益之下向着一个明晰的网络构架迈进，到最后我们得出了一套整体网络设计，非常感谢我们的指导老师和我的合作伙伴们。

王健南

因为这次六校联合毕设活动的机会，我不仅深入学习了古城西安的历史沿革，而且尝试去分析这座城市面临的机遇与挑战，最后努力给出了属于自己和自己合作伙伴的答案。还记得与六校兄弟姐妹们同甘共苦的联合调研，还记得与本校小组同学们挑灯夜战的方案设计，四个月难忘的时光，为我的本科五年学习生活画上了一个圆满的句号。衷心感谢六校的指导老师们，衷心感谢六校混合调研组和清华毕设规划组的队友们，我的大五春季学期的回忆，因为有你们而变得更加美好。

刘秋灿

六校联合设计转眼间就过去了，在这一次的联合毕设中既感受到了古城西安的深厚内涵也感受到了山城重庆的热辣豪爽。在最开始的时候觉得六校联合是各个学校之间的一个竞赛，给了我们很大压力。这次进行了分组调研，在分组调研阶段认识了六校其他的小伙伴，这样减少了紧张的氛围，这种气氛从调研开始一直延续到最终汇报。这一次的六校联合给了我们与其他学校同学沟通与交流的机会，使我获益匪浅。这是我们大学里的最后一道题，虽然看起来困难重重，但是当我们实际操作起来，又会觉得事在人为。只要认真对待，所有的问题也就迎刃而解。最后感谢指导老师和其他同学在毕设过程中给予的帮助。

结　语

从北京宋庄，南京老城南地区，到今年西安城墙沿线地段，由中国城市规划学会主办，国内六所高校轮值承办的六校联合毕业设计，伴随中国城市建设新常态，共同走过第三个年头，渐入佳境。

首先，热烈祝贺六校的同学们，毕业设计作为大学最后一个课程，如同你们专业上的成年礼，是人生旅程的重要节点，意义非凡。本年度首次实行跨校分组，各校同学在不同老师的带领下，穿街走巷、寻古问今，既感受了中国历史最为厚重的城市——西安的历史界域和现代生活，也感受了他校老师和同学的风采与热情，真正实现了联合设计的交流本意。而中期答辩结束时被西安建筑科技大学建筑学院刘克成院长“召唤”来的狂风暴雨和终期答辩时火热重庆的温柔小雨一定让各位同学记忆犹新，这被施加了“黄河”和“长江”双重洗礼的毕业季注定充满了故事、欢乐、回忆与使命。

今年的设计课题选在西安城墙沿线地区，其历史与现实、保护与发展、复兴与活力、个性与特色等因素相互交织与重叠，给同学们提出了很大的挑战，六校最终的毕业设计成果充分体现了同学们优异的综合素养和突出的专业能力，令人刮目相看。西安建筑科技大学的同学以“脉”为线索构建整个设计，思路了然、主题鲜明、成果突出。东南大学同学们紧扣“西安人”之特征与所需，主题明确、路径清晰，终期成果获得广泛好评。同济大学同学们呈现对课题强大的全局把握能力，令人印象深刻。天津大学同学秉持优秀的空间塑形能力，成果显著。重庆大学同学的浪漫情怀与清华大学同学的创新意识也值得赞赏和学习。

其次，也要祝贺和感谢各校辛勤付出的指导教师们，你们又一届的学生毕业了，他们的成长离不开以你们为代表的所有教师的奉献。俗话说，铁打的营盘，流水的兵，没有各校教师长期以来的坚守与努力，没有教师们的兢兢业业，认真辅导，学生们也无法取得如此优异的成绩。

第三，非常感谢来自中国城市规划实战第一线的专家评委，中国城市规划学会秘书长石楠先生，中国城市规划设计研究院杨保军副院长，深圳蕾奥城市规划设计咨询有限公司王富海董事长，上海市城市规划设计研究院苏功洲总工程师等四位专家在百忙之中抽空分赴西安和重庆，对六校同学的中期和终期成果进行了点评。各位业内翘楚针对各校学生的设计成果存在的问题提出了中肯且富有建设性的意见建议，也将自己的经验与各校同学老师分享，对毕业设计的推动作用显著，让同学们对自己的设计有了更为全面的认识，让各位指导教师获得很好的专业提升。同时也感谢分别参加中期和终期答辩的西安建筑科技大学建筑学院资深教授汤道烈先生，重庆大学建筑城规学院院长赵万民教授，两位先生的谆谆教导依然在耳边萦绕。

第四，还要感谢中国城市规划学会对于六校联合毕业设计的策划和组织，学会已经成为中国城市规划实践和教学领域的重要纽带，在中国城市建设转型的大背景下，带动行业与教育的整体变革，真正推动中国城市的健康可持续发展。

2015 年度联合毕业设计取得了丰硕的成果，徐徐落幕，六校学子正奔赴新的旅程，出演各自的人生大戏。2016 年度六校联合毕业设计的序幕已在重庆开启，衷心预祝新一届的同学们取得更好的成绩，再创新高。

李昊　教授

西安建筑科技大学建筑学院副院长

2015 年 7 月